ÉLÉMENTS

DE LA THÉORIE DES

FONCTIONS ELLIPTIQUES

PAR

Jules TANNERY,
Sous-Directeur des Études scientifiques
à l'École Normale supérieure.

Jules MOLK,
Professeur à la Faculté des Sciences
de Nancy.

TOME III

ET

TOME IV.

CHELSEA PUBLISHING COMPANY
BRONX, NEW YORK

SECOND EDITION

THE PRESENT, SECOND EDITION IS A REPRINT, WITH CORRECTION OF ERRATA, OF A WORK PUBLISHED IN FOUR VOLUMES AT PARIS IN 1893, 1896, 1898 AND 1902, RESPECTIVELY. IT IS PUBLISHED AT NEW YORK IN 1972 IN TWO VOLUMES AND IS PRINTED ON SPECIAL 'LONG-LIFE' ACID-FREE PAPER

INTERNATIONAL STANDARD BOOK NUMBER 0-8284-0257-4
LIBRARY OF CONGRESS CATALOG CARD NUMBER 70-113152
LIBRARY OF CONGRESS CLASSIFICATION NUMBER QA343
DEWEY DECIMAL CLASSIFICATION NUMBER 515'.983

PRINTED IN THE UNITED STATES OF AMERICA

ÉLÉMENTS

DE LA THÉORIE DES

FONCTIONS ELLIPTIQUES

PAR

JULES TANNERY,
Sous-Directeur des Études scientifiques
à l'École Normale supérieure.

JULES MOLK,
Professeur à la Faculté des Sciences
de Nancy.

TOME III.

CALCUL INTÉGRAL (Ire PARTIE).

THÉORÈMES GÉNÉRAUX. — INVERSION.

TABLE DES MATIÈRES

DU TOME III.

CALCUL INTÉGRAL

(1re PARTIE).

THÉORÈMES GÉNÉRAUX.

CHAPITRE PREMIER.

Applications du théorème de Cauchy sur les intégrales d'une fonction d'une variable imaginaire.

CHAPITRE II.

Applications de la formule de décomposition en éléments simples.

CHAPITRE III.

Suite des théorèmes généraux.

CHAPITRE IV.

Addition et Multiplication.

CHAPITRE V.

Développements en séries trigonométriques.

CHAPITRE VI.

Intégrales des fonctions doublement périodiques.

INVERSION.

CHAPITRE VII.

On donne k^2 ou g_2, g_3; trouver τ ou ω_1, ω_3.

CHAPITRE VIII.

Inversion des fonctions doublement périodiques du second ordre, en particulier de la fonction sn.

FIN DE LA TABLE DES MATIÈRES DU TOME III.

Le lecteur qui voudrait se borner à un aperçu de la Théorie des fonctions elliptiques et acquérir seulement les notions indispensables aux applications des fonctions elliptiques à la Mécanique pourra se dispenser de lire les numéros 375 *à* 388, 429, 473 *à* 488, 490 *à* 492.

ÉLÉMENTS

DE LA THÉORIE DES

FONCTIONS ELLIPTIQUES.

TOME III.

CALCUL INTÉGRAL.

THÉORÈMES GÉNÉRAUX.

CHAPITRE PREMIER.

APPLICATIONS DU THÉORÈME DE CAUCHY SUR LES INTÉGRALES D'UNE FONCTION D'UNE VARIABLE IMAGINAIRE.

I. — Premières applications du théorème de Cauchy.

351. La plupart des résultats obtenus dans la première Partie de ce Traité, résultats que nous avons groupés sous le nom de *Calcul différentiel,* ont été déduits de la définition de la fonction σu, au moyen d'identités analytiques qui, cette définition une fois donnée, s'offrent en quelque sorte naturellement. Nous ne nous sommes guère écartés de cette voie que pour établir (n° 94), en nous appuyant sur le théorème de Liouville, l'égalité

$$\frac{\sigma(u+a)\sigma(u-a)}{\sigma^2 u\, \sigma^2 a} = \wp a - \wp u$$

et quelques points de la théorie de la transformation, ou pour introduire, en nous appuyant sur le théorème de Laurent, les fonctions Φ de M. Hermite (n^{os} **274-277**) et en établir la propriété fondamentale, et encore, tout en rattachant à cette propriété les théorèmes d'addition des fonctions $\mathfrak{S}$, avons-nous pris soin d'établir directement (n^{os} **285**, **286**) une identité dont ces théorèmes se déduisent sans difficulté. C'est maintenant une voie tout autre que nous allons suivre : quelques propositions de la théorie des fonctions d'une variable imaginaire vont nous conduire rapidement à des théorèmes capitaux concernant les fonctions doublement périodiques.

Liouville, dans un cours professé au Collège de France [1] en 1847, a fondé la théorie des fonctions elliptiques sur le théorème que nous avons fait connaître au n° **84** et qu'il a communiqué à l'Académie des Sciences en 1844.

Antérieurement à Liouville et concurremment avec lui [2], Cauchy a montré tout le parti que l'on pouvait tirer de son calcul des résidus pour obtenir les développements en série relatifs aux fonctions elliptiques. D'ailleurs, la proposition du n° **35**, dont le théorème de Liouville est une conséquence immédiate, lui appartient.

En appliquant, comme nous allons le faire, à la théorie qui nous occupe, les propositions fondamentales de Cauchy sur les intégrales prises entre des limites imaginaires, nous allons retrouver, avec d'autres, les théorèmes généraux établis par Liouville.

Dans cet ordre d'idées, M. Hermite a obtenu une proposition que l'on trouvera au n° **358** et qui domine en quelque sorte la théorie des fonctions doublement périodiques.

Le lecteur ne manquera pas d'observer que les propositions que nous allons établir auraient pu être prises comme point de départ : c'est ce qu'ont fait Briot et Bouquet dans les deux éditions de leur *Traité des fonctions elliptiques* [3].

---

(1) Ce cours a été reproduit par Borchardt dans le Tome LXXXVIII du *Journal de Crelle*.

(2) *Voir* les *Comptes rendus* de 1843 et 1844.

(3) Paris, Mallet-Bachelier et Gauthier-Villars (1re édition, 1859; 2e édition, 1875).

Il convient aussi de signaler les importants Mémoires que ces deux Géomètres ont publiés dans le *Journal de l'École Polytechnique* (1856).

352. Voici le théorème de Cauchy sur lequel nous nous appuierons principalement :

L'intégrale, prise le long d'un contour simple parcouru dans le sens direct, d'une fonction univoque d'une variable imaginaire, régulière en tous les points du contour et de l'aire qu'il renferme, sauf en des points isolés, en nombre fini, non situés sur le contour, est égale au produit par $2i\pi$ *de la somme des résidus relatifs aux points singuliers. Cette somme est nulle si la fonction est holomorphe sur le contour et à l'intérieur du contour.*

Ce théorème va être appliqué à une fonction univoque $F(u)$, régulière en tout point du plan, sauf en des points singuliers que nous supposerons être des pôles, en nombre fini dans toute portion finie du plan. Nous prendrons pour contour le parallélogramme dont les sommets sont u_0, $u_0+2\omega_1$, $u_0+2\omega_1+2\omega_3$, $u_0+2\omega_3$; u_0 est un point quelconque, choisi toutefois de manière que les pôles de $F(u)$ ne soient pas sur les côtés du parallélogramme; les quantités ω_1, ω_3 sont telles que la partie réelle du rapport $\frac{\omega_3}{\omega_1 i}$ soit positive; nous continuerons (n° 86) d'appeler ce parallélogramme : *parallélogramme des périodes*.

Pour parcourir le contour de ce parallélogramme dans le sens direct, nous supposerons que la variable réelle t croisse de 0 à 1, d'abord dans l'expression $u_0+2\omega_1 t$, puis dans l'expression $u_0+2\omega_1+2\omega_3 t$, puis qu'elle décroisse de 1 à 0 dans les expressions $u_0+2\omega_3+2\omega_1 t$, $u_0+2\omega_3 t$; nous rencontrerons ainsi les sommets du parallélogramme dans l'ordre spécifié plus haut, et, à cause de l'hypothèse faite sur le rapport $\frac{\omega_3}{\omega_1 i}$, nous aurons parcouru son contour dans le sens direct.

D'après cela, le théorème de Cauchy nous donnera l'égalité fondamentale

$$\begin{aligned} & 2\omega_1 \int_0^1 [F(u_0+2\omega_1 t) - F(u_0+2\omega_3+2\omega_1 t)]\,dt \\ & - 2\omega_3 \int_0^1 [F(u_0+2\omega_3 t) - F(u_0+2\omega_1+2\omega_3 t)]\,dt = 2i\pi\,\Sigma\mathfrak{R}, \end{aligned}$$

où $\Sigma\mathfrak{R}$ désigne la somme des résidus relatifs aux pôles de la fonction $F(u)$ à l'intérieur du parallélogramme des périodes.

353. Avant d'aborder notre objet principal, nous ferons une application de ce théorème, qui en montrera la portée.

La fonction univoque $\zeta(u)$ n'admet dans le parallélogramme des périodes qu'un pôle, congru à o, *modulis* $2\omega_1$, $2\omega_3$, et le résidu relatif à ce pôle est 1, comme il résulte de la formule (II_2). D'ailleurs, il résulte de la formule (VI_3) que l'on a

$$\zeta(u_0 + 2\omega_1 t) - \zeta(u_0 + 2\omega_3 + 2\omega_1 t) = -2\eta_3,$$
$$\zeta(u_0 + 2\omega_3 t) - \zeta(u_0 + 2\omega_1 + 2\omega_3 t) = -2\eta_1;$$

l'égalité fondamentale nous donne ainsi, et de la façon la plus aisée, la relation du n° 108,

$$\eta_1\omega_3 - \eta_3\omega_1 = \frac{\pi i}{2}.$$

354. Arrivons maintenant à la théorie des fonctions doublement périodiques et rappelons d'abord que nous entendons toujours par là des fonctions univoques, n'admettant pas d'autre singularité que des pôles. Les périodes seront toujours désignées par $2\omega_1$, $2\omega_3$, à moins qu'on ne prévienne du contraire; elles seront regardées comme données, et la partie réelle du rapport $\frac{\omega_3}{\omega_1 i}$ sera supposée positive.

Si $f(u)$ est une fonction doublement périodique, le premier membre de l'égalité fondamentale (n° 352), où l'on remplace $F(u)$ par $f(u)$ est évidemment nul. Donc :

La somme des résidus d'une fonction doublement périodique, à l'intérieur du parallélogramme des périodes, est nulle.

Il n'existe pas de fonction doublement périodique n'admettant qu'un pôle simple dans le parallélogramme des périodes. En effet, le résidu de ce pôle devrait être nul; le pôle n'existerait pas; la fonction serait entière; elle se réduirait à une constante (n° 84).

355. La dérivée logarithmique d'une fonction doublement périodique $f(u)$ est elle-même une fonction doublement périodique. Mais la somme des résidus de la fonction $\frac{f'(u)}{f(u)}$ est la différence entre le nombre des zéros [1] et le nombre des pôles de la fonc-

---

[1] Un *zéro* (ou une racine) d'une fonction $f(u)$ est une valeur de u pour laquelle cette fonction est nulle.

tion $f(u)$, chaque zéro ou chaque pôle étant compté autant de fois qu'il y a d'unités dans son ordre de multiplicité. Donc :

A l'intérieur du parallélogramme des périodes, une fonction doublement périodique a autant de zéros que de pôles, les zéros et les pôles étant comptés comme on vient de l'expliquer.

356. Appliquons encore l'égalité fondamentale du n° **352** à la fonction

$$F(u) = u\frac{f'(u)}{f(u)},$$

en désignant toujours par $f(u)$ une fonction doublement périodique. A l'intérieur du parallélogramme des périodes, la somme $\Sigma\mathfrak{R}$ des résidus de cette fonction sera la différence entre la somme des zéros et la somme des pôles de la fonction $f(u)$; chaque zéro ou chaque pôle doit figurer dans la somme autant de fois qu'il y a d'unités dans son ordre de multiplicité.

On a immédiatement

$$F(u+2\omega_1) - F(u) = 2\omega_1\frac{f'(u)}{f(u)},$$

$$F(u+2\omega_3) - F(u) = 2\omega_3\frac{f'(u)}{f(u)};$$

en sorte que le premier membre de l'égalité fondamentale devient

$$-2\omega_1\int_0^1 2\omega_3\frac{f'(u_0+2\omega_1 t)}{f(u_0+2\omega_1 t)}\,dt + 2\omega_3\int_0^1 2\omega_1\frac{f'(u_0+2\omega_3 t)}{f(u_0+2\omega_3 t)}\,dt,$$

ou encore

$$-2\omega_3\int_0^{2\omega_1}\frac{f'(u_0+u)}{f(u_0+u)}\,du + 2\omega_1\int_0^{2\omega_3}\frac{f'(u_0+u)}{f(u_0+u)}\,du.$$

Les deux intégrales qui figurent dans cette expression sont rectilignes; elles sont respectivement égales à quelqu'une des déterminations des quantités

$$\log\frac{f(u_0+2\omega_1)}{f(u_0)}, \qquad \log\frac{f(u_0+2\omega_3)}{f(u_0)};$$

puisque la fonction $f(u)$ admet les périodes $2\omega_1$, $2\omega_3$, chacun des logarithmes est égal à un multiple entier de $2\pi i$. Donc :

A l'intérieur du parallélogramme des périodes, la somme

des zéros d'une fonction doublement périodique, diminuée de la somme des pôles, est congrue à zéro, modulis $2\omega_1$, $2\omega_3$.

Ce théorème est dû à Liouville.

357. Comme les pôles de la fonction doublement périodique $f(u) - C$, où C désigne une constante, coïncident avec les pôles de la fonction doublement périodique $f(u)$, on voit que le nombre des racines de l'équation $f(u) = C$, contenues à l'intérieur du parallélogramme des périodes, est égal au nombre des pôles de $f(u)$, et que la somme de ces racines est congrue à la somme des pôles de $f(u)$. Cette somme des racines, si l'on ne tient pas compte des multiples entiers des périodes, est donc, comme leur nombre, indépendante de C ([1]).

II. — Décomposition des fonctions doublement périodiques en éléments simples.

358. On doit à M. Hermite ([2]) une formule capitale qui donne l'expression de toutes les fonctions doublement périodiques. En raison de son analogie avec la formule de décomposition des fractions rationnelles en fractions simples, il convient de donner à

([1]) On observera que l'équation $f(u) = z$ définit u comme fonction *implicite* de z..En se reportant à la théorie des fonctions implicites, ou, ce qui revient au même, à la théorie du retour des suites, on apercevra immédiatement la vérité de la proposition suivante. Supposons marqués, dans le plan qui sert à figurer la variable z, les points dont les affixes sont les valeurs de $f(u)$ pour les racines de l'équation $f'(u) = 0$, et considérons une aire (A) limitée par un contour simple et ne contenant aucun de ces points : si z_0 appartient à l'aire (A) et si u_0 est une racine de l'équation $f(u) = z_0$, il existe une fonction (et une seule) $u = \varphi(z)$, se réduisant à u_0 pour $z = z_0$, holomorphe dans (A), et qui est telle enfin que l'on ait identiquement, dans cette aire,

$$f[\varphi(z)] = z.$$

Il y aura, dans l'aire (A), autant de fonctions holomorphes, distinctes entre elles, jouissant de cette dernière propriété, que la fonction $f(u)$ a de pôles. Elles se réduiront, pour $z = z_0$, aux valeurs des racines de l'équation $f(u) = z_0$. A l'une quelconque d'entre elles on peut ajouter d'ailleurs $2m\omega_1 + 2n\omega_3$ où m et n sont des entiers quelconques, sans que la dernière relation cesse d'avoir lieu.

([2]) Note sur la *Théorie des fonctions elliptiques* ajoutée à la sixième édition du *Traité de Calcul différentiel et intégral* de Lacroix.

cette formule le nom de *décomposition d'une fonction périodique en éléments simples*. C'est la fonction ζu qui va y jouer le rôle d'élément simple, le même rôle que joue la fonction $\frac{1}{u}$ dans la théorie des fonctions rationnelles.

Considérons la fonction

$$F(u) = f(u)\,\zeta(x-u),$$

où $f(u)$ est une fonction doublement périodique, et où x désigne pour le moment une constante quelconque; on aura

$$F(u+2\omega_1) - F(u) = -2\eta_1 f(u),$$
$$F(u+2\omega_3) - F(u) = -2\eta_3 f(u);$$

si donc on applique à la fonction $F(u)$ l'égalité fondamentale, on voit que la somme de ses résidus à l'intérieur du parallélogramme des périodes, multipliée par $2i\pi$, est égale à

$$4\eta_3\omega_1\int_0^1 f(u_0+2\omega_1 t)\,dt - 4\eta_1\omega_3\int_0^1 f(u_0+2\omega_3 t)\,dt,$$

et que, par conséquent, elle est indépendante de x.

Si, maintenant, l'on désigne par a l'un quelconque des pôles de la fonction $f(u)$ et par α l'ordre de multiplicité de ce pôle, on aura, aux environs du point a, un développement de la forme

$$f(a+h) = A\,\frac{1}{h} + A_1 D\,\frac{1}{h} + A_2 D^{(2)}\,\frac{1}{h} + \ldots + A_{\alpha-1} D^{(\alpha-1)}\,\frac{1}{h} + \mathfrak{P}(h),$$

où $\mathfrak{P}(h)$ désigne une série entière en h, où $A, A_1, \ldots, A_{\alpha-1}$ sont des constantes, où enfin $D, D^{(2)}, \ldots, D^{(\alpha-1)}$ sont des symboles de dérivation par rapport à h. On a d'ailleurs, aux environs du même point a,

$$\zeta(x-a-h) = \zeta(x-a) - \frac{h}{1}\,\zeta'(x-a) + \frac{h^2}{1.2}\,\zeta''(x-a) - \ldots;$$

en désignant par $\zeta'(x-a), \zeta''(x-a), \ldots$ les dérivées successives de ζu par rapport à u, dans lesquelles on a remplacé u par $x-a$. Le résidu de la fonction $F(u) = f(u)\,\zeta(x-u)$, relatif au pôle a, c'est-à-dire le coefficient de $\frac{1}{h}$ dans le développement de $f(a+h)\zeta(x-a-h)$, ordonné suivant les puissances croissantes de h, est donc

$$A\zeta(x-a)+A_1\zeta'(x-a)+\ldots+A_{\alpha-1}\zeta^{(\alpha-1)}(x-a).$$

Les résidus de la fonction $F(u)$, relatifs aux divers pôles de $f(u)$, s'obtiendront de la même façon; mais cette fonction $F(u)$ admet encore comme pôles les pôles de $\zeta(x-u)$. Dans le parallélogramme des périodes, ces pôles se réduisent à un seul, à savoir le point congruent à x; ce pôle, pour la fonction $\zeta(x-u)$, est simple et son résidu est -1; le résidu correspondant de la fonction $f(u)\zeta(x-u)$ sera donc $-f(x)$.

Ainsi, la somme des résidus de la fonction $F(u)$, à l'intérieur du parallélogramme des périodes, est égale à

$$\sum_{i=1}^{i=\nu}\left[A^{(i)}\zeta(x-a_i)+A_1^{(i)}\zeta'(x-a_i)+\ldots+A_{\alpha_i-1}^{(i)}\zeta^{(\alpha_i-1)}(x-a_i)\right]-f(x),$$

où les pôles distincts, à l'intérieur du parallélogramme des périodes, sont désignés par $a_1, a_2, \ldots, a_i, \ldots, a_\nu$, où α_i désigne l'ordre de multiplicité du pôle a_i, où enfin $A^{(i)}, A_1^{(i)}, \ldots, A_{\alpha_i-1}^{(i)}$ désignent des constantes qui dépendent, comme on l'a expliqué, du développement de la fonction $f(a_i+h)$, suivant les puissances ascendantes de h.

Cette somme ne dépend pas de x; en la désignant par C, et en remettant enfin u à la place de x, on voit que toute fonction doublement périodique $f(u)$ peut être mise sous la forme

$$f(u)=C+\sum_{i=1}^{i=\nu}\left[A^{(i)}\zeta(u-a_i)+A_1^{(i)}\zeta'(u-a_i)+\ldots+A_{\alpha_i-1}^{(i')}\zeta^{(\alpha_i-1)}(u-a_i)\right].$$

C'est la formule annoncée. Réciproquement, une expression telle que le second membre, lorsqu'on y remplace u par $u+2\omega_1$, ou par $u+2\omega_3$, se reproduit augmentée du produit de $2\eta_1$, ou de $2\eta_3$, par la somme des résidus $A^{(1)}+A^{(2)}+\ldots+A^{(\nu)}$ relatifs aux pôles du parallélogramme. Elle sera donc une fonction doublement périodique si la somme des résidus est nulle. Nous savions déjà que cette condition est nécessaire.

359. Nous ferons, sur cette formule, quelques observations.

On a supposé, pour l'établir, que les pôles de la fonction doublement périodique $f(u)$ étaient situés à l'intérieur d'un même parallélogramme des périodes; mais il est clair que si, dans le second membre, on substitue aux nombres a_i des nombres qui leur soient respectivement congrus, *modulis* $2\omega_1$, $2\omega_3$, on altérera tout au plus la constante C; d'ailleurs (n° 78), aux environs de deux pôles congruents a_i, a'_i les développements de la fonction $f(u)$ suivant les puissances ascendantes de $u - a_i$, $u - a'_i$ sont identiques; on pourra donc appliquer la formule de décomposition à un système quelconque de pôles de $f(u)$, pourvu que ce système comporte un représentant et un seul de chaque pôle de $f(u)$; on obtiendra la même forme avec les mêmes coefficients; la constante C pourra seule être changée.

Il est d'ailleurs bien aisé de voir que, sauf la substitution insignifiante qui consiste à remplacer quelques pôles par des points congruents et à changer alors la constante additive, la décomposition d'une fonction doublement périodique en éléments simples ne peut se faire que d'une façon. S'il y avait, en effet, deux telles décompositions, la différence entre les deux expressions comporterait quelque pôle.

Les propriétés de la fonction ζu, qui sont intervenues dans la démonstration, sont les suivantes : cette fonction se reproduit à des constantes additives près, quand on ajoute les périodes à l'argument; elle n'a qu'un pôle simple dans le parallélogramme des périodes; ce pôle est congru à zéro, *modulis* $2\omega_1$, $2\omega_3$; le résidu correspondant est un. Les deux premières propriétés sont les plus essentielles; le lecteur apercevra de lui-même les légères modifications qu'il y a lieu de faire subir à la formule quand on substitue à la fonction $\zeta(u)$ une autre fonction qui possède seulement les deux premières propriétés.

Lorsqu'une fonction doublement périodique sera décomposée en éléments simples, on pourra l'intégrer; les termes en $\zeta'(u-a)$, $\zeta''(u-a)$, ... s'intègrent immédiatement; quant à $\zeta(u-a)$, c'est la dérivée de $\log \sigma(u-a)$.

360. Une fonction doublement périodique est dite du $n^{ième}$ *ordre* lorsqu'elle a, dans le parallélogramme des périodes, n pôles (ou n zéros). Chaque pôle (ou chaque zéro) doit être compté autant de fois qu'il y a d'unités dans son ordre de multiplicité.

Il n'y a pas de fonction doublement périodique du premier ordre.

La formule de décomposition en éléments simples met en évidence l'existence de fonctions doublement périodiques de tous les ordres, à partir du second.

Les fonctions du second ordre appartiennent à deux types distincts suivant que leurs deux pôles sont simples, ou qu'elles n'ont qu'un seul pôle double.

Dans le premier cas, les résidus relatifs aux deux pôles a_1, a_2 seront égaux et de signes contraires; la fonction sera de la forme $C + A[\zeta(u - a_1) - \zeta(u - a_2)]$. Si b_1 est un zéro de cette fonction, l'autre zéro sera congru (*modulis* $2\omega_1$, $2\omega_3$) à $a_1 + a_2 - b_1$.

Dans le second cas, le résidu de la fonction relatif au pôle unique a sera nul, et la fonction sera de la forme $C + B\wp(u - a)$. Si b_1 est un zéro de cette fonction, l'autre zéro sera congru à $2a - b_1$. C'est à ce dernier type qu'appartiennent les fonctions $\xi^2(u)$.

On voit aussi que si $f(u)$ désigne une fonction doublement périodique du second ordre, d'ailleurs quelconque, toute autre fonction doublement périodique du second ordre ayant les mêmes pôles pourra être mise sous la forme $A + Bf(u)$, où A, B sont des constantes. Il suffira, en effet, de déterminer la constante B de manière que la différence entre cette fonction et la fonction donnée n'admette plus qu'un pôle simple, et, par conséquent, se réduise à une constante.

On classera de même les fonctions de chaque ordre.

III. — Fonctions doublement périodiques de seconde espèce. Décomposition de ces fonctions en éléments simples.

361. M. Hermite a désigné sous le nom de fonctions doublement périodiques de *seconde espèce* les fonctions univoques, sans autre singularité que des pôles, qui se reproduisent multipliées par des constantes quand on augmente l'argument d'une période. Par opposition, les fonctions doublement périodiques ordinaires

sont dites quelquefois de *première espèce*. Nous sous-entendrons souvent les mots : *doublement périodiques*.

Si l'on désigne par $\mathcal{F}(u)$ une fonction de seconde espèce, par μ_1, μ_3 des constantes auxquelles on donnera le nom de *multiplicateurs*, on devra avoir

$$\mathcal{F}(u+2\omega_1) = \mu_1\mathcal{F}(u), \qquad \mathcal{F}(u+2\omega_3) = \mu_3\mathcal{F}(u).$$

On tire de là, en désignant par n_1, n_3 des entiers quelconques, positifs ou négatifs,

$$\mathcal{F}(u+2n_1\omega_1+2n_3\omega_3) = \mu_1^{n_1}\mu_3^{n_3}\mathcal{F}(u).$$

Si, en particulier, on suppose $n_1 = n_3 = -1$; si l'on continue de poser

$$\omega_1+\omega_2+\omega_3 = 0;$$

si, enfin, on désigne par μ_2 l'inverse du produit $\mu_1\mu_3$, on aura

$$\mathcal{F}(u+2\omega_2) = \mu_2\mathcal{F}(u).$$

Il est parfois commode de dire aussi de μ_2 qu'il est un multiplicateur de la fonction $\mathcal{F}(u)$.

Il est clair que, si C désigne une constante quelconque, $\mathcal{F}(u+C)$ désignera une fonction de seconde espèce, ayant les mêmes multiplicateurs μ_1, μ_3 que $\mathcal{F}(u)$; $\mathcal{F}(-u)$, $\mathcal{F}(C-u)$ seront des fonctions de seconde espèce, avec les multiplicateurs $\frac{1}{\mu_1}$, $\frac{1}{\mu_3}$.

362. Le produit ou le quotient de deux fonctions de seconde espèce est aussi une fonction de seconde espèce; les multiplicateurs de la nouvelle fonction sont les produits ou les quotients des multiplicateurs correspondants des premières.

Une fonction exponentielle de la forme $e^{cu+c'}$, où c et c' sont des constantes, est une fonction de seconde espèce, dont les multiplicateurs sont $e^{2c\omega_1}$, $e^{2c\omega_3}$. Si l'on se donne une fonction de seconde espèce $\mathcal{F}(u)$ dont les multiplicateurs soient μ_1 et μ_3, en la multipliant par $e^{cu+c'}$, on lui fera acquérir les multiplicateurs $\mu_1 e^{2c\omega_1}$, $\mu_3 e^{2c\omega_3}$.

Le premier multiplicateur sera égal à l'unité, si l'on détermine c par la condition $2c\omega_1 = -\log\mu_1$, et cela, quelle que soit la détermination du logarithme.

Nous dirons d'une fonction de seconde espèce qu'elle est *réduite* si son multiplicateur relatif à la période $2\omega_1$ est égal à l'unité. On peut toujours *réduire* une fonction de seconde espèce en la multipliant par une exponentielle convenable. S'il arrivait que, pour l'une des déterminations des logarithmes, on eût

$$\frac{\log\mu_1}{2\omega_1} = \frac{\log\mu_3}{2\omega_3},$$

il est clair qu'en multipliant la fonction $\mathfrak{F}(u)$ par e^{cu}, où $-c$ désigne la valeur commune des deux rapports précédents, on obtiendrait une fonction de première espèce $f(u)$; inversement, $\mathfrak{F}(u)$ s'obtiendrait en multipliant $f(u)$ par e^{-cu}, et ce cas ne nous fournirait rien d'essentiellement nouveau; nous pourrons donc l'écarter dès que nous le voudrons.

Il est à peine utile de faire remarquer que tout point congruent à un pôle ou à un zéro d'une fonction de seconde espèce est lui-même un pôle, ou un zéro, du même ordre de multiplicité.

363. La dérivée logarithmique d'une fonction de seconde espèce $\mathfrak{F}(u)$ est évidemment une fonction de première espèce $f(u)$, dont les pôles sont les zéros et les pôles de la fonction $\mathfrak{F}(u)$; le résidu de chaque pôle de $f(u)$ est l'ordre de multiplicité du zéro ou du pôle correspondant de $\mathfrak{F}(u)$, cet ordre étant affecté du signe $+$ s'il s'agit d'un zéro, du signe $-$ s'il s'agit d'un pôle : donc, puisque pour une fonction de première espèce la somme des résidus doit être nulle pour les pôles qui appartiennent à un même parallélogramme, on voit que, pour une fonction de seconde espèce, dans le parallélogramme des périodes, *le nombre des pôles doit être égal au nombre des zéros,* chaque pôle ou chaque zéro étant compté autant de fois qu'il y a d'unités dans son ordre de multiplicité.

364. La fonction

$$\mathfrak{G}(u) = C\,\frac{e^{cu}\sigma(u+u_0)}{\sigma u},$$

où C, c et u_0 sont des constantes quelconques, n'admet qu'un pôle dans le parallélogramme des périodes, à savoir le point congruent à zéro; c'est une fonction de seconde espèce, dont les multiplicateurs sont respectivement

$$e^{2c\omega_1+2u_0\eta_1}, \qquad e^{2c\omega_3+2u_0\eta_3},$$

ainsi qu'il résulte des formules (XXII_1). Ces multiplicateurs peuvent être identifiés à deux nombres quelconques μ_1, μ_3, en supposant

$$c\omega_1 + u_0\eta_1 = \frac{1}{2}\log\mu_1, \qquad c\omega_3 + u_0\eta_3 = \frac{1}{2}\log\mu_3,$$

d'où l'on tire

$$c = \frac{1}{i\pi}(\eta_1 \log\mu_3 - \eta_3\log\mu_1), \qquad u_0 = \frac{1}{i\pi}(\omega_3\log\mu_1 - \omega_1\log\mu_3),$$

à cause de la relation $\eta_1\omega_3 - \eta_3\omega_1 = \frac{\pi i}{2}$. Les déterminations des logarithmes peuvent d'ailleurs être choisies arbitrairement.

On observera que u_0 n'est congru à zéro, *modulis* $2\omega_1$, $2\omega_3$, que si, pour une détermination convenable des logarithmes, on a

$$\frac{\log\mu_1}{\omega_1} = \frac{\log\mu_3}{\omega_3}.$$

Dans ce cas, la fonction $\mathfrak{G}(u)$ se réduit à une exponentielle de la forme $e^{cu+c'}$. S'il n'en est pas ainsi, la fonction $\mathfrak{G}(u)$ admet pour zéro le point $-u_0$ et tous les points congruents; elle admet pour pôles simples les points congruents à zéro.

365. Si l'on suppose que μ_1, μ_3 soient les multiplicateurs d'une fonction donnée de seconde espèce, $\mathfrak{F}(u)$; si l'on détermine, comme on vient de l'expliquer, les constantes c et u_0 de manière à former la fonction $\mathfrak{G}(u)$, les fonctions

$$\frac{\mathfrak{F}(u)}{\mathfrak{G}(u)}, \qquad \mathfrak{F}(u)\,\mathfrak{G}(-u), \qquad \mathfrak{F}(u)\,\mathfrak{G}(C_0-u),$$

où C_0 désigne une constante, seront des fonctions de première espèce, en sorte que l'introduction de la fonction $\mathfrak{G}(u)$ ramène l'étude des fonctions de seconde espèce à celle des fonctions de première espèce.

Nous allons d'abord déduire de là la proposition suivante, qui est l'analogue du théorème de Liouville pour les fonctions doublement périodiques ordinaires :

En dehors de la fonction exponentielle $e^{cu+c'}$, il n'existe pas de fonction transcendante entière qui soit doublement périodique de seconde espèce.

Si, en effet, $\mathcal{F}(u)$ est une fonction transcendante entière, la fonction doublement périodique ordinaire $\mathcal{F}(u)\mathfrak{B}(-u)$ ne peut avoir dans le parallélogramme des périodes qu'un pôle unique et simple, à savoir le pôle de $\mathfrak{B}(-u)$; elle se réduit donc à une constante C′ différente de zéro. Si u_0 n'était pas congru à zéro, pour $u = u_0$ la fonction $\mathfrak{B}(-u)$ serait nulle et le produit $\mathfrak{B}(-u)\mathcal{F}(u)$ ne pourrait être égal à C′, puisque la quantité $\mathcal{F}(u_0)$ est finie. Il faut donc supposer que u_0 soitcongru à o; c'est le cas où la fonction $\mathfrak{B}(u)$ se réduit à une exponentielle de la forme $e^{cu+c'}$; il en est de même de la fonction $\mathcal{F}(u)$.

366. On voit aussi que, quelle que soit la fonction de seconde espèce $\mathcal{F}(u)$, si ses multiplicateurs μ_1, μ_3 vérifient, pour une détermination convenable des logarithmes, la relation

$$\frac{\log \mu_1}{\omega_1} = \frac{\log \mu_3}{\omega_3};$$

en d'autres termes, si u_0 est congru à zéro, *modulis* $2\omega_1$, $2\omega_3$, la fonction $\mathcal{F}(u)$ sera le produit d'une fonction doublement périodique ordinaire $f(u)$ par une exponentielle de la forme $e^{cu+c'}$, puisque le rapport

$$\frac{\mathcal{F}(u)}{\mathfrak{B}(u)}$$

est une fonction doublement périodique ordinaire, et que $\mathfrak{B}(u)$ se réduit à une exponentielle; c'est d'ailleurs ce que nous savions déjà (n° 362). Désormais nous écarterons ce cas.

Supposons donc σu_0 différent de zéro, nous poserons

$$\mathcal{A}(u) = \frac{\sigma(u+u_0)}{\sigma u\,\sigma u_0}\,e^{cu},$$

et l'on aura

$$\mathcal{A}(u+2\omega_\alpha) = e^{2(c\omega_\alpha+u_0\eta_\alpha)}\,\mathcal{A}(u) = \mu_\alpha\,\mathcal{A}(u).$$

La fonction $\mathcal{A}(u)$ admet le point o pour pôle, et le résidu correspondant est 1. On reconnaît aisément qu'il n'existe pas d'autre fonction de seconde espèce aux multiplicateurs μ_1 et μ_3, admettant pour pôle simple le point zéro et les points congruents, n'en admettant pas d'autres, et telle enfin que le résidu relatif au pôle o soit égal à 1. En effet, le rapport d'une telle fonction à $\mathcal{A}(u)$ serait nécessairement une constante, puisque ce serait une fonction doublement périodique ordinaire sans pôle, et l'on voit que cette constante doit être égale à 1, à cause de l'hypothèse relative aux résidus.

367. Si, maintenant, $\mathcal{F}(u)$ est une fonction de seconde espèce, aux multiplicateurs μ_1, μ_3, et si l'on désigne par x une constante quelconque, la fonction $\mathcal{F}(u)\mathcal{A}(x-u)$ sera une fonction de première espèce; la somme de ses résidus à l'intérieur du parallélogramme des périodes sera nulle. En calculant cette somme, exactement comme on l'a fait pour la fonction $f(u)\zeta(x-u)$, on arrivera à cette conclusion que la fonction $\mathcal{F}(u)$ peut se mettre sous la forme

$$(a)\qquad \mathcal{F}(u)=\sum_{i=1}^{i=\nu}[\mathrm{A}^{(i)}\mathcal{A}(u-a_i)+\mathrm{A}_1^{(i)}\mathcal{A}'(u-a_i)+\ldots+\mathrm{A}_{\alpha_i-1}^{(i)}\mathcal{A}^{(\alpha_i-1)}(u-a_i)],$$

où $a_1, a_2, \ldots, a_\nu$ désignent les pôles distincts de la fonction $\mathcal{F}(u)$ situés à l'intérieur du parallélogramme des périodes, où le nombre entier positif α_i est l'ordre de multiplicité du pôle a_i, où $\mathcal{A}'(u-a_i)$, $\mathcal{A}''(u-a_i)$, ..., $\mathcal{A}^{(\alpha_i-1)}(u-a_i)$ désignent les dérivées par rapport à u de la fonction $\mathcal{A}(u-a_i)$ jusqu'à l'ordre α_i-1, où enfin $\mathrm{A}^{(i)}$, $\mathrm{A}_1^{(i)}$, ..., $\mathrm{A}_{\alpha_i-1}^{(i)}$ désignent les constantes définies par le développement

$$\mathcal{F}(a_i+h)=\mathrm{A}^{(i)}\frac{1}{h}+\mathrm{A}_1^{(i)}\,\mathrm{D}\frac{1}{h}+\ldots+\mathrm{A}_{\alpha_i-1}^{(i)}\,\mathrm{D}^{(\alpha_i-1)}\frac{1}{h}+\mathfrak{P}(h),$$

relatif aux environs du pôle a_i; dans ce développement, qui procède suivant les puissances ascendantes de h, $\mathfrak{P}(h)$ désigne une série entière en h; $\mathrm{D}\frac{1}{h}$, ..., $\mathrm{D}^{(\alpha_i-1)}\frac{1}{h}$ désignent les dérivées successives, par rapport à h, de $\frac{1}{h}$ jusqu'à l'ordre α_i-1.

La fonction $\mathcal{F}(u)$ est ainsi décomposée en éléments simples.

Réciproquement, une expression telle que le second membre de l'équation (a), lorsqu'on y remplace u par $u+2\omega_1$, $u+2\omega_3$, se reproduit multipliée par μ_1, μ_3, puisqu'il en est ainsi de la fonction $\mathcal{A}(u)$ et de ses dérivées par rapport à u. Ce second membre représente donc une fonction de seconde espèce dont les multiplicateurs sont ceux de la fonction $\mathcal{A}(u)$.

368. Cette formule suggère des observations toutes pareilles à celles qui ont été faites au n° 359.

D'abord, si l'on substitue au pôle a_i un point congruent

$$a'_i = a_i + 2n_1\omega_1 + 2n_3\omega_3,$$

il est clair, à cause de la relation

$$\mathcal{A}(u - a_i) = \mu_1^{-n_1}\mu_3^{-n_3}\mathcal{A}(u - a_i),$$

que, dans la formule (a), les nombres $A^{(i)}$, $A_1^{(i)}$, ..., $A_{\alpha_i-1}^{(i)}$ devront être multipliés par $\mu_1^{n_1}\mu_3^{n_3}$; mais, d'un autre côté, l'égalité

$$\mathcal{F}(u + 2n_1\omega_1 + 2n_3\omega_3) = \mu_1^{n_1}\mu_3^{n_3}\mathcal{F}(u)$$

montre de suite que, dans le voisinage du pôle a'_i, les coefficients du développement de $\mathcal{F}(u)$, suivant les puissances de $u - a'_i$, s'obtiennent en multipliant par $\mu_1^{n_1}\mu_3^{n_3}$ les coefficients du développement de $\mathcal{F}(u)$ suivant les puissances de $u - a_i$, dans le voisinage du pôle a_i. Par conséquent, on pourra appliquer la formule (a) et la règle pour déterminer les coefficients en prenant pour les points a_1, a_2, ..., a_ν un système quelconque de pôles de la fonction $\mathcal{F}(u)$, pourvu que ce système contienne un représentant et un seul de chaque pôle. On voit aussi que, sauf la modification que nous venons d'indiquer, la décomposition en éléments simples ne peut s'effectuer que d'une seule façon. On reconnaît enfin que les propriétés essentielles de la fonction $\mathcal{A}(u)$, qui servent dans cette décomposition, consistent à admettre les multiplicateurs μ_1, μ_3 et à n'avoir, dans le parallélogramme des périodes, qu'un pôle simple. L'hypothèse que ce pôle est le point zéro et que le résidu correspondant est 1 ne sert qu'à simplifier la formule.

369. Quand les multiplicateurs μ_1, μ_3 d'une fonction de seconde espèce $\mathcal{F}(u)$ sont donnés, il y a une relation entre les zéros et les pôles. En effet, puisque la fonction $\mathcal{F}(u)\mathcal{A}(-u)$ est de première espèce, dans le parallélogramme des périodes, la somme de ses pôles, diminuée de la somme de ses zéros, est congrue à o, *modulis* $2\omega_1$, $2\omega_3$. Chaque pôle et chaque zéro doivent figurer dans chacune des sommes autant de fois qu'il y a d'unités dans son ordre de multiplicité. Comme le pôle de $\mathcal{A}(-u)$ est congru à o, et son zéro à u_0, on voit que la somme des pôles de la fonction $\mathcal{F}(u)$ diminuée de la somme de ses zéros doit être congrue à u_0 ; en d'autres termes, en désignant un pôle quelconque par a, un zéro quelconque par b, par Σa, Σb les sommes des pôles et des zéros contenus dans un parallélogramme, chaque pôle et chaque zéro figurant dans la somme autant de fois qu'il y a d'unités dans son ordre de multiplicité, on a

$$\Sigma a - \Sigma b \equiv \frac{1}{i\pi}(\omega_3 \log \mu_1 - \omega_1 \log \mu_3) \quad (\text{modd. } 2\omega_1, 2\omega_3).$$

Ce théorème, qui est l'analogue de celui du n° 355 pour les fonctions de première espèce, subsiste si l'on a $u_0 = 0$. On le retrouverait, ainsi que le théorème sur l'égalité des nombres de pôles et de zéros, en appliquant l'égalité fondamentale du n° 352 aux fonctions $u\frac{\mathcal{F}'(u)}{\mathcal{F}(u)}$, $\frac{\mathcal{F}'(u)}{\mathcal{F}(u)}$; c'est un calcul que nous aurons l'occasion de développer bientôt dans un cas plus général.

370. Le nombre des zéros d'une fonction de seconde espèce étant égal au nombre de ses pôles, on peut classer les fonctions de seconde espèce, comme celles de première, d'après le nombre de leurs pôles. Une fonction de seconde espèce qui a n pôles ou n zéros est dite du $n^{\text{ième}}$ *ordre*. La formule de décomposition en éléments simples met en évidence l'existence de fonctions de seconde espèce de tous les ordres. $\mathcal{A}(u)$ est une fonction de seconde espèce, du premier ordre.

371. Cette fonction $\mathcal{A}(u)$ joue un rôle considérable dans la théorie des fonctions doublement périodiques. Signalons quelques cas particuliers.

Si la fonction $\mathcal{A}(u)$ est réduite, elle jouera le rôle d'élément simple pour les fonctions réduites ; on a alors, puisqu'on peut supposer $\log \mu_1 = 0$,

$$u_0 = -\frac{\omega_1 \log \mu_3}{i\pi}, \qquad c = \frac{\eta_1 \log \mu_3}{i\pi} = \frac{-\eta_1 u_0}{\omega_1};$$

la fonction $\mathcal{A}(u)$ se présentera donc sous la forme

$$\mathcal{A}(u) = \frac{\sigma(u+u_0)}{\sigma u \, \sigma u_0} e^{-\frac{\eta_1 u_0 u}{\omega_1}},$$

ou encore, en posant

$$v = \frac{u}{2\omega_1}, \qquad v_0 = \frac{u_0}{2\omega_1}, \qquad x = 2\mathrm{K}v, \qquad x_0 = 2\mathrm{K}v_0,$$

sous la forme

$$\frac{1}{2\omega_1} \frac{\mathfrak{S}_1'(0)\mathfrak{S}_1(v+v_0)}{\mathfrak{S}_1(v)\mathfrak{S}_1(v_0)} = \sqrt{e_1 - e_3}\, \frac{\mathrm{H}'(0)\mathrm{H}(x+x_0)}{\mathrm{H}(x)\mathrm{H}(x_0)}.$$

372. Considérons encore le cas où les multiplicateurs μ_1, μ_3 d'une fonction de seconde espèce seraient des racines $n^{\text{ièmes}}$ de l'unité, en sorte que la puissance $n^{\text{ième}}$ de cette fonction serait une fonction doublement périodique ordinaire. Soient, par exemple, en désignant par p, q des nombres entiers non divisibles tous les deux par n,

$$\mu_1 = e^{-\frac{2q\pi i}{n}}, \qquad \mu_3 = e^{\frac{2p\pi i}{n}};$$

nous désignerons, dans ce cas, l'élément simple par $\mathcal{A}_{p,q}(u)$; on trouvera sans peine

$$\mathcal{A}_{p,q}(u) = \frac{\sigma\left(u - \dfrac{2p\omega_1 + 2q\omega_3}{n}\right)}{\sigma u \, \sigma\left(\dfrac{2p\omega_1 + 2q\omega_3}{n}\right)} e^{(2p\eta_1 + 2q\eta_3)\frac{u}{n}};$$

il sera lui-même la $n^{\text{ième}}$ racine d'une fonction doublement périodique ordinaire.

Dans le cas où $n = 2$, on peut prendre, pour le système de nombres entiers (p, q), les trois systèmes $(0, 1)$, $(1, 0)$, $(1, 1)$, et l'on retombe ainsi sur les fonctions $\xi_{\alpha 0}(u)$, qui sont, en effet, relativement aux périodes $2\omega_1$, $2\omega_3$, doublement périodiques de seconde espèce, avec les multiplicateurs ± 1. Les fonctions $\mathcal{A}_{p,q}(u)$ sont donc, comme le remarque M. Kiepert, qui a montré leur rôle dans la théorie de la multiplication et de la transformation, la généralisation immédiate des fonctions $\xi_{\alpha 0}(u)$.

373. Les propriétés suivantes de ces fonctions résultent immédiatement de leur définition, des propriétés élémentaires de la fonction σu et de la formule (VII_1) :

$$\mathcal{A}_{p,q}(u+2\omega_1) = \mathcal{A}_{p,q}(u)e^{-\frac{2q\pi i}{n}},$$

$$\mathcal{A}_{p,q}(u+2\omega_2) = \mathcal{A}_{p,q}(u)e^{-\frac{2(p-q)\pi i}{n}},$$

$$\mathcal{A}_{p,q}(u+2\omega_3) = \mathcal{A}_{p,q}(u)e^{\frac{2p\pi i}{n}},$$

$$\mathcal{A}_{p+n,q}(u) = \mathcal{A}_{p,q}(u),$$

$$\mathcal{A}_{p,q}(-u) = -\mathcal{A}_{-p,-q}(u),$$

$$\mathcal{A}_{p,q}(u)\,\mathcal{A}_{-p,-q}(u) = \wp u - \wp\left(\frac{2p\omega_1+2q\omega_3}{n}\right),$$

$$\prod_{r=1}^{r=n-1}\mathcal{A}_{rp,rq}(u) = \prod_{r=1}^{\frac{n-1}{2}}\left[\wp u - \wp\left(r\frac{2p\omega_1+2q\omega_3}{n}\right)\right].$$

Cette dernière égalité suppose que n est un nombre impair.

374. Désignons enfin par $\mathcal{A}(u, u_0)$ ce que devient la fonction générale $\mathcal{A}(u)$ quand on y remplace la constante c par $\zeta(u_0)$; posons, en d'autres termes,

$$\mathcal{A}(u, u_0) = \frac{\sigma(u+u_0)}{\sigma u_0\,\sigma u}\,e^{-u\zeta u_0}.$$

On observera que la dérivée logarithmique de $\mathcal{A}(u, u_0)$ est égale (VII_3) à $\frac{1}{2}\frac{\wp' u - \wp' u_0}{\wp u - \wp u_0}$; on en conclut aisément que la fonction $\mathcal{A}(u, u_0)$ vérifie l'équation différentielle linéaire

$$\frac{d^2\mathcal{A}(u, u_0)}{du^2} = [2\wp u + \wp u_0]\,\mathcal{A}(u, u_0).$$

La fonction $\mathcal{A}(u, u_0)$, *considérée comme une fonction de* u_0 mérite de fixer un instant l'attention. Il suffit de se reporter aux égalités (XII) pour voir qu'elle jouit de la propriété qu'exprime l'égalité

$$\mathcal{A}(u, u_0+2\omega_\alpha) = \mathcal{A}(u, u_0) \qquad (\alpha = 1, 2, 3).$$

Elle devrait donc être regardée comme doublement périodique, si nous n'avions pas exclu les fonctions, même univoques, qui admettent des points singuliers essentiels; tel est évidemment le cas de la fonction $\mathcal{A}(u, u_0)$ qui, puisque ζu_0 figure en exposant, admet comme points singuliers essentiels tous les pôles de ζu_0. On observera que, dans le parallélogramme des périodes, la fonction $\mathcal{A}(u, u_0)$, regardée comme une fonction de u_0, n'admet qu'un zéro, congru à $-u$, et un pôle congru à o (*modulis* $2\omega_1$, $2\omega_3$).

On reconnaît de suite, à cause de l'égalité (VII_1), que l'on a

$$\mathcal{A}(u, u_0)\,\mathcal{A}(u, -u_0) = \wp u - \wp u_0.$$

IV. — Fonctions doublement périodiques de troisième espèce.

375. En faisant un pas de plus dans la voie que nous venons de suivre, nous sommes amenés à étudier les fonctions que M. Hermite a désignées sous le nom de *fonctions doublement périodiques de troisième espèce;* c'est à ce type qu'appartiennent les fonctions σu, $\sigma_\alpha u$, $\Phi(u)$. Les fonctions de troisième espèce sont définies, en général, comme étant univoques, comme n'admettant aucune autre singularité à distance finie que des pôles, et enfin comme satisfaisant aux équations fonctionnelles

$$\Psi(u+2\omega_1) = e^{M_1 u + N_1}\,\Psi(u), \qquad \Psi(u+2\omega_3) = e^{M_3 u + N_3}\,\Psi(u),$$

M_1, N_1, M_3, N_3 étant des constantes. Ici encore, il est clair que les pôles et les zéros de la fonction $\Psi(u)$ devront se reproduire périodiquement.

376. Les constantes M_1, N_1, M_3, N_3 ne peuvent être choisies arbitrairement; en effet [1], les équations précédentes entraînent celles-ci :

$$\begin{aligned}\Psi(u+2\omega_1+2\omega_3) &= e^{(M_1+M_3)u+2M_1\omega_3+N_1+N_3}\,\Psi(u)\\ &= e^{(M_1+M_3)u+2M_3\omega_1+N_1+N_3}\,\Psi(u),\end{aligned}$$

et ces dernières exigent que l'on ait

$$M_1\omega_3 - M_3\omega_1 = h\pi i,$$

en désignant par h un entier positif, nul ou négatif.

Dans l'expression de $\Psi(u+2\omega_1+2\omega_3)$, remplaçons u par $u+2\omega_2$ et résolvons par rapport à $\Psi(u+2\omega_2)$; en tenant

---

(1) C'est le même raisonnement qu'au n° 92.

compte de la relation $\omega_1+\omega_2+\omega_3=0$, nous aurons

$$\Psi(u+2\omega_2)=e^{-(M_1+M_3)u-2(M_1+M_3)\omega_2-2M_3\omega_1-N_1-N_3}\Psi(u);$$

d'où l'on conclut qu'on peut écrire

$$\Psi(u+2\omega_2)=e^{M_2u+N_2}\Psi(u),$$

en définissant M_2 et N_2 par les égalités

$$M_1+M_2+M_3=0,$$

$$N_1+N_2+N_3-M_1\omega_1-M_2\omega_2-M_3\omega_3=(2h'+h)\pi i.$$

La seconde égalité, où h' désigne un entier quelconque, résulte aisément de ce que l'on a

$$-2(M_1+M_3)\omega_2-2M_3\omega_1-(M_1\omega_1+M_2\omega_2+M_3\omega_3)=M_1\omega_3-M_3\omega_1.$$

Ainsi, les six constantes M_1, M_2, M_3, N_1, N_2, N_3 satisfaisant aux relations précédentes, on pourra remplacer les deux équations fonctionnelles qui définissent la fonction $\Psi(u)$ par les trois équations

$$\Psi(u+2\omega_\alpha)=e^{M_\alpha u+N_\alpha}\Psi(u) \qquad (\alpha=1,2,3).$$

Nous conservons aux quantités $e^{M_\alpha u+N_\alpha}$ le nom de *multiplicateurs*, déjà employé pour les fonctions de seconde espèce.

377. Le produit ou le quotient de deux fonctions de troisième espèce est aussi une fonction de troisième espèce; les multiplicateurs de la fonction ainsi engendrée sont les produits ou les quotients des multiplicateurs correspondants des fonctions primitives. Lorsque le premier multiplicateur $e^{M_1u+N_1}$ est égal à 1, la fonction est dite *réduite*.

Une exponentielle de la forme e^{Au^2+Bu+C}, où A, B, C sont des constantes, est une fonction de troisième espèce; on peut disposer de A, B de façon que le multiplicateur de cette fonction relatif à la période $2\omega_1$ soit précisément $e^{M_1u+N_1}$, M_1 et N_1 étant donnés. Dès lors, étant donnée une fonction de troisième espèce, on peut la *réduire*, en la multipliant par une exponentielle de la forme précédente. Inversement, toute fonction de troisième espèce peut se déduire d'une fonction réduite, par le même procédé.

378. Dans une fonction réduite de troisième espèce, on peut supposer nuls M_1 et N_1; M_3 se déduit alors de la relation

$$M_1\omega_3 - M_3\omega_1 = h\pi i,$$

et la fonction doit vérifier les équations fonctionnelles

$$\Psi(u+2\omega_1) = \Psi(u), \qquad \Psi(u+2\omega_3) = e^{-\frac{h\pi i}{\omega_1}u+N_3}\Psi(u).$$

Observons que la constante N_3 n'a pas grand intérêt; si, en effet, dans les équations précédentes, on change u en $u+C$, en désignant par C une constante quelconque, puis que l'on désigne par $\Psi_1(u)$ la fonction $\Psi(u+C)$, on voit que la fonction $\Psi_1(u)$ vérifie les équations

$$\Psi_1(u+2\omega_1) = \Psi_1(u), \qquad \Psi_1(u+2\omega_3) = e^{-\frac{h\pi i}{\omega_1}u+N_3-\frac{h\pi i C}{\omega_1}}\Psi_1(u);$$

ce sont les mêmes équations que vérifie $\Psi(u)$, si ce n'est que N_3 est diminué de $\dfrac{h\pi i C}{\omega_1}$; d'ailleurs, connaissant la fonction $\Psi_1(u)$, on connaîtra la fonction $\Psi(u) = \Psi_1(u-C)$. On peut donc supposer que N_3 ait telle valeur que l'on voudra, par exemple la valeur 0, ou la valeur $-\dfrac{h\pi i\omega_3}{\omega_1}$. Dans ce dernier cas, les équations fonctionnelles qui déterminent la fonction $\Psi(u)$ prennent la forme

$$\Psi(u+2\omega_1) = \Psi(u), \qquad \Psi(u+2\omega_3) = e^{-\frac{h\pi i}{\omega_1}(u+\omega_3)}\Psi(u).$$

Ainsi la recherche des fonctions de troisième espèce se ramène à celle de la solution la plus générale de ces équations fonctionnelles.

379. Avant d'aborder cette recherche, nous allons établir, pour les fonctions de troisième espèce $\Psi(u)$, à multiplicateurs *quelconques,* deux relations concernant l'une la différence entre le nombre des zéros et celui des pôles, l'autre la différence entre la somme des zéros et celle des pôles, analogues à celles qui concernent les fonctions de première et de seconde espèce.

Appliquons d'abord l'égalité fondamentale du n° 352 à la fonction

$$F(u) = \frac{\Psi'(u)}{\Psi(u)}.$$

Puisque la fonction $\Psi(u)$ n'admet pas d'autre singularité à distance finie que des pôles, le nombre de pôles ou de zéros de cette fonction contenus dans le parallélogramme des périodes sera nécessairement fini. Désignons par $a_1, a_2, \ldots, a_\nu$ d'une part, par $b_1, b_2, \ldots, b_\rho$ d'autre part, les pôles et les zéros contenus à l'intérieur du parallélogramme autour duquel on effectue l'intégration, chaque pôle ou chaque zéro étant répété exactement autant de fois qu'il y a d'unités dans son ordre de multiplicité; la somme des résidus de la fonction $F(u)$, à l'intérieur du parallélogramme, sera $\rho - \nu$.

Le calcul du premier membre de l'égalité fondamentale pour $F(u) = \dfrac{\Psi'(u)}{\Psi(u)}$ est immédiat; on trouve $2(M_1\omega_3 - M_3\omega_1)$. On a donc

$$2(M_1\omega_3 - M_3\omega_1) = 2\pi i(\rho - \nu),$$

en sorte que le nombre entier que nous avons désigné plus haut par h n'est autre que l'excès du nombre de zéros sur le nombre de pôles.

380. Appliquons le même théorème à la fonction

$$F(u) = u\,\frac{\Psi'(u)}{\Psi(u)};$$

la somme des résidus à l'intérieur du parallélogramme sera la différence d entre les sommes $b_1 + b_2 + \ldots + b_\rho$ et $a_1 + a_2 + \ldots + a_\nu$ des zéros et des pôles.

On trouve d'ailleurs immédiatement

$$\begin{aligned}
&F(u_0 + 2\omega_1 t) - F(u_0 + 2\omega_3 + 2\omega_1 t)\\
&\qquad = -(u_0 + 2\omega_3 + 2\omega_1 t)\,M_3 - 2\omega_3\,\frac{\Psi'(u_0 + 2\omega_1 t)}{\Psi(u_0 + 2\omega_1 t)},\\
&F(u_0 + 2\omega_3 t) - F(u_0 + 2\omega_1 + 2\omega_3 t)\\
&\qquad = -(u_0 + 2\omega_1 + 2\omega_3 t)\,M_1 - 2\omega_1\,\frac{\Psi'(u_0 + 2\omega_3 t)}{\Psi(u_0 + 2\omega_3 t)},
\end{aligned}$$

et, si l'on observe que les intégrales

$$\int_0^1 \frac{\Psi'(u_0 + 2\omega_1 t)}{\Psi(u_0 + 2\omega_1 t)}\,dt, \qquad \int_0^1 \frac{\Psi'(u_0 + 2\omega_3 t)}{\Psi(u_0 + 2\omega_3 t)}\,dt$$

sont respectivement des déterminations des quantités

$$\frac{1}{2\omega_1}\log\frac{\Psi(u_0+2\omega_1)}{\Psi(u_0)}, \qquad \frac{1}{2\omega_3}\log\frac{\Psi(u_0+2\omega_3)}{\Psi(u_0)},$$

c'est-à-dire qu'elles sont respectivement égales à

$$\frac{M_1 u_0+N_1+2n_1\pi i}{2\omega_1}, \qquad \frac{M_3 u_0+N_3+2n_3\pi i}{2\omega_3},$$

en désignant par n_1, n_3 des nombres entiers, on obtient

$$2\omega_1\left[-(u_0+\omega_1+2\omega_3)M_3-2\omega_3\frac{M_1 u_0+N_1+2n_1\pi i}{2\omega_1}\right]$$
$$-2\omega_3\left[-(u_0+\omega_3+2\omega_1)M_1-2\omega_1\frac{M_3 u_0+N_3+2n_3\pi i}{2\omega_3}\right]=2d\pi i.$$

En tenant compte de la relation $\omega_3 M_1-\omega_1 M_3=h\pi i$, on en déduit

$$d=\frac{\omega_1 N_3-\omega_3 N_1}{\pi i}+\frac{\omega_1^2 M_3-\omega_3^2 M_1}{\pi i}-2h\omega_2+2(n_3\omega_1-n_1\omega_3).$$

Dans le cas d'une fonction réduite, M_1 et N_1 sont nuls et l'on a donc, puisque h est égal à $-\frac{\omega_1 M_3}{\pi i}$, la congruence

$$d\equiv\frac{\omega_1 N_3}{\pi i}-h\omega_1 \qquad (\text{modd. } 2\omega_1, 2\omega_3).$$

381. Abordons maintenant la recherche du type le plus général des fonctions de troisième espèce.

Si la fonction de troisième espèce est transcendante entière, h désigne, d'après ce que nous venons de voir, le nombre de zéros contenus dans le parallélogramme des périodes : c'est un nombre entier positif. Quant à d, c'est la somme des zéros. Si l'on suppose la fonction réduite, les équations fonctionnelles prennent la forme (¹)

$$\Psi(u+2\omega_1)=\Psi(u), \qquad \Psi(u+2\omega_3)=e^{-\frac{h\pi i}{\omega_1}u+N_3}\Psi(u),$$

dont on a, comme on l'a démontré au n° **274**, la solution la plus

(¹) Cette forme même montre qu'on ne peut supposer h nul, puisque alors la fonction serait de seconde espèce et se réduirait donc à une exponentielle $e^{cu+c'}$.

générale, savoir

$$\Phi\left(u - \omega_3 - \frac{N_3\omega_1}{h\pi i}\right).$$

Nous rappelons que la fonction $\Phi(u)$ comporte h constantes arbitraires $A_0, A_1, \ldots, A_{h-1}$ qui y figurent linéairement, et que l'on a

$$\Phi(u) = A_0\Phi_0(u) + A_1\Phi_1(u) + \ldots + A_{h-1}\Phi_{h-1}(u),$$

en supposant

$$\Phi_r(u) = \sum_n q^{\frac{(nh+r)^2}{h}} e^{2(nh+r)i\pi v} = q^{\frac{r^2}{h}} e^{2ri\pi v}\,\mathfrak{I}_3(hv + r\tau \mid h\tau),$$

où v, suivant notre habitude, est mis à la place de $\frac{u}{2\omega_1}$.

En résumé, si l'on se donne les deux périodes $2\omega_1$, $2\omega_3$, et le nombre h de zéros dans le parallélogramme des périodes, la fonction transcendante entière la plus générale qui soit une fonction réduite de troisième espèce sera la fonction $\Phi(u + C)$, qui comporte les $h + 1$ constantes $A_0, A_1, \ldots, A_{h-1}, C$; la dernière est liée à la somme d des zéros par la congruence

$$d \equiv h(\omega_2 - C) \qquad (\text{modd. } 2\omega_1, 2\omega_3),$$

qui se déduit immédiatement de celle que l'on a obtenue à la fin du n° 380, en remarquant que C est égal à $-\omega_3 - \frac{N_3\omega_1}{h\pi i}$.

Enfin, on obtiendra la fonction transcendante entière la plus générale en multipliant $\Phi(u + C)$ par une exponentielle de la forme e^{Au^2+Bu}, où A et B sont des constantes arbitraires; il est inutile de prendre cette exponentielle sous la forme $e^{Au^2+Bu+C'}$, puisque le facteur $e^{C'}$ ne ferait que modifier les constantes arbitraires $A_0, A_1, \ldots, A_{h-1}$ qui figurent dans $\Phi(u + C)$.

On observera que le théorème de Liouville n'a pas ici son analogue puisque, comme on vient de le voir, il existe des fonctions de troisième espèce, autres que l'exponentielle e^{Au^2+Bu+C}, qui sont transcendantes entières.

382. Le lecteur n'a pas manqué de remarquer les propriétés importantes de la fonction $\Phi(u)$ que nous avons obtenues en passant. C'est une fonction de troisième espèce dont les multiplica-

teurs correspondant aux périodes $2\omega_1$, $2\omega_3$ sont respectivement

$$1, \quad e^{-\frac{h\pi i}{\omega_1}(u+\omega_3)};$$

cette propriété n'est autre chose que la définition même de la fonction transcendante entière $\Phi(u)$; mais nous venons d'apprendre en outre que, dans le parallélogramme des périodes, elle a exactement h zéros et que la somme de ces zéros est congrue *modulis* $2\omega_1, 2\omega_3$ à $h(\omega_1+\omega_3)$ ou, si l'on veut, à $h\omega_2$.

De la première de ces deux propriétés on déduit que la fonction $\mathfrak{S}_3$ ne peut admettre plus d'un zéro dans le parallélogramme des périodes, puisque la fonction $\Phi(u)$, pour $h=1$, se réduit à $\mathfrak{S}_3\left(\frac{u}{2\omega_1}\middle|\tau\right)$. Ce théorème étant le seul pour la démonstration duquel nous nous sommes appuyés sur la décomposition des fonctions $\mathfrak{S}$ en facteurs, le lecteur a maintenant tous les éléments nécessaires à l'établissement d'une théorie des fonctions $\mathfrak{S}$ fondée uniquement sur les développements en séries trigonométriques (n° **160**) qui les définissent et sur le théorème (n° **274**) de M. Hermite.

De la seconde de ces propriétés, il résulte que si l'on se donne tous les zéros, sauf un, de la fonction $\Phi(u)$, ce dernier zéro est déterminé.

D'ailleurs, on peut construire une fonction $\Phi(u)$ admettant $h-1$ zéros $b_1, b_2, \ldots, b_{h-1}$, et cette fonction est déterminée à un facteur constant près. En effet, les h constantes $A_0, A_1, \ldots, A_{h-1}$ qui figurent linéairement dans $\Phi(u)$ seront liées par $h-1$ équations qui, dans le cas où tous les zéros sont distincts, seront

$$\Phi(b_1)=0, \qquad \Phi(b_2)=0, \qquad \ldots, \qquad \Phi(b_{h-1})=0,$$

et qui, dans tous les cas, resteront linéaires en $A_0, A_1, \ldots, A_{h-1}$. Ces équations admettent toujours une solution dans laquelle toutes les inconnues ne sont pas nulles et déterminent les rapports mutuels des constantes $A_0, A_1, \ldots, A_{h-1}$. On ne peut, en effet, se trouver dans le cas d'exception de la théorie des équations linéaires, car, si l'on obtenait deux fonctions distinctes $\Phi(u)$, $\Phi_1(u)$ admettant les $h-1$ zéros donnés, le rapport de ces deux fonctions serait visiblement une fonction de première espèce qui n'aurait point de pôle : ce serait donc une constante.

On voit aussi qu'il existe des fonctions transcendantes entières de troisième espèce, qui admettent, dans le parallélogramme des périodes, h zéros donnés $b_1, b_2, \ldots, b_h$. Une telle fonction, si elle est réduite, sera de la forme $\Phi(u+C)$, C étant une constante qui satisfasse à la congruence

$$hC \equiv h\omega_2 - d \qquad (\text{modd. } 2\omega_1, 2\omega_3),$$

en désignant par d la somme des zéros du parallélogramme. On choisira pour C l'une des solutions de cette congruence, et l'on déterminera, à un facteur constant près, comme précédemment, les h constantes qui entrent linéairement dans $\Phi(u+C)$ de façon que cette fonction s'annule pour $h-1$ des zéros donnés, par exemple, pour $b_1, b_2, \ldots, b_{h-1}$; la fonction $\Phi(u)$, qui a h zéros dans le parallélogramme, s'annule pour $b_1+C, b_2+C, \ldots, b_{h-1}+C$; en désignant par b'_h+C son $h^{\text{ième}}$ zéro, on devra avoir

$$b_1+C+b_2+C+\ldots+b_{h-1}+C+b'_h+C \equiv h\omega_2$$

ou

$$d+hC+b'_h-b_h \equiv h\omega_2,$$

d'où l'on conclut

$$b'_h-b_h \equiv 0 \qquad (\text{modd. } 2\omega_1, 2\omega_3).$$

On obtiendrait, d'ailleurs, diverses solutions avec des multiplicateurs différents, en prenant pour C les diverses solutions de la congruence.

383. Nous ferons encore sur les fonctions $\Phi(u)$ la remarque suivante, qui va nous être utile tout à l'heure. Si l'on y pose

$$x = e^{\frac{i\pi u}{\omega_1}},$$

les fonctions $\Phi_r(u)$, $(r=0, 1, \ldots h-1)$ prennent la forme

$$\Phi_r(u) = \sum_n q^{n^2h+2nr+\frac{r^2}{h}} x^{nh+r},$$

sur laquelle la propriété fondamentale (LV_2) apparaît immédiatement; car, lorsque l'on remplace u par $u+2\omega_1$, x ne change pas, non plus que la somme de la série, et quand on remplace u par $u+2\omega_3$, x est remplacé par q^2x, en sorte que la série se reproduit multipliée par

$$q^{-h}x^{-h} = e^{-\frac{hi\pi}{\omega_1}(u+\omega_3)}.$$

384. Il est aisé de former une infinité de séries, constituées d'une façon analogue aux précédentes et, en particulier, à la plus simple de toutes

$$\Phi_0(u) = \sum_n q^{n^2h}x^{nh},$$

qui jouissent de la même propriété, mais qui ne représentent plus des fonctions entières. C'est un point très particulier des belles recherches de M. Appell sur les fonctions de troisième espèce (¹), que nous allons exposer en disant quelques mots d'une de ces fonctions, appelée à jouer le rôle d'élément simple.

La recherche des fonctions de troisième espèce les plus générales peut être ramenée, comme on l'a vu au n° **378**, à la recherche des fonctions réduites qui satisfont aux équations fonctionnelles

$$\Psi(u+2\omega_1) = \Psi(u), \qquad \Psi(u+2\omega_3) = e^{-\frac{hi\pi}{\omega_1}(u+\omega_3)}\Psi(u),$$

et nous avons montré au n° **379** que h désigne l'excès du nombre de zéros sur le nombre de pôles. On prévoit qu'il y aura deux cas à distinguer suivant le signe de h.

Supposons d'abord que h soit positif.

Il est aisé, en supposant toujours $x = e^{\frac{i\pi u}{\omega_1}}$, de former une série qui se reproduise multipliée par $q^{-h}x^{-h}$ quand on change x en q^2x et dont la somme représente une fonction qui n'admette, dans le parallélogramme des périodes, qu'un pôle unique et simple, congruent au point donné w. Telle sera, si l'on pose $y = e^{\frac{i\pi w}{\omega_1}}$, la série

$$\sum_n q^{n^2h}\frac{x^{nh}}{q^{2n}x-y}.$$

Cette série est absolument et uniformément convergente dans toute région finie du plan de la variable u, qui ne contient

(¹) *Annales de l'École Normale supérieure*, 3ᵉ série, t. I, II, III. *Voir* aussi Halphen, *Traité des fonctions elliptiques*, t. I, p. 468 et suivantes.

aucun des points u pour lesquels on a $q^{2n}x - y = 0$, c'est-à-dire un des points $u = w + 2m\omega_1 + 2n\omega_3$, où m désigne, ainsi que n, un entier quelconque. La série garde même ce caractère dans les régions qui contiennent quelques-uns de ces points, pourvu qu'on en supprime les termes qui deviennent infinis.

Si l'on isole le terme qui devient infini pour $u = w$, savoir

$$\frac{1}{x-y} = \frac{1}{y}\,\frac{1}{e^{\frac{i\pi(u-w)}{\omega_1}} - 1},$$

on voit de suite que le résidu relatif au pôle simple w est $\frac{\omega_1}{i\pi y}$. Si l'on pose finalement

$$F(u, w) = \frac{i\pi y}{\omega_1} \sum_n q^{n^2 h} \frac{x^{nh}}{xq^{2n} - y},$$

on aura une fonction de u qui satisfait aux équations fonctionnelles, qui admet comme pôles simples les points congruents à w, et dont le résidu, pour le pôle w, est égal à 1.

385. Nous aurons à envisager cette fonction $F(u, w)$ tant comme fonction de u que comme fonction de w. A ce second point de vue, il est clair que la fonction $F(u, w)$ jouit de la propriété

$$F(u, w + 2\omega_1) = F(u, w),$$

mais, relativement à la seconde période $2\omega_3$, elle se comporte d'une façon plus compliquée.

Tout d'abord, écrivons-la sous la forme

$$\begin{aligned} F(u, w) &= \frac{i\pi}{\omega_1} \sum_n q^{n^2 h} x^{nh} \frac{y - xq^{2n} + xq^{2n}}{xq^{2n} - y} \\ &= -\frac{i\pi}{\omega_1}\Phi_0(u) + \frac{i\pi}{\omega_1} \sum_n q^{n^2 h + 2n} \frac{x^{nh+1}}{xq^{2n} - y}, \end{aligned}$$

puis changeons w en $w + 2\omega_3$, y en $q^2 y$, n en $n + 1$, on aura

$$F(u, w + 2\omega_3) + \frac{i\pi}{\omega_1}\Phi_0(u) = \frac{i\pi}{\omega_1} \sum_n q^{(n+1)^2 h + 2n} \frac{x^{(n+1)h+1}}{xq^{2n} - y};$$

retranchons des deux membres la quantité

$$\lambda F(u, w) = \lambda \frac{i\pi}{\omega_1} \sum_n q^{n^2 h} x^{nh} \frac{y}{xq^{2n} - y},$$

la série qui figure dans le second membre deviendra

$$\sum_n q^{n^2 h} x^{nh} \frac{q^{2n(h+1)+h} x^{h+1} - \lambda y}{xq^{2n} - y},$$

et, en prenant pour λ la valeur $q^h y^h$ de manière que le numérateur de la fraction devienne divisible par le dénominateur, on obtiendra l'égalité

$$F(u, w + 2\omega_3) - q^h y^h F(u, w) = \frac{i\pi}{\omega_1} q^h \sum_n q^{n^2 h} x^{nh} \frac{(q^{2n} x)^{h+1} - y^{h+1}}{q^{2n} x - y};$$

en effectuant la division de $(q^{2n} x)^{h+1} - y^{h+1}$ par $q^{2n} x - y$, on aura finalement

$$F(u, w + 2\omega_3) = q^h y^h F(u, w) + \frac{i\pi q^h}{\omega_1} \sum_{r=0}^{h} y^{h-r} q^{-\frac{r^2}{h}} \Phi_r(u).$$

386. La fonction $F(u, w)$, envisagée comme une fonction de u, va nous permettre de construire toutes les fonctions de troisième espèce qui admettent, dans le parallélogramme des périodes, un nombre quelconque de pôles et un nombre de zéros égal à ce nombre de pôles augmenté de h unités; elle admet elle-même un pôle et $h + 1$ zéros.

Observons d'abord que les fonctions de u

$$\frac{\partial F}{\partial w}, \quad \frac{\partial^2 F}{\partial w^2}, \quad \frac{\partial^3 F}{\partial w^3}, \quad \ldots$$

sont toutes des fonctions de troisième espèce, avec les mêmes multiplicateurs que la fonction $F(u, w)$; chacune d'elles n'a dans le parallélogramme des périodes qu'un pôle, mais ce pôle est double pour $\frac{\partial F}{\partial w}$, triple, quadruple, ... pour les fonctions suivantes.

Considérons maintenant une fonction $\Psi(u)$ de troisième espèce, avec les multiplicateurs 1 et $e^{-\frac{hi\pi}{\omega_1}(u+\omega_3)}$. Soit w un de ses pôles d'ordre α, en désignant par A une constante choisie de façon que, dans le développement suivant les puissances de ε de la fonction

$$\Psi(u) - A\,\frac{\partial^{\alpha-1}F}{\partial w^{\alpha-1}},$$

dans laquelle on a remplacé u par $w+\varepsilon$, le terme en $\frac{1}{\varepsilon^\alpha}$ manque, on voit que cette fonction n'admettra plus le pôle w qu'à l'ordre $\alpha - 1$; on la ramènera de même à ne plus l'avoir qu'à l'ordre $\alpha - 2, \ldots$, puis à ne plus l'avoir du tout : les fonctions successives que l'on formera ainsi seront toujours des fonctions de troisième espèce, avec les mêmes multiplicateurs, et les pôles autres que w ne seront pas modifiés. On enlèvera ainsi successivement tous les pôles, et alors il ne restera plus qu'une fonction transcendante entière de troisième espèce, c'est-à-dire une fonction $\Phi(u)$.

On conclut de là que, si l'on désigne par $a_1, a_2, \ldots, a_\nu$ les pôles *distincts* de la fonction $\Psi(u)$ dans le parallélogramme des périodes, par α_i le degré de multiplicité du pôle a_i, on pourra mettre $\Psi(u)$ sous la forme

$$\Psi(u) = \Phi(u) + \sum_{i=1}^{i=\nu}\left[A_0^{(i)}F + A_1^{(i)}\frac{\partial F}{\partial w} + \ldots + A_{\alpha_i-1}^{(i)}\frac{\partial^{\alpha_i-1}F}{\partial w^{\alpha_i-1}}\right]_{w=a_i},$$

où l'on entend que, dans les expressions $F, \frac{\partial F}{\partial w}, \frac{\partial^2 F}{\partial w^2}, \ldots$, on remplace, après avoir fait les opérations, w par a_i. Inversement, une expression telle que le second membre représentera, quelles que soient les constantes $A_0, \ldots, A_{h-1}$ qui figurent dans Φ et les autres constantes $A_0^{(i)}, A_1^{(i)}, \ldots$, une fonction de troisième espèce, avec les multiplicateurs 1 et $e^{-\frac{h\pi i}{\omega_1}(u+\omega_3)}$, avec les pôles a_i, d'ordre de multiplicité α_i $(i = 1, 2, \ldots, \nu)$, et admettant un nombre de zéros égal à $h + \alpha_1 + \alpha_2 + \ldots + \alpha_\nu$; tel est aussi le nombre de constantes arbitraires qui y figurent, si l'on regarde les pôles comme donnés.

387. Il n'y a pas lieu de s'arrêter au cas où h est nul puisque l'on aurait affaire à une fonction de seconde espèce.

Supposons maintenant h négatif et soit encore $\Psi(u)$ une fonction de troisième espèce avec les multiplicateurs

$$1, \quad e^{-\frac{h\pi i}{\omega_1}(u+\omega_3)},$$

admettant, par conséquent, dans le parallélogramme des périodes un nombre quelconque de zéros et un nombre de pôles supérieur de $-h$ à ce nombre de zéros.

Formons les fonctions $\Phi(u)$, $F(u, w)$ qui correspondent au nombre $-h$, c'est-à-dire des fonctions de troisième espèce, aux multiplicateurs 1, $e^{\frac{h\pi i}{\omega_1}(u+\omega_3)}$, dont la première est une fonction transcendante entière, contenant linéairement $-h$ constantes arbitraires $A_0, A_1, \ldots, A_{-h-1}$, et dont la seconde admet dans le parallélogramme des périodes le pôle unique w. Les fonctions

$$\Psi(u)\,\Phi(u), \qquad \Psi(u)\,F(u, w)$$

sont de première espèce, et, pour chacune, la somme des résidus est nulle dans le parallélogramme des périodes.

Soit a un pôle de $\Psi(u)$, d'ordre de multiplicité α, et soit, en posant $u = a + \varepsilon$ et en désignant par $B_0, B_1, \ldots, B_{\alpha-1}$ des constantes, par $\mathfrak{P}(\varepsilon)$ une série entière en ε,

$$\Psi(a+\varepsilon) = \frac{B_0}{\varepsilon} + 1\,\frac{B_1}{\varepsilon^2} + 1.2\,\frac{B_2}{\varepsilon^3} + \ldots + 1.2\ldots(\alpha-1)\,\frac{B_{\alpha-1}}{\varepsilon^\alpha} + \mathfrak{P}(\varepsilon);$$

on aura

$$\Phi(a+\varepsilon) \quad = \Phi(a) + \Phi'(a)\,\frac{\varepsilon}{1} + \ldots + \Phi^{(\alpha-1)}(a)\,\frac{\varepsilon^{\alpha-1}}{1.2\ldots(\alpha-1)} + \ldots,$$

$$F(a+\varepsilon, w) = F(a) + F'(a)\,\frac{\varepsilon}{1} + \ldots + F^{(\alpha-1)}(a)\,\frac{\varepsilon^{\alpha-1}}{1.2\ldots(\alpha-1)} + \ldots,$$

où $F'(a)$, $F''(a)$, ... désignent ce que deviennent

$$\frac{\partial F(u, w)}{\partial u}, \quad \frac{\partial^2 F(u, w)}{\partial u^2}, \quad \ldots$$

quand on y remplace u par a.

Le résidu de la fonction $\Psi(u)\,\Phi(u)$, relatif au pôle a, sera donc

$$B_0\Phi(a) + B_1\Phi'(a) + \ldots + B_{\alpha-1}\Phi^{(\alpha-1)}(a),$$

et, la somme de tous les résidus analogues devant être nulle, on aura, en désignant par $a_1, a_2, \ldots, a_\nu$ les pôles distincts de $\Psi(u)$, par α_i le degré de multiplicité de a_i, une égalité de la forme

$$(b) \qquad \sum_{i=1}^{i=\nu} \left[B_0^{(i)}\Phi(a_i) + B_1^{(i)}\Phi'(a_i) + \ldots + B_{\alpha_i-1}^{(i)}\Phi^{(\alpha_i-1)}(a_i)\right] = 0,$$

qui équivaut en réalité à $-h$ conditions, puisque cette égalité, devant avoir lieu quelles que soient les constantes $A_0, A_1, \ldots, A_{-h-1}$ qui figurent dans Φ, se décompose en $-h$ autres égalités.

Appliquons le même théorème à la fonction $\Psi(u)\,F(u, w)$ en remarquant qu'elle admet, en dehors des pôles de $\Psi(u)$, le pôle $u = w$ de $F(u, w)$ avec le résidu $\Psi(w)$, et nous aurons

$$\Psi(w) + \sum_{i=1}^{i=\nu} [B_0^{(i)} F(a_i) + B_1^{(i)} F'(a_i) + \ldots + B_{\alpha_i-1}^{(i)} F^{(\alpha_i-1)}(a_i)] = 0,$$

d'où, en changeant w en u,

$$\Psi(u) = -\sum_{i=1}^{i=\nu} [B_0^{(i)} F(a_i, u) + B_1^{(i)} F'(a_i, u) + \ldots + B_{\alpha_i-1}^{(i)} F^{(\alpha_i-1)}(a_i, u)],$$

en sorte que la fonction $\Psi(u)$ est décomposée en éléments simples; on rappelle que $F^{(p)}(a_i, u)$ désigne ce que devient $\dfrac{\partial^p F(u, w)}{\partial^p u}$ quand on y a remplacé u par a_i, puis w par u.

388. Cette forme de décomposition, obtenue par le même procédé que les formules des nos 358 et 367 relatives aux fonctions de première et de seconde espèce, n'est pas toutefois de la même nature, car c'est le second élément de la fonction $F(u, w)$, qui joue le rôle de variable, et la fonction $F(u, w)$ n'est pas doublement périodique de troisième espèce par rapport à cet élément, en sorte que la formule trouvée ne met pas en évidence la périodicité de la fonction $\Psi(u)$; c'est que, en effet, les constantes $B_0^{(i)}$, $B_1^{(i)}$, ... ne sont pas arbitraires, mais doivent vérifier les $-h$ conditions contenues dans l'égalité (b). Sous le bénéfice de ces conditions, la périodicité apparaît, comme le lecteur le reconnaîtra sans difficulté, s'il veut bien se reporter au n° 385, où nous avons donné l'expression [1] de $F(u, w + 2\omega_3)$. On voit que, dans le cas où h est négatif, si l'on se donne les pôles α_i de la fonction $\Psi(u)$, le nombre de constantes arbitraires qui figurent linéairement dans l'expression de cette fonction est encore

---

[1] On n'oubliera pas que h doit être changé en $-h$, puisque, dans le cas où nous nous plaçons, h est négatif.

$h + \alpha_1 + \alpha_2 + \ldots + \alpha_\nu$; c'est, dans tous les cas, le nombre de zéros contenus dans le parallélogramme, en comptant chaque zéro autant de fois qu'il y a d'unités dans son degré de multiplicité.

V. — Autres expressions propres à représenter les fonctions doublement périodiques.

389. Les fonctions doublement périodiques sont susceptibles d'être mises sous d'autres formes particulièrement importantes, et qui mettent en évidence à la fois les zéros et les pôles.

Dans ce qui suit, nous supposerons toujours chaque pôle ou chaque zéro répété autant de fois qu'il y a d'unités dans son ordre de multiplicité.

Considérons d'abord une fonction de première ou de seconde espèce; elle a dans le parallélogramme des périodes autant de pôles que de zéros; désignons les premiers par $a_1, a_2, \ldots, a_\nu$, les seconds par $b_1, b_2, \ldots, b_\nu$; la dérivée logarithmique de cette fonction sera une fonction doublement périodique ordinaire, n'admettant que des pôles simples; si $a_1, a_2, \ldots, a_\nu$, d'une part, $b_1, b_2, \ldots, b_\nu$ d'autre part, sont distincts, l'ensemble de ces points constitue l'ensemble des pôles de la dérivée logarithmique; dans les autres cas, cet ensemble est constitué par ceux des points $a_1, a_2, \ldots, a_\nu$ et ceux des points $b_1, b_2, \ldots, b_\nu$ qui sont distincts; le résidu correspondant à chacun d'eux est, dans tous les cas, l'ordre de multiplicité du zéro ou du pôle de la fonction primitive, affecté du signe — s'il s'agit d'un pôle; de sorte que l'on a, dans tous les cas, pour la dérivée logarithmique décomposée en éléments simples, l'expression

$$C + \zeta(u - b_1) + \ldots + \zeta(u - b_\nu) - \zeta(u - a_1) - \ldots - \zeta(u - a_\nu),$$

où C est une constante. La fonction qui admet cette expression pour dérivée logarithmique est

$$e^{Cu+C'} \frac{\sigma(u - b_1)\sigma(u - b_2)\ldots\sigma(u - b_\nu)}{\sigma(u - a_1)\sigma(u - a_2)\ldots\sigma(u - a_\nu)},$$

où les zéros et les pôles sont bien mis en évidence.

390. Quand on remplace, dans la dernière expression, u par $u + 2\omega_\alpha$, elle se reproduit multipliée par $e^{2C\omega_\alpha - 2d\eta_\alpha}$, en désignant par d la différence entre la somme des zéros et la somme des pôles. L'expression précédente représentera donc, en général, une fonction de seconde espèce dont les multiplicateurs μ_1 et μ_3 seront donnés par les formules

$$2C\omega_1 - 2d\eta_1 = \log\mu_1, \qquad 2C\omega_3 - 2d\eta_3 = \log\mu_3,$$

d'où l'on tire inversement

$$C = \frac{1}{\pi i}(\eta_1 \log\mu_3 - \eta_3 \log\mu_1), \qquad d = \frac{1}{\pi i}(\omega_1 \log\mu_3 - \omega_3 \log\mu_1).$$

Ces relations ont été déjà obtenues aux n^{os} **364** et **369**.

391. Si l'on veut avoir affaire à une fonction doublement périodique ordinaire, les quantités $\log\mu_1$, $\log\mu_3$ doivent être des multiples entiers de $2\pi i$; en sorte qu'on doit avoir

$$C \equiv 0 (\text{modd. } 2\eta_1, 2\eta_3) \quad \text{et} \quad d \equiv 0 (\text{modd. } 2\omega_1, 2\omega_3);$$

la dernière relation a déjà été démontrée au n° **356**.

Comme le rapport de ω_1 à ω_3 n'est pas réel, la supposition $d = 2n_1\omega_1 + 2n_3\omega_3$ entraîne les trois égalités

$$\log\mu_3 = 2n_1\pi i, \qquad \log\mu_1 = -2n_3\pi i, \qquad C = 2(n_1\eta_1 + n_3\eta_3),$$

en sorte qu'une fonction doublement périodique ordinaire, dont les pôles $a_1, a_2, \ldots, a_\nu$ et les zéros $b_1, b_2, \ldots, b_\nu$ vérifient la relation

$$(b_1 + b_2 + \ldots + b_\nu) - (a_1 + a_2 + \ldots + a_\nu) = 2n_1\omega_1 + 2n_3\omega_3,$$

où n_1, n_3 sont des nombres entiers, aura pour expression générale

$$f(u) = A e^{(2n_1\eta_1 + 2n_3\eta_3)u} \frac{\sigma(u - b_1)\sigma(u - b_2)\ldots\sigma(u - b_\nu)}{\sigma(u - a_1)\sigma(u - a_2)\ldots\sigma(u - a_\nu)};$$

A est une constante qui a été mise à la place de $e^{C'}$.

Si les représentants [1] des pôles et des zéros ont été, comme

---

[1] On a vu (n° 359) qu'il n'était pas nécessaire de prendre les pôles ou les zéros dans un même parallélogramme, pourvu que chaque pôle ou chaque zéro soit représenté par un point congruent à $a_1, a_2, \ldots, a_\nu$ ou $b_1, b_2, \ldots, b_\nu$.

on peut toujours le faire, choisis de façon que l'on ait

$$b_1 + b_2 + \ldots + b_\nu = a_1 + a_2 + \ldots + a_\nu,$$

l'expression de la fonction doublement périodique sera

$$f(u) = \mathrm{A}\,\frac{\sigma(u - b_1)\sigma(u - b_2)\ldots\sigma(u - b_\nu)}{\sigma(u - a_1)\sigma(u - a_2)\ldots\sigma(u - a_\nu)},$$

puisque l'on aura alors $n_1 = n_3 = 0$. Cette formule met en évidence les zéros, les pôles et la double périodicité.

Toute fonction rationnelle entière de pu et de $p'u$ est une fonction doublement périodique ordinaire n'admettant que le pôle o, qui est nécessairement multiple; la somme des zéros d'une telle fonction est donc nécessairement congrue à o (modd. $2\omega_1$, $2\omega_3$); ce résultat équivaut à une proposition due à Abel. On voit en outre qu'une telle fonction peut se mettre sous la forme

$$\mathrm{A}\,\frac{\sigma(u - b_1)\sigma(u - b_2)\ldots\sigma(u - b_\nu)}{(\sigma u)^\nu} \qquad (\nu > 1).$$

392. Il y a quelque intérêt à retrouver ces divers résultats et, en outre, ceux de même nature qui concernent les fonctions de troisième espèce, sans nous appuyer sur la décomposition en éléments simples. Le théorème de Liouville y suffit.

En désignant par $a_1, a_2, \ldots, a_\nu$ les représentants des pôles d'une fonction de troisième espèce, et par $b_1, b_2, \ldots, b_\rho$ les représentants de ses zéros, on voit, en se plaçant au point de vue du n° 85, que cette fonction doit être de la forme

$$\Psi(u) = e^{g(u)}\,\frac{\sigma(u - b_1)\sigma(u - b_2)\ldots\sigma(u - b_\rho)}{\sigma(u - a_1)\sigma(u - a_2)\ldots\sigma(u - a_\nu)};$$

cela résulte du théorème de M. Weierstrass sur la décomposition en facteurs primaires, et de ce que les seuls pôles et les seuls zéros de la fonction $\Psi(u)$ doivent être respectivement congrus, *modulis* $2\omega_1$, $2\omega_3$, à $a_1, a_2, \ldots, a_\nu$ et à $b_1, b_2, \ldots, b_\rho$; $g(u)$ doit être une fonction entière, transcendante ou non.

Posons, comme nous l'avons déjà fait,

$$(b_1 + b_2 + \ldots + b_\rho) - (a_1 + a_2 + \ldots + a_\nu) = d, \qquad \rho - \nu = h;$$

en remplaçant, dans $\Psi(u)$, u par $u+2\omega_\alpha$, et en tenant compte des formules XII_2, on trouvera immédiatement

$$\frac{\Psi(u+2\omega_\alpha)}{\Psi(u)} = e^{g(u+2\omega_\alpha)-g(u)+h\pi i+2\eta_\alpha(hu+h\omega_\alpha-d)}.$$

Si donc on veut que la fonction $\Psi(u)$ soit une fonction de troisième espèce, avec les multiplicateurs $e^{M_\alpha u+N_\alpha}$, il faut que l'on ait

$$g(u+2\omega_\alpha)-g(u)+h\pi i+2\eta_\alpha(hu+h\omega_\alpha-d) = M_\alpha u+N_\alpha+2n_\alpha\pi i,$$

n_α étant un entier qui ne peut dépendre de u à cause de la continuité évidente du premier membre. En prenant les dérivées secondes par rapport à u, on en conclut

$$g''(u+2\omega_\alpha) = g''(u);$$

la fonction entière $g''(u)$, étant doublement périodique, se réduit à une constante; $g(u)$ est donc de la forme Au^2+Bu+C, où A, B, C désignent des constantes, et l'on devra avoir

$$(2Au+B)2\omega_\alpha+4A^2+2\eta_\alpha(hu+h\omega_\alpha-d)+h\pi i = M_\alpha u+N_\alpha+2n_\alpha\pi i,$$

et, par conséquent,

$$\begin{aligned} M_\alpha &= 4A\omega_\alpha+2h\eta_\alpha, \\ N_\alpha &= 4A\omega_\alpha^2+2B\omega_\alpha+2\eta_\alpha(h\omega_\alpha-d)+h\pi i-2n_\alpha\pi i \\ &= \omega_\alpha M_\alpha+2B\omega_\alpha-2d\eta_\alpha+h\pi i-2n_\alpha\pi i. \end{aligned}$$

393. Il résulte de l'analyse précédente que toute fonction de troisième espèce qui admet les pôles $a_1, a_2, \ldots, a_\nu$ et les zéros $b_1, b_2, \ldots, b_\rho$ peut être mise sous la forme

$$\Psi(u) = e^{Au^2+Bu+C}\,\frac{\sigma(u-b_1)\,\sigma(u-b_2)\ldots\sigma(u-b_\rho)}{\sigma(u-a_1)\,\sigma(u-a_2)\ldots\sigma(u-a_\nu)}$$

et que, inversement, toute fonction de cette forme est une fonction de première, de seconde ou de troisième espèce.

Considérée comme de troisième espèce elle admet les multiplicateurs $e^{M_\alpha u+N_\alpha}$, les constantes M_α, N_α étant exprimées au moyen de A, B par les formules qui précèdent. On en conclut immédiatement les relations

$$M_1 + M_2 + M_3 = 0,$$
$$N_1 + N_2 + N_3 = M_1\omega_1 + M_2\omega_2 + M_3\omega_3 + h\pi i + 2h'\pi i,$$

où h' est un nombre entier, relations qui sont conformes à celles obtenues au n° 376; on retrouve aussi aisément la relation

$$M_1\omega_3 - M_3\omega_1 = h\pi i;$$

puis, en éliminant B entre les expressions de N_1 et de N_3, on obtient, après quelques réductions immédiates, la congruence

$$d \equiv \frac{1}{\pi i}\left[\omega_1^2 M_3 - \omega_3^2 M_1 + \omega_1 N_3 - \omega_3 N_1\right] - 2h\omega_2, \qquad (\text{modd.}\, 2\omega_1, 2\omega_3).$$

Inversement, si cette relation et la relation $M_1\omega_3 - M_3\omega_1 = h\pi i$ sont vérifiées, on pourra déterminer les constantes A, B en fonction de M_α, N_α et l'on obtiendra l'expression générale

$$e^{Au^2+Bu+C}\frac{\sigma(u-b_1)\sigma(u-b_2)\ldots\sigma(u-b_\rho)}{\sigma(u-a_1)\sigma(u-a_2)\ldots\sigma(u-a_\nu)},$$

dont on s'est donné les pôles, les zéros et les multiplicateurs $e^{M_1+uN_1}$, $e^{M_3u+N_3}$.

Le cas des fonctions de deuxième et de première espèce est contenu dans ce qui précède. Pour les fonctions de seconde espèce, on a $M_1 = 0$, $M_3 = 0$, et, par suite,

$$h = 0, \qquad \rho = \nu,$$

puis

$$d \equiv \frac{\omega_1 N_3 - \omega_3 N_1}{\pi i} \equiv \frac{1}{\pi i}(\omega_1 \log \mu_3 - \omega_3 \log \mu_1) \quad (\text{modd.}\ 2\omega_1,\ 2\omega_3),$$

en désignant par μ_1 et μ_3 les multiplicateurs. Pour les fonctions de première espèce, on a

$$\rho = \nu, \qquad d \equiv 0, \qquad (\text{modd.}\, 2\omega_1,\ 2\omega_3).$$

En résumé, l'analyse précédente montre, d'une part, qu'il existe des fonctions doublement périodiques de première, de seconde et de troisième espèce, et elle donne, d'autre part, le type le plus général de chacune de ces fonctions.

394. Enfin, il est aisé de former encore, au moyen des fonctions Φ de M. Hermite, l'expression la plus générale des fonctions de troisième espèce qui ont un nombre donné de zéros et de pôles. Chacune de ces fonctions, quand elle est (transcendante) entière, se rapporte, comme on l'a vu, à l'entier positif h qui exprime le nombre de ses zéros; pour garder la trace de ce nombre, nous emploierons ici la notation $\Phi_{(h)}(u)$ qui représentera la fonction entière la plus générale de troisième espèce avec les multiplicateurs 1, $e^{-\frac{h\pi i}{\omega_1}(u+\omega_3)}$.

Considérons maintenant une fonction $\Psi(u)$ de troisième espèce, admettant ρ zéros et ν pôles dans le parallélogramme des périodes. Nous pourrons former (n° **381**) une fonction entière $\Phi_{(\nu)}(u+C)$, qui admette pour zéros les ν pôles de $\Psi(u)$. La fonction $\Psi(u)\Phi_{(\nu)}(u+C)$ n'admettra plus de pôles; elle sera de troisième espèce; elle admettra ρ zéros, les ρ zéros de $\Psi(u)$; elle sera donc de la forme

$$e^{Au^2+Bu}\Phi_{(\rho)}(u+D);$$

la fonction $\Psi(u)$ sera donc de la forme

$$\Psi(u) = e^{Au^2+Bu}\frac{\Phi_{(\rho)}(u+D)}{\Phi_{(\nu)}(u+C)}.$$

Inversement, une telle expression est une fonction de troisième espèce admettant ν pôles, ρ zéros et ayant relativement aux périodes $2\omega_1$, $2\omega_3$ les multiplicateurs

$$e^{4A\omega_1 u+4A\omega_1^2+2B\omega_1}, \qquad e^{4A\omega_3 u+4A\omega_3^2+2B\omega_3-\frac{h\pi i}{\omega_1}(u+\omega_3)-\frac{\pi i}{\omega_1}(\rho D-\nu C)},$$

où l'on a encore posé $h=\rho-\nu$. Ces multiplicateurs peuvent être identifiés avec $e^{M_1 u+N_1}$, $e^{M_3 u+N_3}$, si l'on a

$$4A\omega_1 = M_1, \qquad 4A\omega_3 - \frac{h\pi i}{\omega_1} = M_3, \qquad 4A\omega_1^2+2B\omega_1+2n_1\pi i = N_1,$$

$$4A\omega_3^2+2B\omega_3-\frac{h\pi i\omega_3}{\omega_1}-\frac{\pi i}{\omega_1}(\rho D-\nu C)+2n_3\pi i = N_3,$$

en désignant par n_1, n_3 des nombres entiers. On tire de là, en éliminant A et B,

$$\begin{aligned}
&M_1\omega_3 - M_3\omega_1 = h\pi i,\\
&N_3\omega_1 - N_1\omega_3 = M_1\omega_3(\omega_3-\omega_1) - h\pi i\omega_3\\
&\qquad\qquad - \pi i(\rho D-\nu C) + 2\pi i(n_3\omega_1 - n_1\omega_3).
\end{aligned}$$

Si l'on se rappelle (n° 381) que $\rho(\omega_2 - D)$, $\nu(\omega_2 - C)$ sont respectivement congrus (*modulis* $2\omega_1$, $2\omega_3$) aux sommes des zéros des fonctions $\Phi_{(\rho)}(u + D)$, $\Phi_{(\nu)}(u + C)$, on voit que la quantité $\nu C - \rho D$ est congrue à $h\omega_2 + d$, en désignant par d la différence entre la somme des zéros et la somme des pôles de $\Psi(u)$; la seconde des égalités précédentes nous fournit donc encore une fois la congruence

$$d \equiv \frac{\omega_1 N_3 - \omega_3 N_1}{\pi i} + \frac{\omega_1^2 M_3 - \omega_3^2 M_1}{\pi i} - 2h\omega_2 \quad (\text{modd.}\ 2\omega_1, 2\omega_3).$$

395. Le cas que nous venons d'examiner contient le cas des fonctions de seconde et de première espèce. Pour ces dernières, en particulier, on trouve $A = 0$, $B = 0$, $C = D$, et l'on voit que la fonction doublement périodique ordinaire la plus générale, comportant ν zéros et ν pôles, peut être mise sous la forme

$$f(u) = \frac{A_0\Phi_0(u + C) + A_1\Phi_1(u + C) + \ldots + A_{\nu-1}\Phi_{\nu-1}(u + C)}{A'_0\Phi_0(u + C) + A'_1\Phi_1(u + C) + \ldots + A'_{\nu-1}\Phi_{\nu-1}(u + C)},$$

où C, A_0, $\ldots$, $A_{\nu-1}$, A'_0, $\ldots$, $A'_{\nu-1}$ sont des constantes arbitraires, et Φ_0, Φ_1, $\ldots$, $\Phi_{\nu-1}$ des fonctions parfaitement déterminées, dont la forme a été rappelée au n° 381; on doit toutefois remplacer la lettre h par la lettre ν.

CHAPITRE II.

APPLICATIONS DE LA FORMULE DE DÉCOMPOSITION EN ÉLÉMENTS SIMPLES.

I. — Les fonctions σ, ζ, p.

396. Nous établirons dans ce Chapitre diverses conséquences très importantes de la formule de décomposition des fonctions doublement périodiques en éléments simples, conséquences dont plusieurs ont déjà été établies, mais qu'il convient de grouper maintenant autour d'une même origine et dont la déduction ne supposera rien autre chose, en dehors de la définition des fonctions σ, p, ζ, ... et des propriétés qui résultent immédiatement de cette définition, que les propositions générales établies dans le Chapitre précédent.

Considérons d'abord la relation (VII_1)

$$\frac{\sigma(u+a)\,\sigma(u-a)}{\sigma^2 u\,\sigma^2 a} = p a - p u,$$

et désignons-en le premier membre par $f(u)$; on reconnaît immédiatement que $f(u)$ est une fonction doublement périodique à périodes $2\omega_1$, $2\omega_3$, admettant, comme seul pôle dans le parallélogramme des périodes, le point o : ce pôle est d'ailleurs double; $f(u)$ doit donc être de la forme $C + C'\zeta' u = C - C' p u$ où C et C′ sont des constantes; C′ est le coefficient de la dérivée de $\frac{1}{u}$ dans le développement de $f(u)$, mis sous la forme $C' D \frac{1}{u} + \mathfrak{P}(u)$; dans ce développement, on n'a pas fait figurer de terme en u^{-1}, parce que le pôle o est double. On peut dire encore que C et — C′ sont le terme indépendant de u et le coefficient de u^{-2} dans le développement de $f(u)$ suivant les puissances ascendantes de u; on obtient ce développement en multipliant le numérateur de $f(u)$,

$$\left(\sigma a + u\sigma' a + \frac{u^2}{2}\sigma'' a + \ldots\right)\left(-\sigma a + u\sigma' a - \frac{u^2}{2}\sigma'' a + \ldots\right),$$

expression qui, ordonnée suivant les puissances de u, donne

$$-\sigma^2 a + (\sigma'^2 a - \sigma a\,\sigma'' a)\,u^2 + \ldots,$$

par le développement de $\frac{1}{\sigma^2 a\,\sigma^2 u}$; or, en s'appuyant seulement sur la formule (IV_1) et les définitions (IV_5), on trouve

$$\frac{1}{\sigma^2 u} = \frac{1}{u^2} + \frac{g_2}{120}u^2 + \ldots;$$

le coefficient de $\frac{1}{u^2}$ et le terme indépendant dans le développement de $f(u)$ sont donc respectivement -1 et

$$\frac{\sigma'^2 a - \sigma a\,\sigma'' a}{\sigma^2 a} = -\frac{d}{da}\frac{\sigma' a}{\sigma a} = \wp a;$$

on a ainsi $-C' = -1$, $C = \wp a$; cette dernière valeur, après avoir obtenu $C' = 1$, pouvait s'obtenir en remarquant que $C - C'\wp u$ doit s'annuler pour $u = a$, de même que $f(u)$. Finalement, la formule (VII_1) est démontrée à nouveau.

Observons d'ailleurs que le premier membre de cette formule appartient au type du n° **391**, où les zéros et les pôles sont mis en évidence; la somme des affixes $+a$, $-a$ des deux zéros est bien égale à la somme de l'affixe du pôle double o.

Rappelons encore que, de cette formule (VII_1), on tire immédiatement les formules d'addition (VII_3)

$$\zeta(u \pm a) - \zeta(u) \mp \zeta a = \frac{1}{2}\frac{\wp' u \mp \wp' a}{\wp u - \wp a},$$

$$\wp(u \pm a) - \wp u = -\frac{1}{2}\frac{d}{du}\frac{\wp' u \mp \wp' a}{\wp u - \wp a},$$

dans chacune desquelles le premier membre n'est autre chose que le second décomposé en éléments simples; nous reviendrons sur ces formules dans un Chapitre suivant.

397. Établissons maintenant l'équation différentielle (VII_6). Nous observerons pour cela que toute puissance entière de pu est une fonction doublement périodique admettant le seul pôle zéro, qui est d'ailleurs multiple d'un ordre double de l'exposant de la puissance; le résidu de ce pôle est nul; par exemple o est un pôle sextuple pour $p^3 u$, et l'on doit avoir

$$p^3 u = C + A_1 \zeta' u + A_2 \zeta'' u + \ldots + A_5 \zeta^{v} u,$$

en désignant par $A_1, A_2, \ldots, A_5$ les coefficients qui apparaissent dans le développement de $p^3 u$ mis sous la forme

$$p^3 u = A_1 D \frac{1}{u} + A_2 D^2 \frac{1}{u} + \ldots + A_5 D^5 \frac{1}{u} + \mathfrak{P}(u);$$

quant à la constante C, elle est ici manifestement égale au terme indépendant de u dans ce même développement; en utilisant seulement la formule (IV_3)

$$pu = \frac{1}{u^2} + \frac{g_2 u^2}{20} + \frac{g_3 u^4}{48} + \ldots,$$

écrite en tenant compte des définitions (IV_5), on calcule aisément la partie fractionnaire et le terme indépendant de u dans le développement de $p^3 u$; on trouve ainsi

$$p^3 u = \frac{1}{u^6} + \frac{3 g_2}{20} \frac{1}{u^2} + \frac{g_3}{16} + \ldots = \frac{g_3}{16} - \frac{3 g_2}{20} D \frac{1}{u} - \frac{1}{120} D^5 \frac{1}{u} + \ldots,$$

et l'application de la règle précédente donne

$$p^3 u = \frac{g_3}{10} + \frac{3 g_2}{20} pu + \frac{1}{120} p^{IV} u.$$

En appliquant exactement la même méthode à la fonction doublement périodique $p'^2 u$, dont le seul pôle est encore o, et pour laquelle ce pôle est encore sextuple, on obtient

$$p'^2 u = -\frac{3 g_3}{5} - \frac{2 g_2}{5} pu + \frac{1}{30} p^{IV} u.$$

En éliminant $p^{IV} u$ entre les deux dernières équations, on trouve

$$p'^2 u = 4 p^3 u - g_2 pu - g_3.$$

398. Les formules fondamentales relatives à la division par n de l'une des périodes se présentent comme d'elles-mêmes.

Si, par exemple, on considère la fonction $p\left(u \,\middle|\, \frac{\omega_1}{n}, \omega_3\right)$ dans le parallélogramme relatif aux périodes $2\omega_1$, $2\omega_3$, on reconnaît de suite que c'est une fonction doublement périodique dont les pôles, tous doubles, sont donnés par la formule $u = 2r\frac{\omega_1}{n}$, où r prend les valeurs $0, 1, 2, \ldots, n-1$; d'ailleurs on a

$$p\left(2r\frac{\omega_1}{n} + h \,\middle|\, \frac{\omega_1}{n}, \omega_3\right) = p\left(h \,\middle|\, \frac{\omega_1}{n}, \omega_3\right) = \frac{1}{h^2} + \ldots,$$

en sorte que la formule de décomposition en éléments simples nous donne, en désignant par C une constante,

$$p\left(u \,\middle|\, \frac{\omega_1}{n}, \omega_3\right) = pu + \sum_{(r)} p\left(u - 2r\frac{\omega_1}{n}\right) + C \qquad (r = 1, 2, \ldots, n);$$

d'ailleurs, si l'on fait tendre u vers zéro, on reconnaît de suite, sur les développements en série, que la différence du premier membre et de pu tend vers zéro; il en résulte

$$C = -\sum_{(r)} p\left(2r\frac{\omega_1}{n}\right),$$

et l'on retombe ainsi, après avoir changé u en $-u$, sur la formule (XXI_4), d'où l'on pourrait déduire par intégration les formules analogues (XXI_3) et (XXI_2), qui concernent les fonctions ζ et σ.

399. De ces formules et de celles qui en résultent lorsqu'on y transpose les périodes $2\omega_1$, $2\omega_3$, on peut déduire des formules de multiplication pour les fonctions σ, ζ, p. Il suffit de répéter ce que l'on a dit au n° **347** pour établir les formules de multiplication relatives aux fonctions sn, cn, dn.

Mais on parvient aux mêmes formules en décomposant la fonction $p(nu)$ en éléments simples.

Pour simplifier l'écriture, nous poserons

$$a_{\mu,\nu} = \frac{2\mu\omega_1 + 2\nu\omega_3}{n}, \qquad A = \sum_{(\mu,\nu)}{}^{(\prime)} p(a_{\mu,\nu}), \qquad B = \sum_{(\mu,\nu)}{}^{(\prime)} \zeta(a_{\mu,\nu}).$$

En appliquant la formule du n° **358**, on a

$$n^2 \wp(nu) = \sum_{(\mu,\nu)} \wp(u - a_{\mu,\nu}) - \mathrm{A}.$$

En intégrant, puis passant des fonctions ζ aux fonctions σ, on obtient ensuite les relations

$$n\zeta(nu) = \sum_{(\mu,\nu)} \zeta(u - a_{\mu,\nu}) + \mathrm{A}u + \mathrm{B},$$

$$\frac{1}{n}\,\sigma(nu) = (-1)^{n^2-1} e^{\mathrm{A}\frac{u^2}{2} + \mathrm{B}u}\,\sigma u \prod_{(\mu,\nu)}{}^{(\prime)} \frac{\sigma(u - a_{\mu,\nu})}{\sigma(a_{\mu,\nu})}.$$

Dans toutes ces relations les sommes sont étendues à toutes les combinaisons μ, ν des entiers $0, 1, 2, \ldots, n-1$; l'accent $(')$ veut dire : la combinaison $\mu = 0$, $\nu = 0$, exceptée.

La dernière relation s'obtient d'ailleurs aussi en répétant, sur la fonction $\sigma(nu)$, les raisonnements que l'on a faits au n° **134** sur la fonction $\sigma\left(u \,\middle|\, \frac{\omega_1}{n}, \omega_3\right)$; elle résulte au fond d'un groupement convenable des facteurs de la fonction $\sigma(nu)$ décomposée en ses facteurs primaires et de l'application de la formule (V_1).

Si, dans la dernière relation, on remplace u par $u + 2\omega_\alpha$ et si l'on fait usage des formules (XII_2), on voit que les expressions

$$2\mathrm{A}\omega_\alpha u + 2\mathrm{A}\omega_\alpha^2 + 2\mathrm{B}\omega_\alpha - 2\eta_\alpha \sum_{(\mu,\nu)} a_{\mu,\nu}$$

doivent être, quel que soit u, de la forme $2m_\alpha \pi i$, où m_α désigne un nombre entier; on a d'ailleurs

$$\sum_{(\mu,\nu)} a_{\mu,\nu} = n \sum_{\mu=1}^{\mu=n-1} \frac{2\mu\omega_1}{n} + n \sum_{\nu=1}^{\nu=n-1} \frac{2\nu\omega_3}{n} = -n(n-1)\omega_2;$$

on voit donc, d'une part, que A est nul, et, d'autre part, que l'on a

$$\mathrm{B}\omega_\alpha + n(n-1)\,\omega_2\eta_\alpha = m_\alpha \pi i.$$

Si l'on écrit cette égalité pour $\alpha = 1$ et pour $\alpha = 3$, on trouve successivement, en faisant usage de la relation $\eta_1\omega_3 - \eta_3\omega_1 = \pm\frac{\pi i}{2}$, les relations

$$2m_3\omega_1 - 2m_1\omega_3 = \mp n(n-1)\,\omega_2,$$

$$\begin{aligned} B = \pm(2m_3\eta_1 - 2m_1\eta_3) &= \pm\zeta(2m_3\omega_1 - 2m_1\omega_3)\\ &= -\zeta[n(n-1)\omega_2] = -n(n-1)\eta_2. \end{aligned}$$

On a donc finalement établi les formules de multiplication

$$(\text{IC})\quad \begin{cases} (1) & \dfrac{1}{n}\sigma(nu) = (-1)^{n^2-1}\,e^{-n(n-1)\eta_2 u}\,\sigma u \displaystyle\prod_{(\mu,\nu)}^{(\prime)} \dfrac{\sigma(u-a_{\mu,\nu})}{\sigma(a_{\mu,\nu})},\\ (2) & n\zeta(nu) = \displaystyle\sum_{(\mu,\nu)} \zeta(u-a_{\mu,\nu}) - n(n-1)\eta_2,\\ (3) & n^2 p(nu) = \displaystyle\sum_{(\mu,\nu)} p(u-a_{\mu,\nu}), \end{cases}$$

et l'on a aussi démontré les relations

$$(\text{IC}_4)\qquad \sum_{(\mu,\nu)}^{(\prime)} \zeta(a_{\mu,\nu}) = -n(n-1)\eta_2,\quad \sum_{(\mu,\nu)}^{(\prime)} p(a_{\mu,\nu}) = 0;$$

dans toutes ces formules, les sommes sont étendues à toutes les combinaisons des indices μ, ν choisis parmi les entiers $0, 1, 2, \ldots, n-1$; pour le produit, la combinaison $\mu = 0$, $\nu = 0$ est exceptée.

400. Si l'on décompose en éléments simples l'expression

$$f(u) = A\,\frac{\sigma(u-b_1)\,\sigma(u-b_2)\ldots\sigma(u-b_\nu)}{\sigma(u-a_1)\,\sigma(u-a_2)\ldots\sigma(u-a_\nu)} \qquad \left(\sum_{k=1}^{\nu} b_k = \sum_{k=1}^{\nu} a_k\right),$$

qui, comme on l'a vu au n° **391**, représente une fonction doublement périodique ordinaire quelconque de u, on obtient des identités intéressantes. Ainsi, puisque la somme des résidus de $f(u)$ est nulle, on doit avoir

$$0 = \sum_{k=1}^{\nu} \frac{\sigma(a_k-b_1)\,\sigma(a_k-b_2)\ldots\sigma(a_k-b_\nu)}{\sigma(a_k-a_1)\ldots\sigma(a_k-a_{k-1})\,\sigma(a_k-a_{k+1})\ldots\sigma(a_k-a_\nu)}.$$

Pour $\nu = 3$, cette relation est identique à la relation (VII_2).

II. — Les fonctions ξ, sn, cn, dn.

401. Les fonctions

$$\xi_{\alpha 0}(u) = \frac{\sigma_\alpha u}{\sigma u} = \frac{e^{-\eta_\alpha u}\sigma(u+\omega_\alpha)}{\sigma\omega_\alpha \sigma u},$$

$$\xi_{\beta\gamma}(u) = \frac{\sigma_\beta u}{\sigma_\gamma u} = \frac{\sigma\omega_\gamma}{\sigma\omega_\beta} e^{(\eta_\gamma-\eta_\beta)u} \frac{\sigma(u+\omega_\beta)}{\sigma(u+\omega_\gamma)}$$

sont des fonctions doublement périodiques de seconde espèce, à multiplicateurs $+1$ et -1; les derniers membres appartiennent au type $\mathcal{A}(u)$ du n° 366.

Les carrés des fonctions ξ sont des fonctions doublement périodiques de première espèce; observons que les formules ($\text{LXIII}_{1,3,4}$) ne sont autres que des formules de décomposition en éléments simples. Il en est de même des formules ($\text{LXIII}_{5,6}$) relatives aux fonctions $\xi_{\beta 0}(u)\,\xi_{\gamma 0}(u)$, $\xi_{0\gamma}(u)\,\xi_{\alpha\beta}(u)$.

402. La théorie de la décomposition en éléments simples des fonctions de seconde espèce conduirait sans difficulté aux équations différentielles que vérifient les fonctions ξ; par exemple, en observant que la fonction $\xi_{\beta 0}(u)\,\xi_{\gamma 0}(u)$ admet les mêmes multiplicateurs que la fonction $\xi_{\alpha 0}(u)$, qui, n'ayant pas d'autre pôle que zéro dans le parallélogramme des périodes, peut jouer le rôle d'élément simple, et que cette même fonction $\xi_{\beta 0}(u)\,\xi_{\gamma 0}(u)$ admet, comme pôle unique, le pôle double $u=0$, on voit qu'on peut écrire

$$\xi_{\beta 0}(u)\,\xi_{\gamma 0}(u) = A\,\xi_{\alpha 0}(u) + B\,\xi'_{\alpha 0}(u),$$

A et B étant des constantes : or, en se rappelant seulement que le développement de $\xi_{\alpha 0}(u)$, suivant les puissances ascendantes de u, commence par un terme en $\frac{1}{u}$ et ne contient pas de terme indépendant de u, on voit de suite, si l'on égale dans les deux membres les coefficients des puissances négatives de u, qu'on doit avoir $A=0$, $B=-1$: on retrouve donc ainsi la formule (LXI_1)

$$\xi'_{\alpha 0}(u) = -\,\xi_{\beta 0}(u)\,\xi_{\gamma 0}(u),$$

d'où l'on déduit immédiatement l'équation différentielle (LXII_1)

$$\xi'^2_{\alpha 0}(u) = [e_\alpha - e_\beta + \xi^2_{\alpha 0}(u)]\,[e_\alpha - e_\gamma + \xi^2_{\alpha 0}(u)].$$

403. Supposons n impair. Dans le parallélogramme des périodes de la fonction $p(u \mid \omega_1, \omega_3)$, les fonctions $\xi_{0\alpha}\left(u \,\middle|\, \frac{\omega_1}{n}, \omega_3\right)$, $\xi_{\beta\gamma}\left(u \,\middle|\, \frac{\omega_1}{n}, \omega_3\right)$ sont doublement périodiques de seconde espèce, avec les mêmes multiplicateurs ± 1 que les fonctions $\xi_{0\alpha}(u)$, $\xi_{\beta\gamma}(u)$. Leurs pôles et leurs zéros se mettent immédiatement en évidence, d'où l'on conclura sans peine leurs expressions sous forme de produits rentrant dans le type du n° 389; on retrouve ainsi les formules, relatives aux fonctions ξ, que l'on obtiendrait par la division membre à membre de celles, relatives aux fonctions σ, qui figurent au Tableau (XXVI).

La décomposition en éléments simples permet d'obtenir, sous forme de sommes, les expressions des fonctions

$$\xi_{0\alpha}\left(u \,\middle|\, \frac{\omega_1}{n}, \omega_3\right), \qquad \xi_{\alpha 0}\left(u \,\middle|\, \frac{\omega_1}{n}, \omega_3\right), \qquad \xi_{\beta\gamma}\left(u \,\middle|\, \frac{\omega_1}{n}, \omega_3\right);$$

on trouve ainsi, en particulier et en conservant les mêmes notations qu'au n° 129,

$$\xi_{03}\left(u \,\middle|\, \frac{\omega_1}{n}, \omega_3\right) = \frac{\sqrt{e_1 - e_3}}{\sqrt{E_1 - E_3}} \frac{\sqrt{e_2 - e_3}}{\sqrt{E_2 - E_3}} \sum_{(r)} (-1)^r \xi_{03}\left(u + \frac{2r\omega_1}{n}\right),$$

$$\xi_{13}\left(u \,\middle|\, \frac{\omega_1}{n}, \omega_3\right) = \frac{\sqrt{e_2 - e_3}}{\sqrt{E_2 - E_3}} \sum_{(r)} (-1)^r \xi_{13}\left(u + \frac{2r\omega_1}{n}\right),$$

$$\xi_{23}\left(u \,\middle|\, \frac{\omega_1}{n}, \omega_3\right) = \frac{\sqrt{e_1 - e_3}}{\sqrt{E_2 - E_3}} \sum_{(r)} \xi_{23}\left(u + \frac{2r\omega_1}{n}\right)$$

$$(r = r_0, r_1, \ldots, r_{n-1}).$$

Les formules (LXXXVII_{7-9}) et (LXXXIX_{7-9}) se déduisent de celles qui précèdent par le passage des fonctions ξ aux fonctions sn, cn, dn.

404. Les combinaisons que l'on peut former en multipliant une fonction ξ de l'argument u par une fonction ξ de l'argument $u+a$ sont des fonctions doublement périodiques de première ou de seconde espèce; on parvient à des formules intéressantes [1] en les décomposant en éléments simples.

Considérons, par exemple, la fonction $\xi_{\alpha 0}(u)\,\xi_{\alpha 0}(u+a)$; elle est de première espèce, du second ordre; ses pôles, qui sont simples, sont o, $-a$ et les points congruents; le résidu relatif au premier pôle est $\xi_{\alpha 0}(a)$; on en conclut de suite

$$\xi_{\alpha 0}(u)\,\xi_{\alpha 0}(u+a) = \xi_{\alpha 0}(a)\,[\zeta u - \zeta(u+a) + \mathrm{A}].$$

A est une constante que l'on trouve égale à $\zeta_\alpha a$ en écrivant que le second membre est nul pour $u = \omega_\alpha$.

Nous récrivons ci-dessous la formule ainsi complétée, et d'autres qui s'en déduisent, en ajoutant ω_α ou ω_β à u ou à a. Ces formules, et celles qu'on en déduirait en échangeant les lettres u et a, donnent les décompositions cherchées de celles des combinaisons que l'on considère qui sont de première espèce,

$$(\mathrm{C}_1)\quad\left\{\begin{aligned}
\xi_{0\alpha}(a)\,\xi_{\alpha 0}(u)\,\xi_{\alpha 0}(u+a) &= \zeta u - \zeta(u+a) + \zeta_\alpha a,\\
(e_\alpha - e_\beta)(e_\alpha - e_\gamma)\,\xi_{0\alpha}(a)\,\xi_{0\alpha}(u)\,\xi_{0\alpha}(u+a) &= \zeta_\alpha u - \zeta_\alpha(u+a) + \zeta_\alpha a,\\
(e_\beta - e_\alpha)\,\xi_{0\alpha}(a)\,\xi_{\gamma\beta}(u)\,\xi_{\gamma\beta}(u+a) &= \zeta_\beta u - \zeta_\beta(u+a) + \zeta_\alpha a,\\
\xi_{\alpha 0}(a)\,\xi_{\alpha 0}(u)\,\xi_{0\alpha}(u+a) &= \zeta u - \zeta_\alpha(u+a) + \zeta a,\\
\xi_{\beta\gamma}(a)\,\xi_{\alpha 0}(u)\,\xi_{\gamma\beta}(u+a) &= \zeta u - \zeta_\beta(u+a) + \zeta_\gamma a.
\end{aligned}\right.$$

En tenant compte des relations (LXIII_{5-6}) on voit que la première et la troisième des relations précédentes peuvent s'écrire

$$\begin{aligned}
\zeta u - \zeta(u+a) + \zeta a &= \xi_{0\alpha}(a)\,\xi_{\alpha 0}(u)\,\xi_{\alpha 0}(u+a) + \xi_{\beta 0}(a)\,\xi_{\gamma\alpha}(a),\\
\zeta_\alpha u - \zeta_\alpha(u+a) + \zeta_\alpha a &= (e_\alpha - e_\beta)\,\xi_{0\beta}(a)\,[\xi_{\gamma\alpha}(u)\,\xi_{\gamma\alpha}(u+a) - \xi_{\gamma 0}(a)].
\end{aligned}$$

Sans nous arrêter à multiplier les relations de cette nature, rappelons que $\zeta u - \zeta(u+a) + \zeta a$ n'est autre chose (VII_3) que $-\frac{1}{2}\frac{p'u - p'a}{pu - pa}$. Enfin, on voit aisément que, en faisant tendre a vers o dans les formules précédentes, on retombe sur les formules de décomposition en éléments simples ($\mathrm{LXIII}_{1,3,4}$) des fonctions $\xi^2_{\alpha 0}(u)$, $\xi^2_{0\alpha}(u)$, $\xi^2_{\beta\gamma}(u)$.

405. En consultant le Tableau (XII_2), on aperçoit que le multiplicateur μ_α de la combinaison $\xi(u)\,\xi(u+a)$, où chacune des

---

(1) *Voir* le *Cours* de M. Hermite, XXIVe Leçon.

deux fonctions ξ est affectée d'indices quelconques égaux ou inégaux, est égal au produit d'autant de facteurs égaux à (-1) qu'il y a, parmi les indices des deux fonctions ξ, de nombres 0 et α. Il en résulte que si p, q, r, s sont pris parmi les nombres $0, 1, 2, 3$, p et q d'une part, r et s de l'autre, étant nécessairement inégaux, les expressions $\xi_{pq}(u)\,\xi_{rs}(u+a)$ sont des fonctions doublement périodiques de première espèce ou de seconde espèce avec les multiplicateurs $+1$ et -1. Celles de ces fonctions qui sont de seconde espèce sont celles pour lesquelles les deux systèmes (p, q), (r, s) admettent un élément commun et un seul.

Considérons, par exemple, la fonction $\xi_{pq}(u)\,\xi_{pr}(u+a)$ où les nombres q et r sont différents entre eux et différents de p, et désignons par s celui des nombres $0, 1, 2, 3$ qui n'est ni p, ni q, ni r. Cette fonction et celles qui s'en déduisent, soit en remplaçant p par s, soit en échangeant deux des nombres p et q ou p et r, ont les mêmes multiplicateurs; ces multiplicateurs sont d'ailleurs aussi ceux des fonctions $\xi_{qr}(u)$ et $\xi_{ps}(u)$. D'ailleurs la fonction $\xi_{pq}(u)\,\xi_{pr}(u+a)$ n'a que deux pôles, simples tous deux, dans le parallélogramme des périodes; elle s'exprimera donc en fonction linéaire de deux des expressions

$$\xi_{ps}(u+u_1), \qquad \xi_{ps}(u+u_2), \qquad \xi_{qr}(u+u'_1), \qquad \xi_{qr}(u+u'_2),$$

les constantes u_1, u_2, u'_1, u'_2 étant fixées de façon que les deux expressions choisies aient leurs pôles congrus à ceux de la fonction $\xi_{pq}(u)\,\xi_{pr}(u+a)$. La même chose s'applique aux fonctions qui se déduisent de la fonction $\xi_{pq}(u)\,\xi_{pr}(u+a)$, en remplaçant p par s ou en échangeant deux des nombres p et q ou p et r.

Dans chaque cas, les coefficients des fonctions linéaires s'obtiennent très aisément en donnant successivement à u des valeurs qui annulent chacun des termes.

On doit avoir, par exemple,

$$\xi_{\alpha\gamma}(u)\,\xi_{\beta\gamma}(u+a) = \mathrm{A}\,\xi_{0\gamma}(u) + \mathrm{B}\,\xi_{0\gamma}(u+a),$$

et l'on déterminera les coefficients A, B en supposant successivement $u=0$, $u=-a$. On trouve ainsi une série de formules, parmi lesquelles nous n'en transcrirons que trois, parce que les autres, quand on passe (LIX_1) des fonctions ξ aux fonctions σ, ne fournissent pas de relations distinctes de celles qu'on déduit de la même façon des trois seules formules que nous conservons, savoir :

$$
(C_2)\quad \left\{
\begin{aligned}
&\xi_{\alpha 0}(u)\,\xi_{\beta 0}(u+a) = \xi_{\beta 0}(a)\,\xi_{\gamma 0}(u) - \xi_{\alpha 0}(a)\,\xi_{\gamma 0}(u+a),\\
&(e_\beta - e_\alpha)\,\xi_{0\alpha}(u)\,\xi_{\gamma\alpha}(u+a) = \xi_{\beta 0}(a)\,\xi_{\beta\alpha}(u) - \xi_{\alpha 0}(a)\,\xi_{\beta\alpha}(u+a),\\
&(e_\alpha - e_\beta)\,\xi_{\gamma\alpha}(u)\,\xi_{\gamma\beta}(u+a) = (e_\alpha - e_\gamma)\,\xi_{\beta\gamma}(a)\,\xi_{\beta\alpha}(u)\\
&\qquad\qquad + (e_\gamma - e_\beta)\,\xi_{\alpha\gamma}(a)\,\xi_{\alpha\beta}(u+a).
\end{aligned}
\right.
$$

De ces formules et de celles qui s'en déduisent par le changement de u en a, il serait bien aisé de déduire les formules d'addition des fonctions ξ; enfin on reconnaîtrait mieux leur nature et, en particulier, leur genre de dissymétrie en les récrivant après avoir remplacé u par b et $u+a$ par $-c$, a, b, c étant alors supposés reliés par la relation symétrique $a+b+c=0$; mais nous laissons au lecteur le soin de développer ces matières.

406. Les notations relatives aux fonctions ξ permettent de condenser beaucoup les formules. Lorsque l'on veut passer de ces formules aux fonctions sn, cn, dn, il est nécessaire de particulariser les valeurs des indices α, β, γ, en sorte qu'une formule où ne figure qu'un seul de ces trois indices conduit à trois formules relatives aux fonctions sn, cn, dn; une formule où figurent deux ou trois indices α, β, γ fournit six formules qui, à la vérité, peuvent n'être pas distinctes. Nous n'écrirons ici que quelques-unes des formules relatives aux fonctions de Jacobi; le lecteur obtiendra les autres, soit par le même procédé, soit en ajoutant à l'argument les quantités K, iK', K $+ i$K'.

Tout d'abord la relation (LXIII_3) donne, pour $\alpha = 3$ et en remplaçant u par $\dfrac{u}{\sqrt{e_1-e_3}}$,

$$(e_1-e_3)(e_2-e_3)\,\xi_{03}^2\left(\frac{u}{\sqrt{e_1-e_3}}\right) = -e_3 - \zeta_3'\left(\frac{u}{\sqrt{e_1-e_3}}\right)$$

ou, en tenant compte des formules (LXVII_1), (LXXVIII_4) et (XXXVII_4),

$$k^2\,\text{sn}^2 u = \frac{1+k^2}{3} - \frac{\eta_1}{K\sqrt{e_1-e_3}} - Z'(u).$$

On en déduit, pour $u = 0$,

$$(\text{CII}_1)\qquad Z'(0) = \frac{1+k^2}{3} - \frac{\eta_1}{K\sqrt{e_1-e_3}};$$

puis

$$(\text{CII}_4)\qquad k^2\,\text{sn}^2 u = Z'(0) - Z'(u).$$

Comme on a $\text{cn}^2 u = 1 - \text{sn}^2 u$, $\text{dn}^2 u = 1 - k^2\,\text{sn}^2 u$, on en conclut les formules

$$(\text{CII}_4)\qquad \begin{cases} k^2\,\text{cn}^2 u = k^2 - Z'(0) + Z'(u), \\ \text{dn}^2 u = 1 - Z'(0) + Z'(u). \end{cases}$$

Si dans ces formules on ajoute K, iK′, K + iK′ à l'argument u, on obtient des formules analogues concernant les inverses des fonctions $\text{sn}^2 u$, $\text{cn}^2 u$, $\text{dn}^2 u$ et leurs rapports mutuels; toutes ces formules sont, au fond, contenues dans les formules (LXIII).

De la même façon, on déduira des relations (C_1) en y supposant $\alpha = 3$, celles-ci :

$$(\text{CI}_1)\ \begin{cases} Z(u) + Z(a) - Z(u+a) = k^2\,\text{sn}\,a\,\text{sn}\,u\,\text{sn}(u+a) \\ \quad = \dfrac{k^2\,\text{sn}\,a}{\text{dn}\,a}[\text{cn}\,a - \text{cn}\,u\,\text{cn}(u+a)] = \dfrac{\text{sn}\,a}{\text{cn}\,a}[\text{dn}\,a - \text{dn}\,u\,\text{dn}(u+a)]; \end{cases}$$

puis, des formules (C_2), les suivantes :

$$(\text{CI}_2)\ \begin{cases} \text{sn}\,a\,\text{cn}\,u\,\text{dn}(u+a) = \text{dn}\,a\,\text{sn}(u+a) - \text{cn}\,a\,\text{sn}\,u, \\ \text{cn}\,a\,\text{cn}\,u\,\text{dn}(u+a) = \text{dn}\,a\,\text{dn}\,u\,\text{cn}(u+a) + k'^2\,\text{sn}\,a\,\text{sn}\,u, \\ \text{dn}\,a\,\text{cn}\,u\,\text{sn}(u+a) = \text{sn}\,a\,\text{dn}(u+a) + \text{sn}\,u\,\text{cn}(u+a), \\ k^2\,\text{cn}\,a\,\text{cn}\,u\,\text{cn}(u+a) = \text{dn}\,a\,\text{dn}\,u\,\text{dn}(u+a) - k'^2, \end{cases}$$

auxquelles il convient d'adjoindre, outre les formules qui résultent du groupe précédent quand on néglige le premier membre, celles qu'on en déduit en échangeant les lettres u et a, et en remplaçant successivement u par $u - a$ et a par $-a$.

III. — Développement de $\wp u$ en série entière. — Expression des dérivées de $\wp u$ et de $\wp(u-a)$ au moyen des puissances de $\wp u$. — Expression linéaire des puissances de $\wp u$ au moyen des dérivées de $\wp u$.

407. L'équation différentielle obtenue pour la fonction $\wp u$ conduit à des conséquences importantes relatives au développement en série de cette fonction et à l'intégration de ses puissances entières.

Rappelons tout d'abord que l'équation différentielle (VII_6) permet (n° 101) d'établir la formule récurrente

$$(r-3)(2r+1)c_r = 3\sum_{i=2}^{r-2} c_i c_{r-i} \qquad (r \geqq 4),$$

qui, jointe aux expressions déjà connues (IX_3) de c_2 et de c_3, fournit autant de termes que l'on veut dans le développement de $\wp u$

$$\wp u = \frac{1}{u^2} + \sum_{r=1}^{r=\infty} c_{r+1} u^{2r}.$$

On reconnaît immédiatement que la série qui représente $\wp u$ est convergente, sauf au point o, pour tous les points intérieurs au cercle décrit du point o comme centre, avec un rayon égal au plus petit des nombres $2\,|\,\omega_\alpha|$. Grâce à la périodicité et à l'emploi du théorème d'addition, on peut toujours ramener le calcul de $\wp u$ au cas où le point u est intérieur à ce cercle.

Du développement de $\wp u$ on déduit immédiatement celui de

$$\zeta u = -\int \wp u\, du$$

qui converge dans les mêmes conditions, et celui de la fonction transcendante entière

$$\sigma u = e^{\int \zeta u\, du} = 1 + \int \zeta u\, du + \frac{1}{1.2}\left[\int \zeta u\, du\right]^2 + \ldots;$$

les premiers termes des développements de $\wp u$, ζu, σu figureront dans le Tableau de formules.

408. On voit d'ailleurs, sans aucun calcul, sur la formule récurrente jointe aux expressions de c_2 et c_3, que chacune des expressions c_{r+1} est un polynome entier en g_2, g_3 à coefficients numériques rationnels. Parfois, on désire mettre en évidence la forme seule de l'un ou l'autre de ces polynomes c_{r+1} sans s'occuper de la valeur numérique de ses coefficients; on y parvient facilement en faisant usage de la formule d'homogénéité (III_3).

Si l'on désigne par λ un nombre quelconque et par C_{r+1} ce que devient c_{r+1} quand on remplace ω_1, ω_3 par $\lambda\omega_1$, $\lambda\omega_3$, on voit immédiatement en appliquant cette formule que l'on a la relation

$$C_{r+1} = \lambda^{-2r-2} c_{r+1}.$$

D'autre part, si l'on désigne le polynome entier en g_2, g_3, qui représente c_{r+1} par

$$c_{r+1} = \sum_{(\alpha_2, \alpha_3)} A_{\alpha_2,\alpha_3} g_2^{\alpha_2} g_3^{\alpha_3},$$

où α_2, α_3 sont des entiers positifs ou nuls, où A_{α_2,α_3} est un nombre rationnel et où la somme est étendue à un nombre fini de combinaisons des entiers α_2, α_3, on a manifestement

$$C_{r+1} = \sum_{(\alpha_2, \alpha_3)} A_{\alpha_2, \alpha_3} \frac{g_2^{\alpha_2}}{\lambda^{4\alpha_2}} \frac{g_3^{\alpha_3}}{\lambda^{6\alpha_3}}.$$

Il suffit de comparer ces deux résultats pour voir que les nombres entiers positifs ou nuls α_2, α_3 qui correspondent au nombre entier déterminé, positif ou nul, r vérifient nécessairement la relation

$$2\alpha_2 + 3\alpha_3 = r + 1.$$

En tenant compte de cette relation, on voit immédiatement quelle est la forme du polynome en g_2, g_3 qui représente c_{r+1}. Ainsi le coefficient c_{12} de u^{22} est de la forme $A g_3^4 + B g_2^3 g_3^2 + C g_2^6$, où A, B, C sont des nombres rationnels, puisque la relation $2\alpha_2 + 3\alpha_3 = 12$ n'est vérifiée que pour les trois couples d'entiers positifs ou nuls $\alpha_2 = 0$, $\alpha_3 = 4$; $\alpha_2 = 3$, $\alpha_3 = 2$; $\alpha_2 = 6$, $\alpha_3 = 0$.

Il va sans dire que ces résultats pourraient se déduire sans peine, par induction, de la formule récurrente elle-même.

409. Au développement de σu, il convient de joindre celui des fonctions $\sigma_\alpha u$, ou, plus généralement, de la fonction transcendante entière de u,

$$f(u, u_0) = e^{-u\zeta u_0} \frac{\sigma(u + u_0)}{\sigma u_0} = A_0 + A_1 u + \ldots + A_n \frac{u^n}{n!} + \ldots,$$

qui se réduit à $\sigma_\alpha u$ pour $u_0 = \omega_\alpha$; la relation

$$\frac{1}{f(u, u_0)} \left[\frac{\partial f(u, u_0)}{\partial u} - \frac{\partial f(u, u_0)}{\partial u_0} \right] = -u\, \wp u_0,$$

dont la déduction est immédiate, fournit la formule récurrente

$$A_n = \frac{\partial A_{n-1}}{\partial u_0} - (n-1) A_{n-2}\, \wp u_0,$$

qui permet d'obtenir autant de termes que l'on veut, dès que l'on a les deux premiers, qui s'obtiennent directement : on trouve ainsi

$$A_0 = 1, \quad A_1 = 0, \quad A_2 = -\wp u_0, \quad A_3 = -\wp' u_0, \quad A_4 = -3\wp^2 u_0 + \frac{g_2}{2}, \quad \ldots;$$

il ne reste plus qu'à faire $u_0 = \omega_\alpha$ pour avoir le développement cherché, dont on trouvera les premiers termes dans le Tableau (XCIII).

410. En effectuant la division de la série qui représente $f(u, u_0)$ par la série qui représente σu, on obtient le développement de la fonction $\mathcal{A}(u, u_0)$ du n° 374, sous la forme

$$\mathcal{A}(u, u_0) = \frac{\alpha_0}{u} + \alpha_1 + \alpha_2 \frac{u}{2!} + \ldots + \alpha_n \frac{u^{n-1}}{n!} + \ldots,$$

développement qui est valable dans les mêmes conditions que celui qui représente $\wp u$; d'ailleurs l'équation différentielle linéaire (n° 374) que vérifie $\mathcal{A}(u, u_0)$ fournit, pour les coefficients α_n dont l'indice est supérieur à 3, la formule de récurrence

$$\begin{aligned}\frac{1}{n}\frac{\alpha_n}{(n-3)!} = \frac{2\alpha_n}{n!} + \wp u_0 \frac{\alpha_{n-2}}{(n-2)!} + 2c_2 \frac{\alpha_{n-4}}{(n-4)!} \\ + 2c_3 \frac{\alpha_{n-6}}{(n-6)!} + \ldots + 2c_r \frac{\alpha_{n-2r}}{(n-2r)!} + \ldots,\end{aligned}$$

où les c_r sont les coefficients du développement de $\wp u$; l'indice r ne doit pas dépasser la valeur $\frac{n}{2}$; si n est pair, $(n-2r)!$ doit, pour $r = \frac{n}{2}$, être remplacé par 1. On trouvera dans le Tableau (XCIV) les expressions des premiers coefficients.

411. Le raisonnement que nous avons fait pour $\wp^3 u$ dans le n° 397 montre en général que $\wp^n u$, où n désigne un entier positif, est une fonction linéaire de $\wp u$ et de ses dérivées, jusqu'à la $(2n-2)^{\text{ième}}$; on a plusieurs manières pour calculer ces fonctions linéaires, de proche en proche.

Tout d'abord, maintenant qu'on est en possession du développement de $\wp u$, avec autant de termes qu'on veut, on peut appliquer exactement la méthode que nous avons suivie pour $\wp^3 u$, c'est-à-dire la formule de décomposition en éléments simples.

On peut encore utiliser cette remarque déjà faite au n° **101**; les dérivées d'ordre pair de pu sont des polynomes en pu. Inversement l'expression de ces dérivées permet, comme on le verra tout à l'heure, d'obtenir, par la résolution d'équations du premier degré, les expressions linéaires des puissances de pu au moyen de pu et de ses dérivées d'ordre pair. Il y a donc quelque intérêt à pouvoir pousser un peu loin le calcul de ces dernières; voici comment on peut procéder.

Si l'on pose pour abréger $y = pu$, on reconnaît aisément par induction (n° **101**) que la dérivée $2n^{\text{ième}}$ de pu, que nous représenterons par P_n, est un polynome en y de degré $n+1$; désignons par P'_n, P''_n les dérivées première et seconde de ce polynome, prises par rapport à y. On aura

$$\frac{dP_n}{du} = P'_n \frac{dy}{du}, \qquad \frac{d^2 P_n}{du^2} = P''_n \left(\frac{dy}{du}\right)^2 + P'_n \frac{d^2 y}{du^2};$$

mais on a, d'une part,

$$\frac{d^2 P_n}{du^2} = \frac{d^{2n+2} pu}{du^{2n+2}} = P_{n+1},$$

et, d'autre part, à cause des équations (VII_{6-7}),

$$\left(\frac{dy}{du}\right)^2 = 4y^3 - g_2 y - g_3, \qquad \frac{d^2 y}{du^2} = 6y^2 - \frac{1}{2} g_2;$$

on aura donc, en remplaçant,

$$P_{n+1} = (4y^3 - g_2 y - g_3) P''_n + \left(6y^2 - \frac{g_2}{2}\right) P'_n;$$

cette relation, jointe à celle-ci

$$P_1 = 6y^2 - \frac{1}{2} g_2,$$

permet évidemment de calculer de proche en proche les polynomes P_n; on trouvera dans le Tableau (XCVII) les expressions de P_n pour les premières valeurs de n.

412. Quand on veut pousser les calculs un peu loin, il est commode de les fractionner davantage et de calculer séparément les coefficients de chaque polynome.

Il suffit d'observer ceux des polynomes qu'on a calculés pour prévoir que P_n doit être de la forme

$$P_n = \Sigma A^{(n)}_{\alpha_2, \alpha_3} g_2^{\alpha_2} g_3^{\alpha_3} y^{n+1-2\alpha_2-3\alpha_3},$$

où les coefficients $A^{(n)}_{\alpha_2, \alpha_3}$ sont purement numériques et où α_2, α_3 sont des entiers positifs ou nuls qui satisfont à la condition

$$2\alpha_2 + 3\alpha_3 \leqq n + 1;$$

il sera commode tout à l'heure d'admettre que les indices α_2, α_3 peuvent prendre d'autres valeurs que celles-là, mais que, alors, les coefficients $A^{(n)}_{\alpha_2, \alpha_3}$ sont nuls.

Le fait que le polynome P_n est ainsi constitué résulterait d'ailleurs aisément des propriétés d'homogénéité de la fonction $p(u; g_2, g_3)$; il nous suffit ici de le regarder comme un résultat d'induction : car la substitution de la valeur précédente de P_n, dans le second membre de la relation de récurrence, montre bien que la loi se conserve pour P_{n+1}, et que dans ce polynome le coefficient de

$$g_2^{\alpha_2} g_3^{\alpha_3} y^{n+2-2\alpha_2-3\alpha_3}$$

est le nombre $A^{(n+1)}_{\alpha_2, \alpha_3}$ en posant

$$\begin{aligned} A^{(n+1)}_{\alpha_2, \alpha_3} = {} & (2n+2-4\alpha_2-6\alpha_3)(2n+3-4\alpha_2-6\alpha_3) A^{(n)}_{\alpha_2, \alpha_3} \\ & - (n+3-2\alpha_2-3\alpha_3)(n+4-2\alpha_2-3\alpha_3) A^{(n)}_{\alpha_2, \alpha_3-1} \\ & - \frac{n+3-2\alpha_2-3\alpha_3}{2}(2n+5-4\alpha_2-6\alpha_3) A^{(n)}_{\alpha_2-1, \alpha_3}; \end{aligned}$$

dans cette formule α_2 et α_3 doivent être deux entiers positifs ou nuls qui vérifient la condition $2\alpha_2 + 3\alpha_3 \leqq n + 2$, et ceux des coefficients d'indice supérieur égal à n, pour lequel l'un des indices inférieurs est négatif, ou pour lequel la somme de deux fois le premier et de trois fois le second dépasse $n+1$ doivent être regardés comme nuls. La relation précédente permet évidemment de calculer les coefficients du polynome P_{n+1} quand on connaît ceux du polynome P_n; elle permet même de calculer autant des coefficients que l'on voudra de P_n en laissant n indéterminé; ainsi elle donne

$$A^{(n+1)}_{0,0} = (2n+2)(2n+3) A^{(n)}_{0,0},$$

et comme l'on a $A_{0,0}^{(1)} = 3!$, on en déduit de suite

$$A_{0,0}^{(n)} = (2n+1)!;$$

on trouve aussi, pour n plus grand que 1, 2, 3, 4, respectivement

$$\frac{A_{1,0}^{(n)}}{(2n+1)!} = -\frac{n+1}{20}, \qquad \frac{A_{0,1}^{(n)}}{(2n+1)!} = -\frac{n+1}{28},$$

$$\frac{A_{2,0}^{(n)}}{(2n+1)!} = \frac{(n+1)(3n-8)}{2^5.3.5^2}, \qquad \frac{A_{1,1}^{(n)}}{(2n+1)!} = \frac{(n+1)(11n-36)}{2^4.5.7.11}.$$

413. Ayant ainsi formé les expressions de $P_1, P_2, P_3, \ldots$, il suffira de résoudre les équations ainsi obtenues par rapport à y^2, $y^3, y^4, \ldots$ pour avoir les expressions de ces puissances de pu en fonction linéaire de y et de P_1, P_2, P_3, c'est-à-dire de pu et de ses dérivées d'ordre pair; on obtient ainsi

$$\begin{aligned}
p^2 u &= \frac{p'' u}{3!} + \frac{g_2}{2^2.3},\\
p^3 u &= \frac{p^{\text{IV}} u}{5!} + \frac{3g_2}{2^2.5}\, pu + \frac{g_3}{2.5},\\
p^4 u &= \frac{p^{\text{VI}} u}{7!} + \frac{g_2}{5}\frac{p'' u}{3!} + \frac{g_3}{7}\, pu + \frac{5}{2^4.3.7}\, g_2^2;\\
&\ldots\ldots\ldots\ldots\ldots\ldots\ldots\ldots
\end{aligned}$$

Sur ces formules, on lit immédiatement les valeurs des intégrales des puissances de pu. On trouvera dans le Tableau (CXI) ces valeurs pour les premières puissances de pu.

414. Mais, quand l'exposant de la puissance de pu est un peu élevé, il vaut mieux calculer les expressions directement, sans passer par la résolution des équations du premier degré.

On y parvient facilement en formant la dérivée seconde de $p^n u$ par rapport à u; cette dérivée est

$$\begin{aligned}
& n(n-1)\, p^{n-2} u\, p'^2 u + n\, p^{n-1} u\, p'' u\\
&= n(n-1) y^{n-2}(4y^3 - g_2 y - g_3) + n y^{n-1}\left(6y^2 - \frac{g_2}{2}\right)\\
&= 2n(2n+1) y^{n+1} - \frac{n(2n-1)}{2} g_2 y^{n-1} - n(n-1) g_3 y^{n-2};
\end{aligned}$$

on a donc

$$y^{n+1} = \frac{1}{2n(2n+1)} \frac{d^2(y^n)}{du^2} + \frac{2n-1}{4(2n+1)} g_2 y^{n-1} + \frac{n-1}{2(2n+1)} g_3 y^{n-2},$$

et il est clair que cette formule permettra d'obtenir l'expression linéaire de y^{n+1} au moyen de y et de ses dérivées, si l'on connaît de pareilles expressions pour y^{n-2}, y^{n-1}, y^n.

Le calcul se fera simplement en supposant

$$y^n = B_0^{(n)} \frac{1}{(2n-1)!} \frac{d^{2n-2} \mathrm{p} u}{du^{2n-2}} + \ldots + B_r^{(n)} \frac{1}{(2n-2r-1)!} \frac{d^{2n-2r-2} \mathrm{p} u}{du^{2n-2r-2}} + \ldots$$
$$+ B_{n-2}^{(n)} \frac{1}{3!} \frac{d^2 \mathrm{p} u}{du^2} + B_{n-1}^{(n)} \mathrm{p} u + B_n^{(n)},$$

les coefficients $B_r^{(n)}$ étant des polynomes en g_2, g_3. En substituant dans le second membre de l'équation précédente, on obtient la relation

$$B_r^{(n+1)} = \frac{(2n-2r)(2n-2r+1)}{2n(2n+1)} B_r^{(n)}$$
$$+ \frac{2n-1}{4(2n+1)} B_{r-2}^{(n-1)} g_2 + \frac{n-1}{2(2n+1)} B_{r-3}^{(n-2)} g_3.$$

Dans cette formule on peut donner à r les valeurs $0, 1, 2, \ldots, n+1$, si l'on convient que les coefficients $B_r^{(n)}$, dans lesquels l'indice inférieur est négatif ou est plus grand que l'indice supérieur, doivent être regardés comme nuls. Elle permet d'obtenir autant de termes $B_r^{(n)}$ que l'on veut. $B_0^{(n)}$ est égal à 1, $B_1^{(n)}$ à 0, pour tout entier positif n.

415. Si l'on veut fractionner encore les calculs, on constatera, sur les valeurs trouvées, que $B_r^{(n)}$ peut être mis sous la forme

$$\sum_{(\alpha_2, \alpha_3)} B_{\alpha_2, \alpha_3}^{(n)} g_2^{\alpha_2} g_3^{\alpha_3},$$

où les nombres entiers α_2, α_3, positifs ou nuls, satisfont à la condition $2\alpha_2 + 3\alpha_3 = r$, et où les coefficients purement numériques $B_{\alpha_2, \alpha_3}^{(n)}$ se déterminent par la relation récurrente

$$B_{\alpha_2, \alpha_3}^{(n+1)} = \frac{(2n-4\alpha_2-6\alpha_3)(2n+1-4\alpha_2-6\alpha_3)}{2n(2n+1)} B_{\alpha_2, \alpha_3}^{(n)}$$
$$+ \frac{2n-1}{4(2n+1)} B_{\alpha_2-1, \alpha_3}^{(n-1)} + \frac{n-1}{2(2n+1)} B_{\alpha_2, \alpha_3-1}^{(n-2)}.$$

Dans cette relation, on donnera à α_2, α_3 toutes les valeurs entières positives ou nulles qui vérifient la condition $2\alpha_2 + 3\alpha_3 \leqq n+1$, en regardant comme nuls les coefficients pour lesquels un indice inférieur est négatif ou pour lesquels la somme des deux indices inférieurs, respectivement multipliés par 2 et par 3, est plus grande que l'indice supérieur.

Cette relation de récurrence permet de calculer l'expression générale d'autant de coefficients $B^{(n)}_{\alpha_2,\alpha_3}$ que l'on veut; pour tout entier positif n, $B^{(n)}_{0,0}$ est égal à 1; pour n plus grand que 2, 3, 4, 5, on a respectivement

$$B^{(n)}_{1,0} = \frac{n}{2^2.5}, \quad B^{(n)}_{0,1} = \frac{n}{2^2.7}, \quad B^{(n)}_{2,0} = \frac{n(3n-1)}{2^5.3.5^2}, \quad B^{(n)}_{1,1} = \frac{n(11n-18)}{2^4.5.7.11}.$$

416. Aux expressions qui donnent les dérivées $\wp^{(n)}(u)$ au moyen de $\wp u$ et de $\wp' u$, il convient de joindre les expressions qui donnent, au moyen de $\wp u$, $\wp a$, $\wp' u$, $\wp' a$, les dérivées $\wp^{(n)}(u-a)$, prises par rapport à u, de la fonction $\wp(u-a)$.

La formule d'addition (VII_3) peut s'écrire

$$\wp(u-a) - \wp u = \frac{1}{2}\,\frac{(\wp a - \wp u)\wp'' u + (\wp' u + \wp' a)\wp' u}{(\wp u - \wp a)^2}$$

ou encore, en permutant les lettres u et a et en désignant par y la fonction $\wp u$, par $y^{(n)}$ sa dérivée $n^{\text{ième}}$ prise par rapport à u, et par c, $c^{(n)}$ ce que deviennent y, $y^{(n)}$ quand on y remplace u par a,

$$\wp(u-a) = c + \frac{1}{2}\,\frac{(y-c)\,c'' + (y'+c')c'}{(y-c)^2}.$$

Le second membre de cette formule peut s'écrire

$$A^{(0)}_0 + \frac{A^{(0)}_1}{y-c} + \frac{A^{(0)}_2}{(y-c)^2} + \frac{B^{(0)}_2}{(y-c)^2}\,y',$$

où l'on a

$$A^{(0)}_0 = c, \qquad A^{(0)}_1 = \frac{c''}{2}, \qquad A^{(0)}_2 = \frac{c'^2}{2}, \qquad B^{(0)}_2 = \frac{c'}{2}.$$

On voit, par induction, qu'on doit avoir en général

$$\wp^{(n)}(u-a) = A^{(n)}_0 + \frac{A^{(n)}_1}{y-c} + \frac{A^{(n)}_2}{(y-c)^2} + \ldots + \frac{A^{(n)}_{n+2}}{(y-c)^{n+2}}$$
$$+ \left[\frac{B^{(n)}_2}{(y-c)^2} + \frac{B^{(n)}_3}{(y-c)^3} + \ldots + \frac{B^{(n)}_{n+2}}{(y-c)^{n+2}}\right] y',$$

et la démonstration même fournit les formules de récurrence

$$A_\nu^{(n+1)} = -2(2\nu+1)B_{\nu+2}^{(n)} - 12c\nu B_{\nu+1}^{(n)} - c''(2\nu-1)B_\nu^{(n)} - c'^2(\nu-1)B_{\nu-1}^{(n)},$$
$$B_\nu^{(n+1)} = -(\nu-1)A_{\nu-1}^{(n)},$$

qui s'appliquent pour $\nu = 0, 1, 2, \ldots, n+3$, si l'on regarde comme nulles les quantités B dont l'indice inférieur est plus petit que 2 ou plus grand que l'indice supérieur augmenté de 2. Ces formules permettent de calculer les coefficients $A^{(n)}$ et $B^{(n)}$ pour chacun des indices n.

417. Les relations

$$\frac{1}{2}\wp^{(n)}(u-a) + \frac{1}{2}\wp^{(n)}(-u-a) = A_0^{(n)} + \frac{A_1^{(n)}}{y-c} + \ldots + \frac{A_{n+2}^{(n)}}{(y-c)^{n+2}},$$

que l'on déduit des précédentes et de celles qui en résultent par le changement de u en $-u$, donnent immédiatement, par intégration, les formules du Tableau (CXII), qui permettent de calculer facilement, pour un entier positif quelconque n, les valeurs de l'intégrale

$$\mathfrak{J}_n = \int \frac{du}{(\wp u - c)^n}.$$

Les calculs sont effectués pour les premières valeurs de n.

418. Quand a est égal à ω_α, les relations précédentes se simplifient parce que c' est nul; on a alors

$$\wp(u-\omega_\alpha) = e_\alpha + \frac{A_1^{(0)}}{y-e_\alpha}, \qquad \wp'(u-\omega_\alpha) = -\frac{A_1^{(0)}y'}{(y-e_\alpha)^2},$$
$$\wp''(u-\omega_\alpha) = 2A_1^{(0)} + \frac{12A_1^{(0)}e_\alpha}{y-e_\alpha} + \frac{6[A_1^{(0)}]^2}{(y-e_\alpha)^2}, \quad \ldots$$

en supposant $A_1^{(0)}$ égal à $3e_\alpha^2 - \frac{g_2}{4} = (e_\alpha - e_\beta)(e_\alpha - e_\gamma)$.

Dans le Tableau (CXII), le calcul des valeurs de l'intégrale $\int \frac{du}{(\wp u - e_\alpha)^n}$ est effectué pour les premières valeurs de n.

IV. — Développements en séries entières des fonctions ξ, sn, cn, dn. — Expressions linéaires des dérivées des fonctions ξ, sn, cn, dn au moyen des puissances de ces fonctions. — Expressions linéaires des puissances des fonctions ξ, sn, cn, dn au moyen des dérivées de ces fonctions.

419. Connaissant le développement de pu suivant les puissances ascendantes de u, il n'y a aucune difficulté à calculer autant de termes que l'on veut dans le développement des fonctions $\xi_{0\alpha}u$, $\xi_{\alpha 0}u$, $\xi_{\beta\gamma}u$, qui sont des fonctions algébriques simples de pu; on n'a qu'à appliquer les propositions établies dans l'Introduction. Nous nous contenterons de donner quelques explications à propos de la fonction

$$\operatorname{sn} u = \sqrt{e_1 - e_3}\,\xi_{03}\left(\frac{u}{\sqrt{e_1-e_3}}\right) = \frac{\sqrt{e_1-e_3}}{\sqrt{p\left(\frac{u}{\sqrt{e_1-e_3}};\, g_2,\, g_3\right) - e_3}}.$$

D'après la relation d'homogénéité (VIII_3), on a

$$p\left(\frac{u}{\sqrt{e_1-e_3}};\, g_2,\, g_3\right) = (e_1-e_3)\,p(u;\, g'_2,\, g'_3),$$

en posant, pour abréger,

$$g'_2 = \frac{g_2}{(e_1-e_3)^2}, \qquad g'_3 = \frac{g_3}{(e_1-e_3)^3};$$

en se reportant aux formules ($\mathrm{XXXVI}_{8,4}$), ($\mathrm{XXXVII}_{1,2}$), on a d'ailleurs les relations

$$(\mathrm{XCVI}) \quad \frac{g_2}{(e_1-e_3)^2} = \frac{4}{3}(k^4 - k^2 + 1), \quad \frac{g_3}{(e_1-e_3)^3} = \frac{4}{27}(1+k^2)(2-k^2)(1-2k^2);$$

la relation entre les fonctions sn et p peut donc s'écrire

$$(\mathrm{XCVI}) \qquad \operatorname{sn} u = \frac{1}{\sqrt{p(u;\, g'_2,\, g'_3) - \frac{e_3}{e_1-e_3}}} = \frac{1}{\sqrt{p(u;\, g'_2,\, g'_3) + \frac{1+k^2}{3}}}.$$

En utilisant le développement de pu et en tenant compte des valeurs de g'_2, g'_3, on trouve

$$p(u;\, g'_2,\, g'_3) = \frac{1}{u^2} + \frac{k^4 - k^2 + 1}{15} u^2 + \ldots,$$

puis

$$\operatorname{sn} u = u \left[1 + \frac{k^2+1}{3} u^2 + \frac{k^4 - k^2 + 1}{15} u^4 + \ldots \right]^{-\frac{1}{2}};$$

on n'a plus, pour trouver le développement cherché, qu'à appliquer la formule du binome : on trouvera dans le Tableau (XCVI) les premiers termes de ce développement.

Les polynomes en k^2 qui figurent dans le développement de $\operatorname{sn} u$ comme coefficients des puissanccs de u sont réciproques; cette circonstance résulte de ce qu'il en est manifestement ainsi dans le développement de

$$p(u;\, g'_2,\, g'_3) + \frac{1+k^2}{3}$$

à cause des valeurs de g'_2 et de g'_3. La considération de ce développement permet aussi de reconnaître aisément le degré de ces polynomes : le coefficient de u^{2n+1} est de degré n en k^2.

420. Il va sans dire que l'on obtient de la même façon les développements de $\operatorname{cn} u$ et de $\operatorname{dn} u$; on en trouvera les premiers termes dans le Tableau (XCVI). On peut aussi les déduire du développement de $\operatorname{sn} u$ par les formules

$$\operatorname{cn} u = [1 - \operatorname{sn}^2 u]^{\frac{1}{2}}, \qquad \operatorname{dn} u = [1 - k^2 \operatorname{sn}^2 u]^{\frac{1}{2}};$$

enfin, on remarquera qu'il suffit d'avoir le développement de l'une des fonctions $\operatorname{cn} u$, $\operatorname{dn} u$ pour avoir aisément le développement de l'autre, comme il résulte des formules de transformation relatives au cas 3° des Tableaux ($\mathrm{LXXX}_{5,6}$), où l'on peut supposer que le nombre c est un multiple de 4 et qui donnent alors

$$l = \frac{1}{k}, \qquad \operatorname{cn}\left(u, \frac{1}{k}\right) = \operatorname{dn}\left(\frac{u}{k}, k\right), \qquad \operatorname{dn}\left(u, \frac{1}{k}\right) = \operatorname{cn}\left(\frac{u}{k}, k\right).$$

Les mêmes Tableaux donnent la relation

$$\operatorname{sn}\left(u, \frac{1}{k}\right) = k \operatorname{sn}\left(\frac{u}{k}, k\right),$$

qui, jointe à ce que le coefficient de u^{2n+1} est un polynome en k^2 de degré n, met aussi en évidence la réciprocité de ce polynome.

421. D'autres méthodes que nous allons indiquer sommairement permettent de retrouver ces résultats et quelques autres.

Les équations différentielles que vérifient les fonctions ξ, sn, cn, dn sont toutes de la forme

$$\left(\frac{dy}{du}\right)^2 = ay^4 + by^2 + c,$$

où a, b, c sont, suivant les cas, des fonctions connues de e_1, e_2, e_3 ou de k^2; les conséquences qu'on peut tirer de ces équations sont toutes pareilles à celles que l'on a déduites de l'équation différentielle que vérifie pu, et les détails que nous avons donnés à ce sujet nous permettent d'être maintenant plus brefs.

Les dérivées d'ordre pair $2n$ de toute fonction y, qui vérifie une équation différentielle de la forme

$$\left(\frac{dy}{du}\right)^2 = ay^4 + by^2 + c$$

sont des polynomes en y, de degré $2n+1$, ne contenant que les puissances impaires de y. On a, en effet, en posant

$$Q_n = \frac{d^{2n}y}{du^{2n}},$$

et en admettant que Q_n soit un polynome en y satisfaisant aux conditions énoncées, dont les dérivées par rapport à y sont Q'_n et Q''_n, la relation

$$Q_{n+1} = Q''_n(ay^4 + by^2 + c) + Q'_n(2ay^3 + by).$$

Si l'on pose

$$Q_n = A_0^{(n)}y + A_1^{(n)}y^3 + \ldots + A_r^{(n)}y^{2r+1} + \ldots + A_n^{(n)}y^{2n+1},$$

on trouve

$$A_r^{(n+1)} = 2r(2r-1)a\,A_{r-1}^{(n)} + (2r+1)^2 b\,A_r^{(n)} + (2r+2)(2r+3)c\,A_{r+1}^{(n)}.$$

Cette égalité permet de calculer les quantités $A_r^{(n)}$ puisque l'on connaît $A_1^{(1)} = 2a$, $A_0^{(1)} = b$; r doit y prendre les valeurs 0, 1,

2, ..., $n+1$; lorsque dans le second membre un indice inférieur est négatif ou plus grand que l'indice supérieur, la quantité $A_r^{(n)}$ correspondante est nulle.

On trouvera dans le Tableau (XCVIII) les résultats ainsi obtenus pour les premières valeurs de r.

422. Si l'on veut fractionner les calculs davantage, on observera, sur les premières valeurs calculées, que $A_r^{(n)}$ est un polynome entier en a, b, c homogène, à coefficients entiers et positifs, de degré n si l'on regarde a, b, c comme du premier degré, de degré $n-r$ si l'on regarde a, b, c comme étant respectivement des degrés 0, 1, 2; on peut donc poser, si cette loi est générale,

$$(\alpha)\qquad A_r^{(n)} = \sum_{(\gamma)} A_{r,\gamma}^{(n)} a^{r+\gamma} b^{n-r-2\gamma} c^{\gamma},$$

les $A_{r,\gamma}^{(n)}$ étant des coefficients purement numériques; r peut prendre les valeurs 0, 1, 2, ..., n; r étant choisi, γ doit prendre les valeurs 0, 1, 2, ... jusqu'à $\frac{n-r}{2}$ ou $\frac{n-r-1}{2}$, suivant que $n-r$ est pair ou impair. La généralité de la loi se démontre par induction et l'on parvient en même temps à la formule

$$A_{r,\gamma}^{(n+1)} = 2r(2r-1)A_{r-1,\gamma}^{(n)} + (2r+1)^2 A_{r,\gamma}^{(n)} + (2r+2)(2r+3)A_{r+1,\gamma-1}^{(n)};$$

r ayant été choisi parmi les nombres 0, 1, 2, ..., $n+1$, γ doit prendre les valeurs depuis 0 jusqu'à $\frac{n-r}{2}$ ou $\frac{n-r-1}{2}$, suivant que $n-r$ est pair ou impair; d'ailleurs, dans le second membre, ceux des coefficients où le premier indice inférieur est plus grand que n, ceux où le second indice inférieur est plus grand que $\frac{n-r}{2}$ sont nuls, ainsi que ceux dont un indice inférieur est négatif. Tous les nombres $A_{r,\gamma}^{(n)}$ sont entiers et positifs.

Observons que la relation que nous venons d'établir donne, en particulier,

$$A_{n+1,0}^{(n+1)} = (2n+1)(2n+2)A_{n,0}^{(n)}, \qquad A_{0,0}^{(n+1)} = A_{0,0}^{(n)},$$

d'où l'on déduit sans peine

$$A_{n,0}^{(n)} = (2n)! \qquad A_{0,0}^{(n)} = 1.$$

Les calculs se font assez rapidement, et l'on observe avec un peu d'attention que l'on a [1]

$$A_{1,0}^{(n)} = \frac{-1+3^{2n}}{2^2}, \qquad A_{2,0}^{(n)} = \frac{2-3.3^{2n}+5^{2n}}{2^4},$$

$$A_{3,0}^{(n)} = \frac{-5+9.3^{2n}-5.5^{2n}+7^{2n}}{2^6}, A_{4,0}^{(n)} = \frac{14-28.3^{2n}+20.5^{2n}-7.7^{2n}+9^{2n}}{2^8}, \ldots$$

423. Si la fonction y est impaire et s'annule pour $u = 0$, comme $\xi_{0\alpha}(u)$ ou $\operatorname{sn}(u)$, on a, dans le voisinage de $u = 0$,

$$y = \frac{y'_0}{1} u + \frac{y'''_0}{3!} u^3 + \frac{y_0^{(v)}}{5!} u^5 + \ldots,$$

en désignant par $y'_0, y'''_0, y_0^{(v)}, \ldots$ les valeurs pour $u = 0$ des dérivées d'ordre impair; on a d'ailleurs

$$\frac{d^{2n+1}y}{du^{2n+1}} = \frac{dQ_n}{du} = Q'_n \frac{dy}{du},$$

et il est clair que, pour $u = 0$, Q'_n se réduit à $A_0^{(n)}$ et $\frac{dy}{du}$ à $\sqrt{c}$; on peut donc écrire

$$y = \sqrt{c}\left[\frac{u}{1} + A_0^{(1)} \frac{u^3}{1.2.3} + A_0^{(2)} \frac{u^5}{1.2.3.4.5} + \ldots + A_0^{(n)} \frac{u^{2n+1}}{(2n+1)!} + \ldots\right];$$

par exemple, pour $y = \xi_{0\alpha}(u)$, on a $a = (e_\alpha - e_\beta)(e_\alpha - e_\gamma)$, $b = 3e_\alpha$, $c = 1$; pour $y = \operatorname{sn} u$, on a $a = k^2$, $b = -(1+k^2)$, $c = 1$; on aura donc le développement de $\xi_{0\alpha}(u)$ et celui de $\operatorname{sn} u$.

Pour cette dernière fonction, les quantités $A_0^{(n)}$ sont des poly-

---

(1) Dans sa Thèse (*Annales de l'École Normale supérieure*, 2e série, t. VI, p. 265), M. D. André a montré que, quand on se donne arbitrairement r et γ, les quantités $A_{r,\gamma}^{(n)}$ sont des fonctions de n définies par la relation

$$A_{r,\gamma}^{(n)} = \sum_{t=0}^{t=r+\gamma} \mathfrak{P}_t(n)\,(2t+1)^{2n},$$

où $\mathfrak{P}_0(n)$, $\mathfrak{P}_1(n)$, ..., $\mathfrak{P}_r(n)$ sont des polynomes en n, de degré γ, à coefficients rationnels, qu'il reste à calculer, tandis que pour chacun des indices $t > r$, $\mathfrak{P}_t(n)$ est un polynome en n de degré $\gamma - t + r$.

Ce résultat est déduit de recherches fort intéressantes qui ont permis à M. D. André d'établir l'équation génératrice très simple de la série récurrente dont $A_{r,\gamma}^{(n)}$ est le terme général.

nomes en k^2, de degré n en k^2, comme il résulte évidemment de la formule (α), qui s'écrit alors

$$A_0^{(n)} = (-1)^n \sum_{(\gamma)} A_{0,\gamma}^{(n)} k^{2\gamma}(1+k^2)^{n-2\gamma};$$

il est manifeste, sur cette formule, que ces polynomes sont réciproques.

424. Si y est une fonction paire et prenant pour $u=0$ la valeur 1, comme $\xi_{\beta\gamma} u$, $\mathrm{cn}\, u$, $\mathrm{dn}\, u$, on a, dans le voisinage de $u=0$,

$$y = 1 + \frac{\overline{Q}_1}{1.2} u^2 + \frac{\overline{Q}_2}{1.2.3.4} u^4 + \ldots + \frac{\overline{Q}_n}{(2n)!} u^{2n} + \ldots,$$

n désignant par $\overline{Q}_1, \overline{Q}_2, \ldots, \overline{Q}_n, \ldots$ ce que deviennent, pour $= 1$, les fonctions $Q_1, Q_2, \ldots, Q_n, \ldots$; on a, en général,

$$\overline{Q}_n = A_0^{(n)} + A_1^{(n)} + \ldots + A_n^{(n)};$$

si l'on se place, par exemple, dans le cas de $\mathrm{cn}\, u$, on trouve

$$A_r^{(n)} = \sum_{(\gamma)} (-1)^{r+\gamma} A_{r,\gamma}^{(n)} k^{2(r+\gamma)}(2k^2-1)^{n-r-2\gamma}(1-k^2)^\gamma.$$

Dans ce cas, les polynomes $A_r^{(n)}$ sont, en k^2, de degré maximum égal à n; il en est de même de $\overline{Q}_n$; dans ce dernier polynome, le terme indépendant de k^2 est 1; dans la somme $A_0^{(n)} + A_1^{(n)} + \ldots + A_n^{(n)}$, il n'y a, en effet, que l'élément $A_0^{(n)}$ qui contienne un terme indépendant de k^2, terme qui n'est autre chose que $A_{0,0}^{(n)}$. Dans ce même polynome $\overline{Q}_n$, le terme en k^{2n} fait défaut, cela tient à ce que l'on a ici $a+b+c=0$, $2a+b=-1$; en sorte que l'expression générale $Q''_n(ay^4+by^2+c) + Q'_n(2ay^3+by)$ de Q_{n+1}, quand on y remplace y par 1, se réduit à $-\overline{Q'_n}$, en désignant par $\overline{Q'_n}$ ce que devient la dérivée de Q_n prise par rapport à y après qu'on y a fait $y=1$; comme Q_n ne peut contenir k^2 qu'au degré n, il est clair qu'il en sera de même de $\overline{Q}_{n+1}$; par suite, Q_n est un polynome du degré $n-1$ par rapport à k^2.

425. En résolvant par rapport aux puissances de y les expressions des dérivées d'ordre pair de la fonction y, on voit que les puissances impaires de y s'expriment linéairement en fonction de y et de ses dérivées d'ordre pair; y^{2n+1} contiendra les dérivées jusqu'à l'ordre $2n$; mais il est plus commode de calculer directement les expressions de ces puissances, qui sont utiles dans le calcul intégral; du même coup, on montrera que les puissances d'ordre pair s'expriment linéairement au moyen de y^2 et de ses dérivées.

On a, en effet,

$$n(n+1)\,ay^{n+2} = \frac{d^2(y^n)}{du^2} - n^2 by^n - n(n-1)\,cy^{n-2},$$

et il est manifeste que si l'on a exprimé y^n et y^{n-2} en fonction linéaire de y et de ses dérivées dans le cas où n est impair, en fonction linéaire de y^2 et de ses dérivées dans le cas où n est pair, on obtiendra par cette formule une pareille expression pour y^{n+2}.

426. Si l'on veut fractionner les calculs, on procédera comme il suit.

Pour le cas des puissances impaires, remplaçons dans l'égalité précédente n par $2n-1$, et posons

$$(2n)!\,a^n y^{2n+1} = B_0^{(n)} \frac{d^{2n}y}{du^{2n}} + \ldots + B_r^{(n)} \frac{d^{2n-2r}y}{du^{2n-2r}} + \ldots + B_n^{(n)} y;$$

on trouvera aisément la relation

$$B_r^{(n)} = B_r^{(n-1)} - (2n-1)^2 b B_{r-1}^{(n-1)} - (2n-2)^2 (2n-3)(2n-1)\,ac\,B_{r-2}^{(n-2)},$$

qui, jointe aux relations $B_0^{(0)} = 1$, $B_0^{(1)} = 1$, $B_1^{(1)} = -b$, permet de calculer facilement les quantités $B_r^{(n)}$. L'indice r doit prendre les valeurs $0, 1, 2, \ldots, n$; dans le second membre celles des quantités $B_r^{(n)}$ pour lesquelles l'indice inférieur est négatif, ou plus grand que l'indice supérieur, doivent être regardées comme nulles. Il est clair que $B_0^{(n)}$ est toujours égal à 1; les quantités $B_r^{(n)}$ sont des polynomes entiers en b et en ac à coefficients entiers. On trouvera dans le Tableau (CXIII) les expressions de ces polynomes, pour les premières valeurs de n.

427. Si l'on veut fractionner le calcul davantage, on observera, sur les premières valeurs de ces polynomes, qu'ils sont homogènes et du degré r en b et en ac, quand on regarde b comme du premier degré et ac comme du second. On est ainsi conduit à poser

$$B_r^{(n)} = \sum_{(\gamma)} B_{r,\gamma}^{(n)} b^{r-2\gamma} (ac)^\gamma,$$

les coefficients $B_{r,\gamma}^{(n)}$ étant purement numériques.

L'indice r étant choisi parmi les nombres $0, 1, 2, \ldots, n$, l'indice γ doit prendre les valeurs $0, 1, 2, \ldots, \frac{r}{2}$ ou $\frac{r-1}{2}$, selon que r est pair ou impair. La généralité de cette supposition apparaît immédiatement et l'on trouve du même coup la relation

$$B_{r,\gamma}^{(n)} = B_{r,\gamma}^{(n-1)} - (2n-1)^2 B_{r-1,\gamma}^{(n-1)} - (2n-2)^2 (2n-3)(2n-1) B_{r-2,\gamma-1}^{(n-2)}.$$

Pour ce qui concerne $\operatorname{sn} u$, on reconnaît immédiatement que les polynomes $B_r^{(n)}$, regardés comme des fonctions de k^2, sont réciproques.

428. On observera que, si dans l'équation

$$\left(\frac{dy}{du}\right)^2 = ay^4 + by^2 + c,$$

on remplace y par $\frac{1}{z}$, elle prend la forme

$$\left(\frac{dz}{du}\right)^2 = cz^4 + bz^2 + a;$$

on en déduira, puisque les polynomes $B_r^{(n)}$ ne changent pas quand on échange les lettres a et c,

$$(2n)!\, c^n y^{-(2n+1)} = B_0^{(n)} \frac{d^{2n} y^{-1}}{du^{2n}} + B_1^{(n)} \frac{d^{2n-2} y^{-1}}{du^{2n-2}} + \ldots + B_n^{(n)} y^{-1}.$$

La même méthode s'applique aux puissances paires de y; leurs expressions s'obtiendront en partant de la relation du n° **425** où l'on remplace n par $2n$.

On trouvera dans les Tableaux (CXIII) et (CXIV) les expressions des intégrales

$$\int y^{2n+1}\, du \quad \text{et} \quad \int y^{2n}\, du,$$

déduites des relations précédentes et permettant de calculer successivement ces intégrales pour les premières valeurs de n.

V.— Application de la transformation de Landen au développement en série entière de la fonction cn.

429. On peut, comme l'a montré M. Hermite ([1]), obtenir, par une voie tout autre que celle que nous avons suivie, les coefficients des puissances de u^2 dans le développement de la fonction $\operatorname{cn} u$.

On sait déjà, par ce qui précède, que dans ce développement le coefficient $\operatorname{cn}^{(2n)}(0)$ de $\frac{u^{2n}}{(2n)!}$, ordonné suivant les puissances croissantes de k^2, est de la forme

$$\operatorname{cn}^{(2n)}(0) = (-1)^n[1 + A_1^{(n)}k^2 + A_2^{(n)}k^4 + \ldots + A_{n-1}^{(n)}k^{2n-2}],$$

où $A_1^{(n)}, A_2^{(n)}, \ldots, A_{n-1}^{(n)}$ sont des quantités purement numériques, qu'il s'agit de calculer.

La formule de transformation de Landen (LXXXII_2)

$$\operatorname{cn}\left(u, \frac{1-k'}{1+k'}\right) = \frac{1-(1+k')\operatorname{sn}^2 \dfrac{u}{1+k'}}{\operatorname{dn} \dfrac{u}{1+k'}}$$

va nous permettre d'effectuer ce calcul pour chaque indice n. Cette formule est une identité par rapport à u et par rapport à τ. Si l'on change τ en $\frac{c+d\tau}{a+b\tau}$, en donnant à a, b, c, d des valeurs rentrant dans le cas 3° du Tableau (XX_6) et pour lesquelles k se change en $\frac{1}{k}$ et k' en $\pm\frac{ik'}{k}$ (LXXX_5), elle devient

$$\operatorname{cn}\left(u, \frac{k \mp ik'}{k \pm ik'}\right) = \frac{k-(k \pm ik')\operatorname{sn}^2\left(\dfrac{ku}{k \pm ik'}, \dfrac{1}{k}\right)}{k \operatorname{dn}\left(\dfrac{ku}{k \pm ik'}, \dfrac{1}{k}\right)},$$

où les signes supérieurs se correspondent. Le second membre se transforme par les formules du Tableau (LXXX_6), écrites dans

([1]) Voir *Comptes rendus de l'Académie des Sciences*, t. LVII, p. 613 et p. 993.

ce même cas 3° pour $c = 0$, en

$$\frac{1-(k \pm ik')\,k\,\mathrm{sn}^2\left(\dfrac{u}{k \pm ik'},\,k\right)}{\mathrm{cn}\left(\dfrac{u}{k \pm ik'},\,k\right)}.$$

On a ainsi

$$(k \mp ik')\,\mathrm{cn}\left[(k \pm ik')\,u,\,\frac{k \mp ik'}{k \pm ik'}\right] = \frac{k \mp ik' - k\,\mathrm{sn}^2(u,k)}{\mathrm{cn}(u,k)};$$

on déduit de ces deux relations, par addition, en posant aussi

$$k \pm ik' = e^{\pm i\alpha},$$

l'identité en u et α

$$e^{-i\alpha}\,\mathrm{cn}(e^{i\alpha}u,\,e^{-2i\alpha}) + e^{i\alpha}\,\mathrm{cn}(e^{-i\alpha}u,\,e^{2i\alpha}) = 2\cos\alpha\,\mathrm{cn}(u,\,\cos\alpha).$$

Il suffit de développer chacune des fonctions

$$\mathrm{cn}(e^{\pm i\alpha}u,\,e^{\mp 2i\alpha}), \qquad \mathrm{cn}(u,\,\cos\alpha)$$

par la formule de Maclaurin et d'égaler les coefficients des mêmes puissances de u dans les deux membres, pour obtenir entre les nombres $A_r^{(n)}$ et α la relation

$$\begin{aligned}\cos[(2n-1)\alpha] + A_{n-1}^{(n)}\cos[(2n-3)\alpha] + A_1^{(n)}\cos[(2n-5)\alpha]\\ + A_{n-2}^{(n)}\cos[(2n-7)\alpha] + \ldots = \cos\alpha + A_1^{(n)}\cos^3\alpha\\ + A_2^{(n)}\cos^5\alpha + \ldots + A_{n-1}^{(n)}\cos^{2n-1}\alpha;\end{aligned}$$

les deux derniers termes du premier membre sont

$$A_{\frac{n+1}{2}}^{(n)}\cos 3\alpha + A_{\frac{n-1}{2}}^{(n)}\cos\alpha, \quad \text{quand } n \text{ est impair};$$

$$A_{\frac{n-2}{2}}^{(n)}\cos 3\alpha + A_{\frac{n}{2}}^{(n)}\cos\alpha, \quad \text{quand } n \text{ est pair}.$$

On transforme aisément le second membre en une fonction linéaire des cosinus des multiples impairs de α. En égalant ensuite les coefficients des cosinus des mêmes multiples de α, on obtient les relations cherchées; on a $A_{n-1}^{(n)} = 2^{2n-2}$, puis successivement, en désignant par $\binom{n}{k}$ le coefficient binomial $\frac{n(n-1)\ldots(n-k+1)}{1.2\ldots k}$,

$$A_{n-1}^{(n)} = (2n-1) + \frac{A_{n-2}^{(n)}}{2^{2n-4}},$$

$$A_1^{(n)} = \binom{2n-1}{2} + \frac{A_{n-2}^{(n)}}{2^{2n-4}}(2n-3) + \frac{A_{n-3}^{(n)}}{2^{2n-6}},$$

$$A_{n-2}^{(n)} = \binom{2n-1}{3} + \frac{A_{n-2}^{(n)}}{2^{2n-4}}\binom{2n-3}{2} + \frac{A_{n-3}^{(n)}}{2^{2n-6}}(2n-5) + \frac{A_{n-4}^{(n)}}{2^{2n-8}},$$

$$\ldots\ldots\ldots\ldots\ldots\ldots\ldots\ldots\ldots\ldots,$$

$$A_\mu^{(n)} = \binom{2n-1}{n-2} + \frac{A_{n-2}^{(n)}}{2^{2n-4}}\binom{2n-3}{n-3} + \ldots + \frac{A_3^{(n)}}{2^6}\frac{7.6}{1.2} + \frac{A_2^{(n)}}{2^4}\frac{5}{1} + \frac{A_1^{(n)}}{2^2},$$

$$A_\nu^{(n)} = \binom{2n-1}{n-1} + \frac{A_{n-2}^{(n)}}{2^{2n-4}}\binom{2n-3}{n-2} + \ldots + \frac{A_2^{(n)}}{2^4}\frac{5.4}{1.2} + \frac{A_1^{(n)}}{2^2}\frac{3}{1} + 1,$$

où l'on doit remplacer $A_0^{(n)}$ par 1 et où, pour n impair, on doit remplacer l'indice μ par $\frac{n+1}{2}$, l'indice ν par $\frac{n-1}{2}$, tandis que, pour n pair, on doit remplacer l'indice μ par $\frac{n-2}{2}$ et l'indice ν par $\frac{n}{2}$. De simples résolutions d'équations du premier degré donnent ainsi directement, pour chaque indice n, les valeurs des constantes $A_1^{(n)}, A_2^{(n)}, \ldots, A_{n-1}^{(n)}$, et il importe de remarquer, pour les calculs numériques, que l'on a un procédé de vérification de ces calculs puisque l'on a n équations et $n-1$ inconnues seulement.

Comme on l'a fait observer au n° 420, le développement de la fonction $\mathrm{dn}(u)$ se déduit immédiatement de celui de la fonction $\mathrm{cn}(u)$. La relation

$$\mathrm{sn}'(u) = \mathrm{cn}(u)\,\mathrm{dn}(u)$$

permet ensuite d'obtenir aisément le développement de la dérivée de la fonction $\mathrm{sn}(u)$, et, par suite, celui de la fonction $\mathrm{sn}(u)$ elle-même.

La méthode de M. Hermite ne fournit pas seulement un nouveau procédé pour dresser assez facilement le Tableau (XCVI); elle permet d'obtenir aussi la loi de formation des coefficients des polynomes $\mathrm{cn}^{(2n)}(0)$ ordonnés suivant les puissances de k^2.

VI. — Application aux fonctions de Jacobi de la méthode de décomposition en éléments simples.

430. Quand on veut appliquer directement aux fonctions de Jacobi la méthode de décomposition en éléments simples, ce qui permet de retrouver les relations essentielles entre ces fonctions, il convient d'introduire, comme élément simple pour celles de ces fonctions qui sont doublement périodiques de première espèce dans le parallélogramme des périodes o, $2K$, $2(K+iK')$, $2iK'$, la fonction impaire $Z(u)$ définie au n° 316; elle admet, comme pôle unique et simple dans le parallélogramme, le point iK'; son résidu relatif à ce pôle est 1; elle s'annule pour $u=0$ et $u=K$ et jouit des propriétés mises en évidence par les formules (LXXIX_{2-3}) qui montrent clairement comment elle peut jouer un rôle analogue à la fonction ζu, en sorte que toute fonction doublement périodique de première espèce dans le parallélogramme considéré est, à une constante additive près, une fonction linéaire de quantités telles que $Z(u-a)$, $Z(u-b)$ et de leurs dérivées; les constantes a, b, ... n'étant autres que les affixes des pôles de la fonction considérée, diminuées de iK'.

Il est à peine besoin de dire que les fonctions $\frac{H'(u)}{H(u)}$, $\frac{H'_1(u)}{H_1(u)}$, $\frac{\Theta'_1(u)}{\Theta_1(u)}$ peuvent jouer le rôle que nous venons d'attribuer à la fonction $Z(u)$.

431. Quand on se sert comme élément simple de la fonction $Z(u)$, il est souvent commode, surtout pour la détermination de la constante additive, d'avoir les premiers termes du développement de cette fonction en série entière. On les obtient aisément au moyen des formules (CII_4) en utilisant le développement de $\operatorname{sn} u$. On trouve ainsi

$$(CII_7) \qquad Z(u) = Z'(0)\frac{u}{1} - 2k^2\frac{u^3}{3!} + 8k^2(k^2+1)\frac{u^5}{5!} - \cdots.$$

432. De même que l'on substitue aux quantités ω_1, ω_3 les quantités K et K' introduites par Legendre, on remplace, dans le même système de notations, les quantités η_1, η_3 par les quantités E, E' que définissent les égalités

$$(\text{CII})\quad \begin{cases} (1)\quad \dfrac{1+k^2}{3} - \dfrac{\eta_1}{K\sqrt{e_1-e_3}} = 1 - \dfrac{E}{K}, \\ (2)\quad \dfrac{1+k'^2}{3} + \dfrac{\eta_3}{iK'\sqrt{e_1-e_3}} = 1 - \dfrac{E'}{K'}. \end{cases}$$

On remarquera (n° 406) que le premier membre de l'égalité (1) est égal à $Z'(0)$.

L'introduction de ces notations permet d'écrire la troisieme relation (CII_4) $\text{dn}^2 u = 1 - Z'(0) + Z'(u)$ sous la forme

$$\text{dn}^2 u = \frac{E}{K} + Z'(u).$$

On en déduit immédiatement, en se rappelant que $Z(0)$ et $Z(K)$ sont nuls, la formule

$$(\text{CII}_8)\qquad \int_0^K \text{dn}^2(u, k)\, du = E,$$

où l'intégrale qui figure dans le premier membre est prise suivant le segment de droite qui va de 0 au point K.

Si maintenant on fait la transformation

$$\Omega_1 = \omega_3, \qquad \Omega_3 = -\omega_1,$$

qui, ainsi qu'il résulte des formules (LXXX_{3-5}), donne

$$l = k', \qquad l' = k, \qquad L = K', \qquad L' = K, \qquad \sqrt{E_1 - E_3} = -i\sqrt{e_1 - e_3}$$

et

$$H_1 = \zeta(\Omega_1) = \zeta(\omega_3) = \eta_3,$$

notre dernière formule deviendra

$$(\text{CII}_9)\qquad \int_0^{K'} \text{dn}^2(u, k')\, du = E',$$

où l'intégrale qui figure dans le premier membre est prise suivant le segment de droite qui va de 0 au point K'.

Observons que la relation $\eta_1\omega_3 - \eta_3\omega_1 = \dfrac{\pi i}{2}$ peut s'écrire

$$\frac{\eta_1}{K\sqrt{e_1-e_3}} - \frac{\eta_3}{iK'\sqrt{e_1-e_3}} = \frac{\pi}{2KK'};$$

si donc on introduit E, E′ au moyen des relations ($CII_{1,2}$), elle prend la forme

$$(CII_3) \qquad EK' + E'K - KK' = \frac{\pi}{2},$$

qui est celle sous laquelle elle s'est d'abord présentée à Legendre.

Relativement au même parallélogramme o, $2K$, $2(K + iK')$, $2iK'$ et pour les fonctions de seconde espèce, M. Hermite a employé comme élément simple, dans une suite d'importantes recherches, la fonction de u

$$\frac{H'(0)\,H(u+b)}{H(a)\,H(u)}\,e^{au},$$

qui ne diffère pas au fond de la fonction $\mathcal{A}(u)$, comme nous l'avons montré au n° 371. Elle admet pour pôle unique et simple le point o; le résidu relatif à ce pôle est 1.

CHAPITRE III.

SUITE DES THÉORÈMES GÉNÉRAUX.

433. Considérons une fonction doublement périodique [1] du second ordre $F(u)$ aux périodes $2\omega_1$, $2\omega_3$ et supposons d'abord que ses deux pôles a, b soient distincts; a, b seront aussi les pôles de la fonction doublement périodique du second ordre $F(u) - F(u_0)$; comme u_0 est un zéro de cette fonction, son second zéro sera $a+b-u_0$ et l'on aura $F(a+b-u_0) - F(u_0) = 0$; comme u_0 est quelconque, la fonction $F(u)$ prend donc les mêmes valeurs pour deux valeurs de u dont la somme est $a+b$. On peut dire encore que la fonction $F\left(\frac{a+b}{2}+u\right)$ est paire; les pôles de cette dernière fonction sont $\pm\frac{a-b}{2}$; ils sont distincts des points 0, ω_1, ω_2, ω_3. La dérivée $F'\left(\frac{a+b}{2}+u\right)$ de cette même fonction est impaire et n'admet pas de pôles distincts des pôles de la fonction $F\left(\frac{a+b}{2}+u\right)$; étant impaire et étant finie pour $u=0$, elle est nulle pour cette valeur; elle est nulle aussi pour $u=\omega_\alpha$: en effet, les deux quantités finies $F'\left(\frac{a+b}{2}+\omega_\alpha\right)$, $F'\left(\frac{a+b}{2}-\omega_\alpha\right)$ doivent être égales et de signes contraires puisque la fonction $F'\left(\frac{a+b}{2}+u\right)$ est impaire, et égales puisque $2\omega_\alpha$ est une période de la fonction $F'(u)$. Ainsi les quatre zéros, évidemment simples, de la fonction du quatrième ordre $F'(u)$, sont

$$\frac{a+b}{2},\quad \frac{a+b}{2}+\omega_1,\quad \frac{a+b}{2}+\omega_2,\quad \frac{a+b}{2}+\omega_3.$$

[1] Dans tout ce Chapitre il ne sera question que de fonctions doublement périodiques *ordinaires*.

La fonction doublement périodique

$$\begin{aligned}\Phi(u) = & \left[F(u) - F\left(\frac{a+b}{2}\right)\right]\left[F(u) - F\left(\frac{a+b}{2} + \omega_1\right)\right] \\ & \times \left[F(u) - F\left(\frac{a+b}{2} + \omega_2\right)\right]\left[F(u) - F\left(\frac{a+b}{2} + \omega_3\right)\right]\end{aligned}$$

est du huitième ordre; ses zéros sont en évidence; chacun est double, puisque la dérivée de chaque facteur s'annule pour le zéro correspondant; elle admet les mêmes zéros, au même degré de multiplicité que la fonction $F'^2(u)$; elle admet aussi les mêmes pôles, au même degré de multiplicité; le rapport des deux fonctions $\Phi(u)$, $F'^2(u)$ est donc une fonction doublement périodique qui n'admet pas de pôles : c'est une constante; par conséquent :

Toute fonction doublement périodique y de la variable u, du second ordre, à pôles distincts, vérifie une équation différentielle de la forme

$$\left(\frac{dy}{du}\right)^2 = M(y - A)(y - B)(y - C)(y - D),$$

où M, A, B, C, D *sont des constantes.*

Soit maintenant $y = f(u)$ une fonction doublement périodique du second ordre admettant le pôle double a. On reconnaît, comme précédemment, que la fonction $f(a + u)$ est paire et que son pôle est distinct des points ω_1, ω_2, ω_3; puis, que la fonction du troisième ordre $f'(u)$ n'admet pas d'autres zéros que les points $a + \omega_1$, $a + \omega_2$, $a + \omega_3$; par conséquent :

Toute fonction doublement périodique y de la variable u, du second ordre, à pôle double, vérifie une équation différentielle de la forme

$$\left(\frac{dy}{du}\right)^2 = M(y - A)(y - B)(y - C),$$

où M, A, B, C *sont des constantes.*

Telle est, par exemple, la fonction pu. Il résulte de là que les dérivées d'ordre pair d'une fonction doublement périodique du second ordre y sont des fonctions rationnelles entières de y, et que les dérivées d'ordre impair sont égales au produit de y' par une fonction rationnelle entière de y. Nous allons généraliser ce théorème.

434. Soit $\varphi(u)$ une fonction doublement périodique du second ordre, dont les périodes soient $2\omega_1$, $2\omega_3$ et dont les pôles soient a, b. Toute fonction doublement périodique $\Phi(u)$, admettant les mêmes périodes que $\varphi(u)$, et telle que l'on ait $\Phi(a+b-u)=\Phi(u)$, s'exprime rationnellement au moyen de $\varphi(u)$. Le cas où la fonction $\varphi(u)$ admettrait un pôle double $a=b$ n'est pas exclu.

Le théorème sera démontré si l'on prouve que la fonction $\frac{\Phi(u)-A}{\Phi(u)-B}$, où A et B désignent des constantes, s'exprime rationnellement au moyen de $\varphi(u)$; or on peut toujours déterminer les constantes A et B de manière que la fonction $\frac{\Phi(u)-A}{\Phi(u)-B}$, qui jouit des mêmes propriétés que la fonction $\Phi(u)$ et dont les pôles et les zéros sont respectivement les solutions des équations $\Phi(u)-B=0$, $\Phi(u)-A=0$, n'ait aucun pôle ou aucun zéro qui coïncide soit avec a, soit avec b, soit avec $\frac{a+b}{2}$; nous pouvons donc faire immédiatement cette hypothèse sur la fonction $\Phi(u)$.

Dès lors, si α est un zéro ou un pôle de cette fonction, $a+b-\alpha$ sera un zéro ou un pôle, distinct de α, du même ordre de multiplicité; la fonction $\Phi(u)$ aura un nombre pair de zéros et de pôles; elle sera d'ordre pair $2n$, et l'on pourra représenter n de ses pôles par $\alpha_1, \alpha_2, \ldots, \alpha_n$, les autres pôles étant $a+b-\alpha_1, a+b-\alpha_2, \ldots, a+b-\alpha_n$; de même, on représentera n de ses zéros par $\beta_1, \beta_2, \ldots, \beta_n$, les autres étant $a+b-\beta_1, a+b-\beta_2, \ldots, a+b-\beta_n$. Si maintenant l'on considère la fonction doublement périodique

$$\Psi(u)=\frac{[\varphi(u)-\varphi(\beta_1)][\varphi(u)-\varphi(\beta_2)]\ldots[\varphi(u)-\varphi(\beta_n)]}{[\varphi(u)-\varphi(\alpha_1)][\varphi(u)-\varphi(\alpha_2)]\ldots[\varphi(u)-\varphi(\alpha_n)]},$$

on reconnaît qu'elle admet les mêmes zéros et les mêmes pôles que la fonction $\Phi(u)$ au même degré de multiplicité; elle lui est donc identique à un facteur constant près, et la proposition est démontrée.

Notons, en passant, cette façon très remarquable de représenter une fonction doublement périodique telle que $\Phi(u)$, de manière à mettre en évidence ses pôles et ses zéros. Le cas où $\Phi(u)$ et

$\varphi(u)$ sont des fonctions paires est particulièrement digne d'attention.

Les formules $(\mathrm{LXXXVII}_{4-6})$, (LXXXIX_{4-6}), (XC_{4-6}), ainsi que les formules analogues que l'on peut établir pour les fonctions ξ, et dont l'une a été obtenue au n° 337, peuvent être regardées comme des exemples.

435. Soit $\varphi(u)$ une fonction doublement périodique du second ordre. *Toute fonction doublement périodique* $\Phi(u)$, *ayant les mêmes périodes que* $\varphi(u)$, *s'exprime rationnellement au moyen de* $\varphi(u)$ *et de sa dérivée* $\varphi'(u)$. Soient, en effet, a, b les deux pôles de $\varphi(u)$, les deux fonctions doublement périodiques

$$f(u) = \Phi(u) + \Phi(a+b-u), \qquad f_1(u) = \frac{\Phi(u) - \Phi(a+b-u)}{\varphi'(u)}$$

jouissent évidemment des propriétés qu'expriment les équations

$$f(u) = f(a+b-u), \qquad f_1(u) = f_1(a+b-u);$$

ce sont donc des fonctions rationnelles de $\varphi(u)$; on a d'ailleurs

$$\Phi(u) = \frac{1}{2} f(u) + \frac{1}{2} f_1(u)\,\varphi'(u),$$

et la proposition est démontrée.

En particulier, si l'on prend pour $\varphi(u)$ une fonction *paire*, on voit que toute fonction doublement périodique paire $\Phi(u)$, ayant mêmes périodes que $\varphi(u)$, s'exprime rationnellement au moyen de $\varphi(u)$ seulement.

436. D'après la dernière des propositions que nous venons d'établir, toute fonction doublement périodique aux périodes $2\omega_1$, $2\omega_3$ est une fonction rationnelle de $p\,u$, $p'\,u$.

Il importe d'observer que cette dernière conséquence résulte très simplement de la formule de décomposition en éléments simples. Soit, en effet, $f(u)$ la fonction doublement périodique considérée, dont nous désignerons pour un moment les pôles distincts par a_i, l'ordre du pôle a_i étant α_i. Si, dans la formule

$$f(u) = C + \sum_{i=0}^{i=\nu} \left[A^{(i)}\zeta(u-a_i) + A_1^{(i)}\zeta'(u-a_i) + \ldots + A_{\alpha_i-1}^{(i)}\,\zeta^{(\alpha_i-1)}(u-a_i)\right],$$

on remplace $\zeta(u-a_i)$ et ses dérivées par $\zeta u - \zeta a_i + \frac{1}{2}\frac{p'u - p'a_i}{pu - pa_i}$, et les dérivées de cette quantité, qui sont des fonctions rationnelles de pu et de $p'u$, puisque toutes les dérivées de pu sont des fonctions entières de pu et de $p'u$, on voit de suite que $f(u)$ s'exprime aussi rationnellement au moyen des mêmes quantités; en effet, après la substitution, le coefficient de ζu est $\Sigma A^{(i)}$, qui est nul. La proposition annoncée est établie.

Il résulte de ce raisonnement et des expressions des dérivées de pu au moyen des puissances de pu que, si la fonction doublement périodique n'admet dans le parallélogramme des périodes que le pôle zéro, lequel est nécessairement multiple, elle est une fonction entière de pu et de $p'u$. On reconnaîtra sans peine que si ce pôle unique est d'ordre n, ainsi que la fonction doublement périodique $f(u)$, celle-ci se mettra sous la forme $A + Bp'u$, A étant un polynome en pu dont le degré sera égal à $\frac{n}{2}$ quand n est pair, plus petit que $\frac{n}{2}$ quand n est impair, et B un polynome en pu dont le degré sera égal à $\frac{n-3}{2}$ quand n est impair, plus petit que $\frac{n-3}{2}$ quand n est pair.

437. Dans le cas général, en procédant comme on l'a expliqué, $f(u)$ se met sous la forme

$$\frac{A + Bp'u}{D},$$

A, B, D étant des polynomes en pu. On parvient à cette même forme par un procédé un peu différent qui va nous fournir sur les polynomes A, B, D quelques renseignements utiles.

Nous nous bornerons, pour simplifier, au cas où la fonction $f(u)$ n'a point de pôle ou de zéro qui soit nul; s'il en est autrement, le lecteur verra sans peine les petites modifications qu'il convient d'apporter à l'analyse suivante.

En supposant que la fonction $f(u)$ soit d'ordre n, on peut la mettre sous la forme (n° 391)

$$f(u) = C\,\frac{\sigma(u-b_1)\sigma(u-b_2)\ldots\sigma(u-b_n)}{\sigma(u-a_1)\sigma(u-a_2)\ldots\sigma(u-a_n)}, \qquad \sum_{k=1}^{n} a_k = \sum_{k=1}^{n} b_k,$$

où C désigne une constante. On ne suppose pas que les nombres $a_1, a_2, \ldots, a_n$ soient distincts, non plus que les nombres $b_1, b_2, \ldots, b_n$; mais les premiers nombres sont nécessairement tous différents des seconds. On a alors, en tenant compte de l'égalité (VII_1),

$$\frac{1}{C} f(u) = \frac{F(u)}{D},$$

en posant

$$D = (\wp u - \wp a_1)(\wp u - \wp a_2)\ldots(\wp u - \wp a_n),$$

$$F(u) = (-1)^n \frac{\sigma(u-b_1)\ldots\sigma(u-b_n)\sigma(u+a_1)\ldots\sigma(u+a_n)}{\sigma^{2n} u\, \sigma^2 a_1 \ldots \sigma^2 a_n};$$

$F(u)$ est une fonction doublement périodique d'ordre $2n$, n'admettant dans le parallélogramme des périodes que le pôle o; cette fonction $F(u)$ est donc de la forme $A + B\wp' u$, où A et B sont des polynomes en $\wp u$, dont le premier est de degré n et le second au plus de degré $n-2$.

438. Observons que le produit $F(u)F(-u)$, toujours à cause de l'égalité (VII_1), est égal à

$$\left(\frac{\sigma b_1 \ldots \sigma b_n}{\sigma a_1 \ldots \sigma a_n}\right)^2 (y - \wp a_1)\ldots(y - \wp a_n)(y - \wp b_1)\ldots(y - \wp b_n),$$

où y remplace $\wp u$; on aura donc

$$\begin{aligned} A^2 - B^2 \wp'^2 u &= A^2 - B^2(4y^3 - g_2 y - g_3) \\ &= \left(\frac{\sigma b_1 \ldots \sigma b_n}{\sigma a_1 \ldots \sigma a_n}\right)^2 D(y - \wp b_1)(y - \wp b_2)\ldots(y - \wp b_n). \end{aligned}$$

Il résulte de là que le polynome $A^2 - B^2(4y^3 - g_2 y - g_3)$ est divisible par D et que le quotient, qui n'est autre chose, à un facteur constant près, que $(y - \wp b_1)(y - \wp b_2)\ldots(y - \wp b_n)$, est premier à D.

Les fonctions $y = \wp u$ et $z = f(u) = \dfrac{A + B\wp' u}{D}$, à cause de la relation $\wp'^2 u = 4y^3 - g_2 y - g_3$, sont liées par la relation

$$(Dz - A)^2 = B^2(4y^3 - g_2 y - g_3)$$

ou

$$Dz^2 - 2Az + \frac{A^2 - B^2(4y^3 - g_2 y - g_3)}{D} = 0.$$

D'après ce que l'on vient de dire, cette relation est entière; elle est du second degré en z, du $n^{\text{ième}}$ degré en y; enfin, le premier membre n'est pas divisible par un polynome qui contienne y seulement. Cette conclusion subsisterait dans le cas où la fonction $f(u)$ admettrait quelque pôle ou quelque zéro qui serait nul.

On observera encore que le premier membre de cette équation ne peut être décomposé en un produit de deux polynomes entiers en y, z, sauf dans le cas où B serait identiquement nul, c'est-à-dire où z serait une fonction paire. En effet, il n'est pas divisible par un polynome contenant y seulement; il n'est pas divisible par un polynome du second degré en z, sans quoi le quotient serait un polynome en y seulement; il reste à supposer l'existence d'un diviseur du premier degré en z; dans ce cas, les deux racines de l'équation en z seraient rationnelles en y, ce qui n'est possible que si $B^2(4y^3 - g_2 y - g_3)$ est un carré parfait; or cela n'a lieu que si B est identiquement nul. Ainsi, sauf dans le cas où B est nul, le premier membre de l'équation considérée n'est pas le produit de deux polynomes entiers en y et z; il en résulte en particulier que le discriminant de cette équation, considérée comme une équation en y, n'est pas identiquement nul et que cette équation a ses n racines distinctes, sauf pour des valeurs particulières de z, en nombre limité.

439. Dans leur belle *Théorie des fonctions elliptiques,* Briot et Bouquet sont allés plus loin dans la voie ouverte par Liouville et ont établi quelques nouveaux théorèmes parmi lesquels le suivant, qui est fondamental.

Entre deux fonctions doublement périodiques, admettant les deux périodes $2\omega_1$, $2\omega_3$, *il existe une relation algébrique.*

En effet, si l'on pose

$$y = \wp(u \mid \omega_1, \omega_3), \qquad y' = \wp'(u \mid \omega_1, \omega_3)$$

et si l'on désigne par z et t les deux fonctions de u considérées, on pourra les mettre sous la forme

$$(\alpha) \qquad z = \frac{A + By'}{D}, \qquad t = \frac{\mathcal{A} + \mathcal{B}y'}{\mathcal{D}},$$

en désignant par A, B, D, $\mathcal{A}$, $\mathcal{B}$, $\mathcal{D}$ des polynomes en y. En éliminant y et y' entre ces relations et la relation

$$(\beta) \qquad y'^2 = 4y^3 - g_2 y - g_3,$$

on obtiendra une relation

$$(\gamma) \qquad R(z, t) = 0,$$

qui devra être vérifiée quel que soit u.

440. Inversement, si l'on considère un système de valeurs en z, t qui vérifient cette équation, il existera un système de valeurs y, y' qui vérifieront les trois équations (α), (β); d'ailleurs, à un système de valeurs y, y' qui vérifient l'équation (β), correspond, dans le parallélogramme des périodes, une valeur de u qui fait acquérir à pu, $p'u$ les valeurs y, y'; par suite, tout système de valeurs de z, t qui satisfont à l'équation (γ) peut être considéré comme un système de valeurs des fonctions z, t qui correspondent à une même valeur de u.

$R(z, t)$ est un polynome en z, t. Il peut être divisible par un polynome en z, dont les racines correspondent aux valeurs de u, qui annulent simultanément $\mathcal{A} + \mathcal{B} y'$ et $\mathcal{D}$; il peut de même être divisible par un polynome en t. Supposons, d'une façon générale, que l'on ait

$$R(z, t) = \varphi(z)\psi(t)\,\mathcal{G}_1(z, t)\,\mathcal{G}_2(z, t)\ldots,$$

$\varphi(z)$ et $\psi(t)$ désignant respectivement des polynomes qui contiennent, l'un la variable z seulement, l'autre seulement la variable t, et $\mathcal{G}_1(z, t)$, $\mathcal{G}_2(z, t)$, ..., désignant des polynomes irréductibles contenant les deux variables z, t; en disant que ces polynomes sont irréductibles, nous entendons que l'un quelconque d'entre eux n'est pas le produit de deux polynomes.

Quand on regarde dans l'identité précédente z et t comme les fonctions données de u, le premier membre est identiquement nul; le second membre est un produit de facteurs dont chacun est une fonction analytique de u; l'un de ces facteurs est donc identiquement nul; en effet, le produit de deux fonctions analytiques dont aucune n'est identiquement nulle n'est pas lui-même identiquement nul, comme on le voit de suite en se reportant à la règle de la multiplication de deux séries entières. Or il est clair que les fonctions $\varphi(z)$, $\psi(t)$, regardées comme fonctions de u, ne peuvent pas être identiquement nulles puisque, dans le parallélogramme des périodes, elles ne s'annulent que pour un nombre fini de valeurs de u; c'est donc un des polynomes $\mathcal{G}_1(z, t)$, $\mathcal{G}_2(z, t)$, ..., qui s'annule identiquement quand on y regarde z et t comme les fonctions données de u; nous le désignerons par $\mathcal{G}(z, t)$.

Nous allons montrer que tous les polynomes $\mathcal{G}_1(z, t)$, $\mathcal{G}_2(z, t)$, ..., considérés comme des fonctions de z, t, sont identiques à $\mathcal{G}(z, t)$. Considérons, en effet, un système de valeurs z_0, t_0 qui annulent, par exemple, le polynome $\mathcal{G}_1(z, t)$; $R(z_0, t_0)$ est nul; donc, d'après ce que l'on a dit au début, il existe une valeur u_0 de u qui fait acquérir les valeurs z_0, t_0 aux fonctions z, t; puisque la fonction $\mathcal{G}(z, t)$ s'annule identiquement quand on y regarde z et t comme les fonctions données de u, il faut que $\mathcal{G}(z_0, t_0)$ soit nul; ainsi, toutes les solutions de l'équation $\mathcal{G}_1(z, t) = 0$ vérifient l'équation $\mathcal{G}(z, t) = 0$. Puisque les deux polynomes $\mathcal{G}_1(z, t)$, $\mathcal{G}(z, t)$ sont irréductibles, il faut qu'ils soient identiques à un facteur constant près. Le même raisonnement s'appliquant aux polynomes $\mathcal{G}_2(z, t)$, ..., il est clair que l'on pourra poser

$$R(z, t) = \varphi(z)\,\psi(t)[\mathcal{G}(z, t)]^{\nu},$$

où ν est un nombre entier, et l'équation $\mathcal{G}(z, t) = 0$ jouit des propriétés suivantes que nous rappelons : elle est irréductible; elle est vérifiée pour tout système de valeurs des fonctions z, t qui correspondent à une même valeur de u; si l'on considère un système de valeurs z_0, t_0 qui la vérifient, il existe une valeur u_0 de u qui fait acquérir les valeurs z_0, t_0 aux fonctions z, t.

441. Désignons par m, n les ordres respectifs des fonctions doublement périodiques z, t.

L'équation $\mathcal{G}(z, t) = 0$, considérée soit comme une équation en z, soit comme une équation en t, n'a de racines égales que pour un nombre fini de valeurs de t, ou un nombre fini de valeurs de z, puisqu'elle est irréductible. Considérons-la, par exemple, comme une équation en t, en donnant à z une valeur z_1, pour laquelle l'équation $\mathcal{G}(z_1, t) = 0$ n'ait pas de racines égales et qui, en outre, soit distincte des valeurs que prend la fonction z quand on y remplace u par l'une des valeurs qui annulent $\frac{dz}{du}$. Il y aura alors, dans le parallélogramme des périodes, m valeurs distinctes de u qui feront acquérir à z la valeur z_1 ; désignons-les par $u_1, u_2, \ldots, u_m$, et désignons par $t_1, t_2, \ldots, t_m$ les valeurs correspondantes de t; ces dernières valeurs vérifieront l'équation $\mathcal{G}(z_1, t) = 0$; aucune autre valeur de t ne vérifiera cette équation dont aucune racine n'est double et dont, par conséquent, le degré en t sera exactement égal au nombre des quantités $t_1, t_2, \ldots, t_m$ qui seront distinctes. En particulier, si toutes ces quantités sont égales, t sera une fonction rationnelle de z. Un raisonnement analogue s'applique au degré en z du polynome $\mathcal{G}(z, t)$.

442. Supposons, en particulier, que t soit la dérivée $z' = \frac{dz}{du}$ de la fonction z : on voit tout d'abord qu'*il y a une relation algébrique entre une fonction doublement périodique et sa dérivée.* Cette dernière proposition, que l'on connaissait avant le théorème général, est due à M. Méray.

Il est aisé de voir que cette relation

$$\mathcal{G}(z, z') = 0$$

est, en z', de degré m égal à l'ordre de la fonction z. Nous montrerons pour cela que, si deux valeurs incongrues de u font acquérir à z la même valeur, elles feront acquérir à z' des valeurs différentes. Cela résulte, ainsi que l'a fait remarquer M. Weierstrass, de ce que les égalités

$$\frac{\partial \mathcal{G}}{\partial z} z' + \frac{\partial \mathcal{G}}{\partial z'} z'' = 0, \quad \frac{\partial^2 \mathcal{G}}{\partial z^2} z'^2 + 2 \frac{\partial^2 \mathcal{G}}{\partial z \, \partial z'} z' z'' + \frac{\partial^2 \mathcal{G}}{\partial z'^2} z''^2 + \frac{\partial \mathcal{G}}{\partial z'} z''' = 0, \quad \ldots$$

déterminent sans ambiguïté les dérivées successives $z'', z''', \ldots$ en fonction de z, z', pourvu toutefois que la dérivée partielle $\frac{\partial \mathcal{G}}{\partial z'}$ ne soit pas nulle. Si donc deux valeurs u_1, u_2 faisaient acquérir une même valeur à la fonction z d'une part, à la fonction z' de l'autre, elles feraient acquérir la même valeur à z'', à z''', ... En désignant pour un instant par $f(u)$ la fonction z, on voit que les deux développements de Taylor des deux fonctions de h, $f(u_1 + h)$ et $f(u_2 + h)$, seraient identiques; par suite, puisqu'il s'agit de fonctions analytiques, ces deux fonctions seraient égales pour toute valeur de h, et, en remplaçant h par $u - u_1$, on aurait donc, pour toute valeur de u, $f(u + u_2 - u_1) = f(u)$, ce qui exige que $u_2 - u_1$ soit une période; en d'autres termes, que les points u_1, u_2 soient congruents, contrairement à l'hypothèse.

L'équation $\mathcal{G}(z, z') = 0$ est donc de la forme

$$Z_0 z'^m + Z_1 z'^{m-1} + \ldots + Z_m = 0,$$

où $Z_0, Z_1, \ldots, Z_m$ sont des polynomes en z; le premier est une constante, puisque, pour toute valeur finie de z, la fonction z' (dont les pôles ne sont pas distincts de ceux de z) a une valeur finie; de plus, Z_{m-1} est identiquement nul; en effet $\frac{Z_{m-1}}{Z_m}$ est, au signe près, la somme des inverses des valeurs de z' qui correspondent à une valeur donnée de z. Désignons par $u_1, u_2, \ldots, u_m$ les valeurs de u qui correspondent à la valeur z; $u_1, u_2, \ldots, u_m$ pourront être regardés comme des fonctions de z, et la règle de dérivation relative aux fonctions inverses montre que l'on a

$$\pm \frac{Z_{m-1}}{Z_m} = \frac{du_1}{dz} + \frac{du_2}{dz} + \ldots + \frac{du_m}{dz};$$

puisque la somme $u_1 + u_2 + \ldots + u_m$ est constante, on voit que le polynome Z_{m-1} doit être identiquement nul (1).

443. Le théorème du n° 439 admet la réciproque suivante (2) :

Si les deux fonctions doublement périodiques $F(u)$, $\Phi(u)$, *admettant respectivement les périodes* $2\omega_1$, $2\omega_3$, $2\omega'_1$, $2\omega'_3$, *sont liées par une relation algébrique, les quatre périodes se réduisent à deux, c'est-à-dire qu'elles sont des fonctions linéaires à coefficients entiers de deux périodes.*

Soit, en effet,

$$(\delta) \qquad R[F(u), \Phi(u)] = 0$$

la relation algébrique entre $F(u)$ et $\Phi(u)$; on en conclut, en po-

---

(1) BRIOT et BOUQUET, *Fonctions doublement périodiques*, 1re édit., p. 90.

(2) *Voyez* JORDAN, *Cours d'Analyse à l'École Polytechnique*, 2e édit., t. II, p. 344.

sant $\delta = 2\mu\omega'_1 + 2\nu\omega'_3 + 2n\omega_1$, où μ, ν, n sont des entiers, que l'on a

$$(\varepsilon) \qquad R[F(u), \Phi(u+\delta)] = 0,$$

comme on le voit immédiatement en changeant d'abord, dans (α), u en $u + 2n\omega_1$, ce qui n'altère pas $F(u)$, puis dans $\Phi(u + 2n\omega_1)$ seulement, u en $u + 2\mu\omega'_1 + 2\nu\omega'_3$, ce qui n'altère pas $\Phi(u)$.

D'ailleurs, on a vu ([1]) que, si les trois nombres $2\omega_1$, $2\omega'_1$, $2\omega'_3$ ne sont pas des fonctions linéaires à coefficients entiers de deux nombres, on peut choisir les entiers μ, ν, n de façon à rendre δ aussi petit qu'on le veut, en valeur absolue. Il en résulte, puisque $R[F(u), \Phi(u+\delta)]$ est développable en série entière suivant les puissances de δ, que cette quantité, regardée comme fonction de δ, est identiquement nulle; si l'on pose $u + \delta = u'$, l'égalité

$$R[F(u), \Phi(u')] = 0$$

sera vérifiée, quels que soient u et u', et, par conséquent, quels que soient $F(u)$ et $\Phi(u')$; tous les coefficients du polynome en F, Φ qui figure au premier membre seraient nuls.

444. Revenons au cas général et reprenons les notations du n° 439; si les deux polynomes B et $\mathfrak{B}$ étaient identiquement nuls, z et t seraient des fonctions rationnelles de y et l'on formerait sans peine l'équation entre z et t, en éliminant y. Supposons que le polynome B ne soit pas identiquement nul, on pourra procéder comme il suit :

De la première équation (α), on tire y' et, en portant dans l'équation (β), on trouve, comme on l'a vu au n° 438,

$$(\zeta) \qquad Dz^2 - 2Az + \frac{A^2 - B^2(4y^3 - g_2 y - g_3)}{D} = 0;$$

cette équation est entière en z et y, du second degré en z, du $m^{\text{ième}}$ degré en y et elle est irréductible. Des deux équations (α) on tire, en éliminant y',

$$(\eta) \qquad t = \frac{\mathfrak{A}B - A\mathfrak{B} + \mathfrak{B}Dz}{\mathfrak{D}B};$$

([1]) T. I, p. 147-148.

le second membre est une fonction rationnelle en y. Si, entre les équations (ζ) et (η) on élimine y, on formera une équation

$$Q(z, t) = 0$$

de degré m en t; les m racines de cette équation, quand on donne à z une valeur particulière, sont les m valeurs que prend la fraction, rationnelle en y, qui forme le second membre de l'équation (η), lorsqu'on y remplace y par les m racines de l'équation (ζ) envisagée comme une équation en y.

Ceci posé, supposons que l'équation (en t) $Q(z, t) = 0$ n'admette de racines multiples que pour des valeurs particulières de z, et soit u_0 une valeur de u qui fasse acquérir à la fonction z une valeur z_0 distincte de ces valeurs particulières; soient t_0, y_0 les valeurs des fonctions t, y pour $u = u_0$. L'équation $Q(z_0, t) = 0$ admet la racine *simple* $t = t_0$; d'après la théorie de l'élimination, les deux équations en y, (ζ) et (η), dans lesquelles on remplace z et t par z_0 et t_0, n'admettent donc qu'une racine commune, et cette racine commune est nécessairement y_0; cette racine commune unique s'obtient par des opérations rationnelles; ainsi y_0 s'exprime rationnellement en t_0, u_0; le raisonnement s'appliquant à toutes les valeurs de u, sauf un nombre fini de valeurs exceptionnelles dans le parallélogramme des périodes, on voit que $y = \wp u$ est une fonction rationnelle de z et de t; il en est de même de

$$y' = \frac{Dz - A}{B};$$

d'ailleurs toute fonction doublement périodique s'exprime rationnellement au moyen de y, y'; donc [1] :

Si z et t sont deux fonctions doublement périodiques, aux périodes $2\omega_1$, $2\omega_3$, si z étant d'ordre m, les m valeurs de t qui correspondent à une valeur donnée de z sont en général distinctes, toute fonction doublement périodique, aux périodes $2\omega_1$, $2\omega_3$, s'exprime rationnellement au moyen de z et t.

---

(1) Cette proposition est contenue comme cas particulier dans un théorème de M. Weierstrass relatif aux fonctions $2r$ fois périodiques de r variables (*Crelle*, t. 89; *Œuvres*, t. II, p. 132).

445. Ce théorème s'applique en particulier au cas où t est la dérivée de z (n° 442). Ainsi, toute fonction doublement périodique est une fonction rationnelle d'une fonction doublement périodique arbitraire, admettant les mêmes périodes, et de sa dérivée. Cette dernière proposition, qui est une généralisation du théorème de Liouville du n° 435, est due à Briot et Bouquet.

Si $F(u)$ est une fonction doublement périodique à périodes $2\omega_1$, $2\omega_3$, il en sera de même de la fonction $F(u+v)$ regardée comme une fonction de u; la fonction $F(u+v)$ est donc une fonction rationnelle de $F(u)$, $F'(u)$; il est à peu près évident que les coefficients de cette équation sont des fonctions rationnelles de $F(v)$, $F'(v)$, dont les coefficients ne dépendent ni de u ni de v. Au reste, il ne subsistera aucun doute dans l'esprit du lecteur s'il remarque que $F(u+v)$ peut s'exprimer rationnellement au moyen de $\wp(u+v)$, $\wp'(u+v)$ par exemple; que, en vertu des formules d'addition (VII_3), ces quantités s'expriment rationnellement au moyen de $\wp u$, $\wp v$, $\wp' u$, $\wp' v$, et qu'enfin $\wp u$, $\wp' u$ s'expriment rationnellement en fonction de $F(u)$, $F'(u)$; tandis que $\wp v$, $\wp' v$ s'expriment rationnellement en fonction de $F(v)$, $F'(v)$, d'après le théorème précédent. Ainsi $F(u+v)$ *s'exprime rationnellement au moyen de* $F(u)$, $F(v)$, $F'(u)$, $F'(v)$.

En prenant la dérivée de cette fonction rationnelle par rapport à u et en tenant compte de ce que la fonction doublement périodique $F''(u)$ s'exprime elle-même rationnellement au moyen de $F(u)$, $F'(u)$, on déduit du théorème précédent que la fonction $F'(u+v)$ est elle aussi une fonction rationnelle de $F(u)$, $F'(u)$, $F(v)$, $F'(v)$. Il en est de même des dérivées de tous les ordres de la fonction $F(u+v)$. Les mêmes résultats s'appliquent d'ailleurs à la fonction $F(u+v+c)$, où c désigne une constante quelconque, puisque $F(u+v+c)$ est une fonction rationnelle de $F(u+v)$ et de $F'(u+v)$.

446. Si $x = F(u)$ est du second ordre, sa dérivée $F'(u)$ est égale (n° 433) à la racine carrée d'un polynome $f(x)$ du troisième ou du quatrième degré; si l'on pose en outre $y = F(v)$, $z = F(w)$, on en conclut que, si u, v, w sont liées par la relation

$$u + v + w = c,$$

où c est une constante quelconque, z et $\sqrt{f(z)}$ s'expriment rationnellement en fonction de x, $\sqrt{f(x)}$, y, $\sqrt{f(y)}$. C'est encore un cas particulier du célèbre théorème d'Abel ([1]); il se réduit, pour $u=0$, à une proposition due à Euler, sur laquelle nous reviendrons au Chapitre IX, proposition qui a été le point de départ des principaux travaux des Géomètres qui ont fondé la théorie des fonctions elliptiques.

447. Revenons au cas général où $F(u)$ est d'ordre quelconque.

Comme $F'(u)$, $F'(v)$ sont liés à $F(u)$, $F(v)$ par des relations algébriques

$$\mathcal{G}[F(u), F'(u)] = 0, \qquad \mathcal{G}[F(v), F'(v)] = 0,$$

on conclut, du théorème démontré au n° **445**, qu'il y a une relation algébrique

$$H[F(u+v), F(u), F(v)] = 0$$

entre $F(u+v)$, $F(u)$, $F(v)$, *dont les coefficients ne dépendent pas de* u *et de* v.

Quand une fonction $F(u)$ jouit de cette propriété, on dit qu'elle a un théorème algébrique d'addition. Toute fonction doublement périodique $F(u)$ a donc un théorème algébrique d'addition.

Quand une fonction $F(u)$ jouit de la propriété que $F(u+v)$ est une fonction *rationnelle* de $F(u)$, $F(v)$, $F'(u)$, $F'(v)$, on dit qu'elle admet un théorème algébrique d'addition *univoque*. Toute fonction doublement périodique $F(u)$ admet donc un théorème algébrique d'addition *univoque*.

448. Il convient de rapprocher des théorèmes que nous venons d'établir d'autres théorèmes qui peuvent être regardés comme leurs réciproques. La démonstration de ces théorèmes repose sur des propositions de la théorie des fonctions que nous avons voulu éviter. Ce sont eux qui servent de point de départ à l'exposition magistrale de la théorie des fonctions elliptiques que M. Weierstrass a donnée dans ses Cours à l'Université de Berlin ([2]).

La fonction analytique la plus générale, ayant un théorème

([1]) *Œuvres,* t. I, p. 145 (nouvelle édition 1881).

([2]) SCHWARZ, *Formules,* etc., n°s 1, 2.

d'addition *univoque*, ne peut être qu'une fonction analytique univoque se comportant aux environs de tout point fini comme une fonction rationnelle : elle ne peut avoir, dans une région finie quelconque du plan, qu'un nombre fini de pôles; elle ne peut prendre, dans cette région finie quelconque du plan, qu'un nombre fini de fois une valeur déterminée arbitrairement fixée. On en conclut qu'elle ne peut être qu'une fonction rationnelle, ou une série entière, ou le quotient de deux séries entières. On démontre d'ailleurs que, dans ces deux derniers cas, elle est nécessairement périodique; mais les fonctions univoques périodiques ne peuvent être, comme nous l'avons montré (n° 83), que simplement ou doublement périodiques.

Les fonctions doublement périodiques ont toutes un théorème algébrique univoque d'addition. Relativement aux fonctions simplement périodiques ayant un théorème algébrique univoque d'addition, on démontre qu'elles sont des fonctions rationnelles de $e^{\frac{u\pi i}{\omega}}$, où ω est une constante; d'ailleurs, les fonctions rationnelles de u ont évidemment un théorème algébrique univoque d'addition. Ainsi, les fonctions analytiques de u, ayant un théorème algébrique univoque d'addition, sont les fonctions rationnelles de u, les fonctions rationnelles de $e^{\frac{u\pi i}{\omega}}$ et les fonctions doublement périodiques, lesquelles sont des fonctions rationnelles de pu et de $p'u$ construites au moyen de périodes convenablement choisies.

Plus généralement, on démontre que toute fonction analytique qui admet un théorème algébrique d'addition, dans le sens qui a été expliqué plus haut, est une fonction algébrique de u, ou une fonction algébrique de $e^{\frac{u\pi i}{\omega}}$, ou encore une fonction algébrique de la fonction pu construite au moyen de périodes convenables $2\omega_1$, $2\omega_3$.

CHAPITRE IV.

ADDITION ET MULTIPLICATION.

I. — Théorèmes d'addition pour la fonction $\wp u$.

449. Nous avons rencontré, à plusieurs reprises, les formules relatives à l'*addition* de l'argument dans les fonctions doublement périodiques. Nous allons maintenant nous occuper plus spécialement de cette question.

Rappelons d'abord les formules (VII_3) établies à nouveau au n° **396**, et d'où l'on déduit immédiatement les relations

$$(\mathrm{CIII}_1)\quad \begin{cases} \zeta(u+a)+\zeta(u-a)-2\zeta u = \dfrac{\wp' u}{\wp u - \wp a}, \\[2ex] \zeta(u+a)-\zeta(u-a)-2\zeta a = \dfrac{-\wp' a}{\wp u - \wp a}; \end{cases}$$

$$(\mathrm{CIII}_2)\quad \begin{cases} \wp(u+a)+\wp(u-a)-2\wp u = \dfrac{\wp'^2 u - \wp'' u(\wp u - \wp a)}{(\wp u - \wp a)^2}, \\[2ex] \wp(u+a)-\wp(u-a) = \dfrac{-\wp' u\, \wp' a}{(\wp u - \wp a)^2}; \end{cases}$$

$$(\mathrm{CIII}_3)\quad \begin{cases} [\wp(u+a)-\wp u]\,\dfrac{\wp u - \wp a}{\wp' u} + \dfrac{\wp'' u}{2\wp' u} = \dfrac{1}{2}\,\dfrac{\wp' u - \wp' a}{\wp u - \wp a} \\[2ex] \qquad = [\wp(u+a)-\wp a]\,\dfrac{\wp a - \wp u}{\wp' a} + \dfrac{\wp'' a}{2\wp' a}. \end{cases}$$

La quantité

$$\wp(u+a)+\wp(u-a) = \frac{2\wp u(\wp u - \wp a)^2 + \wp'^2 u - \wp'' u(\wp u - \wp a)}{(\wp u - \wp a)^2}$$

est symétrique par rapport à u et a, et c'est une fonction paire de u et de a; le second membre doit pouvoir se mettre sous une forme qui mette ces propriétés en évidence; en exprimant tout en fonction entière de $\wp u$, développant et réduisant, on trouve, pour le numérateur du second membre,

$$2\wp a \wp^2 u + 2\wp^2 a \wp u - \tfrac{1}{2} g_2 \wp u - \tfrac{1}{2} g_2 \wp a - g_3;$$

on a donc

$$\wp(u+a) + \wp(u-a) = \frac{(\wp u + \wp a)(2\wp a \wp u - \frac{1}{2} g_2) - g_3}{(\wp u - \wp a)^2}.$$

Cette équation, avec la seconde des équations (CIII_2), conduit immédiatement au résultat suivant :

$$(\mathrm{CIII}_4) \qquad \wp(u \pm a) = \frac{(\wp u + \wp a)(2\wp u \wp a - \frac{1}{2} g_2) - g_3 \mp \wp' u \wp' a}{2(\wp u - \wp a)^2}.$$

Le lecteur établira sans peine, au moyen de ces formules, les relations [1]

$$(\mathrm{CIII}) \left\{ \begin{aligned} &(5) \quad \wp(u \pm a) + \wp u + \wp a = \frac{1}{4}\left(\frac{\wp' u \mp \wp' a}{\wp u - \wp a}\right)^2, \\ &(6) \quad \wp(u+a)\wp(u-a) = \frac{\left(\wp u \wp a + \frac{g_2}{4}\right)^2 + g_3(\wp u + \wp a)}{(\wp u - \wp a)^2}, \end{aligned} \right.$$

puis la relation

$$\wp(u \pm a) = \frac{2\left(\wp u \wp a + \frac{g_2}{4}\right)^2 + 2 g_3(\wp u + \wp a)}{(\wp u + \wp a)(2\wp u \wp a - \frac{1}{2} g_2) - g_3 \pm \wp' u \wp' a},$$

qui, pour $u = a$, donne

$$(\mathrm{CIII}_7) \qquad \wp(2u) = \frac{\left(\wp^2 u + \frac{g_2}{4}\right)^2 + 2 g_3 \wp u}{\wp'^2 u}.$$

Ainsi $\wp u$ est une fonction rationnelle de $\wp\left(\frac{u}{2}\right)$, donc aussi de $\wp\left(\frac{u}{2^m}\right)$ où m est un entier positif quelconque; c'est là un cas particulier d'un théorème que nous établirons dans le paragraphe

---

(1) *Voir* SCHWARZ, *Formules et propositions pour l'emploi des fonctions elliptiques,* traduction de M. Padé; article 12. — C'est à cette *édition française* que nous renverrons dorénavant.

suivant. En faisant $u=a$ dans la formule (CIII_5), on a immédiatement cette seconde expression de $\wp(2u)$,

$$(\text{CIII}_7) \qquad \wp(2u)+2\wp u=\frac{1}{4}\frac{\wp''^2 u}{\wp'^2 u}.$$

450. Si l'on pose, pour abréger,

$$x=\wp(u+a), \qquad y=\wp u, \qquad z=\frac{1}{2}\frac{\wp' u-\wp' a}{\wp u-\wp a},$$

on peut écrire les relations (CIII_3), (CIII_5), (VII_3),

$$(x-\wp a)(y-\wp a)=\frac{1}{2}\wp'' a-z\wp' a,$$

$$x+y=z^2-\wp a, \qquad (x-y)^2=\left(\frac{dz}{du}\right)^2;$$

en éliminant x et y entre ces trois relations, on a

$$\left(\frac{dz}{du}\right)^2=z^4-6z^2\wp a+4z\wp' a+9\wp^2 a-2\wp'' a.$$

Nous savions déjà, par le théorème de Liouville (n° 433), que toute fonction z doublement périodique du second ordre de la variable u vérifie une équation différentielle de la forme $\left(\frac{dz}{du}\right)^2=f(z)$, où $f(z)$ est un polynome du troisième ou du quatrième degré en z; nous connaissons maintenant la forme particulière de ce polynome pour la fonction $z=\frac{1}{2}\frac{\wp' u-\wp' a}{\wp u-\wp a}$; cette forme nous sera utile plus loin.

451. Considérons la fonction de u

$$f(u)=\begin{vmatrix} 1 & \wp u & \wp' u \\ 1 & \wp a & \wp' a \\ 1 & \wp b & \wp' b \end{vmatrix},$$

où a et b sont des constantes. Il est clair que $f(u)$ est une fonction doublement périodique du troisième degré et que o est un pôle triple, sauf dans le cas où le coefficient de $\wp' u$ s'annule, c'est-à-dire sauf dans le cas où l'on a

$$a\equiv b \qquad (\text{modd. } 2\omega_1, 2\omega_3);$$

excluons ce cas pour le moment; la somme des zéros dans le parallélogramme des périodes doit être congrue à la somme des pôles, c'est-à-dire à o; puisque a et b sont des zéros distincts, il faut que le troisième zéro soit $-a-b$; on en conclut l'égalité importante

$$\text{(CIII}_8\text{)}\qquad \begin{vmatrix} 1 & \wp(a+b) & -\wp'(a+b) \\ 1 & \wp a & \wp' a \\ 1 & \wp b & \wp' b \end{vmatrix} = 0,$$

ou, si l'on veut, le théorème équivalent : la congruence

$$a+b+c \equiv 0 \qquad (\text{modd. } 2\omega_1, 2\omega_3)$$

entraîne l'égalité

$$\begin{vmatrix} 1 & \wp a & \wp' a \\ 1 & \wp b & \wp' b \\ 1 & \wp c & \wp' c \end{vmatrix} = 0.$$

Cette égalité subsiste évidemment si l'on a $b \equiv c$; elle n'a plus de sens si l'on suppose $b \equiv -c$, puisqu'il faudrait alors qu'on eût $a \equiv 0$, en vertu de la congruence supposée.

452. Observons encore que, d'après le n° **391**, on peut écrire, en conservant à $f(u)$ la signification du précédent numéro,

$$f(u) = C\,\frac{\sigma(u-a)\,\sigma(u-b)\,\sigma(u+a+b)}{\sigma^3 u},$$

pourvu qu'on n'ait pas $a \equiv \pm b$; on déterminera la constante C en égalant les coefficients de $\frac{1}{u^3}$ dans les deux membres développés suivant les puissances ascendantes de u, savoir :

$$-2(\wp b - \wp a) = -2\,\frac{\sigma(a+b)\,\sigma(a-b)}{\sigma^2 a\,\sigma^2 b}$$

pour le premier, et

$$C\,\sigma a\,\sigma b\,\sigma(a+b)$$

pour le second; on en conclut la valeur de C et la relation

$$\begin{vmatrix} 1 & \wp u & \wp' u \\ 1 & \wp a & \wp' a \\ 1 & \wp b & \wp' b \end{vmatrix} = -\,\frac{2\,\sigma(a-b)\,\sigma(u-a)\,\sigma(u-b)\,\sigma(u+a+b)}{\sigma^3 a\,\sigma^3 b\,\sigma^3 u}.$$

Il est bien aisé de vérifier que cette identité subsiste dans le cas, que notre démonstration exclut, où a serait congru à b, *modulis* $2\omega_1$, $2\omega_3$. Si, dans cette identité, on suppose $a=\omega_1$, $b=\omega_3$, en se rappelant que l'on a (VII_1)

$$p\,\omega_3 - p\,\omega_1 = \frac{-\sigma(\omega_1-\omega_3)\,\sigma\omega_2}{\sigma^2\omega_1\,\sigma^2\omega_3},$$

il vient

$$p'u = 2\,\frac{\sigma(u-\omega_1)\,\sigma(u-\omega_2)\,\sigma(u-\omega_3)}{\sigma\omega_1\,\sigma\omega_2\,\sigma\omega_3\,\sigma^3 u}.$$

C'est de cette égalité qu'on a déduit, au n° 98, l'équation différentielle à laquelle satisfait la fonction pu.

453. Si l'on a

$$a+b+c\equiv 0 \qquad (\text{modd. } 2\omega_1, 2\omega_3),$$

le déterminant

$$\begin{vmatrix} 1 & pa & p'a \\ 1 & pb & p'b \\ 1 & pc & p'c \end{vmatrix}$$

est nul; si donc on exclut le cas où l'on aurait $pa=pb=pc$, il existe deux nombres [1] λ, μ, tels que l'on ait

$$(\alpha)\qquad \begin{cases} p'a = \lambda\,pa+\mu, \\ p'b = \lambda\,pb+\mu, \\ p'c = \lambda\,pc+\mu. \end{cases}$$

D'ailleurs les couples de quantités $p'a$, pa; $p'b$, pb; $p'c$, pc, mis respectivement à la place de X', X dans l'égalité

$$X'^2 = 4X^3 - g_2X - g_3,$$

vérifient cette égalité. Les quantités pa, pb, pc vérifient ainsi l'équation

$$(\lambda X+\mu)^2 = 4X^3 - g_2X - g_3;$$

si donc, comme nous le supposerons dans la suite, deux de ces quantités ne sont pas égales, on aura identiquement

$$4X^3 - \lambda^2X^2 - (g_2+2\lambda\mu)X - (g_3+\mu^2) = 4(X-pa)(X-pb)(X-pc),$$

---

(1) *Voir* Halphen, *Théorie des Fonctions elliptiques*, t. I, p. 30.

c'est-à-dire

$$(\beta)\qquad \begin{cases} \wp a + \wp b + \wp c = \frac{1}{4}\lambda^2, \\ \wp b\,\wp c + \wp c\,\wp a + \wp a\,\wp b = -\frac{1}{4}(g_2 + 2\lambda\mu), \\ \wp a\,\wp b\,\wp c = \frac{1}{4}(g_3 + \mu^2). \end{cases}$$

En remplaçant dans ces égalités λ et μ par leurs valeurs tirées des équations (α) qui donnent

$$(\text{CIII}_9)\qquad \lambda = \frac{\wp' b - \wp' c}{\wp b - \wp c} = \frac{\wp' c - \wp' a}{\wp c - \wp a} = \frac{\wp' a - \wp' b}{\wp a - \wp b},$$

$$\mu = \frac{\wp b\,\wp' c - \wp c\,\wp' b}{\wp b - \wp c} = \frac{\wp c\,\wp' a - \wp a\,\wp' c}{\wp c - \wp a} = \frac{\wp a\,\wp' b - \wp b\,\wp' a}{\wp a - \wp b},$$

on obtient une série d'identités qui toutes seront des conséquences de la congruence

$$a + b + c \equiv 0 \qquad (\text{modd. } 2\omega_1, 2\omega_3),$$

et parmi lesquelles figurent en première ligne celles-ci

$$\wp a + \wp b + \wp c = \frac{1}{4}\left(\frac{\wp' b - \wp' c}{\wp b - \wp c}\right)^2 = \frac{1}{4}\left(\frac{\wp' c - \wp' a}{\wp c - \wp a}\right)^2 = \frac{1}{4}\left(\frac{\wp' a - \wp' b}{\wp a - \wp b}\right)^2,$$

qui équivalent évidemment à l'égalité (CIII_5), dans laquelle on a pris les signes supérieurs.

On a supposé que deux des quantités $\wp a$, $\wp b$, $\wp c$ n'étaient pas égales. En tenant compte de la continuité, on voit de suite que si l'on suppose deux de ces quantités, mais non trois, égales, celles de ces égalités où ne figure pas un dénominateur nul devront subsister.

Si l'on élimine λ et μ entre les trois équations (β), on parvient à l'égalité

$$(\text{CIII}_{10})\qquad \begin{cases} \left(\wp b\,\wp c + \wp c\,\wp a + \wp a\,\wp b + \dfrac{g_2}{4}\right)^2 \\ \quad = (4\wp a\,\wp b\,\wp c - g_3)(\wp a + \wp b + \wp c), \end{cases}$$

qui est encore une conséquence de la congruence

$$a + b + c \equiv 0 \qquad (\text{modd. } 2\omega_1, 2\omega_3),$$

et même des diverses congruences

$$a \pm b \pm c \equiv 0,$$

puisque les deux membres ne changent pas quand on y change b ou c en $-b$ ou $-c$.

454. Nous nous contenterons de citer les relations suivantes, que le lecteur établira sans peine en se reportant au type le plus général d'une fonction doublement périodique donné au n° 391 et aux formules (CIII_{10}), (VII_1), relations qui ont lieu quels que soient a, b, c,

$$(\text{CIII}_{11})\quad \left\{\begin{aligned} &(4\wp a\,\wp b\,\wp c - g_3)(\wp a + \wp b + \wp c)\\ &\qquad -\left(\wp b\,\wp c + \wp c\,\wp a + \wp a\,\wp b + \frac{g_2}{4}\right)^2\\ &= \frac{\sigma(a+b+c)\,\sigma(a+b-c)\,\sigma(a-b+c)\,\sigma(-a+b+c)}{\sigma^4 a\,\sigma^4 b\,\sigma^4 c}\\ &= -(\wp b - \wp c)^2[\wp a - \wp(b+c)][\wp a - \wp(b-c)]\\ &= -(\wp c - \wp a)^2[\wp b - \wp(c+a)][\wp b - \wp(c-a)]\\ &= -(\wp a - \wp b)^2[\wp c - \wp(a+b)][\wp c - \wp(a-b)]. \end{aligned}\right.$$

Signalons aussi l'égalité

$$(\text{CIII}_{12})\quad \left\{\begin{aligned} &\frac{\wp' a - \wp' b}{\wp a - \wp b} + \frac{\wp' c - \wp' d}{\wp c - \wp d} + \frac{\wp'(a+b) - \wp'(c+d)}{\wp(a+b) - \wp(c+d)}\\ &= \frac{\wp' a - \wp' c}{\wp a - \wp c} + \frac{\wp' b - \wp' d}{\wp b - \wp d} + \frac{\wp'(a+c) - \wp'(b+d)}{\wp(a+c) - \wp(b+d)}, \end{aligned}\right.$$

qui a lieu quels que soient a, b, c, d. Elle se déduit immédiatement de l'identité que l'on obtient en remplaçant chaque fraction par la différence des fonctions ζ à laquelle elle est égale, d'après la première des formules (VII_3).

455. Nous allons (¹) maintenant établir le théorème général dont les égalités (CIII_4), (CIII_8) sont des cas particuliers.

Si l'on pose

$$f_0(u_0, u_1, \ldots, u_n) = \begin{vmatrix} 1 & \wp u_0 & \wp' u_0 & \ldots & \wp^{(n-1)} u_0 \\ 1 & \wp u_1 & \wp' u_1 & \ldots & \wp^{(n-1)} u_1 \\ \cdot & \ldots & \ldots & \ldots & \ldots \\ 1 & \wp u_n & \wp' u_n & \ldots & \wp^{(n-1)} u_n \end{vmatrix},$$

et si l'on regarde cette fonction comme une fonction de u_0, elle

(¹) *Voir* KIEPERT, *Journal de Crelle*, t. 76, p. 21.

n'admettra dans le parallélogramme des périodes qu'un seul pôle, le point o, et ce pôle sera d'ordre $n+1$; ce sera donc une fonction doublement périodique, d'ordre $n+1$, si toutefois, comme nous le supposerons d'abord, le coefficient de $\wp^{(n-1)} u_0$, que l'on peut représenter par $(-1)^n f_1(u_1, u_2, \ldots, u_n)$, n'est pas nul : $f_1(u_1, u_2, \ldots, u_n)$ est un déterminant de même nature que f_0. Ce déterminant f_0, regardé comme une fonction de u_0, a un pôle unique dans le parallélogramme des périodes : ce pôle est congru à zéro ; le coefficient de $\frac{1}{u_0^{n+1}}$, dans le développement suivant les puissances ascendantes de u_0, est

$$(-1)^n n! f_1(u_1, u_2, \ldots, u_n);$$

$u_1, u_2, \ldots, u_n$ sont n zéros incongrus de f_0, le $(n+1)^{\text{ième}}$ zéro est donc $-(u_1+u_2+\ldots+u_n)$, en supposant que cette quantité ne soit pas nulle : par suite (n° **391**), on peut écrire

$$f_0(u_0, u_1, \ldots, u_n) = C_0 \frac{\sigma(u_1-u_0)\sigma(u_2-u_0)\ldots\sigma(u_n-u_0)\sigma(u_0+u_1+\ldots+u_n)}{\sigma^{n+1} u_0},$$

C_0 ne dépendant pas de u_0 ; on trouve la valeur de u_0 en égalant les coefficients de $\frac{1}{u_0^{n+1}}$ dans les développements des deux membres, suivant les puissances ascendantes de u_0 ; on obtient ainsi :

$$f_0 = -n! \frac{\sigma(u_1-u_0)\sigma(u_2-u_0)\ldots\sigma(u_n-u_0)\sigma(u_0+u_1+\ldots+u_n)}{\sigma^{n+1} u_0\, \sigma u_1\, \sigma u_2 \ldots \sigma u_n\, \sigma(u_1+u_2+\ldots+u_n)} f_1;$$

en traitant le déterminant f_1 de la même façon que f_0, en continuant toujours de la même façon et en observant que l'on a

$$f_{n-1} = \begin{vmatrix} 1 & \wp(u_{n-1}) \\ 1 & \wp(u_n) \end{vmatrix} = -\frac{\sigma(u_n-u_{n-1})\sigma(u_n+u_{n-1})}{\sigma^2 u_n\, \sigma^2 u_{n-1}},$$

on obtient une suite d'égalités qui, multipliées membre à membre, donnent

$$(\text{CIII}_{13}) \quad f_0 = (-1)^n 1!\, 2! \ldots n! \frac{\sigma(u_0+u_1+\ldots+u_n) \prod \sigma(u_\alpha - u_\beta)}{\sigma^{n+1} u_0\, \sigma^{n+1} u_1 \ldots \sigma^{n+1} u_n},$$

où le produit est étendu à tous les systèmes de nombres (α, β) formés par chacune des combinaisons des nombres $0, 1, 2, \ldots, n$

pris deux à deux, dans lesquelles le premier nombre est toujours supérieur au second. A la vérité, cette démonstration suppose qu'aucune des sommes $u_1 + u_2 + \ldots + u_n$, $u_2 + u_3 + \ldots + u_n$, ..., $u_{n-1} + u_n$, u_n n'est congrue à zéro *modulis* $2\omega_1$, $2\omega_3$; mais la considération de la continuité montre que la formule doit subsister, pourvu qu'aucun des nombres $u_0, u_1, u_2, \ldots, u_n$ ne soit congru à zéro.

II. — Multiplication pour la fonction $\wp u$.

456. La formule précédente peut se transformer en supposant que quelques-unes des quantités $u_0, u_1, \ldots, u_n$ tendent vers une même limite; nous supposerons par exemple qu'on y fasse

$$u_0 = u, \quad u_1 = u + h, \quad \ldots, \quad u_n = u + nh$$

et que h tende vers zéro.

Observons d'abord que si l'on considère un déterminant dans lequel les éléments d'une colonne sont $a_0, a_1, \ldots, a_n$, on peut remplacer ces éléments par les différences

$$\begin{aligned}
&a_0,\\
&a_1 - a_0,\\
&a_2 - 2a_1 + a_0,\\
&\ldots\ldots\ldots\ldots\ldots,\\
&a_n - \frac{n}{1}a_{n-1} + \frac{n(n-1)}{1.2}a_{n-2} - \ldots + (-1)^n a_0,
\end{aligned}$$

pourvu qu'on fasse la même chose sur les autres colonnes; si l'on effectue cette transformation sur le déterminant f_0 et si l'on remarque que l'expression

$$\begin{aligned}
\varphi(u+nh) &- \frac{n}{1}\varphi[u+(n-1)h]\\
&+ \frac{n(n-1)}{2}\varphi[u+(n-2)h] + \ldots + (-1)^n\varphi(u),
\end{aligned}$$

développée suivant les puissances entières de h, fournit comme premier terme $h^n\varphi^{(n)}(u)$, on voit de suite que le premier terme du développement, suivant les puissances de h, de

$$f_0(u, u+h, u+2h, \ldots, u+nh),$$

sera le produit de $h^{\frac{1}{2}n(n+1)}$ par le déterminant

$$P = \begin{vmatrix} \wp' u & \wp'' u & \dots & \wp^{(n)} u \\ \wp'' u & \wp''' u & \dots & \wp^{(n+1)} u \\ \dots & \dots & \dots & \dots \\ \wp^{(n)} u & \wp^{(n+1)} u & \dots & \wp^{(2n-1)} u \end{vmatrix}.$$

D'un autre côté, le second membre de l'égalité (CIII_{13}), si l'on ne tient pas compte du facteur numérique qui est en avant, se réduit à

$$\frac{\sigma[(n+1)u]\,\sigma^n(h)\,\sigma^{n-1}(2h)\,\sigma^{n-2}(3h)\dots\sigma^2[(n-1)h]\,\sigma(nh)}{\sigma^{n+1}u\,\sigma^{n+1}(u+h)\,\sigma^{n+1}(u+2h)\dots\sigma^{n+1}(u+nh)},$$

et si l'on remarque que la limite, pour $h = 0$, de

$$\frac{\sigma^n(h)\,\sigma^{n-1}(2h)\dots\sigma(nh)}{h^{\frac{n(n+1)}{2}}} = \frac{\sigma^n(h)}{h^n}\,\frac{\sigma^{n-1}(2h)}{(2h)^{n-1}}\cdots\frac{\sigma(nh)}{nh} \times 1!\,2!\dots n!$$

est évidemment égale à $1!\ 2!\ \dots\ n!$, on voit que, en égalant dans les deux membres les coefficients de la plus basse puissance de h, on obtient l'expression de $\dfrac{\sigma[(n+1)u]}{\sigma^{(n+1)^2}(u)}$; après avoir changé n en $n-1$, nous écrirons le résultat sous la forme suivante : Posant

$$(\text{CIV}_1) \qquad \Psi_n(u) = \frac{\sigma(nu)}{\sigma^{n^2}(u)},$$

on a

$$(\text{CIV}_2) \quad \Psi_n(u) = \frac{(-1)^{n-1}}{[1!\,2!\dots(n-1)!]^2} \begin{vmatrix} \wp' u & \wp'' u & \dots & \wp^{(n-1)} u \\ \wp'' u & \wp''' u & \dots & \wp^{(n)} u \\ \dots & \dots & \dots & \dots \\ \wp^{(n-1)} u & \wp^{(n)} u & \dots & \wp^{(2n-3)} u \end{vmatrix}.$$

457. Cette formule mérite de nous arrêter quelques instants.

D'après sa définition, et les propriétés élémentaires de la fonction σ, le premier membre est une fonction doublement périodique, d'ordre n^2-1, admettant 0 comme pôle multiple de cet ordre; elle est donc, suivant que n est impair ou pair (n° **436**), de l'une ou de l'autre des deux formes A, $\mathrm{B}\wp' u$, en posant

$$\begin{aligned} A &= a_0 y^{2\nu^2+2\nu} + a_1 y^{2\nu^2+2\nu-1} + \dots + a_{2\nu^2+2\nu} \qquad (n = 2\nu+1), \\ B &= b_0 y^{2\nu^2-2} + b_1 y^{2\nu^2-3} + \dots + b_{2\nu^2-2} \qquad (n = 2\nu); \end{aligned}$$

y est mis à la place de pu, et $a_0, a_1, \ldots, a_{2\nu^2+2\nu}$; $b_0, b_1, \ldots, b_{2\nu^2-2}$, sont des coefficients numériques que l'on peut déterminer en développant les expressions précédentes suivant les puissances ascendantes de u et en identifiant avec les développements analogues pour $\frac{\sigma(nu)}{\sigma^{n^2}(u)}$ et pour $\frac{\sigma(nu)}{p'u\,\sigma^{n^2}(u)}$. On trouve ainsi aisément

$$a_0 = n, \qquad a_1 = 0; \qquad b_0 = -\frac{n}{2}, \qquad b_1 = 0.$$

Dans tous les cas, $\Psi_n^2(u)$ est un polynome en y dont le premier terme est $n^2 y^{n^2-1}$.

458. Proposons-nous de former autrement les polynomes A et B. Les zéros de $\Psi_n(u)$ sont simples et s'obtiennent en donnant à chacun des nombres p et q, dans la formule

$$u = \frac{2p\omega_1 + 2q\omega_3}{n} = a_{p,q},$$

n valeurs entières quelconques telles que la différence de deux d'entre elles ne soit pas divisible par n, et en excluant toutefois la combinaison pour laquelle les deux nombres p, q seraient tous deux divisibles par n. Si l'on pose, comme au n° 372,

$$\mathcal{A}_{p,q}(u) = \frac{\sigma\left(u - \dfrac{2p\omega_1 + 2q\omega_3}{n}\right)}{\sigma u\,\sigma\,\dfrac{2p\omega_1 + 2q\omega_3}{n}}\, e^{\frac{2p\eta_1 + 2q\eta_3}{n} u},$$

le produit

$$\prod_{(p,q)}^{(\prime)} \mathcal{A}_{p,q}(u),$$

où p, q prennent les systèmes de valeurs qu'on vient de dire, admet les mêmes zéros et les mêmes pôles : c'est une fonction doublement périodique, comme il résulte très aisément des formules (XII_2), et, comme dans ce produit le coefficient de $\frac{1}{u^{n^2-1}}$ est $(-1)^{n^2-1} = (-1)^{n-1}$, tandis que dans $\Psi_n(u)$ il est égal à n, il est clair qu'on a, dans tous les cas,

$$(-1)^{n-1}\Psi_n(u) = n \prod_{(p,q)}^{(\prime)} \mathcal{A}_{p,q},$$

en écrivant, comme nous le ferons dans la suite, $\mathcal{A}_{p,q}$ à la place de $\mathcal{A}_{p,q}(u)$.

Si n est de la forme $2\nu+1$, on pourra prendre pour p, q les valeurs $-\nu$, $-\nu+1$, ..., -1, 0, 1, ..., $\nu-1$, ν, en excluant la combinaison $p=0$, $q=0$. On est amené à grouper dans le produit les facteurs tels que dans l'un les indices soient les mêmes que dans l'autre, changés de signe, de manière à pouvoir utiliser la formule (VII_1). Ce produit s'obtiendra, d'une part, en groupant les termes pour lesquels p est nul, ce qui donne

$$\prod_{q=1}^{\nu} \mathcal{A}_{0,q}\,\mathcal{A}_{0,-q} = \prod_{q=1}^{\nu} (\wp u - \wp a_{0,q});$$

d'autre part, en prenant deux lignes de facteurs pour lesquels p ait des valeurs égales et de signes contraires, ce qui donne

$$\prod_{q=-\nu}^{\nu} \mathcal{A}_{p,q}\,\mathcal{A}_{-p,-q} = \prod_{q=-\nu}^{\nu} (\wp u - \wp a_{p,q}),$$

et en donnant ensuite les valeurs 1, 2, ..., ν à p. En résumé, la fonction $\Psi_{2\nu+1}(u)$ est représentée par la fonction entière en $\wp u$ de degré $\nu+[\nu(2\nu+1)]=\frac{n^2-1}{2}$ que voici

$$(\mathrm{CIV}_3)\quad \Psi_{2\nu+1}(u) = (2\nu+1)\prod_{q=1}^{q=\nu} (\wp u - \wp a_{0,q}) \prod_{p=1}^{p=\nu}\prod_{q=-\nu}^{q=+\nu} (\wp u - \wp a_{p,q}).$$

Quand n est pair, on peut, en posant $n=2\nu$, donner à p, q les valeurs $-\nu+1$, ..., -1, 0, $+1$, ..., $\nu-1$, ν, en excluant toujours la combinaison (0,0). On groupera exactement de la même façon les facteurs pour lesquels aucun indice n'est égal à ν, et ce groupement fournira $\nu-1+(\nu-1)(2\nu-1)=2\nu(\nu-1)$ facteurs du premier degré en $\wp u$. Il restera à effectuer le produit

$$\mathcal{A}_{\nu,\nu}\,\mathcal{A}_{0,\nu}\,\mathcal{A}_{\nu,0}\prod_{p=1}^{\nu-1} \mathcal{A}_{p,\nu}\,\mathcal{A}_{-p,\nu}\prod_{q=1}^{\nu-1} \mathcal{A}_{\nu,q}\,\mathcal{A}_{\nu,-q}.$$

Mais on a

$$\mathcal{A}_{\nu,0}=\xi_{10},\qquad \mathcal{A}_{\nu,\nu}=\xi_{20},\qquad \mathcal{A}_{0,\nu}=\xi_{30};$$

et, par suite (XI_3),

$$\mathcal{A}_{\nu,\nu}\,\mathcal{A}_{0,\nu}\,\mathcal{A}_{\nu,0} = -2\wp' u;$$

d'ailleurs, on a encore

$$\mathcal{A}_{p,\nu}\mathcal{A}_{-p,\nu} = \mathcal{A}_{p,\nu}\mathcal{A}_{-p,-\nu} = \wp u - \wp(\omega_3 + a_{p,0}),$$
$$\mathcal{A}_{\nu,q}\mathcal{A}_{\nu,-q} = \wp u - \wp(\omega_1 + a_{0,q}),$$

et l'on voit finalement que, lorsque n est égal à 2ν, on a

$$(\text{CIV}_4) \qquad \Psi_n(u) = \wp' u . \text{B},$$

où B est la fonction entière en $\wp u$ de degré $[2\nu(\nu - 1)] + 2\nu - 2$ ou $\frac{n^2 - 4}{2}$ que voici

$$\text{B} = 4\nu \prod_{p=1}^{p=\nu-1} [\wp u - \wp(\omega_3 + a_{p,0})] \prod_{q=1}^{q=\nu-1} [\wp u - \wp(\omega_1 + a_{0,q})] \prod_{p=1}^{p=\nu-1} \prod_{q=-(\nu-1)}^{q=\nu-1} (\wp u - \wp a_{p,q}) \prod_{q=1}^{q=\nu-1} (\wp u - \wp a_{0,q})$$

On reconnaît aussi aisément que l'on a toujours, que n soit pair ou impair,

$$(\text{CIV}_5) \qquad \Psi_n^2(u) = n^2 \prod_{(p,q)}^{(\prime)} (\wp u - \wp a_{p,q}),$$

en supposant que p, q parcourent séparément un système de n valeurs entières, telles que la différence de deux quelconques d'entre elles ne soit pas divisible par n, en excluant la combinaison où les deux valeurs de p, q seraient divisibles par n.

459. L'expression (CIV_2) de $\Psi_n(u)$ n'est pas commode pour obtenir explicitement les fonctions entières A et B de $\wp u$. Mais il est aisé de trouver une relation récurrente qui permette de calculer de proche en proche ces expressions.

Si, dans l'équation (VII_2), on remplace respectivement a, b, c, u par αu, βu, γu, δu, où α, β, γ, δ sont des nombres entiers, puis que l'on divise par une puissance de σu dont l'exposant soit

$$(\beta + \gamma)^2 + (\beta - \gamma)^2 + (\alpha + \delta)^2 + (\alpha - \delta)^2 = 2(\alpha^2 + \beta^2 + \gamma^2 + \delta^2),$$

il vient

$$\Psi_{\beta+\gamma}\Psi_{\beta-\gamma}\Psi_{\alpha+\delta}\Psi_{\alpha-\delta} + \Psi_{\gamma+\alpha}\Psi_{\gamma-\alpha}\Psi_{\beta+\delta}\Psi_{\beta-\delta} + \Psi_{\alpha+\beta}\Psi_{\alpha-\beta}\Psi_{\gamma+\delta}\Psi_{\gamma-\delta} = 0;$$

de cette formule, on peut en déduire plusieurs autres propres au calcul de nos polynomes. Si, pour un entier négatif ou nul quelconque n, on pose encore

$$\Psi_n(u) = \frac{\sigma(nu)}{\sigma^{n^2}(u)},$$

il vient, pour $\beta = m$, $\gamma = n$, $\alpha = 1$, $\delta = 0$,

$$\Psi_{m+n}\Psi_{m-n} = \Psi_{m+1}\Psi_{m-1}\Psi_n^2 - \Psi_{n+1}\Psi_{n-1}\Psi_m^2$$

puisque, comme on le vérifie aisément, on a

$$\Psi_{-\alpha} = \Psi_\alpha, \qquad \Psi_0 = 0, \qquad \Psi_1 = 1;$$

en prenant $m = n + 1$, on a donc

$$\Psi_{2n+1} = \Psi_{n+2}\Psi_n^3 - \Psi_{n-1}\Psi_{n+1}^3;$$

de même, en changeant m en $n + 1$ et n en $n - 1$, on trouve

$$\Psi_{2n}\Psi_2 = (\Psi_{n+2}\Psi_{n-1}^2 - \Psi_{n-2}\Psi_{n+1}^2)\Psi_n.$$

Ces diverses formules permettent de calculer les polynomes Ψ_n quand l'indice est supérieur à 4, au moyen des polynomes d'indices inférieurs; Ψ_2 est égal à $-\wp' u$, Ψ_3 et Ψ_4 se calculeront directement au moyen de la formule (CIV_2), en tenant compte des expressions (XCVII) des cinq premières dérivées de $\wp u$ en fonction des puissances de $\wp u$.

On trouvera, dans le *Traité des Fonctions elliptiques* d'Halphen, des procédés intéressants qui permettent d'abréger beaucoup ces calculs.

460. Il est maintenant bien aisé d'obtenir $\wp(nu)$ au moyen de la fonction $\Psi_n(u)$. En effet, la relation

$$\wp(nu) - \wp u = -\frac{\sigma[(n+1)u]\,\sigma[(n-1)u]}{\sigma^2(nu)\,\sigma^2(u)}$$

donne immédiatement

$$(\text{CIV}_6) \qquad \wp(nu) - \wp u = -\frac{\Psi_{n+1}(u)\,\Psi_{n-1}(u)}{\Psi_n^2(u)},$$

et l'on a, par conséquent, $\wp(nu)$ en fonction rationnelle de $\wp u$ pour tout entier positif n.

III. — Théorèmes d'addition pour les fonctions ξ, sn, cn, dn.

461. Nous avons donné aux n[os] **405-406** les formules d'addition pour les fonctions ξ, sn, cn, dn. Le procédé suivant, où tout ce qui est essentiel appartient (¹) à Abel, permet d'obtenir, pour ces fonctions, le théorème d'addition sous une forme très générale, d'où le lecteur tirera sans aucune difficulté les formules que nous venons de rappeler.

Soit $y = \xi(u)$ l'une quelconque des fonctions $\xi_{0\alpha}(u)$, $\xi_{\alpha 0}(u)$, $\xi_{\beta\alpha}(u)$, et soit $z = y^2$. Il est clair que l'expression

$$\Phi(z) = F(z) + z' f(z),$$

où z' est mis à la place de $\frac{dz}{du}$ et où $F(z)$, $f(z)$ désignent des polynomes entiers en z, des degrés respectifs n et $n-2$, est une fonction doublement périodique à périodes $2\omega_1$, $2\omega_3$, qui n'admet qu'un pôle dans le parallélogramme des périodes, à savoir, le pôle de la fonction ξ que désigne y; ce sera soit o, soit ω_α; ce pôle est d'ordre $2n$; c'est aussi l'ordre de la fonction doublement périodique. La somme des affixes des pôles (confondus) de $\Phi(z)$ est, dans tous les cas, congrue à o, *modulis* $2\omega_1$, $2\omega_3$; il en est de même, par conséquent, de la somme des affixes des zéros. Si donc on détermine les $2n$ coefficients des polynomes $F(z)$ et $f(z)$ de façon que $\Phi(z)$ s'annule pour les valeurs $u_1, u_2, \ldots, u_{2n-1}$ attribuées à u, ou, si l'on veut, pour les valeurs $z_1, z_2, \ldots, z_{2n-1}$ attribuées à z, cette même fonction s'annulera pour la valeur

$$u_{2n} = -u_1 - u_2 - \ldots - u_{2n-1}$$

ou pour la valeur correspondante z_{2n} attribuée à z. Les valeurs des coefficients de $F(z)$ et de $f(z)$ s'obtiennent aisément sous forme de déterminants.

(¹) Voyez : Abel, *Œuvres*, 2ᵉ édit., t. I, p. 532. — Brioschi, *Comptes rendus de l'Académie des Sciences*, t. LIX, p. 999. — Cayley, *Journal de Crelle*, t. 41, p. 57. — Günther, *Journal de Crelle*, t. 109, p. 213.

Ceci posé, la fonction

$$\Psi(z) = [F(z)]^2 - z'^2[f(z)]^2$$

est un polynome en z de degré $2n$. En effet, z'^2 est un polynome en z du troisième degré, comme il résulte du théorème établi au n° 433, et comme on le vérifie sans peine au moyen des formules qui donnent les dérivées des fonctions ξ : ce polynome du troisième degré est évidemment divisible par z. Par suite, si l'on désigne par a_0 et a_n le premier et le dernier coefficient de $F(z)$, le premier et le dernier coefficient du polynome $\Psi(z)$ seront respectivement a_0^2 et a_n^2.

Mais les valeurs de z qui annulent $\Psi(z)$ sont $z_1, z_2, \ldots, z_{2n}$ et l'on a

$$\Psi(z) = a_0^2(z - z_1)(z - z_2)\ldots(z - z_{2n}),$$

d'où l'on tire une série d'identités en égalant les coefficients des diverses puissances de z; en particulier, si l'on suppose $z = 0$, on aura

$$z_1 z_2 \ldots z_{2n} = \frac{a_n^2}{a_0^2},$$

et, par suite, en extrayant la racine carrée

$$\xi(u_1 + u_2 + \ldots + u_{2n-1}) = \pm \frac{a_n}{a_0 y_1 y_2 \ldots y_{2n-1}},$$

$y_1, y_2, \ldots, y_{2n-1}$ étant mis à la place de $\xi(u_1), \xi(u_2), \ldots, \xi(u_{2n-1})$; on a ainsi exprimé le premier membre en fonction rationnelle des quantités $\xi(u_1), \xi(u_2), \ldots, \xi(u_{2n-1}), \xi'(u_1), \ldots, \xi'(u_{2n-1})$, comme il résulte évidemment de la forme de a_n, a_0 et de ce que l'on a $z' = 2\xi(u)\xi'(u) = 2yy'$.

462. Il est d'ailleurs aisé de mettre en évidence dans a_n le facteur $y_1 y_2 \ldots y_{2n-1}$ et de déterminer le signe qu'il convient de prendre devant le second membre. Tout d'abord, on voit que, en faisant abstraction des signes, $\xi(u_1 + u_2 + \ldots + u_{2n-1})$ se présente sous la forme du quotient $\frac{A}{B}$ de deux déterminants A, B de l'ordre $2n - 1$; les lignes de rang r de ces déterminants s'obtiennent en remplaçant u par u_r dans

$$y^{2n-1},\quad y^{2n-3},\quad \ldots,\quad y,\qquad y^{2n-4}y',\quad y^{2n-6}y',\quad \ldots,\quad y'$$

et dans

$$y^{2n-2},\quad y^{2n-4},\quad \ldots,\quad 1,\qquad y^{2n-3}y',\quad y^{2n-5}y',\quad \ldots,\quad yy'.$$

Quant au signe, il se détermine aisément [en supposant $y = \xi_{0\alpha}(u)$], si l'on imagine que les quantités $u_1, u_2, \ldots, u_{2n-1}$ soient infiniment petites du premier ordre; le terme principal de

$$\xi_{0\alpha}(u_1 + u_2 + \ldots + u_{2n-1})$$

est alors $u_1 + u_2 + \ldots + u_{2n-1}$; les éléments, réduits à leurs parties principales des lignes de rang r dans A et dans B, se réduisent à

$$\begin{array}{llllllll} u_r^{2n-1}, & u_r^{2n-3}, & \ldots, & u_r, & u_r^{2n-4}, & u_r^{2n-6}, & \ldots, & 1, \\ u_r^{2n-2}, & u_r^{2n-4}, & \ldots, & 1, & u_r^{2n-3}, & u_r^{2n-5}, & \ldots, & u. \end{array}$$

Les suites

$$\begin{array}{llllllll} 2n-1, & 2n-3, & \ldots, & 1, & 2n-4, & 2n-6, & \ldots, & 0, \\ 2n-2, & 2n-4, & \ldots, & 0, & 2n-3, & 2n-5, & \ldots, & 1 \end{array}$$

présentent respectivement

$$1 + 2 + 3 + \ldots + n - 2 \quad \text{et} \quad 1 + 2 + 3 + \ldots + n - 1$$

inversions, si l'on convient de dire que deux termes présentent une inversion lorsque le premier de ces termes, en commençant par la gauche, est plus petit que le second; on en conclura facilement que le premier déterminant est égal au second multiplié par $(-1)^{n-1}(u_1 + u_2 + \ldots + u_{2n-1})$; on a donc en général

$$\xi_{0\alpha}(u_1 + u_2 + \ldots + u_{2n-1}) = (-1)^{n-1}\frac{A}{B}.$$

463. On reconnaît de suite que le rapport $\frac{A}{B}$, quand on remplace y_r et y'_r par λy_r, $\lambda y'_r$, se reproduit multiplié par λ; d'après cela, en se reportant aux formules (LX), on voit que, si l'on ajoute ω_α à chacune des quantités $u_1, u_2, \ldots, u_{2n-1}$, l'égalité prend la forme

$$\xi_{\alpha 0}(u_1 + u_2 + \ldots + u_{2n-1}) = (-1)^{n-1}\frac{A}{B},$$

en supposant que, dans A et dans B, y_r, y'_r représentent $\xi_{\alpha 0}(u_r)$, $\xi'_{\alpha 0}(u_r)$: si l'on ajoute au contraire ω_β à chacun des arguments u_1, u_2, ..., u_{2n-1}, on trouve de même

$$\xi_{\gamma\beta}(u_1 + u_2 + \ldots + u_{2n-1}) = \frac{A}{B};$$

cette fois, dans les déterminants A et B, y_r et y'_r représentent $\xi_{\gamma\beta}u_r$, $\xi'_{\gamma\beta}u_r$.

Enfin, on a de même

$$\operatorname{sn}(u_1 + u_2 + \ldots + u_{2n-1}) = (-1)^{n-1}\frac{A}{B},$$

$$\operatorname{cn}(u_1 + u_2 + \ldots + u_{2n-1}) = \frac{A}{B},$$

$$\operatorname{dn}(u_1 + u_2 + \ldots + u_{2n-1}) = \frac{A}{B},$$

où, dans A et B, y_r et y'_r représentent respectivement $\operatorname{sn} u_r$, $\operatorname{sn}' u_r$, $\operatorname{cn} u_r$, $\operatorname{cn}' u_r$, $\operatorname{dn} u_r$, $\operatorname{dn}' u_r$.

Comme on peut supposer que u_{2n-1} est nul, les formules précédentes sont générales.

CHAPITRE V.

DÉVELOPPEMENTS EN SÉRIES TRIGONOMÉTRIQUES.

I. — Développement de $\log \mathfrak{I}(v)$, de ses dérivées et des fonctions doublement périodiques ordinaires.

464. On a vu l'importance des développements des fonctions $\mathfrak{I}(v)$ en séries trigonométriques, séries qui procèdent suivant les sinus ou les cosinus des multiples de $v\pi$ et qui mettent en évidence les propriétés essentielles de ces fonctions. Les développements en séries trigonométriques que nous donnerons dans ce Chapitre ont également une grande importance, surtout dans les applications de la théorie des fonctions elliptiques; mais ils présentent, pour la plupart, un caractère très différent de celui des séries relatives aux fonctions $\mathfrak{I}(v)$: ces développements, en effet, ne sont plus convergents pour toutes les valeurs imaginaires de l'argument.

Nous nous occuperons d'abord de quelques-unes de ces séries qui se déduisent immédiatement des formules relatives aux fonctions $\mathfrak{I}(v)$: elles concernent les logarithmes de ces fonctions et leurs dérivées logarithmiques.

465. Commençons par rappeler la définition de la fonction élémentaire $\log \sin \pi v$.

Les diverses déterminations de cette fonction sont régulières pour tous les points v qui n'annulent pas $\sin \pi v$, c'est-à-dire pour les points dont l'affixe n'est pas un nombre entier. Les points pour lesquels la fonction n'est pas régulière étant tous rangés sur l'axe des quantités réelles, il est clair qu'on peut définir la fonction $\log \sin \pi v$ comme fonction holomorphe de v, soit dans la partie supérieure du plan, soit dans la partie inférieure.

Envisageons en particulier la détermination principale de la fonction $\log \sin \pi v$, c'est-à-dire celle pour laquelle le coefficient de i est compris entre $-\pi$ et $+\pi$; elle sera définie dans toute région du plan de la variable v ne contenant aucun point v pour lequel $\sin \pi v$ soit négatif ou nul; or si l'on pose $v = a + bi$, où a et b sont des nombres réels, on aura

$$\sin \pi v = \sin \pi a \operatorname{ch} \pi b + i \cos \pi a \operatorname{sh} \pi b;$$

pour que $\sin \pi v$ soit réel il faut donc que a soit un multiple impair de $\frac{1}{2}$ ou que b soit nul; pour que $\sin \pi v$ soit négatif ou nul il faut, dans le premier cas, que a soit un nombre pair diminué de $\frac{1}{2}$, dans le second cas, il faut que le plus petit entier inférieur à a soit impair. Donc, la détermination principale de $\log \sin \pi v$ sera définie dans toute région du plan de la variable v limitée par les parallèles menées à l'axe des quantités purement imaginaires par les points dont les affixes sont de la forme $2n - \frac{1}{2}$, où n est un entier quelconque, et par les segments de l'axe des quantités réelles joignant chacun des points dont l'affixe est un nombre entier impair quelconque, au point dont l'affixe est le nombre pair qui est plus grand que lui d'une unité. Les parallèles à l'axe des quantités purement imaginaires sont perpendiculaires à ces segments, en leurs milieux.

Ceci posé, nous définirons de la manière suivante une fonction de v que nous désignerons par $\operatorname{ls}(v)$, qui sera holomorphe tant dans la partie supérieure du plan que dans sa partie inférieure, mais pour laquelle l'axe des quantités réelles jouera le rôle de coupure, sauf toutefois entre les points 0 et 1, de sorte qu'en deux points de même affixe, appartenant l'un au bord supérieur, l'autre au bord inférieur de la coupure, les valeurs de $\operatorname{ls}(v)$ seront différentes.

Dans celle des régions précédemment définies où se trouve le point $\frac{1}{2}$, $\operatorname{ls}(v)$ sera, par définition, identique à la fonction holomorphe de v, représentée par la détermination principale du logarithme de $\sin \pi v$; les valeurs de $\operatorname{ls}(v)$, lorsque l'on est sur les limites (λ) de cette région non situées sur l'axe des quantités réelles, seront fixées par continuité, en approchant de ces limites depuis l'intérieur de la région; dans la partie d'une région contiguë située soit au-dessus, soit au-dessous de l'axe des quantités réelles, nous prendrons ensuite pour la fonction $\operatorname{ls}(v)$ celle des déterminations de la fonction $\log \sin v$, holomorphe dans la partie de région envisagée, dont la valeur tend, quand on s'approche des limites (λ), vers les valeurs de $\operatorname{ls}(v)$ déjà définies sur (λ); la fonction $\operatorname{ls}(v)$ est ainsi définie dans une région contiguë à la première et sur les limites de cette région : on procède ainsi de proche en proche.

On peut encore définir la fonction $\operatorname{ls}(v)$ par la formule

$$\operatorname{ls}(v) = \int_{\frac{1}{2}}^{v} \frac{\pi \cos \pi v}{\sin \pi v}\, dv,$$

en supposant que le chemin d'intégration ne traverse pas la coupure.

Le Tableau suivant, où n désigne un nombre entier, où v est supposé mis sous la forme $a + bi$, a et b étant réels, et où les logarithmes sont toujours supposés avoir leur détermination principale, donne la définition précise de la fonction $\operatorname{ls}(v)$ à laquelle on parvient ainsi.

(CV_1)

I. *Partie supérieure du plan,* $b > 0$.

$$\frac{4n-1}{2} < a < \frac{4n+3}{2}, \qquad \operatorname{ls}(v) = \log \sin \pi v - 2n\pi i,$$

$$a = \frac{4n-1}{2}, \qquad \operatorname{ls}(v) = \log \operatorname{ch} \pi b - (2n-1)\pi i.$$

Bord supérieur de la coupure, $b = 0$.

$$2n < a < 2n+1, \qquad \operatorname{ls}(v) = \log \sin \pi a - 2n\pi i,$$

$$2n+1 < a < 2n+2, \qquad \operatorname{ls}(v) = \log |\sin \pi a| - (2n+1)\pi i.$$

II. *Partie inférieure du plan,* $b < 0$.

$$\frac{4n-1}{2} < a < \frac{4n+3}{2}, \qquad \operatorname{ls}(v) = \log \sin \pi v + 2n\pi i,$$

$$a = \frac{4n-1}{2}, \qquad \operatorname{ls}(v) = \log \operatorname{ch} \pi b + (2n-1)\pi i.$$

Bord inférieur de la coupure, $b = 0$.

$$2n < a < 2n+1, \qquad \operatorname{ls}(v) = \log \sin \pi a + 2n\pi i,$$

$$2n+1 < a < 2n+2, \qquad \operatorname{ls}(v) = \log |\sin \pi a| + (2n+1)\pi i.$$

Les valeurs de $\operatorname{ls}(v)$, tirées de I et de II, coïncident le long de l'axe réel sur le segment qui va du point o au point 1, et, en effet, ce segment ne fait pas partie de la coupure qui comprend seulement les deux parties de l'axe des quantités réelles allant de o à $-\infty$ et de 1 à $+\infty$.

On observera que l'on a toujours

$$\operatorname{ls}(v+2n) = \operatorname{ls}(v) \mp 2n\pi i,$$

en prenant le signe supérieur ou le signe inférieur, suivant que l'on est dans la région supérieure ou inférieure du plan.

466. Posons maintenant

$$f(v) = \prod_{n=1}^{n=\infty}(1-2q^{2n}\cos 2\pi v + q^{4n}) = \prod_{n=1}^{n=\infty}(1-q^{2n}e^{2v\pi i})(1-q^{2n}e^{-2v\pi i});$$

on aura, en désignant par A le nombre $2q^{\frac{1}{4}}q_0$ qui ne dépend pas de v,

$$\vartheta_1(v \mid \tau) = \mathrm{A}\sin\pi v f(v),$$

d'où, en prenant les dérivées et faisant $v = 0$,

$$\vartheta_1'(0 \mid \tau) = \mathrm{A}\pi f(0),$$

et, par suite,

$$\vartheta_1(v \mid \tau) = \frac{1}{\pi}\vartheta_1'(0 \mid \tau)\sin\pi v\frac{f(v)}{f(0)},$$

puis, pour une détermination convenable des logarithmes,

$$\log\vartheta_1(v \mid \tau) = \log\frac{1}{\pi}\vartheta_1'(0 \mid \tau) + \log\sin\pi v + \log\frac{f(v)}{f(0)}.$$

Choisissons arbitrairement une détermination de $\log\frac{1}{\pi}\vartheta_1'(0|\tau)$; prenons pour $\log\sin\pi v$ la fonction holomorphe $\operatorname{ls}(v)$ définie plus haut; observons enfin que, si l'on pose $\tau = t + it'$, en désignant par t, t' des nombres réels, la fonction $f(v)$, dont les zéros sont les mêmes que ceux de la fonction $\vartheta_1(v)$, à l'exception des zéros de cette dernière fonction situés sur l'axe des quantités réelles, ne s'annule pas entre les deux parallèles à cet axe, menées à une distance de cet axe égale à t', en sorte que les diverses déterminations de la fonction $\log \frac{f(v)}{f(0)}$ peuvent être définies comme des fonctions holomorphes de v entre ces deux parallèles; choisissons celle des déterminations qui s'annule pour $v=0$. Dès lors la fonction $\log \mathfrak{S}_1(v \mid \tau)$ sera définie pour tous les points situés entre les deux parallèles, excepté les points pour lesquels v est un nombre entier, sauf à regarder comme distincts les points de même affixe qui sont situés sur des bords différents des deux coupures, allant sur l'axe réel de 1 à $+\infty$ et de 0 à $-\infty$; à l'intérieur de la région limitée par les parallèles et les deux coupures, elle est holomorphe.

467. Occupons-nous d'abord du développement de la fonction $\log f(v)$. En posant $v=\alpha+\beta\tau$, où α et β désignent des nombres réels, on aura

$$|e^{2v\pi i}| = |e^{2\beta\tau\pi i}| = h^{2\beta},$$

où h désigne la valeur absolue de q; on aura donc

$$|q^{2n} e^{2v\pi i}| = h^{2(n+\beta)}, \qquad |q^{2n} e^{-2v\pi i}| = h^{2(n-\beta)};$$

si β est en valeur absolue plus petit que 1, les quantités précédentes seront toutes deux plus petites que 1; donc, puisque la fonction

$$\log(1-x) = -\frac{x}{1} - \frac{x^2}{2} - \frac{x^3}{3} - \dots,$$

où le premier membre désigne la détermination principale de $\log(1-x)$, est une fonction holomorphe de x tant qu'on a $|x|<1$, les fonctions de v

$$\log(1-q^{2n} e^{\pm 2v\pi i}) = -\sum_{r=1}^{r=\infty} \frac{1}{r} q^{2nr} e^{\pm 2rv\pi i},$$

$$\log(1-2q^{2n}\cos 2v\pi + q^{4n}) = -\sum_{r=1}^{r=\infty} \frac{2}{r} q^{2nr} \cos 2rv\pi$$

seront holomorphes tant que l'on aura $|\beta|<1$.

La série

$$\sum_{n=1}^{n=\infty} \log(1-2q^{2n}\cos 2v\pi + q^{4n}),$$

en supposant qu'elle soit convergente, est évidemment une des déterminations de $\log f(v)$; la convergence de cette série et le fait que sa somme est une fonction holomorphe de v, tant que l'on a $|\beta| < 1$, seront établies à la fois (n° 37) si l'on prouve que la série double

$$\sum_{(n,r)} \frac{1}{r}\, q^{2nr} \cos 2 r v \pi \qquad (n, r = 1, 2, 3, \ldots)$$

est absolument et uniformément convergente tant que $|\beta|$ est moindre qu'un nombre plus petit que 1. Or on a

$$2 \cos 2 r v \pi = e^{2rv\pi i} + e^{-2rv\pi i} = q^{2r\beta}\, e^{2r\alpha\pi i} + q^{-2r\beta}\, e^{-2r\alpha\pi i}$$

et, par suite,

$$|2 \cos 2 r v \pi| < h^{2r\beta} + h^{-2r\beta};$$

dès lors il suffit de prouver la convergence des séries à termes positifs

$$\sum_{(n,r)} \frac{1}{r}\, h^{2(n+\beta)r}, \qquad \sum_{(n,r)} \frac{1}{r}\, h^{2(n-\beta)r},$$

qui est évidente lorsque l'on a $|\beta| < 1$, puisque la somme de la première série, par exemple, est égale au logarithme de l'inverse du produit infini

$$\prod_{n=1}^{n=\infty} (1 - h^{2(n+\beta)}).$$

Nous pouvons donc, en supposant $|\beta| < 1$, définir $\log f(v)$, $\log \dfrac{f(v)}{f(0)}$ comme des fonctions holomorphes de v par les égalités

$$\log f(v) = -\sum_{(n,r)} \frac{2}{r}\, q^{2nr} \cos 2 r v \pi = -\sum_{r=1}^{r=\infty} \frac{2 q^{2r} \cos 2 r v \pi}{r(1 - q^{2r})},$$

$$\log \frac{f(v)}{f(0)} = \sum_{r=1}^{r=\infty} \frac{q^{2r}}{r(1 - q^{2r})} (2 \sin r v \pi)^2,$$

et cette détermination de $\log \dfrac{f(v)}{f(0)}$ est bien celle qui s'annule pour $v = 0$.

468. Il suffit de remplacer $\log \dfrac{f(v)}{f(0)}$ par le développement précédent, dans l'expression de $\log \mathfrak{I}_1(v)$ définie plus haut, pour avoir le développement de cette fonction en série trigonométrique.

Il est clair que le procédé employé pour développer $\log \mathfrak{I}_1(v)$ en série trigonométrique s'applique aussi bien aux trois autres fonctions $\mathfrak{I}(v)$; nous réunissons ci-dessous les formules ainsi obtenues, qui peuvent être utiles dans diverses circonstances :

$$(\mathrm{CV}_2)\quad \left\{\begin{aligned}
\log \mathfrak{I}_1(v) &= \log \frac{1}{\pi}\mathfrak{I}_1'(0) + \log \sin \pi v + \sum_{r=1}^{r=\infty} \frac{q^{2r}}{r(1-q^{2r})}(2 \sin r\pi v)^2,\\
\log \mathfrak{I}_2(v) &= \log \mathfrak{I}_2(0) + \log \cos \pi v + \sum_{r=1}^{r=\infty} \frac{(-1)^r q^{2r}}{r(1-q^{2r})}(2 \sin r\pi v)^2,\\
\log \mathfrak{I}_3(v) &= \log \mathfrak{I}_3(0) + \sum_{r=1}^{r=\infty} \frac{(-1)^r q^{r}}{r(1-q^{2r})}(2 \sin r\pi v)^2,\\
\log \mathfrak{I}_4(v) &= \log \mathfrak{I}_4(0) + \sum_{r=1}^{r=\infty} \frac{q^{r}}{r(1-q^{2r})}(2 \sin r\pi v)^2.
\end{aligned}\right.$$

Si l'on suppose v mis sous la forme $v = \alpha + \beta\tau$, où α et β désignent des nombres réels, les deux premiers développements sont valables sous la condition $|\beta| < 1$, les deux derniers sous la condition $|\beta| < \frac{1}{2}$. On doit prendre pour $\log \sin \pi v$ la fonction $\mathrm{ls}(v)$, pour $\log \cos \pi v$ la fonction $\mathrm{ls}(v + \frac{1}{2})$.

469. Ces formules fournissent immédiatement les développements des logarithmes des quotients des fonctions $\mathfrak{I}$ et, par conséquent, des logarithmes des fonctions sn, cn, dn et de leurs quotients; on a, par exemple,

$$(\mathrm{CV}_3)\quad \left\{\begin{aligned}
\log \mathrm{sn}\,(2Kv) &= 2 \log \mathfrak{I}_3(0) + \log \sin \pi v - \sum_{r=1}^{r=\infty} \frac{q^{r}}{r(1+q^{r})}(2 \sin r\pi v)^2,\\
\log \mathrm{cn}\,(2Kv) &= \log \cos \pi v - \sum_{r=1}^{r=\infty} \frac{q^{r}}{r[1+(-1)^r q^{r}]}(2 \sin r\pi v)^2,\\
\log \mathrm{dn}\,(2Kv) &= - \sum_{r=1}^{r=\infty} \frac{2q^{2r-1}}{(2r-1)(1-q^{4r-2})}[2 \sin (2r-1)\pi v]^2,
\end{aligned}\right.$$

sous la condition $|\beta| < \frac{1}{2}$.

On déduit aussi, par différentiation des formules obtenues pour les fonctions $\mathfrak{S}(v)$, les développements

$$(\text{CV}_4)\quad \left\{\begin{aligned}
\frac{\mathfrak{S}_1'(v)}{\mathfrak{S}_1(v)} &= \pi\cot\pi v + 4\pi\sum_{r=1}^{r=\infty}\frac{q^{2r}}{1-q^{2r}}\sin 2r\pi v,\\
\frac{\mathfrak{S}_2'(v)}{\mathfrak{S}_2(v)} &= -\pi\,\text{tang}\,\pi v + 4\pi\sum_{r=1}^{r=\infty}(-1)^r\frac{q^{2r}}{1-q^{2r}}\sin 2r\pi v,\\
\frac{\mathfrak{S}_3'(v)}{\mathfrak{S}_3(v)} &= 4\pi\sum_{r=1}^{r=\infty}(-1)^r\frac{q^{r}}{1-q^{2r}}\sin 2r\pi v,\\
\frac{\mathfrak{S}_4'(v)}{\mathfrak{S}_4(v)} &= 4\pi\sum_{r=1}^{r=\infty}\frac{q^{r}}{1-q^{2r}}\sin 2r\pi v,
\end{aligned}\right.$$

qui peuvent être différentiés à leur tour.

En se reportant aux formules (LXXVI_2), (LXXIX_1), on déduit de la dernière formule (CV_4) la relation

$$(\text{CV}_5)\qquad Z(x) = \frac{2\pi}{K}\sum_{r=1}^{r=\infty}\frac{q^r}{1-q^{2r}}\sin\frac{r\pi x}{K},$$

pourvu que le coefficient de $\frac{iK'}{K}$ dans $\frac{x}{2K}$ soit inférieur en valeur absolue à $\frac{1}{2}$.

470. Les formules (XXXIII_{5-6}), en prenant les logarithmes des deux membres, fournissent les développements

$$(\text{CVI}_1)\quad \left\{\begin{aligned}
\log\sigma u &= \log\frac{2\omega_1}{\pi} + \frac{\eta_1 u^2}{2\omega_1} + \log\sin\frac{\pi u}{2\omega_1} + \sum_{r=1}^{r=\infty}\frac{q^{2r}}{r(1-q^{2r})}\left(2\sin\frac{r\pi u}{2\omega_1}\right)^2,\\
\log\sigma_1 u &= \frac{\eta_1 u^2}{2\omega_1} + \log\cos\frac{\pi u}{2\omega_1} + \sum_{r=1}^{r=\infty}\frac{(-1)^r q^{2r}}{r(1-q^{2r})}\left(2\sin\frac{r\pi u}{2\omega_1}\right)^2,\\
\log\sigma_2 u &= \frac{\eta_1 u^2}{2\omega_1} + \sum_{r=1}^{r=\infty}\frac{(-1)^r q^{r}}{r(1-q^{2r})}\left(2\sin\frac{r\pi u}{2\omega_1}\right)^2,\\
\log\sigma_3 u &= \frac{\eta_1 u^2}{2\omega_1} + \sum_{r=1}^{r=\infty}\frac{q^{r}}{r(1-q^{2r})}\left(2\sin\frac{r\pi u}{2\omega_1}\right)^2.
\end{aligned}\right.$$

On a aussi

$$(\text{CVI}_2)\quad\left\{\begin{aligned}
\zeta u &= \frac{\eta_1 u}{\omega_1} + \frac{\pi}{2\omega_1}\cot\frac{\pi u}{2\omega_1} + \frac{2\pi}{\omega_1}\sum_{r=1}^{r=\infty}\frac{q^{2r}}{1-q^{2r}}\sin\frac{r\pi u}{\omega_1},\\
\zeta_1 u &= \frac{\eta_1 u}{\omega_1} - \frac{\pi}{2\omega_1}\operatorname{tang}\frac{\pi u}{2\omega_1} + \frac{2\pi}{\omega_1}\sum_{r=1}^{r=\infty}\frac{(-1)^r q^{2r}}{1-q^{2r}}\sin\frac{r\pi u}{\omega_1},\\
\zeta_2 u &= \frac{\eta_1 u}{\omega_1} + \frac{2\pi}{\omega_1}\sum_{r=1}^{r=\infty}\frac{(-1)^r q^{r}}{1-q^{2r}}\sin\frac{r\pi u}{\omega_1},\\
\zeta_3 u &= \frac{\eta_1 u}{\omega_1} + \frac{2\pi}{\omega_1}\sum_{r=1}^{r=\infty}\frac{q^{r}}{1-q^{2r}}\sin\frac{r\pi u}{\omega_1},
\end{aligned}\right.$$

et, par suite,

$$(\text{CVI}_3)\quad\left\{\begin{aligned}
\wp u &= -\frac{\eta_1}{\omega_1} + \left(\frac{\pi}{2\omega_1}\right)^2\operatorname{coséc}^2\frac{\pi u}{2\omega_1} - \frac{2\pi^2}{\omega_1^2}\sum_{r=1}^{r=\infty}\frac{rq^{2r}}{1-q^{2r}}\cos\frac{r\pi u}{\omega_1},\\
\wp(u+\omega_1) &= -\frac{\eta_1}{\omega_1} + \left(\frac{\pi}{2\omega_1}\right)^2\operatorname{séc}^2\frac{\pi u}{2\omega_1} - \frac{2\pi^2}{\omega_1^2}\sum_{r=1}^{r=\infty}\frac{(-1)^r rq^{2r}}{1-q^{2r}}\cos\frac{r\pi u}{\omega_1},\\
\wp(u+\omega_2) &= -\frac{\eta_1}{\omega_1} - \frac{2\pi^2}{\omega_1^2}\sum_{r=1}^{r=\infty}\frac{(-1)^r rq^{r}}{1-q^{2r}}\cos\frac{r\pi u}{\omega_1},\\
\wp(u+\omega_3) &= -\frac{\eta_1}{\omega_1} - \frac{2\pi^2}{\omega_1^2}\sum_{r=1}^{r=\infty}\frac{rq^{r}}{1-q^{2r}}\cos\frac{r\pi u}{\omega_1};
\end{aligned}\right.$$

d'où l'on déduit aisément, par différentiation, des formules analogues pour les dérivées d'ordres quelconques de $\wp u$, $\wp(u+\omega_\alpha)$. Si l'on suppose u mis sous la forme $u = 2\alpha\omega_1 + 2\beta\omega_3$, où α et β désignent les nombres réels, toutes ces formules sont valables sous la condition $|\beta| < \frac{1}{2}$. Celles qui concernent $\log\sigma u$, $\log\sigma_1 u$ et leurs dérivées sont même valables sous la condition $|\beta| < 1$.

On déduit immédiatement des développements obtenus pour les fonctions $\log\sigma u$, $\log\sigma_\alpha u$, ceux qui concernent les douze fonctions $\log\xi(u)$; ces développements sont analogues à ceux que nous avons écrits pour les fonctions $\log\operatorname{sn} v$, $\log\operatorname{cn} v$, $\log\operatorname{dn} v$.

471. Les fonctions ζu, $Z(x)$ peuvent servir d'éléments simples dans la décomposition des fonctions doublement périodiques de première espèce à périodes $2\omega_1$, $2\omega_3$ ou $2K, 2iK'$; les développements précédents (CV_5), (CVI_2) fourniront donc, pour toute fonction doublement périodique de première espèce, un développement en série trigonométrique. Le lecteur pourra appliquer cette méthode aux carrés des fonctions $\xi_{0\alpha}(u)$, $\xi_{\alpha 0}(u)$, $\xi_{\beta\gamma}(u)$, ou encore aux carrés des fonctions sn, cn, dn, de leurs inverses et de leurs quotients mutuels ; nous nous contenterons de citer la formule

$$(CV_6) \qquad \frac{1}{4\pi^2} k^2 K^2 \,\mathrm{sn}^2 \frac{2Kx}{\pi} = \sum_{r=1}^{r=\infty} \frac{rq^r}{1-q^{2r}} \sin^2 rx,$$

qui est une conséquence immédiate de la formule (CII_4), (nº **406**).

472. Chacune des séries qui figurent dans les formules (CV_{4-5}) et (CVI_2) peut être mise aisément sous la forme d'une série à double entrée; ainsi, l'on peut mettre l'expression (CV_5) de $Z(x)$ sous la forme

$$Z(Kx) = \frac{2\pi}{K} \sum_{(r,s)} q^{r(2s-1)} \sin r\pi x = \frac{\pi}{iK} \sum_{(r,s)} q^{r(2s-1)} [e^{r\pi xi} - e^{-r\pi xi}],$$

où r et s prennent toutes les valeurs entières positives.

Dans chacune des séries à double entrée ainsi obtenue on peut effectuer la sommation d'abord par rapport à r; on obtient ainsi de nouveaux développements en série pour chacune des fonctions envisagées; ainsi

$$Z(Kx) = \frac{2\pi}{K} \sum_{s=1}^{s=\infty} q^{2s-1} \frac{\sin \pi x}{1 - 2q^{2s-1}\cos \pi x + q^{2(2s-1)}}.$$

Ce développement s'obtiendrait de suite en prenant les dérivées logarithmiques des deux membres de la formule (XXXII_8); en se plaçant à ce point de vue, on voit qu'il est convergent quel que soit x. Il en est de même des développements analogues que le lecteur trouvera dans le Tableau des formules placé à la fin de l'Ouvrage $[(CV_{4-5})$ et $(CVI_2)]$.

II. — Développement des fonctions doublement périodiques de seconde espèce.

473. Considérons ([1]) l'expression

$$F(q, x, y) = -\frac{1}{2}\frac{\rho_1'(1)\,\rho_1(xy)}{\rho_4(x)\,\rho_4(y)},$$

où les fonctions ρ sont celles qui sont définies par les formules (XXXII), de sorte que l'on a

$$F(q, x, y) = \frac{\sum_{(\nu)}(-1)^{\frac{\nu-1}{2}}\nu q^{\frac{\nu^2}{4}}\sum_{(\nu)}(-1)^{\frac{\nu-1}{2}}q^{\frac{\nu^2}{4}}(x^\nu y^\nu - x^{-\nu}y^{-\nu})}{\sum_{(m)}(-q)^{m^2}x^{2m}\sum_{(m)}(-q)^{m^2}y^{2m}}$$

$$= \frac{q_0^2 q^{\frac{1}{2}}(xy - x^{-1}y^{-1})\prod_{(n)}(1-q^{2n}x^2y^2)\prod_{(n)}(1-q^{2n}x^{-2}y^{-2})}{\prod_{(\nu)}(1-q^\nu x^2)\prod_{(\nu)}(1-q^\nu x^{-2})\prod_{(\nu)}(1-q^\nu y^2)\prod_{(\nu)}(1-q^\nu y^{-2})};$$

ν doit prendre toutes les valeurs impaires et positives, m toutes les valeurs entières positives, nulles et négatives, n toutes les valeurs entières et positives.

Cette fonction $F(q, x, y)$ est définie pour toutes les valeurs de x, y qui ne sont pas nulles et qui n'annulent pas $\rho_4(x)$, $\rho_4(y)$. Les valeurs de x, y qui annulent $\rho_4(x)$, $\rho_4(y)$ sont comprises dans la formule $\pm q^{n+\frac{1}{2}}$; si l'on pose $|q| = h$, on voit qu'elles sont représentées par des points diamétralement opposés, situés sur des cercles ayant l'origine pour centre et ayant des rayons égaux à $h^{n+\frac{1}{2}}$; sur chacun de ces cercles il existe un couple de ces points et un seul. Si l'on considère la fonction $F(q, x, y)$ comme une fonction de x seul, par exemple, tous les points $x = \pm q^{n+\frac{1}{2}}$ seront des pôles simples de cette fonction, comme il résulte évidemment de la seconde forme sous laquelle elle a été mise.

Dans l'espace annulaire compris entre deux cercles consécutifs il n'y a pas de point qui soit un zéro pour $\rho_4(x)$ ou $\rho_4(y)$: tel

([1]) *Voir* KRONECKER, *Monatsberichte der Berliner Akademie*, 1881.

est, par exemple, l'anneau compris entre les deux cercles de rayons $\sqrt{h}$ et $\frac{1}{\sqrt{h}}$. Nous aurons bientôt à nous restreindre au cas où l'une au moins des deux variables x, y est représentée par un point situé à l'intérieur de cet anneau, c'est-à-dire que nous supposerons que x ou y vérifient les inégalités

$$\sqrt{h} < |x| < \frac{1}{\sqrt{h}}, \qquad \sqrt{h} < |y| < \frac{1}{\sqrt{h}};$$

il est clair que $\frac{1}{|x|}$ ou $\frac{1}{|y|}$ vérifient alors les mêmes inégalités.

Pour toutes les valeurs de x, y qui vérifient à la fois ces inégalités, la fonction $F(q, x, y)$ est finie et déterminée. La fonction ρ_4 s'annule aux points $\pm\sqrt{q}$, $\pm\frac{1}{\sqrt{q}}$ situés les deux premiers sur la limite intérieure de l'anneau, les deux derniers sur la limite extérieure. Autour des points $\pm\sqrt{q}$ comme centres, avec un rayon très petit, décrivons des cercles et supprimons de l'anneau la partie intérieure à ces cercles; aux points des petites régions supprimées correspondent, par la transformation $z' = \frac{1}{z}$, des points dont l'ensemble constitue deux petites régions, intérieures à l'anneau et voisines des points $\pm\frac{1}{\sqrt{q}}$; supprimons-les encore et désignons par (A) l'anneau ainsi modifié. On observera que si x est un point situé dans (A), il en sera de même des points $-x$, $\pm x^{-1}$, et que si x, y sont assujettis à rester dans (A) ou sur son contour la fonction $F(q, x, y)$, regardée soit comme fonction de x, soit comme fonction de y, sera holomorphe; en particulier, il existera un nombre positif N tel que l'on ait

$$|F(q, x, y)| < N.$$

Laissons de côté, pour un moment, les restrictions imposées à x et y; les propriétés suivantes, de la fonction $F(q, x, y)$,

$$(\alpha) \qquad F(q, x, y) = \varepsilon\varepsilon' q^{2nn'} x^{2n'} y^{2n} F(q, \varepsilon x q^n, \varepsilon' y q^{n'}),$$

$$(\beta) \qquad F(q, x^{-1}, y^{-1}) = -F(q, x, y),$$

où ε, ε' représentent ± 1 et où n, n' désignent des nombres entiers quelconques, résultent aisément des formules (XXXIV_7). La première de ces deux relations montre, en particulier, comment l'on peut ramener le calcul de la fonction $F(q, x, y)$ lorsque x et y sont représentés par des points extérieurs à l'aire (A), au cas où ils appartiennent à cette aire, pourvu que les points x, y soient à une distance suffisamment grande des zéros des fonctions $\rho_4(x)$, $\rho_4(y)$.

474. Considérons maintenant l'intégrale

$$\int \frac{F(q, x, z)}{z-y} dz,$$

dans laquelle x sera regardée comme une constante assujettie seulement à être représentée par un point qui appartienne à l'aire (A); quant à y ce sera une constante telle que $\rho_4(y)$ ne soit pas nul. Nous allons montrer que, si l'on prend cette intégrale sur la circonférence d'un cercle ne passant par aucun pôle, ayant son centre au point o, de rayon infiniment petit ou de rayon infiniment grand, elle est infiniment petite. Admettons, pour un instant, qu'il en soit ainsi.

Entre deux cercles ayant pour centre commun le point o la fonction $\frac{F(q, x, z)}{z-y}$, où z est la variable, est univoque ; elle n'admet pas d'autres singularités que des pôles, en nombre fini, quand on a fixé les deux cercles, à savoir le point $z = y$, que l'on peut toujours supposer situé entre les deux cercles, et ceux des points $z = \pm q^{n+\frac{1}{2}}$, où n est un nombre entier, qui sont aussi situés entre les deux cercles. Tous ces points sont des pôles simples de la fonction $\frac{F(q, x, z)}{z-y}$ considérée comme une fonction de z. Par suite, lorsque le rayon d'un des deux cercles croîtra indéfiniment, que l'autre décroîtra indéfiniment, la somme des résidus de la fonction $\frac{F(q, x, z)}{z-y}$, résidus dont l'un est $F(q, x, y)$, tendra vers zéro. On prévoit ainsi qu'on obtiendra $F(q, x, y)$ sous forme d'une série. On voit même, puisque l'intégrale est infiniment petite sur le cercle infiniment petit, ou sur le cercle infiniment grand, que la somme des résidus relatifs aux pôles compris entre deux cercles ayant pour centre le point o tend vers une limite quand le rayon du cercle intérieur décroît indéfiniment ou que le rayon du cercle extérieur grandit indéfiniment.

475. Désignons par R un nombre positif fixe, assujetti seulement à cette seule condition : le cercle décrit du point o comme centre avec R comme rayon a sa circonférence contenue tout entière à l'intérieur de l'aire (A). Considérons le cercle (C) décrit de l'origine comme centre avec le rayon Rh^n, n étant un nombre entier positif que nous ferons tout à l'heure grandir indéfiniment et que nous supposons de suite assez grand pour que le point y soit à l'extérieur du cercle (C). Quand n grandira indéfiniment le cercle (C) deviendra infiniment petit; nous allons montrer que l'intégrale

$$\int_{(C)} \frac{F(q, x, z)}{z-y}\, dz,$$

prise le long de ce cercle, tend vers zéro quand n croît indéfiniment; si l'on pose en effet

$$z = Rh^n e^{i\pi u},$$

cette intégrale devient

$$\pm i\pi R h^n \int_0^{2\pi} \frac{F(q, x, Rh^n e^{i\pi u})}{Rh^n e^{i\pi u} - y}\, du,$$

où le signe dépend du sens dans lequel on parcourt le chemin d'intégration; d'ailleurs on a, en vertu de l'égalité (α) du n° **473**, où l'on remplace ε et ε' par $+1$, n par o, n' par $-n$ et y par $Rh^n e^{i\pi u}$,

$$F(q, x, Rh^n e^{i\pi u}) = x^{-2n} F(q, x, Rh^n q^{-n} e^{i\pi u});$$

et, puisque la valeur absolue de q est h, la valeur absolue de $Rh^n q^{-n} e^{i\pi u}$ est R; en d'autres termes, le point $Rh^n q^{-n} e^{i\pi u}$ appartient à l'aire (A); on a donc

$$|F(q, x, Rh^n q^{-n} e^{i\pi u})| < N,$$

et par conséquent la valeur absolue de l'intégrale considérée est moindre que

$$\pi R \frac{h^n}{|x|^{2n}} \int_0^{2\pi} \frac{N\, du}{|y| - Rh^n} = \frac{2\pi^2 NR}{|y| - Rh^n} \frac{h^n}{|x|^{2n}};$$

comme $\frac{h}{|x|^2}$ est plus petit que 1, il est évident que cette quantité tend vers zéro quand n augmente indéfiniment.

476. Soit maintenant C′ un cercle de centre o et de rayon égal à $\frac{1}{Rh^n}$. Considérons la différence des deux intégrales

$$\int_{(C')} \frac{F(q,x,z)}{z-y}\,dz - \int_{(C')} \frac{F(q,x,z)}{z}\,dz = y\int_{(C')} \frac{F(q,x,z)}{z(z-y)}\,dz,$$

dont la seconde est nulle puisque la fonction $F(q, x, z)$ est impaire et que le contour (C′) est symétrique par rapport au point o. Si l'on change z en $\frac{1}{z}$, le contour (C′) devra être remplacé par le contour (C) et, en tenant compte de l'égalité

$$F(q,x,z^{-1}) = -F(q,x^{-1},z),$$

qui résulte de l'égalité (β) du n° **473**, on voit que le second membre prendra la forme

$$y\int_{(C)} \frac{F(q,x^{-1},z)}{z(z^{-1}-y)}\,dz = -\int_{(C)} \frac{F(q,x^{-1},z)}{z-y^{-1}}\,dz;$$

or cette dernière intégrale appartient au type précédemment étudié, sauf le changement de x, y en x^{-1}, y^{-1}, changement qui n'altère pas les conséquences; cette intégrale tend donc bien vers zéro quand n croît indéfiniment. Il en est de même de l'intégrale proposée quand le cercle C′ grandit indéfiniment, ainsi qu'on l'avait annoncé.

477. Il nous reste à évaluer les résidus de la fonction de z

$$\frac{F(q,x,z)}{z-y}.$$

Le résidu relatif au pôle y est $F(q, x, y)$. Le résidu relatif au pôle $\varepsilon q^{n+\frac{1}{2}}$ s'obtiendra en remplaçant z par $\varepsilon q^{n+\frac{1}{2}}$ dans l'expression

$$-\frac{1}{2(z-y)}\,\frac{\rho_1'(1)\,\rho_1(xz)}{\rho_4(x)\,\rho_4'(z)};$$

le calcul se fait sans peine au moyen des formules (XXXIV_{6-7}), ($\mathrm{XXXV}_{4,6}$), et l'on trouve, pour le résidu cherché, la valeur

$$\frac{(qx^{-2})^{n+\frac{1}{2}}}{2\left(y-\varepsilon q^{n+\frac{1}{2}}\right)}.$$

On voit de suite que les deux séries, dont le terme général se déduit de là en remplaçant ε par $+1$ ou par -1, sont absolument convergentes quand on donne à n les valeurs $0, 1, 2, 3, \ldots, \infty$; il n'en est pas de même pour les valeurs négatives de n; pour avoir une série absolument convergente, il faut réunir dans le terme général les deux résidus relatifs aux valeurs $+1$ et -1 de ε et l'écrire

$$\frac{1}{2}\frac{(qx^{-2})^{n+\frac{1}{2}}}{y+q^{n+\frac{1}{2}}}+\frac{1}{2}\frac{(qx^{-2})^{n+\frac{1}{2}}}{y-q^{n+\frac{1}{2}}}=\frac{y(qx^{-2})^{n+\frac{1}{2}}}{y^2-q^{2n+1}}=-\frac{y(qx^2)^{-n-\frac{1}{2}}}{1-y^2q^{-2n-1}};$$

sous la dernière forme, la convergence absolue de la série dont on vient d'écrire le terme général, quand on donne à n les valeurs $-1, -2, -3, \ldots, -\infty$, est manifeste.

Ajoutons que la forme $\frac{2\pi^2 NR}{|y|-Rh^n}\frac{h^n}{|x|^{2n}}$, trouvée plus haut pour une limite supérieure de la valeur absolue de l'intégrale envisagée, met en évidence (n° 30) ce fait que la série

$$\sum_{n=0}^{n=\infty}\frac{y(qx^{-2})^{n+\frac{1}{2}}}{y^2-q^{2n+1}}$$

est uniformément convergente pour l'ensemble des valeurs de x telles que l'on ait $|x|\geqq\alpha\sqrt{h}$, en désignant par α un nombre fixe plus grand que 1; l'intégrale, en effet, n'est autre chose que le reste de la série. Une conséquence toute pareille concerne la série analogue relative aux valeurs négatives de n, pourvu que l'on ait $x\leqq\frac{1}{\alpha\sqrt{h}}$.

478. En écrivant que la limite de la somme des résidus de la fonction $\frac{F(q,x,z)}{z-y}$, relatifs à ses différents pôles, est nulle, on trouve, en remplaçant $F(q,x,y)$ par sa valeur (n° 473),

$$(\text{CVII}_3)\quad \frac{\rho_1'(1)\,\rho_1(xy)}{\rho_4(x)\,\rho_4(y)}=2\sum_{n=1}^{n=\infty}\frac{q^{\frac{2n-1}{2}}y^{-1}x^{-2n+1}}{1-y^{-2}q^{2n-1}}-2\sum_{n=1}^{n=\infty}\frac{q^{\frac{2n-1}{2}}y\,x^{2n-1}}{1-y^2q^{2n-1}},$$

où chacune des séries est absolument et uniformément convergente sous les conditions qui viennent d'être expliquées. Rien n'empêche donc de différentier terme à terme, si on le désire.

479. La formule ($CVII_3$) peut se transformer de diverses manières en ajoutant aux arguments v, w les quantités $\frac{1}{2}$, $\frac{\tau}{2}$ ou $\frac{1+\tau}{2}$, ce qui revient à multiplier x ou y par i, $\sqrt{q}$ ou $i\sqrt{q}$.

Les changements de cette sorte que l'on peut faire subir à w ne demandent aucune précaution puisque w est quelconque. De même quand on ajoute $\frac{1}{2}$ à v, il est clair que, les conditions

$$\sqrt{h} < |x| < \frac{1}{\sqrt{h}}, \qquad \sqrt{h} < |ix| < \frac{1}{\sqrt{h}}$$

étant identiques, le domaine de convergence de la série n'est pas modifié par ce changement.

Il n'en est plus ainsi quand on change x en $x\sqrt{q}$; pour que l'égalité ($CVII_3$) reste valable après ce changement, il faut que l'on ait

$$\sqrt{h} < |x\sqrt{q}| < \frac{1}{\sqrt{h}},$$

c'est-à-dire

$$1 < |x| < \frac{1}{h}.$$

Supposant d'abord que x satisfasse à ces conditions, nous allons remplacer, dans l'égalité ($CVII_3$), x et y par $x\sqrt{q}$, $y\sqrt{q}$; la modification à apporter au premier membre résulte des formules (XXXIV_{5-6}) et l'on trouve

$$\frac{\rho_1'(1)\,\rho_1(xy)}{\rho_1(x)\,\rho_1(y)} = 2\sum_{n=1}^{n=\infty} \frac{x^{-2n+2}}{1-y^{-2}q^{2n-2}} - 2\sum_{n=1}^{n=\infty} \frac{q^{2n}x^{2n}y^2}{1-y^2q^{2n}}.$$

La première série est convergente pourvu que l'on ait $|x| < \frac{1}{h}$; c'est la seconde série dont la convergence implique la condition $|x| > 1$; il est naturel, pour essayer de retrouver une expression analogue à celle de $F(q, x, y)$, d'introduire dans le second membre la série

$$2\sum_{n=1}^{n=\infty} \frac{q^{2n}x^{-2n}y^{-2}}{1-y^{-2}q^{2n}},$$

qui converge pourvu que l'on ait $|x| > h$; en ajoutant et retranchant cette quantité, le second membre prend la forme

$$2\sum_{n=1}^{n=\infty}\frac{q^{2n}x^{-2n}y^{-2}}{1-y^{-2}q^{2n}} - 2\sum_{n=1}^{n=\infty}\frac{q^{2n}x^{2n}y^{2}}{1-y^{2}q^{2n}} + \frac{2}{1-y^{-2}} - 2\sum_{n=1}^{n=\infty}\frac{q^{2n}x^{-2n}y^{-2}-x^{-2n}}{1-y^{-2}q^{2n}};$$

mais la dernière série se réduit à

$$2\sum_{n=1}^{n=\infty}x^{-2n} = \frac{2x^{-2}}{1-x^{-2}} = -1 + \frac{x+x^{-1}}{x-x^{-1}};$$

on a donc finalement

$$(\mathrm{CVII}_1)\quad \begin{cases} \dfrac{\rho_1'(1)\rho_1(xy)}{\rho_1(x)\rho_1(y)} = \dfrac{x+x^{-1}}{x-x^{-1}} + \dfrac{y+y^{-1}}{y-y^{-1}} \\ \qquad + 2\displaystyle\sum_{n=1}^{n=\infty}\frac{q^{2n}x^{-2n}y^{-2}}{1-y^{-2}q^{2n}} - 2\sum_{n=1}^{n=\infty}\frac{q^{2n}x^{2n}y^{2}}{1-y^{2}q^{2n}}. \end{cases}$$

Cette égalité est démontrée sous la condition $1 < |x| < \frac{1}{h}$; mais les séries sont convergentes sous la condition $h < |x| < \frac{1}{h}$, et l'égalité subsiste si ces dernières conditions sont vérifiées, puisque les deux membres sont des fonctions analytiques de x; on peut s'en convaincre encore en changeant x, y en x^{-1}, y^{-1}, ce qui change le signe des deux membres, et ce qui ramène la valeur absolue de x à être comprise entre 1 et h, si elle était comprise entre 1 et $\frac{1}{h}$.

480. Rien n'empêche maintenant dans les deux égalités (CVII_1) et (CVII_3) de changer y en iy, $y\sqrt{q}$, $iy\sqrt{q}$, puis, dans les résultats, x en ix. Chacune de ces deux égalités en engendre ainsi sept autres; on a, en tout, seize égalités de même forme qui fournissent des développements pour toutes les quantités telles que

$$\frac{\rho_\alpha(xy)}{\rho_\beta(x)} \qquad \begin{pmatrix} \alpha = 1, 2, 3, 4 \\ \beta = 1, 2, 3, 4 \end{pmatrix}.$$

Nous réunissons dans le Tableau (CVII_1) ceux qui se rapportent aux indices $\alpha = 1, 2$; $\beta = 1, 2$; dans le Tableau (CVII_2) ceux qui se rapportent aux indices $\alpha = 3, 4$; $\beta = 1, 2$; dans le Tableau (CVII$_3$) ceux qui se rapportent aux indices $\alpha = 1, 2$; $\beta = 3, 4$; enfin dans le Tableau (CVII$_4$) ceux qui se rapportent aux indices $\alpha = 3, 4$; $\beta = 3, 4$.

Les formules (CVII$_{1-2}$) supposent $h < |x| < \frac{1}{h}$, les formules (CVII$_{3-4}$) supposent $\sqrt{h} < |x| < \frac{1}{\sqrt{h}}$.

481. Si l'on remplace x et y par $e^{v\pi i}$, $e^{w\pi i}$, les seize développements précédents se transforment en seize développements pour toutes les quantités, telles que

$$\frac{\vartheta_\alpha(v+w)}{\vartheta_\beta(v)} \qquad \begin{pmatrix} \alpha = 1, 2, 3, 4 \\ \beta = 1, 2, 3, 4 \end{pmatrix};$$

on les trouvera sous les mêmes numéros (CVII$_{1-4}$) dans le Tableau des formules. Les deux égalités (CVII$_1$) et (CVII$_3$), par exemple, établies aux n^{os} **478** et **479**, se transforment en

$$(\text{CVII}_1)\quad \left\{ \begin{aligned} &\frac{1}{\pi}\,\frac{\vartheta_1'(0)\,\vartheta_1(v+w)}{\vartheta_1(v)\,\vartheta_1(w)} \\ &\quad = \cot\pi v + \cot\pi w + 4\sum_{n=1}^{n=\infty} q^{2n}\,\frac{\sin(2n\pi v + 2\pi w) - q^{2n}\sin 2n\pi v}{1 - 2q^{2n}\cos 2\pi w + q^{4n}}, \end{aligned} \right.$$

$$(\text{CVII}_3)\quad \left\{ \begin{aligned} &\frac{1}{4\pi}\,\frac{\vartheta_1'(0)\,\vartheta_1(v+w)}{\vartheta_4(v)\,\vartheta_4(w)} \\ &\quad = \sum_{n=1}^{n=\infty} q^{\frac{2n-1}{2}}\,\frac{\sin[(2n-1)\pi v + \pi w] - q^{2n-1}\sin[(2n-1)\pi v - \pi w]}{1 - 2q^{2n-1}\cos 2\pi w + q^{4n-2}}. \end{aligned} \right.$$

La condition $h < |x| < \frac{1}{h}$ équivaut manifestement à la condition

$$-\mathcal{R}\left(\frac{\tau}{i}\right) < \mathcal{R}\left(\frac{v}{i}\right) < \mathcal{R}\left(\frac{\tau}{i}\right),$$

où le symbole $\mathcal{R}$ placé devant une quantité signifie que l'on doit envisager la partie réelle seulement de cette quantité. De même, la condition $\sqrt{h} < |x| < \frac{1}{\sqrt{h}}$ équivaut à la condition

$$-\mathcal{R}\left(\frac{\tau}{i}\right) < 2\mathcal{R}\left(\frac{v}{i}\right) < \mathcal{R}\left(\frac{\tau}{i}\right).$$

Si l'on pose $v = \alpha + \beta\tau$, en désignant par α et β deux nombres réels, on peut dire aussi que les formules ($CVII_{1-2}$) ont lieu sous la condition $|\beta| < 1$ et les formules ($CVII_{3-4}$) sous la condition $|\beta| < \frac{1}{2}$.

482. Nous allons maintenant supposer que la variable y vérifie les conditions $h < |y| < \frac{1}{h}$ dans les formules ($CVII_{1,4}$), les conditions $\sqrt{h} < |y| < \frac{1}{\sqrt{h}}$ dans les formules ($CVII_{2,3}$).

Plaçons-nous, par exemple, dans le cas de la formule ($CVII_2$); en supposant que les valeurs absolues de x, y soient toutes deux comprises entre $\sqrt{h}$ et $\frac{1}{\sqrt{h}}$, et en désignant par μ, ν des nombres *impairs positifs* quelconques, on aura

$$\sum_{(\nu)} q^{\frac{\nu}{2}} \frac{y x^{\nu}}{1 - y^2 q^{\nu}} = \sum_{(\nu,\mu)} q^{\frac{\mu\nu}{2}} y^{\mu} x^{\nu}, \qquad \sum_{(\nu)} q^{\frac{\nu}{2}} \frac{y^{-1} x^{-\nu}}{1 - y^{-2} q^{\nu}} = \sum_{(\nu,\mu)} q^{\frac{\mu\nu}{2}} y^{-\mu} x^{-\nu},$$

donc

$$(CVII_7) \quad \begin{cases} \dfrac{\rho_1'(1)\rho_1(xy)}{\rho_4(x)\rho_4(y)} = 2\sum\limits_{(\nu,\mu)} q^{\frac{\mu\nu}{2}} (y^{-\mu} x^{-\nu} - y^{\mu} x^{\nu}), \\ \dfrac{1}{4\pi} \dfrac{\mathfrak{S}_1'(0)\mathfrak{S}_1(v+w)}{\mathfrak{S}_4(v)\mathfrak{S}_4(w)} = \sum\limits_{(\nu,\mu)} q^{\frac{\mu\nu}{2}} \sin(\nu\pi v + \mu\pi w). \end{cases}$$

En nous plaçant dans le cas de la formule ($CVII_1$) du n° **479**, on aura de même, en supposant que les valeurs absolues de x, y soient toutes deux comprises entre h et $\frac{1}{h}$ et en désignant par m, n des entiers *positifs* quelconques,

$$(CVII_5) \quad \frac{1}{\pi} \frac{\mathfrak{S}_1'(0)\mathfrak{S}_1(v+w)}{\mathfrak{S}_1(v)\mathfrak{S}_1(w)} = \cot\pi v + \cot\pi w + 4\sum_{(n,m)} q^{2nm} \sin(2n\pi v + 2m\pi w).$$

Les quatorze autres formules ($CVII_{1-4}$) fournissent des développements analogues en séries trigonométriques à double entrée.

483. Il est aisé ([1]) de déduire, de chacun de ces développe-

([1]) *Voir* Halphen, *Fonctions elliptiques*, t. I, p. 438.

ments qui se réduisent à dix des séries très rapidement convergentes et convenant, par suite, aux calculs numériques.

Plaçons-nous dans le cas de la formule ($CVII_7$) du n° 482 et groupons dans la série à double entrée $\sum_{(\nu,\mu)} q^{\frac{\mu\nu}{2}} x^\nu y^\mu$, qui figure dans son second membre, tous les termes pour lesquels la différence $\mu - \nu$ des deux indices de sommation est égale au même nombre *positif* ou nul, que nous désignerons par $2s$ puisqu'il est nécessairement pair. L'ensemble de ces termes sera représenté par la série

$$\sum_{(\nu)} q^{\frac{1}{2}\nu^2+\nu s} x^\nu y^{\nu+2s} \qquad (\nu = 1, 3, 5, \ldots);$$

l'ensemble des termes de la série à double entrée envisagée, pour lesquels $\mu - \nu$ est un nombre pair quelconque *positif* ou nul, est donc

$$\sum_{(\nu,s)} q^{\frac{1}{2}\nu^2+\nu s} x^\nu y^{\nu+2s} \qquad \begin{pmatrix} \nu = 1, 3, 5, \ldots, \\ s = 0, 1, 2, \ldots \end{pmatrix},$$

c'est-à-dire, en effectuant la sommation par rapport à s,

$$\sum_{(\nu)} q^{\frac{1}{2}\nu^2} x^\nu y^\nu (1 + q^\nu y^2 + q^{2\nu} y^4 + \ldots) = \sum_{(\nu)} q^{\frac{1}{2}\nu^2} \frac{x^\nu y^\nu}{1 - q^\nu y^2}.$$

L'ensemble des termes de la série à double entrée envisagée, dont nous n'avons pas encore tenu compte, est formé par l'ensemble des termes de cette série pour lesquels $\mu - \nu$ est un nombre négatif; il est identique à l'ensemble des termes de cette série pour lesquels $\nu - \mu$ est un nombre *positif* pair; il est donc représenté par

$$\sum_{(\mu,k)} q^{\frac{1}{2}\mu^2+\mu k} x^{\mu+2k} y^\mu \qquad \begin{pmatrix} \mu = 1, 3, 5, \ldots \\ k = 1, 2, 3, \ldots \end{pmatrix},$$

c'est-à-dire par

$$\sum_{(\mu)} q^{\frac{1}{2}\mu^2} x^\mu y^\mu (q^\mu x^2 + q^{2\mu} x^4 + \ldots) = \sum_{(\mu)} q^{\frac{1}{2}\mu^2} x^\mu y^\mu \left(\frac{1}{1 - q^\mu x^2} - 1 \right),$$

et l'on a finalement, en observant que le premier membre de l'expression ($CVII_7$) du n° 482 est égal à la différence entre la série à double entrée envisagée et celle que l'on en déduit en changeant x et y en x^{-1} et y^{-1},

$$\frac{\rho_1'(1)\,\rho_1(xy)}{\rho_4(x)\,\rho_4(y)} = -2\sum_{(\nu)} q^{\frac{1}{2}\nu^2} x^\nu y^\nu \left(\frac{1}{1-q^\nu x^2} + \frac{1}{1-q^\nu y^2} - 1\right)$$
$$+2\sum_{(\nu)} q^{\frac{1}{2}\nu^2} x^{-\nu} y^{-\nu} \left(\frac{1}{1-q^\nu x^{-2}} + \frac{1}{1-q^\nu y^{-2}} - 1\right),$$

ce que l'on peut écrire, en groupant convenablement les termes,

$$\frac{1}{4\pi}\,\frac{\mathfrak{I}_1'(0)\,\mathfrak{I}_1(v+w)}{\mathfrak{I}_4(v)\,\mathfrak{I}_4(w)} = \sum_{(\nu)} q^{\frac{1}{2}\nu^2} \frac{\sin\nu\pi(v+w) - q^\nu \sin[\nu\pi w + (\nu-2)\pi v]}{1-2q^\nu\cos 2\pi v + q^{2\nu}}$$
$$-\sum_{(\nu)} q^{\frac{1}{2}\nu^2} \sin\nu\pi(v+w)$$
$$+\sum_{(\nu)} q^{\frac{1}{2}\nu^2} \frac{\sin\nu\pi(v+w) - q^\nu \sin[(\nu-2)\pi w + \nu\pi v]}{1-2q^\nu\cos 2\pi w + q^{2\nu}};$$

l'indice ν prend toutes les valeurs impaires positives.

On a de même, en se plaçant au point de vue de la formule (CVII_5) du n° **482**,

$$\frac{1}{\pi}\,\frac{\mathfrak{I}_1(0)\,\mathfrak{I}_1(v+w)}{\mathfrak{I}_1(v)\,\mathfrak{I}_1(w)} = \cot\pi v + \cot\pi w - 4\sum_{(n)} q^{2n^2}\sin 2n\pi(v+w)$$
$$+4\sum_{(n)} q^{2n^2} \frac{\sin 2n\pi(v+w) - q^{2n}\sin[(2n-2)\pi v + 2n\pi w]}{1-2q^{2n}\cos 2\pi v + q^{4n}}$$
$$+4\sum_{(n)} q^{2n^2} \frac{\sin 2n\pi(v+w) - q^{2n}\sin[(2n-2)\pi w + 2n\pi v]}{1-2q^{2n}\cos 2\pi w + q^{4n}};$$

l'indice n prend toutes les valeurs entières positives, non nulles.

Les expressions des premiers membres des dix formules (CVII_{5-7}) fournissent des développements analogues. Tous ces développements convergent quels que soient v et w, et convergent très rapidement.

484. Nous avons obtenu, dans les numéros précédents, le développement de chacune des seize fonctions

$$\frac{\mathfrak{I}_\alpha(v+w)}{\mathfrak{I}_\beta(v)} \qquad (\alpha, \beta = 1, 2, 3, 4)$$

sous trois formes différentes. Si, dans chacun de ces développements, on donne à l'une des variables v, w des valeurs particulières convenablement choisies, on obtient des expressions très remarquables pour les quotients des fonctions $\mathfrak{S}$, les inverses des fonctions $\mathfrak{S}$, les inverses de leurs carrés, les inverses de leurs produits deux à deux; c'est de ces développements que nous allons dire quelques mots.

Au moyen des développements des quatre fonctions

$$\frac{\mathfrak{S}_\alpha(v+w)}{\mathfrak{S}_\alpha(v)\mathfrak{S}_1(w)} \qquad (\alpha = 1, 2, 3, 4),$$

on obtient aisément, en faisant tendre w vers o, les expressions des dérivées logarithmiques $\frac{\mathfrak{S}'(v)}{\mathfrak{S}(v)}$ de chacune des fonctions $\mathfrak{S}(v)$ sous la forme déjà obtenue au n° 469 et aussi sous d'autres formes remarquables. Ainsi, en observant que l'on a

$$\lim_{w=0}\left\{\frac{\mathfrak{S}'_1(0)}{\pi\mathfrak{S}_1(v)}\,\frac{\mathfrak{S}_1(v+w)}{\mathfrak{S}_1(w)} - \cot\pi v - \cot\pi w\right\}$$

$$= \lim_{w=0}\left\{\frac{\mathfrak{S}'_1(0)}{\pi\mathfrak{S}_1(v)}\,\frac{\mathfrak{S}_1(v)+w\mathfrak{S}'_1(v)}{\mathfrak{S}'_1(0)w} - \cot\pi v - \frac{1}{\pi w}\right\} = \frac{1}{\pi}\,\frac{\mathfrak{S}'_1(v)}{\mathfrak{S}_1(v)} - \cot\pi v,$$

les formules concernant la fonction $\frac{\mathfrak{S}_1(v+w)}{\mathfrak{S}_1(v)\mathfrak{S}_1(w)}$ fournissent les trois développements

$$\frac{1}{\pi}\,\frac{\mathfrak{S}'_1(v)}{\mathfrak{S}_1(v)} = \cot\pi v + 4\sum_{n=1}^{n=\infty}\frac{q^{2n}}{1-q^{2n}}\sin 2n\pi v,$$

$$= \cot\pi v + 4\sum_{(n,m)} q^{2nm}\sin 2n\pi v,$$

$$= \cot\pi v + 4\sum_{n=1}^{n=\infty} q^{2n^2}\frac{\sin 2n\pi v - q^{2n}\sin(2n-2)\pi v}{1-2q^{2n}\cos 2\pi v + q^{4n}} + 4\sum_{n=1}^{n=\infty}\frac{q^{2n(n+1)}}{1-q^{2n}}\sin 2n\pi v$$

dont le premier nous est connu, dont le second est une conséquence immédiate du premier, mais dont le troisième est un développement bien différent qui converge beaucoup plus rapidement que le premier. On obtient enfin un quatrième développement pour la même fonction en faisant tendre v vers o dans la formule (CVII_1) du n° **481**; en remplaçant ensuite w par v on a

$$\frac{1}{\pi}\frac{\mathfrak{S}'_1(v)}{\mathfrak{S}_1(v)} = \cot\pi v + 4\sin 2\pi v\sum_{n=1}^{n=\infty}\frac{q^{2n}}{1-2q^{2n}\cos 2\pi v+q^{4n}}.$$

Il présente cette particularité que la série qui y figure est toujours convergente, pourvu que v ne soit pas un zéro de $\mathfrak{S}_1(v)$, et conserve la même valeur quand on y remplace q par q^{-1}, tandis que le premier membre n'a aucune signification quand la valeur absolue de q est supérieure à 1. Les développements de cette nature figureront dans le Tableau des formules (CV).

485. Les développements de celles des seize fonctions $\dfrac{\mathfrak{S}(v+w)}{\mathfrak{S}(v)\mathfrak{S}(w)}$ où l'indice de $\mathfrak{S}(w)$ au dénominateur n'est pas égal à 1, fournissent chacun, si l'on y fait $w=0$, trois développements des douze quotients

$$\frac{\mathfrak{S}_\lambda(v)}{\mathfrak{S}_\mu(v)} \qquad (\lambda = 1, 2, 3, 4;\ \mu = 2, 3, 4);$$

on obtient aussi, pour chacun de ces douze quotients, un quatrième développement en faisant $v=0$ dans les développements de celles des seize fonctions $\dfrac{\mathfrak{S}(v+w)}{\mathfrak{S}(v)\mathfrak{S}(w)}$ où l'indice de $\mathfrak{S}(v)$ au dénominateur n'est pas égal à 1, et en remplaçant w par v. Ainsi les formules qui se rapportent à la fonction $\dfrac{\mathfrak{S}_1(v+w)}{\mathfrak{S}_4(v)\mathfrak{S}_4(w)}$ fournissent les développements

$$\frac{1}{4\pi}\frac{\mathfrak{S}'_1(0)}{\mathfrak{S}_4(0)}\frac{\mathfrak{S}_1(v)}{\mathfrak{S}_4(v)} = \sum_{n=1}^{n=\infty}\frac{q^{\frac{2n-1}{2}}}{1-q^{2n-1}}\sin(2n-1)\pi v = \sum_{(\mu,\nu)} q^{\frac{\mu\nu}{2}}\sin\nu\pi v$$

$$= \sum_{(\nu)} q^{\frac{1}{2}\nu^2}\frac{\sin\nu\pi v - q^\nu\sin(\nu-2)\pi v}{1-2q^\nu\cos 2\pi v+q^{2\nu}} + \sum_{(\nu)}\frac{q^{\frac{1}{2}\nu^2+\nu}}{1-q^\nu}\sin\nu\pi v$$

$$= \sin\pi v\sum_{n=1}^{n=\infty}\frac{q^{\frac{2n-1}{2}}(1+q^{2n-1})}{1-2q^{2n-1}\cos 2\pi v+q^{4n-2}}.$$

Les deux premiers développements supposent $|\beta| < \frac{1}{2}$ (n° **481**); le dernier est valable quel que soit v.

On trouvera tous ces développements dans le Tableau des formules (CVIII) : à cause des formules (XXXVI_5), (XXXVII_{1-2}), (LXXI_{6-8}), on en déduit immédiatement ceux des fonctions sn, cn, dn, de leurs inverses et de leurs quotients mutuels.

486. Pour obtenir les développements de l'inverse de la fonction $\mathfrak{J}_1(v)$, il suffit de faire

$$w = -\frac{1}{2}v$$

dans les formules qui se rapportent à la fonction

$$\frac{\mathfrak{J}_1(v+w)}{\mathfrak{J}_1(v)\mathfrak{J}_1(w)};$$

on a ainsi

$$\begin{aligned}\frac{1}{\pi}\frac{\mathfrak{J}'_1(0)}{\mathfrak{J}_1(v)} &= \frac{1}{\sin\pi v} - 4\sum_{n=1}^{n=\infty} q^{2n}\frac{\sin(2n-1)\pi v - q^{2n}\sin 2n\pi v}{1-2q^{2n}\cos\pi v + q^{4n}}\\ &= \frac{1}{\sin\pi v} - 4\sum_{(n,m)} q^{2nm}\sin(2n-m)\pi v,\end{aligned}$$

et un troisième développement à convergence très rapide que nous laissons au lecteur le soin d'écrire; on peut d'ailleurs lui substituer un autre plus simple et également très convergent qui a été donné par Jacobi.

Observons d'abord que, dans la dernière formule, on peut se contenter de faire parcourir à l'indice m tous les nombres impairs positifs, puisque le tableau à double entrée des valeurs que prend $\sin 2(n-m')\pi v$, quand on y remplace n, m' par tous les entiers positifs, est formé de termes nuls ou égaux et de signes contraires : on a donc

$$\frac{1}{2}\frac{\rho'_1(1)}{\rho_1(x)} = \frac{1}{x-x^{-1}} + \sum_{(n,\mu)} q^{2n\mu}(x^{2n-\mu} - x^{-2n+\mu}),$$

où n est un entier positif quelconque et μ un nombre positif impair, de sorte que les exposants de x sont tous des nombres impairs. Groupons tous les termes de la série à double entrée pour lesquels l'exposant de x est égal au même nombre impair positif ν et ceux pour lesquels l'exposant de x est égal au nombre impair négatif $-\nu$; on aura immédiatement

$$\frac{1}{2}\frac{\rho_1'(1)}{\rho_1(x)} = \frac{1}{x-x^{-1}} + \sum_{(\nu)} (x^\nu - x^{-\nu}) \sum_{r=1}^{r=\infty} [q^{(2r-1)(2r-1+\nu)} - q^{2r(2r+\nu)}]$$

$$= \frac{1}{x-x^{-1}} + \sum_{(\nu)} (x^\nu - x^{-\nu}) \sum_{r=1}^{r=\infty} (-1)^{r-1} q^{r(r+\nu)}$$

$$= \frac{1}{x-x^{-1}} + \sum_{r=1}^{r=\infty} (-1)^{r-1} q^{r^2} \left(\sum_{(\nu)} q^{r\nu} x^\nu - \sum_{(\nu)} q^{r\nu} x^{-\nu}\right)$$

$$= \frac{1}{x-x^{-1}} + \sum_{r=1}^{r=\infty} (-1)^{r-1} \left(\frac{x q^{r(r+1)}}{1-x^2 q^{2r}} - \frac{x^{-1} q^{r(r+1)}}{1-x^{-2} q^{2r}}\right).$$

La série qui figure dans la dernière égalité, multipliée par $x - x^{-1}$, se met sous la forme

$$\sum_{r=1}^{r=\infty} (-1)^{r-1} q^{r(r+1)} (1+q^{2r}) \frac{x^2 + x^{-2} - 2}{(1-x^2 q^{2r})(1-x^{-2} q^{2r})};$$

en transformant le terme général au moyen de l'identité

$$q^{2r}(x^2 + x^{-2} - 2) = (1-q^{2r})^2 - (1-x^2 q^{2r})(1-x^{-2} q^{2r}),$$

et en remarquant que la somme de la série

$$\sum_{r=1}^{r=\infty} (-1)^{r-1} q^{r(r-1)} (1+q^{2r})$$

est égale à un, on voit qu'on peut écrire encore

$$\frac{1}{2}\frac{\rho_1'(1)}{\rho_1(x)} = \frac{1}{x-x^{-1}} \sum_{r=1}^{r=\infty} (-1)^{r-1} \frac{q^{r(r-1)}(1+q^{2r})(1-q^{2r})^2}{(1-x^2 q^{2r})(1-x^{-2} q^{2r})}.$$

Il résulte de là que la fonction $\frac{1}{\mathfrak{S}_1(v)}$ peut être mise sous la forme

$$\frac{1}{\pi}\frac{\mathfrak{S}_1'(0)}{\mathfrak{S}_1(v)} = \frac{1}{\sin \pi v} + 4 \sum_{\nu} \alpha_\nu \sin \nu \pi v \quad (\nu = 1, 3, 5, \ldots, \infty),$$

en posant

$$\alpha_\nu = \sum_{r=1}^{r=\infty} (-1)^r q^{r(r+\nu)},$$

ou encore sous les formes très rapidement convergentes, quel que soit v,

$$\frac{1}{\pi}\frac{\vartheta_1'(0)}{\vartheta_1(v)} = \frac{1}{\sin\pi v} - 4\sin\pi v \sum_{r=1}^{r=\infty} \frac{(-1)^{r-1} q^{r(r+1)}(1+q^{2r})}{1-2q^{2r}\cos 2\pi v + q^{4r}}$$

$$= \frac{1}{\sin\pi v}\sum_{r=1}^{r=\infty}(-1)^{r-1}\frac{q^{r(r-1)}(1+q^{2r})(1-q^{2r})^2}{1-2q^{2r}\cos 2\pi v + q^{4r}}.$$

En changeant x en $x\sqrt{q}$ dans l'une des expressions précédemment obtenues pour $\frac{1}{2}\frac{\rho_1'(1)}{\rho_1(x)}$, on trouve de suite

$$\frac{i}{2}\frac{\rho_1'(1)}{\rho_4(x)} = \frac{q^{\frac{1}{4}}}{1-qx^2} + \sum_{r=1}^{r=\infty}(-1)^r q^{r(r+1)}\left[\frac{q^{\frac{1}{4}}}{1-x^2q^{2r+1}} - \frac{x^{-2}q^{-\frac{3}{4}}}{1-x^{-2}q^{2r-1}}\right]$$

ou, en réunissant les fractions qui ont pour dénominateurs $1-x^2q^{2r-1}$, $1-x^{-2}q^{2r-1}$,

$$\frac{i}{2}\frac{\rho_1'(1)}{\rho_4(x)} = \sum_{r=1}^{r=\infty}(-1)^{r-1} q^{\left(r-\frac{1}{2}\right)^2}\frac{1-q^{4r-2}}{(1-x^2q^{2r-1})(1-x^{-2}q^{2r-1})},$$

formule qui équivaut à la suivante :

$$\frac{1}{2\pi}\frac{\vartheta_1'(0)}{\vartheta_4(v)} = \sum_{r=1}^{r=\infty}(-1)^{r-1} q^{\left(r-\frac{1}{2}\right)^2}\frac{1-q^{4r-2}}{1-2\cos 2\pi v\, q^{2r-1}+q^{4r-2}}.$$

En changeant v en $v+\frac{1}{2}$, on a immédiatement les formules analogues pour les inverses des fonctions $\vartheta_2(v)$ et $\vartheta_3(v)$. On les trouvera dans le Tableau (CIX).

487. Si, dans les formules qui concernent $\frac{\rho_1(xy)}{\rho_1(x)}$ ou $\frac{\vartheta_1(v+w)}{\vartheta_1(v)}$ et $\frac{\rho_1(xy)}{\rho_4(x)}$ ou $\frac{\vartheta_1(v+w)}{\vartheta_4(v)}$, on change w en $-w$, qu'on prenne les dérivées par rapport à v, puis que l'on fasse $v = w$, il vient, d'une part,

$$\frac{\rho_1'^2(1)}{\rho_1^2(x)} = \frac{4}{(x - x^{-1})^2} + 4\sum_{n=1}^{n=\infty} nq^{2n}\left[\frac{x^{2n-2}}{1 - x^{-2}q^{2n}} - \frac{x^{-2n+2}}{1 - x^2 q^{2n}}\right],$$

$$\frac{\mathfrak{S}_1'^2(0)}{\mathfrak{S}_1^2(v)} = \frac{\pi^2}{\sin^2\pi v} - 8\pi^2 \sum_{n=1}^{n=\infty} nq^{2n}\,\frac{\cos(2n-1)\pi v - q^{2n}\cos 2n\pi v}{1 - 2q^{2n}\cos 2\pi v + q^{4n}},$$

$$\frac{\mathfrak{S}_1'^2(0)}{\mathfrak{S}_1^2(v)} = \frac{\pi^2}{\sin^2\pi v} - 8\pi^2 \sum_{(n,m)} nq^{2nm}\cos 2(n-m)\pi v,$$

et, d'autre part,

$$\frac{\rho_1'^2(1)}{\rho_4^2(x)} = -2\sum_{n=1}^{n=\infty}(2n-1)q^{\frac{2n-1}{2}}\left[\frac{x^{2n-2}}{1 - x^{-2}q^{2n-1}} + \frac{x^{-2n+2}}{1 - x^2 q^{2n-1}}\right],$$

$$\frac{\mathfrak{S}_1'^2(0)}{\mathfrak{S}_4^2(v)} = 4\pi^2\sum_{n=1}^{n=\infty}(2n-1)q^{\frac{2n-1}{2}}\,\frac{\cos 2(n-1)\pi v - q^{2n-1}\cos 2n\pi v}{1 - 2q^{2n-1}\cos 2\pi v + q^{4n-2}},$$

$$\frac{\mathfrak{S}_1'^2(0)}{\mathfrak{S}_4^2(v)} = 4\pi^2\sum_{(\mu,\nu)} \nu q^{\frac{\mu\nu}{2}}\cos(\nu-\mu)\pi v = 2\pi^2\sum_{(\mu,\nu)}(\mu+\nu)q^{\frac{\mu\nu}{2}}\cos(\nu-\mu)\pi v.$$

En changeant dans ces formules x en ix, v en $v + \frac{1}{2}$, on a immédiatement les formules analogues pour les inverses des fonctions $\rho_2^2(x)$, $\mathfrak{S}_2^2(v)$ et $\rho_3^2(x)$, $\mathfrak{S}_3^2(v)$. On les trouvera aussi dans le Tableau (CIX).

488. Ces divers développements, au moyen des formules de passage, en engendrent d'autres relatifs à la fonction réduite $\mathcal{A}(u)$ du n° 371,

$$\mathcal{A}(u) = \frac{\sigma(u+u_0)}{\sigma u\,\sigma u_0}e^{-\frac{\eta_1 u u_0}{\omega_1}} = \frac{1}{2\omega_1}\,\frac{\mathfrak{S}_1'(0)\mathfrak{S}_1(v+w)}{\mathfrak{S}_1(v)\mathfrak{S}_1(w)},$$

ou aux expressions analogues, où les fonctions σ sont remplacées par des cofonctions. Comme pour toute fonction de seconde espèce, dont l'un des multiplicateurs est 1, la fonction $\mathcal{A}(u)$ peut servir d'élément simple, on a donc aussi des développements en série trigonométrique pour toute fonction réduite de seconde espèce.

Nous n'écrirons que les deux suivants, concernant $\mathcal{A}(u)$,

$$\mathcal{A}(u) = \frac{\pi}{2\omega_1}\left(\cot\frac{\pi u}{2\omega_1} + \cot\frac{\pi u_0}{2\omega_1}\right) + \frac{2\pi}{\omega_1}\sum_{n=1}^{n=\infty} q^{2n}\frac{\sin\frac{\pi}{\omega_1}(nu+u_0) - q^{2n}\sin\frac{n\pi u}{\omega_1}}{1 - 2q^{2n}\cos\frac{\pi u_0}{\omega_1} + q^{4n}},$$

$$\mathcal{A}(u) = \frac{\pi}{2\omega_1}\left(\cot\frac{\pi u}{2\omega_1} + \cot\frac{\pi u_0}{2\omega_1}\right) + \frac{2\pi}{\omega_1}\sum_{(n,m)} q^{2nm}\sin\frac{\pi}{\omega_1}(nu+mu_0);$$

ils sont valables, le premier pourvu que la partie réelle de $\frac{u}{\omega_1 i}$ soit comprise entre la partie réelle de $\frac{2\omega_3}{\omega_1 i}$ et celle de $-\frac{2\omega_3}{\omega_1 i}$, le second pourvu que les parties réelles de $\frac{u}{\omega_1 i}$ et de $\frac{u_0}{\omega_1 i}$ soient chacune comprise entre ces deux mêmes limites.

III. — Développements des quantités e_α, η_α, k, K, E, ... en séries en q.

489. Les développements des fonctions doublement périodiques, de première et de seconde espèce, en séries trigonométriques, engendrent un grand nombre de développements en série pour les constantes que l'on a introduites successivement dans la théorie des fonctions elliptiques; dans ces séries, c'est $q = e^{\tau\pi i}$ qui est l'élément; c'est pourquoi nous les appellerons *séries en* q. Nous n'en citerons que quelques-unes.

Les développements (CVI_3) de $\wp u$ et de $\wp(u+\omega_\alpha)$ fournissent des séries en q pour e_1, e_2, e_3 et η_1. En égalant les termes indépendants de u on a, en effet,

$$(\mathrm{CX}_2) \qquad 0 = -\frac{\eta_1}{\omega_1} + \frac{1}{12}\frac{\pi^2}{\omega_1^2} - \frac{2\pi^2}{\omega_1^2}\sum_{r=1}^{r=\infty}\frac{rq^{2r}}{1-q^{2r}},$$

$$e_1 = -\frac{\eta_1}{\omega_1} + \frac{\pi^2}{4\omega_1^2} - \frac{2\pi^2}{\omega_1^2}\sum_{r=1}^{r=\infty}(-1)^r\frac{rq^{2r}}{1-q^{2r}},$$

$$e_2 = -\frac{\eta_1}{\omega_1} - \frac{2\pi^2}{\omega_1^2}\sum_{r=1}^{r=\infty}(-1)^r\frac{rq^r}{1-q^{2r}},$$

$$e_3 = -\frac{\eta_1}{\omega_1} - \frac{2\pi^2}{\omega_1^2}\sum_{r=1}^{r=\infty}\frac{rq^r}{1-q^{2r}}.$$

Les trois dernières de ces équations sont identiques aux relations (XVII_2), comme il est aisé de s'en assurer. La première donne η_1; en la retranchant des trois dernières on a

$$(CX_1)\quad \begin{cases} e_1 = \dfrac{\pi^2}{6\omega_1^2} + \dfrac{4\pi^2}{\omega_1^2}\displaystyle\sum_{r=1}^{r=\infty} \dfrac{(2r-1)q^{4r-2}}{1-q^{4r-2}}, \\[2ex] e_2 = -\dfrac{\pi^2}{12\omega_1^2} - \dfrac{2\pi^2}{\omega_1^2}\displaystyle\sum_{r=1}^{r=\infty}(-1)^r \dfrac{rq^r}{1+(-1)^r q^r}, \\[2ex] e_3 = -\dfrac{\pi^2}{12\omega_1^2} - \dfrac{2\pi^2}{\omega_1^2}\displaystyle\sum_{r=1}^{r=\infty} \dfrac{rq^r}{1+q^r}. \end{cases}$$

Si, dans les développements (CVI_3), on compare les coefficients des mêmes puissances de u, on obtient une suite de séries en q pour g_2, g_3 et divers polynomes formés au moyen de e_1, e_2, e_3, g_2, g_3.

490. Les développements ($CVIII_3$) de $\dfrac{\mathfrak{S}_1(v)}{\mathfrak{S}_4(v)}$, que l'on a donnés au n° 485, engendrent des séries en q pour kK^2. Si, dans ces développements, on fait $v=0$ après avoir pris les dérivées par rapport à v, et si l'on tient compte des formules (XXXVI_5), (XXXVII_1), (LXXI_3), on obtient, en effet, les relations

$$\frac{k}{\pi^2}K^2 = \frac{1}{4}\mathfrak{S}_2^2(0)\mathfrak{S}_3^2(0) = \sum_{n=1}^{n=\infty} q^{\frac{2n-1}{2}}\frac{1+q^{2n-1}}{(1-q^{2n-1})^2} = \sum_{(\mu,\nu)} \nu q^{\frac{\mu\nu}{2}}$$
$$= \sum_{n=1}^{n=\infty}(2n-1)\frac{q^{\frac{2n-1}{2}}}{1-q^{2n-1}} = \sum_{(\nu)} q^{\frac{1}{2}\nu^2}\frac{\nu+2q^\nu-\nu q^{2\nu}}{(1-q^\nu)^2},$$

où $\nu = 1, 3, 5, 7, \ldots, \infty$.

Les mêmes développements $\dfrac{\mathfrak{S}_1(v)}{\mathfrak{S}_4(v)}$ engendrent aussi des séries en q pour kK, $\sqrt{k}K$, et pour la quantité K elle-même. Si l'on y fait $v=\frac{1}{2}$ par exemple, on a

$$\frac{k}{2\pi}K = \frac{1}{4}\mathfrak{S}_2^2(0) = \sum_{n=1}^{n=\infty}(-1)^{n-1}\frac{q^{\frac{2n-1}{2}}}{1-q^{2n-1}} = \sum_{n=1}^{n=\infty}\frac{q^{\frac{2n-1}{2}}}{1+q^{2n-1}}$$
$$= \sum_{(\mu,\nu)}(-1)^{\frac{\nu-1}{2}} q^{\frac{1}{2}\mu\nu} = \sum_{(\nu)}(-1)^{\frac{\nu-1}{2}} q^{\frac{1}{2}\nu^2}\frac{1+q^{2\nu}}{1-q^{2\nu}}.$$

Si l'on fait $v = \frac{1+\tau}{2}$ dans la dernière des séries citées, qui reste convergente pour cette valeur de v, on trouve, après une transformation facile,

$$\frac{1}{\pi}K = \frac{1}{2}\mathfrak{I}_3^2(0) = \frac{1}{2} + 2\sum_{n=1}^{n=\infty}\frac{q^n}{1+q^{2n}} = \frac{1}{2} + 2\sum_{n=1}^{n=\infty}(-1)^{n-1}\frac{q^{2n-1}}{1-q^{2n-1}}.$$

Si l'on fait enfin $v = \frac{\tau}{4}$, et si l'on observe que les formules (XXXIV_6) fournissent, pour $v = -\frac{\tau}{4}$, la relation

$$\mathfrak{I}_1\left(\frac{\tau}{4}\right) = i\mathfrak{I}_4\left(\frac{\tau}{4}\right),$$

on trouve

$$\frac{\sqrt{k}}{\pi}K = \frac{1}{2}\mathfrak{I}_2(0)\mathfrak{I}_3(0) = \sum_{n=1}^{n=\infty}\frac{q^{\frac{2n-1}{4}}}{1+q^{\frac{2n-1}{2}}} = \sum_{(\mu,\nu)}\left[q^{\frac{(2\mu-1)\nu}{4}} - q^{\frac{(2\mu+1)\nu}{4}}\right].$$

491. Des développements (CVIII) des autres quotients mutuels de $\mathfrak{I}_1(v)$, $\mathfrak{I}_2(v)$, $\mathfrak{I}_3(v)$, $\mathfrak{I}_4(v)$ on déduit de même, en y faisant $v = 0, \frac{1}{2}, \frac{\tau}{2}, \frac{1+\tau}{2}, \frac{1}{4}, \frac{\tau}{4}$, de nouvelles séries en q pour K, kK, $\sqrt{k}$K, ainsi que des séries en q pour k'K, $k'K^2$, $kk'K^2$, kK^2, $\sqrt{k'}$K, $\sqrt{k}\sqrt{k'}$K.

Ceux des développements obtenus qui concernent K nous fournissent aussi des expressions en q pour $Z'(0)$ et, par suite, pour E. En effet, le développement (CV_5) de $Z(x)$ fournit, pour $Z'(0)$, l'expression en q,

$$Z'(0) = \frac{2\pi^2}{K^2}\sum_{r=1}^{r=\infty}\frac{rq^r}{1-q^{2r}},$$

d'où, en tenant compte de la formule (CII_1), l'expression en q

$$E = K - \frac{2\pi^2}{K}\sum_{r=1}^{r=\infty}\frac{rq^r}{1-q^{2r}}.$$

492. Les développements (CIX) des inverses des fonctions $\mathfrak{I}_2(0)$, $\mathfrak{I}_3(0)$, $\mathfrak{I}_4(0)$ fournissent des séries en q pour $\sqrt{k'}$K, $\sqrt{k}\sqrt{k'}$K, $\sqrt{k}$ K. En faisant $v = 0$ dans le développement de $\frac{\mathfrak{I}_1'(0)}{\mathfrak{I}_4(v)}$ par exemple, et en réduisant au moyen des mêmes relations (XXXVI) et (XXXVII) que plus haut, on a

$$\frac{\sqrt{k}}{\pi}\mathrm{K} = \frac{1}{2}\vartheta_2(0)\vartheta_3(0) = \sum_{r=1}^{r=\infty} (-1)^{r-1} q^{\left(r-\frac{1}{2}\right)^2} \frac{1+q^{2r-1}}{1-q^{2r-1}}.$$

Ce n'est pas le même développement qu'au n° 490.

Les développements (CIX) des inverses des carrés des fonctions $\vartheta_2(v)$, $\vartheta_3(v)$, $\vartheta_4(v)$ fournissent aussi, en donnant à v des valeurs particulières, des séries en q pour les quantités $k\mathrm{K}^2$, $k'\mathrm{K}^2$, $kk'\mathrm{K}^2$, et plusieurs de ces séries se présentent sous une forme différente de celles que nous avons obtenues au n° 490 pour les mêmes expressions.

On trouvera tous ces développements au Tableau (CX) à la fin de l'Ouvrage. Le lecteur les rapprochera naturellement, non seulement les uns des autres, mais aussi des développements en q déjà obtenus dans le Tome II de cet Ouvrage et, en particulier, de ceux qui sont contenus dans les formules XXXVI et XXXVII; on obtient ainsi de nombreuses identités.

CHAPITRE VI.

INTÉGRALES DES FONCTIONS DOUBLEMENT PÉRIODIQUES.

I. — Intégrales rectilignes le long d'un segment joignant deux points congrus, modulis $2\omega_1$, $2\omega_3$.

493. Avant d'aborder le problème général de l'intégration d'une fonction doublement périodique à périodes $2\omega_1$, $2\omega_3$, le long d'un chemin arbitrairement fixé, il convient d'étudier le cas particulier où l'intégrale est rectiligne, où le chemin d'intégration ne passe par aucun pôle de la fonction et où les deux limites d'intégration sont représentées par des points dont les affixes sont congrus suivant le système de modules $2\omega_1$, $2\omega_3$. Nous indiquerons qu'une intégrale est rectiligne en mettant un accent à gauche du signe d'intégration (1).

Soient t et t' la partie réelle et le coefficient de i dans l'expression de τ, $\tau = t + t'i$. On sait (n° 466) que $\log \mathfrak{I}_1(v)$ est une fonction holomorphe de v dans la région du plan de la variable v, limitée par les parallèles à l'axe des quantités réelles menées à la distance de cet axe égale à t', région dans laquelle l'axe des quantités réelles joue le rôle de coupure, sauf entre les points o et 1. Il en résulte que si v_0 représente l'affixe d'un point intérieur à cette région et non situé sur l'axe des quantités réelles, on peut évaluer, sans aucune ambiguïté, la valeur de l'intégrale

$$\int_{v_0}^{v_0+1} \frac{\mathfrak{I}_1'(v)}{\mathfrak{I}_1(v)}\, dv.$$

(1) C'est la notation adoptée par M. Schwarz : *Formules, etc.*, p. 31.

On a vu, en effet, que $\log \mathfrak{I}_1(v)$ peut alors être regardé comme la somme de la fonction $\operatorname{ls}(v)$ et d'une série trigonométrique qui, elle, définit une fonction holomorphe à l'intérieur de la région envisagée, reprenant la même valeur pour v_0 et pour $v_0 + 1$; on en conclut que la valeur de l'intégrale envisagée est égale à $\operatorname{ls}(v_0 + 1) - \operatorname{ls}(v_0)$, c'est-à-dire, ainsi qu'il résulte de la définition de la fonction ls, à $-\pi i$ quand le coefficient de i dans v_0 est positif, à $+\pi i$ quand ce coefficient est négatif.

494. Il est aisé d'en déduire la valeur de la même intégrale rectiligne pour une valeur quelconque de $v_0 = \alpha + \beta\tau$, sous la condition que β ne soit pas entier. Observons tout d'abord que le résultat doit être indépendant de α, car si l'on désigne par a un nombre réel, on aura

$$\int'^{v_0+a+1}_{v_0+a} = \int'^{v_0}_{v_0+a} + \int'^{v_0+1}_{v_0} + \int'^{v_0+a+1}_{v_0+1};$$

or les deux intégrales

$$\int'^{v_0+a}_{v_0} \quad \text{et} \quad \int'^{v_0+a+1}_{v_0+1}$$

sont égales, comme on le voit en changeant la variable d'intégration v en $v + 1$; on a donc

$$\int'^{v_0+a+1}_{v_0+a} = \int'^{v_0+1}_{v_0}.$$

Il nous suffira, pour ce qui suit, de supposer que α ne soit pas un nombre entier, et le résultat sera donc indépendant de cette supposition.

495. Soient m et n les nombres entiers déterminés par les conditions

$$m < \alpha < m + 1, \qquad n < \beta < n + 1;$$

posons en outre

$$\beta = n + \beta', \qquad w_0 = \alpha + \beta'\tau,$$

et considérons l'intégrale

$$\int \frac{\mathfrak{I}_1'(v)}{\mathfrak{I}_1(v)}\,dv$$

étendue au parallélogramme dont les côtés sont w_0, w_0+1, v_0+1, v_0. Deux côtés de ce parallélogramme sont parallèles à l'axe des quantités réelles, les deux autres sont parallèles à la direction qui va du point o au point τ; en le parcourant dans le sens qu'indique l'ordre de succession des sommets, on voit qu'on le décrit dans le sens direct ou dans le sens inverse, suivant que n est positif ou négatif; les zéros de la fonction $\mathfrak{S}_1(v)$ contenus à l'intérieur de ce parallélogramme sont d'ailleurs les points

$$m+1+\tau, \quad m+1+2\tau, \quad \ldots, \quad m+1+n\tau$$

dans le premier cas, les points

$$m+1, \quad m+1-\tau, \quad m+1-2\tau, \quad \ldots, \quad m+1+(n+1)\tau$$

dans le second; leur nombre est toujours égal à $|n|$; chacun d'eux est un pôle de la fonction $\frac{\mathfrak{S}'_1(v)}{\mathfrak{S}_1(v)}$, dont le résidu est 1; l'intégrale considérée est donc égale à $\pm 2|n|\pi i$, suivant que l'on a marché dans le sens direct ou dans le sens inverse : elle est, dans tous les cas, égale à $2n\pi i$. Elle peut d'ailleurs être regardée comme la somme algébrique des intégrales

$$\int'^{w_0+1}_{w_0} + \int'^{v_0+1}_{w_0+1} - \int'^{v_0+1}_{v_0} - \int'^{v_0}_{w_0};$$

mais la seconde et la quatrième de ces intégrales sont manifestement égales; on a donc

$$\int'^{w_0+1}_{w_0} \frac{\mathfrak{S}'_1(v)}{\mathfrak{S}_1(v)}\, dv - \int'^{v_0+1}_{v_0} \frac{\mathfrak{S}'_1(v)}{\mathfrak{S}_1(v)}\, dv = 2n\pi i,$$

et, par conséquent, comme w_0 est dans la région étudiée au n° **493** et que, le coefficient de i dans w_0 étant positif, la première intégrale est donc égale à $-\pi i$, on a

$$\text{(CXVII}_1\text{)} \qquad \int'^{v_0+1}_{v_0} \frac{\mathfrak{S}'_1(v)}{\mathfrak{S}_1(v)}\, dv = -(2n+1)\pi i.$$

496. Il est aisé d'en déduire la valeur de l'intégrale rectiligne

$$\int'^{v_0+\tau}_{v_0} \frac{\mathfrak{S}'_1(v)}{\mathfrak{S}_1(v)}\, dv,$$

où maintenant il est nécessaire de supposer que α n'est pas un nombre entier.

L'égalité

$$\frac{1}{\tau}\frac{\mathfrak{S}_1'\left(\frac{v}{\tau}\,\middle|\,-\frac{1}{\tau}\right)}{\mathfrak{S}_1\left(\frac{v}{\tau}\,\middle|\,-\frac{1}{\tau}\right)} = \frac{2i\pi v}{\tau} + \frac{\mathfrak{S}_1'(v\,|\,\tau)}{\mathfrak{S}_1(v\,|\,\tau)},$$

qui se déduit immédiatement de la formule (XLIII_5) donne, en effet,

$$\int_{v_0}^{'v_0+\tau}\frac{\mathfrak{S}_1'(v\,|\,\tau)}{\mathfrak{S}_1(v\,|\,\tau)}\,dv = -\pi i(2v_0+\tau) + \frac{1}{\tau}\int_{v_0}^{'v_0+\tau}\frac{\mathfrak{S}_1'\left(\frac{v}{\tau}\,\middle|\,-\frac{1}{\tau}\right)}{\mathfrak{S}_1\left(\frac{v}{\tau}\,\middle|\,-\frac{1}{\tau}\right)}\,dv,$$

et, en changeant la variable d'intégration v en $v\tau$, ce qui n'altère pas le caractère rectiligne de l'intégration,

$$\int_{v_0}^{'v_0+\tau}\frac{\mathfrak{S}_1'(v\,|\,\tau)}{\mathfrak{S}_1(v\,|\,\tau)}\,dv = -\pi i(2v_0+\tau) + \int_{\frac{v_0}{\tau}}^{'\frac{v_0}{\tau}+1}\frac{\mathfrak{S}_1'\left(v\,\middle|\,-\frac{1}{\tau}\right)}{\mathfrak{S}_1\left(v\,\middle|\,-\frac{1}{\tau}\right)}\,dv;$$

on a d'ailleurs

$$\frac{v_0}{\tau} = \beta - \alpha\left(\frac{-1}{\tau}\right), \qquad -m-1 < -\alpha < -m,$$

et, par conséquent, en appliquant le résultat précédemment obtenu,

$$(\mathrm{CXVII}_1) \qquad \int_{v_0}^{'v_0+\tau}\frac{\mathfrak{S}_1'(v)}{\mathfrak{S}_1(v)}\,dv = -\pi i(2v_0+\tau) + (2m+1)\pi i.$$

497. Si maintenant on se reporte à la formule (XXXIII_7)

$$\zeta u = \frac{\eta_1 u}{\omega_1} + \frac{1}{2\omega_1}\frac{\mathfrak{S}_1'(v)}{\mathfrak{S}_1(v)},$$

où $u = 2v\omega_1$, et si l'on remarque que, l'un des deux points u, v décrivant une droite, il en est de même de l'autre, on obtiendra immédiatement les conséquences suivantes :

Si l'on pose, en désignant par α, β des nombres réels,

$$u_0 = 2\alpha\omega_1 + 2\beta\omega_3,$$

et si l'on désigne par m et n des nombres entiers déterminés par les conditions

$$m < \alpha < m+1, \qquad n < \beta < n+1,$$

on aura

$$(\text{CXVII}_2) \qquad \left\{ \begin{aligned} &{\int'}_{u_0}^{u_0+2\omega_1} \zeta u\, du = 2\eta_1(u_0+\omega_1) - (2n+1)\pi i, \\ &{\int'}_{u_0}^{u_0+2\omega_3} \zeta u\, du = 2\eta_3(u_0+\omega_3) + (2m+1)\pi i. \end{aligned} \right.$$

Pour la première intégrale, on suppose seulement que β n'est pas entier, pour la seconde que α n'est pas entier.

498. Soient r, s deux nombres entiers premiers entre eux. Adjoignons-leur deux autres entiers r', s' tels que l'on ait

$$rs' - r's = 1,$$

et posons (XIX, XX)

$$\begin{aligned} \Omega_1 &= r\,\omega_1 + s\,\omega_3, & \text{H}_1 &= r\,\eta_1 + s\,\eta_3, \\ \Omega_3 &= r'\omega_1 + s'\omega_3, & \text{H}_3 &= r'\eta_1 + s'\eta_3. \end{aligned}$$

Appliquons les résultats précédents à la fonction

$$\zeta(u \mid \Omega_1, \Omega_3) = \zeta u;$$

nous aurons, en supposant toujours l'intégrale rectiligne,

$${\int'}_{u_0}^{u_0+2\Omega_1} \zeta u\, du = 2\text{H}_1(u_0+\Omega_1) - (2\text{N}+1)\pi i;$$

le nombre entier N est déterminé par les conditions

$$\text{N} < \beta r - \alpha s < \text{N}+1,$$

puisque l'on a

$$u_0 = 2\alpha\omega_1 + 2\beta\omega_3 = 2(\alpha s' - \beta r')\Omega_1 + 2(\beta r - \alpha s)\Omega_3.$$

On peut donc écrire, en supposant r, s premiers entre eux,

$${\int'}_{u_0}^{u_0+2r\omega_1+2s\omega_3} \zeta u\, du = 2(r\eta_1 + s\eta_3)(u_0 + r\omega_1 + s\omega_3) - (2\text{N}+1)\pi i.$$

En observant que la valeur de N ne change pas quand on remplace α par $\alpha + r$ et β par $\beta + s$, et en remplaçant successivement dans cette formule u_0 par $u_0+2r\omega_1+2s\omega_3$, $u_0+4r\omega_1+4s\omega_3, \ldots$, $u_0+2(\nu-1)(r\omega_1+s\omega_3)$ et ajoutant, on trouve

$$\text{(XXVII}_2\text{)} \qquad \int_{u_0}^{u_0+2\nu(r\omega_1+s\omega_3)} \zeta u\,du = 2\nu(r\eta_1+s\eta_3)(u_0+r\nu\omega_1+s\nu\omega_3)-\nu(2N+1)\pi i,$$

et, par conséquent, dans les mêmes conditions

$$\int_{v_0}^{v_0+\nu(r+s\tau)\,\prime} \frac{\mathfrak{S}_1'(v)}{\mathfrak{S}_1(v)}\,dv = -\nu\pi i\left\{2N+1+s[2v_0+\nu(r+s\tau)]\right\}.$$

En résumé, on a le moyen d'obtenir toutes les intégrales rectilignes de la forme

$$\int_{u_0}^{u_0+2r\omega_1+2s\omega_3\,\prime} \zeta u\,du, \qquad \int_{v_0}^{v_0+r+s\tau\,\prime} \frac{\mathfrak{S}_1'(v)}{\mathfrak{S}_1(v)}\,dv,$$

où r et s sont des entiers quelconques. Disons encore une fois que le segment de droite qui va de u_0 à $u_0+2r\omega_1+2s\omega_3$ ne doit contenir aucun pôle de ζu.

En prenant dans l'avant-dernière égalité $r=s=-1$, on obtient

$$\int_{u_0}^{u_0+2\omega_2\,\prime} \zeta u\,du = 2\eta_2(u_0+\omega_2)-(2\mu+1)\pi i,$$

où μ est un entier déterminé par la condition

$$\mu < \alpha-\beta < \mu+1,$$

et qui est évidemment égal à $m-n$ ou à $m-n-1$.

499. Les résultats qui précèdent permettent évidemment d'obtenir les intégrales rectilignes de la forme

$$\int_{u_0}^{u_0+2r\omega_1+2s\omega_3\,\prime} \varphi(u)\,du,$$

où $\varphi(u)$ est une fonction doublement périodique à périodes $2\omega_1$, $2\omega_3$ et où r, s sont des entiers quelconques.

Si, en effet, on décompose la fonction $\varphi(u)$ en éléments simples, on obtient une somme de termes de la forme

$$\frac{d^n\zeta(u-a)}{du^n}, \qquad \zeta(u-a),$$

multipliés par des constantes. Les termes de la première sorte s'intègrent immédiatement; la partie qu'ils fournissent, dans l'évaluation de l'intégrale envisagée, ne dépend que des limites et nullement du chemin d'intégration, puisque la fonction $\zeta(u-a)$ est univoque ainsi que ses dérivées; pour chaque pôle a, cette partie est nulle si n est plus grand que 1 et égale à $2r\eta_1 + 2s\eta_3$ si n est égal à 1. Les termes de la seconde sorte peuvent être évalués par ce qui précède : en posant $u_1 = u_0 - a$, on a

$$\int_{u_0}^{u_0+2r\omega_1+2s\omega_3}{}' \zeta(u-a)\,du = \int_{u_1}^{u_1+2r\omega_1+2s\omega_3}{}' \zeta u\,du.$$

500. Si, par exemple, on prend pour $\varphi(u)$ la fonction

$$\varphi(u) = \frac{1}{2}\frac{p'u + p'a}{pu - pa} = \zeta(u-a) - \zeta u + \zeta a,$$

où a est une constante qu'on peut supposer mise sous la forme $2\alpha'\omega_1 + 2\beta'\omega_3$, α', β' étant des nombres réels, on aura, en désignant par r, s des nombres premiers entre eux,

$$\int_{u_0}^{u_0+2(r\omega_1+s\omega_3)}{}' \varphi(u)\,du = -2(r\eta_1 + s\eta_3)a$$
$$+ 2(r\omega_1 + s\omega_3)\zeta a + 2(\mathrm{N} - \mathrm{N}')\pi i,$$

où N et N' sont des entiers déterminés sans ambiguïté par les conditions

$$\mathrm{N} < \beta r - \alpha s < \mathrm{N} + 1,$$
$$\mathrm{N}' < (\beta - \beta')r - (\alpha - \alpha')s < \mathrm{N}' + 1;$$

le cas où l'un des nombres $\beta r - \alpha s$, $(\beta - \beta')r - (\alpha - \alpha')s$ serait entier doit être exclu.

II. — Intégration le long d'un chemin quelconque. Cas général.

501. Lorsque l'on a à intégrer une fonction doublement périodique $\varphi(u)$ à périodes $2\omega_1$, $2\omega_3$ le long d'un chemin déterminé (C), allant d'un point u_0 à un point u_1, il faut d'abord, pour que la question ait un sens, que le chemin d'intégration ne passe par aucun pôle de $\varphi(u)$. Cette condition étant vérifiée, la marche générale consiste à décomposer la fonction $\varphi(u)$ en éléments simples; $\varphi(u)$ est alors une somme de termes de la forme

$$\frac{d\zeta^n(u-a)}{du^n}, \qquad \zeta(u-a)$$

multipliés par des constantes. Les termes de la première sorte s'intègrent immédiatement, et la partie qu'ils fournissent dans l'évaluation de l'intégrale envisagée ne dépend que des limites u_0 et u_1, et nullement du chemin d'intégration. Quant aux termes de la forme $\zeta(u-a)$, on les intègre en partant de ce que l'on a

$$\zeta(u-a) = \frac{d \log \sigma(u-a)}{du};$$

ils introduisent par intégration des termes de la forme

$$\log \sigma(u_1 - a) - \log \sigma(u_0 - a).$$

La valeur de cette différence n'est déterminée, pour des valeurs données de u_0, u_1, qu'à un multiple près de $2i\pi$, et ce multiple dépend essentiellement du chemin (C).

C'est la détermination de ce multiple d'après la nature du chemin (C) ou, si l'on veut, le choix des déterminations des logarithmes qui est l'objet de ce paragraphe.

502. La question ne se pose pas quand les invariants g_2, g_3 de la fonction σu sont réels, que le pôle a est réel et que le chemin d'intégration est l'axe des quantités réelles. On ne peut alors supposer que l'axe des quantités réelles contienne entre u_0 et u_1 un zéro de la fonction $\sigma(u-a)$, qui serait un pôle de la fonction $\varphi(u)$; il en résulte que les deux quantités $\sigma(u_0-a)$, $\sigma(u_1-a)$ sont de même signe, et la partie de l'intégrale qui provient du terme $\zeta(u-a)$ est alors

$$\text{(CXVII}_4\text{)} \qquad {\int_{u_0}^{u_1}}' \zeta(u-a)\,du = \log \frac{\sigma(u_1-a)}{\sigma(u_0-a)},$$

où la quantité dont on doit prendre le logarithme est positive et où le logarithme a sa détermination réelle.

La question ne se pose pas non plus lorsque les invariants étant toujours réels, le chemin d'intégration est une portion de l'axe des quantités purement imaginaires, et que le pôle est un point situé sur cet axe. Les relations d'homogénéité (VIII) donnent, en effet, les formules

$$\begin{aligned} \sigma(iu;\, g_2,\, g_3) &= i\sigma(u;\, g_2,\, -g_3),\\ \zeta(iu;\, g_2,\, g_3) &= -i\zeta(u;\, g_2,\, -g_3),\\ \wp(iu;\, g_2,\, g_3) &= -\,\wp(u;\, g_2,\, -g_3); \end{aligned}$$

mais si l'on considère un pôle d'affixe ia, et le chemin d'intégration rectiligne qui va du point iu_0 au point iu_1, a, u_0, u_1 étant réels, on ne peut supposer que ce chemin contienne un zéro de la fonction $\sigma[i(u-a);\, g_2,\, g_3]$; il en résulte que la fonction réelle $\sigma(u-a;\, g_2,\, -g_3)$ conserve le même signe quand u varie de u_0 à u. Dans ces conditions on aura

$$(\text{CXVII}_5)\quad \left\{\begin{aligned} &{\int'}_{iu_0}^{iu_1} \zeta[i(u-a);\, g_2,\, g_3]\, d(iu)\\ &\quad = {\int'}_{u_0}^{u_1} \zeta(u-a;\, g_2,\, -g_3)\, du = \log \frac{\sigma(u_1-a;\, g_2,\, -g_3)}{\sigma(u_0-a;\, g_2,\, -g_3)}, \end{aligned}\right.$$

en conservant au logarithme sa signification réelle.

503. Mais le problème posé ne peut être évité en général. Il est clair toutefois qu'il suffit de le résoudre pour la fonction ζu, puisque, en désignant par (C) un chemin quelconque et par (C′) ce que devient ce chemin (C) quand on lui fait subir une translation égale au segment de droite qui va du point o au point $-a$, on a

$$\int_{(\mathrm{C})} \zeta(u-a)\, du = \int_{(\mathrm{C}')} \zeta u\, du.$$

Il est clair aussi, en vertu de la formule (VI_3), que si l'on sait effectuer l'intégration pour un chemin (C′), on saura l'effectuer pour tout chemin (C) qui se déduit de (C′) par une translation égale au segment qui va du point o au point $2r\omega_1 + 2s\omega_3$, en désignant par r et s des entiers. En supposant, par exemple, que le chemin (C′) soit dans une région où $\log\sigma u$ ait été défini comme une fonction holomorphe, si l'on fait se correspondre les points u et u' par la formule

$$u = u' + 2r\omega_1 + 2s\omega_3,$$

on aura, en désignant par u'_0, u'_1 les points qui correspondent à u_0, u_1,

$$(\text{CXVII}_6) \quad \int_{u_0}^{u_1} \zeta u\, du = \log\sigma u'_1 - \log\sigma u'_0 + (2r\eta_1 + 2s\eta_3)(u'_1 - u'_0),$$

Or, si l'on considère les parallèles à la direction qui va du point o au point ω_1, menées par les points d'affixe $(2n+1)\omega_1$, où n désigne un entier positif ou négatif, ces parallèles sépareront le plan en bandes, dont chacune pourra, par des translations du genre de celles que l'on vient de définir, être amenée sur telle bande que l'on voudra, par exemple sur la bande (B_0) qui contient le point o, et dans laquelle $\log\sigma u$ est défini (nº 470) comme une fonction holomorphe, sauf toutefois sur la coupure que comporte cette bande. Or le chemin d'intégration, quel qu'il soit, se compose de parties dont chacune appartient à une seule bande et peut ainsi être ramenée, par translation, à être située dans (B_0). On pourra donc se borner à considérer des chemins d'intégration situés dans (B_0).

La même réduction s'effectue encore en appliquant le théorème de Cauchy (nº 352) : on peut, en effet, substituer au chemin (C) un chemin (C′) ayant les mêmes extrémités, tel qu'on puisse déformer le chemin (C) pour l'amener sur le chemin (C′) sans passer par aucun pôle de ζu. Le même théorème permet même de supposer qu'un ou plusieurs pôles de ζu se trouvent à l'intérieur de l'aire limitée par les chemins (C) et (C′) pourvu qu'on en tienne compte. Si le chemin (C) va de u_0 à u_1 on déterminera dans (B_0) deux points u'_0, u'_1 respectivement congrus à u_0, u_1 *modulis* $2\omega_1$, $2\omega_3$, et l'on substituera au chemin (C) le chemin (C′) composé du chemin rectiligne qui va de u_0 à u'_0, d'un chemin quelconque situé dans (B_0) allant de u'_0 à u'_1, et enfin du chemin rectiligne allant de u'_1 à u_1. Les intégrales rectilignes s'obtiendront par la formule (CXVII_2) et il ne restera plus qu'à effectuer l'intégration le long du chemin situé dans (B_0). Il va de soi qu'aucun pôle de ζu ne doit se trouver sur le chemin (C′). Il ne faudra pas oublier de tenir compte des pôles contenus entre (C) et (C′).

504. Quant à l'intégration le long du chemin situé dans (B_0), on pourra se servir, pour l'effectuer, de la définition de $\log\sigma u$

donnée au n° **470** et de la série trigonométrique. Mais il faudra faire attention à la coupure : on pourra toujours l'éviter en appliquant convenablement le dernier procédé; sinon, on devra morceler le chemin en parties qui ne la traversent pas et effectuer l'intégration le long de chaque partie de chemin, en se rappelant que les valeurs de $\log \sigma u$ ne sont pas les mêmes sur les deux bords. Nous aurons l'occasion d'appliquer cette remarque dans le prochain paragraphe.

505. Rappelons enfin la formule, déjà utilisée au n° **497**,

$$(\text{CXVII}_7) \qquad \int_{u_0}^{u_1} \zeta u\, du = \frac{\eta_1}{2\omega_1}(u_1^2 - u_0^2) + \int_{v_0}^{v_1} \frac{\mathfrak{S}_1'(v)}{\mathfrak{S}_1(v)}\, dv;$$

u est égale à $2\omega_1 v$ et les chemins d'intégration se correspondent; ils sont semblables (et même homothétiques quand $2\omega_1$ est réel); le centre de similitude (ou d'homothétie) est le point o. Cette formule montre qu'il suffit de traiter le problème qui nous occupe dans le cas où le signe $\int$ porte sur la quantité $\dfrac{\mathfrak{S}_1'(v)}{\mathfrak{S}_1(v)}$.

Quand on se donne la valeur de v, la valeur de $\mathfrak{S}_1(v)$ est donnée par une série très convergente, de sorte que l'on peut aisément calculer la valeur de $\log \mathfrak{S}_1(v)$ avec une très grande approximation, sauf toutefois un multiple de $2\pi i$, qui est entièrement inconnu. Pour déterminer ce multiple, il suffit de calculer directement $\log \mathfrak{S}_1(v)$ au moyen des formules (CVI_1, CV_2), avec une erreur moindre que π en valeur absolue, donc, avec une approximation assez grossière. Afin de savoir combien de termes il faut prendre dans le développement de $\log \mathfrak{S}_1(v)$, donné par la formule (CV_2), pour avoir la valeur de ce logarithme avec une erreur moindre que π en valeur absolue, nous allons évaluer une limite supérieure de la valeur absolue de la somme

$$\text{R}_n = \sum_{r=n}^{r=\infty} \frac{q^{2r}}{r(1-q^{2r})}(2\sin r\pi v)^2,$$

où l'on suppose $v = \alpha + \beta\tau$, $|\beta| \leqq \frac{1}{2}$.

On a

$$2i \sin r\pi v = e^{r\alpha\pi i} q^{r\beta} - e^{-r\alpha\pi i} q^{-r\beta},$$

et, par suite, h désignant la valeur absolue de q,

$$|2 \sin r\pi v| < h^{r\beta} + h^{-r\beta} < h^{\frac{r}{2}} + h^{-\frac{r}{2}},$$

la dernière inégalité résultant de ce que la fonction $x + x^{-1}$ de la variable positive x grandit lorsque x diminue et de ce que, si β est positif, $h^{\frac{r}{2}}$ est plus petit que $h^{r\beta}$. On aura donc

$$\left| \frac{q^{2r}}{r(1-q^{2r})}(2 \sin r\pi v)^2 \right| < \frac{h^{2r}}{r(1-h^{2r})}\left(h^{\frac{r}{2}} + h^{-\frac{r}{2}}\right)^2.$$

Le second membre de cette inégalité peut d'ailleurs s'écrire, en supposant $r \geqq n$,

$$\frac{h^r(1+h^r)}{r(1-h^r)} \leqq \frac{1+h^n}{1-h^n}\frac{h^r}{r}.$$

On en déduit, pour $n = 1$,

$$|R_1| < \frac{1+h}{1-h}\log\frac{1}{1-h}$$

et, pour $n > 1$,

$$|R_n| < \frac{1+h^n}{1-h^n}\left(\log\frac{1}{1-h} - \frac{h}{1} - \frac{h^2}{2} - \ldots - \frac{h^{n-1}}{n-1}\right).$$

Les seconds membres vont manifestement en grandissant avec h.

On trouve que $\frac{1+h}{1-h}\log\frac{1}{1-h}$ est plus petit que π pour $h = 0,57$. Si h est inférieur à cette limite, le calcul de la somme de la série qui figure dans la formule (CV_2) est inutile; or, on verra que dans les applications les calculs peuvent être dirigés de façon que h reste très au-dessous de cette limite.

Pour h égal ou inférieur à $0,78$ on trouve, de même, $|R_2| < \pi$ en sorte que, dans ce cas, il suffirait de calculer un terme de la série (CV_2).

On voit donc comment l'indétermination pourra toujours être facilement levée.

Il est bien clair que le même procédé s'applique aussi bien aux expressions de $\log \sigma_\alpha(u)$ ou de $\log \vartheta_{\alpha+1}(v)$, données par les formules (CVI_1, CV_2).

III. — Seconde méthode ne convenant qu'au cas normal.

506. Nous allons résoudre le même problème que dans le paragraphe précédent, en suivant une méthode toute différente, qui nous fournira des renseignements intéressants et utiles, concernant la fonction $\mathfrak{S}_1(v)$, mais qui ne convient qu'au cas où $\frac{\tau}{i}$ est un nombre réel et positif.

Nous établirons d'abord la proposition suivante [1] :

En supposant que $\frac{\tau}{i}$ soit réel et positif, la partie réelle et le coefficient de i, dans la fonction $\mathfrak{S}_1(\alpha + \beta\tau \mid \tau)$ où α, β désignent des variables réelles dont les valeurs absolues sont inférieures ou égales à $\frac{1}{2}$, sont respectivement du même signe que α et β.

Nous désignerons le point $\mathfrak{S}_1(v)$ comme l'*image* du point v ; si ce point v décrit une figure (F), le point $\mathfrak{S}_1(v)$ décrira une figure (F′) qui sera l'image de la figure (F). On sait que dans ce mode de correspondance (représentation conforme) les angles se conservent.

Nous allons déterminer les images R'_1, R'_2, R'_3, R'_4 des quatre rectangles R_1, R_2, R_3, R_4 dont les sommets successifs ont respectivement pour affixes

$$0,\quad \frac{1}{2},\quad \frac{1+\tau}{2},\quad \frac{\tau}{2};\qquad 0,\quad \frac{\tau}{2},\quad \frac{-1+\tau}{2},\quad -\frac{1}{2};$$

$$0,\quad -\frac{1}{2},\quad \frac{-1-\tau}{2},\quad -\frac{\tau}{2};\qquad 0,\quad -\frac{\tau}{2},\quad \frac{1-\tau}{2},\quad \frac{1}{2}.$$

Il suffit de faire cette étude pour le rectangle R_1, car si l'on pose, en général,

$$\mathfrak{S}_1(\alpha + \beta\tau) = A + Bi,$$

où A et B désignent des nombres réels, on aura

$$\mathfrak{S}_1(\alpha - \beta\tau) = A - Bi,$$

$$\mathfrak{S}_1(-\alpha - \beta\tau) = -A - Bi, \qquad \mathfrak{S}_1(-\alpha + \beta\tau) = -A + Bi,$$

puisque, d'une part, la fonction $\mathfrak{S}_1(v)$ prend des valeurs imaginaires conjuguées pour des valeurs imaginaires conjuguées de v

(1) *Voyez* SCHWARZ, *Formules*, etc., n° 51.

et que, d'autre part, cette fonction est impaire. Par conséquent, R'_1 et R'_2 seront symétriques par rapport à l'axe des quantités purement imaginaires; R'_1 et R'_3 seront symétriques par rapport au point o; R'_1 et R'_4 seront symétriques par rapport à l'axe des quantités réelles.

507. Tout revient donc à étudier l'image R'_1 du rectangle R_1. Supposons que le point v décrive ce rectangle dans le sens direct en partant du point o. Quand v croît par valeurs réelles de o à $\frac{1}{2}$, la fonction $\vartheta_1(v)$ est réelle et croît depuis o jusqu'à

$$\vartheta_1\left(\frac{1}{2}\right) = \vartheta_2(0) = 2q_0 q_1^2 q^{\frac{1}{4}},$$

ainsi qu'il résulte du n° 175 et des formules (XXXIV_4), (XXXVI_2); le point $\vartheta_1(v)$ décrit donc le segment de droite qui va [1] du point o au point $\vartheta_1\left(\frac{1}{2}\right)$. Supposons, maintenant, que le point v

Fig. 1.

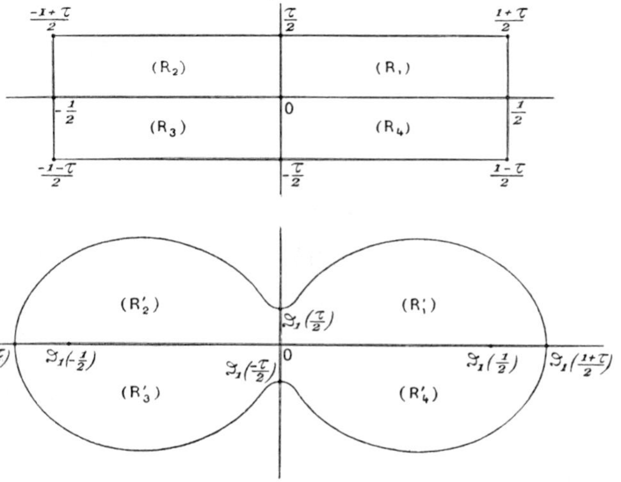

décrive le second côté du rectangle; nous ferons $v = \frac{1}{2} + \alpha\frac{\tau}{2}$, en

---

(1) Sur la figure, on a supposé $q = 0,8$ et l'*image* est réduite au *quart* des dimensions réelles qu'elle devrait avoir par rapport à celles des rectangles R_1, R_2, R_3, R_4.

supposant que la variable réelle α croisse de o à 1; $\mathfrak{S}_1\left(\frac{1}{2}+\alpha\frac{\tau}{2}\right)$ est alors égal à $\mathfrak{S}_2\left(\alpha\frac{\tau}{2}\right)$: c'est une quantité réelle, positive et croissante avec α, ainsi qu'il résulte immédiatement de la formule (XXXII$_2$) qui montre que la fonction $\mathfrak{S}_2(iv)$, où v est une variable positive, est une somme de termes positifs qui croissent tous avec v; lors donc que α croît de o à 1, la fonction $\mathfrak{S}_2\left(\alpha\frac{\tau}{2}\right)$ croît en restant réelle et positive de $\mathfrak{S}_2(0)$ à

$$\mathfrak{S}_2\left(\frac{\tau}{2}\right)=\mathfrak{S}_1\left(\frac{1+\tau}{2}\right)=q^{-\frac{1}{4}}\mathfrak{S}_3(0)=q^{-\frac{1}{4}}q_0q_2^2,$$

en sorte que, lorsque le point v décrit le second côté du rectangle, son image décrit le segment de l'axe des quantités réelles qui va du point $\mathfrak{S}_1\left(\frac{1}{2}\right)$ au point $\mathfrak{S}_1\left(\frac{1+\tau}{2}\right)$.

Tandis que le point v décrit les deux premiers côtés du rectangle qui se réunissent à angle droit au point $\frac{1}{2}$, son image décrit deux portions de droite qui sont dans le prolongement l'une de l'autre. Cette contradiction apparente avec le principe de la conservation des angles tient à ce que, au point $\frac{1}{2}$, la dérivée de la fonction $\mathfrak{S}_1(v)$ est nulle (XXXV$_2$).

Supposons, maintenant, que le point v décrive le troisième côté du rectangle, qui va du point $\frac{1+\tau}{2}$ au point $\frac{\tau}{2}$; on fera $v=\frac{\tau+1-\alpha}{2}$ et l'on fera croître la variable réelle α de o à 1; on aura alors

$$\mathfrak{S}_1(v)=\mathfrak{S}_1\left(\frac{1+\tau}{2}-\frac{\alpha}{2}\right)=q^{-\frac{1}{4}}\mathfrak{S}_3\left(\frac{\alpha}{2}\right)e^{\frac{i\pi\alpha}{2}}.$$

Lorsque α croît de o à 1, la fonction $\mathfrak{S}_3\left(\frac{\alpha}{2}\right)$ est réelle, positive et décroît (n° 175) depuis la valeur $\mathfrak{S}_3(0)=q_0q_2^2$ jusqu'à la valeur $\mathfrak{S}_4(0)=q_0q_3^2$; d'ailleurs, la valeur absolue de $\mathfrak{S}_1(v)$ est $q^{-\frac{1}{4}}\mathfrak{S}_3\left(\frac{\alpha}{2}\right)$; son argument est $\frac{\pi\alpha}{2}$; le point $\mathfrak{S}_1(v)$ décrit donc, dans les mêmes conditions, une portion de courbe représentée en coordonnées polaires ρ, ω, quand on prend l'origine pour pôle et l'axe des quantités réelles positives pour direction positive de l'axe polaire, par l'équation

$$\rho = q^{-\frac{1}{4}} \mathfrak{S}_3\left(\frac{\omega}{\pi}\right),$$

dans laquelle on devra faire varier ω de o à $\frac{\pi}{2}$. Cette courbe relie le point $\mathfrak{S}_1\left(\frac{1+\tau}{2}\right)$, situé sur l'axe des quantités réelles, au point $\mathfrak{S}_1\left(\frac{\tau}{2}\right)$, situé sur la partie supérieure de l'axe des quantités purement imaginaires; le rayon vecteur qui va du point o à un point de la courbe décroît à mesure qu'il tourne dans le sens positif ([1]).

Supposons, enfin, que le point v décrive le quatrième côté du rectangle qui va du point $\frac{\tau}{2}$ au point o. La fonction $\mathfrak{S}_1(v)$ est purement imaginaire; le point $\mathfrak{S}_1(v)$ ira donc, en restant sur l'axe des quantités purement imaginaires, du point $\mathfrak{S}_1\left(\frac{\tau}{2}\right)$ au point o; du reste, il est bien aisé de voir, en raisonnant comme au n° 175, que le coefficient de i dans $\mathfrak{S}_1(v)$, quand $\frac{v}{i}$ croît, par valeurs positives, de o à $\frac{\tau}{2i}$, est positif et croissant ([2]).

([1]) Cette courbe peut, suivant les cas, présenter ou non, un point d'inflexion.

([2]) Reprenons les notations du n° 175 et posons

$$v = iw, \qquad f(w) = \frac{1}{i}\mathfrak{S}_1(iw), \qquad f'(w) = \mathfrak{S}'_1(iw).$$

On déduira de l'égalité (XXXIII_7) la suivante :

$$\frac{d}{dw}\frac{f'(w)}{f(w)} = 4\omega_1^2\left[\wp(2\omega_1 iw) + \frac{\eta_1}{\omega_1}\right];$$

la fonction réelle $\wp(2\omega_1 iw)$ est égale à $-\infty$ pour $w = 0$; elle est croissante quand w croît par valeurs positives jusqu'à la valeur $w = \frac{\omega_3}{2\omega_1 i} = \frac{\tau}{2i}$ qui annule sa dérivée; pour cette valeur de w le second membre est égal à

$$4\omega_1^2\left(e_3 + \frac{\eta_1}{\omega_1}\right),$$

quantité négative (XXX_3); lors donc que w croît de o à $\frac{\tau}{2i}$ par valeurs positives, la fonction décroissante

$$\frac{f'(w)}{f(w)} = i\frac{\mathfrak{S}'_1(iw)}{\mathfrak{S}_1(iw)},$$

d'abord positive, se réduit, pour $w = \frac{\tau}{2i}$, à τ, comme il résulte de la formule

En vertu du principe de la conservation des angles, la ligne courbe, image du troisième côté du rectangle R_1, rencontre à angle droit les axes des quantités réelles et des quantités purement imaginaires sur lesquels sont situées les images des second et quatrième côtés de ce rectangle.

En résumé, quand le point v décrit le rectangle R_1 dans le sens direct, en partant du point o, son image décrit, aussi dans le sens direct, le contour R'_1 d'une aire limitée par le segment de l'axe des quantités positives qui va du point o au point $\mathfrak{S}_1\left(\frac{1+\tau}{2}\right)$ en passant par le point $\mathfrak{S}_1\left(\frac{1}{2}\right)$, par une portion de courbe qui rejoint le point $\mathfrak{S}_1\left(\frac{1+\tau}{2}\right)$ au point $\mathfrak{S}_1\left(\frac{1}{2}\right)$, enfin, par le segment de l'axe des quantités purement imaginaires qui va de ce dernier point au point o.

508. Nous allons montrer que l'aire (R_1), limitée par le rectangle R_1, a pour image l'aire (R'_1), limitée par le contour R'_1. A chaque point situé à l'intérieur de R_1 correspond évidemment un point et un seul situé à l'intérieur de R'_1. Inversement à chaque point a, situé à l'intérieur de R'_1, correspond un point et un seul v situé à l'intérieur de R_1; en d'autres termes, l'équation en v

$$\mathfrak{S}_1(v) - a = 0$$

admet une seule racine figurée par un point à l'intérieur du rectangle R_1. On sait, en effet, que si une fonction $f(v)$ est holomorphe à l'intérieur d'un contour (C), le nombre de zéros de $f(v)$ contenus à l'intérieur de ce contour (C) est égal au quotient par $2i\pi$ de l'intégrale de la fonction $d\log f(v)$, prise le long de (C) dans le sens direct, ou, ce qui revient au même, au quotient par 2π de la quantité dont s'augmente l'argument de $f(v)$, quand v décrit le contour (C) dans le sens direct. Mais, lorsque le point v décrit le contour R_1 dans le sens direct, le point $\mathfrak{S}_1(v)$ décrit

(XXXV$_4$); elle est donc toujours positive. Dans ce même intervalle la fonction $f(w)$ ne s'annule que pour $w=0$; elle est toujours positive pour $w=\frac{\tau}{i}$; la fonction $f'(w)$ est donc, elle aussi, toujours positive et la fonction $f(w)$ toujours croissante, ce qu'il fallait démontrer.

le contour R'_1 dans le sens direct et le segment de droite qui joint le point a au point $\mathfrak{S}_1(v)$ tourne autour du point a, dans le sens direct, d'un angle égal à 2π; l'argument de $\mathfrak{S}_1(v) - a$ augmente donc de 2π; donc le nombre de zéros de la fonction holomorphe $\mathfrak{S}_1(v) - a$, contenus à l'intérieur de R_1 est égal à 1.

De ce que (R'_1) est l'image de (R_1), il suit que la partie réelle et le coefficient de i dans la quantité $\mathfrak{S}_1(\alpha + \beta\tau)$, où α et β sont des nombres réels, compris entre o et $\frac{1}{2}$, sont positifs; on peut même ajouter que la partie réelle est inférieure à $\mathfrak{S}_1\left(\frac{1+\tau}{2}\right)$.

Des conclusions toutes semblables s'appliquent aux images R'_2, R'_3, R'_4 des rectangles R_2, R_3, R_4, images qui se déduisent toutes de R'_1 par symétrie. Les contours R'_2, R'_3, R'_4 limitent des aires (R'_2), (R'_3), (R'_4) qui sont les images des aires (R_2), (R_3), (R_4), limitées par les rectangles R_2, R_3, R_4. Quand le point v décrit dans le sens direct un des contours R_2, R_3, R_4, son image décrit le contour correspondant dans le sens direct.

509. Remarquons, enfin, que les quatre aires (R_1), (R_2), (R_3), (R_4) forment, dans leur ensemble, une aire (R), limitée par un rectangle R; cette aire a pour image l'aire (R'), ensemble des aires (R'_1), (R'_2), (R'_3), (R'_4), limitée par un contour simple R', formé par l'arc de courbe qui a été décrit plus haut et par des arcs symétriques.

Il est dès lors aisé, en pratiquant une coupure dans le rectangle (R), de définir dans ce rectangle $\log \mathfrak{S}_1(v)$ comme une fonction univoque, le coefficient de i, dans cette fonction, étant l'argument de $\mathfrak{S}_1(v)$.

Lorsque v est un point de (R), $\mathfrak{S}_1(v)$ est un point de (R'). L'argument de $\mathfrak{S}_1(v)$ peut être défini, sans ambiguïté, si l'on pratique dans (R') une coupure quelconque, allant du point o à un point de R' et ne se croisant pas elle-même; pour nous conformer aux habitudes, supposons que cette coupure soit pratiquée le long de l'axe des quantités négatives du point o au point $\mathfrak{S}_1\left(\frac{-1-\tau}{2}\right)$ en passant par le point $\mathfrak{S}_1\left(-\frac{1}{2}\right)$; le segment de droite qui va du point o au point $\mathfrak{S}_1\left(-\frac{1}{2}\right)$ est l'image simple du segment de droite qui va du point o au point $-\frac{1}{2}$ dans le rectangle (R), le segment de droite qui va du point $\mathfrak{S}_1\left(-\frac{1}{2}\right)$ au point $\mathfrak{S}_1\left(\frac{-1-\tau}{2}\right)$ est à la fois l'image du segment qui va du point $-\frac{1}{2}$ au point $\frac{-1+\tau}{2}$ et du segment qui va du point $-\frac{1}{2}$ au point $\frac{-1-\tau}{2}$. On regardera la coupure totale comme ayant deux bords, un bord supérieur sur lequel l'argument de $\mathfrak{S}_1(v)$ est π, un bord inférieur sur lequel cet argument est $-\pi$. Pour les points $\mathfrak{S}_1(v)$ de (R′) qui ne sont pas sur la coupure, l'argument de $\mathfrak{S}_1(v)$ est compris entre $-\pi$ et $+\pi$. Pratiquons, de même, dans (R) une coupure rectiligne allant de o à $-\frac{1}{2}$ et désignons par (R_0) la figure ainsi modifiée, dont le contour est formé par la droite qui va du point o au point $-\frac{1}{2}$ (bord supérieur de la coupure), les droites qui vont successivement du point $-\frac{1}{2}$ au point $\frac{-1+\tau}{2}$, de ce point au point $\frac{1+\tau}{2}$, de ce point au point $\frac{1-\tau}{2}$, de ce point au point $\frac{-1-\tau}{2}$, de ce point au point $-\frac{1}{2}$ et de ce point au point o (bord inférieur de la coupure). Le contour de (R_0) est simple; la fonction $\log \mathfrak{S}_1(v)$ définie comme étant la *valeur principale* du logarithme de $\mathfrak{S}_1(v)$ est régulière en tout point v situé à l'intérieur de (R_0). Sur le bord supérieur de la coupure et sur le segment qui va de $-\frac{1}{2}$ à $\frac{-1+\tau}{2}$ le coefficient de i dans $\log \mathfrak{S}_1(v)$ est π; il est $-\pi$ sur le bord inférieur de la coupure et sur le segment qui va de $-\frac{1}{2}$ à $\frac{-1-\tau}{2}$. La fonction $\log \mathfrak{S}_1(v)$ est définie sans ambiguïté pour tous les points de (R_0) et de son contour, sauf au point o, à condition de distinguer les deux bords de la coupure.

510. Si l'on désigne par v_0 et v_1 deux points intérieurs à (R_0) et si l'on imagine un chemin allant de v_0 à v_1 et dont tous les points soient intérieurs à R_0, on aura le long de ce chemin

$$\int_{v_0}^{v_1} \frac{\mathfrak{S}_1'(v)}{\mathfrak{S}_1(v)}\,dv = \log \mathfrak{S}_1(v_1) - \log \mathfrak{S}_1(v_0),$$

où nous adopterons pour $\log \mathfrak{I}_1(v)$ la définition précédemment fixée. Cette égalité subsiste lorsque l'un des points v_0, v_1 vient sur le contour de (R_0) et même sur la coupure, mais il importe de distinguer sur quel bord on se trouve; il suffit pour cela de considérer les points infiniment voisins de v_0, v_1 sur le chemin d'intégration. Elle subsiste encore si les deux points v_0, v_1 sont sur la coupure et si l'intégrale est rectiligne; on peut, dans ce cas, se placer indifféremment sur un bord ou sur l'autre, mais il est indispensable de regarder les deux points v_0, v_1 comme placés sur le même bord.

511. Supposons maintenant que, en allant de v_0 à v_1 par le chemin d'intégration, on reste toujours dans le rectangle (R), mais qu'on soit obligé de traverser la coupure au point v', par exemple, en passant de bas en haut. Nous distinguerons les points v'_1, v'_2 de même affixe que v' et situés l'un sur le bord inférieur, l'autre sur le bord supérieur. On aura alors

$$\int_{v_0}^{v_1} = \int_{v_0}^{v'_1} + \int_{v'_2}^{v_1},$$

où il est entendu que les intégrales portent sur la même quantité $\dfrac{\mathfrak{I}'_1(v)}{\mathfrak{I}_1(v)}$ et que les intégrales du second membre sont respectivement étendues aux deux portions du chemin d'intégration qui vont de v_0 à v'_1, de v'_2 à v_1, lesquelles ne traversent plus la coupure. De cette égalité et de ce que $\log \mathfrak{I}_1(v'_1)$, $\log \mathfrak{I}_1(v'_2)$ ont même partie réelle, tandis que leurs parties imaginaires sont respectivement égales à $-\pi i$ et $+\pi i$, on déduit

$$\begin{aligned}\int_{v_0}^{v_1} \frac{\mathfrak{I}'_1(v)}{\mathfrak{I}_1(v)}\,dv &= \log \mathfrak{I}_1(v'_1) - \log \mathfrak{I}_1(v_0) + \log \mathfrak{I}_1(v_1) - \log \mathfrak{I}_1(v'_2)\\ &= \log \mathfrak{I}_1(v_1) - \log \mathfrak{I}_1(v_0) - 2\pi i.\end{aligned}$$

D'une façon générale, en supposant que le chemin d'intégration ne sorte pas du rectangle (R), on aura

$$(\text{CXVIII}_1) \qquad \int_{v_0}^{v_1} \frac{\mathfrak{I}'_1(v)}{\mathfrak{I}_1(v)}\,dv = \log \mathfrak{I}_1(v_1) - \log \mathfrak{I}_1(v_0) + 2\text{N}\pi i,$$

en adoptant pour les logarithmes leurs déterminations principales et en désignant par N un nombre entier que l'on obtient en ajoutant autant d'unités positives que le chemin d'intégration traverse de fois la coupure en allant de haut en bas, et autant d'unités négatives que le chemin d'intégration traverse de fois la coupure en allant de bas en haut.

512. Considérons, par exemple, l'intégrale rectiligne

$$\int_{v_0}^{v_0+1}{}' \frac{\mathfrak{I}_1'(v)}{\mathfrak{I}_1(v)}\,dv,$$

où v_0 est un point du segment de droite qui va du point $\frac{-1-\tau}{2}$ au point $\frac{-1+\tau}{2}$, à l'exclusion du seul point $-\frac{1}{2}$. Le chemin d'intégration ne traversant pas la coupure, on aura

$$\int_{v_0}^{v_0+1}{}' \frac{\mathfrak{I}_1'(v)}{\mathfrak{I}_1(v)}\,dv = \log\mathfrak{I}_1(v_0+1) - \log\mathfrak{I}_1(v_0);$$

les deux nombres $\mathfrak{I}_1(v_0+1)$, $\mathfrak{I}_1(v_0)$ sont réels, égaux et de signes contraires; suivant que le coefficient de i dans v_0 est positif ou négatif, c'est-à-dire suivant que le point v_0 est situé sur l'un ou l'autre des segments qui vont du point $-\frac{1}{2}$ aux points $\frac{-1+\tau}{2}$, $\frac{-1-\tau}{2}$, l'argument de $\mathfrak{I}_1(v_0)$ est $+\pi$ ou $-\pi$; d'ailleurs l'argument du nombre positif $\mathfrak{I}_1(v_0+1)$ est nul; on aura donc, suivant que le coefficient de i dans v_0 est positif ou négatif,

$$\text{(CXVIII}_2\text{)} \qquad \int_{v_0}^{v_0+1}{}' \frac{\mathfrak{I}_1'(v)}{\mathfrak{I}_1(v)}\,dv = \mp\pi i.$$

513. Les deux résultats contenus dans la dernière formule peuvent être reliés l'un à l'autre par le théorème de Cauchy qui permet plus généralement de déduire toutes les intégrales de la forme $\int_{v_0}^{v_0+1}{}' \frac{\mathfrak{I}_1'(v)}{\mathfrak{I}_1(v)}\,dv$ de l'une d'entre elles.

Soient, en effet, v_0, w_0 deux points quelconques tels que les parallèles à l'axe des quantités réelles menées par ces points, et le segment de droite joignant ces deux points ne contiennent aucun zéro de la fonction $\mathfrak{I}_1(v)$. Soit v_0 celui des deux points situés le plus bas ; considérons alors le parallélogramme dont les sommets sont v_0, v_0+1, w_0+1, w_0 ; en parcourant ce parallélogramme, de manière à rencontrer les sommets dans l'ordre indiqué, on le parcourra dans le sens direct. Si A est un point quelconque du segment qui joint les points v_0, w_0 ; si B est le point d'intersection du segment qui joint les points v_0+1, w_0+1 et de la parallèle à l'axe des quantités réelles menée par A, la fonction $\dfrac{\mathfrak{S}'_1(v)}{\mathfrak{S}_1(v)}$ prend les mêmes valeurs en A et en B ; il résulte de là que l'intégrale $\int \dfrac{\mathfrak{S}'_1(v)}{\mathfrak{S}_1(v)}\,dv$, étendue au périmètre du parallélogramme, est égale à la différence des intégrales rectilignes

$$\int'^{v_0+1}_{v_0} \frac{\mathfrak{S}'_1(v)}{\mathfrak{S}_1(v)}\,dv - \int'^{w_0+1}_{w_0} \frac{\mathfrak{S}'_1(v)}{\mathfrak{S}_1(v)}\,dv.$$

D'un autre côté, l'intégrale étendue au parallélogramme est égale à $2i\pi$ multiplié par la somme des résidus de la fonction $\dfrac{\mathfrak{S}'_1(v)}{\mathfrak{S}_1(v)}$ relatifs aux pôles de cette fonction situés à l'intérieur du parallélogramme, c'est-à-dire par le nombre de zéros de la fonction $\mathfrak{S}_1(v)$ situés à l'intérieur du parallélogramme, nombre qui est évidemment égal au nombre n de zéros de la même fonction situés sur l'axe des quantités purement imaginaires entre les deux parallèles à l'axe des quantités réelles menées par les points v_0, w_0. En appliquant l'égalité ainsi obtenue,

$$\int'^{w_0+1}_{w_0} \frac{\mathfrak{S}'_1(v)}{\mathfrak{S}_1(v)}\,dv = \int'^{v_0+1}_{v_0} \frac{\mathfrak{S}'_1(v)}{\mathfrak{S}_1(v)}\,dv - 2i\pi n,$$

au cas où v_0 est un point quelconque du côté du rectangle (R) qui joint les deux points $-\frac{1}{2}+\frac{\tau}{2}$, $-\frac{1}{2}-\frac{\tau}{2}$, autre que le point $-\frac{1}{2}$, et en tenant compte du résultat du n° 512 relatif à la valeur de l'intégrale du second membre pour ce choix de v_0, on obtient aisément le théorème suivant qui comprend celui du n° 512, comme cas particulier :

Si l'on a

$$w_0 = \alpha + \beta\tau,$$

en désignant par α et β des nombres réels, dont le second n'est pas entier, et si l'on détermine l'entier n par la condition

$$n < \beta < n + 1,$$

on aura (1)

$$\text{(CXVIII}_3\text{)} \qquad {\int_{w_0}^{w_0+1}}' \frac{\mathfrak{S}_1'(v)}{\mathfrak{S}_1(v)}\,dv = -(2n+1)\pi i.$$

514. Considérons encore l'intégrale rectiligne

$${\int_{v_0}^{v_0+\tau}}' \frac{\mathfrak{S}_1'(v)}{\mathfrak{S}_1(v)}\,dv,$$

où v_0 est un point situé sur le côté inférieur du rectangle R qui va du point $\frac{-1-\tau}{2}$ au point $\frac{1-\tau}{2}$.

Supposons d'abord que la partie réelle de v_0, que nous désignerons par α, soit positive; le chemin d'intégration ne rencontrant alors pas la coupure, on aura

$${\int_{v_0}^{v_0+\tau}}' \frac{\mathfrak{S}_1'(v)}{\mathfrak{S}_1(v)}\,dv = \log \mathfrak{S}_1(v_0+\tau) - \log \mathfrak{S}_1(v_0).$$

Le second membre est l'une des déterminations du logarithme de

$$\frac{\mathfrak{S}_1(v_0+\tau)}{\mathfrak{S}_1(v_0)} = e^{-2i\pi v_0 + i\pi - i\pi\tau};$$

il est donc égal à la quantité

$$-2i\pi\left(\alpha - \frac{\tau}{2}\right) + i\pi - i\pi\tau = i\pi(1-2\alpha)$$

augmentée d'un certain nombre entier de fois $2i\pi$. D'ailleurs, l'argument de $\mathfrak{S}_1(v_0)$ est compris entre o et $-\frac{\pi}{2}$; l'argument de $\mathfrak{S}_1(v_0+\tau)$, égal et de signe contraire au précédent, est compris

(1) C'est à M. Hermite que l'on doit la détermination des intégrales de ce type et du type suivant. (*Voir* la Note insérée dans le tome II du *Calcul différentiel et intégral* de J.-A. Serret, p. 837.) Il est à peine utile de faire observer que les déterminations obtenues dans les nos 512-516 sont contenues comme cas particulier dans la formule générale donnée dans le précédent paragraphe.

entre o et $\frac{\pi}{2}$; le coefficient de i dans $\log \mathfrak{S}_1(v_0+\tau) - \log \mathfrak{S}_1(v_0)$ est donc positif et compris entre o et π; c'est donc $\pi(1-2\alpha)$.

Si, au contraire, la partie réelle de v_0, que nous continuerons de désigner par α, est négative, le chemin d'intégration rencontre la coupure au point α en allant de bas en haut, et l'on aura

$$\int'_{v_0}^{v_0+\tau} \frac{\mathfrak{S}'_1(v)}{\mathfrak{S}_1(v)}\, dv = \log \mathfrak{S}_1(v_0+\tau) - \log \mathfrak{S}_1(v_0) - 2i\pi.$$

Dans ce cas encore, $\log \mathfrak{S}_1(v_0+\tau) - \log \mathfrak{S}_1(v_0)$ est égal à $i\pi(1-2\alpha)$ augmenté d'un certain nombre de fois $2i\pi$; d'ailleurs l'argument de $\mathfrak{S}_1(v_0)$ est compris entre $-\frac{\pi}{2}$ et $-\pi$, et celui de $\mathfrak{S}_1(v_0+\tau)$ est compris entre $\frac{\pi}{2}$ et π; le coefficient de i dans la différence des logarithmes est compris entre π et 2π; c'est donc encore $\pi(1-2\alpha)$ et l'on a, par conséquent, suivant que α est positif ou négatif,

$$\text{(CXVIII}_4\text{)} \qquad \int'_{v_0}^{v_0+\tau} \frac{\mathfrak{S}'_1(v)}{\mathfrak{S}_1(v)}\, dv = i\pi(\pm 1 - 2\alpha).$$

On a, en particulier,

$$\int'_{\frac{-1-\tau}{2}}^{\frac{-1+\tau}{2}} \frac{\mathfrak{S}'_1(v)}{\mathfrak{S}_1(v)}\, dv = \int'_{\frac{1-\tau}{2}}^{\frac{1+\tau}{2}} \frac{\mathfrak{S}'_1(v)}{\mathfrak{S}_1(v)}\, dv = 0.$$

515. Supposons maintenant qu'on ait à effectuer l'intégrale $\int \frac{\mathfrak{S}'_1(v)}{\mathfrak{S}_1(v)}\, dv$ suivant un chemin quelconque donné (C).

Imaginons le plan recouvert d'un réseau de rectangles, tous égaux au rectangle R. Le chemin d'intégration se décomposera en parties dont chacune appartiendra à l'un de ces rectangles, et il est clair qu'il suffit, pour savoir calculer l'intégrale totale, de savoir la calculer pour l'une quelconque de ces parties, c'est-à-dire pour un chemin contenu tout entier à l'intérieur d'un certain rectangle R_k du réseau; mais comme on peut faire correspondre les points des rectangles (R_k), (R) par une relation de la forme $v' = v + m + n\tau$, où m et n sont des entiers, on pourra ramener toutes les parties du chemin d'intégration à être contenues dans R.

516. Considérons, par exemple, l'intégrale rectiligne

$$\int'_{v_0}^{v_0+\tau} \frac{\mathfrak{I}'_1(v)}{\mathfrak{I}_1(v)}\,dv,$$

où v_0 est maintenant un point quelconque, tel toutefois que la partie réelle de v_0 ne soit pas un nombre entier, afin que la droite qui passe par les points v_0, $v_0+\tau$ ne contienne aucun zéro de $\mathfrak{I}_1(v)$. La position de cette droite, qui est limitée aux points v_0 et $v_0+\tau$, empiète en général sur deux rectangles du réseau.

Posons $v_0 = m + n\tau + \alpha + \beta\tau$, en désignant par m, n, α, β des nombres réels dont les deux premiers sont entiers, et dont les deux autres vérifient les conditions

$$\alpha \gtrless 0, \quad -\frac{1}{2} < \alpha \leqq \frac{1}{2}, \quad -\frac{1}{2} \leqq \beta < \frac{1}{2}.$$

On aura, en entendant que le signe d'intégration porte toujours sur la même quantité $\dfrac{\mathfrak{I}'_1(v)}{\mathfrak{I}_1(v)}$,

$$\int'_{m+n\tau+\alpha+\beta\tau}^{m+(n+1)\tau+\alpha+\beta\tau} = \int'_{m+n\tau+\alpha+\beta\tau}^{m+n\tau+\alpha+\frac{\tau}{2}} + \int'_{m+n\tau+\alpha+\frac{\tau}{2}}^{m+(n+1)\tau+\alpha+\beta\tau};$$

remplaçons, dans les intégrales du second membre, la variable d'intégration v par $m+n\tau+w$ pour la première, et par $m+(n+1)\tau+w$ pour la seconde. Le second membre deviendra

$$\int'_{\alpha+\beta\tau}^{\alpha+\frac{\tau}{2}} \left[-2n\pi i + \frac{\mathfrak{I}'_1(w)}{\mathfrak{I}_1(w)}\right] dw + \int'_{\alpha-\frac{\tau}{2}}^{\alpha+\beta\tau} \left[-2(n+1)\pi i + \frac{\mathfrak{I}'_1(w)}{\mathfrak{I}_1(w)}\right] dw$$

$$= \int'_{\alpha-\frac{\tau}{2}}^{\alpha+\frac{\tau}{2}} \frac{\mathfrak{I}'_1(w)}{\mathfrak{I}_1(w)}\,dw - 2\left(n+\beta+\frac{1}{2}\right) i\pi\tau.$$

L'intégrale qui figure encore dans le second membre de cette équation a été calculée au n° **514**; elle est égale à $-2\alpha\pi i \pm \pi i$, en prenant le signe $+$ ou le signe $-$ suivant que α est positif ou négatif; on en conclut

$$(\text{CXVIII}_5) \qquad \int'_{v_0}^{v_0+\tau} \frac{\mathfrak{I}'_1(v)}{\mathfrak{I}_1(v)}\,dv = -2i\pi\left(v_0 - m + \frac{\tau}{2} \mp \frac{1}{2}\right).$$

On déduira de là, en désignant par r un entier positif,

$$\text{(CXVIII}_6\text{)}\qquad {\int'}_{v_0}^{v_0+r\tau} \frac{\mathfrak{I}'_1(v)}{\mathfrak{I}_1(v)}\,dv = -2ri\pi\left(v_0 - m + \frac{r\tau}{2} \mp \frac{1}{2}\right).$$

Dans ces deux formules, on doit prendre le signe supérieur ou le signe inférieur suivant que la partie réelle de $v_0 - m$ est positive ou négative.

517. Considérons enfin les intégrales rectilignes du type assez fréquent dans les applications

$${\int'}_{\alpha-\beta\tau}^{\alpha+\beta\tau} \frac{\mathfrak{I}'_1(v)}{\mathfrak{I}_1(v)}\,dv,$$

où α et β sont des nombres réels dont le premier n'est pas entier. Une telle intégrale est un nombre purement imaginaire ; elle est, en effet, le produit par τ de l'intégrale

$${\int'}_{0}^{\beta} \left[\frac{\mathfrak{I}'_1(\alpha+x\tau)}{\mathfrak{I}_1(\alpha+x\tau)} + \frac{\mathfrak{I}'_1(\alpha-x\tau)}{\mathfrak{I}_1(\alpha-x\tau)}\right] dx,$$

où la variable d'intégration x est réelle, et dont tous les éléments sont réels, puisque les nombres $\alpha + x\tau$, $\alpha - x\tau$ sont des imaginaires conjuguées.

Supposons, ce qui est toujours permis, que β soit positif, et déterminons deux entiers m, n tels que si l'on pose

$$\alpha = m + \alpha', \qquad \beta = n + \beta',$$

on ait

$$\alpha' \gtrless 0, \qquad -\frac{1}{2} < \alpha' \leqq \frac{1}{2}, \qquad -\frac{1}{2} < \beta' \leqq \frac{1}{2}.$$

On observera tout d'abord que la fonction $\dfrac{\mathfrak{I}'_1(v)}{\mathfrak{I}_1(v)}$ ne changeant pas quand on change v en $v + m$, on a

$${\int'}_{\alpha-\beta\tau}^{\alpha+\beta\tau} \frac{\mathfrak{I}'_1(v)}{\mathfrak{I}_1(v)}\,dv = {\int'}_{\alpha'-\beta\tau}^{\alpha'+\beta\tau} \frac{\mathfrak{I}'_1(v)}{\mathfrak{I}_1(v)}\,dv;$$

on a d'ailleurs

$${\int'}_{\alpha'-\beta\tau}^{\alpha'+\beta\tau} = {\int'}_{\alpha'-\beta'\tau-n\tau}^{\alpha'-\beta'\tau} + {\int'}_{\alpha'-\beta'\tau}^{\alpha'+\beta'\tau} + {\int'}_{\alpha'+\beta'\tau}^{\alpha'+\beta'\tau+n\tau},$$

toutes les intégrales portant sur la même quantité $\frac{\mathfrak{I}'_1(v)}{\mathfrak{I}_1(v)}$. On en conclut, en appliquant les résultats précédemment obtenus,

$$(\text{CXVIII}_7)\qquad \int_{\alpha-\beta\tau}^{\alpha+\beta\tau}\frac{\mathfrak{I}'_1(v)}{\mathfrak{I}_1(v)}\,dv = \int_{\alpha'-\beta'\tau}^{\alpha'+\beta'\tau}\frac{\mathfrak{I}'_1(v)}{\mathfrak{I}_1(v)}\,dv - 2ni\pi(2\alpha'\mp 1),$$

où l'on doit prendre le signe supérieur ou le signe inférieur, suivant que α' est positif ou négatif. Quant à l'intégrale qui subsiste dans le second membre, il est aisé de reconnaître qu'elle est égale à la détermination principale de $\log\frac{\mathfrak{I}_1(\alpha'+\beta'\tau)}{\mathfrak{I}_1(\alpha'-\beta'\tau)}$: la partie réelle est nulle ; le coefficient de i, compris entre $-\pi$ et $+\pi$ est positif si α' et β' sont de même signe, négatif dans le cas contraire, nul pour les valeurs particulières $\alpha' = \pm\frac{1}{2}$.

INVERSION.

CHAPITRE VII.

ON DONNE k^2 OU g_2, g_3; TROUVER τ OU ω_1, ω_3.

I. — Le problème posé admet une solution et de cette solution on peut déduire toutes les autres.

518. Dans ce qui précède on a toujours regardé les nombres ω_1, ω_3 comme donnés : sur ces deux nombres on a supposé seulement que le coefficient de i dans le rapport $\tau = \frac{\omega_3}{\omega_1}$ est différent de zéro, et même positif toutes les fois qu'interviennent les fonctions $\mathfrak{S}$. C'est avec ces nombres ω_1, ω_3 que nous avons construit toutes les quantités ou fonctions que représentent les symboles g_2, g_3, $\sigma(u|\omega_1, \omega_3)$, $\zeta(u|\omega_1, \omega_3)$, $\wp(u|\omega_1, \omega_3)$, e_1, e_2, e_3, η_1, η_2, η_3, $\sqrt{e_1 - e_3}$. . . . ; c'est avec leur rapport τ que se construisent les quantités et les fonctions q, k, k', $\mathfrak{S}(v)$, K, K$'$, sn u, . . ., qui sont toutes déterminées sans ambiguïté.

Il y aura lieu souvent, dans ce qui suit, de mettre en évidence les nombres ω_1, ω_3, τ. Nous écrirons alors $g_2(\omega_1, \omega_3)$, $g_3(\omega_1, \omega_3)$, $k(\tau)$, $k'(\tau)$, $\sqrt{k(\tau)}$, $\sqrt{k'(\tau)}$, K(τ), K$'(\tau)$, au lieu de g_2, g_3, k, k', $\sqrt{k}$, $\sqrt{k'}$, K, K$'$. Nous continuerons à écrire $\mathfrak{S}(v|\tau)$ au lieu de $\mathfrak{S}(v)$ et nous écrirons aussi, dans le présent Chapitre, $\text{sn}(u|\tau)$, $\text{cn}(u|\tau)$, $\text{dn}(u|\tau)$, pour désigner les fonctions de u et de τ définies par les relations ($\text{LXXI}_{3,6,7,8}$, $\text{XXXVII}_{1,2}$), au lieu de $\text{sn}(u, k)$, $\text{cn}(u, k)$, $\text{dn}(u, k)$, notation que, afin de nous conformer à l'usage, nous avons introduite au n° **301**.

Dans les problèmes qui dépendent des fonctions elliptiques ce n'est cependant pas les nombres ω_1, ω_3 ou τ qui sont immédiatement donnés. La solution de ces problèmes se ramène à l'intégration de l'équation différentielle

$$\left(\frac{dy}{du}\right)^2 = 4y^3 - \gamma_2 y - \gamma_3,$$

où u désigne la variable, y la fonction inconnue et γ_2, γ_3 des *nombres donnés,* tels que l'équation $4y^3 - \gamma_2 y - \gamma_3 = 0$ n'ait pas de racines égales.

On obtiendra une solution de cette équation si l'on connaît deux nombres ω_1, ω_3 à rapport imaginaire, tels que les quantités $g_2(\omega_1, \omega_3)$, $g_3(\omega_1, \omega_3)$, définies par les séries (IV_5)

$$g_2(\omega_1, \omega_3) = 60 \sum_{(m,n)}^{(')} \frac{1}{(2m\omega_1 + 2n\omega_3)^4},$$

$$g_3(\omega_1, \omega_3) = 140 \sum_{(m,n)}^{(')} \frac{1}{(2m\omega_1 + 2n\omega_3)^6},$$

aient les valeurs données γ_2, γ_3. Cette solution sera la fonction $\wp(u|\omega_1, \omega_3)$ formée au moyen de la variable u et des nombres ω_1, ω_3 comme il a été expliqué aux n°s 86-88; on a, en effet, démontré au n° 98 qu'une telle fonction vérifie l'équation différentielle

$$\left(\frac{dy}{du}\right)^2 = 4y^3 - g_2(\omega_1, \omega_3)y - g_3(\omega_1, \omega_3),$$

et $g_2(\omega_1, \omega_3)$, $g_3(\omega_1, \omega_3)$ sont respectivement égaux à γ_2, γ_3.

Les mêmes problèmes dépendent, si l'on veut, de l'intégration de l'équation différentielle

$$\left(\frac{dy}{du}\right)^2 = (1 - y^2)(1 - \varkappa y^2),$$

où $\varkappa$ est un nombre donné différant de 0 et de 1. On obtiendra une solution de cette équation si l'on connaît un nombre imaginaire τ, dans lequel le coefficient de i soit positif, et tel que la quantité $k^2(\tau)$, définie par la formule (XXXVII_1)

$$k^2(\tau) = \frac{2q^{\frac{1}{4}} + 2q^{\frac{9}{4}} + 2q^{\frac{25}{4}} + \ldots}{1 + 2q + 2q^4 + \ldots}, \qquad q^{\frac{1}{4}} = e^{\frac{\tau\pi i}{4}},$$

ait la valeur donnée $\varkappa$. Cette solution sera la fonction $\operatorname{sn}(u|\tau)$ formée au moyen de la variable u et du nombre τ de la manière suivante : on construit d'abord (XXXII) les fonctions $\mathfrak{S}(v|\tau)$ de la variable indépendante v et de τ; on forme ensuite ($\text{XXXVII}_{1,2}$, LXXI_3) les quantités

$$\sqrt{k(\tau)} = \frac{\mathfrak{S}_2(0|\tau)}{\mathfrak{S}_3(0|\tau)}, \qquad \mathrm{K}(\tau) = \frac{\pi}{2}\mathfrak{S}_3^2(0|\tau),$$

et l'on pose enfin (LXXI_6)

$$\operatorname{sn}(u|\tau) = \frac{1}{\sqrt{k(\tau)}}\,\frac{\mathfrak{S}_1\left(\dfrac{u}{2\mathrm{K}}\middle|\tau\right)}{\mathfrak{S}_4\left(\dfrac{u}{2\mathrm{K}}\middle|\tau\right)}.$$

En effet, d'après ce que l'on a vu aux n^{os} **301-306**, la fonction de u ainsi formée, qui est identique à la fonction $\operatorname{sn}(u, k)$ définie au n° **301**, doit vérifier l'équation différentielle (LXX_1)

$$\left(\frac{dy}{du}\right)^2 = (1-y^2)[1-k^2(\tau)y^2],$$

et $k^2(\tau)$ est égal à $\varkappa$.

On voit, dès lors, se poser les problèmes suivants :

Quand on se donne les nombres γ_2, γ_3 ou $\varkappa$, existe-t-il deux nombres à rapport imaginaire ω_1, ω_3, ou un nombre imaginaire τ dans lequel le coefficient de i soit positif, qui vérifient respectivement les équations

$$g_2(\omega_1, \omega_3) = \gamma_2, \qquad g_3(\omega_1, \omega_3) = \gamma_3,$$

ou

$$k^2(\tau) = \varkappa ?$$

Quelles sont toutes *les solutions de ces équations où ω_1, ω_3 ou τ sont les inconnues?*

519. Nous démontrerons d'abord les deux théorèmes suivants :

I. — *Si l'on se donne deux nombres γ_2, γ_3 tels que l'équation en y*

$$4y^3 - \gamma_2 y - \gamma_3 = 0$$

ait des racines distinctes ε_1, ε_2, ε_3, ou, ce qui revient au même, *si l'on se donne trois nombres distincts* ε_1, ε_2, ε_3 *dont la somme soit nulle et si l'on pose*

$$\gamma_2 = -4(\varepsilon_2\varepsilon_3 + \varepsilon_3\varepsilon_1 + \varepsilon_1\varepsilon_2), \qquad \gamma_3 = 4\varepsilon_1\varepsilon_2\varepsilon_3,$$

il existe deux nombres ω_1, ω_3 *tels que la partie réelle du rapport* $\frac{\omega_3}{i\omega_1}$ *soit positive (non nulle) et qui vérifient les équations*

$$(\alpha) \qquad g_2(\omega_1, \omega_3) = \gamma_2, \qquad g_3(\omega_1, \omega_3) = \gamma_3.$$

II. — *Si l'on se donne un nombre* $\varkappa$ *qui n'est ni négatif, ni positif et plus grand que* 1, *il existe un nombre* τ *dont le coefficient de la partie imaginaire est positif, qui vérifie l'équation*

$$(\beta) \qquad k^2(\tau) = \varkappa.$$

520. Nous commencerons par montrer que le théorème II, supposé vrai, entraîne le théorème I.

Les nombres distincts ε_1, ε_2, ε_3 étant donnés ($\varepsilon_1 + \varepsilon_2 + \varepsilon_3 = 0$), posons

$$\varkappa = \frac{\varepsilon_2 - \varepsilon_3}{\varepsilon_1 - \varepsilon_3}.$$

On peut toujours supposer que les nombres ε_1, ε_2, ε_3 aient été rangés de façon que les conditions imposées à $\varkappa$ soient vérifiées : elles le sont, quel que soit l'ordre de ε_1, ε_2, ε_3, si ces trois points ne sont pas en ligne droite ; s'ils sont en ligne droite, on prendra pour ε_1, ε_3 les points extrêmes, pour ε_2 le point intermédiaire.

Avec le nombre τ qui, par hypothèse, vérifie l'équation (β) construisons les fonctions $\vartheta(v|\tau)$, puis, ayant choisi arbitrairement la détermination de $\sqrt{\varepsilon_1 - \varepsilon_3}$, déterminons ω_1 par la condition

$$\omega_1 = \frac{\pi}{2}\frac{\vartheta_3^2(0|\tau)}{\sqrt{\varepsilon_1 - \varepsilon_3}}$$

et posons $\omega_3 = \omega_1\tau$. Construisons ensuite les fonctions $\sigma(u|\omega_1, \omega_3)$, $\wp(u|\omega_1, \omega_3)$, ... et reprenons, pour toutes les quantités qui se rapportent à ces fonctions, la suite de nos notations habituelles. Nous aurons (XXXVI_3)

$$\sqrt{e_1 - e_3} = \frac{\pi}{2\omega_1}\vartheta_3^2(0|\tau).$$

et, par conséquent, $\sqrt{e_1 - e_3} = \sqrt{\varepsilon_1 - \varepsilon_3}$; or, cette égalité, rapprochée de la définition de $\varkappa$ et des équations

$$k^2(\tau) = \frac{e_2 - e_3}{e_1 - e_3}, \qquad e_1 + e_2 + e_3 = \varepsilon_1 + \varepsilon_2 + \varepsilon_3 = 0,$$

dont la première résulte de la formule (XXXVII$_4$), montre, puisque $\varkappa$ est, par hypothèse, égal à $k^2(\tau)$, que l'on a

$$e_1 = \varepsilon_1, \qquad e_2 = \varepsilon_2, \qquad e_3 = \varepsilon_3,$$

et, par conséquent, $g_2 = \gamma_2$, $g_3 = \gamma_3$.

521. Tout est donc ramené à la démonstration du théorème II. Nous démontrerons d'abord ce théorème lorsque $\varkappa$ est un nombre réel, positif, plus petit que un, et nous établirons, pour cela, la proposition suivante :

II$_a$. — *Si $\varkappa$ est un nombre réel, positif, plus petit que un, on satisfait à l'équation (β) en posant*

$$\mathrm{X} = \int_0^{\frac{\pi}{2}} \frac{d\varphi}{\sqrt{1 - \varkappa \sin^2 \varphi}}, \qquad \mathrm{X}' = \int_0^{\frac{\pi}{2}} \frac{d\varphi}{\sqrt{1 - (1 - \varkappa) \sin^2 \varphi}}, \qquad \tau = \frac{i \mathrm{X}'}{\mathrm{X}}.$$

Dans les intégrales, où tout est réel, les radicaux ont le sens arithmétique; $\frac{\tau}{i}$ est donc réel et positif.

Construisons, en effet, avec la valeur de τ ainsi définie, les fonctions $\mathfrak{S}(v|\tau)$, $k(\tau)$, $k'(\tau)$, $\mathrm{K}(\tau)$, $\mathrm{K}'(\tau)$; les quantités $k^2(\tau)$, $k'^2(\tau)$ seront réelles et positives (puisque τ est purement imaginaire), plus petites que un (puisque leur somme est égale à un), et l'on aura, comme on l'a vu ([1]) au n° **311**,

$$\mathrm{K}(\tau) = \int_0^{\frac{\pi}{2}} \frac{d\varphi}{\sqrt{1 - k^2(\tau) \sin^2 \varphi}}, \qquad \mathrm{K}'(\tau) = \int_0^{\frac{\pi}{2}} \frac{d\varphi}{\sqrt{1 - k'^2(\tau) \sin^2 \varphi}},$$

([1]) A la vérité les formules du n° 311 ont été déduites des formules des n°s 297 et 298 qui donnent, sous forme d'intégrales, les expressions de $\omega_1 \sqrt{e_1 - e_3}$, $\frac{\omega_3}{i} \sqrt{e_1 - e_3}$ lorsque ω_1 et $\frac{\omega_3}{i}$ sont réels et positifs; mais, d'une part, les formules que nous citons dans le texte auraient aussi bien pu être déduites directement en donnant aux radicaux leur signification arithmétique. Puisque $(\mathrm{LXXI}_{3,4})$ $i\,\mathrm{K}'(\tau)$ est égal à $\tau\,\mathrm{K}(\tau)$, on a donc la proportion

$$\frac{\displaystyle\int_0^{\frac{\pi}{2}} \frac{d\varphi}{\sqrt{1-(1-x)\sin^2\varphi}}}{\displaystyle\int_0^{\frac{\pi}{2}} \frac{d\varphi}{\sqrt{1-x\sin^2\varphi}}} = \frac{\displaystyle\int_0^{\frac{\pi}{2}} \frac{d\varphi}{\sqrt{1-[1-k^2(\tau)]\sin^2\varphi}}}{\displaystyle\int_0^{\frac{\pi}{2}} \frac{d\varphi}{\sqrt{1-k^2(\tau)\sin^2\varphi}}};$$

or cette proportion entraîne l'égalité $x = k^2(\tau)$; car si, dans le premier rapport, on regarde pour un instant x comme une variable et si l'on imagine que x augmente de 0 à 1, le dénominateur augmentera en même temps que le numérateur diminuera; le rapport diminuera donc constamment et n'atteindra la valeur du second membre qu'une seule fois, quand x sera égal à $k^2(\tau)$.

La proposition est donc démontrée, dans le cas où x est réel, positif, plus petit que un; en d'autres termes, dans ce cas, on a

$$x = k^2\left(\frac{i\mathrm{X}'}{\mathrm{X}}\right),$$

ou, d'une façon plus explicite encore, si, dans le premier membre de l'équation (β), on remplace τ par $\frac{i\mathrm{X}'}{\mathrm{X}}$, ce premier membre se réduit identiquement à x.

522. C'est cette dernière remarque, établie seulement dans le cas où x est positif et plus petit que un, qui va nous fournir la démonstration du théorème II dans sa généralité, démonstration qui résultera de ce que deux fonctions analytiques de x ne peuvent coïncider sur une ligne sans être partout identiques.

---

dans le cas où $\frac{\tau}{i}$ est réel et positif, sans passer, comme nous l'avons fait, par l'intermédiaire des fonctions ξ; et, d'autre part, si l'on veut rétablir toute la chaîne des déductions que nous avons faites dans ces divers numéros, il suffit, après avoir choisi τ comme nous venons de l'expliquer, de choisir arbitrairement le nombre positif ω_1, de prendre $\omega_3 = \omega_1\tau$, en sorte que $\frac{\omega_3}{i}$ soit réel et positif, de construire toutes les fonctions dont on a besoin au moyen des demi-périodes ω_1, ω_3; e_1, e_2, e_3 sont alors réels, rangés par ordre de grandeur décroissante, etc. : la conclusion est la même, et les quantités ω_1, ω_3 ne figurent dans cette conclusion que par leur rapport τ.

Nous établirons le théorème suivant :

II$_b$. — *En supposant que $\varkappa$ ne soit ni un nombre négatif, ni un nombre positif plus grand que un, on satisfera à l'équation $\varkappa = k^2(\tau)$, en faisant*

$$\text{(CXIX}_1\text{)}\quad \mathrm{X} = \int_0^{\frac{\pi}{2}} \frac{d\varphi}{\sqrt{1 - \varkappa \sin^2\varphi}}, \quad \mathrm{X}' = \int_0^{\frac{\pi}{2}} \frac{d\varphi}{\sqrt{1 - (1-\varkappa)\sin^2\varphi}}, \quad \tau = \frac{i\mathrm{X}'}{\mathrm{X}}.$$

On suppose que la variable d'intégration φ soit réelle et que les parties réelles des radicaux soient positives. Dans ces conditions, le coefficient de i dans τ est positif.

523. Observons d'abord que les intégrales définies qui précèdent ont un sens pourvu qu'on fixe la signification des radicaux et que les quantités sous les radicaux ne s'annulent pas dans les limites de l'intégration; dans ces limites $1 - \varkappa \sin^2\varphi$ ne peut s'annuler que si $\varkappa$ est réel et plus grand que un, $1 - (1 - \varkappa)\sin^2\varphi$ ne peut s'annuler que si $\varkappa$ est négatif.

Ces remarques conduisent à introduire dans le plan qui sert à représenter le nombre $\varkappa$ deux coupures, l'une qui ira du point 1 à $+\infty$ en suivant l'axe des quantités positives, l'autre qui va de 0 à $-\infty$ en suivant l'axe des quantités négatives. Nous désignerons par (T) le plan dans lequel on a pratiqué la première coupure seulement, par (T$'$) le plan dans lequel on a pratiqué la seconde coupure seulement, par ($\mathfrak{T}$), enfin, le plan avec les deux coupures. Il va sans dire que quand on parlera d'un point appartenant à l'un des plans coupés (T), (T$'$), ($\mathfrak{T}$), on entendra que ce point n'est pas sur une coupure du plan considéré.

C'est surtout au plan ($\mathfrak{T}$), à deux coupures, que nous aurons affaire : nous réunissons ici quelques remarques et conventions qui nous seront utiles, soit immédiatement, soit dans la suite.

L'argument de tout point $\varkappa$ du plan ($\mathfrak{T}$) sera supposé compris entre $-\pi$ et $+\pi$; cet argument varie d'une façon continue avec $\varkappa$, qui, encore une fois, ne doit jamais traverser les coupures. C'est cette valeur de l'argument que l'on adoptera pour celles des fonctions de $\varkappa$ dont la détermination dépend de l'argument de la variable; ainsi, en désignant par m un entier positif, $\sqrt[m]{\varkappa}$ sera un nombre dont la valeur absolue sera la racine m^{ieme} arithmétique de $|x|$, et dont l'argument sera compris entre $-\frac{\pi}{m}$ et $\frac{\pi}{m}$; $\sqrt[m]{x}$ sera alors dans le plan $(\mathfrak{T})$ une fonction holomorphe de x, fonction dont la partie réelle sera positive et dans laquelle le coefficient de i aura le même signe que le coefficient de i dans x. De même $\log x$ sera un nombre dont la partie réelle sera le logarithme népérien de $|x|$, et dans lequel le coefficient de i sera l'argument de x; ce coefficient sera encore du même signe que le coefficient de i dans x, et l'on aura

$$\log x = \log(-x) \pm \pi i,$$

suivant que le coefficient de i dans x sera positif ou négatif.

Il est clair que le point $1-x$ est le symétrique du point x par rapport au point $\frac{1}{2}$, qui est lui-même un centre de symétrie pour

Fig. 2.

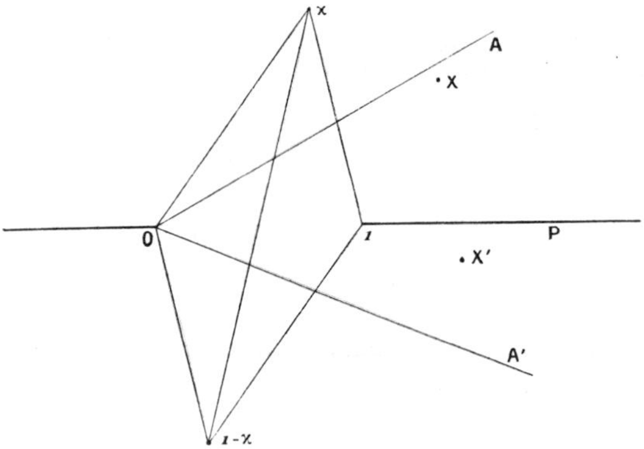

les deux coupures; les deux points appartiennent en même temps au plan coupé.

Tout ce qu'on vient de dire de l'argument de x, de $\sqrt[m]{x}$, de $\log x$, s'applique naturellement à l'argument de $1-x$, à $\sqrt[m]{1-x}$, à $\log(1-x)$; on observera, en passant, que les coefficients de i dans x et dans $1-x$ sont de signes contraires.

Toutes les fois que, z désignant une quantité quelconque, $\log z$ est défini, nous entendrons par $\log(az)$, où a est un nombre positif quelconque,

$$\log(az) = \log a + \log z,$$

où $\log a$ a sa valeur arithmétique.

Lorsque x appartient au plan $(\mathfrak{T})$ nous adopterons pour $\log \frac{x}{1-x}$ la détermination $\log x - \log(1-x)$; on peut dire encore que le coefficient de i dans $\log \frac{x}{1-x}$ est l'angle moindre que π en valeur absolue, sous lequel on voit du point o le segment qui va du point $1-x$ au point x : cet angle est positif si x est au-dessus de l'axe des quantités réelles, négatif dans le cas contraire. Cette détermination est encore la valeur principale de $\log \frac{x}{1-x}$, qui est holomorphe dans $(\mathfrak{T})$.

Lorsque φ varie de o à $\frac{\pi}{2}$, le point $1 - x\sin^2\varphi$ décrit le segment de droite qui va du point 1 au point $1-x$; en même temps le point $1-(1-x)\sin^2\varphi$ décrit le segment de droite qui va du point 1 au point x; les deux points $1 - x\sin^2\varphi$, $1-(1-x)\sin^2\varphi$, qui, pour une même valeur de φ, sont situés sur une même parallèle à la droite qui joint le point $1-x$ au point x, appartiennent au plan $(\mathfrak{T})$, si le point x appartient à ce plan.

Nous définirons les quantités $\sqrt{1-x\sin^2\varphi}$, $\sqrt{1-(1-x)\sin^2\varphi}$ d'après la règle générale donnée plus haut pour $\sqrt{x}$, $\sqrt{1-x}$: leur partie réelle, qui ne s'annule certainement pas, est alors positive, de sorte que la définition qu'on adopte ici est conforme à celle qu'on a adoptée dans l'énoncé du théorème II_b, pour préciser le sens des intégrales définies X, X'; les coefficients de i dans ces deux radicaux sont d'ailleurs de signes contraires. Le point $\sqrt{1-x\sin^2\varphi}$ est situé dans l'angle aigu formé d'une part par l'axe OP des quantités positives, de l'autre par la bissectrice de l'angle formé par ce même axe et la droite qui va de O au point $1-x$; le point $\frac{1}{\sqrt{1-x\sin^2\varphi}}$ est situé dans l'angle aigu POA symétrique de l'angle qu'on vient de définir par rapport à l'axe OP. On verra de même que le point $\frac{1}{\sqrt{1-(1-x)\sin^2\varphi}}$ est situé dans l'angle aigu POA′ de la figure : la direction OA′ est la symétrique, par rapport à l'axe OP, de la bissectrice de l'angle formé par la droite OP d'une part, par la droite qui va de O à x, d'autre part. Dans la figure la direction OA est au-dessus de l'axe des quantités réelles, et la direction OA′ est au-dessous; cela tient à ce que le point x a été pris au-dessus de l'axe des quantités réelles; ce serait l'inverse s'il était au-dessous.

524. On reconnaît immédiatement que si deux nombres imaginaires sont représentés par deux points situés à l'intérieur d'un angle ayant pour sommet le point O, la somme de ces deux nombres sera représentée aussi par un point situé à l'intérieur du même angle; il en sera de même si l'on considère autant de nombres que l'on veut, tous représentés par des points situés à l'intérieur d'un même angle, et la même conclusion s'étend à une intégrale, qui est la limite d'une somme. On voit donc que l'intégrale définie X sera représentée par un point situé à l'intérieur de l'angle POA et l'intégrale définie X' par un point situé à l'intérieur de l'angle POA'; les parties réelles des deux nombres X, X' sont essentiellement positives; quant aux coefficients de i, ils sont de signes contraires; le premier est positif, le second négatif quand le coefficient de i dans x est positif, comme dans le cas de la figure; c'est l'inverse quand x est situé au-dessous de l'axe des quantités réelles; les coefficients de i dans X, X' ne sont nuls que si x est réel, positif, plus petit que un. Dans tous les cas, l'angle AOA', qui est la moitié de l'angle sous lequel on voit du point O le segment qui va du point $1 - x$ au point x est aigu; il en est de même, *a fortiori*, de l'angle intérieur à celui-là formé par les deux directions qui vont du point O aux points X, X', c'est-à-dire de l'argument du rapport $\frac{X'}{X}$. La partie réelle de ce rapport est donc positive : il en serait de même de la partie réelle du rapport inverse. On observera que l'argument de $\frac{X'}{X}$, fixé comme nous l'avons fait, est, d'après ce qu'on vient de dire sur la position des points X', X, négatif si le point x est au-dessus de l'axe des quantités réelles, positif dans le cas contraire; en d'autres termes, les coefficients de i dans $\frac{X'}{X}$ et dans x sont de signes contraires.

Ceci posé, dans le plan ($\mathfrak{T}$), X et X' sont des fonctions univoques de x, d'après leur définition même. En chaque point du plan ($\mathfrak{T}$) ces fonctions sont régulières, c'est-à-dire que si l'on augmente x d'une quantité h, suffisamment petite en valeur absolue, les fonctions X et X' ainsi modifiées sont développables en séries entières en h (on donnera tout à l'heure les expressions de ces séries); elles sont donc des fonctions holomorphes de $\varkappa$ dans le plan ($\mathfrak{T}$). Il en est de même du rapport $\frac{X'}{X}$ puisque X ne s'annule pas, non plus que sa partie réelle.

Reportons-nous maintenant à l'équation $k^2(\tau) = \varkappa$. D'après la formule (XXXVII_6), k^2 est égal à $\frac{16 q q_1^8}{q_2^8}$; il est donc clair que si l'on regarde τ comme une variable, $k^2(\tau)$ sera une fonction holomorphe de τ pour tous les points τ situés au-dessus de l'axe des quantités réelles; or le rapport $\frac{iX'}{X}$ est représenté par un tel point, tant que $\varkappa$ appartient au plan ($\mathfrak{T}$); $k^2(\tau)$, quand on y regarde τ comme égal à $\frac{iX'}{X}$, est donc une fonction (de fonction) holomorphe de $\varkappa$; or $k^2\left(\frac{iX'}{X}\right)$ est égal à $\varkappa$ quand $\varkappa$ est réel compris entre o et 1; donc enfin l'égalité $k^2\left(\frac{iX'}{X}\right) = \varkappa$ subsistera pour toutes les valeurs de $\varkappa$ appartenant au plan ($\mathfrak{T}$).

525. Nous avons obtenu une solution de l'équation en τ, $k^2(\tau) = \varkappa$, à savoir $\tau = \frac{iX'}{X}$; nous nous proposons maintenant de les avoir toutes. Et d'abord, dès qu'il y a une solution, il est bien évident qu'il y en a une infinité; si a, b, c, d sont quatre nombres entiers choisis parmi ceux qui satisfont aux conditions du cas 1° du Tableau (XX_6), on a, en effet, comme il résulte du Tableau (LXXX_5) dans le cas 1°,

$$l^2 = k^2\left(\frac{c + d\tau}{a + b\tau}\right) = (-1)^{cd} k^2(\tau) = k^2(\tau),$$

de sorte que, si a, d sont des entiers impairs et b, c des entiers pairs tels que l'on ait $ad - bc = 1$, le nombre $\frac{c + d\tau}{a + b\tau}$ est, en même temps que le nombre τ, solution de l'équation $k^2(\tau) = \varkappa$. Mais n'y en a-t-il point d'autres?

Nous avons rappelé que la fonction $y = \operatorname{sn}(u \mid \tau)$ de u et de τ vérifie l'équation différentielle (LXX_1)

$$\left(\frac{dy}{du}\right)^2 = (1 - y^2)[1 - k^2(\tau) y^2];$$

la fonction $z = \operatorname{sn}^2(u \mid \tau)$ vérifie donc manifestement l'équation différentielle

$$\left(\frac{dz}{du}\right)^2 = 4z(1-z)[1-k^2(\tau)z].$$

Il en résulte que, si τ_1 et τ_2 désignent deux solutions de l'équation $k^2(\tau) = \varkappa$, les deux fonctions $\operatorname{sn}^2(u \mid \tau_1)$, $\operatorname{sn}^2(u \mid \tau_2)$ de la variable u vérifieront nécessairement la même équation différentielle

$$\left(\frac{dz}{du}\right)^2 = 4z(1-z)(1-\varkappa z);$$

mais alors ces deux fonctions $\operatorname{sn}^2(u \mid \tau_1)$, $\operatorname{sn}^2(u \mid \tau_2)$ de la variable u sont nécessairement identiques. En effet, on sait que la fonction $\operatorname{sn} u$ est développable en une série de la forme

$$au + bu^3 + cu^5 + \ldots;$$

la fonction $\operatorname{sn}^2 u$ sera donc développable en une série de la forme

$$\mathrm{A}u^2 + \mathrm{B}u^4 + \mathrm{C}u^6 + \ldots;$$

or, comme il est bien aisé de le voir, l'équation différentielle précédente détermine sans ambiguïté les coefficients A, B, C, ... de ce développement en fonction de $\varkappa$ seulement.

A la vérité, la démonstration ne s'applique que dans le domaine de convergence de la série en u^2; mais, comme deux fonctions analytiques de u ne peuvent coïncider dans une portion du plan sans coïncider partout, notre assertion n'en est pas moins évidente.

Les deux fonctions $\operatorname{sn}^2(u \mid \tau_1)$, $\operatorname{sn}^2(u \mid \tau_2)$ de la variable u étant identiques admettent évidemment les mêmes zéros : les nombres [1] $2m_1\mathrm{K}(\tau_1) + 2m'_1 i\mathrm{K}'(\tau_1)$ sont donc les mêmes dans leur ensemble que les nombres $2m_2\mathrm{K}(\tau_2) + 2m'_2 i\mathrm{K}'(\tau_2)$ en supposant que m_1, m'_1, m_2, m'_2 soient des entiers; c'est-à-dire que les nombres $\mathrm{K}(\tau_1)$, $i\mathrm{K}'(\tau_1)$ doivent être équivalents aux nombres $\mathrm{K}(\tau_2)$, $i\mathrm{K}'(\tau_2)$; ils ne peuvent être que proprement équivalents, puisque les coefficients de i dans les rapports

$$\frac{i\mathrm{K}'(\tau_1)}{\mathrm{K}(\tau_1)} = \tau_1, \qquad \frac{i\mathrm{K}'(\tau_2)}{\mathrm{K}(\tau_2)} = \tau_2,$$

---

(1) *Voir* Tome II, p. 285, *fig.* 1.

sont de même signe; en d'autres termes, il existe quatre entiers a, b, c, d liés par la relation $ad - bc = 1$, tels que l'on ait

$$\begin{aligned} K(\tau_2) &= a\,K(\tau_1) + bi\,K'(\tau_1), \\ iK'(\tau_2) &= c\,K(\tau_1) + di\,K'(\tau_1). \end{aligned}$$

D'ailleurs la fonction $\mathrm{sn}^2(u \mid \tau_2)$ devient infinie, ou égale à un, quand on suppose u égal à $iK'(\tau_2)$, ou à $K(\tau_2)$; il doit en être de même de la fonction $\mathrm{sn}^2(u \mid \tau_1)$ qui est la même fonction de u que $\mathrm{sn}^2(u \mid \tau_2)$, quand on y suppose u égal à $cK(\tau_1) + diK'(\tau_1)$ ou à $aK(\tau_1) + biK'(\tau_1)$; on en conclut bien aisément, par les formules (LXXII), que c et b sont pairs, a et d impairs. Si τ_1 est une solution de l'équation $x = k^2(\tau)$, toute solution de cette équation est donc de la forme

$$\tau_2 = \frac{c + d\tau_1}{a + b\tau_1},$$

où a, b, c, d sont quatre nombres entiers qui satisfont aux conditions du cas 1° du Tableau de formules relatives à la transformation linéaire. Or $\tau_1 = \dfrac{i\mathrm{X}'}{\mathrm{X}}$ est une telle solution; les nombres définis par la formule

$$\tau = \frac{c\mathrm{X} + di\mathrm{X}'}{a\mathrm{X} + bi\mathrm{X}'},$$

où a, b, c, d ont le sens que l'on vient de rappeler, et ceux-là seulement, vérifient donc (¹) l'équation $k^2(\tau) = \varkappa$.

526. Cherchons maintenant toutes les fonctions analytiques de la *variable* $\varkappa$ qui, mises à la place de τ, changent identiquement $k^2(\tau)$ en $\varkappa$. Désignons par $\varkappa_0$ une valeur de $\varkappa$ où l'une des fonctions analytiques cherchées soit régulière; la valeur de cette

---

(¹) Si l'on demande seulement les nombres τ qui vérifient l'équation $k^2(\tau) = \varkappa$ et pour lesquels la fonction $\mathrm{sn}(u \mid \tau)$ est la même fonction de u, en rejetant ceux pour lesquels la fonction $\mathrm{sn}(u \mid \tau)$ est remplacée par $-\mathrm{sn}(u \mid \tau)$, on voit aisément, en s'appuyant toujours sur les formules (LXXII), que ce sont les nombres de la forme

$$\tau = \frac{c\mathrm{X} + di\mathrm{X}'}{a\mathrm{X} + bi\mathrm{X}'},$$

où a et d sont congrus à 1, *modulis* 4, tandis que b et c sont des nombres pairs choisis parmi ceux pour lesquels on a $ad - bc = 1$, et ceux-là seulement, qui répondent à la question. (Cf. SCHWARZ, *Formules*, p. 31.)

fonction pour $\varkappa = \varkappa_0$ peut être mise d'après ce qui précède sous la forme

$$\tau_0 = \frac{c\,\mathrm{X}(\varkappa_0) + di\,\mathrm{X}'(\varkappa_0)}{a\,\mathrm{X}(\varkappa_0) + bi\,\mathrm{X}'(\varkappa_0)},$$

où a, b, c, d sont des nombres déterminés choisis parmi ceux du cas 1° du Tableau (XX_6). La fonction de $\varkappa$

$$\frac{c\,\mathrm{X}(\varkappa) + di\,\mathrm{X}'(\varkappa)}{a\,\mathrm{X}(\varkappa) + bi\,\mathrm{X}'(\varkappa)}$$

se réduit à τ_0, pour $\varkappa = \varkappa_0$, et vérifie identiquement l'équation $k^2(\tau) = \varkappa$. C'est la seule fonction de $\varkappa$, régulière en $\varkappa_0$, qui satisfasse à cette double condition; en effet, une telle fonction est entièrement déterminée, puisque l'équation $k^2(\tau) = \varkappa$ détermine sans ambiguïté les valeurs, pour $\varkappa = \varkappa_0$, de toutes ses dérivées.

527. D'après ce qu'on a dit au n° 520, on obtient une solution des équations (α) en prenant une solution de l'équation $\varkappa = k^2(\tau)$, par exemple la solution $\tau = \frac{i\mathrm{X}'}{\mathrm{X}}$, en choisissant arbitrairement une détermination de $\sqrt{\varepsilon_1 - \varepsilon_3}$, puis en faisant

$$\omega_1 = \frac{\pi}{2}\,\frac{\vartheta_3^2(0\,|\,\tau)}{\sqrt{\varepsilon_1 - \varepsilon_3}}, \qquad \omega_3 = \tau\omega_1,$$

ou, ce qui revient au même,

$$\omega_1 = \frac{\mathrm{X}}{\sqrt{\varepsilon_1 - \varepsilon_3}}, \qquad \omega_3 = \frac{i\mathrm{X}'}{\sqrt{\varepsilon_1 - \varepsilon_3}};$$

on a alors, comme on l'a vu au même numéro,

$$e_\alpha = \wp(\omega_\alpha\,|\,\omega_1, \omega_3) = \varepsilon_\alpha, \qquad \sqrt{e_1 - e_3} = \frac{\sigma_3\omega_1}{\sigma\omega_1} = \sqrt{\varepsilon_1 - \varepsilon_3}.$$

528. On peut sans peine déduire toutes les solutions des équations (α) d'une solution ω_1, ω_3; en effet, une seconde solution ω'_1, ω'_3 conduirait à la même fonction $\wp u$ que la solution ω_1, ω_3, puisque les deux fonctions vérifieraient la même équation différentielle et comporteraient les mêmes développements en série. Les deux fonctions $\wp(u\,|\,\omega_1, \omega_3)$, $\wp(u\,|\,\omega'_1, \omega'_3)$ étant identiques, les réseaux des parallélogrammes de périodes coïncident : on en conclut que les nombres ω'_1, ω'_3 sont proprement ou improprement équivalents aux nombres ω_1, ω_3; en d'autres termes, toutes les solutions des équations (α) sont données par les formules

$$\text{(CXIX}_3\text{)} \qquad \omega_1 = \frac{a\mathrm{x} + bi\mathrm{x}'}{\sqrt{\varepsilon_1 - \varepsilon_3}}, \qquad \omega_3 = \frac{c\mathrm{x} + di\mathrm{x}'}{\sqrt{\varepsilon_1 - \varepsilon_3}},$$

où a, b, c, d sont des entiers assujettis à la condition $ad - bc = \mp 1$. Les fonctions analytiques de γ_2, γ_3 que définissent les formules précédentes sont d'ailleurs les seules qui, mises à la place de ω_1, ω_3 dans les seconds membres des équations (α) transforment ces équations en identités. Le problème proposé est donc résolu.

529. Revenons maintenant à l'équation $k^2(\tau) = \varkappa$ et à ce fait essentiel que, en supposant le point $\varkappa$ dans le plan $(\mathfrak{T})$, elle se transforme en identité quand on y remplace τ par $\dfrac{i\mathrm{x}'}{\mathrm{x}}$; nous allons réunir ici quelques conséquences de cette proposition, conséquences qui nous serons utiles plus tard.

Tout d'abord on a, en attribuant à $\sqrt[4]{\varkappa}$, $\sqrt[4]{1-\varkappa}$ les significations qui ont été spécifiées au n° 523,

$$\sqrt[4]{\varkappa} = \frac{\mathfrak{S}_2\left(0 \,\middle|\, \dfrac{i\mathrm{x}'}{\mathrm{x}}\right)}{\mathfrak{S}_3\left(0 \,\middle|\, \dfrac{i\mathrm{x}'}{\mathrm{x}}\right)}, \qquad \sqrt[4]{1-\varkappa} = \frac{\mathfrak{S}_4\left(0 \,\middle|\, \dfrac{i\mathrm{x}'}{\mathrm{x}}\right)}{\mathfrak{S}_3\left(0 \,\middle|\, \dfrac{i\mathrm{x}'}{\mathrm{x}}\right)};$$

en effet, pour chacune des deux égalités, les quatrièmes puissances des deux membres sont égales, en vertu de l'égalité $\varkappa = k^2\left(\dfrac{i\mathrm{x}'}{\mathrm{x}}\right)$ et, pour chacune des égalités, les seconds membres sont, comme les premiers, positifs lorsque $\varkappa$ est positif et plus petit que un; l'égalité, établie pour ces dernières valeurs de $\varkappa$, subsiste dans tout le plan $(\mathfrak{T})$, puisque les diverses fonctions que l'on considère sont holomorphes dans ce plan. On peut écrire encore

$$\text{(CXIX}_4\text{)} \qquad \sqrt[4]{\varkappa} = \sqrt{k\left(\frac{i\mathrm{x}'}{\mathrm{x}}\right)}, \qquad \sqrt[4]{1-\varkappa} = \sqrt{k'\left(\frac{i\mathrm{x}'}{\mathrm{x}}\right)}.$$

Des relations (XL_1) on a déjà déduit au n° 173 la relation

$$\sqrt{k(4\tau)} = \frac{1 - \sqrt{k'(\tau)}}{1 + \sqrt{k'(\tau)}} = \frac{\mathfrak{S}_3(0 \mid \tau) - \mathfrak{S}_4(0 \mid \tau)}{\mathfrak{S}_3(0 \mid \tau) + \mathfrak{S}_4(0 \mid \tau)};$$

comme on vient de voir que, dans tout le plan $(\mathfrak{T})$, $\sqrt{k'\left(\frac{i\mathrm{x}'}{\mathrm{x}}\right)}$ est égal à $\sqrt[4]{1-\varkappa}$, on a donc, dans tout le plan $(\mathfrak{T})$,

$$\sqrt{k\left(\frac{4i\mathrm{x}'}{\mathrm{x}}\right)} = \frac{1-\sqrt[4]{1-\varkappa}}{1+\sqrt[4]{1-\varkappa}} = \frac{\mathfrak{S}_3\left(0\,\middle|\,\frac{i\mathrm{x}'}{\mathrm{x}}\right) - \mathfrak{S}_4\left(0\,\middle|\,\frac{i\mathrm{x}'}{\mathrm{x}}\right)}{\mathfrak{S}_3\left(0\,\middle|\,\frac{i\mathrm{x}'}{\mathrm{x}}\right) + \mathfrak{S}_4\left(0\,\middle|\,\frac{i\mathrm{x}'}{\mathrm{x}}\right)}.$$

En se reportant à la formule (XXXVII_1), on en conclut l'égalité

$$(\mathrm{CXIX}_5) \qquad \frac{1-\sqrt[4]{1-\varkappa}}{1+\sqrt[4]{1-\varkappa}} = \frac{2q+2q^9+2q^{25}+\ldots}{1+2q^4+2q^{16}+\ldots},$$

où, dans le second membre, on suppose que $q = e^{\tau\pi i}$ est remplacé par $e^{-\frac{\pi\mathrm{x}'}{\mathrm{x}}}$.

L'expression $\frac{1-\sqrt[4]{1-\varkappa}}{1+\sqrt[4]{1-\varkappa}}$, qui est évidemment une fonction holomorphe de $\varkappa$ dans le plan $(\mathfrak{T})$, jouera un grand rôle dans les calculs numériques; nous la représenterons par β. Observons que sa valeur absolue est plus petite que 1, car, la partie réelle de $\sqrt[4]{1-\varkappa}$ étant positive, le point $\sqrt[4]{1-\varkappa}$ est à une distance moindre du point 1 que du point -1, et le rapport de ces deux distances n'est autre chose que la valeur absolue de β.

530. On a de même

$$(\mathrm{CXIX}_6) \qquad \begin{cases} \mathrm{K}\left(\frac{i\mathrm{x}'}{\mathrm{x}}\right) = \frac{\pi}{2}\,\mathfrak{S}_3^2\left(0\,\middle|\,\frac{i\mathrm{x}'}{\mathrm{x}}\right) = \mathrm{x}, \\ \mathrm{K}'\left(\frac{i\mathrm{x}'}{\mathrm{x}}\right) = \frac{\pi\mathrm{x}'}{\mathrm{x}}\,\mathfrak{S}_3^2\left(0\,\middle|\,\frac{i\mathrm{x}'}{\mathrm{x}}\right) = \mathrm{x}'. \end{cases}$$

En effet, lorsque $\varkappa$ est positif et plus petit que un, l'égalité $\varkappa = k^2(\tau)$ entraîne les égalités

$$\mathrm{K}(\tau) = \mathrm{x}, \qquad \mathrm{K}'(\tau) = \mathrm{x}',$$

puisque $\mathrm{K}(\tau)$ et x, d'une part, $\mathrm{K}'(\tau)$ et x' de l'autre sont alors représentées par les mêmes intégrales définies; mais, quand on regarde τ comme égal à $\frac{i\mathrm{x}'}{\mathrm{x}}$, $\mathrm{K}(\tau)$ et $\mathrm{K}'(\tau)$ sont, dans le plan $(\mathfrak{T})$, des fonctions (de fonctions) holomorphes de $\varkappa$; les égalités subsistent donc dans tout le plan $(\mathfrak{T})$.

De la relation

$$\frac{\pi}{2}\,\mathfrak{I}_3^2\left(0\,\middle|\,\frac{i\,\mathrm{X}'}{\mathrm{X}}\right)=\mathrm{X}$$

on déduit, en désignant par $\sqrt{\mathrm{X}}$ la racine carrée de X dont la partie réelle est positive, et par $\sqrt{\frac{\pi}{2}}$ la racine carrée arithmétique de $\frac{\pi}{2}$,

$$\text{(CXIX}_7\text{)}\qquad \sqrt{\mathrm{X}}=\sqrt{\frac{\pi}{2}}\,\mathfrak{I}_3\left(0\,\middle|\,\frac{i\,\mathrm{X}'}{\mathrm{X}}\right);$$

en effet, les deux membres qui sont des fonctions holomorphes de $\varkappa$ dans le plan $(\mathfrak{T})$ sont positifs quand $\varkappa$ est positif, plus petit que un. Cette égalité, jointe aux précédentes, donne les relations

$$\text{(CXIX}_7\text{)}\qquad \left\{\begin{aligned}\sqrt[4]{\varkappa}\,\sqrt{\mathrm{X}}&=\sqrt{\frac{\pi}{2}}\,\mathfrak{I}_2\left(0\,\middle|\,\frac{i\,\mathrm{X}'}{\mathrm{X}}\right),\\ \sqrt[4]{1-\varkappa}\,\sqrt{\mathrm{X}}&=\sqrt{\frac{\pi}{2}}\,\mathfrak{I}_4\left(0\,\middle|\,\frac{i\,\mathrm{X}'}{\mathrm{X}}\right),\end{aligned}\right.$$

d'où, à cause de la relation (XXXVI$_5$),

$$\text{(CXIX}_7\text{)}\qquad 2\sqrt[4]{\varkappa}\,\sqrt[4]{1-\varkappa}\,(\sqrt{\mathrm{X}})^3=\sqrt{\frac{\pi}{2}}\,\mathfrak{I}_1'\left(0\,\middle|\,\frac{i\,\mathrm{X}'}{\mathrm{X}}\right).$$

531. La première formule (XL$_1$) donne immédiatement, en tenant compte des formules (XXXVII$_2$) et (LXXI$_3$),

$$(a)\qquad \left\{\begin{aligned}\mathrm{K}(4\tau)=\frac{\pi}{2}\,\mathfrak{I}_3^2(0\,|\,4\tau)&=\frac{\pi}{8}\,\mathfrak{I}_3^2(0\,|\,\tau)\left[1+\sqrt{k'(\tau)}\right]^2\\ &=\frac{1}{4}\,\mathrm{K}(\tau)\left[1+\sqrt{k'(\tau)}\right]^2.\end{aligned}\right.$$

Voyons ce que devient cette égalité quand on y remplace τ par $\frac{i\,\mathrm{X}'}{\mathrm{X}}$, X et X$'$ étant les fonctions holomorphes précédemment définies de la variable $\varkappa$ qui est assujettie à rester dans le plan $(\mathfrak{T})$. La fonction $k^2(\tau)$ se change alors en $\varkappa$; $k^2(4\tau)$ se change donc (CXIX$_5$) en

$$\beta^4=\left(\frac{1-\sqrt[4]{1-\varkappa}}{1+\sqrt[4]{1-\varkappa}}\right)^4,$$

quantité qui, comme nous l'avons vu, est en valeur absolue plus petite que 1. Désignons aussi par X_1 ce que devient X quand on y remplace x par x_1 : à la vérité x_1 peut être négatif et se trouver, par suite, sur une coupure du plan ($\mathfrak{T}$); X_1 n'en est pas moins défini puisque l'on a vu que la coupure pratiquée le long de l'axe des quantités négatives n'intéresse pas X qui est défini dans tout le plan (T).

Le dernier membre de l'égalité à transformer devient manifestement

$$\frac{1}{4}\,X\,(1+\sqrt[4]{1-x})^2.$$

Pour voir ce que devient le premier membre, plaçons-nous d'abord dans le cas normal où $\frac{\tau}{i}$ est réel et positif; $x = k^2(\tau)$ est alors réel, positif et plus petit que 1, et il en est de même de $\beta^4 = k^2(4\tau)$; il est donc clair que dans le cas normal X_1 est égal à $K(4\tau)$ comme X est égal à $K(\tau)$. On a donc, dans ce cas, l'égalité

$$X_1 = \frac{1}{4}\,X\,(1+\sqrt[4]{1-x})^2.$$

D'ailleurs, quand x reste dans ($\mathfrak{T}$), β^4 reste dans (T); X_1 est donc une fonction (de fonction) holomorphe de x; il en est manifestement de même du second membre de l'égalité précédente; cette égalité subsiste donc pour toutes les valeurs de x qui appartiennent au plan ($\mathfrak{T}$).

En écrivant $X(x)$ au lieu de X, c'est-à-dire en regardant X comme un signe fonctionnel indiquant une opération à effectuer sur le nombre x, on pourrait écrire le résultat précédent sous la forme

$$(\text{CXIX}_8) \qquad X\left[\left(\frac{1-\sqrt[4]{1-x}}{1+\sqrt[4]{1-x}}\right)^4\right] = \frac{1}{4}\,X(x)\,(1+\sqrt[4]{1-x})^2.$$

En se rappelant que $K'(4\tau)$ est égal à $4i\tau K(4\tau)$ comme $K'(\tau)$ est égal à $i\tau K(\tau)$, on déduit de l'égalité (a), la suivante

$$K'(4\tau) = K'(\tau)\left[1+\sqrt{k'(\tau)}\right]^2.$$

En désignant par X'_1 ce que devient X' quand on y remplace x par β^4, et en raisonnant comme tout à l'heure, on verrait que, dans le cas normal où $\frac{\tau}{i}$ est réel et positif, cette égalité devient, lorsqu'on y remplace τ par $\frac{i\mathrm{X}'}{\mathrm{X}}$,

$$\mathrm{X}'_1 = \mathrm{X}'(1+\sqrt[4]{1-\varkappa})^2;$$

mais cette égalité ne subsiste pas dans tout le plan $(\mathfrak{T})$ parce que la coupure le long de l'axe des quantités négatives intéresse l'intégrale X'.

532. Pour ce qui est de la solution des équations (α), où ε_1, ε_2, ε_3 sont les données, solution qui est fournie par les formules

$$\omega_1 = \frac{\mathrm{X}}{\sqrt{\varepsilon_1-\varepsilon_3}}, \qquad \omega_3 = \frac{i\mathrm{X}'}{\sqrt{\varepsilon_1-\varepsilon_3}},$$

nous avons fixé arbitrairement la signification de $\sqrt{\varepsilon_1-\varepsilon_3}$, sans rien dire de $\sqrt{\varepsilon_1-\varepsilon_2}$, $\sqrt{\varepsilon_2-\varepsilon_3}$; convenons de prendre

$$\sqrt{\varepsilon_1-\varepsilon_2} = \sqrt{\varepsilon_1-\varepsilon_3}\,\sqrt{1-\varkappa}, \qquad \sqrt{\varepsilon_2-\varepsilon_3} = -\sqrt{\varepsilon_1-\varepsilon_3}\,\sqrt{\varkappa};$$

les radicaux $\sqrt{e_1-e_2}$, $\sqrt{e_2-e_3}$ coïncideront alors respectivement avec les radicaux $\sqrt{\varepsilon_1-\varepsilon_2}$, $\sqrt{\varepsilon_2-\varepsilon_3}$; on sait déjà que $\sqrt{e_1-e_3}$ coïncide avec $\sqrt{\varepsilon_1-\varepsilon_3}$.

Choisissons pour $\sqrt[4]{\varepsilon_1-\varepsilon_3}$ celle des racines carrées de $\sqrt{\varepsilon_1-\varepsilon_3}$ que l'on voudra, et prenons, en conservant pour $\sqrt{\mathrm{X}}$ la détermination spécifiée plus haut,

$$(\mathrm{CXIX}_9) \qquad \sqrt{\omega_1} = \frac{\sqrt{\mathrm{X}}}{\sqrt[4]{\varepsilon_1-\varepsilon_3}};$$

à cause de la formule (XXXVI_3), on aura alors $\sqrt[4]{e_1-e_3} = \sqrt[4]{\varepsilon_1-\varepsilon_3}$. Déterminons enfin les valeurs de $\sqrt[4]{\varepsilon_1-\varepsilon_2}$, $\sqrt[4]{\varepsilon_2-\varepsilon_3}$ par les conditions

$$(\mathrm{CXIX}_9) \quad \sqrt[4]{\varepsilon_1-\varepsilon_2} = \sqrt[4]{\varepsilon_1-\varepsilon_3}\,\sqrt[4]{1-\varkappa}, \qquad \sqrt[4]{\varepsilon_2-\varepsilon_3} = i\sqrt[4]{\varepsilon_1-\varepsilon_3}\,\sqrt[4]{\varkappa},$$

et les valeurs de $\sqrt[4]{e_1-e_2}$, $\sqrt[4]{e_2-e_3}$ coïncideront avec celles de $\sqrt[4]{\varepsilon_1-\varepsilon_2}$, $\sqrt[4]{\varepsilon_2-\varepsilon_3}$.

II. — Étude de l'intégrale $\int_0^{\frac{\pi}{2}} \frac{d\varphi}{\sqrt{1 - \varkappa \sin^2\varphi}}$ considérée comme fonction de $\varkappa$.

533. Nous allons maintenant étudier de plus près les fonctions de $\varkappa$,

$$\mathrm{X} = \int_0^{\frac{\pi}{2}} \frac{d\varphi}{\sqrt{1 - \varkappa \sin^2\varphi}}, \qquad \mathrm{X}' = \int_0^{\frac{\pi}{2}} \frac{d\varphi}{\sqrt{1 - (1 - \varkappa) \sin^2\varphi}},$$

que nous désignerons aussi par $\mathrm{X}(\varkappa)$, $\mathrm{X}'(\varkappa) = \mathrm{X}(1 - \varkappa)$. Ces deux fonctions sont (n° 524) holomorphes dans le plan $(\mathfrak{C})$; la première est holomorphe dans le plan (T), la seconde dans le plan (T′).

En supposant que $\varkappa$ appartienne à (T) et que le cercle décrit du point $\varkappa$ comme centre avec un rayon égal à $|h|$ n'atteigne pas la coupure de (T), on peut écrire

$$\frac{1}{\sqrt{1 - (\varkappa + h) \sin^2\varphi}} = \frac{1}{\sqrt{1 - \varkappa \sin^2\varphi}\sqrt{1 - \dfrac{h \sin^2\varphi}{1 - \varkappa \sin^2\varphi}}},$$

en conservant à tous les radicaux le sens prescrit au n° 523; les deux membres sont, en effet, certainement égaux au signe près et les signes sont les mêmes pour les petites valeurs de h; l'égalité subsiste donc tant que les deux membres sont des fonctions holomorphes de h. En développant la quantité

$$\left(1 - \frac{h \sin^2\varphi}{1 - \varkappa \sin^2\varphi}\right)^{-\frac{1}{2}}$$

par la formule du binome, et en intégrant entre les limites 0 et $\frac{\pi}{2}$, on trouve

$$\mathrm{X}(\varkappa + h) = \mathrm{X}(\varkappa) + \frac{1}{2}\mathrm{J}_1 h + \frac{1.3}{2.4}\mathrm{J}_2 h^2 + \ldots + \frac{1.3.5\ldots 2n-1}{2.4\ldots 2n}\mathrm{J}_n h^n + \ldots,$$

où l'on a posé

$$\mathrm{J}_n = \int_0^{\frac{\pi}{2}} \frac{\sin^{2n}\varphi \, d\varphi}{(1 - \varkappa \sin^2\varphi)^{\frac{2n+1}{2}}}.$$

Il est aisé d'obtenir pour les intégrales J_n une formule de réduction. En intégrant entre o et $\frac{\pi}{2}$ les deux membres de l'égalité

$$\begin{aligned}\frac{d}{d\varphi}&\left[(1-\varkappa\sin^2\varphi)^{-\frac{2n+1}{2}}\sin^{2n-1}\varphi\cos\varphi\right]\\ &= (2n+1)\varkappa(1-\varkappa\sin^2\varphi)^{-\frac{2n+3}{2}}\sin^{2n}\varphi(1-\sin^2\varphi)\\ &\quad+(2n-1)(1-\varkappa\sin^2\varphi)^{-\frac{2n+1}{2}}\sin^{2n-2}\varphi(1-\sin^2\varphi)\\ &\quad-(1-\varkappa\sin^2\varphi)^{-\frac{2n+1}{2}}\sin^{2n}\varphi,\end{aligned}$$

on trouve

$$\begin{aligned}0 = (2n+1)\varkappa&\int_0^{\frac{\pi}{2}}\frac{\sin^{2n}\varphi\,d\varphi}{(1-\varkappa\sin^2\varphi)^{\frac{2n+3}{2}}}\\ +(2n-1)&\int_0^{\frac{\pi}{2}}\frac{\sin^{2n-2}\varphi\,d\varphi}{(1-\varkappa\sin^2\varphi)^{\frac{2n+1}{2}}}-(2n+1)\varkappa J_{n+1}-(2n-1)J_n-J_n.\end{aligned}$$

D'ailleurs, on reconnaît sans peine que les deux intégrales qui figurent dans le second membre sont respectivement égales à $\varkappa J_{n+1}+J_n$, $\varkappa J_n+J_{n-1}$; on en conclut l'égalité

$$(2n+1)(\varkappa^2-\varkappa)J_{n+1}+2n(2\varkappa-1)J_n+(2n-1)J_{n-1}=0.$$

J_0 n'est autre chose que X; les fonctions suivantes $J_1, J_2, J_3, \ldots$ sont, à des facteurs numériques près, les dérivées successives de X; la relation précédente n'est donc pas autre chose qu'une relation linéaire entre trois dérivées consécutives de X; en particulier, si l'on suppose $n=1$, on trouve que X vérifie l'équation différentielle du second ordre (¹)

$$(\gamma)\qquad \varkappa(\varkappa-1)\frac{d^2y}{d\varkappa^2}+(2\varkappa-1)\frac{dy}{d\varkappa}+\frac{1}{4}y=0.$$

534. Cette équation ne change pas, comme on s'en assure immédiatement, quand on change $\varkappa$ en $1-\varkappa$. Il en résulte que $X'(\varkappa)$, qui n'est autre chose que $X(1-\varkappa)$, vérifie aussi l'équation (γ).

(¹) M. L. Fuchs (*Crelle*, t. 71, p. 91) a le premier appliqué les propriétés des équations différentielles linéaires à l'étude des modules de périodicité des fonctions hyperelliptiques, et, en particulier, à l'étude de la fonction que nous désignons par X.

Le fait que cette équation (γ) ne change pas quand on y change x en $1-x$ n'est pas isolé; elle ne change pas non plus quand on change x en $\frac{1}{x}$ ou en $\frac{x-1}{x}$ et y en $y\sqrt{x}$, ou encore quand on change x en $\frac{x}{x-1}$ ou en $\frac{1}{1-x}$ et y en $y\sqrt{1-x}$.

Si, par exemple, en désignant par y_1 une fonction de la variable x_1, on pose

$$x_1 = \frac{x}{x-1}, \qquad y_1 = y\sqrt{1-x},$$

y sera une fonction de x qui s'obtiendra en remplaçant x_1 par $\frac{x}{x-1}$ dans y_1 et en divisant le résultat par $\sqrt{1-x}$; on aura dans ces conditions

$$\frac{dy_1}{dx_1} = (1-x)^{\frac{3}{2}}\left[(x-1)\frac{dy}{dx} + \frac{y}{2}\right],$$
$$\frac{d^2y_1}{dx_1^2} = (x-1)^2\sqrt{1-x}\left[(x-1)^2\frac{d^2y}{dx^2} + 3(x-1)\frac{dy}{dx} + \frac{3}{4}y\right],$$

puis

$$x_1(x_1-1)\frac{d^2y_1}{dx_1^2} + (2x_1-1)\frac{dy_1}{dx_1} + \frac{1}{4}y_1$$
$$= \sqrt{1-x}(x-1)\left[x(x-1)\frac{d^2y}{dx^2} + (2x-1)\frac{dy}{dx} + \frac{1}{4}y\right],$$

et l'on voit ainsi que, si la fonction $y_1 = f(x_1)$ annule identiquement le premier membre, la fonction

$$\frac{1}{\sqrt{1-x}} f\left(\frac{x}{x-1}\right)$$

annulera identiquement le second. C'est la proposition annoncée dans l'un des cas.

535. Quoique cette vérification suffise à notre objet essentiel, nous voulons indiquer l'origine des propriétés de cette nature.

Observons d'abord que, si l'on regarde τ comme l'une quelconque des fonctions analytiques de x définies par l'équation (β), $x = k^2(\tau)$, les fonctions $K(\tau)$, $K'(\tau)$ regardées comme des fonctions de x, vérifient l'équation (γ) : en effet, ces fonctions sont (n° 525) des combinaisons linéaires à coefficients constants de X, X'.

Considérons maintenant, outre l'équation (β), l'équation

$$(\beta_1) \qquad x_1 = k^2(\tau_1),$$

et supposons que τ et τ_1 soient des fonctions analytiques $g(x)$, $g_1(x_1)$ qui vérifient ces équations; les fonctions $K(\tau)$, $K'(\tau)$ d'une part, les fonctions $K(\tau_1)$, $K'(\tau_1)$ de l'autre vérifieront respectivement l'équation (γ) et l'équation

$$(\gamma_1) \qquad x_1(x_1-1)\frac{d^2y_1}{dx_1^2} + (2x_1-1)\frac{dy_1}{dx_1} + \frac{1}{4}y_1 = 0.$$

Si, maintenant, en désignant par α, β, γ, δ quatre nombres entiers dont le déterminant $\alpha\delta - \beta\gamma$ soit positif, on établit entre τ et τ_1 la relation

$$\tau_1 = \frac{\gamma + \delta\tau}{\alpha + \beta\tau},$$

cela revient à établir une relation entre x et x_1, à savoir

$$x_1 = k^2\left[\frac{\gamma + \delta\, g(x)}{\alpha + \beta\, g(x)}\right], \qquad \text{ou} \qquad x = k^2\left[\frac{-\gamma + \alpha\, g_1(x_1)}{\delta - \beta\, g_1(x_1)}\right];$$

nous représenterons, pour abréger, ces relations par $x_1 = f(x)$, $x = F(x_1)$. On a d'ailleurs

$$\frac{i\,K'(\tau_1)}{K(\tau_1)} = \tau_1 = \frac{\gamma\, K(\tau) + \delta\, i\, K'(\tau)}{\alpha\, K(\tau) + \beta\, i\, K'(\tau)},$$

et, par suite, en désignant par z une fonction convenable de τ, on peut poser

$$K(\tau_1) = z[\alpha\, K(\tau) + \beta\, i\, K'(\tau)],$$

$$K'(\tau_1) = \frac{z}{i}[\gamma\, K(\tau) + \delta\, i\, K'(\tau)];$$

il résulte de là que les quantités $z\,K(\tau)$, $z\,K'(\tau)$, qui sont évidemment des combinaisons linéaires à coefficients constants de $K(\tau_1)$, $K'(\tau_1)$, si l'on y regarde τ comme égal à $g[F(x_1)]$, vérifieront l'équation (γ_1); en d'autres termes si, dans cette équation, on commence par faire le changement de variable et de fonction défini par les relations

$$y_1 = zy, \qquad x_1 = f(x),$$

où dans z, τ doit être remplacé par $g(x)$, elle se transformera en une nouvelle équation du second ordre qui admettra les mêmes solutions $K(\tau)$, $K'(\tau)$ que l'équation (γ); la transformée sera donc identique à cette équation (γ). Cela revient à dire que l'équation (γ) se change en elle-même quand on y change x en $f(x)$, y en zy.

Or, si l'on suppose que les entiers α, β, γ, δ vérifient la relation $\alpha\delta - \beta\gamma = 1$, on trouvera dans le Tableau (LXXX_5), suivant les six cas possibles, que la fonction $f(x)$ peut avoir les six formes x, $\frac{x}{x-1}$, $\frac{1}{x}$, $\frac{1}{1-x}$, $1-x$, $\frac{x-1}{x}$, auxquels correspondent, d'après les formules ($LXXX_{3,4}$), les valeurs de z données par la formule $z = \frac{1}{M}$, c'est-à-dire 1, $\sqrt{1-x}$, $\sqrt{x}$, $\sqrt{1-x}$, 1, $\sqrt{x}$. On n'a pas tenu compte pour écrire ces dernières valeurs du facteur $(-i)$ qui figure dans les cas 4° et 5°, ce facteur n'offrant aucun intérêt, puisque toute solution d'une équation linéaire peut être multipliée par une constante arbitraire.

On obtient ainsi les résultats mêmes que nous avions annoncés et dont le lien avec la théorie de la transformation linéaire apparaît clairement.

On voit de la même façon, en se reportant au n° 531, que l'équation (γ_1) se change dans l'équation (γ) quand on y fait le changement de variable et de fonction défini par les formules

$$x_1 = \left[\frac{1-\sqrt[4]{1-x}}{1+\sqrt[4]{1-x}}\right]^4, \qquad y_1 = \tfrac{1}{4} y\left[1+\sqrt[4]{1-x}\right]^2 \text{ (1)}.$$

---

(1) C'est maintenant un problème qui se pose naturellement que de chercher à déterminer les fonctions z et f de x, telles que l'équation (γ_1) se change dans l'équation (γ) quand on y fait le changement de variable et de fonction défini par les équations

$$y_1 = zy, \qquad x_1 = f.$$

Nous nous bornerons aux indications suivantes :

En désignant par des accents les dérivées prises par rapport à x, on trouve immédiatement les conditions

$$2\frac{z'}{z} - \frac{f''}{f'} + \frac{(2f-1)f'}{f^2-f} = \frac{2x-1}{x^2-x},$$

$$\frac{z''}{z} - \frac{z'}{z}\frac{f''}{f'} + \frac{z'}{z}\frac{(2f-1)f'}{f^2-f} + \frac{1}{4}\frac{f'^2}{f^2-f} = \frac{1}{4}\frac{1}{x^2-x};$$

la première donne, en intégrant,

$$z^2 = C\frac{(x^2-x)f'}{f^2-f};$$

C est la constante d'intégration. En portant cette valeur de z dans la seconde

Observons aussi que l'équation différentielle (γ) appartient au type de l'équation, étudiée par Gauss, que vérifie la série hypergéométrique ([1])

$$F(\alpha, \beta, \gamma, \varkappa) = 1 + \frac{\alpha\beta}{1.\gamma}\varkappa + \frac{\alpha(\alpha+1)\beta(\beta+1)}{1.2.\gamma(\gamma+1)}\varkappa^2 + \dots,$$

dans le cas où l'on suppose $\alpha = \beta = \frac{1}{2}$, $\gamma = 1$. A ce point de vue, les propriétés relatives au changement de $\varkappa$ en $\frac{\varkappa}{\varkappa-1}$, $\frac{1}{\varkappa}$, $\frac{1}{1-\varkappa}$, $1-\varkappa$, $\frac{\varkappa-1}{\varkappa}$ ne sont que l'application à ce cas particulier de propriétés connues de cette équation.

536. Nous allons chercher la solution générale de l'équation différentielle (γ). D'après les principes que nous avons rappelés dans l'Introduction, on sait que, si l'on considère un point $\varkappa_0$, autre que les points $0, 1$, il existe une fonction de $\varkappa$, vérifiant l'équation différentielle (γ), fonction qui est holomorphe dans toute aire limitée par un contour simple ne contenant ni le point 0, ni le point 1, qui, enfin, si l'on se donne deux nombres arbi-

---

équation, on trouve, pour déterminer f, l'équation différentielle du troisième ordre

$$2f'''f' - 3f''^2 + f'^2\left[\frac{f'^2(f^2-f+1)}{(f^2-f)^2} - \frac{\varkappa^2-\varkappa+1}{(\varkappa^2-\varkappa)^2}\right] = 0;$$

en remettant $\varkappa_1$ à la place de f et en ne spécifiant plus la variable indépendante, cette équation se met sous la forme

$$2\,d\varkappa\,d\varkappa_1(d^3\varkappa_1\,d\varkappa - d\varkappa_1\,d^3\varkappa) - 3(d^2\varkappa_1\,d\varkappa - d\varkappa_1\,d^2\varkappa)(d^2\varkappa_1\,d\varkappa + d\varkappa_1\,d^2\varkappa)$$
$$+ d\varkappa_1^2\,d\varkappa^2\left[\frac{\varkappa_1^2-\varkappa_1+1}{(\varkappa_1^2-\varkappa_1)^2}\,d\varkappa_1^2 - \frac{\varkappa^2-\varkappa+1}{(\varkappa^2-\varkappa)^2}\,d\varkappa^2\right] = 0.$$

En remplaçant respectivement $\varkappa$, $\varkappa_1$ par k^2, l^2, on met cette équation sous la forme que lui a donnée Jacobi.

$$2\,l^2k^2\,dl\,dk(dl\,d^3k - dk\,d^3l) - 3\,k^2l^2(dl\,d^2k - dk\,d^2l)(dl\,d^2k + dk\,d^2l)$$
$$+ dl^2\,dk^2\left[\left(\frac{k^2+1}{k^2-1}\right)^2 l^2\,dk^2 - \left(\frac{l^2+1}{l^2-1}\right)^2 k^2\,dl^2\right] = 0.$$

On n'aurait aucune peine à former aussi l'équation différentielle que vérifie z. Le lecteur reconnaîtra sans difficulté que c'est l'équation différentielle du troisième ordre que doit vérifier le quotient de deux solutions quelconques de l'équation (γ).

([1]) *Voir*, par exemple, la Thèse de M. Goursat (*Annales de l'École Normale supérieure*, 1881 : supplément au tome X).

traires y_0, y'_0 se réduit à y_0 pour $x = x_0$, tandis que sa dérivée, au même point, est égale à y'_0.

D'après cela, si x_0 appartient au plan $(\mathfrak{C})$, il y aura une solution de l'équation différentielle (γ), holomorphe dans ce plan, qui, pour $x = x_0$, se réduira, ainsi que sa dérivée, à des valeurs arbitrairement prescrites : si ces valeurs sont celles que prennent, pour $x = x_0$, la fonction X et sa dérivée, ou la fonction X′ et sa dérivée, cette solution holomorphe dans le plan $(\mathfrak{C})$ ne sera autre que la fonction X, ou la fonction X′.

Nous désignerons, dans ce qui suit, par C_0, C_1 les cercles de rayon un décrits des points o, 1 comme centres, par D leur corde commune; par (C_0), (C_1) les régions intérieures, par (C'_0), (C'_1) les régions extérieures aux cercles C_0, C_1, par (D_0), (D_1) les deux demi-plans, séparés par la droite D, qui contiennent respectivement les points o, 1; puis par $(C_0 C_1)$ la région commune aux deux régions (C_0), (C_1); par $(C_0 C_1 D_0)$ les régions communes aux trois régions (C_0), (C_1), (D_0); ....

Si l'on cherche à vérifier l'équation différentielle (γ) par une série de la forme $a_0 + a_1 x + a_2 x^2 + \ldots + a_n x^n + \ldots$, on trouve de suite, en substituant, puis égalant à o le coefficient de x^{n-1}, la relation

$$(2n)^2 a_n = (2n-1)^2 a_{n-1}, \qquad (n \gtreqless 1).$$

On en conclut que, si l'on pose

$$a_0 = 1, \qquad a_1 = \left(\frac{1}{2}\right)^2, \qquad \ldots, \qquad a_n = \left[\frac{1.3.5\ldots(2n-1)}{2.4.6\ldots 2n}\right]^2,$$

la somme de la série

$$(\text{CXX}_1) \qquad \lambda(x) = a_0 + a_1 x + \ldots + a_n x^n + \ldots,$$

dont le cercle de convergence est manifestement (C_0), vérifiera l'équation différentielle (γ). On voit de plus que toute solution de cette équation, holomorphe dans (C_0), se réduit à la fonction $\lambda(x)$ multipliée par une constante.

On trouve une seconde solution de l'équation différentielle (γ), en posant

$$y = 4\mu(x) + \lambda(x)\log x;$$

$\mu(x)$ est une fonction inconnue que l'on va déterminer tout à l'heure; les théories de M. Fuchs sur les équations différentielles permettent de prévoir que la fonction $\mu(x)$ sera holomorphe dans (C_0); quant au coefficient 4 il a été simplement introduit pour la commodité des calculs. Quoi qu'il en soit, en portant la précédente valeur dans l'équation différentielle (γ) et en tenant compte de ce que $\lambda(x)$ est une solution de cette équation, on trouve immédiatement, pour déterminer $\mu(x)$, la relation

$$(\gamma') \quad 4x(x-1)\mu''(x) - 4(1-2x)\mu'(x) + \mu(x) = -2(x-1)\lambda'(x) - \lambda(x).$$

Si l'on essaye de satisfaire à cette relation par une série entière de la forme $a_0 b_0 + a_1 b_1 x + \ldots + a_n b_n x^n + \ldots$, où les a_n sont les coefficients déjà définis, que l'on introduit ici en vue de réductions ultérieures, on trouve, en égalant dans les deux membres les coefficients de x^{n-1}, la relation

$$b_n - b_{n-1} = \frac{1}{2n-1} - \frac{1}{2n} \qquad (n \overline{\gtrless} 1);$$

on en conclut que si l'on pose

$$b_0 = 0, \quad b_1 = 1 - \frac{1}{2}, \quad \ldots, \quad b_n = 1 - \frac{1}{2} + \frac{1}{3} - \frac{1}{4} + \ldots + \frac{1}{2n-1} - \frac{1}{2n},$$

la somme de la série

$$(\text{CXX}_1) \qquad \mu(x) = a_1 b_1 x + a_2 b_2 x^2 + \ldots + a_n b_n x^n + \ldots,$$

dont le cercle de convergence est évidemment (C_0), vérifiera l'équation différentielle (γ).

On voit donc que toute solution de l'équation différentielle (γ), en particulier les fonctions X, X', pourra dans (C_0) se mettre sous la forme

$$(\text{CXX}_1) \qquad A\lambda(x) + B[4\mu(x) + \lambda(x)\log x],$$

en désignant par A, B des constantes convenables.

537. Avant d'aller plus loin, nous étudierons de plus près les fonctions $\lambda(x)$, $\mu(x)$ de manière à obtenir des valeurs approchées de ces fonctions, en supposant $|x| < 1$.

La formule de Wallis fournit, pour tout entier positif n, les inégalités (¹)

$$\frac{2}{(2n+1)\pi} < a_n < \frac{2}{2n\pi}.$$

On pourra donc poser

$$a_n = \frac{1}{n\pi} - \varepsilon_n, \qquad 0 < \varepsilon_n < \frac{2}{\pi}\left(\frac{1}{2n} - \frac{1}{2n+1}\right),$$

et l'on aura l'égalité

$$(\text{CXX}_3) \quad \lambda(x) = 1 + \frac{1}{\pi}\sum_{n=1}^{n=\infty}\frac{x^n}{n} - \varepsilon(x) = 1 - \frac{1}{\pi}\log(1-x) - \varepsilon(x),$$

où $\varepsilon(x)$ est une série entière en x, à coefficients tous positifs, que l'on peut écrire sous la forme

$$\varepsilon(x) = x\sum_{n=1}^{n=\infty}\varepsilon_n x^{n-1},$$

et dont la somme est, par conséquent, moindre en valeur absolue que

$$|x|\sum_{n=1}^{n=\infty}\frac{2}{\pi}\left(\frac{1}{2n} - \frac{1}{2n+1}\right) = |x|\frac{2}{\pi}(1-\log 2);$$

en se reportant à la valeur 0,693147... du logarithme naturel de 2, on voit que l'on a

$$|\varepsilon(x)| < \frac{2}{10}|x|.$$

Posons de même

$$b_n = \log 2 - \varepsilon'_n, \qquad 0 < \varepsilon'_n < \frac{1}{2n+1};$$

(¹) En faisant $x = \frac{\pi}{2}$ dans la formule (I_1), on trouve de suite

$$\frac{2}{\pi} = \prod_{m=1}^{m=\infty}\left[1 - \frac{1}{(2m)^2}\right] = a_n \lim_{k=\infty} P_k,$$

où l'on a posé

$$P_k = \frac{(2n+1)^2(2n+3)^2\ldots(2n+2k-1)^2(2n+2k+1)}{(2n+2)^2(2n+4)^2\ldots(2n+2k)^2}.$$

On a d'ailleurs, pour tout entier positif k, $\frac{P_k}{2n+1} < 1$, $\frac{P_k}{2n} > 1$.

l'égalité

$$\mu(x) = \sum_{n=1}^{n=\infty} a_n b_n x^n = \frac{1}{\pi} \sum_{n=1}^{n=\infty} \frac{b_n x^n}{n} - \sum_{n=1}^{n=\infty} \varepsilon_n b_n x^n,$$

entraîne la suivante

$$(\text{CXX}_3) \qquad \mu(x) = -\frac{\log 2}{\pi} \log(1 - x) - \eta(x),$$

où $\eta(x) = \sum_{n=1}^{n=\infty} \eta_n x^n$ est une série entière en x dont les coefficients

$$\eta_n = \frac{\varepsilon'_n}{n\pi} + \varepsilon_n b_n$$

sont tous positifs; on a d'ailleurs

$$|\eta(x)| < |x| \sum_{n=1}^{n=\infty} \left(\frac{\varepsilon'_n}{n\pi} + \varepsilon_n b_n\right),$$

et des inégalités

$$\frac{\varepsilon'_n}{n} < 2\left(\frac{1}{2n} - \frac{1}{2n+1}\right), \qquad \varepsilon_n b_n < \frac{2 \log 2}{\pi} \left(\frac{1}{2n} - \frac{1}{2n+1}\right)$$

on déduit ensuite

$$|\eta(x)| < |x| \frac{2}{\pi}(1 + \log 2)(1 - \log 2) < \frac{1}{3} |x|.$$

Ces expressions fournissent des valeurs d'autant plus approchées de $\lambda(x)$, $\mu(x)$ que la quantité $|x|$ est plus petite. On observera d'ailleurs que

$$\log(1 - x) = -\frac{x}{1} - \frac{x^2}{2} - \ldots,$$

qui est la seule fonction dont dépendent les expressions approchées de $\lambda(x)$ et de $\mu(x)$, est une fonction holomorphe de x dans (C_0); le coefficient de i dans cette fonction est de signe contraire à celui de i dans x; il est compris entre $-\frac{\pi}{2}$ et $\frac{\pi}{2}$.

La partie réelle de $\lambda(x)$ s'obtient en retranchant la partie réelle de $\varepsilon(x)$, qui est moindre en valeur absolue que $\frac{2}{10}$, de la partie réelle de $1 - \frac{1}{\pi}\log(1 - x)$, quantité qui dans (C_0) est toujours supérieure à $1 - \frac{\log 2}{\pi}$ ou à $\frac{7}{10}$; cette partie réelle est donc plus grande que $\frac{1}{2}$; elle ne s'annule donc pas dans (C_0), non plus que $\lambda(x)$. On trouverait sans peine que le coefficient de i dans $\lambda(x)$ est moindre, en valeur absolue, que $\frac{7}{10}$. Le coefficient de i est moindre en valeur absolue que $\frac{1}{3}$ dans $\eta(x)$ et que $\frac{7}{10}$ dans $\mu(x)$.

538. Puisque $\lambda(x)$ ne s'annule pas, le rapport $\frac{\mu(x)}{\lambda(x)}$ est, dans le cercle (C_0), développable en une série entière en x; il importe de démontrer que les coefficients de cette série sont tous positifs, qu'elle reste convergente pour $x = 1$ et que sa somme est alors égale à $\log 2$.

Tout d'abord, des équations différentielles que vérifient $\lambda(x)$, $\mu(x)$, équations qui peuvent s'écrire

$$4\frac{d}{dx}[(x-1)x\lambda'(x)] + \lambda(x) = 0,$$

$$4\frac{d}{dx}[(x-1)x\mu'(x)] + \mu(x) = -2(x-1)\lambda'(x) - \lambda(x),$$

on tire aisément

$$4\frac{d}{dx}\{(x-1)x[\lambda'(x)\mu(x) - \lambda(x)\mu'(x)]\} = \frac{d}{dx}[(x-1)\lambda^2(x)];$$

puis, en intégrant entre les limites 0 et x, et en divisant par $x(1-x)\lambda^2(x)$,

$$(\varepsilon) \qquad 4\frac{d}{dx}\frac{\mu(x)}{\lambda(x)} = -\frac{1}{x} + \frac{1}{x(1-x)\lambda^2(x)}.$$

Cette égalité montre, en passant, que, si x augmente par valeurs réelles de 0 à 1, $\frac{\mu(x)}{\lambda(x)}$ va toujours en augmentant; en effet, on a, dans ces conditions,

$$\lambda(x) < \frac{1}{\sqrt{1-x}},$$

puisque le coefficient de x^n dans le développement de $\lambda(x)$ est le carré du coefficient de x^n dans le développement de $\frac{1}{\sqrt{1-x}}$, coefficient qui est moindre que un : la dérivée du rapport $\frac{\mu(x)}{\lambda(x)}$ est donc positive; ce rapport croît de 0 à $\log 2$, limite vers laquelle il tend quand x tend vers 1, comme il résulte immédiatement des valeurs approchées de $\lambda(x)$, $\mu(x)$.

L'égalité (ε) montre que le développement de $\frac{\mu(x)}{\lambda(x)}$ s'obtiendrait aisément si l'on avait celui de $\frac{1}{\lambda^2(x)}$; cherchons d'abord celui de $\lambda^2(x)$. En formant l'équation différentielle linéaire que vérifient les carrés des solutions de l'équation (γ), on trouve sans peine

$$z''' + 3\frac{1-2x}{x(1-x)}z'' + \frac{1-7x+7x^2}{x^2(1-x)^2}z' - \frac{1}{2}\frac{1-2x}{x^2(1-x)^2}z = 0,$$

et, si l'on cherche à vérifier cette équation par une solution de la forme $\alpha_0 + \alpha_1 x + \alpha_2 x^2 + \ldots$, on obtient aisément la relation récurrente

$$(n+1)^3(\alpha_{n+1} - \alpha_n) = n^3(\alpha_n - \alpha_{n-1}) - \frac{1}{2}(2n+1)\alpha_n,$$

qui, avec les conditions $\alpha_0 = 1$, $\alpha_1 = \frac{1}{2}$, détermine complètement les coefficients α_n du développement de $\lambda^2(x)$. Tous ces coefficients sont manifestement positifs, et l'équation récurrente montre, en raisonnant par induction, qu'ils vont en décroissant; il en résulte que la fonction

$$(1-x)\lambda^2(x) = 1 + (\alpha_1 - 1)x + \ldots + (\alpha_n - \alpha_{n-1})x^n + \ldots$$

est de la forme $1 - \beta_1 x - \beta_2 x^2 - \ldots$, tous les coefficients β_1, β_2, ... étant positifs. Si l'on se reporte à la valeur approchée de $\lambda(x)$, on voit que, lorsque x tend vers un, $(1-x)\lambda^2(x)$ tend vers 0; il faut donc, lorsque x tend vers un par des valeurs positives, que $\beta_1 x + \beta_2 x^2 + \ldots$ tende vers un, ce qui, puisque tous les β sont positifs, ne peut avoir lieu sans que la série $\beta_1 + \beta_2 + \ldots$ soit convergente et ait une somme égale à un. Il en résulte que pour tout point de (C_0) la valeur absolue de $\beta_1 x + \beta_2 x^2 + \ldots$ est moindre que un, et l'on peut écrire

$$\frac{1}{(1-x)\lambda^2(x)} = 1 + \sum_{n=1}^{n=\infty}(\beta_1 x + \beta_2 x^2 + \ldots)^n;$$

le second membre est développable en une série à coefficients *positifs;* il en est de même de $4\frac{d}{dx}\frac{\mu(x)}{\lambda(x)}$ et de $\frac{\mu(x)}{\lambda(x)}$; mais, quand

x tend vers 1, ce dernier rapport tend vers $\log 2$; il faut donc que la série qui le représente soit convergente pour $x = 1$, et ait une somme égale à $\log 2$.

Tous les coefficients de la série qui représente $\frac{\mu(x)}{\lambda(x)}$ sont évidemment rationnels.

539. Puisque l'équation différentielle (γ) ne change pas quand on change x en $1-x$, il est clair que, dans le cercle (C_1), elle admettra les solutions

$$\lambda(1-x), \quad 4\mu(1-x) + \lambda(1-x)\log(1-x).$$

Les deux cercles (C_0), (C_1) ont une partie commune $(C_0 C_1)$, qui appartient tout entière au plan $(\mathfrak{T})$. Nous adopterons, pour cette région, les déterminations de $\log x$, $\log(1-x)$ qui ont été précisées au n° 523; en particulier, si x est réel (compris entre 0 et 1) les logarithmes seront réels. Dans cette même région les solutions qu'on vient d'indiquer doivent être des fonctions linéaires à coefficients constants des solutions $\lambda(x)$, $4\mu(x) + \lambda(x)\log x$ qui conviennent à la même région, c'est-à-dire qu'on doit avoir, en désignant par A, B, A', B' des constantes,

$$(\zeta) \quad \begin{cases} \lambda(1-x) = A\,\lambda(x) + B[4\mu(x) + \lambda(x)\log x], \\ 4\mu(1-x) + \lambda(1-x)\log(1-x) = A'\,\lambda(x) + B'[4\mu(x) + \lambda(x)\log x]. \end{cases}$$

Nous déterminerons ces constantes en supposant x réel. En remplaçant, dans ces identités, $\lambda(x)$, $\mu(x)$, $\lambda(1-x)$, $\mu(1-x)$ par les expressions du n° 537, elles prennent la forme

$$\left(B + \frac{1}{\pi}\right)\log x - \frac{A + 4B\log 2}{\pi}\log(1-x) + \alpha(x) = 0,$$

$$\left(B' + \frac{4\log 2}{\pi}\right)\log x - \frac{A' + 4B'\log 2 + \pi}{\pi}\log(1-x) + \beta(x) = 0,$$

où $\alpha(x)$ et $\beta(x)$ désignent des fonctions de x dont les valeurs absolues restent inférieures à des nombres fixes quand x s'approche de 0 ou de 1, comme il est aisé de le voir en se reportant aux limites obtenues au n° 537 pour $\varepsilon(x)$, $\eta(x)$ et en observant que $x\log x$ tend vers 0 avec x et que $\log x \log(1-x)$ tend vers 0 quand x tend vers 0 ou vers 1.

Il est clair alors, en faisant tendre x successivement vers o ou vers 1, que les dernières égalités ne peuvent subsister sans que les coefficients de $\log x$, $\log(1-x)$ soient nuls; on a ainsi quatre équations pour déterminer les constantes A, B, A', B', et l'on trouve

$$(\zeta') \quad \begin{cases} A = \dfrac{4\log 2}{\pi}, \qquad B = -\dfrac{1}{\pi}, \\ A' = \dfrac{16\log^2 2 - \pi^2}{\pi}, \qquad B' = -\dfrac{4\log 2}{\pi}, \qquad AB' - A'B = 1. \end{cases}$$

On pourra, si l'on veut, résoudre les équations (ζ) par rapport à $\lambda(x)$, $4\mu(x)+\lambda(x)\log x$; on obtiendra immédiatement le résultat en changeant dans ces équations mêmes x en $1-x$.

Ces équations sont valables tant que x reste dans la région (C_0C_1); dans le cercle (C_0), en dehors du cercle (C_1), les fonctions $\lambda(1-x)$, $\mu(1-x)$ n'ont pas de sens. Si l'on adoptait dans le cercle (C_0), où les fonctions $\lambda(x)$, $\mu(x)$ ont une signification précise, comme définition des fonctions $\lambda(1-x)$, $\mu(1-x)$ la signification qui résulterait des équations (ζ) elles-mêmes, on ne ferait que continuer ces fonctions en dehors du cercle de convergence (C_1) des séries qui les définissent (n^{os} **51-52**).

540. Les formules précédentes nous fournissent de nouvelles expressions des fonctions X, X'. En effet, X étant une fonction holomorphe dans le cercle (C_0) ne peut différer que par un facteur constant de $\lambda(x)$; pour $x=0$, X est égal à $\frac{\pi}{2}$, $\lambda(x)$ à 1; on a donc

$$(\text{CXX}_2) \qquad X(x) = \frac{\pi}{2}\lambda(x).$$

D'ailleurs $X'(x)$ est égal à $X(1-x)$ ou à $\frac{\pi}{2}\lambda(1-x)$; on a donc, dans la région (C_0C_1),

$$(\text{CXX}_2) \qquad X'(x) = -\frac{1}{2}\left[4\mu(x)+\lambda(x)\log\frac{x}{16}\right].$$

Cette dernière formule n'est établie que pour la région (C_0C_1); mais elle subsiste tant que les deux membres sont holomorphes, c'est-à-dire dans toute la région du cercle (C_0) qui fait partie du plan ($\mathfrak{T}$), ou encore dans le cercle (C_0), lorsqu'on y a pratiqué la coupure qui va du point o au point -1; $\log \frac{x}{16}$ a sa valeur principale.

541. La propriété qu'a l'équation (γ) de se reproduire dans les conditions qui ont été spécifiées au n° **534** permet de même de déduire des solutions $\lambda(x)$, $4\mu(x)+\lambda(x)\log x$, valables dans le cercle (C_0), d'autres solutions valables dans les régions (D_0), (C'_1), (C'_0), (D_1), et il sera aisé de relier deux de ces diverses solutions en les comparant entre elles dans une région où toutes deux sont valables. Il nous suffira de considérer les régions (D_0) et $(D_0 C_0)$ qui comprennent le point o.

La région (D_0) est caractérisée par la condition $\left|\frac{x}{x-1}\right| < 1$; il résulte d'ailleurs du n° **534** que l'équation (γ) admet dans cette région les solutions

$$\frac{1}{\sqrt{1-x}}\lambda\left(\frac{x}{x-1}\right), \qquad \frac{1}{\sqrt{1-x}}\left[4\mu\left(\frac{x}{x-1}\right)+\lambda\left(\frac{x}{x-1}\right)\log\frac{x}{x-1}\right].$$

La première fonction est régulière au point o; en ce point elle est égale à 1, si l'on adopte pour le radical la détermination qui se réduit à 1 pour $x=0$. On a donc, aux environs de $x=0$,

$$(\eta) \qquad \frac{1}{\sqrt{1-x}}\lambda\left(\frac{x}{x-1}\right) = \lambda(x),$$

puisqu'une solution de l'équation (γ), régulière au point o, ne peut différer de $\lambda(x)$ que par un facteur constant (n° **536**). Cette égalité subsistera dans toute la région $(C_0 D_0)$ où les deux membres sont holomorphes.

Quant à la seconde solution, nous la remplacerons par la fonction

$$F(x) = \frac{1}{\sqrt{1-x}}\left[4\mu\left(\frac{x}{x-1}\right)+\lambda\left(\frac{x}{x-1}\right)\log\frac{x}{1-x}\right],$$

qui n'en diffère que d'un certain nombre impair de fois $\frac{i\pi}{\sqrt{1-x}}\lambda\left(\frac{x}{x-1}\right)$, et qui, par conséquent, vérifie aussi l'équation (γ). Dans la moitié du plan $(\mathfrak{C})$ qui fait partie de la région (D_0), $F(x)$ sera une fonction holomorphe de x, en adoptant pour

$\log \frac{x}{1-x}$ et $\sqrt{1-x}$ les valeurs (principales) spécifiées au n° 523.

Envisageons, dans la région $(C_0 D_0)$, modifiée par la coupure du plan $(\mathfrak{T})$, la solution $F(x) - 4\mu(x) - \lambda(x)\log x$ de l'équation (γ). On a

$$F(x) - 4\mu(x) - \lambda(x)\log x = 4\left[\frac{1}{\sqrt{1-x}}\mu\left(\frac{x}{x-1}\right) - \mu(x)\right]$$
$$+\left[\frac{1}{\sqrt{1-x}}\lambda\left(\frac{x}{x-1}\right)\log\frac{x}{1-x} - \lambda(x)\log x\right];$$

le second membre, si l'on tient compte des égalités

$$\lambda(x) = \frac{1}{\sqrt{1-x}}\lambda\left(\frac{x}{x-1}\right), \qquad \log\frac{x}{1-x} = \log x - \log(1-x),$$

se réduit à

$$4\left[\frac{1}{\sqrt{1-x}}\mu\left(\frac{x}{x-1}\right) - \mu(x)\right] - \lambda(x)\log(1-x);$$

cette quantité est donc une solution de l'équation (γ) : elle est régulière au point 0, s'annule en ce point; elle est donc identiquement nulle dans la région $(C_0 D_0)$. Par suite, dans la région $(C_0 D_0)$, modifiée par la coupure du plan $(\mathfrak{T})$, on a

$$(\eta) \qquad \frac{1}{\sqrt{1-x}}\left[4\mu\left(\frac{x}{x-1}\right) + \lambda\left(\frac{x}{x-1}\right)\log\frac{x}{1-x}\right] = 4\mu(x) + \lambda(x)\log x.$$

Les deux équations (η) permettent d'exprimer les fonctions $\lambda\left(\frac{x}{x-1}\right)$, $\mu\left(\frac{x}{x-1}\right)$ au moyen des fonctions $\lambda(x)$, $\mu(x)$, ou inversement, et de *continuer* les premières fonctions dans tout le cercle (C_0), ou les fonctions $\lambda(x)$, $\mu(x)$ dans toute la région (D_0), à l'exception des coupures. Il est aisé d'en conclure d'autres formules de passage, en changeant x en $1-x$, puis x en $\frac{1}{x}$; mais nous nous bornerons à établir les formules de ce genre, pour les fonctions $X(x)$, $X'(x)$, qui sont notre objet essentiel.

542. Observons d'abord que, si l'on veut, par exemple, relier les fonctions $X(x)$, $X'(x)$ aux fonctions $X\left(\frac{x}{x-1}\right)$, $X'\left(\frac{x}{x-1}\right)$, il convient de rester dans une région où toutes ces fonctions sont holomorphes : les deux premières sont holomorphes quand le point x

reste dans le plan $(\tilde{\omega})$; les deux secondes, quand le point $\dfrac{\varkappa}{\varkappa - 1}$ reste dans ce même plan : les quatre fonctions seront donc holomorphes si l'on assujettit le point $\varkappa$ à rester soit au-dessus, soit au-dessous de l'axe des quantités réelles : car alors $\dfrac{\varkappa}{\varkappa - 1}$ sera imaginaire comme $\varkappa$; mais, si $\varkappa$ était réel compris entre o et 1, $\dfrac{\varkappa}{\varkappa - 1}$ serait réel, négatif, donc figuré par un point situé sur une coupure de $(\tilde{\omega})$. La même observation s'applique aux nombres $\dfrac{1}{\varkappa}$, $\dfrac{\varkappa - 1}{\varkappa}$, $1 - \varkappa$, $\dfrac{1}{1 - \varkappa}$; si $\varkappa$ reste soit au-dessus, soit au-dessous de l'axe des quantités réelles, les fonctions $\mathrm{X}(\varkappa)$, $\mathrm{X}\left(\dfrac{\varkappa}{\varkappa - 1}\right)$, $\mathrm{X}\left(\dfrac{1}{\varkappa}\right)$, $\mathrm{X}\left(\dfrac{\varkappa - 1}{\varkappa}\right)$, $\mathrm{X}(1 - \varkappa)$, $\mathrm{X}\left(\dfrac{1}{1 - \varkappa}\right)$, $\mathrm{X}'(\varkappa)$, $\ldots$, $\mathrm{X}'\left(\dfrac{1}{1 - \varkappa}\right)$ resteront toutes holomorphes. Il convient d'observer encore que le coefficient de i a le même signe dans $\varkappa$, $\dfrac{1}{1 - \varkappa}$ et $\dfrac{\varkappa - 1}{\varkappa}$ et un signe contraire à celui-là dans $\dfrac{1}{\varkappa}$, $1 - \varkappa$, $\dfrac{\varkappa}{\varkappa - 1}$.

543. Nous conviendrons, dans toutes les formules qui suivent et qui comportent un double signe, de prendre le signe supérieur ou le signe inférieur suivant que le point $\varkappa$ est situé au-dessus ou au-dessous de l'axe des quantités réelles. Supposons d'abord que le point $\varkappa$ appartienne à la région $(\mathrm{C_0 D_0})$; on aura alors, en appliquant les formules $(\mathrm{CXX_2})$,

$$\mathrm{X}\left(\frac{\varkappa}{\varkappa - 1}\right) = \frac{\pi}{2}\,\lambda\left(\frac{\varkappa}{\varkappa - 1}\right),$$

$$\mathrm{X}'\left(\frac{\varkappa}{\varkappa - 1}\right) = -\frac{1}{2}\left[4\,\mu\left(\frac{\varkappa}{\varkappa - 1}\right) + \lambda\left(\frac{\varkappa}{\varkappa - 1}\right)\log\frac{\varkappa}{16(\varkappa - 1)}\right];$$

dans le second membre de la dernière équation le logarithme a sa valeur principale ; on a d'ailleurs (n° **523**)

$$\log\frac{\varkappa}{16(1 - \varkappa)} = \log\frac{\varkappa}{16(\varkappa - 1)} \pm \pi i,$$

suivant que le coefficient de i dans $\dfrac{\varkappa}{1 - \varkappa}$ est positif ou négatif, ou, si l'on veut, suivant que le coefficient de i dans $\varkappa$ est positif ou négatif : on a donc, en tenant compte des relations (η),

$$\mathrm{X}\left(\frac{\varkappa}{\varkappa-1}\right) = \frac{\pi}{2}\sqrt{1-\varkappa}\,\lambda(\varkappa),$$

$$\mathrm{X}'\left(\frac{\varkappa}{\varkappa-1}\right) = -\frac{\sqrt{1-\varkappa}}{2}\left[4\mu(\varkappa)+\lambda(\varkappa)\log\frac{\varkappa}{16}\right] \pm \frac{\pi i}{2}\sqrt{1-\varkappa}\,\lambda(\varkappa),$$

d'où enfin, en appliquant encore une fois les formules (CXX_2),

$$\mathrm{X}\left(\frac{\varkappa}{\varkappa-1}\right) = \sqrt{1-\varkappa}\,\mathrm{X}(\varkappa), \qquad \mathrm{X}'\left(\frac{\varkappa}{\varkappa-1}\right) = \sqrt{1-\varkappa}\,[\mathrm{X}'(\varkappa) \pm i\,\mathrm{X}(\varkappa)].$$

Les deux formules auxquelles nous parvenons ainsi, ne sont établies que dans la région $(C_0 D_0)$; mais elles sont valables tant que les divers membres restent holomorphes, c'est-à-dire tant que le point $\varkappa$ reste soit au-dessus, soit au-dessous de l'axe des quantités réelles.

Si, dans ces formules, on change $\varkappa$ en $1-\varkappa$, et si l'on n'oublie pas que les coefficients de i dans $\varkappa$ et dans $1-\varkappa$ sont de signes contraires, on trouve

$$\mathrm{X}\left(\frac{\varkappa-1}{\varkappa}\right) = \sqrt{\varkappa}\,\mathrm{X}(1-\varkappa) = \sqrt{\varkappa}\,\mathrm{X}'(\varkappa),$$

$$\mathrm{X}'\left(\frac{\varkappa-1}{\varkappa}\right) = \sqrt{\varkappa}\,[\mathrm{X}'(1-\varkappa) \mp i\,\mathrm{X}(1-\varkappa)] = \sqrt{\varkappa}\,[\mathrm{X}(\varkappa) \mp i\,\mathrm{X}'(\varkappa)].$$

On a d'ailleurs

$$\mathrm{X}\left(\frac{\varkappa}{\varkappa-1}\right) = \mathrm{X}\left(1-\frac{1}{1-\varkappa}\right) = \mathrm{X}'\left(\frac{1}{1-\varkappa}\right), \qquad \mathrm{X}'\left(\frac{\varkappa}{\varkappa-1}\right) = \mathrm{X}\left(\frac{1}{1-\varkappa}\right),$$

$$\mathrm{X}\left(\frac{\varkappa-1}{\varkappa}\right) = \mathrm{X}\left(1-\frac{1}{\varkappa}\right) = \mathrm{X}'\left(\frac{1}{\varkappa}\right), \qquad \mathrm{X}'\left(\frac{\varkappa-1}{\varkappa}\right) = \mathrm{X}\left(\frac{1}{\varkappa}\right).$$

Finalement, on obtient le Tableau de formules qui suit, où la signification du double signe a été précisée plus haut,

$$(\mathrm{CXX}_4)\quad\left\{\begin{aligned}
&\mathrm{X}(1-\varkappa) = \mathrm{X}'(\varkappa), \qquad \mathrm{X}'(1-\varkappa) = \mathrm{X}(\varkappa),\\
&\mathrm{X}\left(\frac{\varkappa}{\varkappa-1}\right) = \mathrm{X}'\left(\frac{1}{1-\varkappa}\right) = \sqrt{1-\varkappa}\,\mathrm{X}(\varkappa),\\
&\mathrm{X}'\left(\frac{\varkappa}{\varkappa-1}\right) = \mathrm{X}\left(\frac{1}{1-\varkappa}\right) = \sqrt{1-\varkappa}\,[\mathrm{X}'(\varkappa) \pm i\,\mathrm{X}(\varkappa)],\\
&\mathrm{X}\left(\frac{\varkappa-1}{\varkappa}\right) = \mathrm{X}'\left(\frac{1}{\varkappa}\right) \quad = \sqrt{\varkappa}\,\mathrm{X}'(\varkappa),\\
&\mathrm{X}'\left(\frac{\varkappa-1}{\varkappa}\right) = \mathrm{X}\left(\frac{1}{\varkappa}\right) \quad = \sqrt{\varkappa}\,[\mathrm{X}(\varkappa) \mp i\,\mathrm{X}'(\varkappa)].
\end{aligned}\right.$$

544. Il est bien aisé de conclure de ces formules que le coefficient de i dans le rapport $\frac{\mathrm{X}'(x)}{\mathrm{X}(x)}$ est toujours compris entre -1 et $+1$. Plaçons-nous, en effet, dans le cas où le coefficient de i dans x est positif. On tire alors des formules (CXX_4)

$$\frac{\mathrm{X}'\left(\dfrac{x}{x-1}\right)}{\mathrm{X}\left(\dfrac{x}{x-1}\right)} = \frac{\mathrm{X}'(x)}{\mathrm{X}(x)} + i;$$

d'ailleurs le coefficient de i sera négatif dans $\frac{x}{x-1}$; mais (n° **524**) le coefficient de i est toujours de signe contraire dans x et $\frac{\mathrm{X}'}{\mathrm{X}}$; il sera donc négatif dans $\frac{\mathrm{X}'(x)}{\mathrm{X}(x)}$ et positif dans le premier membre. Il faut donc que le coefficient de i dans $\frac{\mathrm{X}'(x)}{\mathrm{X}(x)}$ soit compris entre -1 et 0. On verrait de même qu'il est compris entre 0 et 1, lorsque le coefficient de i dans x est négatif. On voit encore qu'il n'est jamais nul, sauf dans le cas où x est réel, compris entre 0 et 1 (¹).

545. Lorsque le point x en restant dans le plan ($\mathfrak{T}$) s'approche d'un point déterminé d'une coupure, autre que le point 0 ou le point 1, X et X' tendent vers des limites déterminées, puisque ce sont des solutions de l'équation différentielle (γ), lesquelles peuvent toujours être continuées le long d'un chemin déterminé quelconque ne passant ni par le point 0 ni par le point 1. Ces limites apparaissent d'ailleurs immédiatement sur les formules (CXX_4).

Supposons, par exemple, que le point x s'approche d'un point x_1 de la coupure de droite, en restant dans la partie supérieure du plan ($\mathfrak{T}$); on aura

$$\mathrm{X}(x) = \frac{1}{\sqrt{x}}\left[\mathrm{X}\left(\frac{1}{x}\right) + i\mathrm{X}'\left(\frac{1}{x}\right)\right],$$

$$\mathrm{X}'(x) = \frac{1}{\sqrt{x}}\,\mathrm{X}'\left(\frac{1}{x}\right).$$

(¹) Dans le même ordre d'idées, il est aisé de démontrer le théorème suivant : Le parallélogramme dont les côtés sont respectivement 0, X, $\mathrm{X}+i\mathrm{X}'$, $i\mathrm{X}'$ est décomposé en deux triangles acutangles par la diagonale qui joint les deux sommets X, $i\mathrm{X}'$ si le coefficient de i dans x est positif, par la diagonale qui joint les deux sommets 0, $\mathrm{X}+i\mathrm{X}'$, si le coefficient de i dans x est négatif; lorsque x est positif, compris entre 0 et 1, le parallélogramme est un rectangle.

Les fonctions $X\left(\frac{1}{x}\right)$, $X'\left(\frac{1}{x}\right)$ sont continues quand x s'approche de x_1 et tendent vers des valeurs réelles et positives $X\left(\frac{1}{x_1}\right)$, $X'\left(\frac{1}{x_1}\right)$; $\frac{1}{\sqrt{x}}$ tend vers la valeur réelle et positive $\frac{1}{\sqrt{x_1}}$, et l'on a

$$\lim_{x=x_1}[X(x)] = \frac{1}{\sqrt{x_1}}\left[X\left(\frac{1}{x_1}\right) + iX'\left(\frac{1}{x_1}\right)\right],$$

$$\lim_{x=x_1}[X'(x)] = \frac{1}{\sqrt{x_1}}X'\left(\frac{1}{x_1}\right).$$

Rien n'empêche de regarder ces limites comme étant les valeurs de $X(x_1)$, $X'(x_1)$ qui n'ont pas encore été définies; les fonctions $X(x)$, $X'(x)$ sont alors définies sur le *bord supérieur* de la coupure qui va du point 1 à $+\infty$, en suivant l'axe des quantités positives; la partie réelle du rapport $\frac{X'(x_1)}{X(x_1)}$ est encore positive, puisque $X\left(\frac{1}{x_1}\right)$ et $X'\left(\frac{1}{x_1}\right)$ sont positifs et la continuité montre que l'équation en τ, $k^2(\tau) = x_1$, est encore vérifiée quand on suppose $\tau = \frac{iX'(x_1)}{X(x_1)}$.

On peut, si l'on veut, modifier la définition du plan ($\mathfrak{C}$), de manière à faire rentrer dans ce plan le bord supérieur de la coupure de droite; mais on n'y fera pas rentrer le bord inférieur de manière que les fonctions $X'(x)$, $X(x)$ soient *univoques* dans tout le plan ($\mathfrak{C}$).

On voit alors, sur les deux dernières formules (CXX_4), que si x tend vers le point x_1 en restant dans la moitié inférieure du plan, $X(x)$ et $X'(x)$ tendent vers les limites

$$\frac{1}{\sqrt{x_1}}\left[X\left(\frac{1}{x_1}\right) - iX'\left(\frac{1}{x_1}\right)\right] = X(x_1) - 2iX'(x_1),$$

$$\frac{1}{\sqrt{x_1}}X'\left(\frac{1}{x_1}\right) = X'(x).$$

La coupure de droite devient ainsi une ligne de discontinuité.

Les mêmes observations s'appliquent à la coupure de gauche, relative aux valeurs négatives de x; mais, pour conserver la symétrie du plan ($\mathfrak{C}$) par rapport au point $\frac{1}{2}$, il convient de définir les fonctions $X(x)$, $X'(x)$, quand x s'approche du point x_2 de la coupure en restant dans la partie *inférieure* du plan; en sorte que pour cette coupure, c'est sur le bord inférieur que les fonctions seront définies, par exemple, par les formules

$$X(x_2) = \frac{1}{\sqrt{1-x_2}} X'\left(\frac{1}{1-x_2}\right),$$

$$X'(x_2) = \frac{1}{\sqrt{1-x_2}} \left[X\left(\frac{1}{1-x_2}\right) + iX'\left(\frac{1}{1-x_2}\right)\right].$$

On fera encore rentrer le bord inférieur de la coupure de gauche dans le plan ($\mathfrak{C}$). On voit alors que, si x tend vers le point x_2 en restant dans la moitié supérieure du plan, $X(x)$ et $X'(x)$ tendent vers les limites

$$\frac{1}{\sqrt{1-x_2}} X'\left(\frac{1}{1-x_2}\right) = X(x_2),$$

$$\frac{1}{\sqrt{1-x_2}} \left[X\left(\frac{1}{1-x_2}\right) - iX'\left(\frac{1}{1-x_2}\right)\right] = X'(x_2) - 2iX(x_2).$$

La coupure de gauche devient donc, elle aussi, ligne de discontinuité. Les propriétés établies pour l'ancien plan coupé ($\mathfrak{C}$) subsistent après les modifications qu'on lui a fait subir et qui permettent de regarder les fonctions X, X' comme définies partout, sauf aux points 0 et 1.

Les formules (CXX_4) subsistent d'ailleurs pour toutes les valeurs de x, autres que 0 et 1 ; lorsque x est réel, il faut toutefois faire attention, pour les formules qui comportent un double signe, à prendre le signe supérieur ou inférieur suivant que x est positif ou négatif et à regarder, quand x est négatif, $\sqrt{x}$ comme égal à $-i|\sqrt{-x}|$, et quand x est positif, plus grand que un, $\sqrt{1-x}$ comme égal à $-i|\sqrt{x-1}|$.

546. Nous allons maintenant envisager les fonctions analytiques de x que l'on obtient en continuant les séries entières qui, aux environs d'un point x_0 du plan ($\mathfrak{C}$) non complété, coïncident avec les développements de $X(x)$ et de $X'(x)$.

On voit sur l'équation différentielle (γ) que l'on peut continuer ces séries de proche en proche le long d'un chemin quelconque ne passant ni par le point o ni par le point 1, mais traversant un nombre quelconque de fois les deux coupures.

Les fonctions ainsi continuées n'offrent plus, comme $X(x)$ et $X'(x)$, des discontinuités quand on traverse une des coupures, mais ce ne sont plus des fonctions univoques de x et elles ne coïncident plus en général avec $X(x)$ et $X'(x)$.

Pour les comparer aux fonctions univoques $X(x)$ et $X'(x)$, considérons d'abord deux fonctions Y et iY' de la variable x qui, aux environs d'un point x_0 situé en dehors des coupures, admettent les mêmes développements en série entière, en $x - x_0$, que les fonctions $\alpha X + \beta iX'$, $\gamma X + \delta iX'$, où α, β, γ, δ désignent quatre constantes réelles dont le déterminant $\alpha\delta - \beta\gamma$ ne soit pas nul. Fixons un chemin quelconque (R) partant du point x_0 et ne passant ni par le point o ni par le point 1; les fonctions Y, iY', étant comme les fonctions X, iX' des solutions de l'équation différentielle (γ) pourront être continuées tout le long du chemin (R). Tant que ce chemin ne rencontrera aucune des deux coupures, elles ne cesseront pas de coïncider avec les fonctions $\alpha X + \beta iX'$, $\gamma X + \delta iX'$; il résulte de l'étude que l'on vient de faire de la discontinuité des fonctions X, X', quand on traverse la coupure $0 \ldots -\infty$, que Y et iY' coïncident respectivement, après qu'on a traversé cette coupure, avec

$$Y = (\alpha \pm 2\beta) X + \beta iX',$$
$$iY' = (\gamma \pm 2\delta) X + \delta iX',$$

où il faut prendre les signes supérieurs ou inférieurs suivant que l'on traverse la coupure en allant du haut du plan vers le bas, ou du bas du plan vers le haut; de même, Y et iY', après que l'on a traversé la coupure $1 \ldots +\infty$, prennent respectivement les valeurs

$$\alpha X + (\beta \mp 2\alpha) iX', \qquad \gamma X + (\delta \mp 2\gamma) iX',$$

où il faut prendre les signes supérieurs ou inférieurs suivant que l'on traverse la coupure de bas en haut ou de haut en bas. Par conséquent, en un point quelconque x_1 du chemin (R) les fonctions Y, iY' peuvent être représentées par des expressions telles que $aX + biX'$, $cX + diX'$, où l'on rappelle encore que X, X' sont des fonctions univoques et où les coefficients a, b, c, d, dont le déterminant $ad - bc$ est égal à $\alpha\delta - \beta\gamma$, dépendent de α, β, γ, δ et de la façon dont on a traversé les coupures; les différences $a - \alpha$, $b - \beta$, $c - \gamma$, $d - \delta$ sont des fonctions linéaires de α, β, γ, δ dont les coefficients sont des entiers pairs.

547. Si l'on voulait se replacer au point de vue des nos **147**, **148**, **149** et envisager α, β, γ, δ comme les coefficients d'une substitution

$$S = \begin{pmatrix} \alpha & \beta \\ \gamma & \delta \end{pmatrix}$$

permettant de passer des nombres X, iX' aux nombres Y, iY', on pourrait dire que l'effet du passage par une coupure consiste à multiplier la substitution S par l'une ou l'autre des substitutions $T^{\pm 2}$, $V^{\mp 2}$ du n° **148**; en sorte que la substitution $\begin{pmatrix} a & b \\ c & d \end{pmatrix}$ s'obtient en multipliant S par un produit de puissances paires, positives ou négatives, des substitutions T, S. Un tel produit est évidemment une substitution linéaire appartenant au premier des six types du Tableau (XX_6). Réciproquement [1], toute substitution linéaire $\begin{pmatrix} \alpha & \beta \\ \gamma & \delta \end{pmatrix}$ ou $\begin{pmatrix} -\alpha & -\beta \\ -\gamma & -\delta \end{pmatrix}$ appartenant au type 1° du Tableau (XX_6) est un produit de puissances *paires* de substitutions T et V. En effet, conservons les notations du n° **148**; on peut toujours déterminer un entier positif ou négatif μ tel que dans l'identité

$$\begin{pmatrix} \alpha & \beta \\ \gamma & \delta \end{pmatrix} T^{-2\mu} = \begin{pmatrix} \alpha_1 & \beta \\ \gamma_1 & \delta \end{pmatrix},$$

où l'on a posé $\alpha_1 = \alpha - 2\mu\beta$, $\gamma_1 = \gamma - 2\mu\delta$, la valeur absolue de α_1 soit plus petite que celle de β; le déterminant $\alpha_1\delta - \beta\gamma_1$ est égal à 1 et la parité des nombres α_1, γ_1 est la même que celle des nombres α, γ. De même on peut toujours déterminer un entier positif ou négatif ν tel que dans l'identité

$$\begin{pmatrix} \alpha_1 & \beta \\ \gamma_1 & \delta \end{pmatrix} V^{-2\nu} = \begin{pmatrix} \alpha_1 & \beta_1 \\ \gamma_1 & \delta_1 \end{pmatrix},$$

où l'on a posé $\beta_1 = \beta - 2\nu\alpha_1$, $\delta_1 = \delta - 2\nu\gamma_1$, la valeur absolue

(1) *Voir* la vingt-cinquième Leçon du Cours autographié de M. Hermite, d'où sont tirés plusieurs des présents résultats.

de β_1 soit moindre que celle de α_1; le déterminant $\alpha_1\delta_1 - \beta_1\gamma_1$ est égal à 1 et la parité des nombres β_1, δ_1 est conservée. Par répétition de ces deux opérations on parvient nécessairement à une substitution de la forme $\begin{pmatrix} \alpha' & 0 \\ \gamma' & \delta' \end{pmatrix}$ où $\alpha'\delta'$ est égal à 1 et où γ' est un nombre *pair*. Si α' est égal à $+1$ le théorème est démontré puisque $\begin{pmatrix} 1 & 0 \\ \gamma' & 1 \end{pmatrix} = \mathrm{T}^{\gamma'}$; si α' est égal à -1, il suffira de multiplier la substitution $\begin{pmatrix} -\alpha & -\beta \\ -\gamma & -\delta \end{pmatrix}$ par les mêmes puissances paires de T et de V pour parvenir à une substitution où α' est égal à $+1$.

548. Reprenons les notations du n° **546**; nous allons montrer que les fonctions Y, Y' ne s'annulent jamais le long du chemin (R), et que la partie réelle de $\frac{\mathrm{Y}'}{\mathrm{Y}}$ est du même signe que $\alpha\delta - \beta\gamma$. En effet, posons $\mathrm{X}' = (\lambda + \mu i)\mathrm{X}$, en désignant par λ, μ des nombres réels dont le premier est (n° **524**) essentiellement positif; nous aurons

$$\mathrm{Y} = a\mathrm{X} + bi\mathrm{X}' = (a - b\mu + b\lambda i)\mathrm{X},$$

$$i\mathrm{Y}' = c\mathrm{X} + di\mathrm{X}' = (c - d\mu + d\lambda i)\mathrm{X}.$$

Puisque X n'est pas nul non plus que λ, on voit que $a\mathrm{X} + bi\mathrm{X}'$, par exemple, ne peut s'annuler que si b et a sont nuls; s'il en était ainsi Y serait nul sur une portion finie du chemin (R) et, par suite, identiquement nul, cas que nous écartons. D'autre part, la partie réelle du rapport $\frac{\mathrm{Y}'}{\mathrm{Y}}$ est égale à

$$\frac{\lambda(ad - bc)}{b^2\lambda^2 + (a - b\mu)^2} = \frac{\lambda(\alpha\delta - \beta\gamma)}{b^2\lambda^2 + (a - b\mu)^2};$$

la seconde partie de l'énoncé est donc établie.

On voit aussi, en passant, si l'on imagine une aire limitée par un contour simple contenant à son intérieur le point $\varkappa_0$, mais non le point 0 ou le point 1, et si l'on définit les fonctions Y, $i\mathrm{Y}'$ comme des fonctions holomorphes qui vérifient l'équation différentielle linéaire (γ) et qui, aux environs de $\varkappa_0$, coïncident avec $\alpha\mathrm{X} + \beta i\mathrm{X}'$, $\gamma\mathrm{X} + \delta i\mathrm{X}'$, que le rapport $\frac{\mathrm{Y}'}{\mathrm{Y}}$ reste holomorphe dans l'aire considérée et que sa partie réelle y conserve le même signe.

549. Supposons maintenant que l'on ait

$$\alpha = 1, \qquad \beta = 0, \qquad \gamma = 0, \qquad \delta = 1,$$

en sorte que, au point x_0, les fonctions Y, iY' coïncident avec X, iX'; les valeurs qu'elles peuvent acquérir en un point quelconque du plan, en suivant, à partir de x_0 un chemin quelconque, sont de la forme $aX + biX'$, $cX + diX'$, où a, b, c, d sont les coefficients d'une substitution linéaire appartenant au type 1° du Tableau (XX_6); réciproquement, on peut leur faire acquérir toutes les valeurs de cette forme, en suivant un chemin convenable, comme il résulte de la composition d'une substitution de ce type au moyen des puissances paires des substitutions T et V. Aucune de ces valeurs n'est nulle; enfin, le rapport $\frac{Y'}{Y}$ a toujours sa partie réelle positive, et l'on peut, par conséquent, construire les fonctions $\mathfrak{S}\left(v \,\middle|\, \frac{iY'}{Y}\right)$. Dès lors, on voit que l'équation $k^2(\tau) = x$ est aussi bien vérifiée en prenant pour τ le rapport $\frac{iY'}{Y}$ que le rapport $\frac{iX'}{X}$; en effet, puisque l'on a

$$\frac{iY'}{Y} = \frac{c + d\,\dfrac{iX'}{X}}{a + b\,\dfrac{iX'}{X}}$$

et que la substitution $\begin{pmatrix} a & b \\ c & d \end{pmatrix}$ appartient au type 1° du Tableau (XX_6), on a

$$k^2\left(\frac{iY'}{Y}\right) = k^2\left(\frac{iX'}{X}\right),$$

résultat que la théorie de la continuation permettait de prévoir.

550. Plaçons-nous maintenant à un autre point de vue et en continuant de désigner par X, X' les mêmes fonctions de x, univoques dans tout le plan ($\mathfrak{T}$) complété comme il a été expliqué par l'adjonction du bord supérieur d'une des coupures et du bord inférieur de l'autre, envisageons l'équation

$$\frac{iX'(x)}{X(x)} = \tau,$$

où x est l'inconnue et où τ est un nombre donné dans lequel le coefficient de i est positif.

Si cette équation admet une solution, cette solution ne peut être que le nombre $k^2(\tau)$, en vertu de l'identité en x,

$$x = k^2\left[\frac{i\text{X}'(x)}{\text{X}(x)}\right].$$

Pour savoir si $k^2(\tau)$ est effectivement une solution, remplaçons x par $k^2(\tau)$ dans le premier membre de l'équation proposée : ce premier membre prend une valeur déterminée τ_1, puisque (XXXVII$_{6,7}$) le point $k^2(\tau)$ n'est ni le point 0, ni le point 1, et appartient par suite au plan ($\mathfrak{T}$) complété. Mais la même identité en x, quand on y remplace x par $k^2(\tau)$, montre que l'on a $k^2(\tau) = k^2(\tau_1)$ et, par conséquent, que l'on peut passer de τ à τ_1 par une substitution linéaire du type 1° : l'équation proposée n'est pas nécessairement vérifiée, mais, le nombre τ étant donné, il existe quatre nombres entiers a, b, c, d qu'on peut regarder comme les coefficients d'une substitution du type 1°, et tels que l'on ait

$$\tau = \frac{c\text{X}(x) + di\text{X}'(x)}{a\text{X}(x) + bi\text{X}'(x)},$$

quand on remplace x par $k^2(\tau)$; ou encore, il existe un chemin fermé partant de x et y revenant, tel que l'on ait, pour $x = k^2(\tau)$,

$$\tau = \frac{i\text{Y}'(x)}{\text{Y}(x)},$$

en désignant par $\text{Y}(x)$, $\text{Y}'(x)$ ce que sont devenues les fonctions $\text{X}(x)$, $\text{X}'(x)$ continuées le long de ce chemin.

Inversement, toute équation de la dernière forme, où l'on entend que $\text{Y}(x)$ et $\text{Y}'(x)$ peuvent être obtenus par des continuations quelconques de $\text{X}(x)$, $\text{X}'(x)$ ramenant x à son point de départ, admet donc la solution $x = k^2(\tau)$. Elle n'en admet pas d'autres : en effet, Y, Y$'$ ne peuvent avoir que des déterminations de la forme $a\text{X} + bi\text{X}'$, $c\text{X} + di\text{X}'$, où a, b, c, d sont des entiers appartenant au type 1°; mais l'égalité

$$\tau = \frac{i\text{Y}'(x)}{\text{Y}(x)} = \frac{c\text{X}(x) + di\text{X}'(x)}{a\text{X}(x) + bi\text{X}'(x)}$$

équivaut à celle-ci

$$\frac{i\text{X}'(x)}{\text{X}(x)} = \frac{-c + a\tau}{d - b\tau},$$

qui ne peut admettre d'autre solution que

$$x = k^2\left(\frac{-c+a\tau}{d-b\tau}\right),$$

d'après l'observation faite au début de ce numéro; les nombres d, $-b$, $-c$, a appartiennent d'ailleurs, comme les nombres a, b, c, d, au type 1°; on a donc

$$k^2\left(\frac{-c+a\tau}{d-b\tau}\right) = k^2(\tau).$$

L'équation $\frac{i\mathrm{Y}'(x)}{\mathrm{Y}(x)} = \tau$, où Y et Y′ sont les fonctions de x précédemment définies, où x est l'inconnue et τ un nombre donné dans lequel le coefficient de i est positif, *admet donc la solution univoque* $x = k^2(\tau)$ *et n'admet que cette solution*. Ce résultat, signalé par M. Fuchs (¹) est un point très particulier de la théorie des fonctions auxquelles M. Poincaré a donné le nom de *fonctions fuchsiennes*.

III. — Calcul effectif de τ, ω_1, ω_3.

551. Lorsque la valeur absolue de x est plus petite que 1, les formules (CXX_2) permettent de calculer (²) $\mathrm{X}(x)$ et $\mathrm{X}'(x)$.

(¹) *Journal de Crelle*, t. 83, Lettre à M. Hermite.

(²) Quoique le calcul des $\mathrm{X}(x)$, $\mathrm{X}'(x)$ par les séries $\lambda(x)$, $\mu(x)$, lorsque l'on a $|x| < 1$, ne soit pas avantageux, à moins que x ne soit très petit, il convient de compléter un peu ce que nous avons déjà dit à ce sujet (nos 536-537).

Des formules (CXX_2) on déduit immédiatement les relations

$$\mathrm{X}(x) = \frac{\pi}{2} - \frac{1}{2}\log(1-x) - \alpha(x),$$

$$\mathrm{X}'(x) = 2\log 2 - \frac{\mathrm{X}(x)}{\pi}\log x + \beta(x),$$

en posant

$$\alpha(x) = \sum_{n=1}^{n=\infty}\left(\frac{1}{2n} - \frac{\pi a_n}{2}\right)x^n, \qquad \beta(x) = 2\sum_{n=1}^{n=\infty} a_n(\log 2 - b_n)x^n.$$

Les séries que l'on obtient en remplaçant x par 1 dans $\alpha(x)$, $\beta(x)$, séries dont les différents termes sont réels et positifs, sont d'ailleurs convergentes, comme il

Observons en passant que les deux premières formules (CXX_4) montrent que l'on a $X\left(\frac{1}{2}\right) = X'\left(\frac{1}{2}\right)$. La valeur correspondante de $q = e^{-\pi\frac{X'}{X}}$ est $e^{-\pi} = 0{,}0432139\ldots$; on en déduit

$$(CXXI_5) \qquad X'\left(\frac{1}{2}\right) = X\left(\frac{1}{2}\right) = \frac{\pi}{2}\,\mathfrak{D}_3^2(0\,|\,i) = 1{,}854\,075.$$

Les formules (CXX_4) permettent également de calculer directement la valeur de q lorsque le point $\varkappa$ est l'un des deux points communs aux trois lignes C_0, C_1, D. Pour les racines $e^{\pm\frac{i\pi}{3}}$ de l'équation $\frac{\varkappa - 1}{\varkappa} = \varkappa$, les deux dernières de ces formules fournissent en effet la relation

$$\frac{X'\left(e^{\pm\frac{i\pi}{3}}\right)}{X\left(e^{\pm\frac{i\pi}{3}}\right)} = e^{\mp\frac{i\pi}{6}};$$

---

résulte des inégalités démontrées au n° 537; désignons leurs sommes par $\alpha(1)$, $\beta(1)$; ces nombres seront, d'après le second théorème d'Abel (n° 32), les limites respectives de $\alpha(\varkappa)$, $\beta(\varkappa)$ quand $\varkappa$ tend vers 1 par valeurs positives plus petites que 1. Il est aisé de montrer que l'on a

$$\alpha(1) = \beta(1) = \frac{\pi}{2} - 2\log 2 = 0{,}1845\ldots.$$

Il suffit pour cela d'égaler l'expression de $X'(\varkappa)$ à celle que l'on obtient en remplaçant $\varkappa$ par $1 - \varkappa$ dans l'expression de $X(\varkappa)$, puis de supposer $\varkappa$ réel, positif plus petit que 1, et de faire tendre $\varkappa$ successivement vers 0 et 1.

Ces valeurs de $\alpha(1)$, $\beta(1)$ permettent, en raisonnant comme au n° 553, d'évaluer facilement une limite supérieure de l'erreur que l'on commet en ne conservant, pour le calcul de $\alpha(\varkappa)$ ou de $\beta(\varkappa)$, que les premiers termes du développement. On a d'ailleurs, en remplaçant les coefficients de $\alpha(\varkappa)$, $\beta(\varkappa)$ par leurs valeurs approchées à $\frac{1}{2}\,\frac{1}{10^5}$ près,

$$\begin{aligned}
\alpha(\varkappa) = {} & 0{,}107\,30\varkappa & \qquad \beta(\varkappa) = {} & 0{,}096\,57\varkappa \\
& + 0{,}029\,11\varkappa^2 & & + 0{,}030\,89\varkappa^2 \\
& + 0{,}013\,27\varkappa^3 & & + 0{,}014\,94\varkappa^3 \\
& + 0{,}007\,55\varkappa^4 & & + 0{,}008\,77\varkappa^4 \\
& + 0{,}004\,87\varkappa^5 & & + 0{,}005\,75\varkappa^5 \\
& + 0{,}003\,40\varkappa^6 & & + 0{,}004\,06\varkappa^6 \\
& + 0{,}002\,50\varkappa^7 & & + 0{,}003\,02\varkappa^7 \\
& + 0{,}001\,92\varkappa^8 & & + 0{,}002\,34\varkappa^8 \\
& + \ldots\ldots\ldots & & + \ldots\ldots\ldots
\end{aligned}$$

on en déduit $q = \pm i e^{-\frac{\pi\sqrt{3}}{2}} = \pm i \times 0{,}065\,829$. La relation

$$\mathrm{X}\left(e^{\pm\frac{i\pi}{3}}\right) = \mathrm{X}'\left(e^{\mp\frac{i\pi}{3}}\right),$$

que l'on peut déduire de chacune des deux dernières relations (CXX_4), met d'ailleurs en évidence ce fait que les deux quantités

$$\mathrm{X}\left(e^{\pm\frac{i\pi}{3}}\right), \qquad \mathrm{X}'\left(e^{\pm\frac{i\pi}{3}}\right)$$

sont imaginaires conjuguées. La formule $\mathrm{X} = \frac{\pi}{2}\,\vartheta_3^2(0)$ permet de calculer la première d'entre elles. On trouve

$$(\mathrm{CXXI}_5) \qquad \begin{cases} \mathrm{X}\left(e^{\pm\frac{i\pi}{3}}\right) = 1{,}54369 \pm i \times 0{,}41363, \\ \mathrm{X}'\left(e^{\pm\frac{i\pi}{3}}\right) = 1{,}54369 \mp i \times 0{,}41363. \end{cases}$$

Les nombres décimaux contenus dans ce numéro sont approchés à une demi-unité du dernier ordre près.

D'une façon générale, les formules du Tableau (CXX_4) permettent de ramener le calcul de $\mathrm{X}(x)$, $\mathrm{X}'(x)$ au cas où l'on a $|x| < 1$. En effet, les inégalités

$$|x| > 1, \qquad |1 - x| > 1, \qquad \left|\frac{x}{x-1}\right| > 1$$

entraînent respectivement les inégalités

$$\left|\frac{1}{x}\right| < 1, \qquad \left|\frac{1}{1-x}\right| < 1, \qquad \left|\frac{x-1}{x}\right| < 1,$$

en sorte que, x étant supposé différent des deux points communs aux trois lignes C_0, C_1, D, un au moins des nombres x, $1-x$, $\frac{x}{x-1}$, $\frac{1}{x}$, $\frac{1}{1-x}$, $\frac{x-1}{x}$ est moindre que 1 en valeur absolue; désignons-le par x_1; les formules (CXX_2) permettront de calculer $\mathrm{X}(x_1)$, $\mathrm{X}'(x_1)$; en appliquant les formules (CXX_4) on en déduira $\mathrm{X}(x)$, $\mathrm{X}'(x)$.

552. Mais il vaut mieux porter l'effort sur la détermination du nombre

$$q = e^{-\pi\frac{\mathrm{X}'}{\mathrm{X}}}.$$

Quand on aura, en effet, déterminé q, on aura X par la formule

$$X = \frac{\pi}{2}\mathfrak{I}_3^2(0) = \frac{\pi}{2}(1+2q+2q^4+2q^9+\ldots)^2,$$

où la série qui figure dans le dernier membre converge très rapidement pour peu que q soit petit. On aura ensuite

$$-\pi\frac{X'}{X} = \log q,$$

où il faut prendre dans le second membre la valeur principale du logarithme, puisque, dans le premier, le coefficient de i est compris entre $-\pi$ et π; cette formule déterminera donc X′ quand on a calculé q et X : tout est bien ramené au calcul de q.

Observons en passant que, connaissant q, on peut avoir, en désignant par r un nombre rationnel quelconque, à calculer q^r (XXVIII_3); en particulier, on peut avoir besoin de $q^{\frac{1}{4}}$ pour le calcul des fonctions $\mathfrak{I}_1(u)$, $\mathfrak{I}_2(u)$. La détermination de q^r ne comporte aucune ambiguïté; elle dépend, il est vrai, de la valeur que l'on choisit pour l'argument de q; mais c'est toujours la valeur comprise entre $-\pi$ et $+\pi$ qu'il faut prendre pour cet argument, en vertu du théorème démontré au nº 544.

553. Nous allons d'abord donner une série entière qui permet le calcul de q, quand on a $|\varkappa| < 1$. (Schwarz, *Formules*, p. 54-66.)

Dans ce cas, on a, à cause des formules (CXX_2),

$$q = e^{-\pi\frac{X'}{X}} = e^{4\frac{\mu(\varkappa)}{\lambda(\varkappa)}+\log\frac{\varkappa}{16}} = \frac{\varkappa}{16}e^{4\frac{\mu(\varkappa)}{\lambda(\varkappa)}}$$
$$= \frac{\varkappa}{16}\left\{1+\frac{4\mu(\varkappa)}{\lambda(\varkappa)}+\frac{1}{1.2}\left[\frac{4\mu(\varkappa)}{\lambda(\varkappa)}\right]^2+\ldots\right\}.$$

On a vu d'ailleurs, au nº 538, que $\frac{\mu(\varkappa)}{\lambda(\varkappa)}$ est développable en une série entière en $\varkappa$, dont on peut obtenir autant de termes que l'on veut; en remplaçant et ordonnant suivant les puissances de $\varkappa$, on aura une expression de la forme

$$(CXXI_2) \qquad q = \sum_{n=1}^{n=\infty} C_n \varkappa^n,$$

où tous les coefficients C_n sont rationnels et positifs. Cette formule est évidemment valable tant que l'on a $|x| < 1$; de plus, lorsqu'on suppose que x tende vers un par valeurs positives croissantes, le rapport $\frac{\mu(x)}{\lambda(x)}$ tend (n° 538) vers $\log 2$, donc q tend alors vers $\frac{1}{16} e^{4 \log 2} = 1$; il faut pour cela, puisque tous les coefficients C_n sont positifs, que la série $\sum_{n=1}^{n=\infty} C_n x^n$ reste convergente pour $x = 1$ et que sa somme soit égale à 1. On peut d'ailleurs calculer autant de coefficients que l'on veut et l'on trouve

$$C_1 = \frac{1}{16}, \qquad C_2 = \frac{1}{32}, \qquad C_3 = \frac{21}{1024}, \qquad C_4 = \frac{31}{2048}, \qquad \dots$$

On observera que, si l'on calcule q par cette série en s'arrêtant au terme en x^n, l'erreur commise sera moindre, en valeur absolue, que

$$|x^{n+1}| \sum_{p=1}^{p=\infty} C_{n+p} = |x^{n+1}|(1 - C_1 - C_2 - \dots - C_n),$$

c'est-à-dire, pour les valeurs de n égales à 1, 2, 3, 4, moindre respectivement que

$$\frac{15}{16}|x^2|, \quad \frac{29}{32}|x^3|, \quad \frac{907}{1024}|x^4|, \quad \frac{1783}{2048}|x^5|.$$

En vertu des formules (CXX_4), on peut écrire

$$q = e^{-\pi \frac{\text{K}'(x)}{\text{K}(x)}} = e^{-\pi \frac{\text{K}'\left(\frac{x}{x-1}\right)}{\text{K}\left(\frac{x}{x-1}\right)} \pm \pi i} = -e^{-\pi \frac{\text{K}'\left(\frac{x}{x-1}\right)}{\text{K}\left(\frac{x}{x-1}\right)}};$$

il résulte de là, quand on suppose à la fois $|x| < 1$, $\left|\frac{x}{x-1}\right| < 1$, que l'on a

$$\sum_{n=1}^{n=\infty} C_n \frac{x^n}{(x-1)^n} + \sum_{n=1}^{n=\infty} C_n x^n = 0.$$

Cette identité, si l'on ordonne suivant les puissances de x, conduit à la relation

$$[1+(-1)^n]C_n = \frac{n-1}{1}C_{n-1} - \frac{(n-1)(n-2)}{1.2}C_{n-2} + \frac{(n-1)(n-2)(n-3)}{1.2.3}C_{n-3} - \ldots + (-1)^n\frac{(n-1)(n-2)\ldots 1}{1.2\ldots(n-1)}C_1,$$

qui permet de calculer C_n au moyen de $C_1, C_2, \ldots, C_{n-1}$ lorsque n est pair.

554. Quand $|\varkappa|$ est plus petit que 1, on peut tout aussi facilement calculer la valeur d'une puissance positive quelconque de q.

Soit, en effet, r un nombre positif quelconque; on a (XXVIII₃)

$$q^r = e^{-\pi r\frac{\mathrm{x}'}{\mathrm{x}}} = e^{4r\frac{\mu(\varkappa)}{\lambda(\varkappa)}} \times e^{r\log\frac{\varkappa}{16}},$$

où $\log\frac{\varkappa}{16}$ doit être remplacé par sa valeur principale; dans ces conditions, on a

$$e^{r\log\frac{\varkappa}{16}} = \frac{\varkappa^r}{16^r},$$

en désignant par 16^r un nombre positif et par $\varkappa^r$ la détermination spécifiée au n° 523; on aura, par conséquent,

$$(\text{CXXI}_1) \qquad q^r = \frac{\varkappa^r}{16^r}e^{4r\frac{\mu(\varkappa)}{\lambda(\varkappa)}}.$$

Il est clair que le second membre est le produit de $\varkappa^r$ par une série entière en $\varkappa$, dont les coefficients sont tous positifs, que cette série doit rester convergente pour $\varkappa = 1$, et que sa somme est alors égale à 1.

En particulier, pour $r = \frac{1}{4}$, on aura l'important développement qui suit

$$(\text{CXXI}_3) \qquad q^{\frac{1}{4}} = \sum_{n=0}^{n=\infty} \delta_n\left(\frac{\sqrt[4]{\varkappa}}{2}\right)^{4n+1},$$

où l'on sait que tous les coefficients δ_n sont rationnels et positifs, et que l'on a

$$\sum_{n=0}^{n=\infty} \delta_n\left(\frac{1}{2}\right)^{4n+1} = 1$$

On trouve sans peine

$$\delta_0 = 1, \qquad \delta_1 = 2, \qquad \delta_2 = 15, \qquad \delta_3 = 150, \qquad \ldots;$$

en raisonnant d'ailleurs comme tout à l'heure, on reconnaît qu'en prenant, pour calculer $q^{\frac{1}{4}}$, un, deux, trois, quatre termes, on commet des erreurs respectivement moindres en valeur absolue que

$$\frac{1}{2}|\sqrt[4]{\varkappa}|^5, \quad \frac{7}{16}|\sqrt[4]{\varkappa}|^9, \quad \frac{209}{512}|\sqrt[4]{\varkappa}|^{13}, \quad \frac{1597}{4096}|\sqrt[4]{\varkappa}|^{17}.$$

555. Le procédé que nous avons indiqué pour calculer δ_0, δ_1, δ_2, δ_3, ... n'est pas le seul qu'on puisse suivre :

Reportons-nous, en effet, à la première des relations (CXIX_4) que l'on peut écrire

$$(1 + 2q + 2q^4 + 2q^9 + \ldots)\frac{\sqrt[4]{\varkappa}}{2} = q^{\frac{1}{4}} + q^{\frac{9}{4}} + q^{\frac{25}{4}} + \ldots; \qquad q = e^{-\pi\frac{\text{X}'(\varkappa)}{\text{X}(\varkappa)}}.$$

Nous savons qu'il existe une série entière en $\frac{\sqrt[4]{\varkappa}}{2}$, savoir

$$\sum_{n=0}^{n=\infty} \delta_n \left(\frac{\sqrt[4]{\varkappa}}{2}\right)^{4n+1},$$

qui, mise à la place de $q^{\frac{1}{4}}$ dans l'égalité précédente, la transforme en une identité ; en égalant dans les deux membres les coefficients des mêmes puissances de $\frac{\sqrt[4]{\varkappa}}{2}$, on obtient une suite d'équations qui permettent de calculer de proche en proche les coefficients δ_0, δ_1, δ_2, ... C'est ce procédé qui met en évidence, par une généralisation immédiate d'un théorème célèbre d'Eisenstein, ce fait intéressant que les coefficients δ_n sont des nombres entiers [1].

---

[1] Voici, avec les petites modifications nécessaires ici, le résumé de la démonstration du théorème d'Eisenstein, d'après M. Hermite (*Cours autographié de la Sorbonne*).

Supposons que y soit lié à x par la relation

$$y = \sum_{i,j} \text{A}_{i,j}\, x^i y^j, \tag{1}$$

où i, j peuvent prendre toutes les valeurs entières positives ou nulles, où les coefficients $\text{A}_{i,j}$ sont des constantes parmi lesquelles $\text{A}_{0,0}$ et $\text{A}_{0,1}$ sont nulles; sup-

556. Nous allons maintenant donner une série entière qui permet le calcul de q dans tous les cas.

La relation (CXXI$_3$)

$$q^{\frac{1}{4}} = \sum_{n=0}^{n=\infty} \delta_n \left(\frac{\sqrt[4]{\varkappa}}{2}\right)^{4n+1}$$

---

posons qu'on puisse satisfaire identiquement à cette équation en remplaçant y par une série entière en x de la forme

$$(2) \qquad y = x(\alpha_0 + \alpha_1 x + \alpha_2 x^2 + \ldots + \alpha_n x^n + \ldots),$$

les coefficients α_0, α_1, ..., α_n, ... seront des fonctions entières à coefficients entiers des coefficients $A_{i,j}$, en sorte que, si ces derniers sont des nombres entiers, il en sera de même des coefficients α_n.

Soit, en effet, en désignant par p un entier positif et en supposant en général $\alpha_{n,1} = \alpha_n$,

$$y^p = x^p(\alpha_{0,p} + \alpha_{1,p} x + \alpha_{2,p} x^2 + \ldots + \alpha_{n,p} x^n + \ldots);$$

il est clair que $\alpha_{n,p}$ sera une fonction entière à coefficients entiers de α_0, α_1, ..., α_n indépendante de α_{n+1}, α_{n+2}, ...; en substituant dans l'équation (1), il vient

$$y = \sum_{i,j,n} A_{i,j} \alpha_{n,j} x^{i+j+n};$$

par suite, si l'on fait $m + 1 = i + j + n$, et que l'on égale dans les deux membres les coefficients de x^{m+1}, il viendra

$$\alpha_m = A_{m+1,0} + \sum_{(i+j=m+1)} A_{i,j} \alpha_{m+1-i-j,j};$$

sous le signe $\sum$ du second membre, j doit être au moins égal à 1; par suite, le premier indice $m+1-i-j$ est au plus égal à m; il n'atteint cette valeur que pour $i = 0$, $j = 1$; mais, par hypothèse, $A_{0,1}$ est nul; il n'y a donc pas, dans le second membre, de terme en $\alpha_{m,1} = \alpha_m$, et les termes en $\alpha_{m+1-i-j,j}$ qui y figurent sont des fonctions entières à coefficients entiers de α_0, α_1, ..., α_{m-1}; si donc ces quantités sont des fonctions entières à coefficients entiers des $A_{i,j}$, il en sera de même de α_m; or, on a $\alpha_0 = A_{1,0}$, $\alpha_1 = A_{1,1}\alpha_0 + A_{0,2}\alpha_{0,2} + A_{2,0}$, ... La proposition est évidente. Elle s'applique au cas actuel en supposant $x = \frac{\sqrt[4]{\varkappa}}{2}$, $y = \sqrt[4]{q}$ et en prenant la première des équations (CXIX$_4$) et l'équation (CXXI$_3$) pour les équations (1) et (2).

M. Hermite s'est occupé récemment des séries (CXXI$_{2,3}$) et de quelques autres. (*Bulletin de la Société physico-mathématique de Kasan*, série II, tome VI.) Entre autres résultats, il établit le caractère rationnel et positif des nombres C_n, au moyen de la transformation de Landen, et montre que les nombres $2^{4n}C_n$ sont entiers; le caractère entier des nombres δ_n en résulte. L'illustre géomètre donne, d'après M. Tisserand, les valeurs des douze premiers nombres $2^{4n}C_n$ et en signale de curieuses propriétés arithmétiques.

suppose $|x| < 1$; si cette condition est vérifiée, elle peut, en supposant $q = e^{-\pi\frac{X'(x)}{X(x)}}$, être regardée comme une identité en x. Si, en regardant pour un instant τ comme la variable indépendante, on suppose $\frac{\tau}{i}$ réel et positif et si l'on détermine x par la condition

$$\sqrt[4]{x} = \sqrt{k(\tau)} = \frac{\mathfrak{I}_2(0 \mid \tau)}{\mathfrak{I}_3(0 \mid \tau)} = \frac{2q^{\frac{1}{4}} + 2q^{\frac{9}{4}} + 2q^{\frac{25}{4}} + \dots}{1 + 2q + 2q^4 + \dots}, \qquad q = e^{\tau\pi i};$$

la valeur de x sera manifestement réelle, positive, plus petite que 1, on aura d'ailleurs (n° 550)

$$\frac{i\,X'(x)}{X(x)} = \tau,$$

et, par suite, pour toutes les valeurs de τ considérées,

$$e^{\frac{\tau\pi i}{4}} = \sum_{n=0}^{n=\infty} \delta_n \left[\frac{\sqrt{k(\tau)}}{2}\right]^{4n+1}.$$

Si dans cette identité on change τ en 4τ, on aura, pour les mêmes valeurs de τ,

$$e^{\tau\pi i} = \sum_{n=0}^{n=\infty} \delta_n \left[\frac{\sqrt{k(4\tau)}}{2}\right]^{4n+1},$$

et, par conséquent, pour toutes les valeurs de x réelles, positives et inférieures à un,

$$e^{-\frac{\pi X'(x)}{X(x)}} = \sum_{n=0}^{n=\infty} \delta_n \left(\frac{\beta}{2}\right)^{4n+1},$$

en posant, comme on l'a fait au n° 529,

$$\beta = \frac{1 - \sqrt[4]{1-x}}{1 + \sqrt[4]{1-x}}.$$

L'avant-dernière égalité, établie pour toutes les valeurs de x qu'on a spécifiées, subsiste tant que les deux membres sont des fonctions holomorphes de x, c'est-à-dire dans tout le plan $(\mathfrak{T})$: on pourra donc, au moins théoriquement, calculer q dans tous les cas par la formule

$$(\text{CXXI}_4) \qquad q = \sum_{n=0}^{n=\infty} \delta_n \left(\frac{\beta}{2}\right)^{4n+1}.$$

557. Nous allons montrer qu'on peut toujours s'arranger pour que la série qui figure dans le second membre de la formule (CXXI_4) soit très convergente et que, en même temps, q soit petit.

La chose apparaît clairement quand les données sont les nombres γ_2, γ_3. On peut, en effet, supposer les racines ε_1, ε_2, ε_3 rangées dans un ordre tel que les quantités $|\varepsilon_1 - \varepsilon_3|$, $|\varepsilon_1 - \varepsilon_2|$, $|\varepsilon_2 - \varepsilon_3|$, soient rangées par ordre de grandeur décroissante, c'est-à-dire supposer que l'on a $|x| \leqq |1 - x| \leqq 1$, ou encore que le point x appartient à la région $(C_0 C_1 D_0)$; il suffira pour cela, après avoir figuré le triangle formé par les trois points ε_1, ε_2, ε_3, de placer ε_2 au sommet qui réunit les deux plus petits côtés, ε_1 au sommet qui réunit les deux plus grands.

Pour nous rendre compte de la rapidité de la convergence de la série envisagée, lorsque x appartient à la région $(C_0 C_1 D_0)$ ou à sa limite, nous chercherons d'abord à déterminer le maximum de $|\beta|$. Cette dernière quantité n'est autre chose que le rapport des distances du point $\sqrt[4]{1-x}$ aux points 1 et -1; quand le point x reste dans la région $(C_0 C_1 D_0)$, le point $\sqrt[4]{1-x}$ reste dans une région qui est limitée par la courbe que décrit le point $\sqrt[4]{1-x}$ quand x décrit la limite de la région $(C_0 C_1 D_0)$: cette limite se compose de deux parties, d'une part l'arc du cercle C_1, compris à l'intérieur du cercle C_0, qui va, en passant par le point 0, du point $e^{\frac{\pi i}{3}}$ au point $e^{-\frac{\pi i}{3}}$, et, d'autre part, la portion de la droite D qui s'étend d'un de ces points à l'autre. Quand le point x décrit la première partie, le point $1-x$ reste sur le cercle C_0 et le point $\sqrt[4]{1-x}$ décrit le petit arc du cercle C_0 compris entre les points $e^{-\frac{\pi i}{12}}$ et $e^{\frac{\pi i}{12}}$; quand le point x décrit la seconde partie, le point $\sqrt[4]{1-x}$ décrit un arc de courbe qu'il est aisé de construire et qui relie les deux points $e^{-\frac{\pi i}{12}}$, $e^{\frac{\pi i}{12}}$; une étude sommaire de cette portion de courbe montre [1] qu'elle est comprise tout entière à l'intérieur du cercle C′ qui est orthogonal au cercle C_0 et passe par les deux points $e^{-\frac{\pi i}{12}}$, $e^{\frac{\pi i}{12}}$. Quand le point x reste dans la région $(C_0 C_1 D_0)$ ou sur sa limite, le point $\sqrt[4]{1-x}$ reste donc à l'intérieur du cercle C′ et n'atteint ce cercle qu'aux deux points $e^{\frac{\pi i}{12}}$ et $e^{-\frac{\pi i}{12}}$. Or, sur le cercle C′, le rapport des distances aux points 1 et -1 reste constant; ce rapport prend une valeur plus petite à l'intérieur de ce cercle; donc le rapport des distances du point $\sqrt[4]{1-x}$ aux points $+1$ et -1, lorsque ce point $\sqrt[4]{1-x}$ reste dans la région considérée ou sur sa limite, est maximum pour les points $e^{-\frac{\pi i}{12}}$ et $e^{\frac{\pi i}{12}}$; mais on a, pour $\sqrt[4]{1-x}=e^{\frac{\pi i}{12}}$,

$$\beta = \frac{1-e^{\frac{i\pi}{12}}}{1+e^{\frac{i\pi}{12}}} = \frac{e^{-\frac{i\pi}{24}}-e^{\frac{i\pi}{24}}}{e^{-\frac{i\pi}{24}}+e^{-\frac{i\pi}{24}}} = -i \operatorname{tang}\frac{\pi}{24},$$

et, par conséquent, tant que x reste dans la région $(C_0 C_1 D_0)$ ou sur sa limite, on a

$$|\beta| \leqq \operatorname{tang}\frac{\pi}{24} < \frac{2}{15}.$$

Quant à la valeur de $|q|$ pour la même région, elle est manifestement inférieure ou égale à

$$\sum_{n=0}^{\infty} \delta_n \left|\frac{\beta}{2}\right|^{4n+1},$$

---

[1] Il est aisé de voir que cette portion de courbe est décrite par le point $e^{-\frac{iu}{4}}(2\cos u)^{-\frac{1}{4}}$ quand la variable réelle u va de $-\frac{\pi}{3}$ à $+\frac{\pi}{3}$. Quant au cercle C′, son centre est le point $\operatorname{séc}\frac{\pi}{12}$ et son rayon est égal à $\operatorname{tang}\frac{\pi}{12}$. Le point doit être intérieur à ce cercle, ce qui se traduit par l'inégalité

$$\left(\operatorname{séc}\frac{\pi}{12} - \cos\frac{u}{4}\,\frac{1}{\sqrt[4]{2\cos u}}\right)^2 + \sin^2\frac{u}{4}\,\frac{1}{\sqrt{2\cos u}} < \operatorname{tang}^2\frac{\pi}{12}.$$

C'est un problème de nature élémentaire que de montrer que cette inégalité est vérifiée quand u varie de $-\frac{\pi}{3}$ à $+\frac{\pi}{3}$.

et, par conséquent, à

$$\sum_{n=0}^{\infty} \delta_n \left(\frac{1}{2} \operatorname{tang} \frac{\pi}{24}\right)^{4n+1} = \left| \sum_{n=0}^{\infty} \delta_n \left(\frac{-i}{2} \operatorname{tang} \frac{\pi}{24}\right)^{4n+1} \right|;$$

or, la série dont la valeur absolue figure dans le second membre n'est autre chose que la valeur de q pour $\varkappa = e^{-\frac{i\pi}{3}}$, valeur qui a été calculée au n° 551; on a donc

$$|q| \leqq e^{-\frac{\pi\sqrt{3}}{2}} < \frac{1}{15},$$

pour tous les points $\varkappa$ qui appartiennent à la région $(C_0 C_1 D_0)$, ou à sa limite.

Dans ces conditions, en calculant q au moyen des ν premiers termes de la série, on commet une erreur égale à $\sum_{n=\nu}^{\infty} \delta_n \left(\frac{\beta}{2}\right)^{4n+1}$, quantité dont la valeur absolue est moindre que

$$|\beta|^{4\nu+1} \sum_{n=\nu}^{\infty} \delta_n \left(\frac{1}{2}\right)^{4n+1},$$

c'est-à-dire que

$$|\beta|^{4\nu+1} \left(1 - \frac{1}{2}\delta_0 - \frac{1}{2^5}\delta_1 - \frac{1}{2^9}\delta_2 - \ldots - \frac{1}{2^{4\nu-3}}\delta_{\nu-1}\right),$$

puisque l'on a vu que $\sum_{n=0}^{\infty} \delta_n \left(\frac{1}{2}\right)^{4n+1}$ est égale à 1. On trouve ainsi que, en prenant un, deux, trois, quatre termes, l'erreur commise est moindre que

$$\frac{1}{2}|\beta|^5, \quad \frac{7}{16}|\beta|^9, \quad \frac{209}{512}|\beta|^{13}, \quad \frac{3194}{8192}|\beta|^{17},$$

donc sûrement plus petite qu'une unité du quatrième, huitième, onzième, quinzième ordre décimal.

Pour les valeurs réelles positives de $\varkappa$, plus petites que $\frac{1}{2}$, on aura

$$0 < \beta < \frac{\sqrt[4]{2} - 1}{\sqrt[4]{2} + 1} < \frac{1}{10}, \qquad 0 < q < \frac{1}{20}.$$

558. Ayant calculé q, X, X′ puis $\omega_1 = \frac{X}{\sqrt{\varepsilon_1 - \varepsilon_3}}$, $\omega_3 = \frac{iX'}{\sqrt{\varepsilon_1 - \varepsilon_3}}$ on obtiendra η_1 par la formule (CX_2) par exemple, où la série en q^2 converge rapidement puisque q^2 est plus petit en valeur absolue que $\frac{1}{225}$, ou, mieux encore, par la formule (XXXIX_1); on obtiendra ensuite η_3 par la formule (XXVIII_1), $\sqrt{k}$, $\sqrt{k'}$, K, K′, E, E′ par les formules ($CXIX_{4,6}$) et (CII).

On a ainsi toutes les quantités nécessaires pour le calcul des fonctions $\mathfrak{S}$, σ, sn, cn, dn, ζ, $\wp$, ...

559. Ce qui précède suffirait à la rigueur; toutefois, il est souvent avantageux de ne pas fixer tout d'abord, comme nous l'avons supposé, l'ordre des quantités ε_1, ε_2, ε_3 par les conditions

$$|\varepsilon_1 - \varepsilon_3| \geqq |\varepsilon_1 - \varepsilon_2| \geqq |\varepsilon_2 - \varepsilon_3|;$$

ou bien, si c'est le nombre $\varkappa$ qui est donné directement, comme il arrive quand on se sert des fonctions de Jacobi, ce nombre peut ne pas satisfaire aux conditions $|\varkappa| \leqq |\varkappa - 1| < 1$; il est donc nécessaire d'expliquer avec des détails suffisants comment on peut cependant ramener les calculs à se faire avec la même facilité que dans le cas précédent.

Il convient tout d'abord de compléter les observations que nous avons déjà faites sur la façon dont les points $\frac{\varkappa}{\varkappa - 1}$, $\frac{1}{\varkappa}$, $\frac{1}{1-\varkappa}$, $1 - \varkappa$, $\frac{\varkappa - 1}{\varkappa}$ correspondent au point $\varkappa$.

Convenons de dire de deux points qu'ils sont *symétriques* par rapport à un cercle quand ils sont situés sur un même diamètre et qu'ils divisent harmoniquement ce diamètre, ou encore, ce qui revient au même, quand ils se changent l'un dans l'autre, par l'inversion dont le centre est le centre du cercle et la puissance le carré du rayon du cercle. Cette définition comprend la définition de la symétrie par rapport à un axe; elle ne s'applique pas à la symétrie par rapport à un point, pour laquelle nous conservons la définition habituelle.

La vérité des propositions suivantes apparaît immédiatement sur la figure.

Les points $\varkappa$ et $1 - \varkappa$ sont symétriques par rapport au point $\frac{1}{2}$.

Les points $\frac{1}{x}$ et $\frac{x-1}{x}$, symétriques par rapport au point $\frac{1}{2}$, sont respectivement les symétriques par rapport à l'axe des quantités réelles et à la droite (D) du point symétrique du point x par rapport au cercle C_0. Les points $\frac{x}{x-1}$ et $\frac{1}{1-x}$, symétriques par rapport au point $\frac{1}{2}$, sont respectivement les symétriques par rapport

Fig. 2.

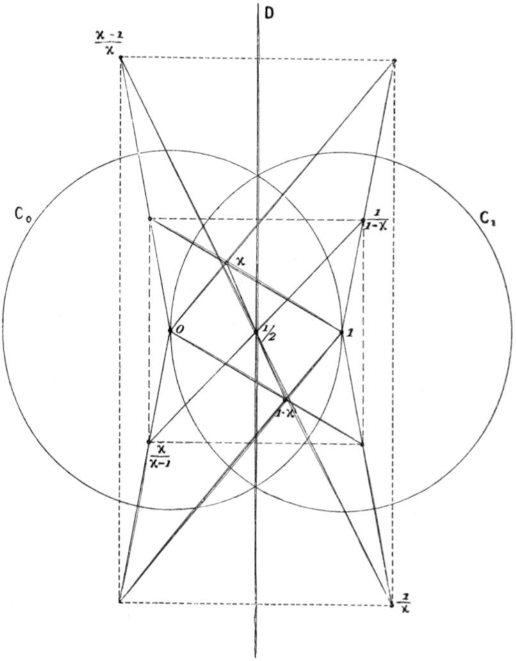

à l'axe des quantités réelles et à la droite (D) du symétrique du point x par rapport au cercle C_1. Quand le point x décrit l'une des trois lignes C_0, C_1, D, les points $\frac{x}{x-1}$, $\frac{1}{x}$, $\frac{1}{1-x}$, $1-x$, $\frac{x-1}{x}$ décrivent aussi, chacun, quelqu'une de ces trois lignes.

Il est aisé, d'après ces remarques, de dresser le Tableau suivant. Les six régions dans lesquelles peut se trouver l'un quelconque des points x, $\frac{x}{x-1}$, $\frac{1}{x}$, $\frac{1}{1-x}$, $1-x$, $\frac{x-1}{x}$ sont énumérées dans la colonne verticale qui porte en tête l'affixe de ce point, et les six points sont toujours respectivement dans les régions dont les symboles figurent dans une même ligne horizontale; ainsi, si le point x est dans la région (C'_1), le point $\frac{1}{1-x}$ est dans la région (C_0).

x	$\frac{x}{x-1}$	$\frac{1}{x}$	$\frac{1}{1-x}$	$1-x$	$\frac{x-1}{x}$
(C_0)	(D_0)	(C'_0)	(D_1)	(C_1)	(C'_1)
(C'_0)	(D_1)	(C_0)	(D_0)	(C'_1)	(C_1)
(C_1)	(C'_1)	(D_1)	(C'_0)	(C_0)	(D_0)
(C'_1)	(C_1)	(D_0)	(C_0)	(C'_0)	(D_1)
(D_0)	(C_0)	(C'_1)	(C_1)	(D_1)	(C'_0)
(D_1)	(C'_0)	(C_1)	(C'_1)	(D_0)	(C_0)

Chaque point qui n'est pas sur une ligne de séparation appartient à la fois à trois des régions (C_0), (C'_0), (C_1), (C'_1), (D_0), (D_1), c'est-à-dire qu'il se trouve dans l'une des six régions désignées, d'après nos conventions, par les symboles $(C_0 C_1 D_0)$, $(D_0 C'_1 C_0)$, $(C'_0 D_1 C'_1)$, $(C'_1 D_0 C'_0)$, $(C_1 C_0 D_1)$, $(D_1 C'_0 C_1)$. Il résulte du Tableau précédent que, si le point x est dans la première région, les cinq points $\frac{x}{x-1}$, $\frac{1}{x}$, $\frac{x-1}{x}$, $1-x$, $\frac{1}{1-x}$ sont respectivement dans les cinq suivantes, et que, suivant que le point x est dans la deuxième, la troisième, la quatrième, la cinquième ou la sixième, c'est le point $\frac{x}{x-1}$, $\frac{1}{x}$, $\frac{1}{1-x}$, $1-x$, $\frac{x-1}{x}$ qui est dans la première; désignons, dans tous les cas, ce point par x_0. On observera sur le Tableau (LXXX_5) que x_0 est précisément égal à la valeur que prend l^2 dans le cas dont le numéro d'ordre est celui de la région où se trouve le point x.

560. On calculera d'abord la quantité

$$(\mathrm{CXXII}_2) \qquad \beta_0 = \frac{1-\sqrt[4]{1-x_0}}{1+\sqrt[4]{1-x_0}}$$

qui sera, comme on l'a vu au n° 557, plus petite en valeur absolue que $\frac{2}{15}$, puis la quantité

$$(\mathrm{CXXII}_3) \qquad Q = \sum_{n=0}^{n=\infty} \delta_n \left(\frac{\beta_0}{2}\right)^{4n+1}$$

qui sera plus petite en valeur absolue que $\frac{1}{15}$, puis les quantités $\mathrm{X}(\varkappa_0)$, $\mathrm{X}'(\varkappa_0)$, $\mathrm{T} = \frac{i\mathrm{X}'(\varkappa_0)}{\mathrm{X}(\varkappa_0)}$, comme on l'a expliqué au n° 552. Les formules (CXX_4) fourniront les valeurs de $\mathrm{X}(\varkappa)$, $\mathrm{X}'(\varkappa)$ au moyen de $\mathrm{X}(\varkappa_0)$, $\mathrm{X}'(\varkappa_0)$, et celle de T au moyen de τ; on en déduit l'expression de $\tau = \frac{i\mathrm{X}'(\varkappa)}{\mathrm{X}(\varkappa)}$ au moyen de $\mathrm{T} = \frac{i\mathrm{X}'(\varkappa_0)}{\mathrm{X}(\varkappa_0)}$, et celle de T au moyen de τ; ces expressions sont de la forme

$$\mathrm{T} = \frac{c + d\tau}{a + b\tau}, \qquad \tau = \frac{-c + a\mathrm{T}}{d - b\mathrm{T}} = \frac{c' + d'\mathrm{T}}{a' + b'\mathrm{T}},$$

où a, b, c, d et a', b', c', d' désignent des nombres entiers; on les trouvera, pour chacun des six cas envisagés, dans les deux dernières colonnes du Tableau suivant, où l'on doit prendre, ainsi que dans toutes les formules suivantes, les signes supérieurs ou inférieurs suivant que le coefficient de i dans $\varkappa$ (et non dans $\varkappa_0$) sera positif ou négatif :

(CXXII₁)

NUMEROS d'ordre de la région	$\varkappa$ EST DANS la région	EXPRESSION de $\varkappa_0$ au moyen de $\varkappa$	EXPRESSION de T au moyen de τ	EXPRESSION de τ au moyen de T
I.......	$(C_0 C_1 D_0)$	$\varkappa$	τ	T
II......	$(C_0 C'_1 D_0)$	$\frac{\varkappa}{\varkappa - 1}$	$\mp 1 + \tau$	$\pm 1 + \mathrm{T}$
III.....	$(C'_0 C'_1 D_1)$	$\frac{1}{\varkappa}$	$\frac{\tau}{1 \mp \tau}$	$\frac{\mathrm{T}}{1 \pm \mathrm{T}}$
IV......	$(C'_0 C'_1 D_0)$	$\frac{1}{1 - \varkappa}$	$\frac{-1}{\mp 1 + \tau}$	$\frac{-1 \pm \mathrm{T}}{\mathrm{T}}$
V.......	$(C_0 C_1 D_1)$	$1 - \varkappa$	$-\frac{1}{\tau}$	$-\frac{1}{\mathrm{T}}$
VI......	$(C'_0 C_1 D_1)$	$\frac{\varkappa - 1}{\varkappa}$	$\frac{-1 \pm \tau}{\tau}$	$\frac{1}{\pm 1 - \mathrm{T}}$

561. On pourra, si l'on veut, calculer q au moyen de τ. Toutefois, il est avantageux de faire les calculs numériques au moyen des séries $\Im(v \mid \mathrm{T})$ plutôt qu'au moyen des séries $\Im(v \mid \tau)$ à cause

de la rapide convergence des premières; aussi convient-il de donner pour chaque cas l'expression des séries $\Im(\mathrm{v}\,|\,\tau)$ au moyen des séries $\Im(v\,|\,\mathrm{T})$. Cette expression résulte immédiatement des formules de transformation linéaire (XLII), dont les quatre premières peuvent s'écrire

$$\varepsilon\ \sqrt{a'+b'\,\mathrm{T}}\ e^{\frac{b'v^2\pi i}{a'+b'\mathrm{T}}}\Im_1(v\,|\,\mathrm{T})\ =\Im_1\left(\frac{v}{a'+b'\,\mathrm{T}}\ \bigg|\ \frac{c'+d'\mathrm{T}}{a'+b'\,\mathrm{T}}\right),$$

$$\varepsilon'\ \sqrt{a'+b'\,\mathrm{T}}\ e^{\frac{b'v^2\pi i}{a'+b'\mathrm{T}}}\Im_{\lambda+1}(v\,|\,\mathrm{T})=\Im_2\left(\frac{v}{a'+b'\,\mathrm{T}}\ \bigg|\ \frac{c'+d'\mathrm{T}}{a'+b'\,\mathrm{T}}\right),$$

$$\varepsilon''\ \sqrt{a'+b'\,\mathrm{T}}\ e^{\frac{b'v^2\pi i}{a'+b'\mathrm{T}}}\Im_{\mu+1}(v\,|\,\mathrm{T})=\Im_3\left(\frac{v}{a'+b'\,\mathrm{T}}\ \bigg|\ \frac{c'+d'\mathrm{T}}{a'+b'\,\mathrm{T}}\right),$$

$$\varepsilon'''\ \sqrt{a'+b'\,\mathrm{T}}\ e^{\frac{b'v^2\pi i}{a'+b'\mathrm{T}}}\Im_{\nu+1}(v\,|\,\mathrm{T})=\Im_4\left(\frac{v}{a'+b'\,\mathrm{T}}\ \bigg|\ \frac{c'+d'\mathrm{T}}{a'+b'\,\mathrm{T}}\right).$$

Lorsque $\varkappa$ est dans la région III, par exemple, on a, d'après le Tableau (CXXII_1),

$$\tau = \frac{\mathrm{T}}{1\pm\mathrm{T}},$$

de sorte que les nombres a', b', c', d' qui figurent dans les formules précédentes sont $a'=1$, $b'=\pm 1$, $c'=0$, $d'=1$; la parité de ces nombres, qui vérifient la relation $a'd'-b'c'=1$, montre que l'on est dans le cas 3° du Tableau (XX_6); en se reportant aux formules $(\mathrm{XLII}_{6,7})$, on a donc immédiatement

$$\varepsilon = \varepsilon''' = e^{\mp\frac{\pi i}{4}},\qquad \frac{\varepsilon'}{\varepsilon} = \frac{\varepsilon''}{\varepsilon} = e^{\pm\frac{\pi i}{4}};$$

en tenant compte des valeurs $\lambda=2$, $\mu=1$, $\nu=3$ correspondant au cas 3° du Tableau (XX_6), on obtient ainsi les formules suivantes [1]

$$(\mathrm{CXXII}_9)\quad
\begin{cases}
\Im_1\left(\dfrac{v}{1\pm\mathrm{T}}\ \bigg|\ \tau\right) = e^{\mp\frac{\pi i}{4}}\sqrt{1\pm\mathrm{T}}\ e^{\pm\frac{v^2\pi i}{1\pm\mathrm{T}}}\Im_1(v\,|\,\mathrm{T}),\\[2ex]
\Im_2\left(\dfrac{v}{1\pm\mathrm{T}}\ \bigg|\ \tau\right) = \sqrt{1\pm\mathrm{T}}\ e^{\pm\frac{v^2\pi i}{1\pm\mathrm{T}}}\Im_3(v\,|\,\mathrm{T}),\\[2ex]
\Im_3\left(\dfrac{v}{1\pm\mathrm{T}}\ \bigg|\ \tau\right) = \sqrt{1\pm\mathrm{T}}\ e^{\pm\frac{v^2\pi i}{1\pm\mathrm{T}}}\Im_2(v\,|\,\mathrm{T}),\\[2ex]
\Im_4\left(\dfrac{v}{1\pm\mathrm{T}}\ \bigg|\ \tau\right) = e^{\mp\frac{\pi i}{4}}\sqrt{1\pm\mathrm{T}}\ e^{\pm\frac{v^2\pi i}{1\pm\mathrm{T}}}\Im_4(v\,|\,\mathrm{T}),
\end{cases}$$

---

[1] On arriverait au même résultat en décomposant la transformation considérée en transformations de la forme $\mathrm{T}\pm 1$, $-\dfrac{1}{\mathrm{T}}$ (n° 191).

où les radicaux doivent être déterminés de façon que leur partie réelle soit positive.

Lorsque $\varkappa$ est dans l'une des régions I, II, III, IV, V, VI, la parité des coefficients a', b', c', d' de la substitution linéaire qui donne τ au moyen de T nous place respectivement dans les cas 1°, 2°, 3°, 6°, 5°, 4° du Tableau (XX_6). Si l'on tient compte de cette remarque, on déduit immédiatement des formules de transformation linéaire (XLII), par un calcul semblable au précédent, les formules du Tableau ($CXXII_9$) placé à la fin de l'Ouvrage, qui se rapportent aux cas où $\varkappa$ est dans une quelconque des six régions envisagées. On a ainsi ce qui est nécessaire au calcul des fonctions ϑ, sn, cn, dn pour une valeur donnée de l'argument v.

562. Si l'on a affaire aux fonctions p, ζ, σ, ..., on pourra les supposer construites avec les demi-périodes $\omega_1 = \frac{X(\varkappa)}{\sqrt{\varepsilon_1 - \varepsilon_3}}$, $\omega_3 = \frac{i X'(\varkappa)}{\sqrt{\varepsilon_1 - \varepsilon_3}}$. On pourra aussi les construire avec des demi-périodes équivalentes; en appliquant les formules (CXX_4), nous allons montrer, dans chacun des six cas qui peuvent se présenter, comment on peut former au moyen de $X(\varkappa_0)$, $X'(\varkappa_0)$ de telles demi-périodes Ω_1, Ω_3 équivalentes à ω_1, ω_3; à ces demi-périodes correspondront des quantités H_1, H_3, de même que η_1, η_3 correspondent à ω_1, ω_3; on pourra calculer H_1 au moyen de Ω_1 et de Q par la formule (XXXIX_1), puis H_3 par la relation $H_1\Omega_3 - H_3\Omega_1 = \frac{\pi i}{2}$; d'ailleurs, η_1, η_3 s'expriment linéairement au moyen de H_1, H_3 par les mêmes formules qui expriment ω_1, ω_3 au moyen de Ω_1, Ω_3; toutes ces quantités pourront donc être regardées comme connues. Le plus souvent on déduira les fonctions $\sigma(u \mid \Omega_1, \Omega_3)$, $\sigma_\alpha(u \mid \Omega_1, \Omega_3)$ des fonctions $\vartheta\left(\frac{u}{2\Omega_1} \middle| T\right)$ par les formules de passage ($XXXIII_{5,6}$), dans lesquelles on suppose τ, q, ω_1, ω_3, η_1 et $v = \frac{u}{2\omega_1}$ remplacés respectivement par T, Q, Ω_1, Ω_3, H_1 et $V = \frac{u}{2\Omega_1}$; on sait d'ailleurs que $\sigma(u \mid \Omega_1, \Omega_3)$ est identique à $\sigma(u \mid \omega_1, \omega_3)$, et que les trois fonctions $\sigma_\alpha(u \mid \Omega_1, \Omega_3)$ sont les trois fonctions $\sigma_1(u \mid \omega_1, \omega_3)$, $\sigma_2(u \mid \omega_1, \omega_3)$, $\sigma_3(u \mid \omega_1, \omega_3)$ prises dans un ordre convenable : cet ordre se détermine par la parité des nombres a, b, c, d au moyen des formules ($XX_{5,6}$).

Les fonctions construites avec les demi-périodes Ω_1, Ω_3 engendrent des quantités E_1, E_2, E_3, $\sqrt{E_1 - E_3}$, ..., de même que les fonctions construites avec les demi-périodes ω_1, ω_3 engendrent des quantités e_1, e_2, e_3, $\sqrt{e_1 - e_3}$, ...; les quantités E_1, E_2, E_3 coïncident d'ailleurs dans leur ensemble avec ε_1, ε_2, ε_3, puisque, en tant que fonctions de u, les deux fonctions $p(u \mid \Omega_1, \Omega_3)$, $p(u \mid \omega_1, \omega_3)$ sont identiques. Les quantités E_1, E_2, E_3, $\sqrt{E_1 - E_3}$, ... seront, dans chaque cas particulier, exprimées sans ambiguïté au moyen des quantités dont le sens a été précisé antérieurement, et cela au moyen des Tableaux (XX_{6-7}); l'examen de chacun de ces cas particuliers montrera que l'on a toujours

$$(\mathrm{CXXII}_6) \qquad \Omega_1 = \frac{X(\varkappa_0)}{\sqrt{E_1 - E_3}}, \qquad \Omega_3 = \frac{iX'(\varkappa_0)}{\sqrt{E_1 - E_3}}.$$

563. Examinons chacun des six cas particuliers qui peuvent se présenter.

Cas I; $\varkappa$ est dans la région $(C_0 C_1 D_0)$.

Cas II; $\varkappa$ est dans la région $(C_0 C_1' D_0)$: $|\varkappa| < 1$, $|\varkappa - 1| > 1$, $|\varkappa| < |\varkappa - 1|$. On pose, conformément à la définition adoptée plus haut pour $\varkappa_0$,

$$\varkappa_0 = \frac{\varkappa}{\varkappa - 1}, \qquad \varkappa = \frac{\varkappa_0}{\varkappa_0 - 1}.$$

Il résulte de là que $\sqrt{1-\varkappa}\sqrt{1-\varkappa_0}$ est égal à ± 1; il suffit de faire la figure dans ce cas et de se rappeler les conventions relatives aux radicaux (n° 523) pour voir que l'on a

$$\sqrt{1-\varkappa}\sqrt{1-\varkappa_0} = 1, \qquad \sqrt[4]{1-\varkappa}\sqrt[4]{1-\varkappa_0} = 1.$$

Dans ce cas, les formules (CXX_4) donnent donc

$$X(\varkappa) = \sqrt{1-\varkappa_0}\, X(\varkappa_0), \qquad X'(\varkappa) = \sqrt{1-\varkappa_0}\,[X'(\varkappa_0) \mp iX(\varkappa_0)],$$

d'où

$$\omega_1 = \frac{\sqrt{1-\varkappa_0}\, X(\varkappa_0)}{\sqrt{\varepsilon_1 - \varepsilon_3}}, \qquad \omega_3 = \frac{\sqrt{1-\varkappa_0}}{\sqrt{\varepsilon_1 - \varepsilon_3}}[iX'(\varkappa_0) \pm X(\varkappa_0)], \qquad \tau = T \pm 1.$$

Nous poserons

$$\Omega_1 = \frac{\sqrt{1-\varkappa_0}\, X(\varkappa_0)}{\sqrt{\varepsilon_1 - \varepsilon_3}}, \qquad \Omega_3 = \frac{\sqrt{1-\varkappa_0}\, iX'(\varkappa_0)}{\sqrt{\varepsilon_1 - \varepsilon_3}};$$

les relations précédentes deviennent alors

$$\omega_1 = \Omega_1, \qquad \omega_3 = \pm \Omega_1 + \Omega_3,$$

d'où

$$\eta_1 = H_1, \qquad \eta_3 = \pm H_1 + H_3;$$

on a aussi, si l'on veut,

$$\Omega_1 = \omega_1, \qquad \Omega_3 = \mp \omega_1 + \omega_3;$$

on voit donc bien que $2\Omega_1$, $2\Omega_3$ sont des périodes de pu comme $2\omega_1$, $2\omega_3$.

Les coefficients a, b, c, d de la substitution linéaire qui donne T en fonction de τ sont

$$a = 1, \qquad b = 0, \qquad c = \mp 1, \qquad d = 1.$$

Par conséquent, en se reportant aux Tableaux ($XX_{6,7}$), on a, en tenant compte des formules ($CXIX_4$),

$$(CXXII_5) \qquad \left\{ \begin{aligned} &\sqrt{E_1 - E_3} = \sqrt{\varepsilon_1 - \varepsilon_2} = \sqrt{\varepsilon_1 - \varepsilon_3}\sqrt{1 - x}, \\ &\sqrt{E_2 - E_3} = \mp i\sqrt{\varepsilon_2 - \varepsilon_3} = \pm i\sqrt{\varepsilon_1 - \varepsilon_3}\sqrt{k}, \\ &\sqrt{E_1 - E_2} = \sqrt{\varepsilon_1 - \varepsilon_3}, \end{aligned} \right.$$

d'où

$$E_1 = \varepsilon_1, \qquad E_2 = \varepsilon_3, \qquad E_3 = \varepsilon_2.$$

La première des formules ($CXXII_5$) permet d'écrire les expressions de Ω_1, Ω_3 sous la forme annoncée

$$\Omega_1 = \frac{X(x_0)}{\sqrt{E_1 - E_3}}, \qquad \Omega_3 = \frac{iX'(x_0)}{\sqrt{E_1 - E_3}}.$$

Il convient d'observer que l'on a, dans le cas actuel,

$$\beta_0 = \frac{1 - \sqrt[4]{1 - x_0}}{1 + \sqrt[4]{1 - x_0}} = \frac{\sqrt[4]{1 - x} - 1}{\sqrt[4]{1 - x} + 1} = -\beta$$

et, par suite,

$$Q = -q,$$

en sorte que, au point de vue de la convergence des séries $\mathfrak{S}$, on ne gagne rien à faire la transformation précédente; il vaudra tout autant faire les calculs comme dans le cas 1°, où x est dans la région ($C_0 C_1 D_0$).

Toute explication est désormais inutile : il suffira d'écrire les résultats.

Cas III. Le point $\varkappa$ est dans la région $(C'_0 C'_1 D_1)$:

$$|\varkappa| > 1, \quad |1 - \varkappa| > 1, \quad |\varkappa| > |1 - \varkappa|,$$

$$\varkappa_0 = \frac{1}{\varkappa}, \qquad \sqrt[4]{\varkappa_0} \sqrt[4]{\varkappa} = 1, \qquad \beta_0 = \frac{1 - \sqrt[4]{1 - \dfrac{1}{\varkappa}}}{1 + \sqrt[4]{1 - \dfrac{1}{\varkappa}}},$$

$$X(\varkappa) = \sqrt{\varkappa_0}\,[X(\varkappa_0) \pm i X'(\varkappa_0)], \qquad X'(\varkappa) = \sqrt{\varkappa_0}\, X'(\varkappa_0),$$

$$\Omega_1 = \frac{X(\varkappa_0)\sqrt{\varkappa_0}}{\sqrt{\varepsilon_1 - \varepsilon_3}} = \omega_1 \mp \omega_3, \qquad \Omega_3 = \frac{i X'(\varkappa_0)\sqrt{\varkappa_0}}{\sqrt{\varepsilon_1 - \varepsilon_3}} = \omega_3,$$

$$H_1 = \eta_1 \mp \eta_3, \qquad H_3 = \eta_3,$$

$$E_1 = \varepsilon_2, \qquad E_2 = \varepsilon_1, \qquad E_3 = \varepsilon_3,$$

$$\sqrt{E_1 - E_3} = \sqrt{\varepsilon_1 - \varepsilon_3}\sqrt{\varkappa}, \qquad \sqrt{E_2 - E_3} = -\sqrt{\varepsilon_1 - \varepsilon_3},$$

$$\sqrt{E_1 - E_2} = \pm i \sqrt{\varepsilon_1 - \varepsilon_3}\sqrt{1 - \varkappa}.$$

Cas IV. Le point $\varkappa$ est dans la région $(C'_0 C'_1 D_0)$:

$$|\varkappa| > 1, \quad |1 - \varkappa| > 1, \quad |\varkappa| < |1 - \varkappa|,$$

$$\varkappa_0 = \frac{1}{1 - \varkappa}, \qquad \varkappa = \frac{\varkappa_0 - 1}{\varkappa_0}, \qquad \beta_0 = \frac{1 - \sqrt[4]{1 - \dfrac{1}{1 - \varkappa}}}{1 + \sqrt[4]{1 - \dfrac{1}{1 - \varkappa}}},$$

$$\sqrt[4]{\varkappa_0} \sqrt[4]{1 - \varkappa} = 1,$$

$$X(\varkappa) = X'(\varkappa_0)\sqrt{\varkappa_0}, \qquad X'(\varkappa) = [X(\varkappa_0) \mp i X'(\varkappa_0)]\sqrt{\varkappa_0},$$

$$\Omega_1 = \pm\,\omega_1 - \omega_3 = \frac{X(\varkappa_0)\sqrt{\varkappa_0}}{i\sqrt{\varepsilon_1 - \varepsilon_3}}, \qquad \Omega_3 = \omega_1 = \frac{i\,X'(\varkappa_0)\sqrt{\varkappa_0}}{i\sqrt{\varepsilon_1 - \varepsilon_3}},$$

$$H_1 = \pm\,\eta_1 - \eta_3, \qquad H_3 = \eta_1,$$

$$E_1 = \varepsilon_2, \qquad E_2 = \varepsilon_3, \qquad E_3 = \varepsilon_1,$$

$$\sqrt{E_1 - E_3} = i\sqrt{\varepsilon_1 - \varepsilon_3}\sqrt{1 - \varkappa}, \qquad \sqrt{E_2 - E_3} = -i\sqrt{\varepsilon_1 - \varepsilon_3},$$

$$\sqrt{E_1 - E_2} = \pm\sqrt{\varepsilon_1 - \varepsilon_3}\sqrt{\varkappa}.$$

Cas V. Le point $\varkappa$ est dans la région $(C_0 C_1 D_1)$:

$$|\varkappa| < 1, \quad |1-\varkappa| < 1, \quad |\varkappa| > |1-\varkappa|,$$

$$\varkappa_0 = 1-\varkappa, \qquad \beta_0 = \frac{1-\sqrt[4]{\varkappa}}{1+\sqrt[4]{\varkappa}},$$

$$X(\varkappa) = X'(\varkappa_0), \qquad X'(\varkappa) = X(\varkappa_0),$$

$$\Omega_1 = -\omega_3 = \frac{X(\varkappa_0)}{i\sqrt{\varepsilon_1-\varepsilon_3}}, \qquad \Omega_3 = \omega_1 = \frac{iX'(\varkappa_0)}{i\sqrt{\varepsilon_1-\varepsilon_3}},$$

$$H_1 = -\eta_3, \qquad H_3 = \eta_1,$$

$$E_1 = \varepsilon_3, \qquad E_2 = \varepsilon_2, \qquad E_3 = \varepsilon_1,$$

$$\sqrt{E_1-E_3} = i\sqrt{\varepsilon_1-\varepsilon_3}, \qquad \sqrt{E_2-E_3} = -i\sqrt{\varepsilon_1-\varepsilon_3}\sqrt{1-\varkappa},$$

$$\sqrt{E_1-E_2} = i\sqrt{\varepsilon_1-\varepsilon_3}\sqrt{\varkappa}.$$

Cas VI. Le point $\varkappa$ est dans la région $(C'_0 C_1 D_1)$:

$$|\varkappa| > 1, \quad |1-\varkappa| < 1, \quad |\varkappa| > |1-\varkappa|,$$

$$\varkappa_0 = \frac{\varkappa-1}{\varkappa}, \qquad \varkappa = \frac{1}{1-\varkappa_0}, \qquad \sqrt[4]{\varkappa}\sqrt[4]{1-\varkappa_0} = 1, \qquad \beta_0 = \frac{\sqrt[4]{\varkappa}-1}{\sqrt[4]{\varkappa}+1},$$

$$X(\varkappa) = \sqrt{1-\varkappa_0}\,[X'(\varkappa_0) \pm iX(\varkappa_0)], \qquad X'(\varkappa_0) = \sqrt{1-\varkappa_0}\,X(\varkappa_0),$$

$$\Omega_1 = -\omega_3 = \frac{X(\varkappa_0)\sqrt{1-\varkappa_0}}{i\sqrt{\varepsilon_1-\varepsilon_3}}, \qquad \Omega_3 = \omega_1 \mp \omega_3 = \frac{X'(\varkappa_0)\sqrt{1-\varkappa_0}}{\sqrt{\varepsilon_1-\varepsilon_3}},$$

$$H_1 = -\eta_3, \qquad H_3 = \eta_1 \mp \eta_3,$$

$$E_1 = \varepsilon_3, \qquad E_2 = \varepsilon_1, \qquad E_3 = \varepsilon_2,$$

$$\sqrt{E_1-E_3} = i\sqrt{\varepsilon_1-\varepsilon_3}\sqrt{\varkappa}, \qquad \sqrt{E_2-E_3} = \pm\sqrt{\varepsilon_1-\varepsilon_3}\sqrt{1-\varkappa},$$

$$\sqrt{E_1-E_2} = i\sqrt{\varepsilon_1-\varepsilon_3}.$$

Dans les deux cas I et II, et dans les deux cas V et VI, la convergence des séries est la même : il suffira d'employer dans un cas et dans l'autre une seule et même transformation.

Les quantités $\sqrt[4]{E_1-E_3}$, $\sqrt[4]{E_2-E_3}$, $\sqrt[4]{E_1-E_2}$ sont entièrement déterminées (XXXVI_3) dès que l'on a fixé le sens de $\sqrt{\Omega_1}$, qui peut être choisi arbitrairement. On pourra les exprimer au moyen de $\sqrt[4]{\varepsilon_1-\varepsilon_3}$, $\sqrt[4]{\varkappa}$, $\sqrt[4]{1-\varkappa}$, dans les six cas, dès que l'on aura fixé le sens de la première de ces quantités, ce qui fixe le sens de $\sqrt{\omega_1}$, comme on l'a vu au n° 532; on n'oubliera pas que $\sqrt[4]{\varepsilon_1 - \varepsilon_3}$ doit être une racine carrée de $\sqrt{\varepsilon_1 - \varepsilon_3}$: les expressions cherchées s'obtiendront aisément ensuite au moyen des résultats du n° 532, des formules (CXXII_9) où l'on fera $v = 0$ et enfin des formules (XXXVI_3).

564. Il y a, dans la pratique, deux cas particulièrement intéressants : celui où les trois nombres ε_1, ε_2, ε_3 sont réels et celui où, l'un de ces nombres étant réel, les deux autres sont imaginaires conjugués. Dans ces deux cas γ_2 et γ_3 sont réels; inversement, si γ_2 et γ_3 sont réels, on est nécessairement dans l'un de ces deux cas.

Dans le premier, x est réel et, s'il est compris entre 0 et 1, X et X' sont réels, positifs; il en est de même de q, qui est, en outre, plus petit que 1. Si x est compris entre 0 et $\frac{1}{2}$, on sera dans le cas I, et l'on appliquera donc les formules du Tableau (CXXII) dans ce cas I. Comme on a

$$\beta \leqq \frac{-1+\sqrt[4]{2}}{1+\sqrt[4]{2}} = 0,086427 < \frac{1}{10}, \qquad q \leqq e^{-\pi} < 0,043215 < \frac{1}{20},$$

les séries seront très convergentes. Si x est compris entre $\frac{1}{2}$ et 1, on sera dans le cas V; on posera donc

$$x_0 = 1 - x,$$

et l'on appliquera les formules du Tableau (CXXII) dans ce cas V.

On peut toujours supposer qu'on soit dans un de ces deux cas, en rangeant ε_1, ε_2, ε_3 dans un ordre convenable (n° 557); cet ordre revient ici à prendre soit $\varepsilon_1 > \varepsilon_2 > \varepsilon_3$, soit $\varepsilon_3 > \varepsilon_2 > \varepsilon_1$. Nous conviendrons de faire toujours la première de ces deux hypothèses. Le lecteur trouvera, dans les Tableaux de formules (CXXIII) et (CXXIV) placés à la fin de l'Ouvrage, la reproduction des formules ainsi obtenues qui sont d'un usage fréquent; les quantités réelles et positives y sont mises en évidence.

Toutefois, en adoptant les conventions du n° 545, on peut traiter aussi le cas où x étant réel est positif et plus grand que 1, ou bien est négatif. Si l'on a $2 > x > 1$, on est dans le cas VI; mais, comme on l'a fait observer, la convergence des séries est la même dans les cas V et VI; rien n'empêchera donc d'adopter la transformation du cas V : pour cette dernière transformation, β_0 et Q seront négatifs. Si l'on a $x > 2$, on est dans le cas III; on adoptera alors la transformation de ce cas III, β_0 et Q seront réels et positifs. Supposons enfin que x soit négatif; si l'on a $-1 < x < 0$, on sera dans le cas II et l'on appliquera la transformation du cas I; on posera $x_0 = x$; β_0 et Q seront négatifs; si, enfin, on a $x < -1$, on appliquera la transformation du cas IV; β_0 et Q seront positifs.

565. Si, γ_2 et γ_3 étant réels, deux des nombres ε_1, ε_2, ε_3 sont imaginaires, on prendra pour ε_2 la racine réelle et pour $\varepsilon_1 = A + Bi$ celle des deux racines pour laquelle le coefficient de i est positif; on aura alors $\varepsilon_3 = A - Bi$, $\varepsilon_2 = -2A$, et, par suite,

$$x = \frac{1}{2} + \frac{3A}{2B}i.$$

La partie réelle de x étant $\frac{1}{2}$, x et $1-x$ seront des imaginaires conjuguées; de même X et X′, de même encore ω_1 et ω_3 : on a, en effet,

$$\sqrt{\varepsilon_1 - \varepsilon_3} = \sqrt{2Bi} = e^{\frac{\pi i}{4}}\sqrt{2B};$$

donc

$$\omega_1 = \frac{X(x)e^{-\frac{\pi i}{4}}}{\sqrt{2B}}, \qquad \omega_3 = \frac{X'(x)e^{\frac{\pi i}{4}}}{\sqrt{2B}}.$$

On peut fixer (n° 520) pour $\sqrt{\varepsilon_1 - \varepsilon_3}$ celle des deux déterminations du radical que l'on veut; il en est donc de même de $\sqrt{2B}$; on prendra sa détermination arithmétique. Si l'on se reporte maintenant aux remarques qui ont été faites au n° 523 sur la position des points X, X′, on reconnaît de suite que les droites que l'on désignait alors par OA, OA′ font avec l'axe des quantités positives, dans le cas actuel où x est situé sur la droite D, des angles moindres que $\frac{\pi}{4}$, et l'on voit ainsi que l'argument de $X(x)$ est compris entre 0 et $\frac{\pi}{4}$ si A est positif, entre 0 et $-\frac{\pi}{4}$ si A est négatif; dans le premier cas, l'argument de ω_1 est compris entre 0 et $-\frac{\pi}{4}$, dans le second entre $-\frac{\pi}{4}$ et $-\frac{\pi}{2}$; dans les deux cas, la partie réelle de ω_1 est positive, le coefficient de i est négatif. Ce coefficient est, en valeur absolue, plus petit que la partie réelle dans le premier cas, plus grand dans le second.

Les nombres ω_1 et ω_3 étant imaginaires conjugués et γ_2, γ_3 réels, $\eta_1 = \zeta(\omega_1; \gamma_2, \gamma_3)$ et $\eta_3 = \zeta(\omega_3; \gamma_2, \gamma_3)$ sont aussi imaginaires conjugués.

566. Pour effectuer les calculs on n'a qu'à appliquer les Tableaux précédents. Mais on peut aussi suivre une autre marche particulièrement avantageuse dans le cas actuel.

Observons d'abord que, le point x étant sur la droite D, les cinq points $\frac{x}{x-1}, \frac{1}{x}, \frac{1}{1-x}, 1-x, \frac{x-1}{x}$ seront sur la circonférence du cercle C_0, sur celle du cercle C_1, ou sur la droite D elle-même, comme il résulte du Tableau du n° 569. Si nous désignons par x_1 l'un de ces points situés sur la circonférence du cercle C_1, le point $1 - x_1$ sera situé sur la circonférence du cercle C_0; il en sera donc de même du point $\sqrt[4]{1-x_1}$, et, par suite, la quantité

$$\beta_1 = \frac{1 - \sqrt[4]{1-x_1}}{1 + \sqrt[4]{1-x_1}}$$

sera purement imaginaire; mais alors la quantité Q, définie comme étant la somme de la série convergente (CXXI$_4$),

$$Q = \sum_{n=0}^{n=\infty} \delta_n \left(\frac{\beta_1}{2}\right)^{4n+1},$$

sera elle aussi purement imaginaire. L'avantage qu'il y a à calculer avec des quantités purement imaginaires pour former les diverses constantes dont on a besoin et les fonctions $\mathfrak{S}$ est évident; il sera d'ailleurs aisé, une fois ces constantes et ces fonctions auxiliaires connues, de passer au moyen des transformations linéaires, aussi facilement que dans le cas général où le point transformé était toujours dans la région $(C_0 C_1 D_0)$, aux constantes et fonctions qu'il s'agit finalement d'obtenir. Toutefois, comme le point x_1 n'est plus nécessairement dans la région $(C_0 C_1 D_0)$, on pourrait craindre que la convergence de la série qui définit Q au moyen de β_1 ne fût plus très rapide; nous montrerons qu'elle est encore bien suffisante pour les besoins des calculs numériques.

567. Il est nécessaire de distinguer le cas où le point x est au-dessous de l'axe des quantités réelles, et celui où il est au-dessus. Dans le premier cas, A est négatif, ε_2 et, par suite γ_3, est positif; dans le second cas, ε_2 et γ_3 sont négatifs.

Supposons d'abord que nous soyons dans le premier cas. Les points O, I, L de la *fig.* 3 représentent respectivement les points 0, 1, $\frac{1}{2}$ du plan ($\mathfrak{T}$). On a figuré les deux cercles C_0, C_1 qui se coupent en E, E'; la droite D n'est autre chose que la droite EE'. Soit M le point x; soit M' le point symétrique de M par rapport à L, c'est-à-dire le point $1 - x$; soient P et Q' les points où les droites OM, OM' rencontrent le cercle C_1, Q et P' les points où

Fig. 3.

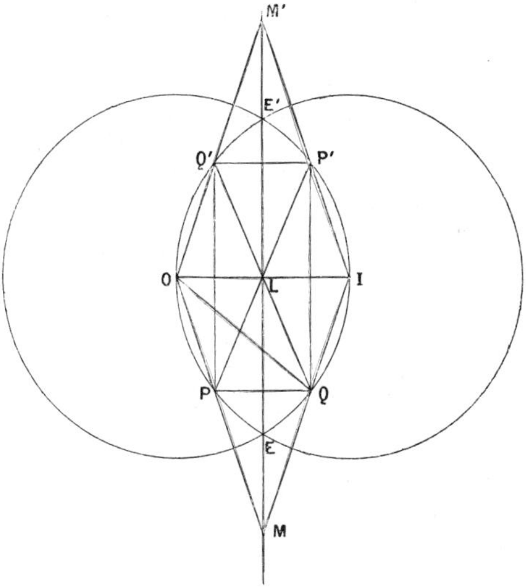

les droites IM, IM' rencontrent le cercle C_0; la figure PQ'P'Q est un rectangle dont le centre est en L; on reconnaît de suite que les points P, Q', P', Q représentent respectivement les points $\frac{1}{1-x}$, $\frac{1}{x}$, $\frac{x}{x-1}$, $\frac{x-1}{x}$; les points P et Q' sont sur le cercle C_1; on pourrait prendre arbitrairement l'un de ces deux points pour le point x_1; en prenant $x_1 = \frac{1}{1-x}$, on a à faire une transformation du cas IV; en prenant $x_1 = \frac{1}{x}$, une transformation du cas III. Nous nous placerons dans ce dernier cas; x_1 est alors en Q′, $1 - x_1$ en Q; l'argument de $1 - x_1$ est l'angle dont il faut faire tourner OI pour l'amener sur OQ; il est négatif, compris entre o et $-\frac{\pi}{3}$ si M est audessous du point E, entre $-\frac{\pi}{3}$ et $-\pi$ si M est compris entre E et L (c'est le cas le plus désavantageux); nous le représenterons par -2ψ, ψ étant un nombre positif compris entre o et $\frac{\pi}{2}$; désignons pour un instant par α la valeur absolue de l'argument de x_1, ou l'angle IOM égal à l'angle OIM; puisque le triangle IOQ est isoscèle, son angle au sommet 2ψ est égal à $\pi - 2\alpha$; on aura donc

$$\tan\psi = \tan\left(\frac{\pi}{2} - \alpha\right) = \frac{B}{-3A},$$

et cette formule, puisque ψ est compris entre o et $\frac{\pi}{2}$, permettra de calculer ψ sans ambiguïté; on voit, sur les valeurs de ε_2 et ε_3 (n° 566), que ψ peut être défini comme l'argument positif et moindre que π de $\varepsilon_2 - \varepsilon_3$.

Puisque l'argument de $1 - x_1$ est -2ψ, celui de $\sqrt[4]{1 - x_1}$ sera $-\frac{\psi}{2}$ et l'on aura

$$\beta_1 = \frac{1 - \sqrt[4]{1 - x_1}}{1 + \sqrt[4]{1 - x_1}} = \frac{1 - e^{-\frac{\psi i}{2}}}{1 + e^{-\frac{\psi i}{2}}} = i \tan\frac{\psi}{4},$$

$$\frac{Q}{i} = \sum_{n=0}^{n=\infty} \delta_n \left(\frac{1}{2}\tan\frac{\psi}{4}\right)^{4n+1};$$

la valeur maximum de $\tan\frac{\psi}{2}$ correspond à la valeur limite $\psi = \frac{\pi}{2}$; on s'en approche indéfiniment quand le point M s'approche indéfiniment du point L, car alors le point Q s'approche du point -1; il n'est pas difficile de reconnaître que la valeur limite de $\frac{Q}{i}$ est $e^{-\frac{\pi}{2}} = 0{,}2078\ldots$; il nous suffira de remarquer que, dans tous les cas, $\tan\frac{\psi}{4}$ est inférieure à $\tan\frac{\pi}{8} = \sqrt{2} - 1 = 0{,}414\ldots$

et que la somme de la série $\sum_{n=0}^{n=\infty} \delta_n \left(\frac{1}{2} \operatorname{tang} \frac{\pi}{8}\right)^{4n+1}$ est inférieure à 0,21 comme on le reconnaît de suite en se bornant au premier terme. Par conséquent, le nombre réel et positif $\frac{\mathrm{Q}}{i}$ sera inférieur à $\frac{21}{100}$, et la rapide convergence des séries est encore assurée.

568. Connaissant Q, on appliquera les diverses formules établies aux nos 561 à 563, pour une transformation linéaire quelconque, dans le cas III, en ayant soin de prendre le signe inférieur partout où il y a un double signe. Ces formules ont été reproduites dans le Tableau (CXXV) que l'on trouvera à la fin de l'Ouvrage.

On voit d'abord que Ω_1 et H_1 seront réels; on a en effet (n° 563)

$$\begin{aligned} \omega_1 &= \Omega_1 - \Omega_3, & \eta_1 &= \mathrm{H}_1 - \mathrm{H}_3, \\ \omega_3 &= \Omega_3, & \eta_3 &= \mathrm{H}_3, \end{aligned}$$

et ω_1, ω_3 sont imaginaires conjugués, ainsi que η_1, η_3 (n° 566). La réalité de Ω_1 n'apparaît pas sur la formule (CXXII$_6$)

$$\Omega_1 = \frac{\mathrm{X}(\varkappa_1)}{\sqrt{\mathrm{E}_1 - \mathrm{E}_3}} = \frac{\pi}{2} \frac{\mathfrak{I}_3^2(0 \mid \mathrm{T})}{\sqrt{\mathrm{E}_1 - \mathrm{E}_3}} = \frac{\pi}{2} \frac{\mathfrak{I}_3^2(0 \mid \mathrm{T})}{\sqrt{\varkappa}\sqrt{\varepsilon_1 - \varepsilon_3}} = \frac{\pi}{2} \frac{\mathfrak{I}_3^2(0 \mid \mathrm{T})}{e^{\frac{\pi i}{4}} \sqrt{\varkappa}\sqrt{2\mathrm{B}}};$$

mais il est aisé de transformer cette formule en partant de ce que Ω_1 est réel et même positif (n° 565). La racine carrée de Ω_1 étant réelle, il en est de même du quotient de $\mathfrak{I}_3(0 \mid \mathrm{T})$ par $e^{\frac{\pi i}{8}} \sqrt[4]{\varkappa}$; ce quotient ne change donc pas quand on y change i en $-i$; mais alors, puisque Q est purement imaginaire, $\mathfrak{I}_3(0 \mid \mathrm{T})$ se change en $\mathfrak{I}_4(0 \mid \mathrm{T})$, comme on le voit par les formules (XXXVI$_1$); d'ailleurs $\sqrt[4]{\varkappa}$ se change en $\sqrt[4]{1-\varkappa}$; on a donc

$$\frac{\mathfrak{I}_3(0 \mid \mathrm{T})}{e^{\frac{\pi i}{8}} \sqrt[4]{\varkappa}} = \frac{\mathfrak{I}_4(0 \mid \mathrm{T})}{e^{-\frac{\pi i}{8}} \sqrt[4]{1-\varkappa}} = \frac{\mathfrak{I}_3(0 \mid \mathrm{T}) + \mathfrak{I}_4(0 \mid \mathrm{T})}{e^{\frac{\pi i}{8}} \sqrt[4]{\varkappa} + e^{-\frac{\pi i}{8}} \sqrt[4]{1-\varkappa}} = \frac{2\mathfrak{I}_3(0 \mid 4\mathrm{T})}{e^{\frac{\pi i}{8}} \sqrt[4]{\varkappa} + e^{-\frac{\pi i}{8}} \sqrt[4]{1-\varkappa}},$$

la dernière égalité résultant de la formule (XL$_1$); finalement, on a

$$\Omega_1 = \frac{2\pi \mathfrak{I}_3^2(0 \mid 4\mathrm{T})}{\sqrt{2\mathrm{B}} \left(e^{\frac{\pi i}{8}} \sqrt[4]{\varkappa} + e^{-\frac{\pi i}{8}} \sqrt[4]{1-\varkappa}\right)^2}.$$

Sous cette forme, on voit bien que Ω_1 est réel et positif, puisque le numérateur est réel et positif, ainsi que le dénominateur, qui est le produit du nombre réel et positif $\sqrt{2B}$ par le carré de la somme de deux nombres imaginaires conjugués. On choisira pour $\sqrt{\Omega_1}$ la détermination arithmétique.

De la formule

$$Q = e^{\tau\pi i} = e^{-\pi\frac{X'(x_1)}{X(x_3)}},$$

on déduit, en donnant au logarithme sa détermination principale (n° 522),

$$\log Q = -\pi\frac{X'(x_1)}{X(x_1)} = \pi i\frac{\Omega_3}{\Omega_1},$$

d'où

$$\log\frac{i}{Q} = \frac{\pi i}{2} - \log Q = \frac{\pi}{2\Omega_1}\,\frac{2\Omega_3 - \Omega_1}{i};$$

puisque $\frac{Q}{i}$ est un nombre réel et positif, $\log\frac{i}{Q}$ est aussi un nombre réel et positif; cette formule fournit donc un moyen simple de calculer le nombre $\frac{2\Omega_3 - \Omega_1}{i}$ et par suite Ω_3. On avait déjà démontré au n° 565 que ce nombre, qui n'est autre que $\frac{\omega_3 - \omega_1}{i}$, était réel et positif.

Il convient aussi d'observer relativement à la quantité $\sqrt[4]{Q}$ qui figure dans les séries $\mathfrak{S}$, qu'en adoptant pour $\sqrt[4]{\frac{Q}{i}}$ la détermination réelle et positive, on doit supposer (XXVIII$_3$)

$$\sqrt[4]{Q} = \sqrt[4]{\frac{Q}{i}}\,e^{\frac{\pi i}{8}}.$$

Les autres formules du Tableau (CXXV) s'entendent d'elles-mêmes.

569. Lorsque A est positif on pourrait calculer ψ, β_1, Q par la même méthode; ψ serait alors négatif, ainsi que $\frac{\beta_1}{i}$, $\frac{Q}{i}$; dans le calcul précédent, les résultats finaux devraient donc être modifiés. Nous allons indiquer une marche un peu différente qui permet d'obtenir des nombres analogues, mais positifs.

Observons d'abord que la *fig.* 3 convient encore au cas actuel, mais en l'interprétant autrement. On regardera le point M′ comme figurant x et le point M comme figurant $1-x$; les points P, Q′, P′, Q représentent alors $\frac{1}{x}$, $\frac{1}{1-x}$, $\frac{x-1}{x}$, $\frac{x}{x-1}$. Les points P et Q′ sont sur le cercle C_1, c'est l'un d'eux qu'il faut prendre pour x_1; nous choisirons encore le point Q′, et nous désignerons maintenant par -2φ l'argument de $1-x_1$, φ étant un nombre positif compris entre 0 et $\frac{\pi}{2}$; on aura alors $\operatorname{tang}\varphi = \frac{B}{3A}$ au lieu de $\operatorname{tang}\psi = \frac{B}{-3A}$; en sorte que si l'on convenait de regarder ψ comme un angle positif, plus petit que π, défini toujours par cette dernière égalité, φ serait égal à $\pi-\psi$.

Le calcul de β_1, Q, $\sqrt[4]{Q}$, Ω_1, Ω_3 se fait exactement comme dans le cas précédent, si ce n'est que ψ doit partout être remplacé par φ. On a fait la transformation du cas IV, $x_1 = \frac{1}{1-x}$. Comme le point x est au-dessus de l'axe des quantités réelles, on a

$$\begin{aligned} \omega_1 &= \Omega_3, & \eta_1 &= H_3, \\ \omega_3 &= -\Omega_1+\Omega_3, & \eta_3 &= -H_1+H_3; \end{aligned}$$

Ω_1 et H_1 sont alors purement imaginaires; $\frac{\Omega_1}{i}$ est négatif (n° 565).

Une transformation toute semblable à celle du cas précédent permet d'ailleurs de mettre $\Omega_1 i$ sous la forme suivante, qui met en évidence le caractère réel et positif de ce nombre,

$$\Omega_1 i = \frac{2\pi\mathfrak{S}_3^2(0\mid 4\tau)}{\sqrt{2B}\left(e^{\frac{\pi i}{8}}\sqrt[4]{1-x}+e^{-\frac{\pi i}{8}}\sqrt[4]{x}\right)^2}.$$

On choisira pour $\sqrt{\Omega_1 i}$ la détermination arithmétique.

Les autres formules du Tableau (CXXVI) placé à la fin de l'Ouvrage s'entendent d'elles-mêmes.

CHAPITRE VIII.

INVERSION DES FONCTIONS DOUBLEMENT PÉRIODIQUES DU SECOND ORDRE.

I. — Représentation de la fonction inverse de sn u par une intégrale définie.

570. L'équation $z = \operatorname{sn} u$ définit u comme une fonction implicite de z; cette fonction peut être représentée explicitement par une intégrale définie.

Rappelons d'abord que à chaque valeur de z il correspond une infinité de valeurs de u comprises dans deux classes; les valeurs de u comprises dans une même classe sont congrues *modulis* $4K$, $2iK'$; la somme de deux valeurs de u comprises dans des classes différentes est congrue à $2K$. Chaque racine de l'équation (en u), $z = \operatorname{sn} u$, est simple, sauf dans le cas où elle annule la dérivée de $\operatorname{sn} u$, ce qui ne peut avoir lieu que si le point z coïncide avec l'un des points ± 1, $\pm \frac{1}{k}$, que nous supposerons marqués dans le plan de la variable z et que nous désignerons sous le nom de *points critiques*.

Soit (A) une aire limitée par un contour simple et ne contenant aucun point critique; soit z_0 un point situé à l'intérieur de (A); soit enfin u_0 une solution quelconque de l'équation $z_0 = \operatorname{sn} u_0$. Il résulte de la théorie des fonctions implicites (n° 357) et de ce qu'on vient de dire, qu'il existe une et une seule fonction $\psi(z)$ satisfaisant aux conditions suivantes : la fonction $\psi(z)$ est holomorphe dans (A); dans (A) elle rend $\operatorname{sn} u$ identique à z quand on y remplace u par $\psi(z)$; enfin, elle se réduit à u_0 pour $z = z_0$. Il est clair que toutes les fonctions que l'on obtient en ajoutant un nombre entier de périodes $4K$, $2iK'$ aux fonctions $\psi(z)$, $2K - \psi(z)$ jouissent des deux premières propriétés et qu'elles sont les seules fonctions analytiques qui, mises à la place de u dans la fonction $\operatorname{sn} u$, la rendent identique à z.

Si donc on considère une courbe (Z) du plan des z, partant de z_0 et ne passant par aucun des points critiques, on voit, en fractionnant convenablement cette courbe, qu'il existe une fonction analytique et une seule, $u = \psi(z)$, régulière en tous les points de (Z), vérifiant en tous ces points l'équation $z = \operatorname{sn} u$, prenant enfin la valeur u_0 au point de départ z_0; toutes les fonctions analytiques qui vérifient l'équation $z = \operatorname{sn} u$ aux différents points de (Z) s'obtiendront en ajoutant un nombre entier de périodes à l'une des fonctions $\psi(z)$, $2K - \psi(z)$.

En tout point de la courbe (Z), on a, en regardant u comme égal à $\psi(z)$,

$$\frac{du}{dz} = \frac{1}{\operatorname{cn} u \operatorname{dn} u} = \frac{1}{\sqrt{1 - z^2}\sqrt{1 - k^2 z^2}},$$

si l'on choisit pour chacun des radicaux $\sqrt{1 - z^2}$, $\sqrt{1 - k^2 z^2}$, celle des déterminations qui est égale à $\operatorname{cn} u$, $\operatorname{dn} u$. Il importe de montrer que cette égalité subsiste quand on se place, pour définir les radicaux, à un point de vue un peu différent.

Considérons un point quelconque z_1 de la courbe (Z) et la valeur correspondante $u_1 = \psi(z_1)$; attribuons aux radicaux $\sqrt{1 - z_1^2}$, $\sqrt{1 - k^2 z_1^2}$ les valeurs $\operatorname{cn} u_1$, $\operatorname{dn} u_1$ et supposons que le long de la courbe (Z), en partant du point z_1, soit en avant, soit en arrière, on définisse par continuation les radicaux $\sqrt{1 - z^2}$, $\sqrt{1 - k^2 z^2}$; cela pourra se faire sans ambiguïté, puisque la courbe (Z) ne passe par aucun des points critiques ± 1, $\pm \frac{1}{k}$; tout le long de (Z), si l'on regarde u comme égal à $\psi(z)$, les quantités $\operatorname{cn} u$ et $\operatorname{dn} u$, dont les carrés restent toujours égaux à $1 - z^2$, $1 - k^2 z^2$, resteront respectivement égales à $\sqrt{1 - z^2}$, $\sqrt{1 - k^2 z^2}$, ainsi qu'il résulte de la continuité. En adoptant ces définitions pour $\sqrt{1 - z^2}$,

$\sqrt{1-k^2z^2}$, on aura donc encore, tout le long de (Z),

$$\frac{du}{dz} = \frac{1}{\sqrt{1-z^2}\sqrt{1-k^2z^2}}.$$

On en déduit, en se reportant à la définition de l'intégrale définie prise le long d'une courbe, l'égalité

$$u = u_0 + \int_{z_0}^{z} \frac{dz}{\sqrt{1-z^2}\sqrt{1-k^2z^2}};$$

l'intégrale est prise le long de la courbe (Z) à partir du point z_0 jusqu'à un point quelconque z de cette courbe, et c'est ordinairement pour le point de départ z_0 que l'on fixe le sens des radicaux. Telle est l'expression à laquelle nous voulions parvenir, qui représente, au moyen d'une intégrale définie, une solution de l'équation $z = \operatorname{sn} u$.

Quoique cette conclusion subsiste évidemment, en vertu de la continuité, lorsque la courbe (Z) vient aboutir à un point critique, nous continuerons de supposer pour le moment qu'aucun point de cette nature ne se trouve sur la courbe (Z).

571. Si, en conservant les points de départ et d'arrivée z_0, z on remplace le chemin d'intégration (Z) par un autre chemin d'intégration (Z_1), ne passant par aucun point critique, on obtient encore évidemment une solution de l'équation $z = \operatorname{sn} u$. On peut d'ailleurs obtenir n'importe quelle solution en choisissant convenablement le chemin (Z_1) : en effet, soit u_1 une de ces solutions; dans le plan de la variable u, joignons le point u_0 au point u_1 par un chemin quelconque (U_1), qui toutefois ne passe ni par un zéro de $\operatorname{sn}' u$, ni par un pôle de $\operatorname{sn} u$, et prenons pour chemin (Z_1) le chemin que parcourt le point $z = \operatorname{sn} u$ lorsque le point u parcourt le chemin (U_1); ce chemin (Z_1) sera fini et ne passera par aucun des points critiques; d'après ce qui précède, l'expression

$$u_0 + \int_{z_0}^{z} \frac{dz}{\sqrt{1-z^2}\sqrt{1-k^2z^2}},$$

où l'intégrale est maintenant prise le long de (Z) et où les radicaux sont continués le long de ce chemin, en partant des mêmes valeurs initiales que dans le cas précédent, est égale à u_1.

Dans le cas où les deux chemins (Z), (Z_1) sont compris à l'intérieur d'une aire telle que (A), il faut, puisque la fonction $\psi(z)$ est holomorphe dans cette aire, que les valeurs des deux intégrales soient les mêmes.

572. La fonction inverse de sn$u$ étant ainsi mise sous la forme d'une intégrale définie, on verra, dans le paragraphe suivant, comment le calcul de cette intégrale définie peut s'effectuer, quand le chemin d'intégration est donné, au moyen de séries convergentes. Pour le moment, nous voulons dire quelques mots de l'étude directe de cette intégrale, étude qui, dans le cas où tout est réel, a été historiquement l'origine de la théorie des fonctions elliptiques et qui, dans le cas général, peut se faire aisément au moyen des théories de Cauchy. Par exemple, la propriété qui vient d'être signalée, relative au cas où les deux chemins (Z), (Z_1) sont compris dans une aire (A), résulte immédiatement de la propriété fondamentale des intégrales prises entre des limites imaginaires.

Nous allons indiquer comment on peut, en général, étudier l'influence du changement du chemin d'intégration, en nous bornant, ce qui suffit évidemment, au cas où z_0 est nul.

Pour cela, nous nous placerons d'abord dans le cas général, où k est imaginaire.

Imaginons quatre *lacets* partant du point o et entourant les points critiques. Chacun de ces lacets est formé d'un segment de droite oα, partant de o, se dirigeant vers le point critique, et se terminant en α, avant d'arriver à ce point, à une distance infiniment petite; puis d'un petit cercle, passant par α, décrit du point critique comme centre. Décrire le lacet, c'est partir du point o, suivre le segment de droite oα, tourner autour du point critique en suivant la circonférence du cercle, puis revenir au point o par le segment de droite. Il résulte du théorème de Cauchy que tout chemin partant de o et aboutissant au point z donne pour l'intégrale la même valeur qu'un chemin composé d'un certain nombre de lacets, aisé à déterminer dans chaque exemple, et d'un chemin arbitrairement choisi partant de o et aboutissant à z; on prend pour ce dernier chemin le segment de droite, qui va de o à z, lorsque ce segment ne contient aucun point critique.

Il est bien entendu que lorsque le chemin d'intégration (qui ne doit passer par aucun point critique) est fixé, on suppose, pour spécifier le sens de l'intégrale, que les radicaux ont une valeur déterminée (± 1) pour $z = 0$, et que le long du chemin leur détermination résulte de la continuation.

Nous allons d'abord calculer les valeurs de l'intégrale prise le long des lacets, en supposant que les radicaux aient la valeur $+1$ à l'origine.

Considérons le lacet relatif au point critique $+1$. En suivant le segment $o\alpha$, on obtient d'abord une intégrale qui est infiniment voisine de

$$\int_0^1 \frac{dz}{\sqrt{1-z^2}\sqrt{1-k^2z^2}} = \int_0^{\frac{\pi}{2}} \frac{d\varphi}{\sqrt{1-k^2\sin^2\varphi}};$$

cette dernière intégrale est précisément celle dont l'étude a été l'objet essentiel du Chapitre précédent; en employant les notations de ce Chapitre, on la désignera par $X(k^2)$. Il convient actuellement de regarder le nombre $k^2 = \varkappa$ comme une donnée; si, dès lors, on prend pour τ la valeur $\tau = \frac{iX'}{X}$, on a, comme on l'a vu, $X = K$, $X' = K'$; c'est ce que nous supposerons désormais.

On doit ensuite décrire, dans un sens ou dans l'autre, le petit cercle, dont nous désignerons le rayon infiniment petit par ρ; on reconnaît immédiatement, au moyen de la substitution $z = 1 + \rho e^{i\varphi}$, que l'intégrale est infiniment petite; lorsqu'on a fait le tour du cercle, l'argument du facteur $1 - z$ a varié de 2π, ceux de $1 + z$ et de $1 - k^2z^2$ n'ont pas changé, le radical a donc changé de signe; lors donc qu'on parcourra une seconde fois, en sens inverse, le segment de droite, la partie correspondante de l'intégrale sera, à un infiniment petit près, égale à K, comme la première fois.

En résumé, et puisque l'intégrale, prise le long de tout le lacet relatif au point critique 1, ne dépend pas du rayon ρ du cercle, elle est pour tout ce lacet égale à $2K$.

Passons au lacet relatif au point $\frac{1}{k}$. Un raisonnement tout pareil montre que, pour ce lacet, la valeur de l'intégrale est égale au double de celle de l'intégrale

$$'\int_0^{\frac{1}{k}} \frac{dz}{\sqrt{1-z^2}\sqrt{1-k^2z^2}}.$$

Faisons, dans cette dernière intégrale, la substitution $z = \frac{z'}{k}$ qui n'altère pas le caractère rectiligne de l'intégration ; on aura

$$'\int_0^{\frac{1}{k}} \frac{dz}{\sqrt{1-z^2}\sqrt{1-k^2z^2}} = \frac{1}{k}\ '\int_0^1 \frac{dz'}{\sqrt{1-\frac{1}{k^2}z'^2}\sqrt{1-z'^2}};$$

les radicaux qui figurent dans la seconde intégrale ont toujours la valeur $+1$ pour $z'=0$: cette seconde intégrale est donc, en adoptant encore les notations du Chapitre précédent, égale à $X\left(\frac{1}{k^2}\right)$. D'après les formules ($CXX_4$), cette dernière quantité est égale à $\sqrt{k^2}[X(k^2) \mp iX'(k^2)]$, où la partie réelle de $\sqrt{k^2}$ est supposée positive, et où l'on doit prendre le signe supérieur ou le signe inférieur suivant que le coefficient de i dans k^2 est positif ou négatif ; la détermination spécifiée de $\sqrt{k^2}$ est égale à k, pour la valeur choisie de τ ($CXIX_4$). La valeur de l'intégrale pour le lacet relatif au point $\frac{1}{k}$ est donc $2K \mp 2iK'$.

La valeur de l'intégrale pour les lacets relatifs aux points -1, $-\frac{1}{k}$ est respectivement égale à $-2K$, $-2K \pm 2iK'$.

573. Il nous reste à examiner le cas où k est réel. Nous nous bornerons à quelques indications relatives à la supposition $0 < k < 1$; il est alors nécessaire de modifier le lacet relatif au point $\frac{1}{k}$, pour éviter le point critique 1. On composera le lacet d'un segment de droite allant du point 0 à un point α infiniment voisin du point 1, d'un demi-cercle $\alpha\alpha'$ situé dans la partie supérieure du plan et décrit du point 1 comme centre, d'un segment de droite $\alpha'\beta$ allant jusqu'à un point β infiniment voisin de $\frac{1}{k}$, d'un petit cercle passant par β et décrit du point $\frac{1}{k}$ comme centre, enfin du chemin déjà décrit $\beta\alpha'\alpha 0$.

La seule difficulté consiste à évaluer l'intégrale rectiligne prise entre les limites α' et β. On observera tout d'abord que, en parcourant le demi-cercle $\alpha\alpha'$, l'argument du facteur $1-z$ diminue de π, tandis que ceux des facteurs $1+z$, $1-k^2z^2$ ne changent pas; il résulte de là que la valeur du radical le long du chemin $\alpha'\beta$ est égale à $-i\sqrt{z^2-1}\sqrt{1-k^2z^2}$, où l'on entend par $\sqrt{z^2-1}$, $\sqrt{1-k^2z^2}$ les déterminations positives de ces racines. L'intégrale rectiligne que l'on veut évaluer entre les limites α' et β est donc infiniment voisine du produit de i par l'intégrale

$$\int_1^{\frac{1}{k}}{}' \frac{dz}{\sqrt{z^2-1}\sqrt{1-k^2z^2}};$$

or cette dernière intégrale, dont la valeur est réelle et positive, se transforme par la substitution réelle

$$z^2 = \frac{1}{1-k'^2v^2}$$

dans l'intégrale réelle et positive

$$\int_0^1{}' \frac{dv}{\sqrt{1-v^2}\sqrt{1-k'^2v^2}},$$

qui est égale à $\mathrm{X}(k'^2)$, c'est-à-dire à K'. On trouve ainsi que l'intégrale envisagée, prise le long du lacet relatif au point critique $\frac{1}{k}$, est égale à $2\mathrm{K}+2i\mathrm{K}'$; on trouverait de même que cette intégrale, prise le long du lacet relatif au point critique $-\frac{1}{k}$, est égale à $-2\mathrm{K}-2i\mathrm{K}'$.

Ces résultats pourraient d'ailleurs aussi se déduire de ceux du cas général où $\frac{1}{k}$ est imaginaire par un passage à la limite qui, toutefois, demande quelque attention.

En résumé, les conclusions établies pour le cas général subsistent dans tous les cas.

574. Il importe de ne pas oublier que, d'après ce qui précède, lorsqu'on a parcouru un lacet et qu'on est ainsi revenu au point o, un des radicaux et un seul a changé de signe. Il résulte de là, en particulier, que si l'on parcourt une seconde fois le même lacet en gardant la nouvelle détermination des radicaux, on obtient pour ce second parcours une valeur de l'intégrale égale et de signe contraire à celle qu'avait fournie le premier parcours, de sorte que si le chemin d'intégration comprend deux fois de suite le même lacet, cette partie du chemin peut être supprimée. De même, si l'on parcourt successivement deux lacets différents, en partant par exemple de la valeur $+1$ attribuée aux deux radicaux, la valeur totale de l'intégrale prise le long du chemin formé par ces deux lacets est égale à la *différence* entre la valeur calculée plus haut pour le premier lacet et celle calculée plus haut pour le second lacet.

Nous sommes à même, d'après ce qui précède, d'évaluer la valeur de l'intégrale prise le long d'un chemin composé uniquement de lacets. Si le chemin est composé d'un nombre pair de lacets, on revient au point o avec la même valeur pour le produit des deux radicaux, et l'on reconnaît sans peine que la valeur de l'intégrale est de la forme $4n\mathrm{K}+2n'i\mathrm{K}'$, où n et n' sont des entiers qui dépendent de l'ordre dans lequel on parcourt les lacets. Si le chemin est composé d'un nombre impair de lacets on revient au contraire au point o avec l'un des deux radicaux changé de signe, et la valeur de l'intégrale est de la forme $2\mathrm{K}+4n\mathrm{K}+2n'i\mathrm{K}'$. Dans les deux cas, on peut d'ailleurs toujours déterminer l'ordre de ces lacets de façon que n et n' prennent des valeurs entières quelconques prescrites à l'avance.

Si l'on considère maintenant la différence des valeurs de deux intégrales de la forme

$$\int_0^z \frac{dz}{\sqrt{1-z^2}\sqrt{1-k^2z^2}},$$

où les limites sont les mêmes, mais où les chemins d'intégration diffèrent, on voit de suite que cette différence peut être remplacée par une seule intégrale où le chemin d'intégration part de o pour aboutir à o, c'est-à-dire par une de ces intégrales que nous venons de calculer.

L'évaluation de l'intégrale, pour un chemin d'intégration quelconque, est ainsi ramenée à celle de cette intégrale pour un chemin arbitrairement choisi, au calcul de K, K' et au calcul des nombres entiers n, n', que nous avons appris à déterminer dans chaque cas particulier.

Les propriétés de l'intégrale $\int_0^z \frac{dz}{\sqrt{1-z^2}\sqrt{1-k^2z^2}}$, que nous venons de retrouver par la méthode de Cauchy, jointe à ce fait que l'équation différentielle

$$\left(\frac{dz}{du}\right)^2 = (1-z^2)(1-k^2z^2)$$

permet de définir z comme une fonction holomorphe de u [1], fournissent les éléments essentiels d'une théorie de la fonction $\operatorname{sn} u$. Elle serait l'analogue d'une théorie de la fonction $\sin u$, qui serait fondée sur les propriétés de l'intégrale $\int \frac{dz}{\sqrt{1-z^2}}$, et qui, ainsi, procéderait dans l'ordre inverse de celui qu'on suit habituellement dans la théorie des fonctions circulaires.

575. Ces résultats se généralisent immédiatement.

On a prouvé que toute fonction doublement périodique du second ordre $f(u)$ vérifie une équation différentielle de la forme $\left(\frac{dz}{du}\right)^2 = R(z)$, où $R(z)$ désigne un polynome du troisième ou du quatrième degré en z. Il résulte de là tout d'abord que la fonction $\psi(z) = \int_{z_0}^z \frac{dz}{\sqrt{R(z)}}$ fournira la fonction inverse de $f(u)$, fonction inverse dont les propriétés peuvent être déduites soit des propriétés supposées connues de la fonction $f(u)$, soit de l'étude directe de l'intégrale. Si $R(z)$ est de la forme $4z^3 - g_2 z - g_3$, on obtiendra ainsi, soit par une voie, soit par l'autre, les propriétés de la fonction inverse de $\wp u$.

L'étude directe de l'intégrale $\int_{z_0}^z \frac{dz}{\sqrt{R(z)}}$ est d'ailleurs toute pareille à celle de l'intégrale $\int \frac{dz}{\sqrt{1-z^2}\sqrt{1-k^2z^2}}$; les points critiques sont alors les racines de l'équation $R(z) = 0$. On est amené à

(1) Cette belle proposition, que nous nous contentons d'énoncer, est due à Briot et Bouquet. Leur démonstration a été complétée sur un point important par M. E. Picard (*Bulletin des Sciences mathématiques*, p. 194; 1887).

introduire trois ou quatre lacets partant de z_0 et entourant les points critiques, suivant que $R(z)$ est du troisième ou du quatrième degré. Bornons-nous à ce dernier cas; la seule différence importante avec le cas particulier que nous avons étudié consiste dans la nécessité d'établir la relation $\alpha - \beta + \gamma - \delta = 0$ entre les valeurs des intégrales relatives aux quatre lacets. Cette relation, évidente dans notre cas particulier, s'obtient en partant de ce que l'intégrale $\int \frac{dz}{\sqrt{R(z)}}$, prise le long d'un cercle de rayon infini, est nulle; elle permet de montrer que les valeurs diverses que peut acquérir l'intégrale $\int_{z_0}^{z} \frac{dz}{\sqrt{R(z)}}$ sont comprises dans deux classes; les valeurs d'une même classe sont congrues, *modulis* $2(\alpha - \beta)$, $2(\alpha - \gamma)$; la somme de deux valeurs appartenant à deux classes différentes est congrue à 2α. Cette proposition, jointe à la propriété de l'équation différentielle $\left(\frac{dz}{du}\right)^2 = R(z)$ de définir z comme une fonction univoque de u, permet de montrer que cette fonction est une fonction doublement périodique, quel que soit le polynome $R(z)$, supposé toutefois sans racines égales.

Cette dernière propriété sera établie, dans le prochain Volume, d'une façon toute différente, en restant dans l'ordre d'idées qui nous est habituel.

II. — Évaluation de u connaissant $\operatorname{sn} u$ ou pu (¹).

576. Nous allons maintenant résoudre simultanément les deux questions suivantes :

1° Effectuer au moyen d'une série convergente le calcul de l'intégrale $\int_{z_0}^{z} \frac{dz}{\sqrt{1-z^2}\sqrt{1-k^2z^2}}$ prise le long d'un chemin déterminé (Z) ne passant par aucun des points critiques.

2° Étant données deux valeurs *concordantes* z et z' de $\operatorname{sn} u$ et de sa dérivée $\operatorname{sn}' u$, c'est-à-dire deux valeurs z, z' liées par la

(¹) *Voyez* SCHWARZ, *Formules, etc.*, p. 67.

relation $z'^2 = (1 - z^2)(1 - k^2 z^2)$, trouver une valeur de u qui vérifie les deux équations $z = \operatorname{sn} u$, $z' = \operatorname{sn}' u$.

Nous supposerons tout d'abord que l'on a $|k| < 1$ et nous prévenons, une fois pour toutes, que le radical $\sqrt{1 - k^2 z^2}$ sera regardé comme ayant la valeur 1 pour $z = 0$, et ses déterminations successives le long du chemin d'intégration comme en résultant par continuation. Quant au radical $\sqrt{1 - z^2}$, nous ne spécifierons pas d'abord sa détermination, mais il est bien entendu que cette détermination devra aussi, le long du chemin d'intégration, résulter par continuation de la valeur initiale.

Avec le rayon $\left|\frac{1}{k}\right|$, du point o comme centre, décrivons un cercle Γ; à l'intérieur de ce cercle, $\sqrt{1 - k^2 z^2}$ est une fonction holomorphe (dont la partie réelle est toujours positive), et l'on a

$$\frac{1}{\sqrt{1 - k^2 z^2}} = 1 + \frac{1}{2} k^2 z^2 + \ldots + \frac{1.3\ldots(2n-1)}{2.4\ldots 2n} k^{2n} z^{2n} + \ldots.$$

Supposons que le chemin d'intégration (Z) qui ne passe par aucun point critique reste tout entier à l'intérieur de Γ, ce qui implique la condition $|kz| < 1$ pour la limite supérieure de l'intégrale. Divisons les deux membres de l'égalité précédente par $\sqrt{1 - z^2}$ et intégrons le long de (Z) entre les limites o et z, ce qui est évidemment permis; nous aurons

$$\int_0^z \frac{dz}{\sqrt{1 - z^2}\sqrt{1 - k^2 z^2}} = \int_0^z \frac{dz}{\sqrt{1 - z^2}} + \frac{k^2}{2}\int_0^z \frac{z^2\,dz}{\sqrt{1 - z^2}} + \ldots$$
$$+ \frac{1.3\ldots(2n-1)}{2.4\ldots 2n} k^{2n} \int_0^z \frac{z^{2n}\,dz}{\sqrt{1 - z^2}} + \ldots.$$

L'identité

$$2n z^{2n} - (2n-1) z^{2n-2} = -\sqrt{1 - z^2}\,\frac{d}{dz}\left[z^{2n-1}\sqrt{1 - z^2}\right]$$

conduit aisément à la suivante [1] :

$$\frac{2.4\ldots 2n}{1.3\ldots(2n-1)} z^{2n} = 1 - \sqrt{1 - z^2}\,\frac{d}{dz}\left[\mathcal{G}_n(z)\sqrt{1 - z^2}\right],$$

---

[1] En faisant tendre z vers 1, par valeurs positives, on trouve aisément

$$\mathcal{G}_n(1) = \frac{2.4\ldots 2n}{1.3\ldots(2n-1)} - 1.$$

où l'on a posé

$$\mathcal{G}_n(z) = z + \frac{2}{3} z^3 + \frac{2.4}{3.5} z^5 + \ldots + \frac{2.4\ldots(2n-2)}{3.5\ldots(2n-1)} z^{2n-1}.$$

On en conclut

$$\int_0^z \frac{z^{2n}\,dz}{\sqrt{1-z^2}} = \frac{1.3\ldots(2n-1)}{2.4\ldots 2n}\left[\int_0^z \frac{dz}{\sqrt{1-z^2}} - \mathcal{G}_n(z)\sqrt{1-z^2}\right].$$

Cette relation, sous la supposition $|k| < 1$, permet de transformer la série de manière à obtenir la relation

$$\int_0^z \frac{dz}{\sqrt{1-z^2}\sqrt{1-k^2z^2}} = \lambda(k^2)\int_0^z \frac{dz}{\sqrt{1-z^2}} - \sqrt{1-z^2}\sum_{n=1}^{n=\infty} a_n k^{2n}\mathcal{G}_n(z),$$

où $a_1, a_2, \ldots$ désignent les mêmes coefficients et $\lambda(x)$ la même fonction qu'au n° 536.

La série qui figure dans le second membre peut être regardée comme une série à double entrée dont le terme général serait $a_n \frac{2.4\ldots(2\nu-2)}{3.5\ldots(2\nu-1)} k^{2n} z^{2\nu-1}$, ν prenant les valeurs $1, 2, \ldots, \infty$. Cette série est absolument et uniformément convergente pour tous les points z situés à l'intérieur et sur la circonférence de Γ. Si, en effet, on pose $|k| = \rho$, $n = \nu + p$, son terme général est, en valeur absolue, inférieur ou égal à

$$a_n \frac{2.4\ldots(2\nu-2)}{3.5\ldots(2\nu-1)} \rho^{2n-2\nu+1} = a_{\nu+p} \frac{2.4\ldots(2\nu-2)}{3.5\ldots(2\nu-1)} \rho^{2p+1}.$$

Or, la série à termes positifs

$$a_{p+1} + \frac{2}{3} a_{p+2} + \frac{2.4}{3.5} a_{p+3} + \ldots + \frac{2.4\ldots(2\nu-2)}{3.5\ldots(2\nu-1)} a_{p+\nu} + \ldots$$

est convergente, comme il résulte immédiatement de la règle de Gauss relative au rapport d'un terme au précédent; désignons-en la somme par A_{p+1}; comme a_{p+1} est plus petit que a_p, il est clair que A_{p+1} sera plus petit que A_p; dès lors, il est manifeste que la série à termes positifs

$$A_1\rho + A_2\rho^3 + \ldots + A_n\rho^{2n-1} + \ldots$$

est convergente, puisque l'on a $\rho < 1$. La somme de cette série est supérieure à la somme d'autant de termes que l'on voudra, pris dans la série à double entrée

$$\sum_{n,\nu} a_n \frac{2.4\ldots(2\nu-2)}{3.5\ldots(2\nu-1)} \rho^{2n-2\nu+1}$$

et la proposition énoncée est donc démontrée.

On en conclut que la relation obtenue subsiste quand le chemin d'intégration vient aboutir en un point z de la circonférence du cercle Γ.

577. Supposons maintenant que, pour $z=0$, $\sqrt{1-z^2}$ soit pris égal à 1 et considérons l'identité

$$\frac{1}{\sqrt{1-z^2}} = \frac{d}{dz}\left[\frac{1}{i}\log\left(iz+\sqrt{1-z^2}\right)\right];$$

la quantité $iz+\sqrt{1-z^2}$ ne s'annule pas; dès lors, on peut supposer que les fonctions $\sqrt{1-z^2}$, $\log\left(iz+\sqrt{1-z^2}\right)$ sont déterminées le long du chemin d'intégration par leurs valeurs initiales $+1$, 0, puis par continuation, et l'on aura

$$\int_0^z \frac{dz}{\sqrt{1-z^2}} = \frac{1}{i}\log\left(iz+\sqrt{1-z^2}\right).$$

578. Il est aisé de voir, en partant des propriétés de la fonction $\sin z$, que le premier membre de l'égalité précédente peut aussi être défini comme il suit : Considérons un plan dans lequel on ait pratiqué deux coupures allant, l'une de $+1$ à $+\infty$ par l'axe des quantités positives, l'autre de -1 à $-\infty$ par l'axe des quantités négatives; $\arcsin z$ peut être regardé comme une fonction holomorphe dans ce plan, fonction dont la partie réelle est comprise entre $-\frac{\pi}{2}$ et $+\frac{\pi}{2}$ et qui vérifie identiquement l'équation

$$\sin(\arcsin z) = z.$$

La fonction $\int_0^z \frac{dz}{\sqrt{1-z^2}}$ coïncide avec $\arcsin z$ tant que le chemin d'intégration n'a pas traversé de coupures; elle se change en $\pi - \arcsin z$ quand on traverse la coupure de droite et en $-\pi-\arcsin z$ quand on traverse la coupure de gauche, de sorte qu'en traversant les coupures dans un ordre convenable, on obtient telle détermination que l'on voudra de la fonction inverse de $\sin z$.

La première question posée au début est résolue quand le chemin d'intégration ne sort pas du cercle Γ.

579. Nous allons maintenant établir la proposition suivante : Quelles que soient les déterminations attribuées au logarithme et au radical $\sqrt{1-z^2}$, l'expression

$$\text{(CXXVII}_1\text{)} \quad u = \frac{1}{i}\lambda(k^2)\log\left(iz+\sqrt{1-z^2}\right) - \sqrt{1-z^2}\sum_{n=1}^{n=\infty} a_n k^{2n} \mathcal{G}_n(z)$$

satisfait à l'équation $z = \operatorname{sn} u$.

En effet, modifier la détermination du logarithme revient à augmenter u de la quantité

$$\frac{1}{i}\lambda(k^2)2ni\pi = 4n\text{K},$$

où n désigne un entier. De même, changer $\sqrt{1-z^2}$ en $-\sqrt{1-z^2}$ revient à changer $\log\left(iz+\sqrt{1-z^2}\right)$ en

$$(2n+1)\pi i - \log\left(iz+\sqrt{1-z^2}\right),$$

ce qui revient à changer u en $(4n+2)\text{K}-u$, où n est un nombre entier.

L'équation (CXXVII$_1$) définit une infinité de fonctions holomorphes de z dans le cercle Γ. Si, par exemple, on introduit dans ce cercle deux coupures rectilignes allant, l'une du point $+1$ jusqu'à la circonférence de Γ par l'axe des quantités positives, l'autre du point -1 à la circonférence de Γ par l'axe des quantités négatives, il est clair que, dans l'aire Γ' ainsi déduite du cercle Γ, les fonctions $\sqrt{1-z^2}$, $\log\left(iz+\sqrt{1-z^2}\right)$ peuvent être définies comme des fonctions holomorphes de z, en regardant les valeurs de $\sqrt{1-z^2}$ et de $\log\left(iz+\sqrt{1-z^2}\right)$ comme étant respectivement égales à 1 et à 0 pour $z=0$; la partie réelle de $\sqrt{1-z^2}$ sera alors toujours positive et la partie réelle de $\frac{1}{i}\log\left(iz+\sqrt{1-z^2}\right)$ sera comprise entre $-\frac{\pi}{2}$ et $+\frac{\pi}{2}$.

On peut d'ailleurs procéder tout autrement et définir d'une infinité de façons des aires limitées par un contour simple, situées à l'intérieur de Γ, dans lesquelles la fonction définie par le second membre de l'équation ($CXXVII_1$) soit holomorphe.

Si l'on considère une telle fonction $\Psi(z)$, on aura, pour chaque point de la région où elle est définie

$$\operatorname{sn}[\Psi(z)] = z$$

et, par conséquent,

$$\frac{d\Psi(z)}{dz} = \frac{1}{\operatorname{sn}'\Psi(z)} = \pm \frac{1}{\sqrt{1-z^2}\sqrt{1-k^2z^2}};$$

il suffit de prendre la dérivée de l'expression de $\Psi(z)$ ou, plutôt, de se reporter à la façon même dont cette expression a été obtenue, pour reconnaître que l'on a

$$\frac{d\Psi(z)}{dz} = \frac{1}{\sqrt{1-z^2}\sqrt{1-k^2z^2}},$$

en attribuant au radical $\sqrt{1-z^2}$ la même détermination que dans $\Psi(z)$.

Si l'on considère maintenant une courbe quelconque qui, toutefois, ne passe pas par les points critiques et ne sorte pas de Γ, les deux membres de l'équation précédente pourront être regardés comme des fonctions continues de z, régulières en tous les points de la courbe, de sorte que, en désignant par z_0 et z les extrémités de cette courbe, on aura l'égalité

$$\Psi(z) - \Psi(z_0) = \int_{z}^{z} \frac{dz}{\sqrt{1-z^2}\sqrt{1-k^2z^2}};$$

on a ainsi, sous une forme plus générale, la solution de la première question, tant que le chemin d'intégration ne sort pas de Γ.

On voit aussi que, si l'on se donne les valeurs concordantes z, z' de $\operatorname{sn} u$, $\operatorname{sn}' u$ et si l'on prend dans $\Psi(z)$ pour la détermination de $\sqrt{1-z^2}$,

$$\sqrt{1-z^2} = \frac{z'}{\sqrt{1-k^2z^2}},$$

on aura $\operatorname{sn} u = z$, $\operatorname{sn}' u = z'$, en regardant u comme égal à $\Psi(z)$. La seconde question est donc aussi résolue quand le point z n'est pas en dehors de Γ.

580. Restons toujours dans le cas où l'on a $|k| < 1$.

Nous avons supposé que le chemin d'intégration ne sortait pas du cercle (Γ); nous allons supposer maintenant qu'il ne sort pas de la région (γ) extérieure au cercle de rayon *un* décrit de o comme centre; les deux régions (Γ) et (γ) ont une région commune, en forme de couronne, dans laquelle conviennent, et le développement que nous venons d'étudier et celui que nous allons établir.

Partons des relations (LXXII_6)

$$\operatorname{sn}(u + i\text{K}') = \frac{1}{k \operatorname{sn} u}, \qquad \operatorname{sn}'(u + i\text{K}') = -\frac{\operatorname{sn}' u}{k \operatorname{sn}^2 u}.$$

Soient z, z' des valeurs concordantes données de $\operatorname{sn} u$, $\operatorname{sn}' u$, et dont la première est, en valeur absolue, supérieure ou égale à 1.

Puisque la valeur absolue de $k \frac{1}{kz} = \frac{1}{z}$ est, au plus, égale à 1, on pourra, en appliquant la règle précédente, trouver une valeur de $u + i\text{K}'$ qui satisfasse aux équations

$$\operatorname{sn}(u + i\text{K}') = \frac{1}{kz}, \qquad \operatorname{sn}'(u + i\text{K}') = -\frac{z'}{kz^2},$$

et en déduire la valeur de u qui satisfait aux équations

$$\operatorname{sn} u = z, \qquad \operatorname{sn}' u = z',$$

à savoir

$$(\text{CXXVII}_2) \quad \left\{ \begin{aligned} u = & -i\text{K}' + \frac{\lambda(k^2)}{i} \log\left(\frac{i}{kz} + \sqrt{1 - \frac{1}{k^2 z^2}}\right) \\ & - \sqrt{1 - \frac{1}{k^2 z^2}} \sum_{n=1}^{n=\infty} a_n k^{2n} \mathcal{G}_n\left(\frac{1}{kz}\right). \end{aligned} \right.$$

La valeur de $\sqrt{1 - \frac{1}{k^2 z^2}}$ est déterminée par l'égalité

$$\sqrt{1 - \frac{1}{k^2 z^2}} = -\frac{z'}{k\sqrt{1 - \frac{1}{z^2}}},$$

dans laquelle on suppose positive la partie réelle de $\sqrt{1 - \frac{1}{z^2}}$. La seconde question est résolue.

581. Pour ce qui est de la première, regardons z comme un point variable de la région (γ); la dérivée du second membre de l'équation (CXXVII$_2$) est

$$-\frac{1}{kz^2}\frac{1}{\sqrt{1-\frac{1}{k^2z^2}}\sqrt{1-\frac{1}{z^2}}},$$

où l'on suppose que $\sqrt{1-\frac{1}{z^2}}$ est la fonction de z, holomorphe dans (γ), dont la partie réelle est positive. Quant à $\sqrt{1-\frac{1}{k^2z^2}}$, sa détermination est la même que dans l'équation (CXXVII$_2$). Si donc on considère une courbe ne pénétrant pas en dehors de (γ); si l'on désigne par $\Psi_1(z)$ une des déterminations du second membre de l'équation (CXXVII$_2$) qui soit continue le long de cette courbe et qui soit régulière en tous ses points, on aura

$$\Psi_1(z)-\Psi_1(z_0)=\int_{z_0}^{z}\frac{-dz}{kz^2\sqrt{1-\frac{1}{kz^2}}\sqrt{1-\frac{1}{z^2}}},$$

en supposant que l'intégration ait lieu le long de la courbe considérée : or, le second membre n'est autre chose que ([1])

$$\int_{z_0}^{z}\frac{dz}{\sqrt{1-z^2}\sqrt{1-k^2z^2}},$$

si l'on suppose que l'on ait le long de la courbe

$$-kz^2\sqrt{1-\frac{1}{kz^2}}\sqrt{1-\frac{1}{z^2}}=\sqrt{1-z^2}\sqrt{1-k^2z^2}.$$

On sait donc effectuer les intégrales de la forme

$$\int_{z_0}^{z}\frac{dz}{\sqrt{1-z^2}\sqrt{1-k^2z^2}}$$

le long d'une courbe déterminée entre z_0 et z, pourvu que cette courbe ne sorte pas, soit de la région Γ, soit de la région γ; si la courbe a des points dans les deux régions, on la séparera en parties dont chacune soit située tout entière dans l'une des régions, et l'on fera la somme de ces intégrales partielles.

([1]) Il est à peine utile de faire observer qu'il n'y a pas lieu de tenir compte *ici* de la restriction imposée à la définition de $\sqrt{1-k^2z^2}$ au début du paragraphe.

582. Les séries que nous avons obtenues ne convergent que si l'on a $|k| < 1$, et elles ne convergent rapidement que si la quantité $|k|$ est très petite; nous allons en déduire, au moyen d'une double transformation de Landen, d'autres séries qui, d'une part, sont très bien appropriées au calcul numérique et qui, d'autre part, conduisent facilement à la détermination d'une solution des équations $pu = \mathrm{P}$, $p'u = \mathrm{P}'$, où P et P' sont des nombres donnés concordants, c'est-à-dire liés par la relation $\mathrm{P}'^2 = 4\mathrm{P}^3 - g_2\mathrm{P} - g_3$.

Nous commencerons, en supposant $|k| < 1$, $|kz| \leqq 1$, par transformer les résultats du n° **580**, en y changeant u en $\mathrm{K} - u$, ce qui change $\operatorname{sn} u$, $\operatorname{sn}' u$ en $\dfrac{\operatorname{cn} u}{\operatorname{dn} u}$, $-\dfrac{d}{du}\dfrac{\operatorname{cn} u}{\operatorname{dn} u}$. En tenant compte de ce que $\lambda(k^2)$ est égal à $\dfrac{2\mathrm{K}}{\pi}$ et de ce que l'on a, en négligeant les multiples de $2\pi i$,

$$\log\left(iz + \sqrt{1 - z^2}\right) = \frac{\pi i}{2} - \log\left(z + i\sqrt{1 - z^2}\right),$$

la formule fondamentale (CXXVII_1) devient

$$u = \frac{\lambda(k^2)}{i}\log\left(z + i\sqrt{1 - z^2}\right) + \sqrt{1 - z^2}\sum_{n=1}^{n=\infty} a_n k^{2n} \mathcal{G}_n(z),$$

et la valeur de u que l'on vient d'écrire satisfait, quelles que soient les déterminations du logarithme et du radical $\sqrt{1 - z^2}$, aux deux équations

$$\frac{\operatorname{cn} u}{\operatorname{dn} u} = z, \qquad -\frac{d}{du}\frac{\operatorname{cn} u}{\operatorname{dn} u} = \sqrt{1 - z^2}\sqrt{1 - k^2 z^2},$$

où la partie réelle de $\sqrt{1 - k^2 z^2}$ est positive.

Dans les égalités qui précèdent, regardons pour un moment k comme une fonction de τ, et $\operatorname{cn} u$, $\operatorname{dn} u$ comme des fonctions de u et de τ; changeons partout τ en 4τ, puis u en $\dfrac{v}{2}\left(1 + \sqrt{k'}\right)^2$; en observant que, en vertu des équations ($\mathrm{XL}_{1,2}$), ($\mathrm{LXXI}_{7,8}$) et de la relation (a) du n° **531**, on a

$$b\ \frac{\operatorname{cn}\left[\dfrac{v}{2}\left(1 + \sqrt{k'}\right)^2 \,\middle|\, 4\tau\right]}{\operatorname{dn}\left[\dfrac{v}{2}\left(1 + \sqrt{k'}\right)^2 \,\middle|\, 4\tau\right]} = \frac{\operatorname{dn} v - \sqrt{k'}}{\operatorname{dn} v + \sqrt{k'}},$$

où b est mis à la place de $\sqrt{k(4\tau)} = \frac{1-\sqrt{k'}}{1+\sqrt{k'}}$, nous arrivons aux conclusions suivantes.

Supposons toujours $|b| < 1$ et posons, pour abréger,

$$f(v) = \frac{1}{b}\,\frac{dn\,v - \sqrt{k'}}{dn\,v + \sqrt{k'}},$$

$$F(z) = \frac{2\lambda(b^4)\log(z + i\sqrt{1-z^2})}{i(1+\sqrt{k'})^2} + \frac{2\sqrt{1-z^2}}{(1+\sqrt{k'})^2\sqrt{e_1-e_3}}\sum_{n=1}^{n=\infty} a_n b^{4n} \mathcal{G}_n(z).$$

pourvu que l'on ait $|b^2 z| \leqq 1$, on satisfera aux équations

$$f(v) = z, \qquad \frac{-2bf'(v)}{1-k'} = \sqrt{1-z^2}\sqrt{1-b^4 z^2},$$

où $f'(v)$ désigne la dérivée de $f(v)$ par rapport à v et où la partie réelle de $\sqrt{1-b^4 z^2}$ est positive, en prenant $v = F(z)$. Il est bien entendu que, dans l'expression de $F(z)$, $\sqrt{1-z^2}$ a la même signification que dans la seconde des équations à vérifier.

583. Pourvu que l'on ait toujours $|b^2 z| \leqq 1$, il est clair que la même conclusion subsisterait si, dans les égalités précédentes, v était remplacé par $v - 2iK'$; d'ailleurs le changement de v en $v - 2iK'$ change $\mathrm{dn}\,v$ en $-\mathrm{dn}\,v$ et $bf(v)$ en $\frac{1}{bf(v)}$; donc, pourvu que l'on ait $|b^2 z| \leqq 1$, on satisfera aux équations

$$\frac{1}{bf(v)} = bz, \qquad \frac{-2}{1-k'}\,\frac{d}{dv}\left[\frac{1}{b^2 f(v)}\right] = \sqrt{1-z^2}\sqrt{1-b^4 z^2},$$

en prenant $v - 2iK' = F(z)$; il est bien entendu que, dans l'expression de $F(z)$, $\sqrt{1-z^2}$ a le même sens que dans la seconde équation à vérifier que nous venons d'écrire. Or, si l'on se donne $\mathrm{dn}\,v$, l'une des quantités $bf(v)$, $\frac{1}{bf(v)}$ est inférieure ou égale à 1, en valeur absolue; si donc on se donne pour $\mathrm{dn}\,v$ et $\mathrm{dn}'v$ deux valeurs concordantes, on pourra toujours calculer v au moyen d'un développement $F(z)$ dans lequel on a $|bz| \leqq 1$, donc $|b^2 z| < 1$. Dans la pratique, où c'est x qui est donné, si l'on prend $\tau = \frac{iX'}{X}$, b devient la quantité que nous avons désignée dans le Chapitre précédent par β, quantité dont la valeur absolue est toujours plus petite que 1 et peut même être rendue plus petite que $\frac{2}{15}$; la série $F(z)$ est alors rapidement convergente.

584. Le théorème final du n° 582 peut être énoncé sous une forme légèrement différente qui va nous être commode.

Si l'on se donne un nombre v_0 tel que l'on ait $|b^2 f(v_0)| \leqq 1$, et que l'on remplace dans $F(z)$, z par $f(v_0)$ et $\sqrt{1-z^2}$ ou $\sqrt{1-f^2(v_0)}$ par $\dfrac{-2bf'(v_0)}{(1-k')\sqrt{1-b^4 f^2(v_0)}}$, où $\sqrt{1-b^4 f^2(v_0)}$ a sa partie réelle positive, $F(z)$ prendra une valeur v qui, d'après l'énoncé de ce théorème, satisfera aux équations

$$f(v) = f(v_0), \qquad \frac{-2bf'(v)}{1-k'} = \sqrt{1-f^2(v_0)}\sqrt{1-b^4 f^2(v_0)},$$

dans la seconde desquelles il est bien entendu que $\sqrt{1-f^2(v_0)}$ a le même sens que dans $F(z)$; mais le second membre de cette même équation, en vertu de la détermination attribuée à $\sqrt{1-f^2(v_0)}$, n'est autre chose que $\dfrac{-2bf'(v_0)}{1-k'}$; donc on satisfera aux équations

$$f(v) = f(v_0), \qquad f'(v) = f'(v_0),$$

en prenant $v = F(z)$, où z doit être remplacé par $f(v_0)$ et $\sqrt{1-z^2}$ par $\dfrac{-2bf'(v_0)}{(1-k')\sqrt{1-b^4 f^2(v_0)}}$.

585. Nous transformerons ce dernier énoncé en passant des fonctions sn, cn, dn à la fonction $\wp$ par les formules (LXVII). On trouve tout d'abord, en posant $v = u\sqrt{e_1 - e_3}$,

$$f'(v) = -\frac{2k^2\sqrt{k'}\,\operatorname{sn} v \operatorname{cn} v}{b\,(\operatorname{dn} v + \sqrt{k'})^2} = \frac{k^2\sqrt{e_1-e_3}\,[1-b^2 f^2(v)]\,\wp' u}{4b(\wp u - e_2)(\wp u - e_3)}.$$

Si maintenant on pose $v_0 = u_0\sqrt{e_1 - e_3}$, on arrive au résultat suivant :

Si l'on se donne le nombre u_0, on satisfait aux équations

$$\wp u = \wp u_0, \qquad \wp' u = \wp' u_0,$$

en posant $u = \dfrac{1}{\sqrt{e_1 - e_3}} F(z)$, où z et $\sqrt{1-z^2}$ sont déterminés par les formules

$$z = \frac{1}{b}\,\frac{\xi_{23}u_0 - \sqrt{k'}}{\xi_{23}u_0 + \sqrt{k'}},$$

$$\sqrt{1-z^2} = \frac{(1+k')\sqrt{e_1-e_3}\,[1-b^2z^2]}{2\sqrt{1-b^4z^2}}\;\frac{-\wp' u_0}{(\wp u_0 - e_2)(\wp u_0 - e_3)},$$

à condition que l'on ait $|b^2z| \leqq 1$.

586. Supposons maintenant que l'on se donne non pas u_0, mais bien les valeurs numériques concordantes P et P' de $\wp u_0$ et $\wp' u_0$. Le nombre u_0 n'est déterminé par les valeurs P et P' qu'à un multiple près de $2\omega_1$ et de $2\omega_3$; nous pouvons le supposer tel que $\sqrt{k'}\,\xi_{32}(u_0)$ ait sa partie réelle positive, puisque, si cette condition n'est pas vérifiée pour u_0, elle le sera certainement pour $u_0 + 2\omega_3$ [puisque $\xi_{32}(u_0 + 2\omega_3) = -\xi_{32}(u_0)$]. Pour cette valeur de u_0, $\xi_{32}(u_0)$ sera donné par la détermination de $\dfrac{\sqrt{P-e_3}}{\sqrt{P-e_2}}$ qui, multipliée par $\sqrt{k'}$, a sa partie réelle positive. Dans ces conditions, on aura $|bz| \leqq 1$ (et *a fortiori* $|b^2z| < 1$), puisque le point $\sqrt{k'}\,\dfrac{\sqrt{P-e_3}}{\sqrt{P-e_2}}$ est plus voisin du point 1 que du point -1. Nous pouvons donc énoncer la proposition finale que voici :

Si l'on se donne deux nombres concordants P *et* P', *on satisfera aux équations* $\wp u = P$, $\wp' u = P'$, *en posant* $u = \dfrac{1}{\sqrt{e_1-e_3}}F(z)$, *c'est-à-dire*

$$(\text{CXXVII}_3)\quad u = \frac{2\lambda(b^4)\log\left(z + i\sqrt{1-z^2}\right)}{i\sqrt{e_1-e_3}\,\left(1+\sqrt{k'}\right)^2} + \frac{2\sqrt{1-z^2}}{\left(1+\sqrt{k'}\right)^2\sqrt{e_1-e_3}}\sum_{n=1}^{n=\infty} a_n b^{4n}\mathcal{G}_n(z).$$

où z *et* $\sqrt{1-z^2}$ *sont déterminés par les formules*

$$z = \frac{1}{b}\,\frac{1 - \sqrt{k'}\,\dfrac{\sqrt{P-e_3}}{\sqrt{P-e_2}}}{1 + \sqrt{k'}\,\dfrac{\sqrt{P-e_3}}{\sqrt{P-e_2}}},$$

$$\sqrt{1-z^2} = \frac{(1+k')\sqrt{e_1-e_3}\,[1-b^2z^2]}{2\sqrt{1-b^4z^2}}\;\frac{-P'}{(P-e_2)(P-e_3)}.$$

Rappelons encore une fois que les parties réelles de $\sqrt{1-b^4 z^2}$ et de $\sqrt{k'}\dfrac{\sqrt{P-e_3}}{\sqrt{P-e_2}}$ sont positives.

587. Dans la pratique, c'est la valeur de $k^2 = \varkappa$ que l'on donne et l'on peut supposer que $\varkappa$ appartienne au plan $(\mathfrak{T})$; il est alors naturel de prendre, en conservant les notations du Chapitre précédent, $\tau = \dfrac{i\mathrm{X}'}{\mathrm{X}}$; on a vu que l'on a alors

$$\mathrm{K} = \mathrm{X}, \qquad \mathrm{K}' = \mathrm{X}', \qquad \sqrt{k'} = \sqrt[4]{1-\varkappa}, \qquad b = \beta = \frac{1-\sqrt[4]{1-\varkappa}}{1+\sqrt[4]{1-\varkappa}},$$
$$\lambda(\beta^4) = \frac{\mathrm{X}}{2\pi}\left(1+\sqrt[4]{1-\varkappa}\right)^2.$$

On a toujours $|\beta| < 1$, et même $|\beta| < \frac{2}{15}$ si le point $\varkappa$ est dans la région $(C_0 C_1 D_0)$. Dans ce dernier cas, la série $\sum\limits_{n=1}^{n=\infty} a_n \beta^{4n} \mathcal{G}_n(z)$ converge très rapidement. On peut d'ailleurs, dans tous les cas, obtenir une limite supérieure de l'erreur commise en ne conservant dans cette série que les n premiers termes; l'inégalité $|\beta z| \leqq 1$ entraîne, en effet, l'inégalité $|\beta^{4n}\mathcal{G}_n(z)| < |\beta|^{2n+1}\mathcal{G}_n(1)$; il résulte de là et de la valeur calculée plus haut, pour $\mathcal{G}_n(1)$, que le reste considéré est inférieur en valeur absolue à

$$\frac{1.3\ldots(2n+1)}{2.4\ldots(2n+2)}\,\frac{|\beta|^{2n+3}}{1-|\beta|^2}.$$

Notre série a été ordonnée, jusqu'ici, suivant les puissances de β. Dans la pratique, il est plus avantageux de l'ordonner suivant les puissances de z; c'est sous cette forme que les résultats figureront dans le Tableau de formules.

Si le point $\varkappa$ n'est pas situé dans la région $(C_0 C_1 D_0)$, conformément à la marche suivie à la fin du Chapitre précédent, on commencera par lui substituer le point correspondant $\varkappa_0$ de cette région, et l'on appliquera d'abord les formules précédentes comme si ce point $\varkappa_0$ était le point donné; les séries conservent alors toute leur convergence. Au moyen des formules (CXXII), on peut ne laisser figurer dans les résultats que les données et c'est ainsi qu'ont été obtenues les formules (CXXVIII) du Tableau de formules.

Les simplifications qu'introduit l'hypothèse que γ_2 et γ_3 sont des nombres réels sont d'ailleurs évidentes.

588. Nous avons vu (n°s 583-586) comment, étant données deux valeurs concordantes D, D' de dn$u$, dn'u ou deux valeurs concordantes P, P' de $\wp u$, $\wp' u$, on pouvait trouver u au moyen de séries très convergentes; u est déterminé à des multiples près de $2K$, $4iK'$ dans le premier cas, de $2\omega_1$, $2\omega_3$ dans le second; quant aux valeurs de K, K', ω_1, ω_3 on a appris dans le précédent Chapitre à les obtenir aussi au moyen de séries très convergentes quand on se donne k^2 ou g_2, g_3. Si l'on se donne deux valeurs concordantes S, S' de sn$u$, sn'u, il suffira, pour obtenir u, de passer par l'intermédiaire de D, D' au moyen des formules

$$D = \frac{S'}{\sqrt{1-S^2}}, \qquad D' = -k^2 S\sqrt{1-S^2},$$

où l'on choisira arbitrairement la détermination du radical. Ayant trouvé une valeur de u qui fasse acquérir à dn$u$, dn'u les valeurs D, D', on sera certain que cette valeur fera acquérir aux fonctions sn$u$, sn'u soit les valeurs S, S', soit les valeurs $-$S, $-$S'; dans le dernier cas on ajoutera $2K$ à la valeur trouvée; d'une solution des équations sn$u$ = S, sn'u = S, on déduira toutes les autres, en ajoutant des multiples entiers de $4K$, $2iK'$. Des observations analogues s'appliqueraient au cas où l'on donnerait des valeurs concordantes C, C' de cn$u$, cn'u.

589. En terminant ce Chapitre, il convient d'observer que le problème posé au commencement du n° 576, problème qui consistait à évaluer, le long d'un chemin quelconque donné ne traversant aucun point critique, l'intégrale

$$\int_{z_0}^{z_1} \frac{dz}{\sqrt{(1-z^2)(1-k^2z^2)}},$$

dans laquelle on se donne la valeur initiale du radical, s'il a été résolu dans les numéros 576 et suivants, ne l'a été qu'imparfaitement au point de vue pratique. La série qui, pour $|k| < 1$, fournit la valeur de cette intégrale ne peut, en effet, être réellement utilisée que si $|k|$ est petit. A la vérité, on peut toujours ramener à ce cas, par des transformations convenables, l'évaluation de l'intégrale envisagée comme aussi l'intégrale

$$\int_{z_0}^{z_1} \frac{dz}{-\sqrt{4z^3 - g_2 z - g_3}}$$

définie d'une façon analogue; mais on ne s'est nullement occupé de l'influence de ces transformations sur le chemin d'intégration, et une pareille étude, possible sans doute sur des exemples numériques, n'est pas sans difficulté dans le cas général.

Si l'on veut n'employer que les séries très convergentes dont il a été question dans les derniers numéros, les problèmes relatifs à l'évaluation des intégrales que nous venons de citer ne sont résolus qu'à des nombres entiers près. Occupons-nous, par exemple, de la dernière. Se donner z_0 et la valeur initiale du radical, cela revient à se donner les valeurs initiales concordantes P_0, P'_0; le chemin d'intégration étant donné, on peut suivre, tout le long de ce chemin, les valeurs du radical; on parvient ainsi aux valeurs concordantes finales P_1, P'_1. Si l'on désigne par u_0, u_1 des valeurs de la variable u qui satisfassent aux équations

$$pu_0 = P_0 \qquad p'u_0 = P'_0, \qquad\qquad pu_1 = P_1, \qquad p'u_1 = P'_1,$$

la valeur de l'intégrale considérée sera de la forme

$$u_1 - u_0 + 2n_1\omega_1 + 2n_3\omega_3,$$

où n_1 et n_3 sont des entiers qu'il reste à déterminer. Cette détermination, comme on le verra dans un prochain Chapitre, n'offre pas de difficultés sérieuses lorsque g_2 et g_3 sont réels. Nous verrons aussi que la détermination des nombres analogues dont dépend la solution pratique du problème analogue concernant la première intégrale est aisée lorsque k^2 est réel, positif et plus petit que 1.

FIN DU TOME III.

ÉLÉMENTS

DE LA THÉORIE DES

FONCTIONS ELLIPTIQUES

PAR

JULES TANNERY | JULES MOLK

TOME IV.

CALCUL INTÉGRAL (IIe PARTIE).

APPLICATIONS.

TABLE DES MATIÈRES

DU TOME IV.

CALCUL INTÉGRAL

(2e PARTIE).

INVERSION

(suite).

CHAPITRE IX.

Évaluation des intégrales de la forme $\int \frac{dz}{\sqrt{Az^4+4Bz^3+6Cz^2+4Dz+E}}$ prises le long d'un chemin quelconque, dans le cas où A, B, C, D, E sont réels.

CHAPITRE X.

Intégrales elliptiques.

CHAPITRE XI.

Substitutions birationnelles de Weierstrass. — Intégration de l'équation différentielle $\left(\frac{dz}{du}\right)^2 = a_0 z^4 + 4a_1 z^3 + 6a_2 z^2 + 4a_3 z + a_4$.

CHAPITRE XII.

Équations aux dérivées partielles.

PREMIÈRES APPLICATIONS DES FONCTIONS ELLIPTIQUES.

CHAPITRE I.

Premières applications à la Géométrie et à la Mécanique.

CHAPITRE II.

Premières applications à l'Algèbre et à l'Arithmétique.

Lettre de Ch. Hermite à M. Jules Tannery.

FIN DE LA TABLE DES MATIÈRES.

Le lecteur qui voudra se borner à un aperçu de la Théorie des fonctions elliptiques et acquérir seulement les notions les plus indispensables aux Applications des fonctions elliptiques à la Mécanique, pourra se dispenser de lire les Chapitres XI et XII (*numéros* 631 *à* 646).

ÉLÉMENTS

DE LA THÉORIE DES

FONCTIONS ELLIPTIQUES.

TOME IV.

CALCUL INTÉGRAL.

INVERSION

(SUITE).

CHAPITRE IX.

ÉVALUATION DES INTÉGRALES DE LA FORME

$$\int \frac{dz}{\sqrt{Az^4+4Bz^3+6Cz^2+4Dz+E}},$$

PRISES LE LONG D'UN CHEMIN QUELCONQUE, DANS LE CAS OÙ A, B, C, D, E SONT RÉELS.

I. — Évaluation des intégrales de la forme

$$\int \frac{dy}{-\sqrt{4(y-e_1)(y-e_2)(y-e_3)}},$$

prises le long d'un chemin quelconque, dans le cas où e_1, e_2, e_3 sont réels.

590. Reprenons l'étude, le long d'un chemin déterminé du plan des y, de l'intégrale $\int \frac{dy}{-\sqrt{Y}}$, où $Y = 4y^3 - g_2 y - g_3$, dans le cas où g_2, g_3 sont réels. Rappelons que, dans ce cas, la fonction $p(u; g_2, g_3)$ dont les coefficients sont réels, prend, en même temps que u, des valeurs réelles ou imaginaires conjuguées.

Considérons d'abord le cas où les racines e_1, e_2, e_3 sont réelles. Nous supposerons $e_1 > e_2 > e_3$ et les nombres ω_1, $\frac{\omega_3}{i}$ réels et positifs (¹). Dans le plan des y, le long de l'axe des quantités réelles pratiquons une coupure de e_1 à e_2, de e_2 à e_3, de e_3 à $-\infty$ et désignons par $\sqrt{Y}$ la fonction de y, holomorphe dans le plan coupé, qui prend des valeurs positives pour de grandes valeurs positives de y. Les signes de la partie réelle et du coefficient de i, dans cette fonction $\sqrt{Y}$, s'obtiennent très aisément sur les bords supérieur ou inférieur des diverses parties de la coupure, et même dans tout le plan des y, si l'on observe qu'ils ne peuvent changer que lorsque la quantité sous le radical est réelle, c'est-à-dire lorsque le point y traverse soit l'axe des quantités réelles, soit l'hyperbole (H) dont l'équation serait $12u^2 - 4v^2 - g_2 = 0$ dans un système de coordonnées u, v, dont les axes coïncideraient avec l'axe des quantités réelles et l'axe des quantités purement imaginaires du plan des y. Comme il est commode d'avoir ces signes dans les applications, on les a indiqués dans la figure (A) du Tableau de formules (CXXX); le premier signe se rapporte à la partie réelle, le second à la partie imaginaire; l'une de ces quantités est nulle sur les lignes de séparation, ce que l'on a indiqué en remplaçant par o l'un des signes $\pm$. Relativement aux coupures, nous conviendrons de regarder le bord supérieur comme appartenant à la moitié supérieure du plan des y, le bord inférieur comme appartenant à la moitié inférieure. Ceci posé, on a le théorème suivant :

Il existe une fonction de y, que nous désignerons par $\arg pу$, ayant les propriétés que voici : elle est holomorphe dans tout le plan coupé; pour tout point de ce plan on a $p(\arg py) = y$; quand y n'est pas sur une coupure on peut mettre $\arg py$ sous la forme $t\omega_1 + t'\omega_3$, t et t' étant des nombres réels, satisfaisant aux conditions $0 < t < 1$, $-1 < t' < 1$; suivant que y est sur la coupure qui va de e_1 à e_2, de e_2 à e_3, de e_3 à $-\infty$, on peut mettre

(¹) Observons en passant que l'on a $\omega_1 \gtrless \frac{\omega_3}{i}$ suivant que l'on a $e_2 \gtrless 0$, ainsi qu'il résulte des expressions de K, K' (ou x, x') au moyen de k^2 (ou x) et de ce que l'on a, suivant les deux cas, $k^2 \gtrless \frac{1}{2}$ et, par suite, $k^2 \gtrless k'^2$. On voit aussi que quand k^2 décroît de 1 à 0, le rapport $\frac{\omega_3}{i\omega_1}$ croît de 0 à l'infini.

$\arg \wp y$ sous la forme $\omega_1 \mp \omega_3 t_1$, $\omega_1 t_1 \mp \omega_3$, $\mp \omega_3 t_1$, où t_1 est réel et compris entre o et 1, et où il faut prendre le signe supérieur ou inférieur suivant que l'on est sur le bord supérieur ou inférieur de la coupure. Ces conditions permettent, pour chaque valeur de y, de calculer sans ambiguïté la valeur correspondante de $\arg \wp y$ en se reportant au Tableau (CXXIX_{1-2}); t' est d'ailleurs négatif ou positif suivant que le point y appartient à la moitié supérieure ou inférieure du plan; t' est nul quand y est réel, compris entre e_1 et $+\infty$.

Si l'on admet pour un instant l'existence de cette fonction holomorphe, inverse de la fonction $\wp$, on déduit immédiatement de l'identité $\wp(\arg \wp y) = y$ que la dérivée, prise par rapport à y, de la fonction $\arg \wp y$ est égale, au signe près, à $\frac{-1}{\sqrt{Y}}$; elle lui est précisément égale, en adoptant le sens prescrit pour le dénominateur, puisqu'elle est négative pour de grandes valeurs positives de y. On voit donc que l'étude de l'intégrale envisagée se ramène à celle de la fonction $\arg \wp y$.

591. L'existence de la fonction $\arg \wp y$ résulte aisément de la représentation conforme d'un demi-rectangle des périodes de la fonction $\wp u$, au moyen de la relation $y = \wp u$ [1]. Nous choisirons, pour le rectangle des périodes de la fonction $\wp u$, le rectangle dont les sommets sont $\omega_1 - \omega_3$, $\omega_1 + \omega_3$, $-\omega_1 + \omega_3$, $-\omega_1 - \omega_3$, qui est symétrique par rapport aux axes des quantités réelles et purement imaginaires. L'équation (en u) $y = \wp u$ admet deux racines situées dans ce rectangle, figurées par deux points symétriques par rapport au point o; elle admet par conséquent une racine dans le rectangle (R) dont les sommets sont $\omega_1 - \omega_3$, $\omega_1 + \omega_3$, ω_3, $-\omega_3$; cette racine est unique si elle est figurée par un point *intérieur* à (R); mais si la racine u est un point du périmètre de (R), le point u' symétrique de u par rapport à l'axe des quantités réelles sera encore une racine de l'équation $y = \wp u$, puisque l'on aura alors, suivant le côté où se trouve le point u, l'une des trois égalités $u + u' = 0$, $u - u' = \pm 2\omega_3$, $u + u' = 2\omega_1$ et, dans tous les cas, $\wp u' = \wp u = y$; u et u' étant imaginaires conjugués

---

(1) *Voir* SCHWARTZ, *Formules*, etc., art. 51, 52.

ainsi que les quantités égales pu, pu', y est forcément réel. On prévoit ainsi que l'image sur le plan des y du rectangle (R) du plan des u remplira tout le plan des y et que l'image du périmètre de (R) se fera deux fois quelque part sur l'axe des quantités réelles.

Dans le plan des u, l'axe des quantités réelles partage le rectangle (R) en deux rectangles (R_1), (R_2), symétriques par rapport à cet axe et dont les images seront, dans le plan des y, aussi symétriques par rapport à l'axe des quantités réelles. Nous désignerons par (R_1) le rectangle situé dans la région supérieure du plan des u : ses sommets sont les points o, ω_1, $\omega_1 + \omega_3$, ω_3. Suivant que e_2 est positif, nul, ou négatif, la base de ce rectangle sera plus longue, de même longueur ou plus courte que sa hauteur. L'image de ses côtés, pris dans l'ordre adopté pour les sommets, de façon que son périmètre soit parcouru dans le sens direct, se fait évidemment sur les segments $+\infty \ldots e_1$, $e_1 \ldots e_2$, $e_2 \ldots e_3$, $e_3 \ldots -\infty$ de l'axe des quantités réelles du plan des y. Au rectangle (R_1) substituons une figure (S_1), qui en diffère infiniment peu, obtenue en décrivant de chacun des sommets de (R_1) comme centre, avec un rayon infiniment petit, un quart de cercle situé dans l'intérieur du rectangle et en supprimant de (R_1) les petites parties limitées par ces quarts de cercle; la figure (S_1) a huit côtés, quatre rectilignes et quatre circulaires. La fonction $p'u$ ne s'annule et ne devient infinie ni sur le contour de (S_1) ni à l'intérieur; le principe de la conservation des angles s'applique donc sans restriction à la représentation conforme de (S_1) par la formule $y = pu$. Supposons que le point u parte du sommet de (S_1) situé sur l'axe des quantités réelles, dans le voisinage de o, puis décrive les huit côtés du contour de (S_1) dans le sens direct; suivons le mouvement correspondant du point $y = pu$. Il partira d'un point infiniment éloigné, vers $+\infty$, de l'axe des quantités réelles et se mouvra sur cet axe en se rapprochant du point e_1 sans y parvenir, décrira approximativement, autour de e_1 comme centre, un demi-cercle infiniment petit, situé dans la région inférieure du plan, se mouvra sur l'axe des quantités réelles en se rapprochant de e_2 sans l'atteindre, décrira approximativement, autour de e_2 comme centre, un demi-cercle infiniment petit situé dans la région inférieure du plan, se mouvra sur l'axe des quantités réelles en se rapprochant de e_3 sans l'atteindre, décrira encore approximativement, autour de e_3 comme centre, un demi-cercle infiniment petit situé dans la région inférieure du plan, recommencera à se mouvoir sur l'axe des quantités réelles jusque vers $-\infty$, et décrira enfin approximativement, dans la région inférieure du plan, un demi-cercle de rayon infiniment grand, de centre o, qui ira rejoindre le point de départ vers $+\infty$. Dans l'image, les mouvements rectilignes correspondent aux côtés rectilignes de la figure (S_1) et n'ont pas besoin d'être expliqués davantage; les mouvements circulaires approximatifs correspondent à la description des côtés circulaires de (S_1); qu'ils soient tels que nous l'avons dit, c'est ce qui résulte, pour les trois premiers, de ce que le développement suivant les puissances de u de la fonction paire $p(\omega_\alpha + u) - e_\alpha$ commence par un terme en u^2, pour le demi-cercle infiniment grand, de ce que le développement de pu commence par u^{-2}.

Dans le mouvement, le contour de l'aire infiniment grande qui représente (S_1) est décrit dans le sens direct comme le contour de (R_1). Il en résulte que si l'on considère un point y_0 situé à l'intérieur de l'aire qui forme l'image de (S_1), le vecteur qui va de ce point y_0 au point mobile y qui décrit le contour de cette image, tourne de 2π quand le point u décrit le contour de (R_1); on en conclut, en raisonnant comme au n° 508, que l'équation (en u) $y_0 = pu$ admet une racine et une seule figurée par un point intérieur à (R_1), ce qui est conforme à ce que l'on a dit au début. On voit donc que l'image de (R_1) se fait sur la moitié inférieure du plan des y; le périmètre de (R_1) a son image sur l'axe des quantités réelles : ce périmètre fait partie de la figure (R_1); nous conviendrons de regarder les images des côtés qui vont de ω_1 à $\omega_1 + \omega_3$, de $\omega_1 + \omega_3$ à ω_3, de ω_3 à o, comme se faisant sur les bords *inférieurs* des portions de coupure qui vont de e_1 à e_2, de e_2 à e_3, de e_3 à $-\infty$; quant au côté qui va de o à ω_1, son image est sur la portion non coupée de l'axe des quantités réelles. La fonction $\arg py$ est alors définie sans ambiguïté pour tous les points y de la moitié inférieure du plan des y, y compris les bords inférieurs des coupures : sa valeur est cette racine unique, définie plus haut, de l'équation $y = pu$, racine figurée par un point du rectangle (R_1) ou de son périmètre.

L'image du rectangle (R_2) se fait symétriquement sur la partie supérieure du plan des y et permet de compléter la définition de la fonction arg $\wp y$. Les images des côtés qui vont de ω_1 à $\omega_1 - \omega_3$, de $\omega_1 - \omega_3$ à $-\omega_3$, de $-\omega_3$ à o, se font sur les bords *supérieurs* des portions de coupure qui vont de e_1 à e_2, de e_2 à e_3, de e_3 à $-\infty$, en sorte que les bords supérieur et inférieur d'une coupure sont les images de deux points différents. On a précisément introduit les coupures pour que les points du plan des u situés à l'intérieur ou sur le périmètre du rectangle des périodes (R) et les points du plan des y se correspondissent d'une façon *univoque*.

592. Les propriétés énoncées de la fonction arg $\wp y$ sont maintenant évidentes; elle est holomorphe dans le plan coupé en vertu de la théorie des fonctions implicites (note I, n° 357). Quelques autres propriétés de la même fonction se déduisent immédiatement des remarques suivantes.

Les parallèles aux côtés du rectangle (R) ont pour images, dans le plan des y, des arcs de courbes *algébriques,* comme il résulte de la formule d'addition de la fonction $\wp u$. Considérons en particulier, dans le plan des u, le segment de droite qui va de $\omega_1 + \frac{1}{2}\omega_3$ à $\frac{1}{2}\omega_3$; il partage le rectangle (R_1) en deux rectangles (r_1), (r_2) dont le second repose sur l'axe des quantités réelles.

La première formule (LX_4), en y supposant $\alpha = 3$ et en y faisant $u = u' - \frac{1}{2}\omega_3$, donne

$$\sqrt{\wp\left(u' - \tfrac{1}{2}\omega_3\right) - e_3}\sqrt{\wp\left(u' + \tfrac{1}{2}\omega_3\right) - e_3} = k(e_1 - e_3).$$

Si u' est réel, les deux facteurs qui figurent dans le premier membre sont conjugués; leur produit représente la distance du point $y = \wp(u' + \frac{1}{2}\omega_3)$ au point e_3, distance qui est constante en vertu de l'égalité même; le point $\wp(u' + \frac{1}{2}\omega_3)$ est donc sur le cercle (e_3) de centre e_3 et de rayon $k(e_1 - e_3)$; les points e_1, e_2 sont symétriques (n° 559) par rapport à ce cercle; lorsque u' varie de ω_1 à o, le point $u = u' + \frac{1}{2}\omega_3$ décrit dans le plan des u le segment considéré, et son image $y = \wp u$ décrit, dans le plan des y, du point $p = e_3 + k(e_1 - e_3)$ au point $q = e_3 - k(e_1 - e_3)$, la moitié du cercle (e_3) située au-dessous de l'axe des quantités réelles, puisque u se meut dans (R_1). L'image de (r_1) se fait à l'intérieur de ce demi-cercle, celle de (r_2) sur la région du demi-plan inférieur qui est en dehors. Désignons par (r_3), (r_4) les rectangles qui, dans le plan des u, sont, par rapport à l'axe des quantités réelles, les symétriques des rectangles (r_2), (r_1) ; leurs images seront, dans le plan des y, symétriques par rapport à l'axe des quantités réelles des images de ces derniers rectangles ; l'image du segment qui va de $\omega_1 - \frac{1}{2}\omega_3$ à $-\frac{1}{2}\omega_3$ se fait sur la moitié supérieure du cercle (e_3). En représentant par $\omega_1 t + \omega_3 t'$ la valeur de $\arg \wp y$, $|t'|$ sera inférieur ou supérieur à $\frac{1}{2}$, suivant que y sera extérieur ou intérieur au cercle (e_3). On démontrerait de même que l'image du segment qui va de $\frac{1}{2}\omega_1 - \omega_3$ à $\frac{1}{2}\omega_1 + \omega_3$ est un cercle (e_1) de centre e_1 et de rayon $k'(e_1 - e_3)$; suivant que le point y est extérieur ou intérieur à ce cercle (e_1), $|t|$ est inférieur ou supérieur à $\frac{1}{2}$.

593. De l'égalité

$$-\frac{1}{\sqrt{Y}} = \frac{d}{dy} \arg \wp y,$$

on déduit maintenant que l'intégrale $\int_{y_1}^{y_2} \frac{dy}{-\sqrt{Y}}$, où le chemin qui va de y_1 à y_2 ne traverse pas de coupure et où $\sqrt{Y}$ a le sens précisé au début, a pour valeur $\arg \wp y_2 - \arg \wp y_1$. Ce résultat subsiste si le chemin d'intégration suit le bord d'une coupure, sans la traverser.

Si le chemin d'intégration traverse la coupure, nous conviendrons de désigner encore, en chaque point de ce chemin, par $\sqrt{Y}$ la fonction de y, holomorphe dans le plan coupé des y, définie au début, tandis que nous désignerons par $\underline{\sqrt{Y}}$ la fonction obtenue par continuation, le long du chemin d'intégration, de la fonction qui coïncide avec $\sqrt{Y}$ au début de ce chemin. Si cette fonction $\underline{\sqrt{Y}}$ coïncidait avec $\sqrt{Y}$ avant de traverser une coupure, on aurait nécessairement $\underline{\sqrt{Y}} = -\sqrt{Y}$ après avoir traversé cette coupure, et inversement. Pour évaluer l'intégrale $\int_{y_1}^{y_2} \frac{dy}{-\underline{\sqrt{Y}}}$, prise le long d'un chemin quelconque, qui peut traverser un nombre quelconque de fois les coupures et qui va d'un point quelconque y_1 du plan des y à un point quelconque y_2 de ce plan, sans passer toutefois par les points e_1, e_2, e_3, il suffira de fractionner le chemin donné en parties qui restent chacune dans le plan coupé et d'évaluer séparément chacune des parties correspondantes en remplaçant, suivant les cas, $\underline{\sqrt{Y}}$ par $\sqrt{Y}$ ou par $-\sqrt{Y}$.

Supposons, par exemple, que le chemin d'intégration traverse une seule fois la coupure de bas en haut en un point α. Nous distinguerons les deux points α', α'' qui coïncident avec α, mais qui sont situés le premier sur le bord inférieur, le second sur le bord supérieur de la coupure, et nous aurons

$$\int_{y_1}^{y_2} \frac{dy}{-\underline{\sqrt{Y}}} = \int_{y_1}^{\alpha'} \frac{dy}{-\underline{\sqrt{Y}}} + \int_{\alpha''}^{y_2} \frac{dy}{-\underline{\sqrt{Y}}} = \int_{y_1}^{\alpha'} \frac{dy}{-\sqrt{Y}} \mp \int_{\alpha''}^{y_2} \frac{dy}{-\sqrt{Y}},$$

où l'on doit prendre le signe inférieur dans le cas seulement où l'on traverse la coupure entre e_2 et e_3. On aura donc, en observant la même règle pour les signes,

$$\int_{y_1}^{y_2} \frac{dy}{-\underline{\sqrt{Y}}} = (\arg \wp\,\alpha' \pm \arg \wp\,\alpha'') - (\arg \wp\, y_1 \pm \arg \wp\, y_2);$$

d'ailleurs la première parenthèse se réduit à $2\omega_1$, $2\omega_3$ ou 0, suivant que α est entre e_1 et e_2, e_2 et e_3, e_3 et $-\infty$.

Nous nous contentons de signaler les résultats suivants, que l'on peut d'ailleurs lire sur la figure (A),

$${}'\!\!\int_{+\infty}^{e_1} \frac{dy}{-\sqrt{Y}} = \omega_1, \quad {}'\!\!\int_{e_1}^{e_2} \frac{dy}{-\sqrt{Y}} = -\,{}'\!\!\int_{e_3}^{-\infty} \frac{dy}{-\sqrt{Y}} = \omega_3, \quad {}'\!\!\int_{e_2}^{e_3} \frac{dy}{-\sqrt{Y}} = -\omega_1,$$

la seconde et la troisième intégrales étant prises sur le bord *inférieur* de la coupure. Si on les prenait sur le bord supérieur de la coupure, leurs valeurs changeraient de signe.

Ces formules peuvent être encore écrites sous les formes

$$\text{(CXXX)} \quad {}'\!\!\int_{e_3}^{e_2} \frac{dy}{|\sqrt{Y}|} = {}'\!\!\int_{e_1}^{\infty} \frac{dy}{|\sqrt{Y}|} = \omega_1, \qquad \int_{-\infty}^{e_3} \frac{dy}{|\sqrt{Y}|} = {}'\!\!\int_{e_2}^{e_1} \frac{dy}{|\sqrt{Y}|} = \frac{\omega_3}{i}.$$

Pour $g_3 = 0$ ($e_2 = 0$, $e_3 = -e_1$, $k^2 = \frac{1}{2}$), on a en particulier $\omega_1 = \frac{\omega_3}{i}$; la figure formée par les quatre points $0, \omega_1, \omega_1 + \omega_3, \omega_3$, est un carré.

II. — Évaluation des intégrales de la forme

$$\int \frac{dy}{-\sqrt{(y-e_1)(y-e_2)(y-e_3)}},$$

prises le long d'un chemin quelconque, dans le cas où e_2 est un nombre réel et où e_1, e_3 sont des nombres imaginaires conjugués.

594. Supposons maintenant que deux des racines de Y soient imaginaires. Reprenant les notations du n° 565, nous supposerons $e_1 = A + Bi$, $e_3 = A - Bi$, $e_2 = -2A$, $B > 0$; ω_1 et ω_3 sont formés comme on l'a èxpliqué dans le même numéro, et sont des quantités conjuguées; on les calculera au moyen des Tableaux (CXXV) ou (CXXVI). Les quantités $\sqrt{e_2 - e_1}$, $\sqrt{e_2 - e_3}$ sont aussi conjuguées, comme il résulte, si l'on veut, des formules (XI_6). Il est aisé de vérifier que les signes de la partie réelle et du coefficient de i dans $\sqrt{Y}$ ne peuvent changer que sur l'axe des quantités réelles et sur l'hyperbole (H) qui, cette fois, passe par les points e_1, e_3. Ces signes sont indiqués sur la figure (B) du Tableau (CXXXI), en supposant $\sqrt{Y} > 0$ pour les grandes valeurs positives de y. La figure (B) correspond au cas où g_2 et e_2 sont positifs; les modifications relatives aux autres cas n'échapperont pas au lecteur; si en particulier g_2 était nul, l'hyperbole (H) se décomposerait en deux droites passant par l'origine et inclinées de 60° et de 120° sur l'axe des quantités positives.

Dans le plan des y, du point e_2 comme centre, avec un rayon égal à la quantité positive $\sqrt{e_2 - e_1}\sqrt{e_2 - e_3}$, décrivons un cercle que nous désignerons dans ce qui suit par (e_2); il passe par les points e_1, e_3 et rencontre l'axe des quantités réelles en un point m situé entre e_2 et $+\infty$, et en un point m' situé entre e_2 et $-\infty$. Observons de suite que l'on a, en vertu des équations (XVI_2), (VII_9),

$$m = e_2 + \sqrt{e_2 - e_1}\sqrt{e_2 - e_3} = \wp\left(\frac{\omega_1 + \omega_3}{2}\right),$$

$$m' = e_2 - \sqrt{e_2 - e_1}\sqrt{e_2 - e_3} = \wp\left(\frac{\omega_3 - \omega_1}{2}\right).$$

Pratiquons une coupure allant de e_1 à e_3 le long de ce cercle, en passant par le point m, puis le long de l'axe des quantités réelles de m à $-\infty$. Le bord supérieur de cette dernière coupure de $-\infty$ à m sera supposé continué par le bord intérieur de la coupure circulaire de m à e_1; le bord extérieur de la coupure circulaire va sans interruption de e_1 à e_3; le bord intérieur de la coupure circulaire de e_3 à m est continué par le bord inférieur de la coupure rectiligne de m à $-\infty$; le bord de chaque coupure est regardé comme faisant partie de la région du plan qu'il limite. Dans le plan coupé, $\sqrt{Y}$ est une fonction holomorphe de y.

Il existe une fonction que nous désignerons par $\arg \wp y$ et qui jouit des propriétés suivantes : elle est holomorphe dans le plan coupé; en tout point de ce plan on a

$$\wp(\arg \wp y) = y;$$

sa dérivée est $\frac{1}{-\sqrt{Y}}$ en désignant par $\sqrt{Y}$ la fonction holomorphe précisée plus haut. Quand y n'est pas sur une coupure, on peut mettre $\arg \wp y$ sous la forme $\frac{1}{2}(\omega_1 + \omega_3)t + (\omega_3 - \omega_1)t'$, où t et t' sont des nombres réels vérifiant les conditions $0 < t < 1$, $-1 < t' < 1$; t' est toujours de signe contraire au coefficient de i dans y. Quand y est sur la coupure circulaire, $\arg \wp y$ peut se mettre sous la forme $\frac{1}{2}(\omega_1 + \omega_3) + (\omega_3 - \omega_1)t_1$; t_1 est compris entre $-\frac{1}{2}$ et $\frac{1}{2}$ lorsque y est sur le bord extérieur de la coupure; t_1 est compris soit entre $-\frac{1}{2}$ et -1, soit entre $\frac{1}{2}$ et 1 lorsque y est sur le bord intérieur de la coupure suivant que y est dans la moitié supérieure ou inférieure du plan; en deux points qui coïncident, mais sont sur deux bords opposés, la somme des valeurs de t_1 est égale à ± 1. Quand y est sur la coupure rectiligne, $\arg \wp y$ peut être mis sous la forme $\mp(\omega_3 - \omega_1) + \frac{1}{2}(\omega_1 + \omega_3)t_2$ ou sous la forme $\mp(\omega_3 - \omega_1)t_2$, suivant que y est compris entre m et e_2 ou entre e_2 et $-\infty$; on doit prendre les signes supérieurs ou inférieurs suivant que y est sur le bord supérieur ou inférieur; t_2 est réel, compris entre 0 et 1; en deux points qui coïncident, mais sont sur deux bords opposés, les valeurs de t_2 sont les mêmes. En se reportant au Tableau (CXXIX_{3-4}) on peut donc calculer dans tous les cas, sans ambiguïté, la valeur de $\arg \wp y$ connaissant la valeur de y.

595. On arrive à ce résultat en étudiant l'image obtenue dans le plan des y, par la transformation $y = \wp u$, du rectangle (R) dont les sommets sont $\frac{1}{2}(3\omega_1 - \omega_3)$, $\frac{1}{2}(3\omega_3 - \omega_1)$, $\omega_3 - \omega_1$, $\omega_1 - \omega_3$, rectangle dans lequel l'équation (en u) $\wp u - y = 0$ admet une racine qui, en général, est unique; si toutefois cette racine est figurée par un point du périmètre du rectangle, le point symétrique par rapport à l'axe des quantités réelles est aussi une racine. Ceci résulte aisément de ce fait, que le losange dont les sommets sont o, $2\omega_1$, $2\omega_1 + 2\omega_3$, $2\omega_3$ est un parallélogramme des périodes, et de ce que la fonction $\wp u$ prend des valeurs égales en des points symétriques soit par rapport à ω_1, soit par rapport à ω_3.

L'axe des quantités réelles du plan des u sépare le rectangle (R) en deux rectangles (R_1), (R_2) dont le premier est situé au-dessus de l'axe; les images de ces deux rectangles étant symétriques par rapport à l'axe des quantités réelles du plan des y, il suffit d'étudier l'image du premier. On substitue, à cet effet, à ce rectangle (R_1) une figure infiniment voisine (S_1) que l'on obtient en décrivant à l'intérieur de (R_1), avec des rayons infiniment petits, des points o, $\omega_3 - \omega_1$ et ω_3 comme centres, d'une part deux quarts de cercle, de l'autre un demi-cercle, et en supprimant les petites parties de (R_1) qui limitent ces quarts de cercle et ce demi-cercle. La figure (S_1) a huit côtés, cinq rectilignes, trois circulaires. Dans cette figure et sur le contour, les fonctions $\wp u$, $\wp' u$ sont holomorphes, la seconde ne s'annule pas. Supposons que le point u parte du sommet de (S_1) infiniment voisin de o, situé sur l'axe des quantités réelles, puis décrive le contour de (S_1) dans le sens direct. Son image $y = \wp u$, dans le plan des y, partira d'un point voisin de $+\infty$, sur l'axe des quantités réelles et suivra d'abord cet axe jusqu'au point m. A partir du point m, l'image $y = \wp u$ se mouvra sur le cercle (e_2) ainsi qu'il résulte de la formule

$$\sqrt{\wp\left(\frac{\omega_1+\omega_3}{2}+u'i\right)-e_2}\sqrt{\wp\left(\frac{\omega_1+\omega_3}{2}-u'i\right)-e_2} = m - e_2,$$

qui montre que la distance du point $\wp u$ au point e_2 reste constante tant que le point u est sur la perpendiculaire à l'axe des quantités réelles menée par $\frac{1}{2}(\omega_1 + \omega_3)$; quand u décrira le côté de (S_1) qui va de $\frac{1}{2}(\omega_1 + \omega_3)$ à un point voisin de ω_3, le point $y = \wp u$, partant de m, suivra le cercle (e_2) en descendant dans la région inférieure du plan des y, comme il résulte du principe de la conservation des angles, et s'arrêtera en un point voisin de e_3. Le point u décrivant ensuite le petit demi-cercle autour de ω_3, son image $y = \wp u$ décrira approximativement un petit cercle autour de e_3 en tournant dans le sens indirect, comme il résulte du développement de $\wp(\omega_3 + u)$ suivant les puissances de u. Le point u décrivant le côté suivant de (S_1), son image remonte le long du cercle (e_2) de e_3 à m, en sorte que les images des trois côtés de (S_1), qui relient $\frac{1}{2}(\omega_1 + \omega_3)$ à $\frac{1}{2}(3\omega_3 - \omega_1)$, forment un *lacet* à tige circulaire. Quand u décrit le côté qui va de $\frac{1}{2}(3\omega_3 - \omega_1)$ à un point voisin de $\omega_3 - \omega_1$, son image va de m à un point voisin de e_2 sur l'axe des quantités réelles. Quand u décrit le quart de cercle autour de $\omega_3 - \omega_1$, son image décrit approximativement un demi-cercle infiniment petit, de centre e_2, en restant au-dessous de l'axe des quantités réelles. Le côté suivant a son image sur l'axe des quantités réelles, d'un point voisin de e_2 à un point voisin de $-\infty$. Enfin le dernier côté, le petit quart de cercle, a pour image un demi-cercle de centre o, de rayon infiniment grand.

Il serait aisé de reconnaître que l'arc du cercle (e_2) qui va de e_3 à m' est l'image du segment qui va de ω_3 à $\frac{1}{2}(\omega_3 - \omega_1)$.

En répétant le raisonnement du n° 508, on voit maintenant que l'image de (R_1) remplit le demi-plan des y, au-dessous de l'axe des quantités réelles. L'image de (R_2) remplit donc le demi-plan au-dessus. Ainsi l'image de (R) remplit le plan tout entier. Il convient, pour la continuité, de regarder les images des portions du périmètre qui vont de o à $\omega_3 - \omega_1$ et de o à $\omega_1 - \omega_3$ comme se faisant respectivement sur les bords inférieur et supérieur de la coupure rectiligne qui va de $-\infty$ à e_2 ; les images des côtés qui vont de $\omega_3 - \omega_1$ à $\frac{1}{2}(3\omega_3 - \omega_1)$ et de $\omega_1 - \omega_3$ à $\frac{1}{2}(3\omega_1 - \omega_3)$ comme se faisant sur les bords inférieur et supérieur de la coupure rectiligne qui va de e_2 à m; les images des portions de côté qui vont de $\frac{1}{2}(3\omega_3 - \omega_1)$ à ω_3 et de $\frac{1}{2}(3\omega_1 - \omega_3)$ à ω_1, comme se faisant sur le bord intérieur de la coupure circulaire qui va de m à e_3 et de m à e_1 ; enfin les images de la portion de côté qui va de ω_3 à ω_1 comme se faisant sur le bord extérieur de la coupure circulaire qui va de e_3 à e_1. Cette description suffit, en raisonnant comme au paragraphe précédent, à justifier la proposition annoncée ; elle montre la nécessité d'introduire les coupures considérées, et donne les renseignements essentiels sur les valeurs que prend la fonction $\arg py$ sur les bords des coupures ([1]).

596. Les conclusions sont analogues à celles du paragraphe précédent et l'on obtient aisément les résultats suivants :

$$\int_m^\infty \frac{dy}{-\sqrt{Y}} = \frac{\omega_2}{2}, \qquad \int_m^{e_1} \frac{dy}{-\sqrt{Y}} = -\int_m^{e_3} \frac{dy}{-\sqrt{Y}} = \frac{\omega_3 - \omega_1}{2},$$

([1]) Des considérations toutes pareilles s'appliquent à la détermination de l'intégrale $\int \frac{dx}{\sqrt{X}}$, où $X = (1-x^2)(1-k^2x^2)$, prise le long d'un chemin déterminé, lorsque k^2 est réel et plus petit que 1. Dans le plan des x on pratique deux coupures le long de l'axe des quantités réelles de $+1$ à $+\infty$, de -1 à $-\infty$. La fonction $\sqrt{X}$ assujettie à être égale à 1 pour $x=0$ est alors définie sans ambiguïté dans tout le plan, y compris les bords supérieur et inférieur des coupures. Si l'on considère la fonction $\operatorname{sn}(u \mid \tau)$ formée au moyen de la quantité $\tau = \frac{iK'}{K}$, où K et K′ ont le sens précisé au n° 521, il existe une fonction que nous désignerons par $\arg \operatorname{sn} x$ qui jouit des propriétés suivantes : elle est définie pour toute valeur de x appartenant au plan coupé; en tout point de ce plan elle vérifie la relation $\operatorname{sn}(\arg \operatorname{sn} x) = x$; sa dérivée est $\frac{1}{\sqrt{X}}$; on peut la mettre sous la forme $Kt + iK't'$, où t et t' sont des nombres réels compris entre -1 et $+1$, et respectivement de mêmes signes que la partie réelle et le coefficient de i dans x. Quand x n'est pas sur une coupure, t et t' sont différents de ± 1. Quand x est sur la coupure de droite, $\arg \operatorname{sn} x$ est de la forme $K \pm iK't_1$ ou $\pm iK' + Kt_1$, suivant que x est entre 1 et $\frac{1}{k}$ ou entre $\frac{1}{k}$ et $+\infty$; on doit prendre le signe supérieur ou le signe inférieur suivant que x est sur le bord supérieur ou sur le bord inférieur; t_1 est réel compris entre 0 et 1; on a, en particulier,

$$\arg \operatorname{sn} 1 = K, \qquad \arg \operatorname{sn} \frac{1}{k} = \pm iK' + K;$$

les valeurs de t_1 pour deux points qui coïncident, mais appartiennent à deux bords différents, sont égales. Quand x est sur la coupure de gauche, $\arg \operatorname{sn} x$ est de la forme $-K \pm iK't_1$ ou $\pm iK' - Kt_1$, suivant que x est entre -1 et $-\frac{1}{k}$ ou entre $-\frac{1}{k}$ et $-\infty$; la signification de t_1, la règle des signes restent les mêmes; on a, en particulier,

$$\arg \operatorname{sn}(-1) = -K, \qquad \arg \operatorname{sn}\left(-\frac{1}{k}\right) = -K \pm iK'.$$

On parvient à ce résultat en faisant l'image, sur le plan des x, du rectangle du plan des u dont les sommets sont les points $\pm K \pm iK'$, image qui se déduit par symétrie de celle du rectangle dont les sommets sont 0, K, $K + iK'$, iK'.

Il est maintenant clair que, si l'on se donne x, on pourra calculer $\arg \operatorname{sn} x$ sans

les deux dernières intégrales étant prises le long des bords *intérieurs* de la coupure circulaire;

$$\int_{m}^{e_2}{}' \frac{dy}{-\sqrt{Y}} = \frac{\omega_2}{2}, \qquad \int_{e_2}^{-\infty}{}' \frac{dy}{-\sqrt{Y}} = \omega_1 - \omega_3,$$

où, dans la seconde intégrale, le chemin suit le bord *inférieur* de la coupure rectiligne;

$$\int_{e_3}^{e_1}{}' \frac{dy}{-\underline{\sqrt{Y}}} = \omega_2 \quad \text{ou} \quad \omega_1 - \omega_3,$$

suivant que e_2 est positif ou négatif; dans cette dernière égalité les valeurs de $\underline{\sqrt{Y}}$ se déduisent par continuation de la supposition $\underline{\sqrt{Y}} = \sqrt{Y}$ pour les points y du chemin d'intégration situé en dessous de l'axe des quantités réelles. De ces formules, on déduit sans peine celles du Tableau (CXXXI); toutes ces formules se lisent d'ailleurs sur la figure (B) du même Tableau.

III. — Substitutions linéaires permettant de transformer $\dfrac{dz}{\sqrt{Az^4 + 4Bz^3 + 6Cz^2 + 4Dz + E}}$ en $\dfrac{dy}{\sqrt{4y^3 - g_2 y - g_3}}$.

597. Nous allons montrer maintenant comment toute différentielle de la forme $\dfrac{dz}{\sqrt{Z}}$, où Z est un polynome quelconque du troisième ou du quatrième degré à racines inégales, se ramène à une différentielle de la forme $\dfrac{dy}{-\sqrt{Y}}$, où $Y = 4y^3 - g_2 y - g_3$, par une substitution linéaire définie par l'une ou l'autre des formules

ambiguïté à l'aide des séries (CXXVII_2), pourvu que, quand x est sur une coupure, on dise sur quel bord il se trouve. Il résulte de la théorie des fonctions implicites que $\arg \operatorname{sn} x$ est une fonction holomorphe dans le plan coupé des x. Les conséquences de ces propositions, pour le calcul des intégrales de la forme $\int \dfrac{dx}{\sqrt{X}}$ où $X = (1 - x^2)(1 - k^2 x^2)$, $0 < k^2 < 1$, sont toutes semblables à celles qui ont été développées dans le texte pour les intégrales de la forme $\int \dfrac{dy}{-\sqrt{Y}}$; le lecteur les établira sans peine.

équivalentes de la forme

$$z = \frac{\alpha y + \beta}{\gamma y + \delta}, \qquad y = \frac{\delta z - \beta}{-\gamma z + \alpha} = -\frac{\delta}{\gamma} + \frac{\alpha\delta - \beta\gamma}{-\gamma^2 z + \alpha\gamma},$$

où α, β, γ, δ sont des constantes telles que $\alpha\delta - \beta\gamma$ soit différent de zéro. Par ces formules, les points du plan des y et ceux du plan des z se correspondent d'une façon univoque.

Nous réunissons, dans ce qui suit, quelques propriétés géométriques importantes de cette correspondance, grâce auxquelles le lecteur n'aura aucune peine à établir les résultats ultérieurs. Nous supposons γ différent de o, sans quoi la correspondance se réduirait à une similitude.

Nous désignerons par T et S les points respectivement situés dans le plan des z et dans le plan des y dont les affixes sont $\frac{\alpha}{\gamma}$ et $-\frac{\delta}{\gamma}$; le point T correspond à $y = \infty$, le point S à $z = \infty$. A tout cercle ou droite du plan des z qui ne passe pas par T correspond un cercle du plan des y, cercle qui passe par S s'il correspond à une droite. A tout cercle ou droite du plan des z qui passe par T correspond une droite du plan des y, laquelle passe par S si elle correspond à une droite. Ces propositions résultent de ce que la formule de transformation peut s'écrire

$$\frac{y - y_1}{y - y_2} : \frac{y_3 - y_1}{y_3 - y_2} = \frac{z - z_1}{z - z_2} : \frac{z_3 - z_1}{z_3 - z_2},$$

en désignant par y_1, y_2, y_3 les points du plan des y qui correspondent aux points z_1, z_2, z_3 du plan des z, lesquels peuvent être pris arbitrairement. Si l'argument (trigonométrique) de $\frac{z - z_1}{z - z_2}$ reste constant, en sorte que le point z décrive un cercle passant par les points z_1, z_2, l'argument de $\frac{y - y_1}{y - y_2}$ restera aussi constant, et le point y décrira un cercle passant par les points y_1, y_2. De même, si la valeur absolue de $\frac{z - z_1}{z - z_2}$ reste constante, en sorte que le point z décrive un cercle par rapport auquel les points z_1, z_2 soient symétriques (n° 559), la valeur absolue de $\frac{y - y_1}{y - y_2}$ restera constante, en sorte que le point y décrira un cercle (ou une droite) par rapport auquel les points y_1, y_2 seront symétriques. La transformation précédente conserve donc la symétrie des points par rapport aux cercles et aux droites. La même conclusion résulte aisément du principe de la conservation des angles et de la considération du faisceau de cercles orthogonaux à un cercle qui passent par deux points symétriques par rapport à ce cercle. Le centre d'un cercle et le point ∞ de son plan peuvent être regardés comme symétriques. Si donc on désigne par (C) un cercle ou une droite du plan des y, par (D) le cercle ou la droite du plan des z qui lui correspond, le centre de (D) sera le correspondant, dans le plan des z, du point du plan des y symétrique de S par rapport à (C), le centre de (C) sera le correspondant, dans le plan des y, du point du plan des z symétrique de T par rapport à (D). Si (C) et (D) sont des cercles véritables, les points S et T sont respectivement extérieurs tous les deux, ou intérieurs tous les deux, aux cercles (C) et (D); dans le premier cas, les parties des plans des y et des z respectivement extérieures ou intérieures aux cercles (C), (D) se correspondent; dans le second, la partie intérieure à un cercle correspond à la partie extérieure à l'autre. Si T est sur le cercle (D), (C) est une droite partageant le plan des y en deux régions; celle qui contient S correspond à la région du plan des z extérieure à (D). De même, si (D) est une droite et (C) un véritable cercle, passant nécessairement par S, la région du plan des z qui contient T correspond à la région du plan des y extérieure au cercle (C). Si (D) et (C) sont deux droites passant nécessairement la première par T, la seconde par S, la correspondance entre les points des deux droites est homographique, en sorte que, si le point z décrit la droite (D) toujours dans le même sens, en passant par T, le point y se meut sur la droite (C) en allant toujours dans le même sens jusqu'au point à l'infini dans cette direction, point qu'il atteint quand z arrive en T, passe brusquement, dès que le point z dépasse T, au point à l'infini dans l'autre direction et recommence à se mouvoir dans le même sens que tout d'abord.

Quand le point z décrit une courbe continue qui ne passe pas par T, ce mouvement même définit à chaque instant la région voisine du plan des z qu'il a à sa droite ou à sa gauche; de même le mouvement correspondant du point y. En vertu du principe de la conservation des angles, les deux régions à droite se correspondent dans les deux plans, ainsi que les deux régions à gauche. Cette remarque s'applique naturellement aux cas qui viennent d'être passés en revue. Faisons encore l'observation suivante : si (C) et (D) sont deux droites correspondantes et si l'on fait tourner (D) uniformément autour de T, (C) tournera uniformément autour de S ; les deux révolutions seront synchrones et les sens de rotation inverses.

598. Par la substitution précédente, l'expression différentielle $\frac{dz}{\sqrt{Z}}$, où Z est un polynome du troisième ou du quatrième degré, à racines inégales, se change identiquement en $\frac{dy}{-\sqrt{Y}}$, si l'on pose

$$\sqrt{Y} = -\frac{\alpha\delta-\beta\gamma}{(\alpha-\gamma z)^2}\sqrt{Z} = -\frac{(\gamma y+\delta)^2}{\alpha\delta-\beta\gamma}\sqrt{Z};$$

Y est un polynome du quatrième degré, qui ne s'abaisse au troisième que si $\frac{\alpha}{\gamma}$ est racine de Z ou si, Z étant du troisième degré, γ est nul.

Si le polynome $Z = Az^4 + 4Bz^3 + 6Cz^2 + 4Dz + E$ est du quatrième degré, nous désignerons ses racines, *rangées dans un ordre que nous nous réservons de spécifier*, par z_1, z_2, z_3, z_4; si nous ne voulons pas spécifier cet ordre, nous désignerons par λ, μ, ν, ρ les nombres 1, 2, 3, 4 rangés dans un ordre déterminé quelconque et nous emploierons les notations $z_\lambda, z_\mu, z_\nu, z_\rho$ pour désigner les racines. Si A est nul, nous supposerons $\lambda = 4$, et c'est la racine z_λ ou z_4 qui disparaîtra, ou, si l'on veut, deviendra infinie.

Nous allons chercher à déterminer les coefficients de la substitution linéaire de façon que Y soit de la forme $4y^3 - g_2 y - g_3$. A cet effet, nous choisirons d'abord une des racines de Z pour figurer à la place de $\frac{\alpha}{\gamma}$ dans la formule de transformation qui lie y à z, afin que Y soit du troisième degré ; si nous désignons la racine choisie par z_ρ, nous pouvons écrire cette formule

$$z = z_\rho + \frac{m}{y+n}, \qquad y = -n + \frac{m}{z - z_\rho},$$

en désignant par m et n des constantes. Le polynome Y, ordonné suivant les puissances de $y+n$, prend alors la forme

$$(a)\quad Y = \frac{1}{m} Z'_\rho (y+n)^3 + \frac{1}{2} Z''_\rho (y+n)^2 + \frac{m}{6} Z'''_\rho (y+n) + \frac{m^2}{24} Z^{\text{IV}}_\rho,$$

où Z'_ρ, Z''_ρ, Z'''_ρ, Z^{IV}_ρ désignent ce que deviennent les dérivées de Z pour $z = z_\rho$; il aura la forme voulue $4y^3 - g_2 y - g_3$ si l'on détermine m et n par les conditions

$$\frac{1}{m} Z'_\rho = 4, \qquad \frac{3n}{m} Z'_\rho + \frac{1}{2} Z''_\rho = 0;$$

on trouvera ensuite, par un calcul élémentaire,

$$g_2 = AE + 3C^2 - 4BD, \qquad g_3 = ACE + 2BCD - AD^2 - EB^2 - C^3;$$

g_2 et g_3 sont les deux invariants de la forme Z; ils ne dépendent pas de la racine z_ρ que l'on a choisie.

Nous rappelons ici la composition des invariants g_2, g_3, au moyen des racines de Z. Si l'on pose

$$L = (z_1 - z_3)(z_2 - z_4), \quad M = (z_1 - z_2)(z_3 - z_4), \quad N = (z_1 - z_4)(z_2 - z_3),$$

on aura (1)

$$L = M + N$$

et

$$g_2 = \frac{A^2}{24}(L^2 + M^2 + N^2), \qquad g_3 = \frac{A^3}{432}(L+M)(L+N)(M-N).$$

Si $Z = az^3 + 3bz^2 + 3cz + d$ est du troisième degré, on trouvera, pour les invariants g_2, g_3, les valeurs

$$g_2 = \frac{3}{4}(b^2 - ac), \qquad g_3 = \frac{1}{16}(3abc - a^2 d - 2b^3).$$

[Dans ce cas, l'expression différentielle $\frac{dz}{\sqrt{Z}}$ se changerait encore en $\frac{dy}{-\sqrt{Y}}$, par la substitution entière $y = \frac{az+b}{4}$, en supposant $\sqrt{Z} = -\frac{4}{a}\sqrt{Y}$ et en conservant pour g_2 et g_3 la même significa-

(1) *Voir* par exemple le *Traité d'Algèbre supérieure* de M. H. Weber, t. I, p. 242 de la traduction française de M. Griess.

tion; nous ne parlerons plus de cette substitution entière, dont l'étude n'offre aucune difficulté.]

En résumé, si, dans l'expression différentielle $\frac{dz}{\sqrt{Z}}$, on fait la substitution

$$(\text{CXXXII}_1) \qquad z = z_\rho + \frac{\frac{1}{4} Z'_\rho}{y - \frac{1}{24} Z''_\rho}, \qquad y = \frac{1}{24} Z''_\rho + \frac{\frac{1}{4} Z'_\rho}{z - z_\rho},$$

où z_ρ est une racine de Z, cette expression différentielle prend la forme $\frac{dy}{-\sqrt{Y}}$, où l'on a $Y = 4y^3 - g_2 y - g_3$. En deux points correspondants y, z, c'est-à-dire en deux points dont les affixes sont liées par la relation (CXXXII_1), les valeurs des radicaux sont liées par la relation

$$(\text{CXXXII}_2) \qquad \sqrt{Y} = \frac{Z'_\rho}{4(z - z_\rho)^2} \sqrt{Z} = \frac{4}{Z'_\rho} \left(y - \frac{1}{24} Z''_\rho \right)^2 \sqrt{Z}.$$

Si l'on veut appliquer les remarques du n° 597, on devra remplacer T par z_ρ et S par $\frac{1}{24} Z''_\rho$.

Les racines e_1, e_2, e_3 de Y se déduisent des racines de Z. Lorsque Z est du quatrième degré, nous désignerons respectivement par e_α, e_β, e_γ les valeurs de y qui correspondent (au sens précédent) aux valeurs z_λ, z_μ, z_ν de z, le point ∞ du plan des y correspondant à z_ρ. Si Z est du troisième degré, nous désignerons par e_β, e_γ les valeurs de y qui correspondent respectivement à z_μ, z_ν : ce sont deux racines de Y ; on trouve d'ailleurs aisément

$$e_\beta = \frac{1}{24} Z''_\nu, \qquad e_\gamma = \frac{1}{24} Z''_\mu ;$$

la troisième racine e_α de Y apparaît sur l'expression (a) de Y, où l'on doit supposer $Z^{\text{IV}}_\rho = 0$; elle est $-n = \frac{1}{24} Z''_\rho = S$; elle correspond au point ∞ du plan des z.

599. Nous supposerons désormais que les coefficients de Z sont réels; il en sera de même de g_2, g_3, si même on a employé une substitution imaginaire. On a dès lors, en faisant se correspondre les valeurs de y et de z, ainsi que les chemins d'intégra-

tions et les valeurs des radicaux,

$$\int_{z'}^{z''} \frac{dz}{\sqrt{Z}} = \int_{y'}^{y''} \frac{dy}{-\sqrt{Y}} = \arg py'' - \arg py',$$

pourvu que le chemin d'intégration relatif à la variable y ne traverse pas de coupure dans le plan des y. Il est bien naturel de tracer dans le plan des z des coupures qui correspondent à celles du plan des y; elles seront les images, dans le plan des z, des côtés du rectangle (R) du plan des u, résultant de la transformation

$$z = z_\rho + \frac{\frac{1}{4} Z'_\rho}{pu - \frac{1}{24} Z''_\rho},$$

et elles permettront de se passer de la variable intermédiaire y. Dans le plan des z coupé, $\sqrt{Z}$ sera d'ailleurs une fonction holomorphe de z, définie, en tel point que l'on voudra, par la formule ($CXXXII_2$), où $\sqrt{Y}$ a le sens qui a été précisé dans les paragraphes précédents. A la vérité, dans les applications, c'est la détermination de $\sqrt{Z}$ qui est donnée, et l'on en déduit celle de $\sqrt{Y}$ par la formule ($CXXXII_2$); si la détermination ainsi obtenue pour $\sqrt{Y}$ est contraire à celle qui a été précisée dans les paragraphes précédents, la valeur de $\int_{z'}^{z''} \frac{dz}{\sqrt{Z}}$ sera égale à $\arg py' - \arg py''$. La construction des coupures (rectilignes ou circulaires) du plan des z n'offre aucune difficulté : il suffira, dans les différents cas, de se reporter aux propriétés géométriques que nous avons réunies au n° 597, et nous nous contenterons d'expliquer nos notations et d'énoncer les résultats essentiels afin de rendre intelligibles les formules et les figures de notre Tableau de formules.

Observons encore, en général, qu'on peut choisir arbitrairement la racine z_ρ qui figure dans la formule de transformation, mais qu'il y a avantage, quand on n'envisage que les valeurs réelles de z qui rendent Z positif, à choisir une substitution réelle et telle que les valeurs correspondantes de y soient supérieures aux racines réelles de Y, afin que les valeurs de $\arg py$ soient réelles; on verra que cela est possible, sauf dans le cas où les racines de Z sont toutes les quatre imaginaires. De même, si l'on considérait les valeurs réelles de z qui rendent Z négatif, il y aurait intérêt à choisir la substitution de façon que les valeurs correspondantes de y fussent inférieures aux racines réelles de Y, de façon que arg py fût purement imaginaire.

On pourrait, dans ce qui suit, supposer que dans Z le coefficient de la plus haute puissance de z est positif, car si la fonction $\sqrt{Z}$ est bien définie, il en sera de même de la fonction $\sqrt{-Z} = i\sqrt{Z}$; si donc, le long d'un chemin déterminé, on sait effectuer l'intégrale $\int \frac{dz}{\sqrt{-Z}}$, on saura effectuer, le long du même chemin, l'intégrale $\int \frac{dZ}{\sqrt{Z}}$.

IV. — Cas où A est nul.

600. Examinons maintenant les différents cas. Supposons d'abord que $Z = az^3 + \ldots$ soit du troisième degré; nous supposerons $a > 0$; s'il en était autrement, on pourrait utiliser la remarque précédente; mais il vaudrait mieux, ici, commencer par changer z en $-z$.

Il y a lieu de distinguer deux cas suivant la nature des racines de Z. Si ces racines sont réelles, toutes les substitutions seront réelles, ainsi que les racines de Y; si Z n'a qu'une racine réelle, il y aura une substitution réelle par laquelle correspondra, à la racine réelle de Z, une racine réelle de Y; les deux autres racines de Y seront conjuguées.

Plaçons-nous d'abord dans le cas où les racines de Z sont réelles et désignons-les par z_1, z_2, z_3 en supposant $z_1 > z_2 > z_3$; on suppose aussi, comme d'habitude, $e_1 > e_2 > e_3$. Ces suppositions, jointes aux relations, bien aisées à démontrer,

$$e_\alpha - e_\beta = \frac{a}{4}(z_\rho - z_\nu), \qquad e_\alpha - e_\gamma = \frac{a}{4}(z_\rho - z_\mu),$$

où la correspondance entre les deux systèmes de racines est celle qui a été expliquée n° 598, permettent de montrer que l'on a nécessairement $\alpha = \rho$, $\beta = \nu$, $\gamma = \mu$. Aux points ∞, z_μ, z_ν, z_ρ du plan des z correspondent les points e_ρ, e_ν, e_μ, ∞ du plan des y. Cette correspondance est donnée en détail par le Tableau suivant pour les différents cas $\rho = 1, 2, 3$.

$a > 0$.	$\rho = 1$.	$\rho = 2$.	$\rho = 3$.
$z = -\infty$	$y = e_1$	$y = e_2$	$y = e_3$
$z = z_3$	$y = e_2$	$y = e_1$	$y = \mp\infty$
$z = z_2$	$y = e_3$	$y = \pm\infty$	$y = e_1$
$z = z_1$	$y = \mp\infty$	$y = e_3$	$y = e_2$
$z = \infty$	$y = e_1$	$y = e_2$	$y = e_3$
Sgn Z'_ρ	$+$	$-$	$+$

La première colonne verticale contient les valeurs $-\infty$, z_3, z_2, z_1, $+\infty$ de z rangées par ordre de grandeurs croissantes; en face de ces valeurs, dans les colonnes suivantes qui se rapportent aux diverses valeurs de ρ, sont placées les valeurs correspondantes de y; les signes $\mp\infty$ que l'on trouve pour $\rho = 1$ et $\rho = 3$ parmi ces valeurs signifient que, z croissant, y, qui décroît en général, passe brusquement de $-\infty$ à $+\infty$ quand z traverse la valeur z_ρ; le signe $\pm\infty$ du cas $\rho = 2$ signifie au contraire que y, qui croît en général avec z, passe de $+\infty$ à $-\infty$ quand z traverse la valeur z_2. Le Tableau donne enfin le signe de Z'_ρ nécessaire pour déduire la définition de $\sqrt{Z}$ de celle de $\sqrt{Y}$. Les images des diverses portions de coupure du plan des y se faisant, dans le plan des z, sur l'axe des quantités réelles, s'aperçoivent immédiatement dans les différents cas. Pour $\rho = 1$ ou 3, la moitié supérieure du plan des z correspond à la moitié inférieure du plan des y; pour $\rho = 2$, les moitiés supérieures des deux plans se correspondent.

Si z ne prend que des valeurs réelles comprises entre z_1 et $+\infty$, on prendra, dans les formules ($\text{CXXXII}_{1,2,4}$) et dans le Tableau que nous venons d'écrire, $\rho = 1$; si z est compris entre z_2 et z_3, on prendra soit $\rho = 2$, soit $\rho = 3$; aux valeurs de z comprises entre les limites d'intégration correspondent alors des valeurs de y comprises entre e_1 et $+\infty$. De même, si z ne prend que des valeurs réelles qui rendent Z négatif, on choisira ρ de manière que, aux valeurs de z comprises entre les limites d'intégration, correspondent des valeurs de y comprises entre e_3 et $-\infty$. On obtient ainsi les formules (CXXXIII), où il est toujours entendu que les quantités ω_1, ω_3 sont définies au moyen de e_1, e_2, e_3 comme au n° 527.

601. La méthode s'applique naturellement au cas où le polynome Z serait le polynome $4z^3 - g_2 z - g_3$ et se reproduirait en quelque sorte par la substitution. Elle s'applique aussi très aisément aux intégrales du type

$$\int \frac{dz}{\sqrt{4\varepsilon z(z \pm 1)(nz - 1)}},$$

où ε est égal à $+1$ ou à -1 et où n est un nombre réel différent de o et de ∓ 1. On trouve ainsi que l'expression $\dfrac{dz}{\sqrt{4\varepsilon z(z \pm 1)(nz - 1)}}$ se change en $\dfrac{dy}{-\sqrt{4y^3 - g_2 y - g_3}}$, où g_2, g_3 sont donnés par les formules

$$g_2 = \frac{4}{3}(n^2 \pm n + 1), \qquad g_3 = \frac{4\varepsilon}{27}(1 \mp n)(1 \pm 2n)(2 \pm n),$$

quand on remplace z par l'une ou l'autre des expressions

$$\frac{\mp 3\varepsilon y + n \pm 2}{3\varepsilon y \pm 2n + 1}, \qquad \frac{1}{n}\,\frac{3\varepsilon y \pm 2n + 1}{3\varepsilon y \mp n - 2}, \qquad \frac{\mp 3}{3\varepsilon y \mp n + 1};$$

les valeurs des radicaux $\sqrt{4\varepsilon z(z \pm 1)(nz - 1)}$, $\sqrt{4y^3 - g_2 y - g_3}$ sont telles que leurs rapports soient respectivement

$$\frac{\varepsilon(z \pm 1)^2}{n \pm 1}, \qquad \frac{\varepsilon(nz - 1)^2}{n(1 \pm n)}, \qquad \mp \varepsilon z^2;$$

les racines e_1, e_2, e_3 sont les trois nombres $\dfrac{2 \pm n}{3\varepsilon}$, $\dfrac{-1 \pm n}{3\varepsilon}$, $\dfrac{-1 \mp 2n}{3\varepsilon}$ rangés par ordre de grandeur décroissante. Dans toutes ces formules, les signes se correspondent.

Si l'on applique ces substitutions en supposant la variable d'intégration réelle, on obtient en particulier les formules (CXXXIV).

En remplaçant z par x^2 et ε par $+1$, on voit que les formules

$$x^2 = \frac{\mp 3y + n \pm 2}{3y \pm 2n + 1}, \qquad nx^2 = \frac{3y \pm 2n + 1}{3y \mp n - 2}, \qquad x^2 = \frac{\mp 3}{3y \mp n + 1}$$

transforment l'expression $\dfrac{dx}{\sqrt{(\mp 1 - x^2)(1 - nx^2)}}$ en $\dfrac{dy}{-\sqrt{4y^3 - g_2 y - g_3}}$, où g_2, g_3, e_1, e_2, e_3 ont les déterminations que nous venons d'écrire et où les valeurs des radicaux $\sqrt{(\mp 1 - x^2)(1 - nx^2)}$, $\sqrt{4y^3 - g_2 y - g_3}$ sont telles que leurs rapports soient respectivement

$$\frac{1}{2x}\frac{(x^2 \pm 1)^2}{n \pm 1}, \qquad \frac{(nx^2 - 1)^2}{2xn(1 \pm n)}, \qquad \mp \frac{1}{2} x^3.$$

En désignant par h un nombre positif et en posant $n = h^2$, on obtient, en particulier, les premières formules (CXXXV); K, K′ y représentent (CXIX_6) les quantités $\text{X}(k^2)$, $\text{X}'(k^2)$, où l'expression de k^2 au moyen de h est indiquée pour les diverses intégrales envisagées.

Si l'on remplace dans les mêmes formules z par x^2 et ε par -1, on voit que les formules

$$x^2 = \frac{\pm 3y + n \pm 2}{-3y \pm 2n + 1}, \quad nx^2 = \frac{-3y \pm 2n + 1}{-3y \mp n - 2}, \quad x^2 = \frac{\mp 3}{-3y \mp n + 1}$$

transforment l'expression $\dfrac{dx}{\sqrt{(\pm 1 + x^2)(1 - nx^2)}}$ en $\dfrac{-dy}{\sqrt{4y^3 - g_2 y - g_3}}$, où g_2, g_3, e_1, e_2, e_3 sont déterminés par les mêmes relations pour $\varepsilon = -1$ et où les déterminations des radicaux $\sqrt{(\pm 1 + x^2)(1 - nx^2)}$, $\sqrt{4y^3 - g_2 y - g_3}$ sont telles que leurs rapports soient respectivement

$$-\frac{1}{2x}\frac{(x^2 \pm 1)^2}{n \mp 1}, \qquad -\frac{(nx^2 - 1)^2}{2xn(1 \pm n)}, \qquad \pm \frac{1}{2} x^3.$$

En désignant par h un nombre positif et en posant $n = -h^2$, on obtient, en particulier, les dernières des formules (CXXXV).

602. Plaçons-nous maintenant dans le cas où une seule racine de Z est réelle; nous la désignerons par z_2; nous désignerons par z_1, z_3 les racines qui sont la première au-dessus, la seconde au-dessous de l'axe des quantités réelles, et nous nous bornerons à la seule substitution réelle, qui correspond évidemment à la supposition $\rho = 2$. Pour ce qui est de la fonction pu, on est dans le cas du n° 565; on doit donc supposer e_2 réel, e_1 et e_3 figurés par des points situés le premier au-dessus, le second au-dessous de l'axe des quantités réelles. Le nombre Z'_2 est réel et positif; pour les valeurs réelles de y, z et y varient dans des sens contraires; la moitié supérieure de l'un des plans correspond à la moitié inférieure de l'autre. Aux points ∞, z_2, z_1, z_3 du plan des z, correspondent les points e_2, ∞, e_3, e_1 du plan des y. A la coupure qui va, dans le plan des y, sur l'axe des quantités réelles, de e_2 à $-\infty$, correspond, dans le plan des z, une coupure qui va de $-\infty$ à z_2, le bord supérieur de la coupure du plan des z correspondant au bord inférieur de la coupure du plan des y. Au cercle (e_2) du plan des y, de centre e_2 et passant par e_1, e_3 correspond, dans le plan des z, le cercle (z_2) de centre z_2 et passant par les points z_1, z_3; au point $y = m = e_2 + \left|\sqrt{e_2 - e_1}\sqrt{e_2 - e_3}\right|$ où, dans le plan des y, le cercle (e_2) rencontre, vers la droite, l'axe des quantités réelles, correspond, dans le plan des z, le point $z = \mathrm{M} = z_2 + \left|\sqrt{z_2 - z_1}\sqrt{z_2 - z_3}\right|$ où le cercle (z_2) rencontre, aussi vers la droite, l'axe des quantités réelles. A la coupure rectiligne du plan des y qui va de m à e_2 correspond, dans le plan des z, la coupure rectiligne qui va de M à $+\infty$, le bord supérieur de la coupure du plan des z correspondant au bord inférieur de la coupure du plan des y. A la coupure circulaire du plan des y qui va de e_1 à e_3, en passant par m, correspond, dans le plan des z, la coupure circulaire qui va de z_3 à z_1 en passant par M; le bord intérieur de l'une des coupures correspond au bord extérieur de l'autre. Dans le plan des z ainsi coupé, $\sqrt{Z}$ est une fonction holomorphe de z; elle est positive pour des valeurs réelles de z un peu plus grandes que z_2. La figure (C) du Tableau (CXXXVI) met en évidence la correspondance directe entre la variable u et la variable z. Elle correspond au cas où l'on a $z_2 > \frac{1}{2}(z_1 + z_3)$ et où, par suite, e_2 est positif, en sorte que l'angle que font les deux vecteurs allant de o à ω_1 et à ω_3 est obtus. Dans tous les cas, les demi-côtés du rectangle (R) qui vont respectivement de o à $\omega_3 - \omega_1$ et à $\omega_1 - \omega_3$, ont leurs images sur les bords supérieur et inférieur de la coupure qui va de $-\infty$ à z_2; les côtés qui vont de $\omega_3 - \omega_1$ à $\frac{1}{2}(3\omega_3 - \omega_1)$ et de $\omega_1 - \omega_3$ à $\frac{1}{2}(3\omega_1 - \omega_3)$ ont leurs images sur les bords supérieur et inférieur de la coupure qui va de $+\infty$ à M; les quarts de côtés qui vont de $\frac{1}{2}(3\omega_3 - \omega_1)$ à ω_3 et de $\frac{1}{2}(3\omega_1 - \omega_3)$ à ω_1 ont pour images les bords extérieurs des coupures circulaires qui vont de M à z_1 et de M à z_3; le demi-côté qui va de ω_3 à ω_1 a pour image le bord intérieur de la coupure circulaire qui va de z_1 à z_3. Les rectangles du plan des u désignés sur la figure par (r_1), (r_2), (r_3), (r_4) ont respectivement pour images les régions (r''_1), (r''_2), (r''_3), (r''_4) du plan des z. La démonstration des formules du Tableau (CXXXVI) n'offre dès lors aucune difficulté.

V. — Cas où A n'est pas nul.

603. Supposons maintenant que $Z = Az^4 + \ldots$ soit du quatrième degré. Plaçons-nous d'abord dans le cas où les quatre racines de Z sont réelles; les quatre substitutions possibles et les racines de Y sont alors réelles.

Nous supposerons $z_1 > z_2 > z_3 > z_4$; $e_1 > e_2 > e_3$. La relation générale

$$e_\beta - e_\gamma = \frac{A}{4}(z_\lambda - z_\rho)(z_\mu - z_\nu),$$

qu'il est aisé d'obtenir, permet de montrer que l'on a, quel que soit ρ, et en distinguant les deux suppositions $A \gtrless 0$,

$$A > 0, \quad e_1 - e_3 = \frac{A}{4}L, \quad e_1 - e_2 = \frac{A}{4}M, \quad e_2 - e_3 = \frac{A}{4}N, \quad k^2 = \frac{N}{L};$$

$$A < 0, \quad e_1 - e_3 = -\frac{A}{4}L, \quad e_1 - e_2 = -\frac{A}{4}N, \quad e_2 - e_3 = -\frac{A}{4}M, \quad k^2 = \frac{M}{L}.$$

On remarquera que l'expression qui représente k^2 pour $A \gtrless 0$, représente k'^2 pour $A \lesseqgtr 0$.

La correspondance détaillée des valeurs de z et de y est donnée dans le Tableau suivant, dont la description est trop analogue à celle du Tableau précédent (n° 600), pour que nous nous y arrêtions, non plus qu'à ce qui concerne le sens dans lequel y varie avec z, la correspondance des coupures, celle des moitiés inférieure ou supérieure des deux plans, le choix qu'il convient de faire parmi les valeurs de ρ, suivant les cas, en appliquant les formules ($CXXXII_{1,2,3}$), lorsqu'on ne considère que des valeurs réelles de z, ou enfin la déduction des formules (CXXXVII).

	A > 0.				A < 0.			
	$\rho=1.$	$\rho=2.$	$\rho=3.$	$\rho=4.$	$\rho=1.$	$\rho=2.$	$\rho=3.$	$\rho=4.$
$z=-\infty$	$\frac{1}{24}Z''_1$	$\frac{1}{24}Z''_2$	$\frac{1}{24}Z''_3$	$\frac{1}{24}Z''_4$	$\frac{1}{24}Z''_1$	$\frac{1}{24}Z''_2$	$\frac{1}{24}Z''_3$	$\frac{1}{24}Z''_4$
$z=z_4$	e_1	e_2	e_3	$\pm\infty$	e_3	e_2	e_1	$\mp\infty$
$z=z_3$	e_2	e_1	$\mp\infty$	e_3	e_2	e_3	$\pm\infty$	e_1
$z=z_2$	e_3	$\pm\infty$	e_1	e_2	e_1	$\mp\infty$	e_3	e_2
$z=z_1$	$\mp\infty$	e_3	e_2	e_1	$\pm\infty$	e_1	e_2	e_3
$z=+\infty$	$\frac{1}{24}Z''_1$	$\frac{1}{24}Z''_2$	$\frac{1}{24}Z''_3$	$\frac{1}{24}Z''_4$	$\frac{1}{24}Z''_1$	$\frac{1}{24}Z''_2$	$\frac{1}{24}Z''_3$	$\frac{1}{24}Z''_4$
Sgn Z'_ρ	$+$	$-$	$+$	$-$	$-$	$+$	$-$	$+$

604. Supposons que les quatre racines de Z soient imaginaires. Nous nous bornerons au cas où A est positif; nous désignerons par z_1 et z_4 les deux racines pour lesquelles le coefficient de i est positif, z_4 étant celle pour laquelle la partie réelle est la plus petite; z_2 et z_3 désigneront les racines conjuguées de z_1 et z_4. Toutes les substitutions sont imaginaires; mais il est aisé de voir que les racines e_1, e_2, e_3 sont réelles; nous supposerons toujours $e_1 > e_2 > e_3$. Nous choisirons la substitution qui correspond à la valeur 4 de ρ. Alors aux points z_1, z_2, z_3, z_4, ∞ du plan des z correspondent les points $e_1, e_2, \infty, s = \frac{1}{24} Z''_4$ du plan des y, et l'on a

$$e_1 - e_3 = \frac{A}{4} L, \qquad e_1 - e_2 = \frac{A}{4} M, \qquad e_2 - e_3 = \frac{A}{4} N, \qquad k^2 = \frac{N}{L}.$$

Les quatre points z_1, z_2, z_3, z_4 sont sur un cercle (c) dont nous désignerons le centre, situé sur l'axe des quantités réelles, par c, et les points d'intersection avec le même axe par P, Q; P est supposé à droite. Le cercle (c) correspond à l'axe des quantités réelles du plan des y. A l'axe des quantités réelles du plan des z correspond, dans le plan des y, un cercle par rapport auquel les points ∞ et e_3 doivent être symétriques, ainsi que les points e_1 et e_2; c'est donc le cercle (e_3) du n° 592; le point s est nécessairement sur la circonférence de ce cercle; soient p, q les points de rencontre de cette circonférence avec l'axe des quantités réelles; nous désignerons par p le point situé à droite (entre e_1 et e_2). Quand le point y

décrit (*fig.* A) l'axe des quantités réelles de $-\infty$ à $+\infty$ il passe successivement par les points $-\infty$, q, e_3, e_2, p, e_1, $+\infty$; le point correspondant z devra passer successivement par les points z_4, Q, z_3, z_2, P, z_1, z_4 du cercle (c) : il se mouvra dans le sens direct. Les points Q, P du plan des z correspondent respectivement aux points q, p du plan des y. Les régions du plan des z intérieure et extérieure au cercle (c) correspondent respectivement aux moitiés supérieure et inférieure du plan des y. Le point S du plan des y est donc sur la moitié inférieure du cercle (e_3). Aux portions de coupures du plan des y qui vont de $-\infty$ à e_3, de e_3 à e_2, de e_2 à e_1 correspondent, dans le plan des z, les coupures circulaires qui vont de z_4 à z_3, de z_3 à z_2, de z_2 à z_1; il n'y a pas de coupure entre z_4 et z_1. Le bord intérieur de la coupure circulaire du plan des z correspond au bord supérieur de la coupure rectiligne du plan des y. Pour définir $\sqrt{Z}$ au moyen de $\sqrt{Y}$, il est commode d'avoir l'argument trigonométrique du facteur $\frac{Z'_4}{4(z-z_4)^2}$ qui figure dans la formule (CXXXII_2); des considérations faciles de Géométrie élémentaire fournissent la règle suivante : soit A le second point d'intersection avec le cercle (c) de la droite qui joint z_4 à z; soit B le second point d'intersection de ce même cercle et de la parallèle menée par A à l'axe des quantités réelles : l'argument cherché est mesuré, en prenant pour unité le rayon du cercle (c), par l'arc qui va du point le plus haut de ce cercle au point B. On en conclut que la fonction $\sqrt{Z}$, holomorphe dans le plan des z coupé, est positive pour z réel compris entre P et Q, négative pour les autres valeurs réelles de z.

La figure (D) du Tableau (CXXXVIII) indique la correspondance entre les variables z et u. Le périmètre du rectangle (R) du n° 591 fait son image sur les coupures, les segments rectilignes qui vont de $\frac{1}{2}\omega_3$ à $\omega_1+\frac{1}{2}\omega_3$ et de $-\frac{1}{2}\omega_3$ à $\omega_1-\frac{1}{2}\omega_3$ ont leurs images sur la moitié inférieure et la moitié supérieure de la circonférence du cercle (e_3); au point $S=\frac{1}{24}Z''_4$ du plan des y correspond, dans le plan des z, le point ∞, et, dans le plan des u, un point u_0 situé sur le segment qui va de ω_3 à $\omega_1+\frac{1}{2}\omega_3$; le segment qui va de $\frac{1}{2}\omega_3$ à u_0 a pour image, dans le plan des z, la portion de l'axe des quantités réelles qui va de Q à $-\infty$; le segment qui va de u_0 à $\omega_1+\frac{1}{2}\omega_3$ a pour image la portion de l'axe des quantités réelles qui va de $+\infty$ à P; enfin le segment qui va de $-\frac{1}{2}\omega_3$ à à $\omega_1 - \frac{1}{2}\omega_3$ a pour image la portion de l'axe des quantités réelles qui va de Q à P. Enfin, on a indiqué sur la figure par les signes (r''_1), (r''_2), (r''_3), (r''_4) les régions du plan des z où se font les images des petits rectangles (r_1), (r_2), (r_3), (r_4). Ces explications suffiront au lecteur, pour établir les formules (CXXXVIII) et pour reconnaître en particulier comment on obtient les valeurs (réelles) des intégrales de la forme $\int \frac{dz}{\sqrt{Z}}$, quand z est réel et varie entre des limites convenables. Au surplus, une autre méthode permettra bientôt d'obtenir ces intégrales, sans l'introduction de quantités imaginaires. Dans le cas où Z est bicarré et où, regardé comme un trinome du second degré en z^2, il a ses racines imaginaires, les quatre points z_1, z_2, z_3, z_4 du plan des z sont les sommets d'un rectangle; le point c coïncide avec le point O; dans le plan des y, le point S est à l'intersection du cercle (e_3) et de la parallèle menée par le point e_2 à l'axe des imaginaires vers le bas.

605. Les résultats précédents doivent être modifiés quand le cercle (c) devient une droite, c'est-à-dire quand les quatre racines z_1, z_2, z_3, z_4 ont même partie réelle. Cette droite (c) est perpendiculaire [*fig.* (E)] à l'axe des quantités réelles qu'elle rencontre en un point P. On prend alors pour z_4 celle des quatre racines qui, sur la droite (c), est figurée par le point le plus haut; en descendant sur cette droite on rencontre les points z_1, P, z_2, z_3 et l'on emploie la même substitution; la correspondance entre les racines z_1, z_2, z_3 de Z et e_1, e_2, e_3 de Y subsiste. Les coupures du plan des z vont, sur la droite (c), du point z_4 au point à l'infini I vers le haut, puis de z_1 au point à l'infini J vers le bas. Le point $\frac{1}{2}\omega_3$ a son image au point ∞ du plan des z, point avec lequel les points I, J et les points $\pm\infty$ de l'axe des quantités réelles doivent être regardés comme confondus. Les petits rectangles (r_1), (r_2), (r_3), (r_4) ont leurs images dans les quatre angles formés par l'axe des quantités réelles et la droite (c). Dès lors les applications ne comportent pas de difficulté, et l'on obtient en particulier les formules (CXXXVIII_3).

606. Lorsque le polynome Z a deux racines imaginaires conjuguées et deux réelles, nous désignerons par z_2 et z_4 les deux ra-

cines réelles, en supposant $z_2 > z_4$; par z_1 la racine imaginaire dans laquelle le coefficient de i est positif, par z_3 sa conjuguée. Nous supposerons ρ égal à 2 ou à 4 pour avoir affaire à une substitution réelle. Le polynome Y aura une racine réelle e_2 et deux racines imaginaires e_1, e_3; on suppose que $\frac{e_1 - e_3}{i}$ est positif. On trouve aisément les résultats suivants :

$$A > 0, \quad e_1 - e_3 = \frac{A}{4} L, \quad e_1 - e_2 = \frac{A}{4} M, \quad e_2 - e_3 = \frac{A}{4} N, \quad k^2 = \frac{N}{L};$$

$$A < 0, \quad e_1 - e_3 = -\frac{A}{4} L, \quad e_1 - e_2 = -\frac{A}{4} N, \quad e_2 - e_3 = -\frac{A}{4} M, \quad k^2 = \frac{M}{L}.$$

Z'_2 est du signe de A, Z'_4 de signe contraire; on en conclut d'une part la détermination de $\sqrt{Z}$ correspondant à celle de $\sqrt{Y}$, puis, d'autre part, ce fait que pour des valeurs correspondantes réelles de z et de y, y varie dans le même sens que z, pour $A > 0$, $\rho = 4$ et $A < 0$, $\rho = 2$; dans le sens contraire pour $A > 0$, $\rho = 2$ et $A < 0$, $\rho = 4$. Suivant que y et z, supposés réels, varient, ou non, dans le même sens, les parties supérieures (ou inférieures) des deux plans des y et des z se correspondent, ou non. Dans le premier cas z_1, z_3 correspondent à e_1, e_3; dans le second, z_1, z_3 correspondent à e_3, e_1.

Au cercle (e_2) du plan des y, cercle qui a pour centre e_2 et qui passe par e_1, e_3, correspond dans le plan des z un cercle (c) passant par z_1, z_3 et par rapport auquel sont symétriques les points z_2, z_4 correspondants des points e_2, ∞ (ou ∞, e_2) du plan des y. Il y a lieu de distinguer trois cas, suivant que le rapport $\delta = \left|\frac{z_1 - z_2}{z_1 - z_4}\right|$ est plus grand que un, plus petit que un, égal à un. Dans le premier cas c'est le point z_4, et dans le second le point z_2 qui est intérieur à (c). Ces points correspondent, dans un certain ordre qui dépend de la valeur de ρ, aux points ∞ et e_2 du plan des y, et l'examen de cette correspondance permet de reconnaître, dans les différents cas possibles, si les régions intérieures (ou extérieures) des deux cercles (c) et (e_2) se correspondent ou non. Les régions de même nom se correspondent pour $\rho = 2$, $\delta > 1$ et $\rho = 4$, $\delta < 1$; elles ne se correspondent pas pour $\rho = 2$, $\delta < 1$, ni pour $\rho = 4$, $\delta > 1$. En combinant ces renseignements avec ceux que l'on a sur le sens dans lequel varie y quand z augmente, par valeurs réelles, de $-\infty$ à $+\infty$, on reconnaît aisément comment sont disposés, dans le plan des z, les points d'intersection M, M′ du cercle (c) avec l'axe des quantités réelles qui correspondent respectivement aux points m et m' du cercle (e_2) situés sur l'axe des quantités réelles, et comment, dans le plan des y, est situé le point S qui correspond au point ∞ du plan des z. On a d'ailleurs

$$M = \frac{z_2 \mp \delta z_4}{1 \mp \delta}, \qquad M' = \frac{z_2 \pm \delta z_4}{1 \pm \delta},$$

où il faut prendre les signes supérieurs ou les signes inférieurs, suivant que l'on a $A \gtrless 0$. Dans le troisième cas où δ est égal à 1, le cercle (c) se réduit à la droite qui passe par les points z_1, z_3. Le milieu des points z_2, z_4 est alors le point M′ ou le point M; et le point S coïncide avec l'un des points m, m'. Voici le résumé de ces divers renseignements :

Suivant que l'on a $\rho = 2$ ou $\rho = 4$, on a $\operatorname{sgn}\frac{\sqrt{Y}}{\sqrt{Z}} = \pm \operatorname{sgn} A$ et les valeurs e_2, ∞ ou ∞, e_2 de y correspondent aux valeurs z_4, z_2 de z. Suivant que l'on a $\operatorname{sgn}\frac{\sqrt{Y}}{\sqrt{Z}} = \mp 1$, y et z varient, ou non, dans le même sens. Le Tableau suivant indique, selon les cas, comment sont rangées les quantités z_2, z_4, M, M′ ou m, m', e_2, S.

$$A > 0 \begin{cases} \delta < 1, & z_4 < M' < z_2 < M; \\ \delta > 1, & M < z_4 < M' < z_2; \end{cases}$$

$$A < 0 \begin{cases} \delta < 1, & z_4 < M < z_2 < M'; \\ \delta > 1, & M' < z_4 < M < z_2. \end{cases}$$

$$\left.\begin{matrix} \rho = 2,\ \delta < 1 \\ \text{ou} \\ \rho = 4,\ \delta > 1 \end{matrix}\right\} \begin{cases} A > 0, & m' < e_2 < S < m, \\ A < 0, & m' < S < e_2 < m; \end{cases}$$

$$\left.\begin{matrix} \rho = 2,\ \delta > 1 \\ \text{ou} \\ \rho = 4,\ \delta < 1 \end{matrix}\right\} \begin{cases} A > 0, & m' < e_2 < m < S, \\ A < 0, & S < m' < e_2 < m. \end{cases}$$

$$A > 0, \qquad \delta = 1, \qquad M' = \frac{z_2 + z_4}{2}, \qquad S = m;$$

$$A < 0, \qquad \delta = 1, \qquad M = \frac{z_2 + z_4}{2}, \qquad S = m'.$$

En combinant les résultats indiqués par ce Tableau à ceux que l'on trouve sur la figure (B) du Tableau (CXXXI), on obtient immédiatement la correspondance entre les variables z et u. Le périmètre du rectangle (R) du n° 595 fait son image sur les coupures du plan des z.

Il n'y a plus maintenant aucune difficulté à établir les formules (CXXXIX).

VI. — Réduction à la forme de Legendre.

607. On peut, ainsi que Legendre l'a remarqué, ramener une expression différentielle $\frac{dz}{\sqrt{R(z)}}$, où l'on suppose le polynome $R(z) = A(z-z_1)(z-z_2)(z-z_3)(z-z_4)$ du quatrième degré, à racines inégales, au type $\frac{dv}{\sqrt{V}}$, où V est un polynome du second dégré en v^2, au moyen d'une substitution linéaire $z = \frac{p+qv}{1+v}$, dans laquelle p et q ont des valeurs convenablement choisies. Quels que soient p et q on a, en effet,

$$\frac{dz}{\sqrt{R(z)}} = \frac{(q-p)\,dv}{\sqrt{A[p-z_1+(q-z_1)v][p-z_2+(q-z_2)v][p-z_3+(q-z_3)v][p-z_4+(q-z_4)v]}}$$

en égalant à zéro le coefficient de v dans le produit des deux premiers facteurs sous le radical, ainsi que dans le produit des deux derniers facteurs, ce qui détermine p et q par les conditions

$$\frac{p+q}{2} = \frac{z_1 z_2 - z_3 z_4}{z_1 - z_3 + z_2 - z_4},$$

$$\left(\frac{p-q}{2}\right)^2 = \frac{(z_1-z_3)(z_1-z_4)(z_2-z_3)(z_2-z_4)}{(z_1-z_3+z_2-z_4)^2},$$

le second membre de l'égalité précédente se réduit à une expression de la forme

$$\frac{\alpha\,dv}{\sqrt{\pm(1\pm a^2v^2)(1\pm b^2v^2)}},$$

où α désigne une constante qu'il est aisé d'évaluer au moyen de

A, z_1, z_2, z_3, z_4. Lorsque les coefficients du polynome donné $R(z)$ sont réels, cette constante α, ainsi que les valeurs de p et de q sont manifestement réelles; dans ce cas a et b désigneront des nombres réels et positifs : on supposera $a < b$.

Le seul cas où p et q ne seraient pas déterminés par les formules précédentes serait celui où l'on aurait $z_1 + z_2 = z_3 + z_4$; mais alors on n'a certainement pas $z_1 + z_3 = z_2 + z_4$; il suffira donc de transposer, dans l'égalité précédente qui a lieu quels que soient p et q, le second et le troisième facteur sous le radical, après quoi la réduction au type $\frac{dv}{\sqrt{V}}$ se fera comme on vient de l'indiquer.

608. Si, dans l'expression $\frac{dv}{\sqrt{V}}$, où $V = \pm(1 \pm a^2 v^2)(1 \pm b^2 v^2)$, l'on fait

$$a = bc, \qquad bv = x,$$

on retombe sur l'un des types envisagés au n° 601, et il suffirait de se reporter à ce numéro pour y trouver les substitutions linéaires en x^2, qui ramènent l'expression obtenue à une expression de la forme

$$\frac{dy}{-\sqrt{4(y - e_1)(y - e_2)(y - e_3)}},$$

où $e_1 + e_2 + e_3 = 0$. Mais, au lieu de ces substitutions, il est souvent commode, quand a et b sont réels, et, par suite, c compris entre 0 et 1, de se servir des substitutions du premier degré en x^2 et w^2 données par Legendre dans les divers cas qui peuvent se présenter lorsqu'on combine de toutes les manières possibles les signes $+$, $-$ qui figurent sous le radical, substitutions qui permettent de ramener l'expression $\frac{dv}{\sqrt{V}}$ à une expression de la forme $\frac{dw}{\sqrt{W}}$, où $W = (1 - w^2)(1 - k^2 w^2)$, k étant un nombre réel compris entre 0 et 1.

Nous supposons dans les formules qui suivent x et w réels, c positif ainsi que $k' = \sqrt{1 - k^2}$; w ne doit prendre que les valeurs comprises entre -1 et $+1$; pour chacune des transformations, x est par conséquent supposé compris entre les limites qui résultent de cette hypothèse, en vertu de la formule même de transformation; dans ces conditions les quantités sous le radical sont positives. Les radicaux eux-mêmes sont supposés positifs; enfin ε, ε' désignent des quantités égales à ± 1, ayant respectivement les signes de x et de w.

$$x = \frac{w}{\sqrt{1-w^2}}, \qquad k = \sqrt{1-c^2}, \qquad \frac{dx}{\sqrt{(1+x^2)(1+c^2x^2)}} = \frac{dw}{\sqrt{W}},$$

$$x = \varepsilon\sqrt{1-w^2}, \qquad k = \frac{c}{\sqrt{1+c^2}}, \qquad \frac{dx}{\sqrt{(1-x^2)(1+c^2x^2)}} = -\varepsilon\varepsilon' k' \frac{dw}{\sqrt{W}},$$

$$x = \frac{\varepsilon}{\sqrt{1-w^2}}, \qquad k = \frac{1}{\sqrt{1+c^2}}, \qquad \frac{dx}{\sqrt{(x^2-1)(1+c^2x^2)}} = \varepsilon\varepsilon' k \frac{dw}{\sqrt{W}},$$

$$x = \frac{\varepsilon\sqrt{1-w^2}}{c}, \qquad k = \frac{1}{\sqrt{1+c^2}}, \qquad \frac{dx}{\sqrt{(x^2+1)(1-c^2x^2)}} = -\varepsilon\varepsilon' k \frac{dw}{\sqrt{W}},$$

$$x = \frac{\varepsilon}{c\sqrt{1-w^2}}, \qquad k = \frac{c}{\sqrt{1+c^2}}, \qquad \frac{dx}{\sqrt{(x^2+1)(c^2x^2-1)}} = \varepsilon\varepsilon' k' \frac{dw}{\sqrt{W}},$$

$$x = \frac{\varepsilon\sqrt{1-(1-c^2)w^2}}{c}, \qquad k = \sqrt{1-c^2}, \qquad \frac{dx}{\sqrt{(x^2-1)(1-c^2x^2)}} = -\varepsilon\varepsilon' \frac{dw}{\sqrt{W}}.$$

A ces transformations, il convient d'adjoindre les deux suivantes qui sont linéaires : les radicaux sont toujours supposés positifs.

$$\sqrt{c}\,x = \frac{1+w+\sqrt{c}\,(1-w)}{1-w+\sqrt{c}\,(1+w)}, \qquad k = \left(\frac{1-\sqrt{c}}{1+\sqrt{c}}\right)^2,$$

$$\frac{dx}{\sqrt{(x^2-1)(1-c^2x^2)}} = \frac{(1+\sqrt{k})^2}{2}\,\frac{dw}{\sqrt{W}},$$

$$cx = w, \qquad k = c, \qquad \frac{dx}{\sqrt{(x^2-1)(c^2x^2-1)}} = -\frac{dw}{\sqrt{W}}.$$

Il est aisé de déduire à nouveau, de ces relations différentielles, les valeurs des intégrales qui figurent dans le Tableau (CXXXV).

609. Lorsque les racines de z sont réelles, si l'on fait, dans l'expression $\frac{dz}{\sqrt{Z}}$, la substitution

$$z = \frac{z_\lambda(z_\rho - z_\mu \;\cos^2 \;\; + z_\rho(z_\lambda - z_\mu)\sin^2\varphi}{(z_\rho - z_\mu)\cos^2 \;\; + (z_\lambda - z_\mu)\sin^2\varphi},$$

$$dz = -\frac{2(z_\lambda - z_\mu)(z_\rho - z_\mu)(z_\lambda - z_\rho)\sin\varphi\cos\varphi}{[(z_\rho - z_\mu)\cos^2\varphi + (z_\lambda - z_\mu)\sin^2\varphi]^2}\,d\varphi,$$

on trouve

$$\frac{dz}{\sqrt{Z}} = \frac{-2\,d\varphi}{\sqrt{A[(z_\lambda - z_\nu)(z_\mu - z_\rho)\cos^2\varphi + (z_\rho - z_\nu)(z_\mu - z_\lambda)\sin^2\varphi]}}.$$

Supposons d'abord A positif. Si z est compris entre z_1 et $+\infty$, ou entre $-\infty$ et z_4, on supposera $\lambda = 1$, $\mu = 2$, $\nu = 3$, $\rho = 4$; quand z varie de z_1 à $+\infty$ ou de $-\infty$ à z_4, φ varie de o à φ_0 ou de φ_0 à $\frac{\pi}{2}$, en désignant par φ_0 l'arc compris entre o et $\frac{\pi}{2}$ dont la tangente est égale à $\left|\sqrt{\frac{z_2 - z_4}{z_1 - z_3}}\right|$. Si z est compris entre z_3 et z_2, on prendra $\lambda = 3$, $\mu = 4$, $\nu = 1$, $\rho = 2$; quand z varie de z_3 à z_2, φ varie de o à $\frac{\pi}{2}$. En donnant aux radicaux leur signification arithmétique, on aura

$$\frac{dz}{\sqrt{Z}} = \frac{2}{\sqrt{AL}}\,\frac{d\varphi}{\sqrt{1 - k^2\sin^2\varphi}}, \qquad k^2 = \frac{N}{L}.$$

Supposons ensuite A négatif. Si z est compris entre z_4 et z_3, on prendra $\lambda = 4$, $\mu = 1$, $\nu = 2$, $\rho = 3$; quand z varie de z_4 à z_3, φ varie de o à $\frac{\pi}{2}$. Si z est compris entre z_2 et z_1, on prendra $\lambda = 2$, $\mu = 3$, $\nu = 4$, $\rho = 1$; quand z varie de z_2 à z_1, φ varie de o à $\frac{\pi}{2}$. En donnant encore aux radicaux leur signification arithmétique, on aura

$$\frac{dz}{\sqrt{Z}} = \frac{2}{\sqrt{-AL}}\,\frac{d\varphi}{\sqrt{1 - k^2\sin^2\varphi}}, \qquad k^2 = \frac{M}{L}.$$

Il est aisé de déduire à nouveau de ces relations différentielles les valeurs des intégrales qui figurent dans le Tableau (CXXXV).

VII. — Substitution quadratique.

610. Nous allons montrer maintenant comment la réduction à la forme normale $\frac{dy}{-\sqrt{Y}}$ de toutes les différentielles de la forme $\frac{dz}{\sqrt{Z}}$, où Z est un polynome quelconque en z, du troisième ou du quatrième degré, peut s'effectuer au moyen d'une substitution du second degré. Nous nous bornerons au cas où le polynome Z a ses coefficients réels et admet au moins deux racines imaginaires; l'intérêt de cette dernière supposition consiste en ce que l'on peut alors choisir une substitution réelle telle que les racines du polynome transformé soient aussi réelles, ce que l'on ne peut faire par une substitution linéaire. Les modifications qu'il y aurait à apporter à quelques-uns des résultats suivants, si l'on ne se trouvait pas dans le cas auquel nous nous limitons, n'échapperont pas au lecteur.

Rappelons d'abord quelques propositions élémentaires relatives à la fraction $x = \frac{U}{V}$, où $U = \alpha z^2 + \beta z + \gamma$, $V = \alpha' z^2 + \beta' z + \gamma'$ sont des trinomes du second degré en z, à coefficients réels; nous n'excluons pas le cas où α' est nul. La dérivée de cette fraction s'annule pour les racines ζ_1, ζ_3 de l'équation du second degré en z,

$$(a)\quad \varphi(z) = U'V - UV' = (\alpha\beta' - \alpha'\beta) z^2 + 2(\alpha\gamma' - \alpha'\gamma) z + \beta\gamma' - \beta'\gamma = 0.$$

Les valeurs x_1, x_3 de x qui correspondent à ζ_1, ζ_3 s'obtiennent en remplaçant z par ζ_1, ζ_3 dans $\frac{U}{V}$, ou mieux dans la fraction du premier degré $\frac{U'}{V'}$; x_1, x_3 sont réels en même temps que ζ_1, ζ_3. Quand x est égal à x_1 ou à x_3, le polynome en z, $U - Vx$, ayant une racine commune avec sa dérivée, est un carré parfait et est, par suite, égal à $(\alpha - \alpha' x_1)(z - \zeta_1)^2$ ou à $(\alpha - \alpha' x_3)(z - \zeta_3)^2$. On en conclut que x_1, x_3 sont les racines de l'équation en x

$$(b)\qquad \psi(x) = (\beta' x - \beta)^2 - 4(\alpha' x - \alpha)(\gamma' x - \gamma) = 0,$$

qui exprime que l'équation en z, $U - Vx = 0$, a ses racines égales. Des remarques antérieures et des relations

$$\psi(x) = (\beta'^2 - 4\alpha'\gamma')(x - x_1)(x - x_3),$$
$$\varphi(z) = (\alpha\beta' - \alpha'\beta)(z - \zeta_1)(z - \zeta_3),$$

il résulte que le polynome en z, $V^2\psi\left(\frac{U}{V}\right)$, est égal au carré de $\varphi(z)$ multiplié par un facteur constant que l'on trouve aisément être égal à 1 en comparant les coefficients de z^4; on a donc l'identité

$$(c)\qquad V^2\psi\left(\frac{U}{V}\right) = \varphi^2(z) = (\beta'^2 - 4\alpha'\gamma')(U - Vx_1)(U - Vx_3).$$

Quand les racines de V sont imaginaires, la réalité des quantités ζ_1, ζ_3, x_1, x_3 apparaît aisément sur les équations (a), (b). En effet, d'une part, en remplaçant, dans $\varphi(z) = U'V - UV'$, z par la racine $-\frac{\beta'}{2\alpha'}$ de V', on trouve le même résultat qu'en faisant la même substitution dans U'V; or V est alors du même signe que α'; U' se réduit à $\frac{\alpha'\beta - \alpha\beta'}{\alpha'}$; U'V est donc de même signe que $\alpha'\beta - \alpha\beta'$, c'est-à-dire de signe contraire au coefficient de z^2 dans $\varphi(z)$; ζ_1 et ζ_3 sont donc réels et comprennent entre eux le nombre $-\frac{\beta'}{2\alpha'}$. D'autre part, si dans $\psi(x)$ on remplace x soit par $\frac{\alpha}{\alpha'}$ soit par $\frac{\gamma}{\gamma'}$ le résultat est positif, par conséquent de signe contraire au coefficient de x^2 dans $\psi(x)$; x_1, x_3 sont donc réels et comprennent entre eux $\frac{\alpha}{\alpha'}$, $\frac{\gamma}{\gamma'}$. Enfin, comme x_1 et x_3 se déduisent de ζ_1, ζ_3 en remplaçant z par ζ_1, ζ_3 dans $\frac{2\alpha z + \beta}{2\alpha' z + \beta'}$, on a

$$x_1 - x_3 = \frac{2(\alpha\beta' - \alpha'\beta)(\zeta_1 - \zeta_3)}{(2\alpha'\zeta_1 + \beta')(2\alpha'\zeta_3 + \beta')};$$

puisque $-\frac{\beta'}{2\alpha'}$ est compris entre ζ_1 et ζ_3 le dénominateur est négatif; il en résulte que ζ_1, ζ_3 sont rangés, ou non, dans le même ordre de grandeur que x_1, x_3, suivant que $\alpha\beta' - \alpha'\beta$ est négatif ou positif.

Dans le cas que nous aurons encore à examiner, où U a ses racines imaginaires et où α' est nul, on voit de même que ζ_1, ζ_3 sont réels et comprennent la racine $-\frac{\gamma'}{\beta'}$ de V; que x_1, x_3 sont de signes contraires, parce que leur produit est négatif; enfin que ζ_1, ζ_3 sont rangés, ou non, dans le même ordre de grandeur que x_1, x_3, suivant que $\alpha\beta'$ est positif ou négatif.

611. Ceci posé, désignons par Z un polynome du troisième ou du quatrième degré, à coefficients réels, admettant deux racines imaginaires conjuguées z_1, z_3; nous désignerons par z_2, z_4 les deux autres racines (réelles ou imaginaires conjuguées) si Z est du quatrième degré, par z_2 la racine réelle unique si Z est du troisième degré, en sorte que, en désignant par A, a des constantes,

Z sera, suivant les cas, de l'une ou de l'autre des deux formes

$$A(z-z_1)(z-z_2)(z-z_3)(z-z_4), \qquad a(z-z_1)(z-z_2)(z-z_3).$$

Dans la différentielle $\frac{dz}{\sqrt{Z}}$, nous ferons la substitution $x=\frac{U}{V}$, en posant

$$U=(z-z_2)(z-z_4), \qquad V=(z-z_1)(z-z_3),$$

si Z est du quatrième degré;

$$U=(z-z_1)(z-z_3), \qquad V=z-z_2,$$

si Z est du troisième; les coefficients $\alpha, \ldots, \gamma'$ de U, V sont réels et s'expriment immédiatement au moyen des racines de Z. On aura alors, en convenant de remplacer A par a quand Z est du troisième degré,

$$Z=AUV=AV^2x, \qquad \frac{dx}{dz}=\frac{\varphi(z)}{V^2},$$

d'où, à cause de l'identité (c),

$$\text{(CXL)} \qquad \frac{dz}{\sqrt{Z}}=\frac{V\,dx}{\varphi(z)\sqrt{Ax}}=\frac{dx}{\sqrt{Ax\,\psi(x)}},$$

les radicaux étant liés par la relation

$$\frac{\sqrt{Ax\,\psi(x)}}{\sqrt{Z}}=\frac{\varphi(z)}{V^2},$$

qui montre, en supposant tout réel, que les radicaux sont ou non de même signe, suivant que $\varphi(z)$ est positif ou négatif. La même égalité montre que Z et $Ax\,\psi(x)$ sont de même signe pour des valeurs correspondantes de x et de z.

612. Plaçons-nous d'abord dans le cas, où Z étant du troisième degré, U a ses racines imaginaires; ζ_1 et ζ_3 sont alors réels; en supposant $\zeta_1>\zeta_3$, on aura, par les remarques précédentes,

$$\varphi(z)=z^2-2z_2z+z_2(z_1+z_3)-z_1z_3=(z-\zeta_1)(\zeta-\zeta_3),$$

$$\psi(x)=(x+z_1+z_3)^2-4(z_1z_3+z_2x)=(x-x_1)(x-x_3),$$

$$x_1=2\zeta_1-z_1-z_3, \qquad x_3=2\zeta_3-z_1-z_3,$$

$$\zeta_1>z_2>\zeta_3, \qquad x_1>0>x_3.$$

Pour que $\sqrt{Z}$ soit réel, z doit être compris entre $-\infty$ et z_2 ou entre z_2 et $+\infty$, suivant que a est négatif ou positif. Le Tableau suivant indique la correspondance entre les valeurs de z et celles de x; dans la première ligne les valeurs de z sont rangées par ordre de grandeur croissante; la troisième ligne contient le signe de $\varphi(z)$; x augmente ou diminue quand z croît, suivant que ce signe est $+$ ou $-$; x_3 est un maximum, x_1 un minimum :

z	$-\infty$		ζ_3		z_2		ζ_1		$+\infty$
x	$-\infty$		x_3		$\mp\infty$		x_1		$+\infty$
Signe de $\varphi(z)$		$+$		$-$		$-$		$+$	

Dans l'égalité $\dfrac{dz}{|\sqrt{Z}|} = \pm \dfrac{dx}{|\sqrt{ax(x-x_1)(x-x_3)}|}$, on prendra donc le signe supérieur ou le signe inférieur suivant que z n'est pas ou est compris entre ζ_3 et ζ_1.

En appliquant par exemple le résultat à la différentielle $\dfrac{dz}{\sqrt{4z^3-g_2z-g_3}}$, où l'on suppose e_2 réel, e_1, e_3 imaginaires conjuguées, en sorte que, comme on l'a fait observer au n° 594, $\sqrt{e_2-e_1}$, $\sqrt{e_2-e_3}$ sont aussi imaginaires conjuguées, on est amené à faire la substitution $x = \dfrac{z^2+e_2z+e_1e_3}{z-e_2}$, et les quantités désignées plus haut par ζ_1, ζ_3, x_1, x_3 sont ici

$$\zeta_1 = e_2 + \sqrt{e_2-e_1}\sqrt{e_2-e_3},$$
$$\zeta_3 = e_2 - \sqrt{e_2-e_1}\sqrt{e_2-e_3},$$
$$x_1 = 2\zeta_1 + e_2,$$
$$x_3 = 2\zeta_3 + e_2.$$

Au lieu de cette substitution, afin d'obtenir un polynome dans lequel la somme des racines soit nulle, faisant la substitution

$$y = x - 2e_2 = z + \frac{(e_2-e_1)(e_2-e_3)}{z-e_2} = z + \frac{2g_2+\dfrac{3g_3}{e_2}}{z-e_2},$$

nous obtiendrons la relation

$$(d)\qquad \frac{dz}{|\sqrt{4(z-e_1)(z-e_2)(z-e_3)}|} = \pm\frac{dy}{|\sqrt{4(y-\mathrm{E}_1)(y-\mathrm{E}_2)(y-\mathrm{E}_3)}|},$$

en posant

$$\begin{aligned} E_1 &= e_2 + 2\sqrt{e_2 - e_1}\sqrt{e_2 - e_3} = e_2 + 4\left(e_2^2 + \frac{g_3}{8e_2}\right), \\ E_2 &= -2e_2, \\ E_3 &= e_2 - 2\sqrt{e_2 - e_1}\sqrt{e_2 - e_3} = e_2 - 4\left(e_2^2 + \frac{g_3}{8e_2}\right). \end{aligned}$$

Il importe de remarquer que les quantités E_1, E_2, E_3 sont réelles. En supposant $z > e_2$, on aura $x > x_1$, donc $y > E_1$, et l'on devra prendre, dans le second membre de l'équation (d), le signe $+$ ou le signe $-$, suivant que z est compris entre ζ_1 et $+\infty$, ou entre e_2 et ζ_1; si z doit varier à la fois dans les deux intervalles, on fractionnera l'intégrale.

Le résultat que nous obtenons ainsi coïncide avec la relation

$$p\left(u \,\middle|\, \frac{\omega_3 + \omega_1}{2}, \frac{\omega_3 - \omega_1}{2}\right) = p(u \mid \omega_1, \omega_3) + \frac{(e_2 - e_1)(e_2 - e_3)}{p(u \mid \omega_1, \omega_3) - e_2},$$

qui résulte aisément des formules (XXII) ou (XXIV) et des formules de transformation linéaire.

613. Supposons maintenant que Z soit du quatrième degré, on aura alors

$$\begin{aligned} \varphi(z) &= (2z - z_2 - z_4)(z - z_1)(z - z_3) - (2z - z_1 - z_3)(z - z_2)(z - z_4) \\ &= (z_2 + z_4 - z_1 - z_3)z^2 - 2(z_2 z_4 - z_1 z_3)z \\ &\qquad + (z_1 + z_3)z_2 z_4 - (z_2 + z_4)z_1 z_3 \\ &= (z_2 + z_4 - z_1 - z_3)(z - \zeta_1)(z - \zeta_3), \end{aligned}$$

$$\begin{aligned} \psi(x) &= [z_2 + z_4 - (z_1 + z_3)x]^2 - 4(x - 1)(z_1 z_3 x - z_2 z_4) \\ &= (z_1 - z_3)^2 x^2 + 2[2z_2 z_4 + 2z_1 z_3 - (z_2 + z_4)(z_1 + z_3)]x + (z_2 - z_4)^2 \\ &= (z_1 - z_3)^2 (x - x_1)(x - x_3), \end{aligned}$$

$$x_1 = \frac{2\zeta_1 - z_2 - z_4}{2\zeta_1 - z_1 - z_3}, \qquad x_3 = \frac{2\zeta_3 - z_2 - z_4}{2\zeta_3 - z_1 - z_3},$$

$$x_1 - x_3 = \frac{2(z_2 + z_4 - z_1 - z_3)(\zeta_1 - \zeta_3)}{(2\zeta_1 - z_1 - z_3)(2\zeta_3 - z_1 - z_3)};$$

puis, en posant $A_1 = A(z_1 - z_3)^2$,

$$\text{(CXLI)} \quad \left\{ \begin{aligned} \frac{dz}{\sqrt{Z}} &= \frac{dx}{\sqrt{A_1 x(x - x_1)(x - x_3)}}, \\ \frac{\sqrt{A_1 x(x - x_1)(x - x_3)}}{\sqrt{Z}} &= \frac{\varphi(z)}{(z - z_1)^2(z - z_3)^2}. \end{aligned} \right.$$

Il faut toutefois remarquer que celles de ces formules où figurent ζ_1, ζ_3 doivent être modifiées si $\varphi(z)$ se réduit au premier degré, c'est-à-dire si $z_2 + z_4 - z_1 - z_3$ est nul ; nous écartons ce cas provisoirement. Les quantités ζ_1, ζ_3, x_1, x_3 sont réelles ; $\frac{z_1 + z_3}{2}$ est compris entre ζ_1 et ζ_3, 1 et $\frac{z_2 z_4}{z_1 z_3}$ sont compris entre x_1 et x_3. Si z_2 et z_4 sont réels, x_1 et x_3 sont de signes contraires ; d'ailleurs $\varphi(z_2)$ et $\varphi(z_4)$ sont de signes contraires ; il y a donc une des racines ζ_1 et ζ_3 comprise entre z_2 et z_4. Si z_2 et z_4 sont imaginaires, x_1 et x_3, qui sont de même signe, sont positifs, puisque l'un de ces nombres est plus grand que 1 ; nous prendrons pour x_1 le plus grand des deux ; A_1 est de signe contraire à A. Nous avons tout ce qu'il faut pour dresser le Tableau suivant, comportant deux cas suivant le signe de $z_2 + z_4 - z_1 - z_3$; dans chaque cas la première ligne contient les valeurs remarquables de z rangées par ordre de grandeur croissante ; la dernière ligne contient les signes de $\varphi(z)$ dans chaque intervalle ; suivant que ce signe est + ou —, x regardé comme une fonction de z est une fonction croissante ou décroissante. Enfin, on a fait figurer z_2 et z_4 parmi les valeurs remarquables de z en choisissant $z_2 < z_4$. Ces quantités, ainsi que les valeurs zéro de x qui leur correspondent, doivent être effacées si elles sont imaginaires.

$$z_2 + z_4 > z_1 + z_3 ; \qquad (\zeta_1 < \zeta_3).$$

z	$-\infty$		ζ_1		z_2		ζ_3		z_4		$+\infty$
x	1		x_1		0		x_3		0		1
Signe de $\varphi(z)$		+		—		—		+		+	

$$z_0 + z_2 < z_1 + z_3 ; \qquad (\zeta_1 > \zeta_3).$$

z	$-\infty$		z_2		ζ_3		z_4		ζ_1		$+\infty$
x	1		0		x_3		0		x_1		1
Signe de $\varphi(z)$		—		—		+		+		—	

Lorsque z_2 et z_4 sont réels, A peut être positif ou négatif ; dans le premier cas, z doit être compris entre $-\infty$ et z_2 ou entre z_4 et $+\infty$; dans le second cas, entre z_2 et z_4. Si l'on a, par exemple, $z_2 + z_4 > z_1 + z_3$, $A > 0$, $z < z_2$, x est positif et plus petit que x_1 ; d'ailleurs A_1 est négatif ; la quantité $A_1(x - x_1)(x - x_3)$ est positive. Les deux radicaux doivent être pris avec le même signe tant que z reste compris entre $-\infty$ et ζ_1, avec des signes contraires tant que z est compris entre ζ_1 et z_2; si z traverse la valeur ζ_1, le chemin d'intégration devra être fractionné de la limite inférieure à ζ_1, de ζ_1 à la limite supérieure. Le Tableau précédent permettra dans tous les cas de supprimer toute ambiguïté.

Si z_2, z_4 sont imaginaires, A doit être supposé positif, donc A_1 négatif. On reconnaît sans peine que x doit être compris entre x_1 et x_3, et le Tableau permet toujours de lever l'ambiguïté de signe.

Il reste à examiner le cas où l'on a $z_2 + z_4' = z_1 + z_3$. L'équation (a) se réduit alors à

$$\varphi(z) = 2(z_1 z_3 - z_2 z_4)\left(z - \frac{z_1 + z_3}{2}\right).$$

La formule (CXLI) subsiste; mais il convient de remarquer que l'une des racines x_1, x_3 est égale à 1 et que l'autre est égale à $\frac{(z_2 - z_4)^2}{(z_1 - z_3)^2}$; on a d'ailleurs, dans ce cas,

$$1 - \frac{(z_2 - z_4)^2}{(z_1 - z_3)^2} = \frac{4(z_2 z_4 - z_1 z_3)}{(z_1 - z_3)^2};$$

on aura donc

$$x_1 = 1$$

si l'on a

$$z_2 z_4 < z_1 z_3,$$

$x_3 = 1$ dans le cas contraire. Le Tableau qui donne la correspondance des valeurs de z et de x est alors le suivant :

$z_2 z_4 < z_1 z_3$.

z	$-\infty$	$\frac{z_1 + z_3}{2}$	$+\infty$
x	1	x_3	1
Signe de $\varphi(z)$	$-$		$+$

$z_2 z_4 > z_1 z_3$.

z	$-\infty$	$\frac{z_1 + z_3}{2}$	$+\infty$
x	1	x_1	1
Signe de $\varphi(z)$	$+$		$-$

Quant à la supposition $z_2 z_4 = z_1 z_3$, on doit la rejeter, car alors les deux racines z_2, z_4 seraient égales aux racines z_1, z_3.

614. En appliquant ce qui précède au cas où Z est un trinome bicarré ayant au moins deux racines imaginaires, on obtient les résultats suivants, dans lesquels on a fait figurer d'abord la transformation employée, puis les limites entre lesquelles doivent rester les variables pour que les expressions sous les radicaux soient positives, enfin la relation différentielle. Tout est supposé réel.

$$x = \frac{z^2 - 1}{z^2 + c^2}, \qquad \begin{array}{lll} A > 0, & z^2 > 1, & 0 < x < 1, \\ A < 0, & z^2 < 1, & -\frac{1}{c^2} < x < 0, \end{array}$$

$$\frac{dz.\operatorname{sgn} z}{|\sqrt{A(z^2-1)(z^2+c^2)}|} = \frac{dx}{|\sqrt{4Ax(1-x)(c^2x+1)}|};$$

$$x = \frac{z^2 + 1}{z^2 + c^2}, \qquad x \text{ compris entre } 1 \text{ et } \frac{1}{c^2},$$

$$\frac{dz.\operatorname{sgn}[(c^2-1)z]}{|\sqrt{A(z^2+1)(z^2+c^2)}|} = \frac{dx}{|\sqrt{4Ax(1-x)(c^2x-1)}|};$$

$$x = \frac{z^2 + 2rz\cos\theta + r^2}{z^2 - 2rz\cos\theta + r^2}, \qquad x \text{ compris entre } \operatorname{tang}^2\frac{\theta}{2} \text{ et } \frac{1}{\operatorname{tang}^2\frac{\theta}{2}},$$

$$\frac{dz.\operatorname{sgn}[r(r^2-z^2)\cos\theta]}{|\sqrt{A(z^2+2rz\cos\theta+r^2)(z^2-2rz\cos\theta+r^2)}|}$$

$$= \frac{dx}{\left|\sqrt{16Ar^2x\left(x\sin^2\frac{\theta}{2} - \cos^2\frac{\theta}{2}\right)\left(\sin^2\frac{\theta}{2} - x\cos^2\frac{\theta}{2}\right)}\right|}.$$

Le lecteur pourra appliquer ces formules aux différentielles

$$\frac{dz}{\sqrt{z^4-1}}, \qquad \frac{dz}{\sqrt{1-z^4}}, \qquad \frac{dz}{\sqrt{1+z^4}}.$$

615. Lorsque non seulement les coefficients de Z mais aussi le chemin d'intégration est réel, on a maintenant tout ce qu'il faut pour ramener *directement* l'évaluation d'une intégrale quelconque de la forme $\int \frac{dz}{\sqrt{Z}}$ à celle d'une intégrale du type normal de Weierstrass $\int \frac{dy}{-\sqrt{Y}}$, ou à celle d'une intégrale du type normal de Legendre $\int \frac{dx}{\sqrt{(1-x^2)(1-k^2x^2)}}$, où k^2 est réel et compris entre o et 1. On évite ainsi les transformations que nous avons étudiées à la fin du Chapitre VII du Tome III.

Quand les racines de Z sont toutes *réelles*, on fera l'une des transformations linéaires indiquées; dans le cas contraire, on commencera par faire l'une des transformations quadratiques qui conduisent à un polynome dont toutes les racines sont réelles.

CHAPITRE X.

INTÉGRALES ELLIPTIQUES.

I. — Évaluation des intégrales elliptiques.

616. On appelle *intégrale elliptique* toute intégrale de la forme $\int F(x, \sqrt{X})\,dx$, où X est un polynome en x du troisième ou du quatrième degré, à racines inégales, et $F(x, \sqrt{X})$ une fonction rationnelle de x et de $\sqrt{X}$. Soit par la substitution linéaire (CXXXII), soit par un autre procédé qui sera étudié au Chapitre suivant, (CXLIII), on peut ramener une telle intégrale à la forme $\int f(y, \sqrt{Y})\,dy$, où $Y = 4y^3 - g_2 y - g_3$ est un polynome à racines inégales et où $f(y, \sqrt{Y})$ est une fonction rationnelle de y et de $\sqrt{Y}$.

Supposons que l'intégrale proposée soit une intégrale définie, prise le long d'un chemin (x) allant du point x_0 au point x_1, et ne passant ni par une racine de X ni par un pôle de $F(x, \sqrt{X})$; le long de ce chemin (x) convenons d'entendre par $\sqrt{X}$ la détermination de cette fonction qui résulte, par continuité, de cette même détermination pour un point particulier, pour le point initial x_0, par exemple. On pourra, en appliquant le théorème de Cauchy, substituer au chemin (x) un chemin ayant les mêmes extrémités et qui soit équivalent au chemin (x), c'est-à-dire qui conduise à la même valeur de l'intégrale. On peut donc, si l'on veut, supposer de suite que le chemin (x) se compose de segments de droite ou d'arcs de cercle.

Si l'on emploie la substitution linéaire (CXXXII_1), les propositions du n° 597 feront connaître le chemin (y) correspondant au chemin (x); l'intégrale $\int f(y, \sqrt{Y})\,dy$ doit être prise le long de ce chemin (y). La détermination de $\sqrt{Y}$ pour un point quelconque y du chemin (y) résulte de celle de $\sqrt{X}$ au point correspondant x du chemin (x) au moyen de la formule (CXXXII_2); on obtiendra ainsi, en particulier, la détermination initiale $\sqrt{Y_0}$ de $\sqrt{Y}$ pour le point initial y_0 correspondant au point x_0.

Si l'on fait ensuite la substitution $y = \wp(u; g_2, g_3)$ et si l'on détermine, dans le plan des u, un chemin (u) correspondant aux chemins (y) et (x) par les formules

$$(1) \qquad u - u_0 = \int_{y_0}^{y} \frac{dy}{-\sqrt{Y}} = \int_{x_0}^{x} \frac{dx}{\sqrt{X}},$$

où les intégrales sont prises le long des portions des chemins (y) ou (x), qui partent des points y_0 ou x_0 pour aller aux points y ou x, et où u_0 est l'une quelconque des valeurs de u qui satisfont aux équations concordantes

$$y_0 = \wp u_0, \qquad \sqrt{Y_0} = -\wp' u_0,$$

on aura, tout le long des deux chemins (y) et (u), en deux points correspondants, les relations $y = \wp u$, $\sqrt{Y} = -\wp' u$, et l'on sera ramené au calcul de l'intégrale

$$\int f(\wp u, -\wp' u)\,\wp' u\,du,$$

où le signe $\int$ porte sur une fonction doublement périodique, et où la variable doit suivre un chemin connu (u). L'évaluation d'une pareille intégrale a été traitée au Chapitre VIII du Tome III.

Quant à la détermination du chemin (u), observons d'abord que ce chemin se réduit à une portion de l'axe des quantités réelles si l'on n'a affaire qu'à des fonctions réelles de variables réelles; on n'a alors qu'à en déterminer les extrémités. Lorsque les coefficients de X, Y sont réels, les variables x, y étant d'ailleurs quelconques, nous avons donné au Chapitre IX tous les détails nécessaires pour l'évaluation des intégrales $\int \frac{dy}{-\sqrt{Y}}$, $\int \frac{dx}{\sqrt{X}}$ qui figurent dans la formule (1), et l'on pourra donc, dans ce cas, déterminer le chemin (u) avec autant d'approximation qu'on le voudra : on n'a d'ailleurs pas besoin de déterminer les points intermédiaires avec autant de précision que les extrémités u_0, u_1, parce que, pour l'évaluation de l'intégrale de la fonction doublement périodique, on peut remplacer le chemin (u) par un chemin équivalent; toutefois, on doit se rendre compte de la façon dont le chemin (u) est placé par rapport aux pôles de la fonction doublement périodique.

Il est à peine utile de dire que l'on peut tout aussi bien ramener l'intégrale proposée à une intégrale de la forme $\int f(z, \sqrt{Z})\,dz$, où Z est de la forme $(1 - z^2)(1 - k^2 z^2)$ et où $f(z, \sqrt{Z})$ est une fonction rationnelle de z et de $\sqrt{Z}$; par la substitution $z = \operatorname{sn} u$, $\sqrt{Z} = \operatorname{sn}' u$, on est ensuite ramené à l'intégration d'une fonction doublement périodique.

617. Il nous reste, relativement à la détermination des pôles et au développement de la fonction doublement périodique dans leur voisinage, à donner quelques indications qui n'ont pas trouvé place dans le Chapitre VI du Tome III.

En posant, pour abréger, $y = \wp u$, $y' = \wp' u$, la fonction doublement périodique que l'on a à intégrer peut être supposée mise sous la forme

$$\varphi(u) = \frac{P + Q y'}{R + S y'},$$

en désignant par P, Q, R, S des polynomes en y de degrés respectifs α, β, γ, δ, polynomes que l'on peut supposer sans plus grand commun diviseur.

On reconnaît tout d'abord, en remplaçant dans cette expression y et y' par $\frac{1}{u^2} + \frac{g_2 u^2}{20} + \ldots$, $\frac{-2}{u^3} + \frac{g_2 u}{10} + \ldots$, que o est un pôle de $\varphi(u)$ lorsque le plus grand m des nombres 2α, $2\beta + 3$ est supérieur au plus grand n des nombres 2γ, $2\delta + 3$; l'ordre de multiplicité du pôle o est $m - n = \mu$. Si l'on ordonne le numérateur et le dénominateur de $\varphi(u)$ suivant les puissances croissantes de u, que l'on effectue la division du numérateur par le dénominateur jusqu'à ce qu'on ne trouve plus au quotient de puissances négatives de u, puis que l'on mette ce quotient sous la forme

$$A \frac{1}{u} + A_1 D \frac{1}{u} + A_2 D^{(2)} \frac{1}{u} + \ldots + A_{\mu-1} D^{(\mu-1)} \frac{1}{u},$$

la partie de $\varphi(u)$ qui correspond au pôle o, c'est-à-dire la partie de $\varphi(u)$ qui devient infinie pour $u = 0$, sera (n° 358)

$$A\zeta u + A_1\zeta' u + A_2\zeta'' u + \ldots + A_{\mu-1}\zeta^{(\mu-1)} u.$$

Considérons maintenant un pôle $u = a$ de $\varphi(u)$ qui ne soit pas congru à o, *modulis* $2\omega_1$, $2\omega_3$. Le numérateur de $\varphi(u)$ étant fini, le dénominateur doit être nul pour $u = a$; on résoudra donc les équations simultanées en y, y'

$$R + Sy' = 0, \qquad y'^2 = 4y^3 - g_2 y - g_3.$$

Soit $y = b$, $y' = b'$ une solution de ces équations et $u = a$ une solution des équations $\wp u = b$, $\wp' u = b'$; $u = a$ sera un pôle, si $P + Qy'$ n'est pas nul pour $y = b$, $y' = b'$. Pour s'assurer dans tous les cas que a est un pôle, et pour trouver la partie correspondante de $\varphi(u)$, on pourra ramener ce cas au précédent en faisant le changement de variable $u = v + a$; les formules d'addition permettront d'exprimer $\wp(v + a)$, $\wp'(v + a)$ rationnellement en $\wp v$, $\wp' v$, b, b' et de transformer $\varphi(u)$ en une fonction rationnelle de $\wp v$, $\wp' v$. On peut aussi, pour obtenir les premiers termes du développement de $\varphi(a + v)$ suivant les puissances croissantes de v, remplacer $\wp(a + v)$, $\wp'(a + v)$ par leurs développements de Taylor suivant les puissances croissantes de v, ordonner le numérateur et le dénominateur de $\varphi(a + v)$ suivant ces mêmes puissances, effectuer enfin la division en ne gardant au quotient que les puissances négatives de v. Il n'est pas inutile d'observer que l'ordre de multiplicité de la racine b de l'équation

$$R^2 - 4b^3 S^2 + g_2 b S^2 + g_3 S^2 = 0$$

est l'ordre de multiplicité du pôle a, dans le cas où b n'est pas une racine commune à R et à S, où b' n'est pas nul, et où $P + Qy'$ n'est pas nul pour $y = b$, $y' = b'$; autrement, l'ordre de multiplicité est abaissé.

Ayant déterminé l'un après l'autre les pôles distincts de $\varphi(u)$, puis les parties correspondantes de $\varphi(u)$, la somme de toutes ces parties sera égale à la fonction $\varphi(u)$, à une constante additive près, que l'on pourra déterminer en donnant à u une valeur arbitraire, par exemple la valeur o, si o n'est pas un pôle. Si donc on reprend les notations du n° 358, en écrivant toutefois $\varphi(u)$ à la place de $f(u)$, on aura

$$\varphi(u) = C + \sum_{i=1}^{i=\nu} [A^{(i)}\zeta(u-a_i) + A_1^{(i)}\zeta'(u-a_i) + \ldots + A_{\alpha_i-1}^{(i)}\zeta^{(\alpha_i-1)}(u-a_i)],$$

et toutes les constantes qui figurent dans le second membre seront connues. La somme $A^{(1)} + \ldots + A^{(\nu)}$ est nulle.

618. L'intégrale indéfinie $\int \varphi(u)\,du$ est, en général, une fonction linéaire de u et de termes tels que $\log\sigma(u-a)$, $\zeta(u-a)$, $p(u-a)$, $p'(u-a)$, ..., a étant un pôle quelconque; à cause des formules d'addition (VII_3) et de celles qu'on en déduit en prenant les dérivées, on voit aisément que cette intégrale indéfinie contient un terme en u, un terme en ζu, une fonction rationnelle de pu, $p'u$ et autant de termes en $\log\sigma(u-a)$ qu'il y a de pôles a pour lesquels le résidu correspondant n'est pas nul.

Pour que cette intégrale soit une fonction univoque de u, il faut et il suffit qu'elle ne contienne pas de logarithmes, c'est-à-dire que chaque résidu $A^{(i)}$ soit nul ($i = 1, 2, \ldots, \nu$). Pour qu'elle soit une fonction doublement périodique de u, avec les périodes $2\omega_1$, $2\omega_3$, il faut et il suffit qu'elle ne contienne ni logarithmes, ni terme linéaire en u, ni terme en $\zeta(u)$, c'est-à-dire que l'on ait

$$A^{(i)} = 0 \quad (i = 1, 2, \ldots, \nu), \qquad C = 0, \qquad \sum_{i=1}^{i=\nu} A_1^{(i)} = 0.$$

On obtient ainsi les conditions nécessaires et suffisantes pour que l'intégrale $\int F(x, \sqrt{X})\,dx$ s'exprime rationnellement en x, $\sqrt{X}$.

Il peut arriver que cette dernière intégrale soit la somme d'une fonction rationnelle en x, $\sqrt{X}$ et de logarithmes, multipliés par des constantes, de telles fonctions. Elle est dite alors *pseudo-elliptique*. Les conditions pour qu'il en soit ainsi sont beaucoup plus cachées. Nous nous contentons de signaler ce problème, sur lequel le lecteur trouvera d'intéressants développements dans le dernier Chapitre du second Volume du *Traité des fonctions elliptiques* d'Halphen.

II. — Réduction de Legendre.

619. En se plaçant à un tout autre point de vue, Legendre a montré que l'évaluation d'une intégrale de la forme $\int F(x, \sqrt{X})\,dx$ se ramenait à des intégrations élémentaires et à l'évaluation d'intégrales rentrant dans trois types simples. Bien que le procédé d'intégration que nous venons de décrire dispense d'appliquer le mode de réduction de Legendre, ce mode de réduction n'en garde pas moins un intérêt propre, non pas seulement parce qu'il peut être pratiquement utile dans certains cas, mais surtout parce qu'il est l'origine de la classification des intégrales en intégrales de première, de deuxième et de troisième espèce, classification qui s'étend de la façon la plus naturelle aux intégrales de la même nature (dites *hyperelliptiques*) où le radical porte sur un polynome de degré supérieur au quatrième.

Tout d'abord, l'expression $F(x, \sqrt{X})$, mise sous la forme $\frac{P + Q\sqrt{X}}{R + S\sqrt{X}}$, où P, Q, R, S sont des polynomes entiers en x, se ramène, en multipliant en haut et en bas par $R - S\sqrt{X}$, à la forme $M + \frac{N}{\sqrt{X}}$, où M, N sont des fonctions rationnelles en x. La première partie s'intègre par les fonctions élémentaires. En décomposant N en fractions simples, on ramène l'intégration de la seconde partie à celle d'intégrales de la forme $\int \frac{x^p\,dx}{\sqrt{X}}$ ou $\int \frac{dx}{(x-a)^p\sqrt{X}}$, que nous comprendrons sous le type unique

$$X_p = \int \frac{(x-a)^p\,dx}{\sqrt{X}},$$

où p est un nombre entier positif ou négatif. Si l'on pose

$$X = A(x-a)^4 + 4B(x-a)^3 + 6C(x-a)^2 + 4D(x-a) + E,$$

dans l'identité

$$\frac{d}{dx}\left[(x-a)^r\sqrt{X}\right] = \frac{r(x-a)^{r-1}X + \frac{1}{2}(x-a)^r X'}{\sqrt{X}},$$

où r est un entier quelconque et où X' est la dérivée de X, on trouve, après avoir intégré,

$$\begin{aligned}(r+2)AX_{r+3}+2(2r+3)BX_{r+2}+6(r+1)CX_{r+1}\\ +2(2r+1)DX_r+rEX_{r-1}=(x-a)^r\sqrt{X}.\end{aligned}$$

Si E n'est pas nul, c'est-à-dire si a n'est pas racine de X, on peut résoudre cette équation par rapport à X_{r-1}, tant que r n'est pas nul; si E est nul, D n'est pas nul, sans quoi X admettrait la racine double a, et l'on peut toujours résoudre l'équation précédente par rapport à X_r. Il résulte de là que si p est négatif, X_p peut toujours s'exprimer au moyen d'intégrales analogues à indices positifs ou nuls, de X_{-1} et de quantités algébriques.

Pour ce qui est des intégrales à indice positif, elles se ramènent à la forme $\int\frac{x^p\,dx}{\sqrt{X}}$; nous continuerons à les désigner par X_p et nous emploierons la même formule de réduction en supposant $a=0$ et en regardant A, B, C, D, E comme les coefficients mêmes du polynome X. On peut alors résoudre la formule de réduction par rapport à X_{r+3} si A n'est pas nul, par rapport à X_{r+2} si A est nul; on voit donc, si A n'est pas nul, que X_3, X_4, X_5, ... s'expriment au moyen de X_0, X_1, X_2, et si A est nul, que X_2, X_3, X_4, ... s'expriment au moyen de X_0, X_1. Dans le premier cas, on peut pousser plus loin la réduction; cela est évident si X est bicarré, car alors X_1 se ramène aux transcendantes élémentaires en prenant x^2 pour variable.

Bornons-nous aux cas où X a l'une des formes $(1-x^2)(1-k^2x^2)$, $4x^3-g_2x-g_3$. On voit qu'on n'a à considérer que trois types d'intégrales, qui sont, dans le premier cas,

$$\int\frac{dx}{\sqrt{X}},\qquad \int\frac{x^2\,dx}{\sqrt{X}},\qquad \int\frac{dx}{(x-a)\sqrt{X}}$$

et, dans le second cas,

$$\int\frac{dx}{\sqrt{X}},\qquad \int\frac{x\,dx}{\sqrt{X}},\qquad \int\frac{dx}{(x-a)\sqrt{X}}.$$

Ces intégrales sont dites respectivement *intégrales elliptiques de première, de deuxième, de troisième espèce*. Le type des intégrales de seconde espèce change avec la forme de X.

620. Ces mêmes dénominations sont employées avec des significations différentes, que nous expliquerons tout à l'heure, et qui d'ailleurs permettent toujours de dire, comme le lecteur s'en convaincra sans peine, que l'évaluation d'une intégrale elliptique se ramène à l'évaluation d'une intégrale de première espèce, d'une intégrale de deuxième espèce et d'une ou plusieurs intégrales de troisième espèce. Mais, en restant encore un instant au point de vue où nous nous sommes placés, nous voulons remarquer que si l'on regarde les intégrales ci-dessus comme effectuées le long d'un chemin et comme fonctions de leur limite supérieure x, c'est-à-dire de l'extrémité finale de ce chemin, l'intégrale de première espèce reste finie quel que soit x, même pour x infini, tandis que l'intégrale de deuxième espèce devient infinie avec x, et que l'intégrale de troisième espèce devient infinie comme $\log(x-a)$ quand x s'approche de a. Les fonctions de x ainsi définies restent d'ailleurs holomorphes dans toute aire limitée par un contour simple, d'où le chemin d'intégration ne doit pas sortir, et où $\frac{1}{\sqrt{X}}$ (s'il s'agit des intégrales des deux premières espèces), $\frac{1}{(x-a)\sqrt{X}}$ (s'il s'agit de l'intégrale de troisième espèce), est une fonction holomorphe de x. Mais les choses se passent d'une façon un peu différente aux environs du point ∞, suivant la forme de X. En nous bornant par exemple aux intégrales de première espèce, si l'on fait la substitution $x = \frac{1}{z}$, on aura

$$\int \frac{dx}{\sqrt{(1-x^2)(1-k^2x^2)}} = \int \frac{-dz}{\sqrt{(1-z^2)(k^2-z^2)}},$$

$$\int \frac{dx}{\sqrt{4x^3-g_2x-g_3}} = \int \frac{-dz}{\sqrt{z(4-g_2z^2-g_3z^3)}};$$

or, dans le voisinage du point $z=0$, qui correspond au point $x=\infty$, $\frac{1}{\sqrt{(1-z^2)(k^2-z^2)}}$ est une fonction holomorphe de z, mais non $\frac{1}{\sqrt{z(4-g_2z^2-g_3z^3)}}$; nous aurons l'occasion, à propos des notations de Weierstrass, de revenir bientôt sur le second cas.

III. — Notations de Jacobi.

621. Nous avons maintenant à expliquer quelques notations et expressions qu'il est indispensable de connaître.

Supposant k réel, positif et plus petit que un, et désignant par $\Delta\varphi$, où φ est un angle réel, la détermination positive du radical $\sqrt{1-k^2\sin^2\varphi}$, Legendre pose

$$\mathrm{F}(\varphi)=\int_0^\varphi \frac{d\varphi}{\Delta\varphi}, \qquad \mathrm{E}(\varphi)=\int_0^\varphi \Delta\varphi\, d\varphi,$$

$$\mathrm{F}^{(1)}=\int_0^{\frac{\pi}{2}} \frac{d\varphi}{\Delta\varphi}, \qquad \mathrm{E}^{(1)}=\int_0^{\frac{\pi}{2}} \Delta\varphi\, d\varphi,$$

et appelle $\mathrm{F}(\varphi)$, $\mathrm{E}(\varphi)$ fonctions elliptiques de première et de seconde espèce. $\mathrm{F}^{(1)}$ et $\mathrm{E}^{(1)}$ sont les fonctions *complètes*.

Le mot *fonction elliptique* a pris, depuis Jacobi, un sens entièrement différent : on entend généralement sous ce nom les fonctions que nous avons désignées sous le nom de *fonctions doublement périodiques du second ordre*.

La fonction $\mathrm{F}(\varphi)$ de Legendre n'est autre chose que *l'intégrale elliptique* de première espèce (n° 619) $\displaystyle\int_0^x \frac{dx}{\sqrt{(1-x^2)(1-k^2x^2)}}$, dans laquelle on a remplacé x par $\sin\varphi$. La fonction $\mathrm{E}(\varphi)$ de Legendre est égale à $\mathrm{F}(\varphi)-k^2\displaystyle\int_0^\varphi \frac{\sin^2\varphi}{\Delta\varphi}\,d\varphi$; c'est donc une combinaison linéaire d'une intégrale elliptique de première et d'une intégrale elliptique de seconde espèce (n° 619).

Legendre a encore introduit la notation $\Pi(n,\varphi)$, où n est un paramètre, pour désigner l'intégrale

$$\int_0^\varphi \frac{d\varphi}{(1+n\sin^2\varphi)\Delta\varphi}=\int_0^\varphi \frac{\frac{1}{2}\,d\varphi}{(1-\sqrt{-n}\sin\varphi)\Delta\varphi}+\int_0^\varphi \frac{\frac{1}{2}\,d\varphi}{(1+\sqrt{-n}\sin\varphi)\Delta\varphi};$$

c'est, en conservant la définition du n° 619, la somme de deux intégrales elliptiques de troisième espèce, intégrales dont la différence s'exprime d'ailleurs au moyen des fonctions élémentaires.

Il peut n'être pas inutile d'observer que la valeur de $\Delta\varphi$ est toujours comprise entre k' et 1, et que l'on a, pour chaque valeur de φ, $\Delta\varphi \geqq \cos\varphi$.

622. Jacobi a introduit d'autres notations, sur lesquelles nous insisterons un peu plus. Les fonctions de la variable u, qu'il a désignées par les notations $\operatorname{am} u$, $\operatorname{co\,am} u$, $\mathrm{E}(u)$, $\Pi(u, \alpha)$, peuvent être définies par les formules

$$(\mathrm{CII}_6)\quad \left\{\begin{aligned} \operatorname{am} u &= \int_0^u \operatorname{dn} u\, du, \qquad \operatorname{co\,am} u = \operatorname{am}(\mathrm{K} - u), \\ \mathrm{E}(u) &= \int_0^u \operatorname{dn}^2 u\, du, \qquad \Pi(u, \alpha) = \int_0^u \frac{k^2 \operatorname{sn}\alpha \operatorname{cn}\alpha \operatorname{dn}\alpha \operatorname{sn}^2 u\, du}{1 - k^2 \operatorname{sn}^2\alpha \operatorname{sn}^2 u}, \end{aligned}\right.$$

dans la dernière desquelles α est un paramètre. Le *module* k doit être regardé comme une donnée, différente de 0 et de 1.

Les quantités que Jacobi désigne par K, K' coïncident avec celles que nous avons désignées par $\mathrm{X}(k^2)$, $\mathrm{X}'(k^2)$; la quantité τ, qui permet de construire les fonctions sn, cn, dn (n^{os} **518**, **306**, formules $\mathrm{LXXI}_{6,7,8}$, $\mathrm{XXXVII}_{1,2}$), et qui figure dans les définitions précédentes, est supposée égale à $\frac{i\mathrm{K}'}{\mathrm{K}}$. Les notations $\operatorname{am}(u, k)$, $\mathrm{E}(u, k)$, ... au lieu de $\operatorname{am} u$, $\mathrm{E}(u)$, ... s'entendent d'elles-mêmes.

Lorsque k est réel, compris entre 0 et 1, la quantité K de Jacobi coïncide avec la quantité $\mathrm{F}^{(1)}$ de Legendre.

623. Considérons d'abord la fonction $\operatorname{am} u$. La fonction $\operatorname{dn} u$ admet pour pôles les points $2n\mathrm{K} + (2n+1)i\mathrm{K}'$, en désignant par n et n' des entiers; les résidus correspondants sont égaux à $\pm i$. Si l'on se borne à assujettir le chemin d'intégration à ne pas passer par ces pôles, on voit donc que la fonction $\operatorname{am} u$ n'est définie qu'à un multiple près de 2π. La fonction $\operatorname{dn} u$ est holomorphe à l'intérieur de la bande limitée par les deux parallèles qui sont le lieu des points $\mathrm{K}t \pm i\mathrm{K}'$ quand on fait croître la variable réelle t de $-\infty$ à $+\infty$. On peut donc regarder $\operatorname{am} u$ comme une fonction holomorphe à l'intérieur de cette bande, qui, dans le cas où k^2 est réel et plus petit que un, comprend l'axe des quantités réelles. La fonction $\operatorname{am} u$ est évidemment impaire.

Au reste ces résultats apparaissent encore sur l'une des formules (CXV_1),

$$\int_0^u \operatorname{dn} u\, du = i \log(\operatorname{cn} u - i \operatorname{sn} u).$$

La même formule montre que l'on a

$$\operatorname{cn} u - i \operatorname{sn} u = e^{-i \operatorname{am} u};$$

d'où, en changeant u en $-u$, ajoutant et retranchant, on déduit

$$(\mathrm{CII}_6) \qquad \sin \operatorname{am} u = \operatorname{sn} u, \qquad \cos \operatorname{am} u = \operatorname{cn} u.$$

624. Si l'on se replace dans le cas où k^2 est réel, compris entre o et 1, on voit aisément, à l'aide des formules précédentes et de celles qui donnent les dérivées, par rapport à u, de $\operatorname{sn} u$, $\operatorname{cn} u$, $\operatorname{dn} u$, que les fonctions $\Delta\varphi$, $F(\varphi)$ de Legendre se réduisent à $\operatorname{dn} u$ et u quand on y remplace φ par $\operatorname{am} u$.

C'est en réalité la fonction inverse de $F(\varphi)$ que Jacobi a désignée par $\operatorname{am} u$; en d'autres termes, il a regardé la limite supérieure φ de l'intégrale $\int_0^\varphi \frac{d\varphi}{\Delta\varphi}$ comme une fonction de la valeur u de cette intégrale, et il a appelé $\operatorname{am} u$ cette fonction. Dans les mêmes conditions, $\Delta(\operatorname{am} u)$ n'est autre chose que $\operatorname{dn} u$. Depuis Jacobi, on désigne par $\Delta \operatorname{am} u$, quels que soient u et k^2, exactement la fonction de u que nous avons désignée par $\operatorname{dn} u$.

En regardant $\operatorname{am} u$ comme une fonction holomorphe de u dans la bande définie plus haut, on aperçoit immédiatement les relations

$$(\mathrm{CII}_6) \quad \operatorname{am}(K) = \frac{\pi}{2}, \quad \operatorname{am}(nK) = n\frac{\pi}{2}, \quad \operatorname{am}(u + 2nK) = \operatorname{am} u + n\pi,$$

où n est un entier.

Quand u augmente par valeurs réelles et que k^2 est compris entre o et 1, on voit immédiatement que la fonction $\operatorname{am} u$ augmente toujours; son signe est celui de u.

Les expressions de $\sin \operatorname{co} \operatorname{am} u$, $\cos \operatorname{co} \operatorname{am} u$, $\Delta \operatorname{co} \operatorname{am} u$, au moyen de $\operatorname{sn} u$, $\operatorname{cn} u$, $\operatorname{dn} u$, se déduisent immédiatement de la définition de $\operatorname{co} \operatorname{am} u$ et des formules (LXXII_5).

625. La fonction $E(u)$ de Jacobi est univoque; on voit (n° **432**) qu'on peut écrire

$$(\text{CII}_5)\qquad E(u) = \frac{E}{K}\,u + Z(u);$$

le nombre E est égal (n° **432**) à $\int_0^K \operatorname{dn}^2 u\,du$; on voit qu'il est égal à $E(K)$; c'est le $E^{(1)}$ de Legendre.

Le théorème d'addition de la fonction ζ conduit de suite aux théorèmes d'addition des fonctions $Z(u)$, $E(u)$, à savoir :

$$Z(u) - Z(a) - Z(u-a) = E(u) - E(a) - E(u-a) \\ = -k^2 \operatorname{sn} u \operatorname{sn} a \operatorname{sn}(u-a);$$

on en tire aisément la relation

$$(a)\qquad 2Z(a) - Z(a+u) - Z(a-u) = \frac{2k^2 \operatorname{sn} a \operatorname{cn} a \operatorname{dn} a \operatorname{sn}^2 u}{1 - k^2 \operatorname{sn}^2 a \operatorname{sn}^2 u}.$$

Signalons encore la fonction $\Omega(u)$, introduite aussi par Jacobi et définie par l'égalité

$$(\text{CII}_{11})\qquad \Omega(u) = e^{\int_0^u E(u)\,du} = e^{\frac{1}{2}\frac{E}{K}u^2}\,\frac{\Theta(u)}{\Theta(0)}.$$

On voit comment, dans cet ordre d'idées, s'introduit la fonction Θ.

626. La fonction $\Pi(u, \alpha)$ de Jacobi s'exprime au moyen des fonctions Z, Θ; cette expression s'obtient en appliquant les règles générales d'intégration, ou en intégrant, entre les limites 0 et u, les deux membres de l'égalité (a); on trouve ainsi

$$(\text{CII}_5)\qquad \Pi(u, \alpha) = u\,Z(\alpha) + \frac{1}{2}\log\frac{\Theta(\alpha - u)}{\Theta(\alpha + u)},$$

ou encore, en tenant compte de la définition de $\Omega(u)$,

$$(\text{CII}_{11})\qquad \Pi(u, \alpha) = u\,E(\alpha) + \frac{1}{2}\log\frac{\Omega(u - \alpha)}{\Omega(u + \alpha)}.$$

Dans ces deux formules, la détermination du logarithme dépend en général du chemin d'intégration (n° **501**); il est à peine utile de signaler le cas, fréquent dans les applications, où le second membre doit être réel parce que le premier l'est évidemment. On a, en particulier,

$$(\text{CII}_{10}) \qquad \Pi(\text{K}, \alpha) = \text{KZ}(\alpha) = \text{KE}(\alpha) - \alpha\text{E}.$$

L'expression de $\Pi(u, \alpha)$, au moyen de la fonction Ω et la définition de cette fonction, mettent en évidence que la dérivée de $\Pi(u, \alpha)$, prise par rapport à u, s'exprime au moyen de $\text{E}(u)$; il en résulte ce théorème de Jacobi :

La dérivée d'une intégrale elliptique de troisième espèce, par rapport à l'intégrale elliptique de première espèce prise comme variable, s'exprime au moyen d'intégrales elliptiques de première espèce et d'intégrales elliptiques de seconde espèce.

Le théorème de l'échange du paramètre et de l'argument s'exprime par la formule

$$\Pi(u, \alpha) - \Pi(\alpha, u) = u\text{Z}(\alpha) - \alpha\,\text{Z}(u),$$

où le second membre devrait être augmenté d'un multiple de $2\pi i$ si on laissait aux fonctions Π toute leur indétermination.

Le théorème d'addition de la fonction Π s'exprime par la formule

$$\begin{aligned}
&\Pi(u, \alpha) + \Pi(v, \alpha) - \Pi(u + v, \alpha)\\
&\quad = \frac{1}{2}\log\frac{\Theta(u-\alpha)\,\Theta(v-\alpha)\,\Theta(u+v+\alpha)}{\Theta(u+\alpha)\,\Theta(v+\alpha)\,\Theta(u+v-\alpha)}\\
&\quad = \frac{1}{2}\log\frac{1 - k^2\operatorname{sn}u\operatorname{sn}v\operatorname{sn}\alpha\operatorname{sn}(u+v-\alpha)}{1 + k^2\operatorname{sn}u\operatorname{sn}v\operatorname{sn}\alpha\operatorname{sn}(u+v+\alpha)}\\
&\quad = \frac{1}{4}\log\left\{\frac{[1 - k^2\operatorname{sn}^2(u+\alpha)\operatorname{sn}^2(v+\alpha)]\,[1 - k^2\operatorname{sn}^2\alpha\operatorname{sn}^2(u+v-\alpha)]}{[1 - k^2\operatorname{sn}^2(u-\alpha)\operatorname{sn}^2(v-\alpha)]\,[1 - k^2\operatorname{sn}^2\alpha\operatorname{sn}^2(u+v+\alpha)]}\right\}\\
&\quad = \frac{1}{2}\log\frac{-\text{Z}(\alpha+u) + \text{Z}(\alpha+v) + \text{Z}(u+i\text{K}') - \text{Z}(v+i\text{K}')}{\text{Z}(\alpha-u) - \text{Z}(\alpha-v) + \text{Z}(u-i\text{K}') - \text{Z}(v-i\text{K}')}.
\end{aligned}$$

IV. — Notations de Weierstrass (1).

627. L'intégrale elliptique normale de première espèce, au sens de Weierstrass, est l'intégrale $\int_y^\infty \frac{dy}{\sqrt{\text{Y}}}$, où $\text{Y} = 4y^3 - g_2 y - g_3$: on

(1) *Voir* SCHWARTZ, *Formules*, etc., nos 56, 57.

la désigne par $J(y, \sqrt{Y})$: cette intégrale n'est déterminée que si l'on se donne la valeur initiale de $\sqrt{Y}$ et le chemin d'intégration, qui ne doit passer par aucun des points e_1, e_2, e_3, et le long duquel les valeurs de $\sqrt{Y}$ se déduisent par continuation de la valeur initiale. A cause de la limite supérieure, quelques remarques concernant ce chemin sont nécessaires.

Considérons un cercle décrit de l'origine comme centre et contenant à son intérieur les points e_1, e_2, e_3; désignons par S la région extérieure au cercle, dans laquelle on regarde comme une coupure la portion de l'axe des quantités négatives qui est extérieure au cercle, en sorte que la région S est limitée par le cercle et cette coupure. Dans S, $\frac{1}{\sqrt{Y}}$ est une fonction holomorphe de y, déterminée dès qu'on se donne sa valeur en un point : elle peut être représentée par une série $\mathfrak{P}\left(\frac{1}{\sqrt{y}}\right)$ entière en $\frac{1}{\sqrt{y}}$, ne contenant que des puissances impaires de $\frac{1}{\sqrt{y}}$ et commençant par un terme en $\left(\frac{1}{\sqrt{y}}\right)^3$. Au point de S où l'on se donne la détermination de $\sqrt{Y}$, l'égalité $\frac{1}{\sqrt{Y}} = \mathfrak{P}\left(\frac{1}{\sqrt{y}}\right)$ détermine sans ambiguïté la valeur de $\sqrt{y}$, qui est dès lors déterminée dans toute la région S. Si l'on désigne par $\mathfrak{P}_1\left(\frac{1}{\sqrt{y}}\right)$ la série entière en $\frac{1}{\sqrt{y}}$, commençant par un terme en $\frac{1}{\sqrt{y}}$, dont les différents termes ont pour dérivées, par rapport à y, les termes correspondants de $\mathfrak{P}\left(\frac{1}{\sqrt{y}}\right)$, changés de signe, il est clair que l'on aura

$$\int_y^\infty \frac{dy}{\sqrt{Y}} = \mathfrak{P}_1\left(\frac{1}{\sqrt{y}}\right),$$

quel que soit le chemin d'intégration, pourvu qu'il ne sorte pas de S. Si la fonction $\wp u$ est formée avec les invariants g_2, g_3, dans la même région S, les égalités $\wp u = y$, $\wp' u = -\sqrt{Y}$ définissent, à une constante additive près de la forme $2n\omega_1 + 2n'\omega_3$, u comme une fonction holomorphe de y; cette fonction ne peut différer de $\mathfrak{P}_1\left(\frac{1}{\sqrt{y}}\right)$ que par une constante C, puisqu'elle doit vérifier dans S, comme la fonction $\mathfrak{P}_1$, la relation $\frac{du}{dy} = \frac{1}{-\sqrt{Y}}$; la fonction $u = C + \mathfrak{P}_1\left(\frac{1}{\sqrt{y}}\right)$ devant vérifier l'égalité $pu = y$ pour de grandes valeurs de y, C est nécessairement de la forme $2n\omega_1 + 2n'\omega_3$; en d'autres termes, $u = \mathfrak{P}_1\left(\frac{1}{\sqrt{y}}\right)$ est une solution des équations $pu = y$, $p'u = -\sqrt{Y}$: toutes les autres solutions s'obtiennent en ajoutant à celle-là des multiples entiers des périodes.

Ceci posé, considérons un point quelconque y_0 et un chemin d'intégration allant de ce point au point ∞; nous nous bornerons à supposer, relativement à ce chemin, qu'il finit par rester dans la région S, à partir du point y_1, par exemple, point où le radical $\sqrt{Y}$ a acquis la valeur $\sqrt{Y_1}$, déduite par continuation de la valeur donnée $\sqrt{Y_0}$ de $\sqrt{Y}$ en y_0. La valeur $J(y_0, \sqrt{Y_0})$ de la fonction $J(y, \sqrt{y})$ en y_0 sera définie par l'égalité

$$J(y_0, \sqrt{Y_0}) = \int_{y_0}^{\infty} \frac{dy}{\sqrt{Y}} = \int_{y_0}^{y_1} \frac{dy}{\sqrt{Y}} + \mathfrak{P}_1\left(\frac{1}{\sqrt{y_1}}\right);$$

$J(y_0, \sqrt{Y_0})$ ne dépend nullement de la partie du chemin d'intégration qui va de y_1 à l'infini, mais seulement de la portion du chemin qui va de y_0 à y_1. En un point quelconque y de cette portion de chemin, la fonction $J(y, \sqrt{Y})$ est définie par la même égalité, où il faut seulement effacer l'indice o; elle vérifie donc tout le long de ce chemin l'égalité $\frac{dJ}{dy} = -\frac{1}{\sqrt{Y}}$, et peut être regardée comme la continuation, le long de ce chemin, de la fonction $\mathfrak{P}_1\left(\frac{1}{\sqrt{y}}\right)$ avec laquelle elle coïncide aux environs de y_1. Tout le long de ce chemin, comme aux environs du point y_1, elle vérifiera les équations $pu = y$, $p'u = -\sqrt{Y}$, et il en sera ainsi, en particulier, au point y_0, pour lequel nous désignerons par u_0 la valeur de la fonction $J(y, \sqrt{Y})$.

Si l'on se donne les deux entiers n et n', et que l'on imagine, dans le plan des u, un chemin qui aille de u_0 à $u_0 + 2n\omega_1 + 2n'\omega_3$

sans passer par aucun des pôles ou des zéros de $\wp' u$, le point $y = \wp u$ décrira dans le plan des y un certain chemin fermé partant de y_0 pour y revenir, en ramenant aussi le radical $\sqrt{Y}$, qui ne cesse d'être égal à $-\wp' u$, à sa valeur primitive $\sqrt{Y_0}$. Si donc on désigne par (C) ce chemin fermé parcouru en sens inverse, et si l'on considère la valeur de la fonction $J(y, \sqrt{Y})$ au point y_0, origine du chemin d'intégration formé par le chemin (C) suivi de l'ancien chemin d'intégration, cette valeur sera égale à l'ancienne valeur u_0 augmentée de $2n\omega_1 + 2n'\omega_3$.

En résumé, la fonction $J(y, \sqrt{Y})$, si on la définit seulement par les valeurs de y et de $\sqrt{Y}$ sans se donner le chemin d'intégration, n'est définie qu'à une somme $2n\omega_1 + 2n'\omega_3$ de multiples de périodes près; en changeant le chemin d'intégration, on peut l'augmenter d'un nombre quelconque de la forme $2n\omega_1 + 2n'\omega_3$, où n et n' sont des entiers. L'ensemble de ses déterminations est identique avec l'ensemble des solutions des équations (en u), $\wp u = y$, $\wp' u = -\sqrt{Y}$.

628. L'intégrale elliptique normale de seconde espèce, $J'(y, \sqrt{Y})$, au sens de Weierstrass, est une fonction analytique de y dont la dérivée est $\frac{y}{\sqrt{Y}}$. Cette condition permet de la définir, à une constante additive près, comme une fonction holomorphe de y dans toute région limitée par un contour simple où $\frac{1}{\sqrt{Y}}$ est aussi une fonction holomorphe.

Si dans la fonction ζu on remplace u par $J(y, \sqrt{Y})$, on obtiendra une fonction de y dont la dérivée sera $\frac{d\zeta u}{du} \times \frac{du}{dy}$, c'est-à-dire $\frac{y}{\sqrt{Y}}$. On peut donc prendre pour $J'(y, \sqrt{Y})$ précisément la fonction $\zeta[J(y, \sqrt{Y})]$. L'intégrale elliptique de seconde espèce est ainsi définie par les mêmes éléments que l'intégrale de première espèce; quand le chemin d'intégration change, de façon que $J(y, \sqrt{Y})$ augmente de $2n\omega_1 + 2n'\omega_3$, $J'(y, \sqrt{Y})$ augmente évidemment de $2n\eta_1 + 2n'\eta_3$. Dans la région S, la fonction $J'(y, \sqrt{Y})$ peut être définie comme une fonction holomorphe de y; ce sera une série procédant suivant les puissances entières de $\frac{1}{\sqrt{y}}$ dont les termes auront pour dérivées respectives les termes de la série $y\,\mathfrak{P}\left(\frac{1}{\sqrt{y}}\right)$; elle commencera par un terme en $\sqrt{y}$ et ne comportera aucun terme constant, puisque cette série peut aussi bien s'obtenir en remplaçant u par $\mathfrak{P}_1\left(\frac{1}{\sqrt{y}}\right)$ dans la série $\frac{1}{u} - \frac{g_2}{60}u^3 + \ldots$ qui définit ζu.

On pourra poser, en général,

$$J'(y, \sqrt{Y}) = \int^y \frac{y\,dy}{\sqrt{Y}},$$

en choisissant convenablement la constante d'intégration.

629. L'intégrale elliptique normale de troisième espèce, au sens de Weierstrass, intégrale que l'on désigne par $J(y, \sqrt{Y}; y_1, \sqrt{Y_1})$, est une fonction analytique de la variable y et d'un paramètre y_1, dont la dérivée par rapport à y est

$$\frac{1}{2}\,\frac{\sqrt{Y} + \sqrt{Y_1}}{y - y_1}\,\frac{1}{\sqrt{Y}}.$$

Si l'on y remplace y, $\sqrt{Y}$, y_1, $\sqrt{Y_1}$ respectivement par $p u$, $-p'u$, $p u_1$, $-p' u_1$, elle deviendra une fonction de u dont la dérivée, par rapport à u, sera $\frac{1}{2}\,\frac{p'u + p'u_1}{pu - pu_1}$. Une telle fonction est

$$\log \frac{\sigma(u_1 - u)}{\sigma u\, \sigma u_1} + u \zeta u_1;$$

on pourra donc prendre pour $J(y, \sqrt{Y}; y_1, \sqrt{Y_1})$ l'expression que l'on obtient en remplaçant u et u_1 par $J(y, \sqrt{Y})$, $J(y_1, \sqrt{Y_1})$ dans $\log \frac{\sigma(u_1 - u)}{\sigma u\, \sigma u_1} + u\zeta u_1$. Cette fonction, si même les quantités $J(y, \sqrt{Y})$, $J(y_1, \sqrt{Y_1})$ sont entièrement déterminées, n'est définie de cette façon qu'à un multiple près de $2\pi i$, à cause de la présence du logarithme.

Si l'on remplace, dans l'intégrale normale de troisième espèce, $J(y, \sqrt{Y})$ par $J(y, \sqrt{Y}) + 2n\omega_1 + 2n'\omega_3$, elle augmente de la quantité

$$-2(n\eta_1+n'\eta_3)\,J\left(y_1,\sqrt{Y_1}\right)+2(n\omega_1+n'\omega_3)\,J'\left(y_1,\sqrt{Y_1}\right)+2n''\pi i.$$

630. Le théorème de l'échange du paramètre et de l'argument s'exprime dans les notations de Weierstrass par l'égalité

$$\begin{aligned}&J\left(y,\sqrt{Y};y_1,\sqrt{Y_1}\right)-J\left(y_1,\sqrt{Y_1};y,\sqrt{Y}\right)\\&\quad=J\left(y,\sqrt{Y}\right)J'\left(y_1,\sqrt{Y_1}\right)-J'\left(y,\sqrt{Y}\right)J\left(y_1,\sqrt{Y_1}\right)+(2n+1)\pi i.\end{aligned}$$

Les théorèmes d'addition pour les intégrales normales des trois espèces sont contenus dans la proposition suivante que nous empruntons textuellement à M. Schwarz (*Formules*, etc., n° 57).

Si l'on pose

$$u_1+u_2=u_3,$$

puis

$$\begin{aligned}x_0&=\wp u_0, & x_1&=\wp u_1, & x_2&=\wp u_2, & x_3&=\wp u_3.\\y_0&=-\wp' u_0, & y_1&=-\wp' u_1, & y_2&=-\wp' u_2, & y_3&=-\wp' u_3,\end{aligned}$$

on aura les égalités

$$\begin{aligned}&J(x_1,y_1)+J(x_2,y_2)=J(x_3,y_3),\\&J'(x_1,y_1)+J'(x_2,y_2)=J'(x_3,y_3)+\frac{1}{2}\,\frac{y_1-y_2}{x_1-x_2},\\&J(x_1,y_1;x_0,y_0)+J(x_2,y_2;x_0,y_0)\\&\quad=J(x_3,y_3;x_0,y_0)-\log\frac{1}{2}\,\frac{1}{x_1-x_2}\left(\frac{y_1+y_0}{x_1-x_0}+\frac{y_2+y_0}{x_2-x_0}\right).\end{aligned}$$

Chacune d'elles exprime que, si l'on attribue à chacune des intégrales qui figurent dans son premier membre l'une quelconque des valeurs en nombre illimité qu'elle est susceptible d'avoir, la somme obtenue est égale à l'une des valeurs en nombre illimité que peut avoir le second membre.

CHAPITRE XI.

SUBSTITUTIONS BIRATIONNELLES DE WEIERSTRASS. INTÉGRATION DE L'ÉQUATION DIFFÉRENTIELLE

$$\left(\frac{dz}{du}\right)^2 = a_0 z^4 + 4a_1 z^3 + 6a_2 z^2 + 4a_3 z + a_4.$$

---

631. Nous rappellerons d'abord quelques propriétés relatives à la forme du quatrième degré

$$R(z_1, z_2) = a_0 z_1^4 + 4a_1 z_1^3 z_2 + 6a_2 z_1^2 z_2^2 + 4a_3 z_1 z_2^3 + a_4 z_2^4.$$

Si l'on y fait la substitution

$$z_1 = \lambda_1 Z_1 + \mu_1 Z_2, \qquad z_2 = \lambda_2 Z_1 + \mu_2 Z_2,$$

elle devient

$$A_0 Z_1^4 + 4A_1 Z_1^3 Z_2 + 6A_2 Z_1^2 Z_2^2 + 4A_3 Z_1 Z_2^3 + A_4 Z_2^4,$$

en posant

$$A_0 = R(\lambda_1, \lambda_2), \qquad 4A_1 = \mu_1 R'_{\lambda_1} + \mu_2 R'_{\lambda_2},$$

$$12A_2 = \mu_1^2 R''_{\lambda_1^2} + 2\mu_1\mu_2 R''_{\lambda_1\lambda_2} + \mu_2^2 R''_{\lambda_2^2} = \lambda_1^2 R''_{\mu_1^2} + 2\lambda_1\lambda_2 R''_{\mu_1\mu_2} + \lambda_2^2 R''_{\mu_2^2},$$

$$4A_3 = \lambda_1 R'_{\mu_1} + \lambda_2 R'_{\mu_2}, \qquad A_4 = R(\mu_1, \mu_2);$$

dans ces égalités, R'_{λ_1}, R'_{λ_2}, $R''_{\lambda_1^2}$, $R''_{\lambda_1\lambda_2}$, $R''_{\lambda_2^2}$ d'une part et R'_{μ_1}, ..., $R''_{\mu_2^2}$ d'autre part, désignent ce que deviennent les dérivées partielles $\frac{\partial R}{\partial z_1}$, $\frac{\partial R}{\partial z_2}$, $\frac{\partial^2 R}{\partial z_1^2}$, $\frac{\partial^2 R}{\partial z_1 \partial z_2}$, $\frac{\partial^2 R}{\partial z_2^2}$ quand on y remplace z_1, z_2 par λ_1, λ_2 ou par μ_1, μ_2.

Désignons par $H(z_1, z_2)$ le hessien de la forme $R(z_1, z_2)$, c'est-à-dire la forme

$$\begin{aligned} H(z_1, z_2) &= \frac{1}{144}\left(R''_{z_1^2} R''_{z_2^2} - R''^2_{z_1 z_2}\right) \\ &= (a_0 a_2 - a_1^2) z_1^4 + 2(a_0 a_3 - a_1 a_2) z_1^3 z_2 \\ &\quad + (a_0 a_4 + 2a_1 a_3 - 3a_2^2) z_1^2 z_2^2 + 2(a_1 a_4 - a_2 a_3) z_1 z_2^3 \\ &\quad + (a_2 a_4 - a_3^2) z_2^4. \end{aligned}$$

Si g_2, g_3 désignent les invariants de la forme $R(z_1, z_2)$, savoir

$$(\text{CXLIII}_1) \quad \left\{ \begin{aligned} g_2 &= 3a_2^2 - 4a_1a_3 + a_0a_4, \\ g_3 &= 2a_1a_2a_3 + a_0a_2a_4 - a_4a_1^2 - a_2^3 - a_0a_3^2, \end{aligned} \right.$$

et si G_2, G_3 désignent les quantités analogues formées au moyen des coefficients $A_0, \ldots, A_4$ de la forme transformée, on a

$$G_2 = g_2\delta^4, \qquad G_3 = g_3\delta^6,$$

en supposant $\delta = \lambda_1\mu_2 - \lambda_2\mu_1$.

Nous aurons besoin de l'identité

$$\begin{aligned} R(z_1, z_2)R(\lambda_1, \lambda_2) &- \frac{1}{144}(z_1^2 R''_{\lambda_1^2} + 2z_1z_2R''_{\lambda_1\lambda_2} + z_2^2R''_{\lambda_2^2})^2 \\ &= \frac{1}{3}(z_1^2H''_{\lambda_1^2} + 2z_1z_2H''_{\lambda_1\lambda_2} + z_2^2H''_{\lambda_2^2})(\lambda_2z_1 - \lambda_1z_2)^2 + \frac{1}{3}g_2(\lambda_2z_1 - \lambda_1z_2)^4. \end{aligned}$$

On y parvient en remarquant que le premier membre, multiplié par 144, n'est autre chose que le déterminant

$$\begin{vmatrix} z_1^2R''_{z_1^2} + 2z_1z_2R''_{z_1z_2} + z_2^2R''_{z_2^2} & \lambda_1^2R''_{z_1^2} + 2\lambda_1\lambda_2R''_{z_1z_2} + \lambda_2^2R''_{z_2^2} \\ z_1^2R''_{\lambda_1^2} + 2z_1z_2R''_{\lambda_1\lambda_2} + z_2^2R''_{\lambda_2^2} & \lambda_1^2R''_{\lambda_1^2} + 2\lambda_1\lambda_2R''_{\lambda_1\lambda_2} + \lambda_2^2R''_{\lambda_2^2} \end{vmatrix}$$

qui est le produit par $\lambda_2z_1 - \lambda_1z_2$ de la quantité

$$2z_1\lambda_1\begin{vmatrix} R''_{z_1^2} & R''_{z_1z_2} \\ R''_{\lambda_1^2} & R''_{\lambda_1\lambda_2} \end{vmatrix} + (z_1\lambda_2 + z_2\lambda_1)\begin{vmatrix} R''_{z_1^2} & R''_{z_2^2} \\ R''_{\lambda_1^2} & R''_{\lambda_2^2} \end{vmatrix} + 2z_2\lambda_2\begin{vmatrix} R''_{z_1z_2} & R''_{z_2^2} \\ R''_{\lambda_1\lambda_2} & R''_{\lambda_2^2} \end{vmatrix};$$

dans chaque déterminant, $\lambda_2z_1 - \lambda_1z_2$ se met encore en facteur, et l'on parvient ainsi à l'identité annoncée, qui, d'ailleurs, pourrait se déduire aussi de l'identité $G_2 = g_2\delta^4$.

632. Notre but est d'intégrer l'équation

$$(a) \qquad \left(\frac{dz}{du}\right)^2 = R(z),$$

où $R(z)$ désigne le polynome en z obtenu en remplaçant dans $R(z_1, z_2)$, z_1 par z et z_2 par 1; nous écrirons à l'occasion $R(z, 1)$ pour conserver la trace de la seconde variable. Nous supposons que $R(z)$ n'a pas de racines égales, et que a_0, a_1 ne s'annulent pas simultanément, ou encore, que la quantité $g_2^3 - 27g_3^2$ n'est pas nulle. Nous avons vu (n° 598), qu'il existait une substitution linéaire $z = \frac{\alpha y + \beta}{\gamma y + \delta}$ qui changeait $\frac{dz}{\sqrt{R(z)}}$ en $\frac{dy}{-\sqrt{Y}}$, où le polynome $Y = 4y^3 - g_2 y - g_3$ est formé avec les invariants fondamentaux de la forme $R(z)$; les coefficients α, β, γ, δ de la substitution linéaire sont des fonctions rationnelles des coefficients de $R(z)$ et d'une des racines de ce polynome. Chercher une solution z de l'équation (a) qui, pour une valeur de u arbitrairement choisie $u = u_0$, se réduise à une valeur donnée z_0, tandis que sa dérivée z' se réduit à une détermination donnée z'_0 de $\sqrt{R(z_0)}$, revient donc à trouver une solution y de l'équation

$$(b) \qquad \left(\frac{dy}{du}\right)^2 = 4y^3 - g_2 y - g_3,$$

qui pour $u = u_0$ se réduise à la valeur y_0 correspondant à z_0, tandis que sa dérivée y' se réduit à $y'_0 = -\sqrt{Y_0}$, la détermination de $\sqrt{Y_0}$ résultant de la détermination de $\sqrt{R(z_0)}$, comme il a été expliqué au n° 598. Or, la fonction $\wp u = \wp(u; g_2, g_3)$ étant construite, on pourra déterminer un nombre v_0 tel que l'on ait $\wp v_0 = y_0$, $\wp' v_0 = y'_0$; la fonction $y = \wp(u - u_0 + v_0)$ vérifiera l'équation (b) et satisfera aux conditions imposées : donc la fonction

$$z = \frac{\alpha \wp(u - u_0 + v_0) + \beta}{\gamma \wp(u - u_0 + v_0) + \delta}$$

vérifiera l'équation (a); pour $u = u_0$, elle se réduira à z_0, tandis que sa dérivée se réduira à z'_0; c'est évidemment la seule fonction analytique qui satisfasse à ces diverses conditions, lesquelles déterminent les valeurs pour $u = u_0$ de toutes les dérivées de z. D'ailleurs, y_0 et y'_0 s'expriment rationnellement au moyen de z_0, z'_0 et de α, β, γ, δ. Le théorème d'addition de la fonction $\wp$ montre, dès lors, que z s'exprime rationnellement au moyen de $\wp(u - u_0)$, $\wp'(u - u_0)$, z_0, z'_0 et de α, β, δ, γ ou de $a_0, \ldots, a_4$ et d'une racine de $R(z)$; mais, quelle que soit cette racine, le résultat doit être le même; l'expression finale de z doit donc, en vertu de la théorie des fonctions symétriques, être rationnelle en $\wp(u - u_0)$, $\wp'(u - u_0)$, $z_0, z'_0, a_0, a_1, a_2, a_3, a_4$; il en est évidemment de même pour z'. Cette conclusion apparaîtra directement sur la méthode d'intégration de l'équation (a) qu'il nous reste à développer, méthode qui mettra aussi en évidence ce fait que $\wp(u-u_0)$, $\wp'(u-u_0)$ s'expriment rationnellement au moyen de $z, z', z_0, z'_0, a_0, \ldots, a_4$, en sorte que les substitutions qui expriment z et z' en fonction de $\wp(u-u_0)$, $\wp'(u-u_0)$ sont des substitutions *birationnelles*.

Nous nous bornerons au cas où a_0 est différent de o; car, dans le cas où a_0 est nul, la substitution *entière* du n° 598 fournit aisément les substitutions birationnelles cherchées.

633. Ayant choisi arbitrairement une détermination de $\sqrt{a_0}$, on pose $z = \frac{1}{\sqrt{a_0}} y - \frac{a_1}{a_0}$, afin de ramener l'équation (a) à la forme

$$\left(\frac{dy}{du}\right)^2 = y^4 + 6\,B_2 y^2 + 4\,B_3 y + B_4,$$

dans laquelle B_2, B_3, B_4 sont donnés par les formules

$$B_2 = \frac{a_0 a_2 - a_1^2}{a_0}, \qquad B_3 = \frac{2a_1^3 - 3a_0 a_1 a_2 + a_0^2 a_3}{a_0\sqrt{a_0}},$$

$$B_4 = \frac{-3a_1^4 + 6a_0 a_1^2 a_2 - 4a_0^2 a_1 a_3 + a_0^3 a_4}{a_0^2}.$$

L'équation différentielle en y est de la même forme que l'équation

$$\left(\frac{dy}{du}\right)^2 = y^4 - 6y^2\wp a + 4y\,\wp' a + 9\wp^2 a - 2\wp'' a,$$

que l'on a obtenue au n° 430 et où a est une constante.

En identifiant les deux seconds membres on obtient les trois équations

$$B_2 = -\wp a, \qquad B_3 = \wp' a, \qquad B_4 = 9\wp^2 a - 2\wp'' a = 6\wp^2 a + g_2.$$

Si entre ces trois équations et la relation $\wp'^2 a = 4\wp^3 a - g_2 \wp a - g_3$ on élimine d'abord $\wp a$ et $\wp' a$, on obtient pour les invariants g_2, g_3 de la fonction $\wp$ les valeurs $B_4 + 3B_2^2$, $B_2 B_4 - B_2^3 - B_3^2$ qui, comme on s'en assure aisément en remplaçant B_2, B_3, B_4 par leurs expressions en fonction de $a_0, \ldots, a_4$, coïncident avec les expressions (CXLIII_1) des invariants fondamentaux de la forme $R(z)$. Les deux équations

$$(\text{CXLIII}_2)\quad \wp a = \frac{a_1^2 - a_0 a_2}{a_0}, \qquad \wp' a = \frac{2a_1^3 - 3a_0 a_1 a_2 + a_0^2 a_3}{a_0\sqrt{a_0}},$$

montrent ensuite que la constante a est déterminée, à des multiples près des périodes $2\omega_1, 2\omega_3$.

De ce que la fonction (n° 450)

$$y = \frac{1}{2}\frac{\wp' u - \wp' a}{\wp u - \wp a}$$

vérifie l'équation différentielle en y, il résulte donc que l'équation (a) admet la solution

$$(\text{CXLIII}_3)\quad \begin{cases} z = \dfrac{1}{2\sqrt{a_0}}\dfrac{\wp' u - \wp' a}{\wp u - \wp a} - \dfrac{a_1}{a_0} = -\dfrac{1}{\sqrt{a_0}}[\zeta u + \zeta a - \zeta(u+a)] - \dfrac{a_1}{a_0} \\ \qquad = \dfrac{\sqrt{a_0}\,\wp' u - 2a_1 \wp a + a_1 a_2 - a_0 a_3}{2a_0 \wp u + 2(a_0 a_2 - a_1^2)}, \end{cases}$$

où les invariants g_2, g_3 de $\wp$ sont les invariants fondamentaux (CXLIII_1) de $R(z)$. On en déduit facilement, en utilisant la formule d'addition (CIII_5), la relation ([1])

$$(\text{CXLIII}_5)\quad \tfrac{1}{24}R''(z) = a_0 z^2 + 2a_1 z + a_2 = \wp u + \wp(u+a).$$

L'expression de z' s'obtient aisément en différentiant la seconde

---

([1]) Ainsi qu'on l'a dit au n° 616, les formules (CXLIII) permettent de ramener une intégrale elliptique quelconque à une intégrale portant sur une fonction doublement périodique. Lorsque le chemin d'intégration est donné pour la variable z de l'intégrale elliptique, les difficultés relatives à la détermination du chemin correspondant pour la variable u de la fonction doublement périodique, se retrouvent naturellement, dans le cas général, quand on emploie la substitution (CXLIII_3); toutefois ces difficultés disparaissent quand tout est réel, coefficients et variables. D'ailleurs la méthode actuelle offre cet avantage de ne pas exiger la résolution préalable de l'équation $R(z) = 0$; à la vérité cette résolution devient nécessaire quand on veut effectuer les calculs *numériques*, ne fût-ce que le calcul des périodes; mais les expressions auxquelles on parvient pour l'intégrale elliptique, sans effectuer la résolution de l'équation du quatrième degré, peuvent être suffisantes, et, d'un autre côté, il est bon de rejeter à la fin tous les calculs numériques, de manière à mieux se rendre compte du degré d'approximation.

Signalons l'application de cette méthode aux intégrales du type $\displaystyle\int \frac{z^p}{\sqrt{R(z)}}\,dz$,

expression (CXLIII_3) de z et en utilisant encore la formule d'addition (CIII_5). On trouve ainsi ([1])

$$z' = \frac{1}{\sqrt{a_0}}[pu - p(u+a)] = \frac{1}{\sqrt{a_0}}\left[2pu + pa - \frac{1}{4}\left(\frac{p'u - p'a}{pu - pa}\right)^2\right],$$

d'où, en tenant compte de la formule (CXLIII_5),

$$(\mathrm{CXLIII}_4) \qquad z' = \frac{1}{\sqrt{a_0}}(2pu - a_0 z^2 - 2a_1 z - a_2).$$

La troisième expression (CXLIII_3) de z est rationnelle en pu, $p'u$, $\sqrt{a_0}$, a_1, a_2, a_3, a_4; la dérivée z' peut donc s'obtenir sous la même forme. D'autre part, l'équation (CXLIII_4) montre que pu s'exprime rationnellement au moyen de z, z', $\sqrt{a_0}$, a_1, ..., et l'équation (CXLIII_3), résolue par rapport à $p'u$, montre que $p'u$ s'exprime aussi rationnellement au moyen de z, z', $\sqrt{a_0}$, a_1, ... Si donc on se donne deux valeurs concordantes z_0, z'_0 de z on peut

---

où p est un nombre entier positif que l'on peut supposer être égal à 0, 1, 2 (n° 619). La substitution (CXLIII_3) donne de suite

$$\int \frac{z\,dz}{\sqrt{R(z)}} = c - \left(\frac{a_1}{a_0} + \frac{1}{\sqrt{a_0}}\zeta a\right)u + \frac{1}{\sqrt{a_0}}\log\frac{\sigma(u+a)}{\sigma u},$$

où c est une constante arbitraire; la relation (CXLIII_5) donne ensuite la suivante

$$\int \frac{a_0 z^2 + 2a_1 z + a_2}{\sqrt{R(z)}}\,dz = c - \zeta(u+a) - \zeta u,$$

où c est une constante arbitraire, et qui permet d'obtenir $\int \frac{z^2\,dz}{\sqrt{R(z)}}$. Les intégrales du type $\int \frac{z^p\,dz}{\sqrt{R(z)}}$, où p est un entier négatif, se ramènent d'ailleurs, par le changement de z en $\frac{1}{z}$, à des intégrales du même type, où p est positif, mais où $R(z)$ est remplacé par un autre polynome $R_1(z)$ ayant les mêmes invariants que $R(z)$.

C'est par cette voie que l'on a obtenu les formules (CXLIV).

([1]) Les valeurs de u qui annulent z' apparaissent immédiatement sur la première des expressions de cette fonction : elles sont congrues (*modulis* $2\omega_1$, $2\omega_3$) à $-\frac{a}{2}$, $-\frac{a}{2}+\omega_1$, $-\frac{a}{2}+\omega_2$, $-\frac{a}{2}+\omega_3$; en remplaçant, dans l'expression de z, u par ces quatre valeurs, on obtient les quatre racines de l'équation $R(z) = 0$. C'est la résolution, au moyen des fonctions elliptiques, de l'équation du quatrième degré.

déterminer, à des multiples près des périodes, la valeur correspondante v_0 de u qui vérifie les équations (CXLIII_{3-4}) et les expressions de $\wp v_0$, $\wp' v_0$ seront rationnelles en z_0, z'_0, $\sqrt{a_0}$, a_1, ... Cette valeur étant déterminée, si l'on remplace dans les équations (CXLIII_{3-4}), u par $u - u_0 + v_0$, on obtient manifestement, pour z, une solution de l'équation (a) qui, pour $u = u_0$, se réduit à z_0, tandis que sa dérivée se réduit à z'_0; cette solution est la seule fonction analytique qui satisfasse à ces conditions.

En appliquant à $\wp(u - u_0 + v_0)$ le théorème d'addition, on voit que la fonction z ainsi obtenue s'exprime rationnellement (ainsi que sa dérivée) au moyen de $\wp(u - u_0)$, $\wp'(u - u_0)$, z_0, z'_0, $\sqrt{a_0}$, a_1, ... On voit de même, en considérant successivement les équations (CXLIII_4) et (CXLIII_3), que $\wp(u - u_0 + v_0)$, $\wp'(u - u_0 + v_0)$ et, par suite, $\wp(u - u_0)$, $\wp'(u - u_0)$ s'expriment rationnellement au moyen de z, z', z_0, z'_0, $\sqrt{a_0}$, a_1, ... On voit encore que l'irrationnelle $\sqrt{a_0}$ doit disparaître des résultats qui ne peuvent changer quand on y remplace $\sqrt{a_0}$ par $-\sqrt{a_0}$. Les substitutions qui permettent d'exprimer z et z' en fonction de $\wp(u - u_0)$, $\wp'(u - u_0)$, sont donc des substitutions *birationnelles*, comme on l'avait annoncé.

634. On obtiendra les résultats finaux sous une forme élégante, due à Weierstrass, en procédant comme il suit :

En reprenant les notations du n° 631, faisons, dans l'équation différentielle (a),

$$z = \frac{\lambda_1 Z + \mu_1}{\lambda_2 Z + \mu_2}, \qquad \frac{dz}{du} = \frac{\delta}{(\lambda_2 Z + \mu_2)^2} \frac{dZ}{du};$$

elle deviendra

$$\text{(A)} \qquad \left(\frac{dZ}{du}\right)^2 = \frac{A_0}{\delta^2} Z^4 + 4 \frac{A_1}{\delta^2} Z^3 + 6 \frac{A_2}{\delta^2} Z^2 + 4 \frac{A_3}{\delta^2} Z + \frac{A_4}{\delta^2}.$$

C'est une équation du même type que l'équation (a). On voit de suite que les invariants fondamentaux du polynome du quatrième degré qui constitue le second membre de cette équation sont les mêmes quantités g_2 et g_3 que pour $R(z)$. Il en résulte qu'elle admet la solution

$$\text{(C)} \qquad Z = \frac{\delta^3 \sqrt{A_0}\, \wp' u - 2\delta^2 A_1 \wp u + A_1 A_2 - A_0 A_3}{2\delta^2 A_0 \wp u + 2(A_0 A_2 - A_1^2)},$$

où les invariants g_2, g_3 de la fonction $\wp u$ sont encore les invariants fondamentaux de la fonction $R(z)$. Il en résulte aussi que la dérivée de Z est donnée par la formule, analogue à la formule (CXLIII$_4$),

$$\text{(D)} \qquad \frac{dZ}{du} = \frac{1}{\delta\sqrt{A_0}}(2\delta^2 \wp u - A_0 Z^2 - 2A_1 Z - A_2).$$

On obtient une solution z de l'équation (a) et la valeur correspondante de $\frac{dz}{du}$ en remplaçant, dans $\frac{\lambda_1 Z + \mu_1}{\lambda_2 Z + \mu_2}$, Z par la valeur que définit l'équation (C), et, dans l'équation (D), Z par $\frac{-\mu_2 z + \mu_1}{\lambda_2 z - \lambda_1}$, $\frac{dZ}{du}$ par $\frac{\delta}{(\lambda_2 z - \lambda_1)^2}\frac{dz}{du}$: on trouve ainsi

$$\sqrt{A_0}\,\frac{dz}{du} = 2(\lambda_2 z - \lambda_1)^2 \wp u - \frac{1}{\delta^2}(C_0 z^2 + 2C_1 z + C_2),$$

où l'on a posé

$$C_0 = A_0 \mu_2^2 - 2A_1\lambda_2\mu_2 + A_2\lambda_2^2,$$
$$C_1 = - A_0\mu_1\mu_2 + A_1(\lambda_1\mu_2 + \lambda_2\mu_1) - A_2\lambda_1\lambda_2,$$
$$C_2 = A_0\mu_1^2 - 2A_1\lambda_1\mu_1 + A_2\lambda_1^2.$$

Si, dans les seconds membres, on remplace A_0, A_1, A_2 par leurs valeurs

$$A_0 = \frac{1}{12}(\lambda_1^2 R''_{\lambda_1^2} + 2\lambda_1\lambda_2 R''_{\lambda_1\lambda_2} + \lambda_2^2 R''_{\lambda_2^2}),$$

$$A_1 = \frac{1}{12}\left[\lambda_1\mu_1 R''_{\lambda_1^2} + (\mu_1\lambda_2 + \mu_2\lambda_1) R''_{\lambda_1\lambda_2} + \lambda_2\mu_2 R''_{\lambda_2^2}\right],$$

$$A_2 = \frac{1}{12}(\mu_1^2 R''_{\lambda_1^2} + 2\mu_1\mu_2 R''_{\lambda_1\lambda_2} + \mu_2^2 R''_{\lambda_2^2}),$$

on trouve immédiatement

$$C_0 = \frac{\delta^2}{12} R''_{\lambda_1^2}, \qquad C_1 = \frac{\delta^2}{12} R''_{\lambda_1\lambda_2}, \qquad C_2 = \frac{\delta^2}{12} R''_{\lambda_2^2},$$

en sorte que l'équation (D) peut s'écrire sous la forme

$$(d) \qquad \sqrt{A_0}\,\frac{dz}{du} = 2(\lambda_2 z - \lambda_1)^2 \wp u - \frac{1}{12}(R''_{\lambda_1^2} z^2 + 2R''_{\lambda_1\lambda_2} z + R''_{\lambda_2^2}),$$

qui montre, comme l'équation (CXLIII$_4$), que $\wp u$ s'exprime rationnellement au moyen de z, z'.

En écrivant que l'expression de $\frac{dz}{du}$ ainsi obtenue vérifie l'équation (a), en se rappelant que l'on a $A_0 = R(\lambda_1, \lambda_2)$, en utilisant enfin l'identité du n° **631**, où l'on remplace z_1 par z, z_2 par 1, on trouve de suite la relation

$$(F) \quad \left\{ \begin{aligned} &\frac{1}{12}\left(H''_{\lambda_1^2} z^2 + 2 H''_{\lambda_t \lambda_2} z + H''_{\lambda_2^2}\right) + \frac{1}{12} g_2 (\lambda_2 z - \lambda_1)^2 \\ &\quad - (\lambda_2 z - \lambda_1)^2 y^2 + \frac{1}{12}\left(R''_{\lambda_1^2} z^2 + 2 R''_{\lambda_1 \lambda_2} z + R''_{\lambda_2^2}\right) y = 0, \end{aligned} \right.$$

où y a été mis à la place de pu. C'est la relation du second degré en y et z qui doit (n° **441**) exister entre ces deux fonctions doublement périodiques du second ordre. Nous en représenterons le premier membre par

$$F(z, y) = A z^2 + B z + C = \alpha y^2 + \beta y + \gamma,$$

où A, B, C sont des polynomes du second degré en y et α, β, γ des polynomes du second degré en z; les expressions explicites de ces polynomes résultent de l'équation (F).

Les notations précédentes permettent d'écrire l'équation (d) sous la forme

$$\sqrt{A_0}\, z' = -(2\alpha y + \beta);$$

d'ailleurs, en différentiant l'équation (F), on trouve de suite

$$(2 A z + B) z' + (2\alpha y + \beta) y' = 0;$$

on en conclut, par l'élimination de z',

$$z = \frac{-B + \sqrt{A_0}\, y'}{2 A}.$$

Cette valeur de z est nécessairement l'une des racines de l'équation (F), considérée comme une équation du second degré en z; l'autre racine serait $\frac{-B - \sqrt{A_0}\, y'}{2A}$.

L'expression $\frac{-B + \sqrt{A_0}\, y'}{2A}$ ne peut différer de celle qu'on aurait obtenue en remplaçant, dans $\frac{\lambda_1 Z + \mu_1}{\lambda_2 Z + \mu_2}$, Z par la valeur que donne l'équation (C); cette dernière valeur permet d'obtenir simplement les valeurs de z, z' pour $u = 0$; en effet, si, dans le second membre de (C), on suppose pu, $p'u$ remplacés par leurs développements en série suivant les puissances ascendantes de u, que l'on substitue le résultat dans $\frac{\lambda_1 Z + \mu_1}{\lambda_2 Z + \mu_2}$, que l'on ordonne, enfin, suivant les puissances ascendantes de u, on trouve pour les premiers termes

$$z = \frac{\lambda_1}{\lambda_2} + \frac{\sqrt{A_0}}{\lambda_2^2} u + \ldots;$$

pour $u = 0$, z et z' se réduisent donc respectivement à $\frac{\lambda_1}{\lambda_2}$, $\frac{\sqrt{A_0}}{\lambda_2^2}$.

Ainsi $\frac{-B + \sqrt{A_0}\, y'}{2A_0}$ est la solution de l'équation (a) qui, pour $u = 0$, se réduit à $\frac{\lambda_1}{\lambda_2}$, tandis que sa dérivée se réduit à $\frac{\sqrt{A_0}}{\lambda_2^2}$.

635. Si, maintenant, dans les calculs précédents, on suppose u remplacé par $u - u_0$, en sorte que y, y' désignent non plus pu, $p'u$, mais bien $p(u - u_0)$, $p'(u - u_0)$; si l'on désigne ensuite par z_0, z'_0 les valeurs auxquelles on veut que se réduisent, pour $u = u_0$, la solution z de l'équation (a) et sa dérivée z'; si l'on pose $\lambda_1 = z_0$, $\lambda_2 = 1$; si l'on choisit pour $\sqrt{A_0} = \sqrt{R(z_0)}$ la détermination qui est égale à z'_0; si l'on désigne par $r(z, z_0)$, $h(z, z_0)$, ce que deviennent, dans l'hypothèse où nous nous plaçons, les quantités

$$\frac{1}{12}\left(R''_{\lambda_1^2} z^2 + 2R''_{\lambda_1\lambda_2} z + R''_{\lambda_2^2}\right),$$

$$\frac{1}{12}\left(H''_{\lambda_1^2} z^2 + 2H''_{\lambda_1\lambda_2} z + H''_{\lambda_2^2}\right),$$

qui figurent dans l'équation (F), ce qui revient à poser

$$(1)\quad \begin{cases} r(z, z_0) = a_0 z_0^2 z^2 + 2a_1 z_0 z(z + z_0) + a_2(z^2 + 4z_0 z + z_0^2) \\ \qquad + 2a_3(z_0 + z) + a_4, \end{cases}$$

$$(2)\quad \begin{cases} h(z, z_0) = (a_0 a_2 - a_1^2) z_0^2 z^2 + \frac{1}{2}(a_0 a_3 - a_1 a_2) z_0 z(z_0 + z) \\ \qquad + \frac{1}{6}(a_0 a_4 + 2a_1 a_3 - 2a_2^2)(z^2 + 4z_0 z + z_0^2) \\ \qquad + \frac{1}{2}(a_1 a_4 - a_2 a_3)(z_0 + z) + (a_2 a_4 - a_3^2), \end{cases}$$

en sorte que la relation (F) du second degré entre z et

$y = \wp(u - u_0)$ prenne la forme

(3) $F(z, z_0, y) = h(z, z_0) + \frac{1}{12} g_2(z - z_0)^2 - (z - z_0)^2 y^2 + r(z, z_0) y = 0;$

si, enfin, on conserve les notations $Az^2 + Bz + C$, $\alpha y^2 + \beta y + \gamma$ pour en désigner le premier membre, la fonction

(4) $$z = \frac{-B + \sqrt{A_0}\, y'}{2A} = \frac{-B + z'_0\, \wp'(u - u_0)}{2A}$$

est la solution de l'équation différentielle (a) qui, pour $u = u_0$, se réduit à z_0, tandis que sa dérivée se réduit à z'_0 ([1]).

L'équation (d), en tenant compte des notations actuelles, montre que l'on a ([2])

(5) $$y = \wp(u - u_0) = \frac{z'_0 z' + r(z, z_0)}{2(z - z_0)^2};$$

c'est la racine de l'équation $\alpha y^2 + \beta y + \gamma = 0$ qui devient infinie pour $z = z_0$; l'autre racine de cette même équation est $\frac{-z'_0 z' + r(z, z_0)}{2(z - z_0)^2}$; pour $z = z_0$ elle se réduit à $-\frac{H(z_0)}{R(z_0)}$, comme on le voit en faisant $z = z_0$ dans l'équation $F(z, z_0, y) = 0$.

636. Soit $f(u)$ une fonction analytique univoque qui vérifie l'équation (a); ce sera, d'après ce qu'on vient de voir, une fonction doublement périodique du second ordre. Il est clair, d'après l'analyse précédente, que l'on satisfera aux équations

$$F[z, z_0, \wp(u - u_0)] = 0,$$

$$z = \frac{-B + z'_0 \wp'(u - u_0)}{2A}, \qquad \wp(u - u_0) = \frac{z'_0 z' + r(z, z_0)}{2(z - z_0)^2},$$

en supposant

$$z = f(u), \qquad z_0 = f(u_0), \qquad z' = f'(u), \qquad z'_0 = f'(u_0),$$

et cela quels que soient u et u_0. Il ne faut pas oublier que A, B, C

([1]) Notons, en passant, les circonstances suivantes : μ_1, μ_2 n'interviennent pas dans les résultats; $r(z, z_0)$, $h(z, z_0)$, pour $z = z_0$, se réduisent à $R(z_0)$, $H(z_0)$; $F(z, z_0, y)$ est symétrique en z, z_0.

([2]) Cette relation est due à Weierstrass; on en déduit immédiatement l'expression de $\wp'(u - u_0)$ en fonction rationnelle de z et de z'.

sont des fonctions entières de z_0 et de y, où il faut supposer que z_0 est remplacé par $f(u_0)$ et y par $\wp(u-u_0)$; dans ce qui suit, nous supposerons de même que, dans α, β, γ, on a remplacé z, z_0 par $f(u)$, $f(u_0)$.

La seconde racine

$$z_1 = \frac{-B - f'(u_0)\wp'(u-u_0)}{2A}$$

de l'équation $Az^2 + Bz + C = 0$ n'est autre chose que $f(2u_0 - u)$, puisque cette dernière fonction satisfait à l'équation différentielle (a) et, pour $u = u_0$, se réduit à $f(u_0)$, tandis que sa dérivée se réduit à $-f'(u_0)$; on en conclut

$$f(u) + f(2u_0 - u) = -\frac{B}{A}, \qquad f(u)f(2u_0 - u) = \frac{C}{A};$$

les seconds membres sont des fonctions rationnelles de $f(u_0)$, $\wp(u-u_0)$.

De même

$$\wp(u-u_0) = \frac{f'(u_0)f'(u) + r[f(u_0), f(u)]}{2[f(u) - f(u_0)]^2}$$

est une racine de l'équation en y, $\alpha y^2 + \beta y + \gamma = 0$. Si, dans l'égalité qui précède, on change, en désignant par a, b les pôles de $f(u)$, u_0 en $a + b - u_0$, on a

$$\wp(u + u_0 - a - b) = \frac{-f'(u_0)f'(u) + r[f(u_0), f(u)]}{2[f(u) - f(u_0)]^2},$$

puisque l'on a (nº 433)

$$f(a + b - u_0) = f(u_0), \qquad \frac{df(a+b-u_0)}{du_0} = -f'(u_0);$$

$\wp(u + u_0 - a - b)$ est donc la seconde racine de l'équation $\alpha y^2 + \beta y + \gamma$. Puisque, pour $u = u_0$, elle se réduit à $-\frac{H(z_0)}{R(z_0)}$, on voit [1] que l'on a

$$\wp(2u - a - b) = -\frac{H[f(u)]}{R[f(u)]}.$$

En supposant $u_0 = 0$ dans les formules (1-5) du numéro précédent, on obtient l'expression rationnelle de $f(u)$ au moyen de $\wp u$,

(1) Hermite, *Journal de Crelle*, t. 52.

$p'u$, la relation algébrique entière du second degré entre $f(u)$ et pu, l'expression rationnelle de pu au moyen de $f(u)$, $f'(u)$ et l'on pourra en déduire l'expression rationnelle, au moyen de $f(u)$, $f'(u)$, de toute fonction doublement périodique ayant les mêmes périodes que $f(u)$ (n° 435).

L'équation (4), en y remplaçant u par $u + u_0$, jointe à l'équation (5) elle-même, fournit, au moyen des formules (CIII), diverses formes du théorème d'addition de la fonction $f(u)$. Le lecteur pourra multiplier les applications en prenant pour le polynome du quatrième degré (ou du troisième degré), $R(z)$ les polynomes qui conviennent aux fonctions p, ξ, sn, ...

637. Regardant toujours z, z_0, z', z'_0 comme représentant $f(u)$, $f(u_0)$, $f'(u)$ $f'(u_0)$, puis u et u_0 comme des variables liées par la relation $u - u_0 = c$, où c est une constante, les relations

$$du = du_0, \qquad dz = f'(u)\,du, \qquad dz_0 = f'(u_0)\,du_0$$

fournissent immédiatement celles-ci :

$$\frac{dz}{f'(u)} = \frac{dz_0}{f'(u_0)}, \qquad \frac{dz}{\sqrt{R(z)}} = \frac{dz_0}{\sqrt{R(z_0)}},$$

où $\sqrt{R(z)}$, $\sqrt{R(z_0)}$ désignent les déterminations des radicaux qui sont égales à $f'(u)$, $f'(u_0)$.

On a, d'ailleurs,

$$F(z, z_0, pc) = 0, \qquad pc = \frac{\sqrt{R(z)}\sqrt{R(z_0)} + r(z, z_0)}{2(z - z_0)^2}.$$

Ces relations, où pc joue le rôle de constante arbitraire, peuvent être regardées comme des formes différentes de l'intégrale générale de l'*équation différentielle d'Euler*

$$\frac{dz}{\sqrt{R(z)}} = \frac{dz_0}{\sqrt{R(z_0)}};$$

cette intégrale, que l'on peut aussi regarder comme obtenue par l'élimination de u_0 entre les équations transcendantes

$$z = f(u_0 + c), \qquad z_0 = f(u_0),$$

est *algébrique*.

CHAPITRE XII.

ÉQUATIONS AUX DÉRIVÉES PARTIELLES.

638. Si l'on considère en général une fonction $f(x_1, x_2, \ldots, x_n)$ des variables $x_1, x_2, \ldots, x_n$ qu'on puisse regarder comme homogène et de degré ν quand on regarde ces variables comme étant respectivement des degrés $\alpha_1, \alpha_2, \ldots, \alpha_n$, c'est-à-dire pour laquelle on ait, quel que soit λ,

$$(a) \qquad \lambda^\nu f(x_1, x_2, \ldots, x_n) = f(\lambda^{\alpha_1} x_1, \lambda^{\alpha_2} x_2, \ldots, \lambda^{\alpha_n} x_n),$$

on aura, par une généralisation aisée d'un théorème classique,

$$(b) \qquad \nu f = \alpha_1 x_1 \frac{\partial f}{\partial x_1} + \alpha_2 x_2 \frac{\partial f}{\partial x_2} + \ldots + \alpha_n x_n \frac{\partial f}{\partial x_n}.$$

Les expressions de g_2, g_3, $\mathcal{G}$, η_α, e_α, ... au moyen de ω_1, ω_3, montrent que, si l'on regarde ω_1, ω_3 comme du premier degré, les quantités énumérées sont homogènes avec les degrés respectifs $-4, -6, -12, -1, -2, \ldots$; elles conserveront ce même caractère, comme aussi leurs degrés respectifs, si, au lieu de les regarder comme des fonctions de ω_1, ω_3 on les regarde comme des fonctions de g_2, g_3, pourvu que l'on regarde ces dernières variables comme ayant les degrés -4, -6; c'est ce que nous ferons dans la suite. Dans ces mêmes conditions, si l'on regarde la variable u comme étant du premier degré, les fonctions

$$\sigma(u;\, g_2, g_3), \quad \zeta(u;\, g_2, g_3), \quad \wp(u;\, g_2, g_3), \quad \sigma_\alpha, \quad \xi_{0\alpha}, \quad \xi_{\alpha\beta}, \quad \ldots$$

sont homogènes ([1]) et des degrés respectifs $1, -1, -2, 0, 1, 0, \ldots$.

([1]) Dans les fonctions $\vartheta(v)$, la variable $v = \dfrac{u}{2\omega_1}$ doit être regardée comme étant du degré 0; les fonctions elles-mêmes, envisagées au point de vue où nous

Pour les trois premières fonctions, par exemple, les équations ($VIII_{1,2,3}$) appartiennent au type (a); il en résulte qu'elles vérifient des équations aux dérivées partielles (b) que nous nous dispensons d'écrire.

Si nous considérons deux fonctions φ et ψ des seules quantités g_2, g_3, qui soient homogènes et du degré o, ces fonctions ne dépendent au fond que d'une seule variable, et, par conséquent, l'une quelconque d'entre elles peut être regardée comme une fonction de l'autre. Tel sera le cas pour deux quelconques des fonctions k, k', τ, q, $\mathfrak{I}(0)$, $J(\tau)$, K, K', ... La dérivée de φ, regardée comme fonction de ψ, sera évidemment donnée par les formules

$$\frac{d\varphi}{d\psi} = \frac{\partial\varphi}{\partial g_2} : \frac{\partial\psi}{\partial g_2} = \frac{\partial\varphi}{\partial g_3} : \frac{\partial\psi}{\partial g_3}.$$

639. Nous allons montrer, d'après Weierstrass ([1]), que la fonction $\sigma(u; g_2, g_3)$ vérifie une autre équation aux dérivées partielles que celle qui résulte de l'homogénéité. Dans ce qui suit, pour abréger l'écriture, nous écrirons σ, ζ, $\wp$, $\wp'$, ... au lieu de $\sigma(u; g_2, g_3)$, $\zeta(u; g_2, g_3)$, $\wp(u; g_2, g_3)$, $\frac{\partial\wp(u; g_2, g_3)}{\partial u}$, ... et nous continuerons d'employer les accents pour désigner les dérivées par rapport à u.

En égalant les dérivées partielles, par rapport à g_2, g_3 des deux membres de l'équation $\wp'^2 = 4\wp^3 - g_2\wp - g_3$, on trouve de suite les relations

$$2\wp' \frac{\partial}{\partial u}\frac{\partial\wp}{\partial g_2} = (12\wp^2 - g_2)\frac{\partial\wp}{\partial g_2} - \wp = 2\wp''\frac{\partial\wp}{\partial g_2} - \wp,$$

$$2\wp' \frac{\partial}{\partial u}\frac{\partial\wp}{\partial g_3} = (12\wp^2 - g_2)\frac{\partial\wp}{\partial g_3} - 1 = 2\wp''\frac{\partial\wp}{\partial g_3} - 1,$$

qui fournissent aisément les suivantes

$$\frac{\partial}{\partial u}\left[\frac{1}{\wp'}\frac{\partial\wp}{\partial g_2}\right] = -\frac{1}{2}\frac{\wp}{\wp'^2}, \qquad \frac{\partial}{\partial u}\left[\frac{1}{\wp'}\frac{\partial\wp}{\partial g_3}\right] = -\frac{1}{2}\frac{1}{\wp'^2};$$

en remarquant ensuite que la dérivée $-\frac{\wp''}{\wp'^2}$ de $\frac{1}{\wp'}$ peut s'écrire

---

nous plaçons, sont du degré o. De même, les fonctions $\operatorname{sn} u$, $\operatorname{cn} u$, $\operatorname{dn} u$, où la variable ne désigne pas le même u qui figure dans $\wp u$, mais bien cette dernière variable u divisée par $\sqrt{e_1 - e_3}$.

([1]) *Monatsberichte der Berliner Akademie*, 1882; p. 443.

$\frac{g_2}{2}\frac{1}{\wp'^2} - 6\frac{\wp^2}{\wp'^2}$, où l'on peut remplacer $\frac{1}{\wp'^2}$ par sa valeur tirée de la dernière des équations précédentes, on voit que l'on peut écrire les trois égalités

$$\frac{1}{\wp'^2} = -2\frac{\partial}{\partial u}\left[\frac{1}{\wp'}\frac{\partial \wp}{\partial g_3}\right], \qquad \frac{\wp}{\wp'^2} = -2\frac{\partial}{\partial u}\left[\frac{1}{\wp'}\frac{\partial \wp}{\partial g_2}\right],$$

$$\frac{\wp^2}{\wp'^2} = -\frac{g_2}{6}\frac{\partial}{\partial u}\left[\frac{1}{\wp'}\frac{\partial \wp}{\partial g_3}\right] - \frac{1}{6}\frac{\partial}{\partial u}\left[\frac{1}{\wp'}\right].$$

Si donc on considère une expression quelconque de la forme $\frac{1}{\wp'^2}f(\wp)$, où $f(\wp)$ est un polynome en $\wp$, on voit, en supposant effectuée la division de $f(\wp)$ par $4\wp^3 - g_2\wp - g_3$ et en se rappelant que les puissances entières et positives de $\wp$ sont des fonctions linéaires de $\wp$ et de ses dérivées par rapport à u (n° **411**), que $\frac{1}{\wp'^2}f(\wp)$ peut se mettre sous forme d'une expression linéaire en $\wp, \wp', \wp'', \ldots$ et en $\frac{\partial}{\partial u}\left(\frac{1}{\wp'}\frac{\partial \wp}{\partial g_2}\right)$, $\frac{\partial}{\partial u}\left[\frac{1}{\wp'}\frac{\partial \wp}{\partial g_3}\right]$, expression qui s'intégrera immédiatement. Nous appliquerons cette remarque à la dérivée $\frac{\wp'\wp''' - \wp''^2}{\wp'^2}$ de $\frac{\wp''}{\wp'}$; en mettant cette dérivée sous la forme $\frac{1}{\wp'^2}f(\wp)$ et en suivant la méthode précédente, on trouve

$$\frac{\partial}{\partial u}\frac{\wp''}{\wp'} = 3\wp + \frac{g_2}{2}\frac{\partial}{\partial u}\left[\frac{1}{\wp'}\right] + g_2^2\frac{\partial}{\partial u}\left[\frac{1}{\wp'}\frac{\partial \wp}{\partial g_3}\right] + 18 g_3\frac{\partial}{\partial u}\left[\frac{1}{\wp'}\frac{\partial \wp}{\partial g_2}\right],$$

d'où, en observant que, après l'intégration, les deux membres doivent être des fonctions impaires de u, en sorte que l'intégration n'introduit pas de constante, on déduit, après avoir multiplié par $\wp'$,

$$(1) \qquad \wp'' = -3\wp'\zeta + \frac{g_2}{2} + g_2^2\frac{\partial \wp}{\partial g_3} + 18 g_3\frac{\partial \wp}{\partial g_2}.$$

On intégrera une seconde fois, en appliquant au terme $\wp'\zeta$ du second membre la règle d'intégration par parties, ou plutôt en se servant de l'identité

$$(\wp\zeta)' = \wp'\zeta + \wp\zeta' = \wp'\zeta - \wp^2 = \wp'\zeta - \frac{1}{6}\wp'' - \frac{g_2}{12},$$

et l'on trouvera, après des réductions immédiates,

$$(2) \qquad \frac{3}{2}\wp' = -3\wp\zeta + \frac{g_2}{4}u - g_2^2\frac{\partial \zeta}{\partial g_3} - 18 g_3\frac{\partial \zeta}{\partial g_2};$$

on n'a pas fait figurer de constante pour la même raison que tout à l'heure. En intégrant encore une fois, on obtient

$$\frac{3}{2}\wp = \frac{3}{2}\zeta^2 + \frac{g_2}{8}u^2 - g_2^2\frac{\partial \log\sigma}{\partial g_3} - 18g_3\frac{\partial \log\sigma}{\partial g_2}$$
$$= \frac{3}{2}\zeta^2 + \frac{g_2}{8}u^2 - g_2^2\frac{1}{\sigma}\frac{\partial\sigma}{\partial g_3} - 18g_3\frac{1}{\sigma}\frac{\partial\sigma}{\partial g_2},$$

l'absence de constante résultant cette fois de ce que dans les deux membres, développés suivant les puissances de u, il ne doit pas y avoir de terme indépendant de u. Finalement, à cause de la relation $-\wp + \zeta^2 = \frac{\sigma''}{\sigma}$, on arrive à l'équation aux dérivées partielles

$$\text{(XCII)}\qquad \frac{\partial^2\sigma}{\partial u^2} - \frac{2}{3}g_2^2\frac{\partial\sigma}{\partial g_3} - 12g_3\frac{\partial\sigma}{\partial g_2} + \frac{g_2}{12}u^2\sigma = 0$$

qui était notre objet principal.

640. En remplaçant, dans cette équation, σ par $\sigma_\alpha(\wp - e_\alpha)^{-\frac{1}{2}}$, on formera une équation aux dérivées partielles que vérifiera σ_α, à savoir

$$\text{(XCIII)}\qquad \frac{\partial^2\sigma_\alpha}{\partial u^2} - \frac{2}{3}g_2^2\frac{\partial\sigma_\alpha}{\partial g_3} - 12g_3\frac{\partial\sigma_\alpha}{\partial g_2} + \left(e_\alpha + \frac{g_2}{12}u^2\right)\sigma_\alpha = 0.$$

Pour y parvenir, on calculera d'abord la dérivée seconde, par rapport à u, de $\sigma_\alpha = \sqrt{\wp - e_\alpha}\,\sigma$; on trouvera de suite

$$\sqrt{\wp - e_\alpha}\,\sigma'' - \sigma''_\alpha = -\frac{\wp'\sigma'_\alpha}{\wp - e_\alpha} + \left[\frac{3}{4}\frac{\wp'^2}{(\wp - e_\alpha)^2} - \frac{1}{2}\frac{\wp''}{\wp - e_\alpha}\right]\sigma_\alpha;$$

on a besoin de calculer aussi ce que devient, par la substitution $\sigma = \sigma_\alpha(\wp - e_\alpha)^{-\frac{1}{2}}$, la quantité $\frac{2}{3}g_2^2\frac{\partial\sigma}{\partial g_3} + 12g_3\frac{\partial\sigma}{\partial g_2}$; cette quantité, multipliée par $\sqrt{\wp - e_\alpha}$, est égale à

$$\frac{2}{3}g_2^2\frac{\partial\sigma_\alpha}{\partial g_3} + 12g_3\frac{\partial\sigma_\alpha}{\partial g_2} - \frac{\sigma_\alpha}{2(\wp - e_\alpha)}\left[\frac{2}{3}g_2^2\frac{\partial\wp}{\partial g_3} + 12g_3\frac{\partial\wp}{\partial g_2}\right]$$
$$+ \frac{\sigma_\alpha}{2(\wp - e_\alpha)}\left[\frac{2}{3}g_2^2\frac{\partial e_\alpha}{\partial g_3} + 12g_3\frac{\partial e_\alpha}{\partial g_2}\right];$$

la quantité $\frac{2}{3}g_2^2\frac{\partial\wp}{\partial g_2} + 12g_3\frac{\partial\wp}{\partial g_3}$ figure dans l'équation (1); elle est égale à $\frac{2}{3}\,p'' + 2p'\zeta - \frac{g_2}{3}$; les relations

$$\text{(CXLV}_1\text{)} \qquad \frac{\partial e_\alpha}{\partial g_2} = \frac{e_\alpha}{12e_\alpha^2 - g_2}, \qquad \frac{\partial e_\alpha}{\partial g_3} = \frac{1}{12e_\alpha^2 - g_2},$$

se déduisent aisément de l'équation $4e_\alpha^3 - g_2 e_\alpha - g_3 = 0$, et un calcul facile donne ([1])

$$\frac{2}{3}\,g_2^2\,\frac{\partial e_\alpha}{\partial g_3} + 12 g_3\,\frac{\partial e_\alpha}{\partial g_2} = \frac{2}{3}\,\frac{g_2^2 + 18 e_\alpha g_3}{12e_\alpha^2 - g_2} = \frac{2}{3}(6e_\alpha^2 - g_2);$$

on n'a plus qu'à substituer, dans le premier membre de l'équation (XCII) du numéro précédent, préalablement multiplié par $\sqrt{p - e_\alpha}$, les quantités

$$\sigma''\sqrt{p - e_\alpha}, \qquad \left(\frac{2}{3}\,g_2^2\,\frac{\partial\sigma}{\partial g_3} + 12 g_3\,\frac{\partial\sigma}{\partial g_2}\right)\sqrt{p - e_\alpha},$$

par leurs valeurs; le résultat, si l'on remplace σ'_α par $\zeta_\alpha\sigma_\alpha$, devient une fonction linéaire de $\frac{\partial^2\sigma_\alpha}{\partial u^2}$, $\frac{\partial\sigma_\alpha}{\partial g_2}$, $\frac{\partial\sigma_\alpha}{\partial g_3}$ et de σ_α; le coefficient de σ_α, diminué de $\frac{g_2}{12}u^2$, se présente immédiatement comme une fonction doublement périodique de u; celle-ci, si on la décompose en éléments simples, se réduit à la constante e_α; on est ainsi parvenu à l'équation annoncée.

Observons, en passant, que l'on déduit aisément des relations (CXLV$_1$) les suivantes

$$\text{(CXLV}_2\text{)} \quad \left\{ \begin{aligned} \frac{\partial(k^2)}{\partial g_2} &= \frac{(2-k^2)(1-2k^2)(1+k^2)}{12k^2k'^2(e_1-e_3)^2} = \frac{9}{16}\,\frac{g_3}{\mathcal{G}}(e_1 - e_3),\\ \frac{\partial(k^2)}{\partial g_3} &= -\frac{k^4 - k^2 + 1}{2k^2k'^2(e_1-e_3)^3} = -\frac{3}{8}\,\frac{g_2}{\mathcal{G}}(e_1 - e_3). \end{aligned} \right.$$

641. A l'équation aux dérivées partielles (XCII) que nous venons d'obtenir pour la fonction $\sigma(u;\, g_2, g_3)$, adjoignons l'équation du type (b)

$$\sigma = u\sigma' - 4g_2\,\frac{\partial\sigma}{\partial g_2} - 6g_3\,\frac{\partial\sigma}{\partial g_3},$$

([1]) On voit dans tous ces calculs se présenter naturellement l'opération

$$\frac{2}{3}\,g_2^2\,\frac{\partial}{\partial g_3} + 12 g_3\,\frac{\partial}{\partial g_2};$$

Halphen a donné, dans son *Traité des Fonctions elliptiques,* t. I, p. 300, d'intéressantes remarques sur cette opération.

qui résulte de l'homogénéité, et résolvons ces deux équations par rapport à $\frac{\partial\sigma}{\partial g_2}$, $\frac{\partial\sigma}{\partial g_3}$; nous obtenons ainsi les relations ($CXLVI_1$). L'équation aux dérivées partielles (XCIII) obtenue au numéro précédent pour la fonction $\sigma_\alpha(u; g_2, g_3)$ et l'équation du type (b) que vérifie cette même fonction, toute pareille à celle que nous venons d'écrire pour σ, fournissent de même les relations ($CXLVI_2$). De même aussi, en adjoignant à chacune des équations (1), (2), l'équation aux dérivées partielles du type (b) relative soit à la fonction p, soit à la fonction ζ, nous aurons deux groupes d'équations du premier degré d'où l'on pourra tirer les dérivées par rapport à g_2, g_3 des fonctions p, ζ; le lecteur trouvera leurs expressions dans le Tableau de formules ($CXLVI_{3-4}$).

642. Les expressions ($CXLVI_{5-7}$) de $\frac{\partial\xi_{0\alpha}}{\partial g_2}$, $\frac{\partial\xi_{0\alpha}}{\partial g_3}$; $\frac{\partial\xi_{\alpha 0}}{\partial g_2}$, $\frac{\partial\xi_{\alpha 0}}{\partial g_3}$; $\frac{\partial\xi_{\beta\gamma}}{\partial g_2}$, $\frac{\partial\xi_{\beta\gamma}}{\partial g_3}$ se déduisent aisément des formules ($CXLVI_{1-2}$). Les formules ($CXLVI_{8-9}$), qui sont dues à M. Hermite (¹), en sont une conséquence immédiate; il ne faut pas oublier toutefois, en établissant ces formules, que si l'on désigne par u l'argument des fonctions ξ, celui des fonctions sn, cn, dn est $u\sqrt{e_1 - e_3}$ et dépend donc de g_2 et de g_3.

643. Il est aisé de déduire des formules ($CXLVI_{3-4}$) les expressions des dérivées de ω_α, η_α par rapport à g_2, g_3. Si, en effet, dans $p'u$ et dans ζu, on remplace u par une fonction de g_2, g_3, les dérivées partielles par rapport à g_2, g_3 des fonctions ainsi obtenues seront évidemment

$$p''\frac{\partial u}{\partial g_2} + \frac{\partial}{\partial u}\frac{\partial p}{\partial g_2}, \quad p''\frac{\partial u}{\partial g_3} + \frac{\partial}{\partial u}\frac{\partial p}{\partial g_3}, \quad -p\frac{\partial u}{\partial g_2} + \frac{\partial\zeta}{\partial g_2}, \quad -p\frac{\partial u}{\partial g_3} + \frac{\partial\zeta}{\partial g_3},$$

où $\frac{\partial p}{\partial g_2}, \ldots, \frac{\partial\zeta}{\partial g_3}$ conservent le même sens que dans les équations précédentes. En supposant $u = \omega_\alpha$, en tenant compte des équations ($CXLVI_{3-4}$) et de ce que p, p', p'', p''', ζ se réduisent respectivement alors à e_α, 0, $6e_\alpha^2 - \frac{g_2}{2}$, 0, η_α, on trouve sans peine

(¹) *Journ. de Crelle*, t. 85, p. 248. *Voir* aussi MEYER, *Journ. de Crelle*, t. 56, p. 321.

les relations [1]

$$(\mathrm{CXLV}_3)\left\{\begin{aligned} &32\mathcal{G}\frac{\partial\omega_\alpha}{\partial g_2}=9g_3\eta_\alpha-\frac{1}{2}g_2^2\omega_\alpha, \quad 64\mathcal{G}\frac{\partial\eta_\alpha}{\partial g_2}=g_2\left(g_2\eta_\alpha-\frac{3}{2}g_3\omega_\alpha\right),\\ &32\mathcal{G}\frac{\partial\omega_\alpha}{\partial g_3}=9g_3\omega_\alpha-6g_2\eta_\alpha, \quad 64\mathcal{G}\frac{\partial\eta_\alpha}{\partial g_3}=g_2^2\omega_\alpha-18g_3\eta_\alpha.\end{aligned}\right.$$

644. On voit que ω_α, η_α, considérés soit comme des fonctions de g_2, soit comme des fonctions de g_3, vérifient un système d'équations différentielles (ordinaires) linéaires et homogènes du premier ordre. Chacune de ces quantités vérifie donc une équation différentielle (ordinaire) linéaire et homogène du second

---

(1) De ces relations et de la formule (XIII_3) on tire aisément les suivantes

$$32\mathcal{G}\frac{\partial}{\partial g_2}\frac{\omega_3}{i\omega_1}=-\frac{9\pi g_3}{2\omega_1^2}, \qquad 32\mathcal{G}\frac{\partial}{\partial g_2}\frac{\omega_3-\omega_1}{i(\omega_3+\omega_1)}=-\frac{9\pi g_3}{\omega_2^2},$$

qui permettent, dans le cas où g_2 et g_3 sont réels, et suivant que $\mathcal{G}$ est positif ou négatif, de reconnaître, en supposant g_3 fixe et g_2 variable, dans quel sens varient les nombres réels et positifs dont les dérivées par rapport à g_2 figurent dans les premiers membres, et, par suite, de quelle façon varie le rectangle des périodes.

1° $\mathcal{G}>0$; ω_1, ω_3 ont le même sens qu'au n° 590. Le rapport $\frac{\omega_3}{i\omega_1}$ ou $\frac{\mathrm{X}'}{\mathrm{X}}$, lorsque g_2 croît de $3\sqrt[3]{g_3^2}$ à $+\infty$, diminue de $+\infty$ à 1, ou croît de 0 à 1, suivant que g_3 est positif ou négatif. Les valeurs limites se déduisent des expressions de X, X' au moyen de $\varkappa$, en remarquant que, d'une part, g_2 étant un peu plus grand que $3\sqrt[3]{g_3^2}$, e_2 est voisin de e_3 ou de e_1, $\varkappa$ est voisin de 0 ou de 1, suivant que l'on a $g_3 \gtrless 0$, et, d'autre part, que, g_2 étant voisin de $+\infty$, les racines e_1, e_2, e_3 sont respectivement voisines de $\frac{\sqrt{g_2}}{2}$, $\frac{-g_3}{g_2}$, $\frac{-\sqrt{g_2}}{2}$, en sorte que $\varkappa$ est voisin de $\frac{1}{2}$. Pour $g_3=0$, on a $\omega_3=i\omega_1$.

2° $\mathcal{G}<0$: ω_1, ω_3 ont le même sens qu'au n° 565. Le rapport $\frac{\omega_3-\omega_1}{i(\omega_3+\omega_1)}$ ou $\frac{\mathrm{X}'i-\mathrm{X}}{\mathrm{X}i-\mathrm{X}'}$, lorsque g_2 croît de $-\infty$ à $3\sqrt[3]{g_3^2}$, croît de 1 à $+\infty$, ou décroît de 1 à 0, suivant que l'on a $g_3 \gtrless 0$. Pour ce qui est des valeurs limites, on les obtiendra en se reportant au n° 565 et aux formules (CXX_4), en remarquant, d'une part, que g_2 étant voisin de $-\infty$, la racine réelle e_2 est petite, tandis que le coefficient de i est grand et positif dans e_1, grand et négatif dans e_3, en sorte que $\varkappa$ est voisin de $\frac{1}{2}$, et, d'autre part, que, g_2 étant un peu plus petit que $3\sqrt[3]{g_3^2}$, le coefficient de i est petit dans e_1 et dans e_3, en sorte que le coefficient de i dans $\varkappa$ est très grand et négatif ou positif suivant que l'on a $g_3 \gtrless 0$. Le rapport considéré est égal à $\sqrt{3}$ ou à $\frac{1}{\sqrt{3}}$, pour $g_2=0$, suivant que g_3 est positif ou négatif, comme il résulte aisément du n° 551. Il est égal à 1 pour $g_3=0$.

ordre. Le caractère de ces équations et la propriété de leurs coefficients d'être des fonctions algébriques de g_2, g_3, ne sont pas altérés si, d'une part, on change de variable indépendante, la nouvelle variable étant liée algébriquement à g_2, g_3, et si, d'autre part, on multiplie soit ω_α, soit η_α, par une fonction algébrique de g_2, g_3. En multipliant ainsi $\omega_\alpha, \eta_\alpha$ par des fonctions algébriques homogènes de g_2, g_3 qui soient respectivement des degrés $-1, 1$, et en prenant pour variable indépendante une fonction algébrique homogène x de g_2, g_3 qui soit de degré 0, on voit que les fonctions A, B de degré 0, qui remplacent ω_α, η_α, vérifieront un système d'équations différentielles linéaires (ordinaires) du premier ordre de la forme

$$\frac{d\text{A}}{dx} = \text{PA} + \text{QB}, \qquad \frac{d\text{B}}{dx} = \text{RA} + \text{SB},$$

où P, Q, R, S sont des fonctions algébriques de la seule variable x, comme le montre immédiatement la considération de l'homogénéité. Chacune de ces fonctions A, B vérifiera une équation différentielle linéaire (ordinaire) du second ordre.

Les renseignements qui précèdent et la remarque que l'on a faite au n° 638 suffisent pour former les équations de cette nature. Pour $x = k^2$, $\text{A} = \text{K}$, $\text{B} = \text{E}$, on obtient ainsi les relations linéaires (CXLV_4); des relations analogues pour $\frac{d\text{K}'}{d(k^2)}$, $\frac{d\text{E}'}{d(k^2)}$ s'en déduisent par le changement de k^2 en k'^2. On retrouve de cette façon l'équation du second ordre (CXLV_5) que vérifient K et K′, équation qui a joué un rôle capital dans le Chapitre VII, et, d'autre part, l'équation (CXLV_5) que vérifie E; celle que vérifie E′ s'en déduit aisément. Si l'on pose

$$j = \frac{g_2^3}{16\mathcal{G}}, \quad \text{A} = 2^{\frac{1}{3}}\mathcal{G}^{\frac{1}{12}}\omega_\alpha, \quad \text{B} = 2^{-\frac{1}{3}}\mathcal{G}^{-\frac{1}{12}}\eta_\alpha, \quad \text{C} = \frac{1}{2\sqrt{3}}\,\text{B}j^{-\frac{2}{3}}(j-1)^{-\frac{1}{2}},$$

on obtient de même les relations (CXLV_{6-7}) : l'équation que vérifie A est due à M. Bruns.

645. Les équations (XCII) du n° 640 permettent évidemment d'obtenir les dérivées des quantités g_2, g_3 par rapport à ω_1, ω_3, et l'on pourra ensuite remplacer les systèmes d'équations où figurent les dérivées par rapport à u, g_2, g_3 par des systèmes d'équations

où figurent les dérivées par rapport à u, ω_1, ω_3. Pour les fonctions homogènes et de degré o, on pourra introduire, au lieu des deux variables ω_1, ω_3, la variable unique $\tau = \frac{\omega_3}{\omega_1}$, et l'on prévoit ainsi le lien des équations (XCII), (XCIII) que vérifient les fonctions σ, σ_α, avec l'équation

$$\text{(XCIII)} \qquad \frac{\partial^2 \mathfrak{I}}{\partial v^2} - 4\pi i \frac{\partial \mathfrak{I}}{\partial \tau} = 0$$

du nº **166** que vérifient les quatre fonctions $\mathfrak{I}$.

646. L'équation aux dérivées partielles obtenue pour la fonction σ jouit de propriétés importantes ([1]) sur lesquelles nous ne nous arrêterons pas. Nous nous contenterons d'indiquer l'usage commode qu'on en peut faire pour obtenir les coefficients du développement en série entière de la fonction σu.

Comme $\sigma(u; g_2, g_3)$ est une fonction (transcendante) entière de u, g_2, g_3 son développement est de la forme

$$\sum c_{\alpha,\beta,\gamma}\, g_2^\alpha g_3^\beta u^\gamma,$$

où α, β, γ sont des entiers positifs ou nuls; les coefficients $c_{\alpha,\beta,\gamma}$ ont des valeurs purement numériques qui dépendent de ces entiers. De ce que la fonction $\sigma(u; g_2, g_3)$ est homogène et de degré 1, on déduit, en lui appliquant la formule (b), que les trois indices α, β, γ d'un même coefficient $c_{\alpha,\beta,\gamma}$ sont nécessairement liés par la relation $-4\alpha - 6\beta + \gamma - 1 = 0$; il en résulte que, si l'on met le développement cherché sous la forme

$$\sum_{\nu=0}^{\nu=\infty} A_\nu \frac{u^{2\nu+1}}{(2\nu+1)!},$$

et si, pour la commodité des calculs ultérieurs, on met A_ν qui est une fonction entière de g_2, g_3 sous la forme

$$A_\nu = \sum a_{m,n} \left(\frac{g_2}{2}\right)^m (6 g_3)^n,$$

où $a_{m,n}$ est un coefficient purement numérique, m et n sont des

([1]) *Voir* WEIERSTRASS, *loc. cit.;* HALPHEN, tome I, page 309.

entiers positifs ou nuls qui vérifient la condition $2m+3n=\nu$. L'équation (3) fournit d'ailleurs immédiatement, pour le calcul des polynomes A_ν, la relation

$$A_\nu = 12 g_3 \frac{\partial A_{\nu-1}}{\partial g_2} + \frac{2}{3} g_2^2 \frac{\partial A_{\nu-1}}{\partial g_3} - \frac{(\nu-1)(2\nu-1)}{6} g_2 A_{\nu-2},$$

qui, sachant que l'on a (IX_1) $A_0 = 1$, $A_1 = 0$, permet de calculer aisément ces polynomes; en y faisant

$$g_2 = 2x, \qquad g_3 = \frac{y}{6},$$

elle prend la forme un peu plus simple

$$A_\nu = y \frac{\partial A_{\nu-1}}{\partial x} + 16 x^2 \frac{\partial A_{\nu-1}}{\partial y} - \frac{(\nu-1)(2\nu-1)}{3} x A_{\nu-2};$$

on peut aussi se servir de la relation

$$\begin{aligned} a_{m,n} = (m+1) a_{m+1,n-1} + 16(n+1) a_{m-2,n+1} \\ - \tfrac{1}{3}(2m+3n-1)(4m+6n-1) a_{m-1,n}, \end{aligned}$$

qui en est une conséquence immédiate. On retrouve ainsi les nombres qui figurent au Tableau (XCII), nombres déjà obtenus [1] au n° **407** par un procédé moins rapide.

L'équation aux dérivées partielles (XCIII) permet de même d'obtenir les coefficients du développement de $\sigma_\alpha u$. Il convient toutefois de l'écrire autrement en y faisant figurer la dérivée partielle $\frac{\partial \sigma_\alpha}{\partial e_\alpha}$. Dans l'équation envisagée les dérivées partielles sont prises en regardant σ_α comme une fonction de u, g_2, g_3; si l'on regarde σ_α comme une fonction de u, g_2, g_3, e_α, on devra tenir compte de ce que e_α est lui-même une fonction de g_2, g_3, et l'on aura, en désignant par $\left(\frac{\partial \sigma_\alpha}{\partial g_2}\right)$, $\left(\frac{\partial \sigma_\alpha}{\partial g_3}\right)$, $\left(\frac{\partial \sigma_\alpha}{\partial e_\alpha}\right)$ les dérivées partielles de σ_α, prises dans cette nouvelle hypothèse,

$$\begin{aligned} \frac{2}{3} g_2^2 \frac{\partial \sigma_\alpha}{\partial g_3} + 12 g_3 \frac{\partial \sigma_\alpha}{\partial g_2} = \frac{2}{3} g_2^2 \left[\left(\frac{\partial \sigma_\alpha}{\partial g_3}\right) + \left(\frac{\partial \sigma_\alpha}{\partial e_\alpha}\right) \frac{\partial e_\alpha}{\partial g_3}\right] \\ + 12 g_3 \left[\left(\frac{\partial \sigma_\alpha}{\partial g_2}\right) + \left(\frac{\partial \sigma_\alpha}{\partial e_\alpha}\right) \frac{\partial e_\alpha}{\partial g_2}\right]. \end{aligned}$$

---

[1] On trouvera dans les Formules, etc., de M. Schwarz les coefficients $a_{m,n}$ pour toutes les valeurs de m, n telles que l'on ait $2m+3n \leqq 17$; les quantités que M. Schwarz désigne par $a_{m,n}$ sont, en conservant nos notations, égales à $3^n a_{m,n}$.

En remplaçant dans l'équation (XCIII) et en se rappelant que la quantité $\frac{2}{3}g_2^2\frac{\partial e_\alpha}{\partial g_3}+12g_3\frac{\partial e_\alpha}{\partial g_2}$ est égale à $\frac{2}{3}(6e_\alpha^2-g_2)$, on trouve l'équation

$$\frac{\partial^2\sigma_\alpha}{\partial u^2}-\frac{2}{3}g_2^2\left(\frac{\partial\sigma_\alpha}{\partial g_3}\right)-12g_3\left(\frac{\partial\sigma_\alpha}{\partial g_2}\right)-\frac{2}{3}[6e_\alpha^2-g_2]\left(\frac{\partial\sigma_\alpha}{\partial e_\alpha}\right)+\left[e_\alpha+\frac{g_2}{12}u^2\right]\sigma_\alpha=0;$$

σ_α est une série entière en u dont les coefficients sont des polynomes en g_2, g_3, e_α qui peuvent être ramenés à ne contenir e_α qu'au second degré, au moyen de l'équation $4e_\alpha^3-g_2e_\alpha-g_3=0$, en sorte que l'on peut poser

$$\sigma_\alpha=\sum_{\nu=0}^{\nu=\infty}(A_\nu+B_\nu e_\alpha+C_\nu e_\alpha^2)\frac{u^{2\nu}}{(2\nu)!},\qquad A_\nu=\sum a_{m,n}^{(\nu)}g_2^m g_3^n$$
$$(2m+3n=\nu),$$

$$B_\nu=\sum b_{m,n}^{(\nu)}g_2^m g_3^n\qquad C_\nu=\sum c_{m,n}^{(\nu)}g_2^m g_3^n$$
$$(2m+3n=\nu+1),\qquad (2m+3n=\nu+2);$$

où $a_{m,n}^{(\nu)}$, $b_{m,n}^{(\nu)}$, $c_{m,n}^{(\nu)}$ sont des coefficients purement numériques comme il résulte de l'homogénéité. On trouve sans peine, au moyen de l'équation précédente, les relations

$$A_\nu=12g_3\frac{\partial A_{\nu-1}}{\partial g_2}+\frac{2}{3}g_2^2\frac{\partial A_{\nu-1}}{\partial g_3}-\frac{2}{3}g_2B_{\nu-1}+\frac{7}{4}g_3C_{\nu-1}-\frac{(\nu-1)(2\nu-3)}{6}g_2A_{\nu-2},$$

$$B_\nu=12g_3\frac{\partial B_{\nu-1}}{\partial g_2}+\frac{2}{3}g_2^2\frac{\partial B_{\nu-1}}{\partial g_3}+\frac{5}{12}g_2C_{\nu-1}-A_{\nu-1}-\frac{(\nu-1)(2\nu-3)}{6}g_2B_{\nu-2},$$

$$C_\nu=12g_3\frac{\partial C_{\nu-1}}{\partial g_2}+\frac{2}{3}g_2^2\frac{\partial C_{\nu-1}}{\partial g_3}+3B_{\nu-1}-\frac{(\nu-1)(2\nu-3)}{6}g_2C_{\nu-2},$$

qui, sachant que l'on a (XI_7),

$$A_0=1,\quad B_0=0,\quad C_0=0;\quad A_1=0,\quad B_1=-1,\quad C_1=0,$$

permettent aisément le calcul des polynomes A_ν, B_ν, C_ν.

TABLEAU DES FORMULES.

TABLEAU DES FORMULES.

XCI.

Développements de $\wp u$ et de ζu en séries.

$$\wp u = \frac{1}{u^2} + c_2 u^2 + c_3 u^4 + c_4 u^6 + \ldots + c_r u^{2r-2} + \ldots,$$

$$\zeta u = \frac{1}{u} - \frac{c_2}{3} u^3 - \frac{c_3}{5} u^5 - \frac{c_4}{7} u^7 - \ldots - \frac{c_r}{2r-1} u^{2r-1} + \ldots.$$

$$c_2 = \frac{g_2}{2^2.5}, \quad c_3 = \frac{g_3}{2^2.7}, \quad c_4 = \frac{g_2^2}{2^4.3.5^2}, \quad c_5 = \frac{3g_2g_3}{2^4.5.7.11},$$

$$c_6 = \frac{g_2^3}{2^5.3.5^3.13} + \frac{g_3^2}{2^4.7^2.13}, \qquad c_7 = \frac{g_2^2 g_3}{2^5.3.5^2.7.11},$$

$$c_8 = \frac{g_2^4}{2^8.3.5^3.13.17} + \frac{3g_2g_3^2}{2^4.7^2.11.13.17},$$

$$c_9 = \frac{29g_2^3g_3}{2^8.5^3.7.11.13.19} + \frac{g_3^3}{2^6.7^3.13.19},$$

$$c_{10} = \frac{g_2^5}{2^9.3^2.5^5\,13.17} + \frac{97g_2^2g_3^2}{2^8.3.5.7^2.11^2.13.17},$$

$$c_{11} = \frac{389g_2^4g_3}{2^9.3.5^4.11.13.17.19.23} + \frac{3.41.g_2g_3^3}{2^7.5.7^2.11.13.17.19.23},$$

$$c_{12} = \frac{g_2^6}{2^{11}.3^3.5^5.13^2.17} + \frac{g_2^3g_3^2}{2^4.7^2.11^2.13^2.17.19} + \frac{3g_3^4}{2^8.5.7^4.13^2.19}.$$

$$(r-3)(2r+1)c_r = 3[c_2c_{r-2} + c_3c_{r-3} + c_4c_{r-4} + \ldots + c_{r-2}c_2] \text{ pour } r > 3.$$

XCII.

Développement de σu en série.

$$\sigma u = u + A_2\frac{u^5}{5!} + A_3\frac{u^7}{7!} + A_4\frac{u^9}{9!} + \ldots = \sum_{m,n} a_{m,n}\left(\frac{g_2}{2}\right)^m (6g_3)^n \frac{u^{4m+6n+1}}{(4m+6n+1)!}$$

$$\frac{\partial^2\sigma}{\partial u^2} - \frac{2}{3}g_2^2\frac{\partial\sigma}{\partial g_3} - 12g_3\frac{\partial\sigma}{\partial g_2} + \frac{1}{12}g_2u^2\sigma = 0.$$

XCII (SUITE).

En posant

$$g_2 = 2x, \qquad 6g_3 = y,$$

on a

$$A_\nu = y\frac{\partial A_{\nu-1}}{\partial x} + 16x^2\frac{\partial A_{\nu-1}}{\partial y} - \frac{(\nu-1)(2\nu-1)}{3}\,x\,A_{\nu-2};$$

$$a_{m,n} = (m+1)\,a_{m+1,n-1} + 16(n+1)\,a_{m-2,n+1} - \tfrac{1}{3}(2m+3n-1)(4m+6n-1)\,a_{m-1,n}.$$

$$A_2 = -\frac{g_2}{2}, \qquad A_3 = -6g_3, \qquad A_4 = -\frac{9}{4}g_2^2,$$

$$A_5 = -18g_2g_3, \qquad A_6 = \frac{69}{8}g_2^3 - 216g_3^2, \qquad A_7 = \frac{513}{2}g_2^2g_3,$$

$a_{0,0} = 1,\quad a_{1,0} = -1,\quad a_{0,1} = -1,\quad a_{2,0} = -3^2,\quad a_{1,1} = -2.3,$
$[a_{3,0} = 3.23,\ a_{0,2} = -2.3],\quad a_{2,1} = 3^2.19,\quad [a_{4,0} = 3.107,\ a_{1,2} = 2^3.3.23],$
$[a_{3,1} = 2^2.3^2.311,\ a_{0,3} = 2^3.3.23],\quad [a_{5,0} = 3^3.7.23.37,\ a_{2,2} = 2^2.3^3.5.53],$
$[a_{4,1} = 3^2.5.20807,\ a_{1,3} = 2^3.3.5^2.31],$
$[a_{6,0} = 3^2.313.503,\ a_{3,2} = 2^3.3^2.5.37.167,\ a_{0,4} = 2^3.3.5^2.31].$

XCIII.

Développement de $\sigma_\alpha u$ en série.

$$\sigma_\alpha u = \sum_{\nu=0}^{\nu=\infty}(A_\nu + B_\nu e_\alpha + C_\nu e_\alpha^2)\frac{u^{2\nu}}{(2\nu)!};$$

$$\frac{\partial^2\sigma_\alpha}{\partial u^2} - \frac{2}{3}g_2^2\frac{\partial\sigma_\alpha}{\partial g_3} - 12g_3\frac{\partial\sigma_\alpha}{\partial g_2} + \left(e_\alpha + \frac{1}{12}g_2u^2\right)\sigma_\alpha = 0.$$

$$A_0 = 1, \qquad A_1 = 0, \qquad A_2 = \frac{g_2}{2}, \qquad A_3 = \frac{3g_3}{2^2}, \qquad A_4 = -\frac{g_2^2}{2^2},$$

$$A_5 = \frac{3^2.11g_2g_3}{2^4}, \qquad A_6 = \frac{3^3.79g_3^2}{2^4} + \frac{3.17g_2^3}{2^3}, \qquad A_7 = \frac{3^2.1861g_2^2g_3}{2^6};$$

$$B_0 = 0, \qquad B_1 = -1, \qquad B_2 = 0, \qquad B_3 = -\frac{3g_2}{2^2}, \qquad B_4 = -\frac{3.13g_3}{2^2},$$

$$B_5 = -\frac{3^2g_2^2}{2^4}, \qquad B_6 = \frac{3^3.5g_2g_3}{2}, \qquad B_7 = \frac{3^3.401g_3^2}{2^4} + \frac{3.7.113g_2^3}{2^6};$$

$$C_0 = 0, \qquad C_1 = 0, \qquad C_2 = -3, \qquad C_3 = 0, \qquad C_4 = \frac{3.7g_2}{2^2},$$

$$C_5 = \frac{3^3.5g_3}{2^2}, \qquad C_6 = -\frac{3^3.11g_2^2}{2^4}, \qquad C_7 = -\frac{3^3.7.13}{2^2}g_2g_3.$$

XCIII (SUITE).

$$A_\nu = 12 g_3 \frac{\partial A_{\nu-1}}{\partial g_2} + \frac{2}{3} g_2^2 \frac{\partial A_{\nu-1}}{\partial g_3} - \frac{(\nu-1)(2\nu-3)}{6} g_2 A_{\nu-2} - \frac{2}{3} g_2 B_{\nu-1} + \frac{7}{4} g_3 C_{\nu-1},$$

$$B_\nu = 12 g_3 \frac{\partial B_{\nu-1}}{\partial g_2} + \frac{2}{3} g_2^2 \frac{\partial B_{\nu-1}}{\partial g_3} - \frac{(\nu-1)(2\nu-3)}{6} g_2 B_{\nu-2} + \frac{5}{12} g_2 C_{\nu-1} - A_{\nu-1},$$

$$C_\nu = 12 g_3 \frac{\partial C_{\nu-1}}{\partial g_2} + \frac{2}{3} g_2^2 \frac{\partial C_{\nu-1}}{\partial g_3} - \frac{(\nu-1)(2\nu-3)}{6} g_2 C_{\nu-2} + 3 B_{\nu-1}.$$

Les quatre fonctions $\mathfrak{I}$ vérifient l'équation $\dfrac{\partial^2 \mathfrak{I}(v \mid \tau)}{\partial v^2} = 4\pi i \dfrac{\partial \mathfrak{I}(v \mid \tau)}{\partial \tau}$.

XCIV.

Développement de $\mathcal{A}(u, u_0)$ en série.

$$\mathcal{A}(u, u_0) = \frac{\sigma(u+u_0)}{\sigma u \, \sigma u_0} e^{-u\zeta u_0} = \frac{1}{u}\left[\alpha_0 + \alpha_1 u + \alpha_2 \frac{u^2}{2!} + \alpha_3 \frac{u^3}{3!} + \ldots + \alpha_n \frac{u^n}{n!} + \ldots\right]$$

$$\alpha_0 = 1, \quad \alpha_1 = 0, \quad \alpha_2 = -\wp u_0, \quad \alpha_3 = -\wp' u_0, \quad \alpha_4 = -3\wp^2 u_0 + \frac{3}{5} g_2, \quad \alpha_5 = -2\wp u_0 \wp' u_0,$$

$$\alpha_6 = -5\wp^3 u_0 - g_2 \wp u_0 + \frac{20}{7} g_3, \qquad \alpha_7 = -3\wp^2 u_0 \wp' u_0 - 3 g_2 \wp' u_0;$$

$$\frac{n-3}{(n-1)!}\alpha_n = \frac{\wp u_0}{(n-2)!}\alpha_{n-2} + \frac{2c_2}{(n-4)!}\alpha_{n-4} + \ldots + \frac{2c_r}{(n-2r)!}\alpha_{n-2r} + \ldots \quad \left(r \leqq \frac{n}{2}\right)$$

où l'on a $r \leqq \dfrac{n}{2}$ et où $c_2, c_3, \ldots, c_r$ sont donnés par le Tableau (XCI).

XCV.

Développement en séries des solutions y de l'équation différentielle

$$\left(\frac{dy}{du}\right)^2 = ay^4 + by^2 + c.$$

$$y = \sqrt{c}\left[\frac{u}{1} + A_0^{(1)} \frac{u^3}{3!} + A_0^{(2)} \frac{u^5}{5!} + \ldots + A_0^{(n)} \frac{u^{2n+1}}{(2n+1)!} + \ldots\right]$$

et, en supposant $a + b + c = 0$,

$$y = 1 + (A_1^{(1)} + A_0^{(1)}) \frac{u^2}{2!} + \ldots + (A_n^{(n)} + A_{n-1}^{(n)} + \ldots + A_0^{(n)}) \frac{u^{2n}}{2n!} + \ldots$$

sont des solutions de l'équation différentielle, si l'on prend pour les coefficients A les valeurs qui suivent.

XCV (SUITE).

$$A_1^{(1)} = 2a, \qquad A_0^{(1)} = b;$$

$$A_2^{(2)} = 2^3.3.a^2, \qquad A_1^{(2)} = 2^2.5ab, \qquad A_0^{(2)} = b^2 + 2^2.3ac;$$

$$\left\{\begin{aligned} &A_3^{(3)} = 2^4.3^2.5a^3, \qquad A_2^{(3)} = 2^3.3.5.7a^2b,\\ &A_1^{(3)} = 2.7.13ab^2 + 2^3.3^2.7a^2c, \qquad A_0^{(3)} = b^3 + 2^2.3.11abc;\end{aligned}\right.$$

$$\left\{\begin{aligned} &A_4^{(4)} = 2^7.3^2.5.7a^4, \qquad A_3^{(4)} = 2^6.3^3.5.7a^3b,\\ &A_2^{(4)} = 2^4.3^2.7.23a^2b^2 + 2^6.3^4.7a^3c,\\ &A_1^{(4)} = 2^3.5.41ab^3 + 2^5.3^3.5^2a^2bc, \quad A_0^{(4)} = b^4 + 2^3.3^2.17ab^2c + 2^4.3^3.7a^2c^2\end{aligned}\right.$$

$$\left\{\begin{aligned} &A_5^{(5)} = 2^8.3^4.5^2.7a^5, \qquad A_4^{(5)} = 2^7.3^3.5^2.7.11a^4b,\\ &A_3^{(5)} = 2^5.3^3.5.7.11^2a^3b^2 + 2^7.3^4.5.7.11a^4c,\\ &A_2^{(5)} = 2^4.3.5.11.227a^2b^3 + 2^6.3^4.5.11.13a^3bc,\\ &A_1^{(5)} = 2.11^2.61ab^4 + 2^4.3^3.11.139a^2b^2c + 2^5.3^3.7.11^2a^3c^2,\\ &A_0^{(5)} = b^5 + 2^3.3.461ab^3c + 2^4.3^3.307a^2bc^2;\end{aligned}\right.$$

$$\left\{\begin{aligned} &A_6^{(6)} = 2^{10}.3^5.5^2.7.11a^6, \qquad A_5^{(6)} = 2^9.3^4.5^2.7.11.13a^5b,\\ &A_4^{(6)} = 2^9.3^5.5.7.11.13a^5c + 2^7.3^3.5.7.11.13.43a^4b^2,\\ &A_3^{(6)} = 2^8.3^4.5.11.13.53a^4bc + 2^6.3^2.5.11.13.479a^3b^3,\\ &A_2^{(6)} = 2^6.3^4.7^3.11.13a^3b^2c + 2^7.3^4.7.11.13.17a^4c^2 + 2^3.3.7.11.13.631a^2b^4,\\ &A_1^{(6)} = 2^5.3^2.5.7.13.137a^2b^3c + 2^6.3^3.5.7.13.103a^3bc^2 + 2^2.5.7.13.73ab^5,\\ &A_0^{(6)} = b^6 + 2^2.3.19^2.23ab^4c + 2^4.3^3.19.499a^2b^2c^2 + 2^6.3^4.7.11^2a^3c^3.\end{aligned}\right.$$

$$A_r^{(n+1)} = (2r-1)2ra\,A_{r-1}^{(n)} + (2r+1)^2b\,A_r^{(n)} + (2r+2)(2r+3)c\,A_{r+1}^{(n)}$$
$$(r = 0, 1, \ldots, n+1);$$

$$A_r^{(n)} = 0 \quad \text{pour} \quad r < 0 \quad \text{et pour} \quad r > n.$$

	$y = \xi_{\alpha 0}(u)$.	$y = \xi_{0\alpha}(u)$.	$y = \xi_{\beta\gamma}(u)$.	$y = \operatorname{sn} u$.	$y = \operatorname{cn} u$.	$y = \operatorname{dn} u$.
...	1	$(e_\alpha - e_\beta)(e_\alpha - e_\gamma)$	$e_\gamma - e_\alpha$	k^2	$-k^2$	-1
...	$3e_\alpha$	$3e_\alpha$	$3e_\alpha$	$-1-k^2$	$2k^2-1$	$2-k^2$
...	$(e_\alpha - e_\beta)(e_\alpha - e_\gamma)$	1	$e_\beta - e_\alpha$	1	$1-k^2$	k^2-1

XCVI.

Valeurs pour $u = 0$ des dérivées de $\operatorname{sn} u$, $\operatorname{cn} u$, $\operatorname{dn} u$.

$$\operatorname{sn}'(0) = 1, \qquad -\operatorname{sn}'''(0) = 1 + k^2, \qquad \operatorname{sn}^{(v)}(0) = 1 + 14k^2 + k^4,$$

$$-\operatorname{sn}^{(vii)}(0) = 1 + 135k^2 + 135k^4 + k^6,$$

$$\operatorname{sn}^{(ix)}(0) = 1 + 1228k^2 + 5478k^4 + 1228k^6 + k^8,$$

$$-\operatorname{sn}^{(xi)}(0) = 1 + 11069k^2 + 165826k^4 + 165826k^6 + 11069k^8 + k^{10},$$

$$\operatorname{sn}^{(xiii)}(0) = 1 + 99642k^2 + 4494351k^4 + 13180268k^6 + 4494351k^8 + 99642k^{10} + k^{12},$$

$$-\operatorname{sn}^{(xv)}(0) = 1 + 896803k^2 + 116294673k^4 + 834687179k^6 + 834687179k^8 + 116294673k^{10} + 896803k^{12} + k^{14}.$$

$$\operatorname{cn}''(0) = -1, \quad \operatorname{cn}^{(2\nu)}(0) = (-1)^\nu[1 + A_1^{(\nu)}k^2 + A_2^{(\nu)}k^4 + \ldots + A_{\nu-1}^{(\nu)}k^{2\nu-2}],$$

$$\operatorname{dn}''(0) = -k^2, \operatorname{dn}^{(2\nu)}(0) = (-1)^\nu[A_{\nu-1}^{(\nu)}k^2 + A_{\nu-2}^{(\nu)}k^4 + \ldots + A_1^{(\nu)}k^{2\nu-2} + k^{2\nu}];$$

$$A_0^{(1)} = 1; \qquad A_1^{(2)} = 4; \qquad A_1^{(3)} = 44, \quad A_2^{(3)} = 16;$$

$$A_1^{(4)} = 408, \qquad A_2^{(4)} = 912, \qquad A_3^{(4)} = 64;$$

$$A_1^{(5)} = 3688, \qquad A_2^{(5)} = 30768, \qquad A_3^{(5)} = 15808, \qquad A_4^{(5)} = 256;$$

$$A_1^{(6)} = 33212, \quad A_2^{(6)} = 870640, \quad A_3^{(6)} = 1538560, \quad A_4^{(6)} = 259328, \quad A_5^{(6)} = 1024;$$

$$A_1^{(7)} = 298932, \quad A_2^{(7)} = 22945056, \quad A_3^{(7)} = 106923008, \quad A_4^{(7)} = 65008896,$$

$$A_5^{(7)} = 4180992, \quad A_6^{(7)} = 4096.$$

$$\operatorname{sn}(u, k) = \frac{1}{\sqrt{\wp\left(u; \frac{g_2}{(e_1 - e_3)^2}, \frac{g_3}{(e_1 - e_3)^3}\right) + \frac{1 + k^2}{3}}},$$

$$\frac{g_2}{(e_1 - e_3)^2} = \frac{4}{3}(k^4 - k^2 + 1), \qquad \frac{g_3}{(e_1 - e_3)^3} = \frac{4}{27}(1 + k^2)(2 - k^2)(1 - 2k^2),$$

$$\frac{\mathcal{G}}{(e_1 - e_3)^6} = \frac{g_2^3 - 27g_3^2}{16(e_1 - e_3)^6} = k^4 k'^4,$$

$$j = \frac{4}{27}\frac{(1 - k^2 k'^2)^3}{k^4 k'^4} = \frac{4}{27}\mathfrak{J}(\tau); \qquad \frac{g_2^3}{j} = \frac{27g_3^2}{j - 1} = 16\mathcal{G}.$$

XCVII.

Dérivées de $\wp u$ en fonction linéaire des puissances de $\wp u$.

$$\frac{1}{3!}\wp'' u = \wp^2 u - \frac{g_2}{2^2.3}; \qquad \frac{1}{5!}\wp^{(iv)}(u) = \wp^3 u - \frac{3g_2}{2^2.5}\wp u - \frac{g_3}{2.5};$$

$$\frac{1}{7!}\wp^{(vi)}(u) = \wp^4 u - \frac{g_2}{5}\wp^2 u - \frac{g_3}{7}\wp u + \frac{g_2^2}{2^4.5.7};$$

XCVII (suite).

$$\frac{1}{9!}\wp^{(\text{viii})}(u)=\wp^5 u-\frac{g_2}{2^2}\wp^3 u-\frac{5g_3}{2^2.7}\wp^2 u+\frac{g_2^2}{2^3.3.5}\wp u+\frac{11\,g_2g_3}{2^4.3.5.7};$$

$$\frac{1}{11!}\wp^{(\text{x})}(u)=\wp^6 u-\frac{3g_2}{2.5}\wp^4 u-\frac{3g_3}{2.7}\wp^3 u+\frac{7g_2^2}{2^4.5^2}\wp^2 u$$
$$+\frac{3.19\,g_2g_3}{2^3.5.7.11}\wp u+\frac{g_3^2}{2^2.7.11}-\frac{g_2^3}{2^5.3.5^2.11};$$

$$\frac{1}{13!}\wp^{(\text{xii})}(u)=\wp^7 u-\frac{7g_2}{2^2.5}\wp^5 u-\frac{g_3}{2^2}\wp^4 u+\frac{7g_2^2}{2^4.3.5}\wp^3 u+\frac{3g_2g_3}{2^3.11}\wp^2 u$$
$$+\left(\frac{3g_3^2}{2^2.7.13}-\frac{7g_2^3}{2^6.5^2.13}\right)\wp u-\frac{29.47\,g_2^2g_3}{2^6.3.5^2.7.11.13};$$

$$\frac{1}{15!}\wp^{(\text{xiv})}(u)=\wp^8 u-\frac{2g_2}{5}\wp^6 u-\frac{2g_3}{7}\wp^5 u+\frac{13\,g_2^2}{2^2.3.5^2}\wp^4 u$$
$$+\frac{41\,g_2g_3}{2.5.7.11}\wp^3 u+\left(\frac{37\,g_3^2}{2^2.7^2.13}-\frac{41\,g_2^3}{2^3.3.5^3.13}\right)\wp^2 u$$
$$-\frac{61\,g_2^2g_3}{2^3.3.5^2.7.11}\wp u+\frac{g^4}{2^8.3.5^3.13}-\frac{193\,g_2g_3^2}{2^4.5.7^2.11.13}.$$

XCVIII.

Les dérivées d'ordre pair des solutions y de l'équation différentielle $\left(\frac{dy}{du}\right)^2=ay^4+by^2+c$ s'expriment par la formule

$$\frac{d^{2n}y}{du^{2n}}=\mathrm{A}_0^{(n)}y+\mathrm{A}_1^{(n)}y^3+\mathrm{A}_2^{(n)}y^5+\ldots+\mathrm{A}_n^{(n)}y^{2n+1},$$

où les coefficients $\mathrm{A}_0^{(n)},\mathrm{A}_1^{(n)},\mathrm{A}_2^{(n)},\ldots,\mathrm{A}_n^{(n)}$ sont donnés par le Tableau (XCV).

$$\xi''_{\alpha 0}(u)=3e_\alpha\xi_{\alpha 0}(u)+2\xi_{\alpha 0}^3(u),$$
$$\xi''_{0\alpha}(u)=3e_\alpha\xi_{0\alpha}(u)+\left(6e_\alpha^2-\frac{g_2}{2}\right)\xi_{0\alpha}^3(u);$$
$$\xi''_{\beta\gamma}(u)=3e_\alpha\xi_{\beta\gamma}(u)+2(e_\gamma-e_\alpha)\xi_{\beta\gamma}^3(u),$$
$$\xi^{\text{iv}}_{\alpha 0}(u)=(45e_\alpha^2-3g_2)\xi_{\alpha 0}(u)+60e_\alpha\xi_{\alpha 0}^3(u)+24\xi_{\alpha 0}^5(u),$$
$$\xi^{\text{iv}}_{0\alpha}(u)=(45e_\alpha^2-3g_2)\xi_{0\alpha}(u)+15(8e_\alpha^3+g_3)\xi_{0\alpha}^3(u)+\tfrac{3}{2}(12e_\alpha^2-g_2)^2\xi_{0\alpha}^5(u),$$
$$\xi^{\text{iv}}_{\beta\gamma}(u)=(45e_\alpha^2-3g_2)\xi_{\beta\gamma}(u)+60e_\alpha(e_\gamma-e_\alpha)\xi_{\beta\gamma}^3(u)+24(e_\gamma-e_\alpha)^2\xi_{\beta\gamma}^5(u).$$

XCVIII (SUITE).

$$\operatorname{sn}'' u = -(1+k^2)\operatorname{sn} u + 2k^2 \operatorname{sn}^3 u,$$
$$\operatorname{cn}'' u = (2k^2-1)\operatorname{cn} u - 2k^2 \operatorname{cn}^3 u,$$
$$\operatorname{dn}'' u = (2-k^2)\operatorname{dn} u - 2\operatorname{dn}^3 u;$$

$$\operatorname{sn}^{\text{IV}} u = (1+14k^2+k^4)\operatorname{sn} u - 20k^2(1+k^2)\operatorname{sn}^3 u + 24k^4 \operatorname{sn}^5 u,$$
$$\operatorname{cn}^{\text{IV}} u = (1-16k^2+16k^4)\operatorname{cn} u + 20k^2(1-2k^2)\operatorname{cn}^3 u + 24k^4 \operatorname{cn}^5 u,$$
$$\operatorname{dn}^{\text{IV}} u = (16-16k^2+k^4)\operatorname{dn} u + 20(k^2-2)\operatorname{dn}^3 u + 24\operatorname{dn}^5 u.$$

IC.

$$a_{\mu,\nu} = \frac{2\mu\omega_1 + 2\nu\omega_3}{n}.$$

(1) $$\frac{1}{n}\sigma(nu) = (-1)^{n^2-1} e^{-n(n-1)\eta_2 u}\,\sigma u \prod_{(\mu,\nu)}^{(\prime)} \frac{\sigma(u-a_{\mu,\nu})}{\sigma a_{\mu,\nu}},$$

(2) $$n\zeta(nu) = \sum_{(\mu,\nu)} \zeta(u-a_{\mu,\nu}) - n(n-1)\eta_2,$$

(3) $$n^2\wp(nu) = \sum_{(\mu,\nu)} \wp(u-a_{\mu,\nu}),$$

(4) $$\sum_{(\mu,\nu)}^{(\prime)} \zeta(a_{\mu,\nu}) = -n(n-1)\eta_2, \qquad \sum_{(\mu,\nu)}^{(\prime)} \wp(a_{\mu,\nu}) = 0,$$

$$(\mu = 0, 1, 2, \ldots, n-1; \qquad \nu = 0, 1, 2, \ldots, n-1);$$

---

(5) $$\sigma(2u) = 2\sigma u \frac{\sigma(\omega_1-u)\,\sigma(\omega_2-u)\,\sigma(\omega_3-u)}{\sigma\omega_1\,\sigma\omega_2\,\sigma\omega_3},$$

(6) $$2\zeta(2u) = \zeta u + \zeta(u-\omega_1) + \zeta(u-\omega_2) + \zeta(u-\omega_3),$$

(7) $$4\wp(2u) = \wp u + \wp(u-\omega_1) + \wp(u-\omega_2) + \wp(u-\omega_3).$$

C.

(1) $$\left\{\begin{aligned}
&\zeta u - \zeta(u+a) + \zeta a = \xi_{0\alpha}(a)\,\xi_{\alpha 0}(u)\,\xi_{\alpha 0}(u+a) + \xi_{\beta 0}(a)\,\xi_{\gamma\alpha}(a),\\
&\zeta_\alpha u - \zeta_\alpha(u+a) + \zeta_\alpha a = (e_\alpha - e_\beta)\xi_{0\beta}(a)[\xi_{\gamma\alpha}(u)\,\xi_{\gamma\alpha}(u+a) - \xi_{\gamma 0}(a)],\\
&\zeta u - \zeta_\alpha(u+a) + \zeta a = \xi_{\alpha 0}(a)\,\xi_{\alpha 0}(u)\,\xi_{0\alpha}(u+a),\\
&\zeta u - \zeta_\beta(u+a) + \zeta_\gamma a = \xi_{\beta\gamma}(a)\,\xi_{\alpha 0}(u)\,\xi_{\gamma\beta}(u+a).
\end{aligned}\right.$$

(2) $$\left\{\begin{aligned}
&\xi_{\alpha 0}(u)\,\xi_{\beta 0}(u+a) = \xi_{\beta 0}(a)\,\xi_{\gamma 0}(u) - \xi_{\alpha 0}(a)\,\xi_{\gamma 0}(u+a),\\
&(e_\beta - e_\alpha)\,\xi_{0\alpha}(u)\,\xi_{\gamma\alpha}(u+a) = \xi_{\beta 0}(a)\,\xi_{\beta\alpha}(u) - \xi_{\alpha 0}(a)\,\xi_{\beta\alpha}(u+a),\\
&(e_\alpha - e_\beta)\,\xi_{\gamma\alpha}(u)\,\xi_{\gamma\beta}(u+a) = (e_\alpha - e_\gamma)\,\xi_{\beta\gamma}(a)\,\xi_{\beta\alpha}(u)\\
&\qquad + (e_\gamma - e_\beta)\,\xi_{\alpha\gamma}(a)\,\xi_{\alpha\beta}(u+a).
\end{aligned}\right.$$

CI.

$$(1)\quad \begin{cases} Z(u)+Z(a)-Z(u+a)=k^2\,\mathrm{sn}\,a\,\mathrm{sn}\,u\,\mathrm{sn}(u+a) \\ \quad =\dfrac{k^2\,\mathrm{sn}\,a}{\mathrm{dn}\,a}[\mathrm{cn}\,a-\mathrm{cn}\,u\,\mathrm{cn}(u+a)]=\dfrac{\mathrm{sn}\,a}{\mathrm{cn}\,a}[\mathrm{dn}\,a-\mathrm{dn}\,u\,\mathrm{dn}(u+a)]; \end{cases}$$

$$(2)\quad \begin{cases} \mathrm{sn}\,a\,\mathrm{cn}\,u\,\mathrm{dn}(u+a)=\mathrm{dn}\,a\,\mathrm{sn}(u+a)-\mathrm{cn}\,a\,\mathrm{sn}\,u, \\ \mathrm{cn}\,a\,\mathrm{cn}\,u\,\mathrm{dn}(u+a)=\mathrm{dn}\,a\,\mathrm{dn}\,u\,\mathrm{cn}(u+a)+k'^2\,\mathrm{sn}\,a\,\mathrm{sn}\,u, \\ \mathrm{dn}\,a\,\mathrm{cn}\,u\,\mathrm{sn}(u+a)=\mathrm{sn}\,a\,\mathrm{dn}(u+a)+\mathrm{sn}\,u\,\mathrm{cn}(u+a), \\ k^2\,\mathrm{cn}\,a\,\mathrm{cn}\,u\,\mathrm{cn}(u+a)=\mathrm{dn}\,a\,\mathrm{dn}\,u\,\mathrm{dn}(u+a)-k'^2; \end{cases}$$

$$(3)\quad \begin{cases} -k^2\mathrm{sn}\,a\,\mathrm{sn}\,u\,\mathrm{sn}(u+a)=k^2\dfrac{\mathrm{sn}(u+a)}{\mathrm{dn}(u+a)}[\mathrm{cn}(u+a)-\mathrm{cn}\,a\,\mathrm{cn}\,u] \\ \qquad =\dfrac{\mathrm{sn}(u+a)}{\mathrm{cn}(u+a)}[\mathrm{dn}(u+a)-\mathrm{dn}\,a\,\mathrm{dn}\,u], \\ \mathrm{sn}(u+a)\,\mathrm{cn}\,a\,\mathrm{dn}\,u=\mathrm{dn}(u+a)\,\mathrm{sn}\,u+\mathrm{cn}(u+a)\,\mathrm{sn}\,a, \\ \mathrm{cn}(u+a)\,\mathrm{cn}\,a\,\mathrm{dn}\,u=\mathrm{dn}(u+a)\mathrm{cn}\,u\,\mathrm{dn}\,a-k'^2\,\mathrm{sn}(u+a)\,\mathrm{sn}\,a, \\ \mathrm{dn}(u+a)\,\mathrm{cn}\,a\,\mathrm{sn}\,u=\mathrm{sn}(u+a)\,\mathrm{dn}\,u-\mathrm{sn}\,a\,\mathrm{cn}\,u. \end{cases}$$

CII.

$$(1)\quad \begin{cases} Z'(0)=\dfrac{1}{4K^2}\dfrac{\vartheta_4''(0)}{\vartheta_4(0)}=\dfrac{2\pi^2}{K^2}\dfrac{q-2^2.q^4+3^2.q^9-\ldots}{1-2q+2q^4-2q^9+\ldots} \\ \quad =\dfrac{1+k^2}{3}-\dfrac{\eta_1}{K\sqrt{e_1-e_3}}=1-\dfrac{E}{K}, \end{cases}$$

$$(2)\quad \frac{1+k'^2}{3}+\frac{\eta_3}{iK'\sqrt{e_1-e_3}}=1-\frac{E'}{K'},$$

$$(3)\quad EK'+E'K-KK'=\frac{\pi}{2};$$

$$(4)\quad k^2\,\mathrm{sn}^2 u=Z'(0)-Z'(u),\qquad Z'(K)=Z'(0)-k^2,$$

$$(5)\quad \begin{cases} E(u)=\displaystyle\int_0^u \mathrm{dn}^2 u\,du=\frac{E}{K}u+Z(u), \\ \Pi(u,\alpha)=\displaystyle\int_0^u \frac{k^2\,\mathrm{sn}\,\alpha\,\mathrm{cn}\,\alpha\,\mathrm{dn}\,\alpha\,\mathrm{sn}^2 u}{1-k^2\,\mathrm{sn}^2\alpha\,\mathrm{sn}^2 u}du=uZ(\alpha)+\frac{1}{2}\log\frac{\Theta(\alpha-u)}{\Theta(\alpha+u)}; \end{cases}$$

$$(6)\quad \begin{cases} \mathrm{am}\,u=\displaystyle\int_0^u \mathrm{dn}\,u\,du,\qquad \mathrm{co\,am}\,u=\mathrm{am}(K-u), \\ \sin\mathrm{am}\,u=\mathrm{sn}\,u,\qquad \cos\mathrm{am}\,u=\mathrm{cn}\,u,\qquad \Delta\mathrm{am}\,u=\mathrm{dn}\,u, \\ \mathrm{am}(nK)=n\dfrac{\pi}{2},\quad \mathrm{am}(u+2nK)=\mathrm{am}\,u+n\pi,\quad \mathrm{am}(-u)=-\mathrm{am}\,u, \end{cases}$$

CII (SUITE).

$$(7)\quad \mathrm{Z}(u) = \frac{\Theta' u}{\Theta u} = \frac{1}{2\mathrm{K}} \frac{\mathfrak{I}'_4\left(\frac{u}{2\mathrm{K}}\right)}{\mathfrak{I}_4\left(\frac{u}{2\mathrm{K}}\right)} = \mathrm{Z}'(0)\frac{u}{1} - 2k^2\frac{u^3}{3!} + 8k^2(k^2+1)\frac{u^5}{5!} - \ldots;$$

$$(8)\qquad \mathrm{E} = \mathrm{E}(\mathrm{K}) = \int_0^{\mathrm{K}} \mathrm{dn}^2(u,k)\,du,$$

$$(9)\qquad \mathrm{E}' = \mathrm{E}(\mathrm{K}') = \int_0^{\mathrm{K}'} \mathrm{dn}^2(u,k')\,du,$$

$$(10)\qquad \Pi(\mathrm{K},\alpha) = \mathrm{K}\mathrm{Z}(\alpha) = \mathrm{K}\mathrm{E}(\alpha) - \alpha\mathrm{E};$$

$$(11)\quad \begin{cases} \Omega(u) = e^{\int_0^u \mathrm{E}(u)\,du} = e^{\frac{1}{2}\frac{\mathrm{E}}{\mathrm{K}}u^2}\dfrac{\Theta(u)}{\Theta(0)}, \\ \mathrm{E}(u) = \dfrac{\Omega'(u)}{\Omega(u)}, \qquad \Pi(u,\alpha) = u\mathrm{E}(\alpha) + \dfrac{1}{2}\log\dfrac{\Omega(u-\alpha)}{\Omega(u+\alpha)}. \end{cases}$$

CIII.

Formules d'addition de ζu et $\wp u$.

$$\zeta(u \pm a) - \zeta u \mp \zeta a = \frac{1}{2}\frac{\wp' u \mp \wp' a}{\wp u - \wp a},$$

$$\wp(u \pm a) - \wp u = -\frac{1}{2}\frac{d}{du}\left[\frac{\wp' u \mp \wp' a}{\wp u - \wp a}\right].$$

$$(1)\quad \begin{cases} \zeta(u+a) + \zeta(u-a) - 2\zeta u = \dfrac{\wp' u}{\wp u - \wp a}, \\ \zeta(u+a) - \zeta(u-a) - 2\zeta a = -\dfrac{\wp' a}{\wp u - \wp a}; \end{cases}$$

$$(2)\quad \begin{cases} \wp(u+a) + \wp(u-a) - 2\wp u = \dfrac{\wp'^2 u - \wp'' u(\wp u - \wp a)}{(\wp u - \wp a)^2}, \\ \wp(u+a) - \wp(u-a) = -\dfrac{\wp' u\, \wp' a}{(\wp u - \wp a)^2}; \end{cases}$$

$$(3)\quad \begin{cases} \dfrac{1}{2}\dfrac{\wp' u - \wp' a}{\wp u - \wp a} = \dfrac{[\wp(u+a) - \wp u][\wp u - \wp a] + \frac{1}{2}\wp'' u}{\wp' u} \\ \qquad = \dfrac{[\wp(u+a) - \wp a][\wp a - \wp u] + \frac{1}{2}\wp'' a}{\wp' a}; \end{cases}$$

$$(4)\qquad \wp(u \pm a) = \frac{(\wp u + \wp a)(2\wp u\,\wp a - \frac{1}{2}g_2) - g_3 \mp \wp' u\,\wp' a}{2(\wp u - \wp a)^2};$$

$$(5)\qquad \wp(u \pm a) + \wp u + \wp a = \frac{1}{4}\left[\frac{\wp' u \mp \wp' a}{\wp u - \wp a}\right]^2;$$

CIII (SUITE).

(6) $$\wp(u+a)\wp(u-a) = \frac{\left(\wp u \wp a + \frac{g_2}{4}\right)^2 + g_3(\wp u + \wp a)}{(\wp u - \wp a)^2};$$

(7) $$\wp(2u) = -2\wp u + \frac{1}{4}\frac{\wp''^2 u}{\wp'^2 u} = \frac{\left(\wp^2 u + \frac{g_2}{4}\right)^2 + 2 g_3 \wp u}{\wp'^2 u};$$

(8) $$\left\{\begin{aligned} &\begin{vmatrix} 1 & \wp(a+b) & -\wp'(a+b) \\ 1 & \wp a & \wp' a \\ 1 & \wp b & \wp' b \end{vmatrix} = 0, \\ &\begin{vmatrix} 1 & \wp u & \wp' u \\ 1 & \wp a & \wp' a \\ 1 & \wp b & \wp' b \end{vmatrix} = -\frac{2\sigma(a-b)\sigma(u-a)\sigma(u-b)\sigma(u+a+b)}{\sigma^3 a\, \sigma^3 b\, \sigma^3 u}; \end{aligned}\right.$$

(9) $$\left\{\begin{aligned} &\frac{\wp' a - \wp' b}{\wp a - \wp b} = \frac{\wp' b - \wp' c}{\wp b - \wp c} = \frac{\wp' c - \wp' a}{\wp c - \wp a}, \\ &\frac{\wp b \wp' c - \wp c \wp' b}{\wp b - \wp c} = \frac{\wp c \wp' a - \wp a \wp' c}{\wp c - \wp a} = \frac{\wp a \wp' b - \wp b \wp' a}{\wp a - \wp b}; \\ &[a + b + c \equiv 0, \text{ modd. } 2\omega_1, 2\omega_3]. \end{aligned}\right.$$

(10) $$\left\{\begin{aligned} &\left(\wp b \wp c + \wp c \wp a + \wp a \wp b + \frac{g_2}{4}\right)^2 = (4\wp a \wp b \wp c - g_3)(\wp a + \wp b + \wp c); \\ &[a \pm b \pm c \equiv 0, \text{ modd. } 2\omega_1, 2\omega_3]. \end{aligned}\right.$$

(11) $$\left\{\begin{aligned} &(4\wp a \wp b \wp c - g_3)(\wp a + \wp b + \wp c) \\ &\qquad - \left(\wp b \wp c + \wp c \wp a + \wp a \wp b + \frac{g_2}{4}\right)^2 \\ &= \frac{\sigma(a+b+c)\sigma(a+b-c)\sigma(a-b+c)\sigma(-a+b+c)}{\sigma^4 a\, \sigma^4 b\, \sigma^4 c} \\ &= -(\wp b - \wp c)^2[\wp a - \wp(b+c)][\wp a - \wp(b-c)] \\ &= -(\wp c - \wp a)^2[\wp b - \wp(c+a)][\wp b - \wp(c-a)] \\ &= -(\wp a - \wp b)^2[\wp c - \wp(a+b)][\wp c - \wp(a-b)]; \end{aligned}\right.$$

(12) $$\left\{\begin{aligned} &\frac{\wp' a - \wp' b}{\wp a - \wp b} + \frac{\wp' c - \wp' d}{\wp c - \wp d} + \frac{\wp'(a+b) - \wp'(c+d)}{\wp(a+b) - \wp(c+d)} \\ &= \frac{\wp' a - \wp' c}{\wp a - \wp c} + \frac{\wp' b - \wp' d}{\wp b - \wp d} + \frac{\wp'(a+c) - \wp'(b+d)}{\wp(a+c) - \wp(b+d)}; \end{aligned}\right.$$

(13) $$\begin{vmatrix} 1 & \wp u_0 & \wp' u_0 & \ldots & \wp^{(n-1)}(u_0) \\ 1 & \wp u_1 & \wp' u_1 & \ldots & \wp^{(n-1)}(u_1) \\ . & \ldots & \ldots & \ldots & \ldots \\ 1 & \wp u_n & \wp' u_n & \ldots & \wp^{(n-1)}(u_n) \end{vmatrix} = (-1)^n 1!\, 2! \ldots n! \times \frac{\sigma(u_0 + u_1 + \ldots + u_n)}{\sigma^{n+1} u_0\, \sigma^{n+1} u_1 \ldots \sigma^{n+1} u_n} \prod_{(\alpha,\beta)} \sigma(u_\alpha - u_\beta)$$

$\alpha, \beta = 0, 1, 2, \ldots, n;\ \alpha > \beta$).

CIV.

$$a_{p,q} = \frac{2p\omega_1 + 2q\omega_3}{n}; \quad (p = 0, 1, 2, \ldots, n-1; \quad q = 0, 1, 2, \ldots, n-1).$$

(1) $$\Psi_n(u) = \frac{\sigma(nu)}{\sigma^{n^2}(u)};$$

(2) $$\Psi_n(u) = \frac{(-1)^{n-1}}{[1!\,2!\ldots(n-1)!]^2} \begin{vmatrix} \wp' u & \wp'' u & \ldots & \wp^{(n-1)} u \\ \wp'' u & \wp''' u & \ldots & \wp^{(n)} u \\ \ldots & \ldots & \ldots & \ldots\ldots \\ \wp^{(n-1)}(u) & \wp^{(n)}(u) & \ldots & \wp^{(2n-3)}(u) \end{vmatrix};$$

(3) $$\Psi_{2\nu+1}(u) = (2\nu+1) \prod_{q=1}^{q=\nu} (\wp u - \wp a_{0,q}) \prod_{p=1}^{p=\nu} \prod_{q=-\nu}^{q=\nu} (\wp u - \wp a_{p,q});$$

(4) $$\left\{ \begin{aligned} \Psi_{2\nu}(u) &= 4\nu \wp' u \prod_{p=1}^{p=\nu-1} [\wp u - \wp(\omega_3 + a_{p,0})] \prod_{q=1}^{q=\nu-1} (\wp u - \wp a_{0,q}) \\ &\times \prod_{q=1}^{q=\nu-1} [\wp u - \wp(\omega_1 + a_{0,q})] \prod_{p=1}^{p=\nu-1} \prod_{q=-(\nu-1)}^{q=\nu-1} (\wp u - \wp a_{p,q}); \end{aligned} \right.$$

(5) $$\Psi_n^2(u) = n^2 \prod_{p,q}{}^{(\prime)} (\wp u - \wp a_{p,q}), \quad \left(\begin{matrix} p, q = 0, 1, 2, \ldots, n-1, \\ \text{excepté } p = q = 0 \end{matrix} \right);$$

(6) $$\wp(nu) - \wp u = -\frac{\Psi_{n+1}(u)\,\Psi_{n-1}(u)}{\Psi_n^2(u)}.$$

$$\Psi_2(u) = -\wp' u,$$

$$\Psi_3(u) = 3\wp^4 u - \frac{3}{2} g_2 \wp^2 u - 3 g_3 \wp u - \frac{g_2^2}{16}$$

$$= 3\left(\wp u - \wp \frac{2\omega_1}{3}\right)\left(\wp u - \wp \frac{2\omega_2}{3}\right)\left(\wp u - \wp \frac{2\omega_3}{3}\right)\left(\wp u - \wp \frac{2\omega_1 - 2\omega_3}{3}\right),$$

$$\Psi_4(u) = -\wp' u\left[2\wp^6 u - \frac{5}{2} g_2 \wp^4 u - 10 g_3 \wp^3 u - \frac{5}{8} g_2^2 \wp^2 u - \frac{1}{2} g_2 g_3 \wp u + \frac{1}{32} g_2^3 - g_3^2\right]$$

$$= 8\wp' u\left(\wp u - \wp \frac{\omega_1}{2}\right)\left(\wp u - \wp \frac{\omega_2}{2}\right)\left(\wp u - \wp \frac{\omega_3}{2}\right)\left(\wp u - \wp \frac{\omega_1 - \omega_3}{2}\right)$$

$$\times \left[\wp u - \wp\left(\omega_1 + \frac{\omega_3}{2}\right)\right]\left[\wp u - \wp\left(\omega_3 + \frac{\omega_1}{2}\right)\right].$$

CV.

La fonction $\operatorname{ls}(v)$ est une détermination de $\log \sin \pi v$ holomorphe dans tout le plan de la variable v, où l'on a pratiqué une coupure, le long de l'axe des quantités réelles, de $-\infty$ à 0 et de 1 à $+\infty$. Elle est déterminée par les inégalités suivantes, où l'on suppose $v = a + bi$, a et b réels, n entier et où les logarithmes doivent être remplacés par leur détermination principale.

(1)

PARTIE SUPÉRIEURE DU PLAN; $b > 0$.

$\dfrac{4n-1}{2} < a < \dfrac{4n+3}{2}$,	$a = \dfrac{4n-1}{2}$,
$\operatorname{ls}(v) = \log \sin \pi v - 2n\pi i$,	$\operatorname{ls}(v) = \log \operatorname{ch} \pi b - (2n-1)\pi i$.

BORD SUPÉRIEUR DE LA COUPURE; $b = 0$.

$2n < a < 2n+1$,	$2n+1 < a < 2n+2$,
$\operatorname{ls}(v) = \log \sin \pi a - 2n\pi i$,	$\operatorname{ls}(v) = \log \lvert \sin \pi a \rvert - (2n+1)\pi i$.

PARTIE INFÉRIEURE DU PLAN; $b < 0$.

$\dfrac{4n-1}{2} < a < \dfrac{4n+3}{2}$,	$a = \dfrac{4n-1}{2}$,
$\operatorname{ls}(v) = \log \sin \pi v + 2n\pi i$,	$\operatorname{ls}(v) = \log \operatorname{ch} \pi b + (2n-1)\pi i$.

BORD INFÉRIEUR DE LA COUPURE; $b = 0$.

$2n < a < 2n+1$,	$2n+1 < a < 2n+2$,
$\operatorname{ls}(v) = \log \sin \pi a + 2n\pi i$,	$\operatorname{ls}(v) = \log \lvert \sin \pi a \rvert + (2n+1)\pi i$.

Dans les formules suivantes, v étant mis sous la forme $v = \alpha + \beta\tau$, où α, β sont réels, on suppose $|\beta| < 1$ pour les deux premières formules (2), $|\beta| < \frac{1}{2}$ pour les deux dernières formules (2) et pour les formules (3).

(2)

$$\log \mathfrak{I}_1(v) = \log \frac{1}{\pi}\mathfrak{I}'_1(0) + \operatorname{ls}(v) + \sum_{r=1}^{r=\infty} \frac{q^{2r}}{r(1-q^{2r})}(2 \sin r\pi v)^2.$$

$$\log \mathfrak{I}_2(v) = \log \mathfrak{I}_2(0) + \operatorname{ls}(v+\tfrac{1}{2}) + \sum_{r=1}^{r=\infty} (-1)^r \frac{q^{2r}}{r(1-q^{2r})}(2 \sin r\pi v)^2.$$

$$\log \mathfrak{I}_3(v) = \log \mathfrak{I}_3(0) + \sum_{r=1}^{r=\infty} (-1)^r \frac{q^{r}}{r(1-q^{2r})}(2 \sin r\pi v)^2$$

$$\log \mathfrak{I}_4(v) = \log \mathfrak{I}_4(0) + \sum_{r=1}^{r=\infty} \frac{q^{r}}{r(1-q^{2r})}(2 \sin r\pi v)^2$$

CV (SUITE).

$$(3)\quad\begin{cases}\log \operatorname{sn}(2K v) = 2\log \vartheta_3(0) + \operatorname{ls}(v) - \displaystyle\sum_{r=1}^{r=\infty} \frac{q^r}{r(1+q^r)}(2\sin r\pi v)^2,\\ \log \operatorname{cn}(2K v) = \operatorname{ls}(v+\tfrac{1}{2}) - \displaystyle\sum_{r=1}^{r=\infty} \frac{q^r}{r[1+(-1)^r q^r]}(2\sin r\pi v)^2,\\ \log \operatorname{dn}(2K v) = -\displaystyle\sum_{r=1}^{r=\infty} \frac{2q^{2r-1}}{(2r-1)(1-q^{4r-2})}[2\sin(2r-1)\pi v]^2;\end{cases}$$

$$(4)\quad\begin{cases}\dfrac{1}{4\pi}\dfrac{\vartheta_1'(v)}{\vartheta_1(v)} - \dfrac{1}{4}\cot\pi v = \displaystyle\sum_{r=1}^{r=\infty}\frac{q^{2r}}{1-q^{2r}}\sin 2r\pi v = \sum_{s=1}^{s=\infty}\frac{q^{2s}\sin 2\pi v}{1-2q^{2s}\cos 2\pi v + q^{4s}},\\ \dfrac{1}{4\pi}\dfrac{\vartheta_2'(v)}{\vartheta_2(v)} + \dfrac{1}{4}\operatorname{tang}\pi v = \displaystyle\sum_{r=1}^{r=\infty}(-1)^r\frac{q^{2r}}{1-q^{2r}}\sin 2r\pi v = \sum_{s=1}^{s=\infty}\frac{-q^{2s}\sin 2\pi v}{1+2q^{2s}\cos 2\pi v + q^{4s}}\\ \dfrac{1}{4\pi}\dfrac{\vartheta_3'(v)}{\vartheta_3(v)} = \displaystyle\sum_{r=1}^{r=\infty}(-1)^r\frac{q^{r}}{1-q^{2r}}\sin 2r\pi v = \sum_{s=1}^{s=\infty}\frac{-q^{2s-1}\sin 2\pi v}{1+2q^{2s-1}\cos 2\pi v + q^{4s-2}},\\ \dfrac{1}{4\pi}\dfrac{\vartheta_4'(v)}{\vartheta_4(v)} = \displaystyle\sum_{r=1}^{r=\infty}\frac{q^{r}}{1-q^{2r}}\sin 2r\pi v = \sum_{s=1}^{s=\infty}\frac{q^{2s-1}\sin 2\pi v}{1-2q^{2s-1}\cos 2\pi v + q^{2s-2}}.\end{cases}$$

Si x est mis sous la forme $x = 2K\alpha + 2iK'\beta$, où α et β sont réels et si l'on suppose $|\beta| < \frac{1}{2}$, on a

$$(5)\quad\begin{cases}Z(Kx) = \dfrac{2\pi}{K}\displaystyle\sum_{r=1}^{r=\infty}\frac{q^r}{1-q^{2r}}\sin r\pi x = \frac{2\pi}{K}\sum_{r=1}^{r=\infty}\sum_{s=1}^{s=\infty} q^{r(2s-1)}\sin r\pi x\\ \qquad = \dfrac{2\pi}{K}\displaystyle\sum_{s=1}^{s=\infty}\frac{q^{2s-1}\sin\pi x}{1-2q^{2s-1}\cos\pi x + q^{4s-2}};\end{cases}$$

$$(6)\qquad \frac{k^2}{4\pi^2}K^2\operatorname{sn}^2(2Kx) = \sum_{r=1}^{r=\infty}\frac{rq^r}{1-q^{2r}}\sin^2 r\pi x.$$

CVI.

Si u est mis sous la forme $u = 2\alpha\omega_1 + 2\beta\omega_3$, où α, β sont réels, et si l'on suppose $|\beta| < 1$ pour les deux premières formules de chaque groupe, $|\beta| < \frac{1}{2}$ pour les deux autres, on a

$$(1) \quad \left\{ \begin{aligned} \log\sigma u &= \log\frac{2\omega_1}{\pi} + \frac{\eta_1 u^2}{2\omega_1} + \log\sin\frac{\pi u}{2\omega_1} + \sum_{r=1}^{r=\infty} \frac{q^{2r}}{r(1-q^{2r})}\left(2\sin\frac{r\pi u}{2\omega_1}\right)^2, \\ \log\sigma_1 u &= \frac{\eta_1 u^2}{2\omega_1} + \log\cos\frac{\pi u}{2\omega_1} + \sum_{r=1}^{r=\infty} (-1)^r \frac{q^{2r}}{r(1-q^{2r})}\left(2\sin\frac{r\pi u}{2\omega_1}\right)^2, \\ \log\sigma_2 u &= \frac{\eta_1 u^2}{2\omega_1} + \sum_{r=1}^{r=\infty} (-1)^r \frac{q^r}{r(1-q^{2r})}\left(2\sin\frac{r\pi u}{2\omega_1}\right)^2, \\ \log\sigma_3 u &= \frac{\eta_1 u^2}{2\omega_1} + \sum_{r=1}^{r=\infty} \frac{q^r}{r(1-q^{2r})}\left(2\sin\frac{r\pi u}{2\omega_1}\right)^2; \end{aligned} \right.$$

$$
(2)\quad \left\{
\begin{aligned}
\zeta u - \frac{\eta_1 u}{\omega_1} - \frac{\pi}{2\omega_1}\cot\frac{\pi u}{2\omega_1} &= \frac{2\pi}{\omega_1}\sum_{r=1}^{r=\infty}\frac{q^{2r}}{1-q^{2r}}\sin\frac{r\pi u}{\omega_1} = \frac{2\pi}{\omega_1}\sum_{s=1}^{s=\infty}\frac{q^{2s}\sin\dfrac{\pi u}{\omega_1}}{1-2q^{2s}\cos\dfrac{\pi u}{\omega_1}+q^{4s}},\\
\zeta_1 u - \frac{\eta_1 u}{\omega_1} + \frac{\pi}{2\omega_1}\cot\frac{\pi u}{2\omega_1} &= \frac{2\pi}{\omega_1}\sum_{r=1}^{r=\infty}(-1)^r\frac{q^{2r}}{1-q^{2r}}\sin\frac{r\pi u}{\omega_1} = \frac{2\pi}{\omega_1}\sum_{s=1}^{s=\infty}\frac{-q^{2s}\sin\dfrac{\pi u}{\omega_1}}{1+2q^{2s}\cos\dfrac{\pi u}{\omega_1}+q^{4s}},\\
\zeta_2 u - \frac{\eta_1 u}{\omega_1} &= \frac{2\pi}{\omega_1}\sum_{r=1}^{r=\infty}(-1)^r\frac{q^{r}}{1-q^{2r}}\sin\frac{r\pi u}{\omega_1} = \frac{2\pi}{\omega_1}\sum_{s=1}^{s=\infty}\frac{-q^{2s-1}\sin\dfrac{\pi u}{\omega_1}}{1+2q^{2s-1}\cos\dfrac{\pi u}{\omega_1}+q^{4s-2}},\\
\zeta_3 u - \frac{\eta_1 u}{\omega_1} &= \frac{2\pi}{\omega_1}\sum_{r=1}^{r=\infty}\frac{q^{r}}{1-q^{2r}}\sin\frac{r\pi u}{\omega_1} = \frac{2\pi}{\omega_1}\sum_{s=1}^{s=\infty}\frac{q^{2s-1}\sin\dfrac{\pi u}{\omega_1}}{1-2q^{2s-1}\cos\dfrac{\pi u}{\omega_1}+q^{4s-2}};
\end{aligned}
\right.
$$

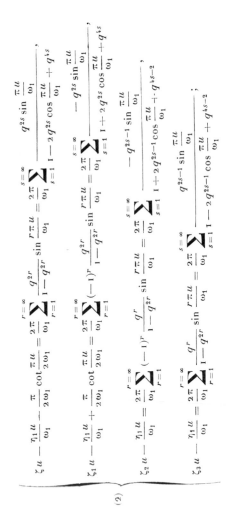

$$
(3)\quad \left\{
\begin{aligned}
\wp u &= -\frac{\eta_1}{\omega_1} + \left(\frac{\pi}{2\omega_1}\right)^2 \operatorname{cos\acute{e}c}^2 \frac{\pi u}{2\omega_1} - \frac{2\pi^2}{\omega_1^2} \sum_{r=1}^{r=\infty} \frac{rq^{2r}}{1-q^{2r}} \cos\frac{r\pi u}{\omega_1},\\
\wp(u+\omega_1) &= -\frac{\eta_1}{\omega_1} + \left(\frac{\pi}{2\omega_1}\right)^2 \operatorname{s\acute{e}c}^2 \frac{\pi u}{2\omega_1} - \frac{2\pi^2}{\omega_1^2} \sum_{r=1}^{r=\infty} (-1)^r \frac{rq^{2r}}{1-q^{2r}} \cos\frac{r\pi u}{\omega_1},\\
\wp(u+\omega_2) &= -\frac{\eta_1}{\omega_1} - \frac{2\pi^2}{\omega_1^2} \sum_{r=1}^{r=\infty} (-1)^r \frac{rq^{r}}{1-q^{2r}} \cos\frac{r\pi u}{\omega_1},\\
\wp(u+\omega_3) &= -\frac{\eta_1}{\omega_1} - \frac{2\pi^2}{\omega_1^2} \sum_{r=1}^{r=\infty} \frac{rq^{r}}{1-q^{2r}} \cos\frac{r\pi u}{\omega_1}.
\end{aligned}
\right.
$$

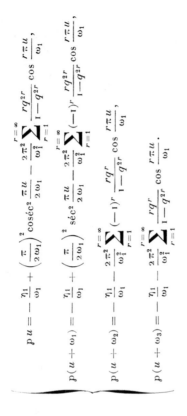

CVII.

Dans les formules suivantes relatives aux ϑ, on n'a écrit qu'une formule sur quatre, les autres se déduisant de celle-là par l'addition de $\frac{1}{2}$ soit à v, soit à w, soit à chacune de ces variables. D'ailleurs on déduit aussi aisément les quatre formules relatives aux ϑ des quatre formules relatives aux ρ que l'on a écrites. Le symbole $\mathfrak{R}(a)$ veut dire *partie réelle* de a.

(1).

$$|q| < |x| < \frac{1}{|q|}.$$

$$\frac{\rho_1'(1)\rho_1(xy)}{\rho_1(x)\rho_1(y)} = \frac{x+x^{-1}}{x-x^{-1}} + \frac{y+y^{-1}}{y-y^{-1}} + 2\sum_{n=1}^{n=\infty} \frac{q^{2n}x^{-2n}y^{-2}}{1-y^{-2}q^{2n}} - 2\sum_{n=1}^{n=\infty} \frac{q^{2n}x^{2n}y^{2}}{1-y^{2}q^{2n}},$$

$$-\frac{\rho_1'(1)\rho_1(xy)}{\rho_2(x)\rho_2(y)} = \frac{x-x^{-1}}{x+x^{-1}} + \frac{y-y^{-1}}{y+y^{-1}} + 2\sum_{n=1}^{n=\infty}(-1)^{n-1} \frac{q^{2n}x^{-2n}y^{-2}}{1+y^{-2}q^{2n}} - 2\sum_{n=1}^{n=\infty}(-1)^{n-1} \frac{q^{2n}x^{2\dots}}{1+y^{2}\dots}$$

$$\frac{\rho_1'(1)\rho_2(xy)}{\rho_1(x)\rho_2(y)} = \frac{x+x^{-1}}{x-x^{-1}} + \frac{y-y^{-1}}{y+y^{-1}} - 2\sum_{n=1}^{n=\infty} \frac{q^{2n}x^{-2n}y^{-2}}{1+y^{-2}q^{2n}} + 2\sum_{n=1}^{n=\infty} \frac{q^{2n}x^{2n}y^{2}}{1+y^{2}q^{2n}},$$

$$\frac{\rho_1'(1)\rho_2(xy)}{\rho_2(x)\rho_1(y)} = \frac{x-x^{-1}}{x+x^{-1}} + \frac{y+y^{-1}}{y-y^{-1}} + 2\sum_{n=1}^{n=\infty}(-1)^{n} \frac{q^{2n}x^{-2n}y^{-2}}{1-y^{-2}q^{2n}} - 2\sum_{n=1}^{n=\infty}(-1)^{n} \frac{q^{2n}x^{2\dots}}{1-y^{2}\dots}$$

$$-\mathfrak{R}\left(\frac{\tau}{i}\right) < \mathfrak{R}\left(\frac{v}{i}\right) < \mathfrak{R}\left(\frac{\tau}{i}\right).$$

$$\frac{\vartheta_1'(0)\vartheta_1(v+w)}{4\pi\vartheta_1(v)\vartheta_1(w)} - \frac{1}{4}[\cot\pi v + \cot\pi w] = \sum_{n=1}^{n=\infty} \frac{q^{2n}\sin 2\pi(nv+w) - q^{4n}\sin 2n\pi\dots}{1-2q^{2n}\cos 2\pi w + q^{4n}}$$

(2).

$$|q| < |x| < \frac{1}{|q|}.$$

$$\frac{\rho_1'(1)\rho_3(xy)}{\rho_1(x)\rho_3(y)} = \frac{2}{x-x^{-1}} - 2\sum_{n=1}^{n=\infty} \frac{q^{2n-1}x^{-2n+1}y^{-2}}{1+y^{-2}q^{2n-1}} + 2\sum_{n=1}^{n=\infty} \frac{q^{2n-1}x^{2n-1}y^{2}}{1+y^{2}q^{2n-1}};$$

$$i\,\frac{\rho_1'(1)\rho_3(xy)}{\rho_2(x)\rho_4(y)} = \frac{2}{x+x^{-1}} - 2\sum_{n=1}^{n=\infty}(-1)^{n} \frac{q^{2n-1}x^{-2n+1}y^{-2}}{1-y^{-2}q^{2n-1}} - 2\sum_{n=1}^{n=\infty}(-1)^{n} \frac{q^{2n-1}x^{2n-1}y\dots}{1-y^{2}q^{2n-\dots}}$$

CVII (SUITE).

(2) [*suite*].

$$\frac{\rho_1'(1)\rho_4(xy)}{\rho_1(x)\rho_4(y)} = \frac{2}{x-x^{-1}} + 2\sum_{n=1}^{n=\infty}\frac{q^{2n-1}x^{-2n+1}y^{-2}}{1-y^{-2}q^{2n-1}} - 2\sum_{n=1}^{n=\infty}\frac{q^{2n-1}x^{2n-1}y^{2}}{1-y^{2}q^{2n-1}},$$

$$\frac{\rho_1'(1)\rho_4(xy)}{\rho_2(x)\rho_3(y)} = \frac{2}{x+x^{-1}} + 2\sum_{n=1}^{n=\infty}(-1)^n\frac{q^{2n-1}x^{-2n+1}y^{-2}}{1+y^{-2}q^{2n-1}} + 2\sum_{n=1}^{n=\infty}(-1)^n\frac{q^{2n-1}x^{2n-1}y^{2}}{1+y^{2}q^{2n-1}}.$$

$$-\mathfrak{R}\left(\frac{\tau}{i}\right) < \mathfrak{R}\left(\frac{v}{i}\right) < \mathfrak{R}\left(\frac{\tau}{i}\right).$$

$$\frac{(0)\vartheta_3(v+w)}{\pi\,\vartheta_1(v)\vartheta_3(w)} - \frac{1}{4\sin\pi v} = -\sum_{n=1}^{n=\infty}\frac{q^{2n-1}\sin\pi[(2n-1)v+2w] + q^{4n-2}\sin(2n-1)\pi v}{1+2q^{2n-1}\cos2\pi w + q^{4n-2}}.$$

(3).

$$\sqrt{|q|} < |x| < \frac{1}{\sqrt{|q|}}.$$

$$-\frac{\rho_1'(1)\rho_1(xy)}{\rho_3(x)\rho_3(y)} = 2\sum_{n=1}^{n=\infty}\frac{(-1)^n q^{n-\frac{1}{2}}x^{-2n+1}y^{-1}}{1+y^{-2}q^{2n-1}} - 2\sum_{n=1}^{n=\infty}\frac{(-1)^n q^{n-\frac{1}{2}}x^{2n-1}y}{1+y^{2}q^{2n-1}},$$

$$\frac{\rho_1'(1)\rho_1(xy)}{\rho_4(x)\rho_4(y)} = 2\sum_{n=1}^{n=\infty}\frac{q^{n-\frac{1}{2}}x^{-2n+1}y^{-1}}{1-y^{-2}q^{2n-1}} - 2\sum_{n=1}^{n=\infty}\frac{q^{n-\frac{1}{2}}x^{2n-1}y}{1-y^{2}q^{2n-1}},$$

$$-i\frac{\rho_1'(1)\rho_2(xy)}{\rho_3(x)\rho_4(y)} = 2\sum_{n=1}^{n=\infty}\frac{(-1)^n q^{n-\frac{1}{2}}x^{-2n+1}y^{-1}}{1-y^{-2}q^{2n-1}} + 2\sum_{n=1}^{n=\infty}\frac{(-1)^n q^{n-\frac{1}{2}}x^{2n-1}y}{1-y^{2}q^{2n-1}},$$

$$i\frac{\rho_1'(1)\rho_2(xy)}{\rho_4(x)\rho_3(y)} = 2\sum_{n=1}^{n=\infty}\frac{q^{n-\frac{1}{2}}x^{-2n+1}y^{-1}}{1+y^{-2}q^{2n-1}} + 2\sum_{n=1}^{n=\infty}\frac{q^{n-\frac{1}{2}}x^{2n-1}y}{1+y^{2}q^{2n-1}}.$$

$$-\mathfrak{R}\left(\frac{\tau}{i}\right) < 2\mathfrak{R}\left(\frac{v}{i}\right) < \mathfrak{R}\left(\frac{\tau}{i}\right).$$

$$\frac{(0)\vartheta_1(v+w)}{\vartheta_3(v)\vartheta_3(w)} = \sum_{n=1}^{n=\infty}(-1)^{n-1}\frac{q^{n-\frac{1}{2}}\sin\pi[(2n-1)v+w] + q^{3n-\frac{3}{2}}\sin\pi[(2n-1)v-w]}{1+2q^{2n-1}\cos2\pi w + q^{4n-2}}.$$

CVII (suite).

(4).

$$\sqrt{|q|} < |x| < \frac{1}{\sqrt{|q|}}.$$

$$\frac{\rho_1'(1)\,\rho_3(xy)}{\rho_3(x)\,\rho_1(y)} = \frac{2}{y-y^{-1}} + 2\sum_{n=1}^{n=\infty}\frac{(-1)^n q^n x^{-2n}y^{-1}}{1-y^{-2}q^{2n}} - 2\sum_{n=1}^{n=\infty}\frac{(-1)^n q^n x^{2n} y}{1-y^2 q^{2n}},$$

$$i\,\frac{\rho_1'(1)\,\rho_3(xy)}{\rho_4(x)\,\rho_2(y)} = \frac{2}{y+y^{-1}} + 2\sum_{n=1}^{n=\infty}\frac{q^n x^{-2n}y^{-1}}{1+y^{-2}q^{2n}} + 2\sum_{n=1}^{n=\infty}\frac{q^n x^{2n} y}{1+y^2 q^{2n}},$$

$$i\,\frac{\rho_1'(1)\,\rho_4(xy)}{\rho_3(x)\,\rho_2(y)} = \frac{2}{y+y^{-1}} + 2\sum_{n=1}^{n=\infty}\frac{(-1)^n q^n x^{-2n}y^{-1}}{1+y^{-2}q^{2n}} + 2\sum_{n=1}^{n=\infty}\frac{(-1)^n q^n x^{2n} y}{1+y^2 q^{2n}},$$

$$\frac{\rho_1'(1)\,\rho_4(xy)}{\rho_4(x)\,\rho_1(y)} = \frac{2}{y-y^{-1}} + 2\sum_{n=1}^{n=\infty}\frac{q^n x^{-2n}y^{-1}}{1-y^{-2}q^{2n}} - 2\sum_{n=1}^{n=\infty}\frac{q^n x^{2n} y}{1-y^2 q^{2n}}.$$

$$-\mathfrak{R}\left(\frac{\tau}{i}\right) < 2\mathfrak{R}\left(\frac{v}{i}\right) < \mathfrak{R}\left(\frac{\tau}{i}\right).$$

$$\frac{\mathfrak{S}_1'(0)\,\mathfrak{S}_3(v+w)}{4\pi\,\mathfrak{S}_3(v)\,\mathfrak{S}_1(w)} = \frac{1}{4\sin w\pi} + \sum_{n=1}^{n=\infty}(-1)^n q^n\,\frac{\sin\pi(2nv+w) - q^{2n}\sin(2nv-w)\pi}{1-2q^{2n}\cos 2w\pi + q^{4n}}.$$

(5).

$$-\mathfrak{R}\left(\frac{\tau}{i}\right) < \mathfrak{R}\left(\frac{v}{i}\right) < \mathfrak{R}\left(\frac{\tau}{i}\right); \quad -\mathfrak{R}\left(\frac{\tau}{i}\right) < \mathfrak{R}\left(\frac{w}{i}\right) < \mathfrak{R}\left(\frac{\tau}{i}\right).$$

$$\frac{\mathfrak{S}_1'(0)\,\mathfrak{S}_1(v+w)}{4\pi\,\mathfrak{S}_1(v)\,\mathfrak{S}_1(w)} - \frac{1}{4}(\cot v\pi + \cot w\pi) = \sum_{m=1}^{m=\infty}\sum_{n=1}^{n=\infty} q^{2mn}\sin 2\pi(mw+nv).$$

(6).

$$-\mathfrak{R}\left(\frac{\tau}{i}\right) < \mathfrak{R}\left(\frac{v}{i}\right) < \mathfrak{R}\left(\frac{\tau}{i}\right); \quad -\mathfrak{R}\left(\frac{\tau}{i}\right) < \mathfrak{R}\left(\frac{w}{i}\right) < \mathfrak{R}\left(\frac{\tau}{i}\right).$$

$$\frac{\mathfrak{S}_1'(0)\,\mathfrak{S}_3(v+w)}{4\pi\,\mathfrak{S}_1(v)\,\mathfrak{S}_3(w)} - \frac{1}{4\sin v\pi} = \sum_{m=1}^{m=\infty}\sum_{n=1}^{n=\infty}(-1)^m q^{m(2n-1)}\sin\pi[2mw+(2n-1)v]$$

(7).

$$-\mathfrak{R}\left(\frac{\tau}{i}\right) < 2\mathfrak{R}\left(\frac{v}{i}\right) < \mathfrak{R}\left(\frac{\tau}{i}\right); \quad -\mathfrak{R}\left(\frac{\tau}{i}\right) < 2\mathfrak{R}\left(\frac{w}{i}\right) < \mathfrak{R}\left(\frac{\tau}{i}\right).$$

$$\frac{\mathfrak{S}_1'(0)\,\mathfrak{S}_1(v+w)}{4\pi\,\mathfrak{S}_3(v)\,\mathfrak{S}_3(w)} = \sum_{m=1}^{m=\infty}\sum_{n=1}^{n=\infty}(-1)^{m+n} q^{\frac{(2m-1)(2n-1)}{2}}\sin\pi[2m-1)w+(2n-1)v]$$

CVIII.

Dans les formules suivantes, on n'a écrit qu'une formule sur deux, les formules non écrites se déduisant des formules écrites en ajoutant $\frac{1}{2}$ à la variable v.

(1).

$$\frac{1}{4\pi}\frac{\vartheta_1'(0)\vartheta_1(v)}{\vartheta_2(0)\vartheta_2(v)} - \frac{1}{4}\operatorname{tg}\pi v = \sum_{n=1}^{n=\infty}(-1)^n\frac{q^{2n}}{1+q^{2n}}\sin 2n\pi v = \sum_{n=1}^{n=\infty}(-1^n)\frac{q^{2n}\sin 2\pi v}{1+2q^{2n}\cos 2\pi v+q^{4n}},$$

$$\frac{1}{4\pi}\frac{\vartheta_1'(0)\vartheta_4(v)}{\vartheta_2(0)\vartheta_3(v)} - \frac{1}{4} = \sum_{n=1}^{n=\infty}(-1)^n\frac{q^{n}}{1+q^{2n}}\cos 2n\pi v = \sum_{n=1}^{n=\infty}(-1)^n\frac{q^{2n-1}\cos 2\pi v+q^{4n-2}}{1+2q^{2n-1}\cos 2\pi v+q^{4n-2}}.$$

(2).

$$\frac{1}{4\pi}\frac{\vartheta_1'(0)\vartheta_3(v)}{\vartheta_3(0)\vartheta_1(v)} - \frac{1}{4\sin\pi v} = \sum_{n=1}^{n=\infty}\frac{-q^{2n-1}}{1+q^{2n-1}}\sin(2n-1)\pi v = \sum_{n=1}^{n=\infty}(-1)^n\frac{(1+q^{2n})q^n\sin\pi v}{1-2q^{2n}\cos 2\pi v+q^{4n}},$$

$$\frac{1}{4\pi}\frac{\vartheta_1'(0)\vartheta_1(v)}{\vartheta_3(0)\vartheta_3(v)} = \sum_{n=1}^{n=\infty}(-1)^{n-1}\frac{q^{n-\frac{1}{2}}}{1+q^{2n-1}}\sin(2n-1)\pi v = \sum_{n=1}^{n=\infty}(-1)^{n-1}\frac{(1-q^{2n-1})q^{n-\frac{1}{2}}\sin\pi v}{1+2q^{2n-1}\cos 2\pi v+q^{4n-2}}.$$

(3).

$$\frac{1}{4\pi}\frac{\vartheta_1'(0)\vartheta_4(v)}{\vartheta_4(0)\vartheta_1(v)} - \frac{1}{4\sin\pi v} = \sum_{n=1}^{n=\infty}\frac{q^{2n-1}}{1-q^{2n-1}}\sin(2n-1)\pi v = \sum_{n=1}^{n=\infty}\frac{(1+q^{2n})q^n\sin\pi v}{1-2q^{2n}\cos 2\pi v+q^{4n}},$$

$$\frac{1}{4\pi}\frac{\vartheta_1'(0)\vartheta_1(v)}{\vartheta_4(0)\vartheta_4(v)} = \sum_{n=1}^{n=\infty}\frac{q^{n-\frac{1}{2}}}{1-q^{2n-1}}\sin(2n-1)\pi v = \sum_{n=1}^{n=\infty}\frac{(1+q^{2n-1})q^{n-\frac{1}{2}}\sin\pi v}{1-2q^{2n-1}\cos 2\pi v+q^{4n-2}},$$

Les seconds membres de la première de chacune des égalités ($\text{CVIII}_{1,2,3}$) convergent pour $-\mathcal{R}\left(\frac{\tau}{i}\right) < \mathcal{R}\left(\frac{v}{i}\right) < \mathcal{R}\left(\frac{\tau}{i}\right)$; les seconds membres des dernières égalités ($\text{CVIII}_{1,2,3}$) convergent pour $-\mathcal{R}\left(\frac{\tau}{i}\right) < 2\mathcal{R}\left(\frac{v}{i}\right) < \mathcal{R}\left(\frac{\tau}{i}\right)$. Les derniers membres de toutes les égalités ($\text{CVIII}_{1,2,3}$) convergent quel que soit v.

CIX.

Dans ce Tableau on n'a écrit qu'une formule sur deux; les formules que l'on n'a pas écrites se déduisent de celles que l'on a écrites en ajoutant $\frac{1}{2}$ à la variable v.

(1).

$$\frac{1}{4\pi}\frac{\vartheta_1'(0)}{\vartheta_1(v)} - \frac{1}{4\sin\pi v} = \sum_{m=1}^{m=\infty}\sum_{n=1}^{n=\infty}(-1)^n q^{n(n+2m-1)}\sin(2n-1)\pi v$$

$$= \sum_{n=1}^{n=\infty}\frac{-q^{2n}\sin(2n-1)\pi v + q^{4n}\sin 2n\pi v}{1-2q^{2n}\cos\pi v + q^{4n}}$$

$$= \sum_{n=1}^{n=\infty}\frac{q^{2n-1}\sin(2n-2)\pi v - q^{4n-2}\sin(2n-1)\pi v}{1-2q^{2n-1}\cos\pi v + q^{4n-2}}$$

$$= \sin\pi v\sum_{n=1}^{n=\infty}(-1)^n\frac{q^{n^2+n}+q^{n^2+3n}}{1-q^{2n}\cos 2\pi v + q^{4n}};$$

$$\frac{1}{2\pi}\frac{\vartheta_1'(0)}{\vartheta_3(v)} = \sum_{n=0}^{n=\infty}(-1)^n q^{\left(n+\frac{1}{2}\right)^2} + \sum_{m=1}^{m=\infty}\sum_{n=0}^{n=\infty}(-1)^{m+n} q^{\left(n+\frac{1}{2}\right)^2+2m\left(n+\frac{1}{2}\right)}(x^{2m}+x^{-2m})$$

$$= \sum_{n=1}^{n=\infty}(-1)^{n-1}q^{\left(n-\frac{1}{2}\right)^2}\frac{1-q^{4n-2}}{1+2q^{2n-1}\cos 2\pi v + q^{4n-2}}.$$

(2).

$$\frac{1}{4\pi^2}\frac{\vartheta_1'^2(0)}{\vartheta_1^2(v)} = \frac{1}{4\sin^2\pi v} - 2\sum_{n=1}^{n=\infty} nq^{2n}\frac{\cos(2n-2)\pi v - q^{2n}\cos 2n\pi v}{1-2q^{2n}\cos 2\pi v + q^{4n}},$$

$$\frac{1}{4\pi^2}\frac{\vartheta_1'^2(0)}{\vartheta_3^2(v)} = q^{-\frac{1}{2}}\sum_{n=1}^{n=\infty}(-1)^{n-1}(2n-1)q^n\frac{\cos(2n-2)\pi v + q^{2n-1}\cos 2n\pi v}{1+2q^{2n-1}\cos 2\pi v + q^{4n-2}},$$

Les formules (CIX_1) concernant $\dfrac{\vartheta_1'(0)}{\vartheta_1(v)}$ et $\dfrac{\vartheta_1'(0)}{\vartheta_2(v)}$ sont convergentes pour $-\mathfrak{R}\left(\frac{\tau}{i}\right) < \mathfrak{R}\left(\frac{v}{i}\right) < \mathfrak{R}\left(\frac{\tau}{i}\right)$; celles concernant $\dfrac{\vartheta_1'(0)}{\vartheta_3(v)}$ et $\dfrac{\vartheta_1'(0)}{\vartheta_4(v)}$ sont convergentes pour $-\mathfrak{R}\left(\frac{\tau}{i}\right) < 2\mathfrak{R}\left(\frac{v}{i}\right) < \mathfrak{R}\left(\frac{\tau}{i}\right)$.

CX.

$$(1)\quad \begin{cases} e_1 = \dfrac{\pi^2}{6\omega_1^2} + \dfrac{4\pi^2}{\omega_1^2}\displaystyle\sum_{n=1}^{n=\infty}(2n-1)\,\dfrac{q^{4n-2}}{1-q^{4n-2}}, \\[2ex] e_2 = -\dfrac{\pi^2}{12\omega_1^2} - \dfrac{2\pi^2}{\omega_1^2}\displaystyle\sum_{n=1}^{n=\infty}(-1)^n\,\dfrac{nq^n}{1+(-1)^n q^n}, \\[2ex] e_3 = -\dfrac{\pi^2}{12\omega_1^2} - \dfrac{2\pi^2}{\omega_1^2}\displaystyle\sum_{n=1}^{n=\infty}\dfrac{nq^n}{1+q^n}. \end{cases}$$

$$(2)\quad \eta_1 = \frac{\pi^2}{12\,\omega_1} - \frac{2\pi^2}{\omega_1}\sum_{n=1}^{n=\infty}\frac{nq^{2n}}{1-q^{2n}}.$$

$$(3)\quad \begin{cases} \dfrac{g_2}{20} = \left(\dfrac{\pi}{2\omega_1}\right)^4\left(\dfrac{1}{3.5} + 2^4\displaystyle\sum_{r=1}^{r=\infty}\dfrac{r^3q^{2r}}{1-q^{2r}}\right), \\[2ex] \dfrac{g_3}{28} = \left(\dfrac{\pi}{2\omega_1}\right)^6\left(\dfrac{2}{3^3.7} - \dfrac{2^4}{3}\displaystyle\sum_{r=1}^{r=\infty}\dfrac{r^5q^{2r}}{1-q^{2r}}\right). \end{cases}$$

$$(4)\quad \begin{cases} \dfrac{2K}{\pi} = 1 + 4\displaystyle\sum_{n=1}^{n=\infty}\dfrac{q^n}{1+q^{2n}} = 1 + 4\displaystyle\sum_{n=1}^{n=\infty}(-1)^{n-1}\,\dfrac{q^{2n-1}}{1-q^{2n-1}} \\[2ex] \quad = \dfrac{1+q}{1-q} + 2\displaystyle\sum_{n=1}^{n=\infty}(-1)^{n-1}\left(\dfrac{1}{1-q^{2n-1}} - \dfrac{1}{1-q^{2n+1}}\right). \end{cases}$$

$$(5)\quad \begin{cases} \dfrac{2K}{\pi}\sqrt{k} = 2q^{\frac14}\displaystyle\sum_{n=1}^{n=\infty}\dfrac{q^{\frac{n-1}{2}}}{1+q^{n-\frac12}} = 2q^{\frac14}\displaystyle\sum_{n=1}^{n=\infty}(-1)^{n-1}\,\dfrac{q^{\frac{n-1}{2}}}{1-q^{n-\frac12}} \\[2ex] \quad = 2q^{\frac14}\displaystyle\sum_{n=1}^{n=\infty}(-1)^{n-1}\,q^{n(n-1)}\,\dfrac{1+q^{2n-1}}{1-q^{2n-1}} \\[2ex] \quad = 2q^{\frac14}\displaystyle\sum_{n=1}^{n=\infty}q^{n-1}\left(\dfrac{1}{1-q^{4n-3}} - \dfrac{q^{2n}}{1-q^{4n-1}}\right). \end{cases}$$

$$(6)\quad \begin{cases} \dfrac{2K}{\pi}\sqrt{k'} = 1 + 4\displaystyle\sum_{n=1}^{n=\infty}(-1)^n\,\dfrac{q^{2n}}{1+q^{4n}} = 1 + 4\displaystyle\sum_{n=1}^{n=\infty}(-1)^n\,\dfrac{q^{4n-2}}{1+q^{4n-2}} \\[2ex] \quad = 2\displaystyle\sum_{n=1}^{n=\infty}(-1)^{n-1}\,q^{n(n-1)}\,\dfrac{1-q^{4n-2}}{(1+q^{2n})(1+q^{2n-2})}. \end{cases}$$

CX (SUITE).

$$(7)\quad \begin{cases} \dfrac{2K}{\pi}\sqrt{k}\sqrt{k'} = 2q^{\frac14}\displaystyle\sum_{n=1}^{n=\infty}(-1)^{n-1}q^{n(n-1)}\frac{1-q^{2n-1}}{1+q^{2n-1}} \\ \qquad = 2q^{\frac14}\displaystyle\sum_{n=1}^{n=\infty}(-1)^{n}q^{n-1}\left(\frac{q^{2n}}{1+q^{4n-1}}-\frac{1}{1+q^{4n-3}}\right). \end{cases}$$

$$(8)\quad \frac{2K}{\pi}k = 4\sum_{n=1}^{n=\infty}\frac{q^{n-\frac12}}{1+q^{2n-1}} = 4\sum_{n=1}^{n=\infty}(-1)^{n-1}\frac{q^{n-\frac12}}{1-q^{2n-1}}.$$

$$(9)\quad \frac{2K}{\pi}k' = 1+4\sum_{n=1}^{n=\infty}(-1)^n\frac{q^n}{1+q^{2n}} = 1+4\sum_{n=1}^{n=\infty}(-1)^n\frac{q^{2n-1}}{1+q^{2n-1}}.$$

$$(10)\quad \frac{4K^2}{\pi^2}k = 4\sum_{n=1}^{n=\infty}(2n-1)\frac{q^{n-\frac12}}{1-q^{2n-1}} = 4\sum_{n=1}^{n=\infty}q^{n-\frac12}\frac{1+q^{2n-1}}{(1-q^{2n-1})^2}.$$

$$(11)\quad \frac{4K^2}{\pi^2}k' = 1+8\sum_{n=1}^{n=\infty}(-1)^n\frac{q^{2n}}{(1+q^{2n})^2} = 1+8\sum_{n=1}^{n=\infty}(-1)^n\frac{nq^{2n}}{1+q^{2n}}.$$

$$(12)\quad \frac{4K^2}{\pi^2}kk' = 4\sum_{n=1}^{n=\infty}(-1)^{n-1}(2n-1)\frac{q^{n-\frac12}}{1+q^{2n-1}} = 4\sum_{n=1}^{n=\infty}(-1)^{n-1}q^{n-\frac12}\frac{1-q^{2n-1}}{(1+q^{2n-1})^2}.$$

Intégrales des fonctions doublement périodiques.

CXI.

$$J_n = \int \wp^n u\,du.$$

$$J_1 = -\zeta u;\qquad J_2 = \frac{\wp' u}{3!}+\frac{g_2 u}{2^2.3};\qquad J_3 = \frac{\wp''' u}{5!}-\frac{3g_2}{2^2.5}\zeta u+\frac{g_3 u}{2.5};$$

$$J_4 = \frac{\wp^{(v)} u}{7!}+\frac{g_2}{5}\frac{\wp' u}{3!}-\frac{g_3}{7}\zeta u+\frac{5g_2^2 u}{2^4.3.7};$$

$$J_5 = \frac{\wp^{(vii)} u}{9!}+\frac{g_2}{2^2}\frac{\wp''' u}{5!}+\frac{5g_3}{2^2.7}\frac{\wp' u}{3!}-\frac{7g_2^2}{2^4.3.5}\zeta u+\frac{g_2g_3 u}{2.3.5};$$

$$J_6 = \frac{\wp^{(ix)} u}{11!}+\frac{3g_2}{2.5}\frac{\wp^{(v)} u}{7!}+\frac{3g_3}{2.7}\frac{\wp''' u}{5!}+\frac{17g_2^2}{2^4.5^2}\frac{\wp' u}{3!}-\frac{3.29\,g_2g_3}{2^2.5.7.11}\zeta u+\left(\frac{3.5\,g_2^3}{2^6.7.11}+\frac{g_3^2}{5.11}\right)u$$

$$J_7 = \frac{\wp^{(xi)} u}{13!}+\frac{7g_2}{2^2.5}\frac{\wp^{(vii)} u}{9!}+\frac{g_3}{2^2}\frac{\wp^{(v)} u}{7!}+\frac{7g_2^2}{2^3.3.5}\frac{\wp''' u}{5!}+\frac{3.23\,g_2g_3}{2^4.5.11}\frac{\wp' u}{3!}$$
$$-\left(\frac{7.11\,g_2^3}{2^6.3.5.13}+\frac{5g_3^2}{2.7.13}\right)\zeta u+\frac{433\,g_2^2g_3 u}{2^5.3.5.7.13}$$

CXI (SUITE).

$$
{}_8 = \frac{\wp^{(\mathrm{XIII})}u}{15!} + \frac{2g_2}{5}\frac{\wp^{(\mathrm{IX})}u}{11!} + \frac{2g_3}{7}\frac{\wp^{(\mathrm{VII})}u}{9!} + \frac{23g_2^2}{2^2.3.5^2}\frac{\wp^{(\mathrm{V})}u}{7!} + \frac{2^3g_2g_3}{7.11}\frac{\wp'''u}{5!}
+ \left(\frac{61g_2^3}{2^2.5^3.13} + \frac{3.31g_3^2}{2^2.7^2.13}\right)\frac{\wp'u}{3!} - \frac{167g_2^2g_3}{2^3.3.5.7.11}\zeta u + \left(\frac{13g_2^4}{2^8.7.11} + \frac{7g_2g_3^2}{2^2.3.5.11}\right)u;
$$

$$
{}_9 = \frac{\wp^{(\mathrm{XV})}u}{17!} + \frac{3^2g_2}{2^2.5}\frac{\wp^{(\mathrm{XI})}u}{13!} + \frac{3^2g_3}{2^2.7}\frac{\wp^{(\mathrm{IX})}u}{11!} + \frac{3.13g_2^2}{2^4.5^2}\frac{\wp^{(\mathrm{VII})}u}{9!} + \frac{3^2.13g_2g_3}{2^4.5.11}\frac{\wp^{(\mathrm{V})}u}{7!}
+ \left(\frac{3.47g_2^3}{2^5.5^2.13} + \frac{3^2.53g_3^2}{2^4.7^2.13}\right)\frac{\wp'''u}{5!} + \frac{3^2.181g_2^2g_3}{2^5.5^2.7.11}\frac{\wp'u}{3!}
- \left(\frac{7.11g_2^4}{2^8.13.17} + \frac{3^3.223g_2g_3^2}{2^2.5.7.11.13.17}\right)\zeta u + \left(\frac{7g_3^3}{2.5.11.17} + \frac{383g_2^3g_3}{2^3.7.11.13.17}\right)u;
$$

$$
{}_{10} = \frac{\wp^{(\mathrm{XVII})}u}{19!} + \frac{g_2}{2}\frac{\wp^{(\mathrm{XIII})}u}{15!} + \frac{5g_3}{2.7}\frac{\wp^{(\mathrm{XI})}u}{13!} + \frac{29g_2^2}{2^4.3.5}\frac{\wp^{(\mathrm{IX})}u}{11!} + \frac{3.17g_2g_3}{2^2.7.11}\frac{\wp^{(\mathrm{VII})}u}{9!}
+ \left(\frac{587g_2^3}{2^5.3.5^2.13} + \frac{5.17g_3^2}{2^4.7.13}\right)\frac{\wp^{(\mathrm{V})}u}{7!} + \frac{137g_2^2g_3}{2^4.3.7.11}\frac{\wp'''u}{5!}
+ \left(\frac{31.1453g_2^4}{2^8.3.5^3.13.17} + \frac{3.15871g_2g_3^2}{2^4.7^2.11.13.17}\right)\frac{\wp'u}{3!}
- \left(\frac{3251g_2^3g_3}{2^5.7.11.13.19} + \frac{2.5g_3^3}{7.13.19}\right)\zeta u + \left(\frac{1357g_2^2g_3^2}{2^4.7.11.13.19} + \frac{13.17g_2^5}{2^{10}.7.11.19}\right)u.
$$

$$
{}_n = \frac{B_0^{(n)}}{(2n-1)!}\wp^{(2n-3)}u + \frac{B_1^{(n)}}{(2n-3)!}\wp^{(2n-5)}u + \ldots
+ \frac{B_r^{(n)}}{(2n-2r-1)!}\wp^{(2n-2r-3)}u + \ldots + \frac{B_{n-2}^{(n)}}{3!}\wp'u - B_{n-1}^{(n)}\zeta u + B_n^{(n)}u;
$$

où

$$
{}_r^{(n+1)} = \frac{(2n-2r)(2n-2r+1)}{2n(2n+1)}B_r^{(n)} + \frac{2n-1}{4(2n+1)}B_{r-2}^{(n-1)}g_2 + \frac{n-1}{2(2n+1)}B_{r-3}^{(n-2)}g_3
$$

$$
(r = 0, 1, 2, \ldots, n+1); \qquad B_r^{(n)} = 0 \quad \text{pour} \quad r < 0 \quad \text{et pour} \quad r > n.
$$

CXII.

(1).

$$
J_n = \int \frac{du}{(\wp u - \wp v)^n}.
$$

$$
\log\frac{\sigma(u-v)}{\sigma(u+v)} = -2u\zeta v + \wp'v.J_1,
$$

$$
-\tfrac{1}{2}\zeta(u-v) - \tfrac{1}{2}\zeta(u+v) = A_0^{(0)}u + A_1^{(0)}J_1 + A_2^{(0)}J_2,
$$

$$
\tfrac{1}{2}\wp(u-v) - \tfrac{1}{2}\wp(u+v) = A_0^{(1)}u + A_1^{(1)}J_1 + A_2^{(1)}J_2 + A_3^{(1)}J_3,
$$

$$
\tfrac{1}{2}\wp'(u-v) + \tfrac{1}{2}\wp'(u+v) = A_0^{(2)}u + A_1^{(2)}J_1 + A_2^{(2)}J_2 + A_3^{(2)}J_3 + A_4^{(2)}J_4,
$$

$$
\tfrac{1}{2}\wp^{(n)}(u-v) - \tfrac{1}{2}\wp^{(n)}(-u-v) = A_0^{(n+1)}u + A_1^{(n+1)}J_1 + A_2^{(n+1)}J_2
+ A_3^{(n+1)}J_3 + A_4^{(n+1)}J_4 + \ldots + A_{n+3}^{(n+1)}J_{n+3}.
$$

CXII (SUITE).

(1) [suite].

$$\frac{d^n \wp(u-v)}{du^n} = A_0^{(n)} + \frac{A_1^{(n)}}{\wp u - \wp v} + \frac{A_2^{(n)}}{(\wp u - \wp v)^2} + \ldots + \frac{A_{n+2}^{(n)}}{(\wp u - \wp v)^{n+2}}$$
$$+ \wp' u \left[\frac{B_2^{(n)}}{(\wp u - \wp v)^2} + \frac{B_3^{(n)}}{(\wp u - \wp v)^3} + \ldots + \frac{B_{n+2}^{(n)}}{(\wp u - \wp v)^{n+2}}\right].$$

$A_0^{(0)} = \wp v,\quad A_1^{(0)} = \frac{1}{2}\wp'' v,\quad A_2^{(0)} = \frac{1}{2}\wp'^2 v,\quad B_2^{(0)} = \frac{1}{2}\wp' v,$

$A_0^{(1)} = -\wp' v,\quad A_1^{(1)} = -\frac{1}{2}\wp''' v,\quad A_2^{(1)} = -\frac{3}{2}\wp' v\, \wp'' v,\quad A_3^{(1)} = -\wp'^3 v,$

$A_0^{(2)} = \wp'' v,\quad A_1^{(2)} = \frac{1}{2}\wp^{(\mathrm{IV})} v,\quad A_2^{(2)} = \frac{3}{2}\wp''^2 v + 24\wp'^2 v\, \wp v,$

$A_3^{(2)} = 6\wp'' v\, \wp'^2 v,\quad A_4^{(2)} = 3\wp'^4 v,$

$A_0^{(3)} = -\wp''' v,\quad A_1^{(3)} = -\frac{1}{2}\wp^{(\mathrm{V})} v,\quad A_2^{(3)} = -\frac{1}{24}\wp^{(\mathrm{VII})} v + \frac{1}{2}\wp^{(\mathrm{V})} v\, \wp v,$

$A_3^{(3)} = -15\wp' v(\wp''^2 v + 8\wp'^2 v\, \wp v),\quad A_4^{(3)} = -30\wp'' v\, \wp'^3 v,\quad A_5^{(3)} = -12\wp'^5 v.$

$B_\nu^{(n+1)} = (1-\nu) A_{\nu-1}^{(n)};$

$A_\nu^{(n+1)} = -2(2\nu+1) B_{\nu+2}^{(n)} - 12\nu \wp v\, B_{\nu+1}^{(n)} + (1-2\nu)\wp'' v\, B_\nu^{(n)} + (1-\nu)\wp'^2 v\, B_{\nu-1}^{(n)};$

$(\nu = 0, 1, 2, \ldots, n+3);\quad B_\nu^{(n)} = 0$ pour $\nu < 2$ et pour $\nu > n+2$.

---

(2).

$$J_n = \int \frac{du}{(\wp u - e_\alpha)^n}.$$

$$A_1^{(0)} = \frac{1}{2}\wp'' \omega_\alpha = 3e_\alpha^2 - \frac{g_2}{4} = (e_\alpha - e_\beta)(e_\alpha - e_\gamma),$$
$$-\zeta(u-\omega_\alpha) = u e_\alpha + A_1^{(0)} J_1,$$
$$\wp'(u-\omega_\alpha) = 2u A_1^{(0)} + 12 e_\alpha A_1^{(0)} J_1 + 6(A_1^{(0)})^2 J_2,$$
$$\wp'''(u-\omega_\alpha) = 24 u e_\alpha A_1^{(0)} + 72(2e_\alpha^2 + A_1^{(0)}) A_1^{(0)} J_1 + 360 e_\alpha (A_1^{(0)})^2 J_2 + 120 (A_1^{(0)})^3 J_3.$$

---

(3).

Si v est une quelconque des solutions de l'équation $\wp v = -\frac{\delta}{\gamma}$, on a

$$\int \frac{\alpha \wp u + \beta}{\gamma \wp u + \delta}\, du = \frac{\alpha u}{\gamma} - \frac{\alpha\delta - \beta\gamma}{\gamma^2} \int \frac{du}{\wp u - \wp v}$$
$$= \frac{\alpha u}{\gamma} - \frac{\alpha\delta - \beta\gamma}{\gamma^2 \wp' v}\left[\log \sigma(u+v) - \log\sigma(u-v) - 2u\zeta v\right].$$

CXIII.

(1).

Si y est solution de l'équation différentielle $\left(\frac{dy}{du}\right)^2 = ay^4 + by^2 + c$,

on a, en posant $J_n = \int y^n \, du$,

$$(2n)!\, a^n J_{2n+1} = \frac{d^{2n-1}y}{du^{2n-1}} + B_1^{(n)} \frac{d^{2n-3}y}{du^{2n-3}} + \ldots + B_{n-1}^{(n)} \frac{dy}{du} + B_n^{(n)} J_1,$$

$$(2n+1)!\, a^n J_{2n+2} = \frac{d^{2n-1}(y^2)}{du^{2n-1}} + \beta_1^{(n)} \frac{d^{2n-3}(y^2)}{du^{2n-3}} + \ldots + \beta_{n-1}^{(n)} \frac{d(y^2)}{du} + \beta_n^{(n)} J_2 + \beta^{(n)}.$$

Voir le Tableau placé à la fin des formules (XCV).

$$B_1^{(1)} = -b, \quad B_1^{(2)} = -2.5b, \quad B_2^{(2)} = 3^2 b^2 - 2^2.3ac, \quad B_1^{(3)} = -5.7b,$$
$$B_2^{(3)} = 7.37b^2 - 2^2.3^2.7ac, \quad B_3^{(3)} = -3^2.5^2 b^3 + 2^2.3^3.5abc,$$
$$B_1^{(4)} = -2^2.3.7b, \quad B_2^{(4)} = -2^3.3^3.7ac + 2.3.7\ 47b^2,$$
$$B_3^{(4)} = -4.3229b^3 + 2^4.3^3.59abc, \quad B_4^{(4)} = -2^3.3^3.5^2.7ab^2c + 2^4.3^2.5.7a^2c^2 + 3^2.5^2.7^2b^4;$$
$$B_r^{(n)} = B_r^{(n-1)} - (2n-1)^2 b\, B_{r-1}^{(n-1)} - (2n-2)^2(2n-3)(2n-1)ac\, B_{r-2}^{(n-2)},$$
$$(r = 0, 1, 2, \ldots, n); \quad B_0^{(n)} = 1, \quad B_r^{(n)} = 0 \text{ pour } r < 0 \text{ et pour } r > n.$$

$$\beta_1^{(1)} = -4b, \quad \beta_1^{(2)} = -2^2.5b, \quad \beta_2^{(2)} = 2^6 b^2 - 2^3.3^2 ac, \quad \beta_1^{(3)} = -2^3.7b,$$
$$\beta_2^{(3)} = 2^4.7^2 b^2 - 2^5.3.7ac, \quad \beta_3^{(3)} = -2^8.3^2 b^3 + 2^7.3.13abc,$$
$$\beta_1^{(4)} = -2^3.3.5b, \quad \beta_2^{(4)} = 2^4.3.7.13b^2 - 2^4.3^3.7ac,$$
$$\beta_3^{(4)} = -2^8.5.41b^3 + 2^6.3^3.5.11abc, \quad \beta_4^{(4)} = 2^{14}.3^2 b^4 - 2^{10}.3^3.17ab^2c + 2^7.3^3.7^2a^2c^2:$$
$$\beta_r^{(n)} = \beta_r^{(n-1)} - 4n^2 b\, \beta_{r-1}^{(n-1)} - 2n(2n-1)^2(2n-2)ac\, \beta_{r-2}^{(n-2)},$$
$$(r = 0, 1, 2, \ldots, n); \quad \beta_0^{(n)} = 1, \quad \beta_r^{(n)} = 0 \text{ pour } r < 0 \text{ et pour } r > n.$$

$$\beta^{(1)} = -2c, \quad \beta^{(2)} = 2^5 bc, \quad \beta^{(3)} = -2^7.3^2 b^2 c + 2^4.3.5^2 ac^2,$$
$$\beta^{(4)} = 2^{13}.3^2 b^2 c + 2^4.3.5^2 ac^2;$$
$$\beta^{(n)} = -4n^2 b\, \beta^{(n-1)} - 2n(2n-1)^2(2n-2)ac\, \beta^{(n-2)}.$$

---

(2).

$$\int \xi_{\alpha 0}(u)\,du = \log[\xi_{\gamma 0}(u) - \xi_{\beta 0}(u)], \qquad \int \xi_{\alpha 0}^2(u)\,du = -e_\alpha u - \zeta(u).$$

$$\int \xi_{0\alpha}(u)\,du = \frac{1}{\sqrt{e_\alpha - e_\beta}\sqrt{e_\alpha - e_\gamma}} \log\left[\sqrt{e_\alpha - e_\gamma}\,\xi_{\beta\alpha}(u) + \sqrt{e_\alpha - e_\beta}\,\xi_{\gamma\alpha}(u)\right],$$

$$\int \xi_{0\alpha}^2(u)\,du = -\frac{e_\alpha u + \zeta_\alpha u}{(e_\alpha - e_\beta)(e_\alpha - e_\gamma)}.$$

$$\int \xi_{\alpha\beta}(u)\,du = \frac{1}{\sqrt{e_\beta - e_\gamma}} \log\left[\xi_{\gamma\beta}(u) + \sqrt{e_\beta - e_\gamma}\,\xi_{0\beta}(u)\right], \qquad \int \xi_{\alpha\beta}^2(u)\,du = \frac{e_\gamma u + \zeta_\beta u}{e_\gamma - e_\beta}.$$

CXIV.

$$\int \xi_{0\alpha}(u)\,\xi_{0\beta}(u)\,du = \frac{1}{e_\alpha - e_\beta}\int \xi_{\beta\alpha}(u)\,du - \frac{1}{e_\alpha - e_\beta}\int \xi_{\alpha\beta}(u)\,du,$$

$$\int \xi_{0\alpha}(u)\,\xi_{\beta\alpha}(u)\,du = \frac{1}{e_\alpha - e_\gamma}\,\xi_{\gamma\alpha}(u),$$

$$\int \xi_{0\alpha}(u)\,\xi_{\beta\gamma}(u)\,du = \frac{1}{e_\alpha - e_\gamma}\,\log \xi_{\gamma\alpha}(u),$$

$$\int \xi_{\alpha 0}(u)\,\xi_{\beta 0}(u)\,du = -\,\xi_{\gamma 0}(u),$$

$$\int \xi_{\alpha 0}(u)\,\xi_{\alpha\beta}(u)\,du = \int \xi_{\beta 0}(u)\,du + (e_\beta - e_\alpha)\int \xi_{0\beta}(u)\,du,$$

$$\int \xi_{\alpha 0}(u)\,\xi_{\beta\gamma}(u)\,du = \log \xi_{0\gamma}(u),$$

$$\int \xi_{\alpha\beta}(u)\,\xi_{\alpha\gamma}(u)\,du = \frac{e_\alpha - e_\gamma}{e_\beta - e_\gamma}\int \xi_{\beta\gamma}(u)\,du - \frac{e_\alpha - e_\beta}{e_\beta - e_\gamma}\int \xi_{\gamma\beta}(u)\,du,$$

$$\int \xi_{\alpha\beta}(u)\,\xi_{\gamma\beta}(u)\,du = \xi_{0\beta}(u).$$

CXV.

(1).

$$\int \operatorname{sn} u\,du = -\frac{1}{k}\log(\operatorname{dn} u + k\operatorname{cn} u), \qquad \int \operatorname{cn} u\,du = \frac{i}{k}\log(\operatorname{dn} u - ik\operatorname{sn} u),$$

$$\int \operatorname{dn} u\,du = i\log(\operatorname{cn} u - i\operatorname{sn} u), \qquad \int \frac{du}{\operatorname{sn} u} = \log\frac{\operatorname{dn} u - \operatorname{cn} u}{\operatorname{sn} u},$$

$$\int \frac{du}{\operatorname{cn} u} = \frac{1}{k'}\log\frac{\operatorname{dn} u + k'\operatorname{sn} u}{\operatorname{cn} u}, \qquad \int \frac{du}{\operatorname{dn} u} = \frac{1}{ik'}\log\frac{\operatorname{cn} u + ik'\operatorname{sn} u}{\operatorname{dn} u}.$$

(2).

$$\int \frac{\operatorname{sn} u}{\operatorname{cn} u}\,du = \frac{1}{k'}\log\frac{\operatorname{dn} u + k'}{\operatorname{cn} u}, \qquad \int \frac{\operatorname{sn} u}{\operatorname{dn} u}\,du = \frac{i}{kk'}\log\frac{ik' - k\operatorname{cn} u}{\operatorname{dn} u},$$

$$\int \frac{\operatorname{cn} u}{\operatorname{dn} u}\,du = -\frac{1}{k}\log\frac{1 - k\operatorname{sn} u}{\operatorname{dn} u}, \qquad \int \frac{\operatorname{cn} u}{\operatorname{sn} u}\,du = \log\frac{1 - \operatorname{dn} u}{\operatorname{sn} u},$$

$$\int \frac{\operatorname{dn} u}{\operatorname{sn} u}\,du = \log\frac{1 - \operatorname{cn} u}{\operatorname{sn} u}, \qquad \int \frac{\operatorname{dn} u}{\operatorname{cn} u}\,du = \log\frac{1 + \operatorname{sn} u}{\operatorname{cn} u}.$$

CXV (suite).

(3).

$$\int \operatorname{sn} u \operatorname{cn} u \, du = -\frac{1}{k^2} \operatorname{dn} u, \qquad \int \operatorname{sn} u \operatorname{dn} u \, du = -\operatorname{cn} u,$$

$$\int \operatorname{cn} u \operatorname{dn} u \, du = \operatorname{sn} u, \qquad \int \frac{du}{\operatorname{sn} u \operatorname{cn} u} = \int \frac{\operatorname{cn} u}{\operatorname{sn} u} du + \int \frac{\operatorname{sn} u}{\operatorname{cn} u} du,$$

$$\int \frac{du}{\operatorname{sn} u \operatorname{dn} u} = \int \frac{\operatorname{dn} u}{\operatorname{sn} u} du + k^2 \int \frac{\operatorname{sn} u}{\operatorname{dn} u} du, \qquad \int \frac{du}{\operatorname{cn} u \operatorname{dn} u} = \frac{1}{k'^2} \int \frac{\operatorname{dn} u}{\operatorname{cn} u} du - \frac{k^2}{k'^2} \int \frac{\operatorname{cn} u}{\operatorname{dn} u} du$$

(4).

$$\int \operatorname{sn}^2 u \, du = \frac{u}{k^2} Z'(0) - \frac{1}{k^2} \frac{\Theta'(u)}{\Theta(u)}, \qquad \int \frac{du}{\operatorname{sn}^2 u} = u Z'(0) - \frac{H'(u)}{H(u)},$$

$$\int \frac{du}{\operatorname{cn}^2 u} = \frac{u}{k'^2} Z'(K) - \frac{1}{k'^2} \frac{H_1'(u)}{H_1(u)}, \qquad \int \frac{du}{\operatorname{dn}^2 u} = \frac{u}{k'^2} \frac{E}{K} + \frac{1}{k'^2} \frac{\Theta_1'(u)}{\Theta_1(u)}.$$

(5).

$$\int \frac{\operatorname{cn} u \operatorname{dn} u}{\operatorname{sn} u} du = \log \operatorname{sn} u, \qquad \int \frac{\operatorname{sn} u \operatorname{dn} u}{\operatorname{cn} u} du = -\log \operatorname{cn} u,$$

$$\int \frac{\operatorname{sn} u \operatorname{cn} u}{\operatorname{dn} u} du = -\frac{1}{k^2} \log \operatorname{dn} u, \qquad \int \frac{\operatorname{sn} u}{\operatorname{cn} u \operatorname{dn} u} du = \frac{1}{k'^2} \log \frac{\operatorname{dn} u}{\operatorname{cn} u},$$

$$\int \frac{\operatorname{cn} u}{\operatorname{sn} u \operatorname{dn} u} du = \log \frac{\operatorname{sn} u}{\operatorname{dn} u}, \qquad \int \frac{\operatorname{dn} u}{\operatorname{sn} u \operatorname{cn} u} du = \log \frac{\operatorname{sn} u}{\operatorname{cn} u}.$$

(6).

$$\int \frac{\operatorname{sn} u}{\operatorname{cn}^2 u} du = \frac{1}{k'^2} \frac{\operatorname{dn} u}{\operatorname{cn} u}, \qquad \int \frac{\operatorname{cn} u}{\operatorname{sn}^2 u} du = -\frac{\operatorname{dn} u}{\operatorname{sn} u},$$

$$\int \frac{\operatorname{dn} u}{\operatorname{sn}^2 u} du = -\frac{\operatorname{cn} u}{\operatorname{sn} u}, \qquad \int \frac{\operatorname{sn} u}{\operatorname{dn}^2 u} du = -\frac{1}{k'^2} \frac{\operatorname{cn} u}{\operatorname{dn} u},$$

$$\int \frac{\operatorname{cn} u}{\operatorname{dn}^2 u} du = \frac{\operatorname{sn} u}{\operatorname{dn} u}, \qquad \int \frac{\operatorname{dn} u}{\operatorname{cn}^2 u} du = \frac{\operatorname{sn} u}{\operatorname{cn} u}.$$

CXVI.

$$(1)\qquad \xi'_{0\alpha}(u_0)\int\frac{du}{\xi_{0\alpha}(u)-\xi_{0\alpha}(u_0)}=u\zeta_\alpha u_0+\log\frac{\sigma\,\dfrac{u-u_0}{2}\,\sigma_\alpha\dfrac{u-u_0}{2}}{\sigma_\beta\,\dfrac{u+u_0}{2}\,\sigma_\gamma\dfrac{u+u_0}{2}},$$

$$(2)\qquad \xi'_{\alpha 0}(u_0)\int\frac{du}{\xi_{\alpha 0}(u)-\xi_{\alpha 0}(u_0)}=u\zeta\,u_0+\log\frac{\sigma\,\dfrac{u-u_0}{2}\,\sigma_\alpha\dfrac{u-u_0}{2}}{\sigma_\beta\,\dfrac{u+u_0}{2}\,\sigma_\gamma\dfrac{u+u_0}{2}},$$

$$(3)\qquad \xi'_{\beta\gamma}(u_0)\int\frac{du}{\xi_{\beta\gamma}(u)-\xi_{\beta\gamma}(u_0)}=u\zeta_\gamma u_0+\log\frac{\sigma\,\dfrac{u-u_0}{2}\,\sigma_\alpha\dfrac{u-u_0}{2}}{\sigma\,\dfrac{u+u_0}{2}\,\sigma_\alpha\dfrac{u+u_0}{2}};$$

$$(4)\qquad \operatorname{sn}'u_0\int\frac{du}{\operatorname{sn}u-\operatorname{sn}u_0}=u\,\mathrm{Z}(u_0)+\log\frac{\mathrm{H}\,\dfrac{u-u_0}{2}\,\Theta\,\dfrac{u-u_0}{2}}{\mathrm{H}_1\,\dfrac{u+u_0}{2}\,\Theta_1\dfrac{u+u_0}{2}},$$

$$(5)\qquad \operatorname{cn}'u_0\int\frac{du}{\operatorname{cn}u-\operatorname{cn}u_0}=u\,\mathrm{Z}(u_0)+\log\frac{\mathrm{H}\,\dfrac{u-u_0}{2}\,\Theta_1\dfrac{u-u_0}{2}}{\mathrm{H}\,\dfrac{u+u_0}{2}\,\Theta_1\dfrac{u+u_0}{2}},$$

$$(6)\qquad \operatorname{dn}'u_0\int\frac{du}{\operatorname{dn}u-\operatorname{dn}u_0}=u\,\mathrm{Z}(u_0)+\log\frac{\mathrm{H}\,\dfrac{u-u_0}{2}\,\Theta_1\dfrac{u-u_0}{2}}{\mathrm{H}\,\dfrac{u+u_0}{2}\,\Theta_1\dfrac{u+u_0}{2}}.$$

En donnant à la constante u_0 des valeurs convenables, on parvient à des formes nouvelles pour des intégrales antérieurement calculées (CXIII$_2$, CXV).

(7).

Si l'on désigne par $y=f(u)$ l'une quelconque des fonctions $\xi_{0\alpha}(u)$, $\xi_{\alpha 0}(u)$, $\xi_{\beta\gamma}(u)$, $\operatorname{sn}u$, $\operatorname{cn}u$, $\operatorname{dn}u$, par u_0 une constante, par $y_0, y'_0, y''_0, \ldots$ la valeur pour $u=u_0$ de la fonction $f(u)$ et de ses dérivées, enfin par a, b, c [Tableau XCV] les coefficients de l'équation différentielle

$$y'^2=ay^4+by^2+c,$$

que vérifie la fonction $f(u)$, on aura, quel que soit n,

$$\begin{gathered}(n-1)y_0'^2\,\mathrm{J}_n+(2n-3)y''_0\,\mathrm{J}_{n-1}+(n-2)(6ay_0^2+b)\,\mathrm{J}_{n-2}\\ +(4n-10)ay_0\,\mathrm{J}_{n-3}+(n-3)a\,\mathrm{J}_{n-4}=\frac{-y'}{(y-y_0)^{n-1}},\end{gathered}$$

en posant

$$\mathrm{J}_n=\int\frac{du}{[f(u)-f(u_0)]^n}.$$

CXVII.

On suppose

$$u_0 = 2\alpha\omega_1 + 2\beta\omega_3, \qquad a = 2\alpha'\omega_1 + 2\beta'\omega_3, \qquad v_0 = \frac{u_0}{2\omega_1} = \alpha + \beta\tau,$$

α, β, α', β' étant réels; r, s, ν sont des entiers donnés; r et s sont premiers entre eux, sauf dans la formule (6). Le chemin d'intégration est supposé ne contenir aucun pôle de la fonction sous le signe $\int$; m, n, N, N' sont des entiers déterminés par les conditions

$$m < \alpha < m + 1, \qquad n < \beta < n + 1, \qquad \mathrm{N} < \beta r - \alpha s < \mathrm{N} + 1,$$
$$\mathrm{N}' < (\beta - \beta') r - (\alpha - \alpha') s < \mathrm{N}' + 1.$$

Dans les formules (4) et (5) le logarithme a sa détermination réelle si g_2, g_3, u_0, u_1, a sont réels. Dans la formule (6), $\log \sigma u$ est défini comme une fonction holomorphe de u, le long du chemin allant de u'_0 à u'_1, congru au chemin d'intégration donné.

$$(1) \quad \begin{cases} \displaystyle {}'\!\!\int_{v_0}^{v_0+1} \frac{\mathfrak{I}'_1(v)}{\mathfrak{I}_1(v)}\,dv = -(2n+1)\pi i, \\ \displaystyle {}'\!\!\int_{v_0}^{v_0+\tau} \frac{\mathfrak{I}'_1(v)}{\mathfrak{I}_1(v)}\,dv = -(2v_0+\tau)\pi i + (2m+1)\pi i, \\ \displaystyle {}'\!\!\int_{v_0}^{v_0+\nu(r+s\tau)} \frac{\mathfrak{I}'_1(v)}{\mathfrak{I}_1(v)}\,dv = -\nu\pi i[2\mathrm{N}+1+2sv_0+\nu s(r+s\tau)]; \end{cases}$$

$$(2) \quad \begin{cases} \displaystyle {}'\!\!\int_{u_0}^{u_0+2\omega_1} \zeta u\,du = 2\eta_1(u_0+\omega_1) - (2n+1)\pi i, \\ \displaystyle {}'\!\!\int_{u_0}^{u_0+2\omega_3} \zeta u\,du = 2\eta_3(u_0+\omega_3) + (2m+1)\pi i, \\ \displaystyle {}'\!\!\int_{u_0}^{u_0+2\nu(r\omega_1+s\omega_3)} \zeta u\,du = 2\nu(r\eta_1+s\eta_3)(u_0+r\nu\omega_1+s\nu\omega_3) - \nu(2\mathrm{N}+1)\pi i; \end{cases}$$

$$(3) \quad {}'\!\!\int_{u_0}^{u_0+2r\omega_1+2s\omega_3} \frac{1}{2}\frac{\wp' u + \wp' a}{\wp u - \wp a}\,du = -2a(r\eta_1+s\eta_3) + 2(r\omega_1+s\omega_3)\zeta a + 2(\mathrm{N}-\mathrm{N}')\pi i;$$

$$(4) \quad {}'\!\!\int_{u_0}^{u_1} \zeta(u-a)\,du = \log\frac{\sigma(u_1-a)}{\sigma(u_0-a)};$$

$$(5) \quad {}'\!\!\int_{iu_0}^{iu_1} \zeta[i(u-a);\, g_2, g_3]\,d(iu) = \log\frac{\sigma(u_1-a;\, g_2, -g_3)}{\sigma(u_0-a;\, g_2, -g_3)};$$

$$(6) \quad \int_{u_0}^{u_1} \zeta u\,du = \log\sigma u'_1 - \log\sigma u'_0 + (2r\eta_1+2s\eta_3)(u'_1-u'_0)$$
$$[u_0 = u'_0 + 2r\omega_1 + 2s\omega_3,\ u_1 = u'_1 + 2r\omega_1 + 2s\omega_3];$$

$$(7) \quad \int_{u_0}^{u_1} \zeta u\,du = \frac{\eta_1}{2\omega_1}(u_1^2 - u_0^2) + \int_{v_0}^{v_1} \frac{\mathfrak{I}'_1(v)}{\mathfrak{I}_1(v)}\,dv; \quad u = 2\omega_1 v.$$

CXVIII.

Cas normal où $\frac{\tau}{i}$ est réel et positif.

(1).

Si le chemin d'intégration ne sort pas du rectangle dont les sommets sont $\frac{\pm 1 \pm \tau}{2}$, on a, en désignant par N_1 le nombre de fois que le chemin d'intégration traverse de haut en bas, par N_2 le nombre de fois qu'il traverse de bas en haut le segment de droite allant de 0 à $-\frac{1}{2}$, et en prenant pour $\log \vartheta_1(v)$ sa détermination principale,

$$\int_{v_0}^{v_1} \frac{\vartheta_1'(v)}{\vartheta_1(v)}\,dv = \log \vartheta_1(v_1) - \log \vartheta_1(v_0) + 2(N_1 - N_2)\pi i.$$

(2).

Si v_0 est un point du segment de droite allant de $\frac{-1-\tau}{2}$ à $\frac{-1+\tau}{2}$, le point $-\frac{1}{2}$ excepté, et si l'on prend le signe supérieur ou inférieur suivant que la partie réelle de $\frac{v_0}{i}$ est positive ou négative, on a

$$\int_{v_0}^{v_0+1} \frac{\vartheta_1'(v)}{\vartheta_1(v)}\,dv = \mp \pi i.$$

(3).

Si $v_0 = \alpha + \beta\tau$, où α, β sont réels, β non entier, et si le nombre entier n est déterminé par les conditions $n < \beta < n+1$, on a (CXVII_1)

$$\int_{v_0}^{v_0+1} \frac{\vartheta_1'(v)}{\vartheta_1(v)}\,dv = -(2n+1)\pi i.$$

(4).

Si v_0 est un point du segment de droite allant de $\frac{-1-\tau}{2}$ à $\frac{1-\tau}{2}$, le point $-\frac{\tau}{2}$ excepté, si l'on désigne par α la partie réelle de v_0, et si l'on prend le signe supérieur ou le signe inférieur suivant que α est positif ou négatif, on a

$$\int_{v_0}^{v_0+\tau} \frac{\vartheta_1'(v)}{\vartheta_1(v)}\,dv = i\pi(-2\alpha \pm 1).$$

CXVIII (SUITE).

(5).

Si m, n désignent des nombres entiers et α, β des nombres vérifiant les conditions

$$\alpha \text{ différent de zéro}, \quad -\frac{1}{2} < \alpha \leqq \frac{1}{2}, \quad -\frac{1}{2} \leqq \beta < \frac{1}{2},$$

et si $v_0 = m + n\tau + \alpha + \beta\tau$, on a, en prenant le signe supérieur ou inférieur suivant que α est positif ou négatif,

$$\int_{v_0}^{v_0+\tau} \frac{\mathfrak{I}'_1(v)}{\mathfrak{I}_1(v)}\, dv = -2i\pi\left(v_0 - m + \frac{\tau}{2} \mp \frac{1}{2}\right).$$

(6).

Si, en outre, r est un entier positif, on a

$$\int_{v_0}^{v_0+r\tau} \frac{\mathfrak{I}'_1(v)}{\mathfrak{I}_1(v)}\, dv = -2ri\pi\left(v_0 - m + \frac{r\tau}{2} \mp \frac{1}{2}\right).$$

(7).

Si m, n désignent des nombres entiers et α', β' des nombres vérifiant les conditions

$$\alpha' \text{ différent de zéro}, \quad -\frac{1}{2} < \alpha' \leqq \frac{1}{2}, \quad -\frac{1}{2} < \beta' \leqq \frac{1}{2};$$

si enfin $\alpha = m + \alpha'$, $\beta = n + \beta'$, et si l'on prend le signe supérieur ou inférieur suivant que α' est positif ou négatif, on a, en prenant pour le logarithme sa détermination principale,

$$\int_{\alpha-\beta\tau}^{\alpha+\beta\tau} \frac{\mathfrak{I}'_1(v)}{\mathfrak{I}_1(v)}\, dv = \log \frac{\mathfrak{I}_1(\alpha'+\beta'\tau)}{\mathfrak{I}_1(\alpha'-\beta'\tau)} - 2ni\pi(2\alpha' \mp 1).$$

INVERSION.

On donne trois nombres distincts ε_1, ε_2, ε_3, $\varepsilon_1 + \varepsilon_2 + \varepsilon_3 = 0$; quand les points ε_1, ε_2, ε_3 sont en ligne droite, ε_2 désignera toujours le point intermédiaire; $\varkappa$, γ_2, γ_3 seront les nombres

$$\varkappa = \frac{\varepsilon_2 - \varepsilon_3}{\varepsilon_1 - \varepsilon_3}, \quad \gamma_2 = 2(\varepsilon_1^2 + \varepsilon_2^2 + \varepsilon_3^2), \quad \gamma_3 = 4\varepsilon_1\varepsilon_2\varepsilon_3;$$

$\varkappa$ n'est ni un nombre réel négatif, ni un nombre réel plus grand que 1. Dans ce qui suit, $\sqrt{\varkappa}$, $\sqrt{1 - \varkappa}$, $\sqrt{1 - \varkappa \sin^2 \varphi}$ désignent les déterminations des radicaux dont la partie réelle est positive; $\sqrt[4]{\varkappa}$, $\sqrt[4]{1 - \varkappa}$ les déterminations des radicaux dont l'argument est compris entre $-\frac{\pi}{4}$ et $\frac{\pi}{4}$; $\log \varkappa$ un nombre dont la partie réelle est le logarithme népérien de $|\varkappa|$ et dans lequel le coefficient de i est l'argument de $\varkappa$ supposé compris entre $-\pi$ et $+\pi$.

CXIX.

(1).

$$\mathrm{x}(\varkappa) = \int_0^{\frac{\pi}{2}} \frac{d\varphi}{\sqrt{1 - \varkappa \sin^2 \varphi}},$$

$$\mathrm{x}'(\varkappa) = \mathrm{x}(1 - \varkappa), \quad \tau = \frac{i\,\mathrm{x}'(\varkappa)}{\mathrm{x}(\varkappa)};$$

la partie réelle de $\dfrac{\tau}{i}$ est toujours positive.

On entendra par $\sqrt{\mathrm{x}}$, $\sqrt{\mathrm{x}'}$ les déterminations de ces radicaux dont la partie réelle est positive.

(2).

Si a, d sont des entiers impairs, b, c des entiers pairs tels que $ad - bc = 1$, on a

$$k^2 \left[\frac{c\,\mathrm{x}(\varkappa) + id\,\mathrm{x}'(\varkappa)}{a\,\mathrm{x}(\varkappa) + ib\,\mathrm{x}'(\varkappa)} \right] = \varkappa.$$

(3).

Si a, b, c, d ont la même signification et si ayant fixé arbitrairement une des déterminations de $\sqrt{\varepsilon_1 - \varepsilon_3}$, on pose

$$\omega_1 = \frac{a\,\mathrm{x}(\varkappa) + ib\,\mathrm{x}'(\varkappa)}{\sqrt{\varepsilon_1 - \varepsilon_3}}, \qquad \omega_3 = \frac{c\,\mathrm{x}(\varkappa) + id\,\mathrm{x}'(\varkappa)}{\sqrt{\varepsilon_1 - \varepsilon_3}},$$

on a

$$g_2(\omega_1, \omega_3) = \gamma_2, \qquad g_3(\omega_1, \omega_3) = \gamma_3,$$

$$e_\alpha = \mathrm{p}(\omega_\alpha \mid \omega_1, \omega_3) = \varepsilon_\alpha, \qquad (\alpha = 1, 2, 3).$$

CXIX (SUITE).

(4).

$$\sqrt{k\left[\frac{i\,\mathrm{x}'(\varkappa)}{\mathrm{x}(\varkappa)}\right]} = \frac{\mathfrak{S}_2\left[0\,\middle|\,\frac{i\,\mathrm{x}'(\varkappa)}{\mathrm{x}(\varkappa)}\right]}{\mathfrak{S}_3\left[0\,\middle|\,\frac{i\,\mathrm{x}'(\varkappa)}{\mathrm{x}(\varkappa)}\right]} = \sqrt[4]{\varkappa}, \qquad \sqrt{k'\left[\frac{i\,\mathrm{x}'(\varkappa)}{\mathrm{x}(\varkappa)}\right]} = \frac{\mathfrak{S}_4\left[0\,\middle|\,\frac{i\,\mathrm{x}'(\varkappa)}{\mathrm{x}(\varkappa)}\right]}{\mathfrak{S}_3\left[0\,\middle|\,\frac{i\,\mathrm{x}'(\varkappa)}{\mathrm{x}(\varkappa)}\right]} = \sqrt[4]{1-\varkappa}.$$

(5).

$$\beta = \frac{1-\sqrt[4]{1-\varkappa}}{1+\sqrt[4]{1-\varkappa}} = \sqrt{k\left[\frac{4\,i\,\mathrm{x}'(\varkappa)}{\mathrm{x}(\varkappa)}\right]} = \frac{\mathfrak{S}_3\left[0\,\middle|\,\frac{i\,\mathrm{x}'(\varkappa)}{\mathrm{x}(\varkappa)}\right] - \mathfrak{S}_4\left[0\,\middle|\,\frac{i\,\mathrm{x}'(\varkappa)}{\mathrm{x}(\varkappa)}\right]}{\mathfrak{S}_3\left[0\,\middle|\,\frac{i\,\mathrm{x}'(\varkappa)}{\mathrm{x}(\varkappa)}\right] + \mathfrak{S}_4\left[0\,\middle|\,\frac{i\,\mathrm{x}'(\varkappa)}{\mathrm{x}(\varkappa)}\right]}$$

$$= \frac{2e^{-\frac{\mathrm{x}'(\varkappa)}{\mathrm{x}(\varkappa)}\pi} + 2e^{-\frac{9\,\mathrm{x}'(\varkappa)}{\mathrm{x}(\varkappa)}\pi} + 2e^{-\frac{25\,\mathrm{x}'(\varkappa)}{\mathrm{x}(\varkappa)}\pi} + \ldots}{1 + 2e^{-\frac{4\,\mathrm{x}'(\varkappa)}{\mathrm{x}(\varkappa)}\pi} + 2e^{-\frac{16\,\mathrm{x}'(\varkappa)}{\mathrm{x}(\varkappa)}\pi} + \ldots};$$

on a toujours $|\beta| < 1$.

(6).

$$K\left[\frac{i\,\mathrm{x}'(\varkappa)}{\mathrm{x}(\varkappa)}\right] = \frac{\pi}{2}\,\mathfrak{S}_3^2\left[0\,\middle|\,\frac{i\,\mathrm{x}'(\varkappa)}{\mathrm{x}(\varkappa)}\right] = \mathrm{x}(\varkappa), \qquad K'\left[\frac{i\,\mathrm{x}'(\varkappa)}{\mathrm{x}(\varkappa)}\right] = \mathrm{x}'(\varkappa).$$

(7).

$$\left|\sqrt{\frac{\pi}{2}}\right|\mathfrak{S}_1'\left[0\,\middle|\,\frac{i\,\mathrm{x}'(\varkappa)}{\mathrm{x}(\varkappa)}\right] = 2\sqrt[4]{\varkappa}\,\sqrt[4]{1-\varkappa}\left[\sqrt{\mathrm{x}(\varkappa)}\right]^3, \qquad \left|\sqrt{\frac{\pi}{2}}\right|\mathfrak{S}_2\left[0\,\middle|\,\frac{i\,\mathrm{x}'(\varkappa)}{\mathrm{x}(\varkappa)}\right] = \sqrt[4]{\varkappa}\sqrt{\mathrm{x}(\varkappa)},$$

$$\left|\sqrt{\frac{\pi}{2}}\right|\mathfrak{S}_3\left[0\,\middle|\,\frac{i\,\mathrm{x}'(\varkappa)}{\mathrm{x}(\varkappa)}\right] = \sqrt{\mathrm{x}(\varkappa)}, \qquad \left|\sqrt{\frac{\pi}{2}}\right|\mathfrak{S}_4\left[0\,\middle|\,\frac{i\,\mathrm{x}'(\varkappa)}{\mathrm{x}(\varkappa)}\right] = \sqrt[4]{1-\varkappa}\sqrt{\mathrm{x}(\varkappa)}.$$

(8).

$$\mathrm{x}(\beta^4) = \mathrm{x}\left[\left(\frac{1-\sqrt[4]{1-\varkappa}}{1+\sqrt[4]{1-\varkappa}}\right)^4\right] = \frac{1}{4}\left(1+\sqrt[4]{1-\varkappa}\right)^2\mathrm{x}(\varkappa).$$

(9).

$$\omega_1 = \frac{\mathrm{x}(\varkappa)}{\sqrt{\varepsilon_1-\varepsilon_3}}, \quad \omega_3 = \frac{\mathrm{x}'(\varkappa)\,i}{\sqrt{\varepsilon_1-\varepsilon_3}}, \quad \sqrt{\omega_1} = \frac{\sqrt{\mathrm{x}(\varkappa)}}{\sqrt[4]{\varepsilon_1-\varepsilon_3}};$$

$$\sqrt{e_1-e_3} = \sqrt{\varepsilon_1-\varepsilon_3}, \quad \sqrt{e_1-e_2} = \sqrt{\varepsilon_1-\varepsilon_3}\sqrt{1-\varkappa}, \quad \sqrt{e_2-e_3} = -\sqrt{\varepsilon_1-\varepsilon_3}\sqrt{\varkappa};$$

$$\sqrt[4]{e_1-e_3} = \sqrt[4]{\varepsilon_1-\varepsilon_3}, \quad \sqrt[4]{e_1-e_2} = \sqrt[4]{\varepsilon_1-\varepsilon_3}\,\sqrt[4]{1-\varkappa}, \quad \sqrt[4]{e_2-e_3} = i\sqrt[4]{\varepsilon_1-\varepsilon_3}\,\sqrt[4]{\varkappa};$$

$$e_1 = \varepsilon_1, \; e_2 = \varepsilon_2, \; e_3 = \varepsilon_3.$$

Dans les Tableaux suivants on suppose $\omega_1, \omega_3, \sqrt{\omega_1}$ déterminés par les formules (9); $\sqrt{\varepsilon_1-\varepsilon_3}$ est fixée arbitrairement à moins qu'on ne prévienne du contraire; de même $\sqrt[4]{\varepsilon_1-\varepsilon_3}$ est une racine carrée, fixée arbitrairement, de $\sqrt{\varepsilon_1-\varepsilon_3}$.

CXX.

Dans les formules (1), (2), (3) on suppose $|\varkappa| < 1$; cette supposition n'intervient pas dans les formules (4).

$$(1).$$

En posant

$$a_n = \left[\frac{1.3.5\ldots(2n-1)}{2.4.6\ldots2n}\right]^2, \qquad b_n = \sum_{\nu=1}^{\nu=n}\left(\frac{1}{2\nu-1} - \frac{1}{2\nu}\right),$$

$$\lambda(\varkappa) = 1 + \sum_{n=1}^{n=\infty} a_n\varkappa^n, \qquad \mu(\varkappa) = \sum_{n=1}^{n=\infty} a_n b_n\varkappa^n,$$

et en désignant par A, B deux constantes arbitraires, la solution générale de l'équation

$$\varkappa(\varkappa-1)\frac{d^2y}{d\varkappa^2} + (2\varkappa-1)\frac{dy}{d\varkappa} + \frac{1}{4}y = 0$$

est

$$y = A\,\lambda(\varkappa) + B[4\,\mu(\varkappa) + \lambda(\varkappa)\log\varkappa].$$

$$(2).$$

$$\mathrm{x}(\varkappa) = \frac{\pi}{2}\lambda(\varkappa), \qquad \mathrm{x}'(\varkappa) = -\frac{1}{2}\left[4\,\mu(\varkappa) + \lambda(\varkappa)\log\frac{\varkappa}{16}\right],$$

où le logarithme a sa détermination principale.

$$(3).$$

$$\lambda(\varkappa) = 1 - \frac{1}{\pi}\log(1-\varkappa) - \varepsilon(\varkappa), \qquad |\varepsilon(\varkappa)| < \frac{1}{5}|\varkappa|;$$

$$\mu(\varkappa) = -\frac{1}{\pi}\log 2\log(1-\varkappa) - \eta(\varkappa), \qquad |\eta(\varkappa)| < \frac{1}{3}|\varkappa|.$$

$$(4).$$

$$\mathrm{x}(1-\varkappa) = \mathrm{x}'(\varkappa), \qquad \mathrm{x}\left(\frac{\varkappa}{\varkappa-1}\right) = \mathrm{x}'\left(\frac{1}{1-\varkappa}\right) = \sqrt{1-\varkappa}\,\mathrm{x}(\varkappa),$$

$$\mathrm{x}'(1-\varkappa) = \mathrm{x}(\varkappa), \qquad \mathrm{x}'\left(\frac{\varkappa}{\varkappa-1}\right) = \mathrm{x}\left(\frac{1}{1-\varkappa}\right) = \sqrt{1-\varkappa}\,[\mathrm{x}'(\varkappa) \pm i\,\mathrm{x}(\varkappa)],$$

$$\mathrm{x}\left(\frac{\varkappa-1}{\varkappa}\right) = \mathrm{x}'\left(\frac{1}{\varkappa}\right) = \sqrt{\varkappa}\,\mathrm{x}'(\varkappa),$$

$$\mathrm{x}'\left(\frac{\varkappa-1}{\varkappa}\right) = \mathrm{x}\left(\frac{1}{\varkappa}\right) = \sqrt{\varkappa}\,[\mathrm{x}(\varkappa) \mp i\,\mathrm{x}'(\varkappa)],$$

où il faut prendre les signes supérieurs ou inférieurs suivant que la partie réelle de $\frac{\varkappa}{i}$ est positive ou négative. Pour deux valeurs conjuguées de $\varkappa$, les valeurs de $\mathrm{x}(\varkappa)$ sont conjuguées, les valeurs correspondantes de τ sont représentées par deux points symétriques par rapport à l'axe des quantités imaginaires.

CXXI.

(1).

Si r est un nombre positif et si $|\varkappa| < 1$, on a, en posant $q = e^{-\frac{\mathrm{x}'(\varkappa)}{\mathrm{x}(\varkappa)}\pi}$,

$$q^r = e^{r\left[\log\frac{\varkappa}{16} + 4\frac{\mu(\varkappa)}{\lambda(\varkappa)}\right]} = \frac{\varkappa^r}{16^r}\, e^{4r\frac{\mu(\varkappa)}{\lambda(\varkappa)}}.$$

(2).

$$q = \frac{1}{16}\varkappa + \frac{1}{32}\varkappa^2 + \frac{21}{1024}\varkappa^3 + \frac{31}{2048}\varkappa^4 + \ldots = \sum_{n=1}^{n=\infty} c_n \varkappa^n; \qquad |\varkappa| < 1.$$

$$\begin{aligned}
2^{19}.c_5 &= 6257, & 2^{36}.c_9 &= 435506703,\\
2^{20}.c_6 &= 10293, & 2^{37}.c_{10} &= 776957575,\\
2^{25}.c_7 &= 279025, & 2^{42}.c_{11} &= 22417045555,\\
2^{26}.c_8 &= 483127, & 2^{43}.c_{12} &= 40784671953;
\end{aligned}$$

Cf. T. III, p. 221, note.

(3).

$$q^{\frac{1}{4}} = \frac{1}{2}\sqrt[4]{\varkappa} + 2\left(\frac{1}{2}\sqrt[4]{\varkappa}\right)^5 + 15\left(\frac{1}{2}\sqrt[4]{\varkappa}\right)^9 + 150\left(\frac{1}{2}\sqrt[4]{\varkappa}\right)^{13} + \ldots; \qquad |\varkappa| < 1.$$

(4).

$$q = \frac{1}{2}\beta + 2\left(\frac{1}{2}\beta\right)^5 + 15\left(\frac{1}{2}\beta\right)^9 + 150\left(\frac{1}{2}\beta\right)^{13} + \ldots, \qquad \beta = \frac{1 - \sqrt[4]{1-\varkappa}}{1 + \sqrt[4]{1-\varkappa}}.$$

(5).

$$\mathrm{x}\left(\frac{1}{2}\right) = \mathrm{x}'\left(\frac{1}{2}\right) = \frac{\pi}{2}\,\vartheta_3^2(0\,|\,i) = 1{,}854075; \quad q = e^{-\pi} = 0{,}0432139;$$

$$\left.\begin{aligned}
\mathrm{x}\left(e^{\pm\frac{i\pi}{3}}\right) &= 1{,}54369 \pm i.0{,}41363\\
\mathrm{x}'\left(e^{\pm\frac{i\pi}{3}}\right) &= 1{,}54369 \mp i.0{,}41363
\end{aligned}\right. \qquad q = \pm i e^{-\frac{\pi|\sqrt{3}|}{2}} = \pm i.0{,}065829.$$

CXXII.

Dans toutes les formules de ce Tableau on prendra les signes supérieurs ou inférieurs suivant que la partie réelle de $\frac{x}{i}$ est positive ou négative. L'argument de $\sqrt[4]{1-x_0}$ est compris entre $-\frac{\pi}{4}$ et $+\frac{\pi}{4}$.

Dans les formules (4), $\log q$ a sa détermination principale.

(1).

	NUMÉROS D'ORDRE DE LA RÉGION.					
	I. $\lvert x\rvert<1$, $\lvert x-1\rvert<1$, $\lvert x\rvert<\lvert x-1\rvert$.	II. $\lvert x\rvert<1$, $\lvert x-1\rvert>1$, $\lvert x\rvert<\lvert x-1\rvert$.	III. $\lvert x\rvert>1$, $\lvert x-1\rvert>1$, $\lvert x\rvert>\lvert x-1\rvert$.	IV. $\lvert x\rvert>1$, $\lvert x-1\rvert>1$, $\lvert x\rvert<\lvert x-1\rvert$.	V. $\lvert x\rvert<1$, $\lvert x-1\rvert<1$, $\lvert x\rvert>\lvert x-1\rvert$.	VI. $\lvert x\rvert>1$, $\lvert x-1\rvert<1$, $\lvert x\rvert>\lvert x-1\rvert$.
Valeur de x_0.	x	$\frac{x}{x-1}$	$\frac{1}{x}$	$\frac{1}{1-x}$	$1-x$	$\frac{x-1}{x}$

(2)
$$\beta_0=\frac{1-\sqrt[4]{1-x_0}}{1+\sqrt[4]{1-x_0}},\qquad |\beta_0|<\frac{2}{15};$$

(3)
$$q=\frac{1}{2}\beta_0+2\left(\frac{1}{2}\beta_0\right)^5+15\left(\frac{1}{2}\beta_0\right)^9+150\left(\frac{1}{2}\beta_0\right)^{13}+\ldots,\qquad |q|<\frac{1}{15};$$

(4)
$$\begin{cases} X(x_0)=\dfrac{\pi}{2}\,\mathfrak{I}_3^2(0\mid q)=\dfrac{\pi}{2}(1+2q+2q^4+2q^9+\ldots)^2, \\[2ex] X'(x_0)=-\dfrac{X(x_0)\log q}{\pi},\qquad T=\dfrac{iX'(x_0)}{X(x_0)}; \end{cases}$$

	NUMÉROS D'ORDRE DE LA RÉGION.					
	I.	II.	III.	IV.	V.	VI.
Valeur de T.....	τ	$\mp 1+\tau$	$\frac{\tau}{1\mp\tau}$	$\frac{-1}{\mp 1+\tau}$	$-\frac{1}{\tau}$	$\frac{-1\pm\tau}{\tau}$
Valeur de τ.....	T	$T\pm 1$	$\frac{T}{1\pm T}$	$\frac{\pm T-1}{T}$	$-\frac{1}{T}$	$\frac{1}{\pm 1-T}$

CXXII (suite).

(5).

	Numéros d'ordre de la région.		
	I.	II.	III.
Valeur de $\sqrt{E_1 - E_3}$	$\sqrt{\varepsilon_1 - \varepsilon_3}$	$\sqrt{\varepsilon_1 - \varepsilon_3}\sqrt{1-\varkappa}$	$\sqrt{\varepsilon_1 - \varepsilon_3}\sqrt{\varkappa}$
Valeur de $\sqrt{E_2 - E_3}$	$-\sqrt{\varepsilon_1 - \varepsilon_3}\sqrt{\varkappa}$	$\pm i\sqrt{\varepsilon_1 - \varepsilon_3}\sqrt{\varkappa}$	$-\sqrt{\varepsilon_1 - \varepsilon_3}$
Valeur de $\sqrt{E_1 - E_2}$	$\sqrt{\varepsilon_1 - \varepsilon_3}\sqrt{1-\varkappa}$	$\sqrt{\varepsilon_1 - \varepsilon_3}$	$\pm i\sqrt{\varepsilon_1 - \varepsilon_3}\sqrt{1-\varkappa}$
Valeurs de E_1, E_2, E_3	$\varepsilon_1, \varepsilon_2, \varepsilon_3$	$\varepsilon_1, \varepsilon_3, \varepsilon_2$	$\varepsilon_2, \varepsilon_1, \varepsilon_3$

	Numéros d'ordre de la région.		
	IV.	V.	VI.
Valeur de $\sqrt{E_1 - E_3}$	$i\sqrt{\varepsilon_1 - \varepsilon_3}\sqrt{1-\varkappa}$	$i\sqrt{\varepsilon_1 - \varepsilon_3}$	$i\sqrt{\varepsilon_1 - \varepsilon_3}\sqrt{\varkappa}$
Valeur de $\sqrt{E_2 - E_3}$	$-i\sqrt{\varepsilon_1 - \varepsilon_3}$	$-i\sqrt{\varepsilon_1 - \varepsilon_3}\sqrt{1-\varkappa}$	$\pm\sqrt{\varepsilon_1 - \varepsilon_3}\sqrt{1-\varkappa}$
Valeur de $\sqrt{E_1 - E_2}$	$\pm\sqrt{\varepsilon_1 - \varepsilon_3}\sqrt{\varkappa}$	$i\sqrt{\varepsilon_1 - \varepsilon_3}\sqrt{\varkappa}$	$i\sqrt{\varepsilon_1 - \varepsilon_3}$
Valeurs de E_1, E_2, E_3	$\varepsilon_2, \varepsilon_3, \varepsilon_1$	$\varepsilon_3, \varepsilon_2, \varepsilon_1$	$\varepsilon_3, \varepsilon_1, \varepsilon_2$

(6)
$$\Omega_1 = \frac{X(\varkappa_0)}{\sqrt{E_1 - E_3}}, \qquad \Omega_3 = \frac{i X'(\varkappa_0)}{\sqrt{E_1 - E_3}};$$

(7)
$$\begin{cases} H_1 = -\dfrac{1}{12\,\Omega_1}\,\dfrac{\mathfrak{J}_1'''(0\,|\,T)}{\mathfrak{J}_1'(0\,|\,T)} = \dfrac{\pi^2}{12\,\Omega_1}\left(1 - 24\displaystyle\sum_{r=1}^{r=\infty} r\,\frac{Q^{2r}}{1-Q^{2r}}\right), \\ H_3 = H_1 T - \dfrac{\pi i}{2\,\Omega_1}; \end{cases}$$

CXXII (SUITE).

$$(8)\quad \begin{cases} \sqrt[4]{E_2 - E_3} = i\sqrt{\dfrac{\pi}{2\Omega_1}}\,\vartheta_2(0 \mid T), \qquad \sqrt[4]{E_1 - E_2} = \sqrt{\dfrac{\pi}{2\Omega_1}}\,\vartheta_4(0 \mid T), \\ \sqrt[4]{E_1 - E_3} = \sqrt{\dfrac{\pi}{2\Omega_1}}\,\vartheta_3(0 \mid T). \end{cases}$$

(9).

La partie réelle des radicaux qui figurent dans les formules suivantes est *positive*; $\sqrt{T - 1} = i\sqrt{1 - T}$.

Si x est dans la région II, on a $q = -Q$, $\omega_1 = \Omega_1$, $\omega_3 = \pm\Omega_1 + \Omega_3$; $\eta_1 = H_1$, $\eta_3 = \pm H_1 + H_3$;

$$\vartheta_1(v \mid \tau) = e^{\pm\frac{\pi i}{4}}\,\vartheta_1(v \mid T), \qquad \vartheta_2(v \mid \tau) = e^{\pm\frac{\pi i}{4}}\,\vartheta_2(v \mid T),$$

$$\vartheta_3(v \mid \tau) = \vartheta_4(v \mid T), \qquad \vartheta_4(v \mid \tau) = \vartheta_3(v \mid T).$$

On peut d'ailleurs employer les mêmes formules que dans le cas où x est dans la région I.

Si x est dans la région III, on a $q = e^{\frac{T}{1 \pm T}\pi i}$, $\omega_1 = \Omega_1 \pm \Omega_3$, $\omega_3 = \Omega_3$; $\eta_1 = H_1 \pm H_3$, $\eta_3 = H_3$;

$$\vartheta_1\left(\frac{v}{1 \pm T}\,\middle|\,\tau\right) = e^{\mp\frac{\pi i}{4}}\sqrt{1 \pm T}\,e^{\pm\frac{v^2\pi i}{1 \pm T}}\,\vartheta_1(v \mid T),$$

$$\vartheta_2\left(\frac{v}{1 \pm T}\,\middle|\,\tau\right) = \sqrt{1 \pm T}\,e^{\pm\frac{v^2\pi i}{1 \pm T}}\,\vartheta_3(v \mid T),$$

$$\vartheta_3\left(\frac{v}{1 \pm T}\,\middle|\,\tau\right) = \sqrt{1 \pm T}\,e^{\pm\frac{v^2\pi i}{1 \pm T}}\,\vartheta_2(v \mid T),$$

$$\vartheta_4\left(\frac{v}{1 \pm T}\,\middle|\,\tau\right) = e^{\mp\frac{\pi i}{4}}\sqrt{1 \pm T}\,e^{\pm\frac{v^2\pi i}{1 \pm T}}\,\vartheta_4(v \mid T).$$

Si x est dans la région IV, on a $q = e^{\frac{-1 \pm T}{T}\pi i}$, $\omega_1 = \Omega_3$, $\omega_3 = -\Omega_1 \pm \Omega_3$; $\eta_1 = H_3$, $\eta_3 = -H_1 \pm H_3$;

$$\vartheta_1\left(\frac{v}{T}\,\middle|\,\tau\right) = e^{-\frac{\pi i}{4}(3 \mp 1)}\sqrt{T}\,e^{\frac{v^2}{T}\pi i}\,\vartheta_1(v \mid T),$$

$$\vartheta_2\left(\frac{v}{T}\,\middle|\,\tau\right) = e^{-\frac{\pi i}{4}(1 \mp 1)}\sqrt{T}\,e^{\frac{v^2}{T}\pi i}\,\vartheta_4(v \mid T),$$

CXXII (SUITE).

(9) [*suite*].

$$\mathfrak{S}_3\left(\frac{v}{\mathrm{T}}\middle|\tau\right) = e^{-\frac{\pi i}{4}}\sqrt{\mathrm{T}}\,e^{\frac{v^2}{\mathrm{T}}\pi i}\,\mathfrak{S}_2(v\,|\,\mathrm{T}),$$

$$\mathfrak{S}_4\left(\frac{v}{\mathrm{T}}\middle|\tau\right) = e^{-\frac{\pi i}{4}}\sqrt{\mathrm{T}}\,e^{\frac{v^2}{\mathrm{T}}\pi i}\,\mathfrak{S}_3(v\,|\,\mathrm{T}).$$

Si x est dans la région V, on a $q = e^{-\frac{\pi i}{\mathrm{T}}}$, $\omega_1 = \Omega_3$, $\omega_3 = -\Omega_1$; $\eta_1 = \mathrm{H}_3$, $\eta_3 = -\mathrm{H}_1$;

$$\mathfrak{S}_1\left(\frac{v}{\mathrm{T}}\middle|\tau\right) = e^{-\frac{3\pi i}{4}}\sqrt{\mathrm{T}}\,e^{\frac{v^2\pi i}{\mathrm{T}}}\,\mathfrak{S}_1(v\,|\,\mathrm{T}),$$

$$\mathfrak{S}_2\left(\frac{v}{\mathrm{T}}\middle|\tau\right) = e^{-\frac{\pi i}{4}}\sqrt{\mathrm{T}}\,e^{\frac{v^2\pi i}{\mathrm{T}}}\,\mathfrak{S}_4(v\,|\,\mathrm{T}),$$

$$\mathfrak{S}_3\left(\frac{v}{\mathrm{T}}\middle|\tau\right) = e^{-\frac{\pi i}{4}}\sqrt{\mathrm{T}}\,e^{\frac{v^2\pi i}{\mathrm{T}}}\,\mathfrak{S}_3(v\,|\,\mathrm{T}),$$

$$\mathfrak{S}_4\left(\frac{v}{\mathrm{T}}\middle|\tau\right) = e^{-\frac{\pi i}{4}}\sqrt{\mathrm{T}}\,e^{\frac{v^2\pi i}{\mathrm{T}}}\,\mathfrak{S}_2(v\,|\,\mathrm{T}).$$

Si x est dans la région VI, on a $q = e^{\frac{\pi i}{\pm 1 - \mathrm{T}}}$, $\omega_1 = \mp\Omega_1 + \Omega_3$, $\omega_3 = -\Omega_1$; $\eta_1 = \mp \mathrm{H}_1 + \mathrm{H}_3$, $\eta_3 = -\mathrm{H}_1$;

$$\mathfrak{S}_1\left(\frac{v}{\mathrm{T}\mp 1}\middle|\tau\right) = e^{-\frac{\pi i}{4}(3\pm 1)}\sqrt{\mp 1 + \mathrm{T}}\,\mathfrak{S}_1(v\,|\,\mathrm{T}),$$

$$\mathfrak{S}_2\left(\frac{v}{\mathrm{T}\mp 1}\middle|\tau\right) = e^{-\frac{\pi i}{4}}\sqrt{\mp 1 + \mathrm{T}}\,\mathfrak{S}_3(v\,|\,\mathrm{T}),$$

$$\mathfrak{S}_3\left(\frac{v}{\mathrm{T}\mp 1}\middle|\tau\right) = e^{-\frac{\pi i}{4}}\sqrt{\mp 1 + \mathrm{T}}\,\mathfrak{S}_4(v\,|\,\mathrm{T}),$$

$$\mathfrak{S}_4\left(\frac{v}{\mathrm{T}\mp 1}\middle|\tau\right) = e^{-\frac{\pi i}{4}(1\pm 1)}\sqrt{\mp 1 + \mathrm{T}}\,\mathfrak{S}_2(v\,|\,\mathrm{T}).$$

On peut aussi, quand x est dans la région VI, appliquer les formules concernant le cas où x est dans la région V.

CXXII (SUITE).

(10).

Dans le cas où $\varkappa$ est très petit on peut faire usage des relations suivantes, obtenues en négligeant $\varkappa^3$, et dans lesquelles, si l'on se donne seulement $\varkappa$, on prendra pour $\sqrt{\varepsilon_1 - \varepsilon_3}$ la valeur que l'on veut, par exemple le nombre 1. Les logarithmes qui figurent dans ces formules sont les déterminations principales.

$$\omega_1 \sqrt{\varepsilon_1 - \varepsilon_3} = \mathrm{X} = \frac{\pi}{2}\left(1 + \frac{\varkappa}{4} + \frac{9\varkappa^2}{64}\right);$$

$$-i\omega_3 \sqrt{\varepsilon_1 - \varepsilon_3} = \mathrm{X}' = -\frac{\varkappa}{4}\left(1 + \frac{21}{32}\varkappa\right) + \frac{1}{2}\left(1 + \frac{\varkappa}{4} + \frac{9\varkappa^2}{64}\right)\log\frac{16}{\varkappa};$$

$$\eta_1 = \frac{\pi}{6}\left(1 - \frac{\varkappa}{4} - \frac{11\varkappa^2}{64}\right)\sqrt{\varepsilon_1 - \varepsilon_3};$$

$$\eta_3 = i\left[-1 + \frac{\varkappa}{6} + \frac{25\varkappa^2}{384} + \frac{1}{6}\left(1 - \frac{\varkappa}{4} - \frac{11\varkappa^2}{64}\right)\log\frac{16}{\varkappa}\right]\sqrt{\varepsilon_1 - \varepsilon_3};$$

$$\mathrm{E} = \frac{\pi}{2}\left(1 - \frac{\varkappa}{4} + \frac{3\varkappa^2}{64}\right); \qquad \mathrm{E}' = 1 - \frac{\varkappa}{4} - \frac{13\varkappa^2}{64} + \frac{\varkappa}{4}\left(1 + \frac{3\varkappa}{8}\right)\log\frac{16}{\varkappa};$$

$$q = \frac{\varkappa}{16} + \frac{\varkappa^2}{32}; \qquad \tau\pi i = \log q = \log\frac{\varkappa}{16} + \frac{\varkappa}{2} + \frac{13\varkappa^2}{64}.$$

En négligeant $\varkappa^2$ on a de même

$$\vartheta_1(v \mid \tau) = \varkappa^{\frac{1}{4}}\left(1 + \frac{\varkappa}{8}\right)\sin\pi v; \qquad \vartheta_3(v \mid \tau) = 1 + \frac{\varkappa}{8}\cos 2\pi v;$$

$$\vartheta_2(v \mid \tau) = \varkappa^{\frac{1}{4}}\left(1 + \frac{\varkappa}{8}\right)\cos\pi v; \qquad \vartheta_4(v \mid \tau) = 1 - \frac{\varkappa}{8}\cos 2\pi v;$$

$$\pi v = \left(1 - \frac{\varkappa}{4}\right) u \sqrt{\varepsilon_1 - \varepsilon_3};$$

$$\sigma(u \mid \omega_1, \omega_3) = \frac{1}{\sqrt{\varepsilon_1 - \varepsilon_3}}\left(1 + \frac{\varkappa}{4}\right)\sin(\pi v)\, e^{\frac{1}{6}\pi^2 v^2}; \qquad \sigma_2(u \mid \omega_1, \omega_3) = \left(1 - \frac{\varkappa}{4}\sin^2\pi v\right) e^{\frac{1}{6}\pi^2 v^2}$$

$$\sigma_1(u \mid \omega_1, \omega_3) = \cos(\pi v)\, e^{\frac{1}{6}\pi^2 v^2}; \qquad \sigma_3(u \mid \omega_1, \omega_3) = \left(1 + \frac{\varkappa}{4}\sin^2\pi v\right) e^{\frac{1}{6}\pi^2 v^2}$$

$$\zeta(u \mid \omega_1, \omega_3) = \sqrt{\varepsilon_1 - \varepsilon_3}\left(1 - \frac{\varkappa}{4}\right)\left(\frac{\pi v}{3} + \cot\pi v\right);$$

$$\wp(u \mid \omega_1, \omega_3) = -\frac{\varepsilon_1 - \varepsilon_3}{3}\left(1 - \frac{\varkappa}{2}\right)\left(1 - \frac{3}{\sin^2\pi v}\right);$$

$$\frac{\operatorname{sn}(u, \varkappa)}{\sin\left(1 - \frac{\varkappa}{4}\right)u} = 1 + \frac{\varkappa}{4}\cos^2\left(1 - \frac{\varkappa}{4}\right)u; \qquad \frac{\operatorname{cn}(u, \varkappa)}{\cos\left(1 - \frac{\varkappa}{4}\right)u} = 1 - \frac{\varkappa}{4}\sin^2\left(1 - \frac{\varkappa}{4}\right)u;$$

$$\operatorname{dn}(u, \varkappa) = 1 - \frac{\varkappa}{2}\sin^2\left(1 - \frac{\varkappa}{4}\right)u.$$

CXXII (suite).

(11).

Dans le cas où $\varkappa = 1 - \varkappa_0$ est très voisin de 1, on fait de même souvent usage des relations suivantes :

$$\varkappa_0 = 1 - \varkappa;$$

$$\omega_1\sqrt{e_1 - e_3} = \mathbf{X} = -\frac{\varkappa_0}{4}\left(1 + \frac{21\varkappa_0}{32}\right) + \frac{1}{2}\left(1 + \frac{\varkappa_0}{4} + \frac{9\varkappa_0^2}{64}\right)\log\frac{16}{\varkappa_0};$$

$$-i\omega_3\sqrt{e_1 - e_3} = \mathbf{X}' = \frac{\pi}{2}\left(1 + \frac{\varkappa_0}{4} + \frac{9\varkappa_0^2}{64}\right);$$

$$\eta_1 = \left[1 - \frac{\varkappa_0}{6} - \frac{25\varkappa_0^2}{384} - \left(\frac{1}{6} - \frac{\varkappa_0}{24} - \frac{11\varkappa_0^2}{384}\right)\log\frac{16}{\varkappa_0}\right]\sqrt{e_1 - e_3};$$

$$\eta_3 = -\frac{i\pi}{6}\left(1 - \frac{\varkappa_0}{4} - \frac{11\varkappa_0^2}{64}\right)\sqrt{e_1 - e_3};$$

$$\mathrm{E} = 1 - \frac{\varkappa_0}{4} - \frac{13\varkappa_0^2}{64} + \frac{\varkappa_0}{4}\left(1 + \frac{3\varkappa_0}{8}\right)\log\frac{16}{\varkappa_0}; \qquad \mathrm{E}' = \frac{\pi}{2}\left(1 - \frac{\varkappa_0}{4} - \frac{3\varkappa_0^2}{64}\right);$$

$$-\frac{\pi i}{\tau} = \log\frac{\varkappa_0}{16} + \frac{\varkappa_0}{2} + \frac{13\varkappa_0^2}{64};$$

$$\pi w = \left(1 - \frac{\varkappa_0}{4}\right)u\sqrt{e_1 - e_3};$$

$$\sigma(u \mid \omega_1, \omega_3) = \frac{1}{\sqrt{e_1 - e_3}}\left(1 + \frac{\varkappa_0}{4}\right)\mathrm{sh}(\pi w)\,e^{-\frac{\pi^2 w^2}{6}}; \quad \sigma_2(u \mid \omega_1, \omega_3) = \left[1 + \frac{\varkappa_0}{4}\mathrm{sh}^2(\pi w)\right]e^{-\frac{\pi^2 w^2}{6}};$$

$$\sigma_1(u \mid \omega_1, \omega_3) = \left[1 - \frac{\varkappa_0}{4}\mathrm{sh}^2(\pi w)\right]e^{-\frac{\pi^2 w^2}{6}}; \qquad \sigma_3(u \mid \omega_1, \omega_3) = \mathrm{ch}(\pi w)\,e^{-\frac{\pi^2 w^2}{6}};$$

$$\zeta(u \mid \omega_1, \omega_3) = \sqrt{e_1 - e_3}\left(1 - \frac{\varkappa_0}{4}\right)\left[-\frac{\pi w}{3} + \frac{\mathrm{ch}(\pi w)}{\mathrm{sh}(\pi w)}\right];$$

$$\wp(u \mid \omega_1, \omega_3) = (e_1 - e_3)\left(1 - \frac{\varkappa_0}{2}\right)\left[\frac{1}{3} + \frac{1}{\mathrm{sh}^2(\pi w)}\right].$$

$$\mathrm{sn}(u, \varkappa) = \left(1 + \frac{\varkappa_0}{4}\right)\frac{\mathrm{sh}\left(1 - \frac{\varkappa_0}{4}\right)u}{\mathrm{ch}\left(1 - \frac{\varkappa_0}{4}\right)u}; \qquad \mathrm{cn}(u, \varkappa) = \frac{1 - \frac{\varkappa_0}{4}\mathrm{sh}^2\left(1 - \frac{\varkappa_0}{4}\right)u}{\mathrm{ch}\left(1 - \frac{\varkappa_0}{4}\right)u};$$

$$\mathrm{dn}(u, \varkappa) = \frac{1 + \frac{\varkappa_0}{4}\mathrm{sh}^2\left(1 - \frac{\varkappa_0}{4}\right)u}{\mathrm{ch}\left(1 - \frac{\varkappa_0}{4}\right)u}.$$

CXXIII.

Cas où $\varepsilon_1, \varepsilon_2, \varepsilon_3$ *sont réels;* $\varepsilon_1 > 0 \geqq \varepsilon_2 > \varepsilon_3$; $\gamma_2 > 0$; $\gamma_3 \geqq 0$; $\mathcal{G} > 0$.

Si $\varepsilon_1, \varepsilon_2, \varepsilon_3$ sont donnés, on prendra

$$\varkappa = \frac{\varepsilon_2 - \varepsilon_3}{\varepsilon_1 - \varepsilon_3} \leqq \tfrac{1}{2}.$$

Si l'on se donne seulement $\varkappa \leqq \frac{1}{2}$, on fixera arbitrairement le nombre positif $|\sqrt{\varepsilon_1 - \varepsilon_3}|$ et l'on prendra

$$\varepsilon_1 = \frac{2 - \varkappa}{3}(\varepsilon_1 - \varepsilon_3), \qquad \varepsilon_2 = \frac{2\varkappa - 1}{3}(\varepsilon_1 - \varepsilon_3), \qquad \varepsilon_3 = \frac{-\varkappa - 1}{3}(\varepsilon_1 - \varepsilon_3).$$

---

(1).

$$\beta = \frac{1 - |\sqrt[4]{1 - \varkappa}|}{1 + |\sqrt[4]{1 - \varkappa}|},$$

$$q = \frac{1}{2}\beta + 2\left(\frac{1}{2}\beta\right)^5 + 15\left(\frac{1}{2}\beta\right)^9 + 150\left(\frac{1}{2}\beta\right)^{13} + \ldots, \qquad q^{\frac{1}{4}} = |\sqrt[4]{q}|,$$

$$\mathrm{X} = \frac{\pi}{2}(1 + 2q + 2q^4 + 2q^9 + \ldots)^2, \qquad \mathrm{X}' = -\frac{1}{\pi}\mathrm{X}\log q,$$

$$\omega_1 = \frac{\mathrm{X}}{|\sqrt{\varepsilon_1 - \varepsilon_3}|}, \qquad \omega_3 = \frac{i\mathrm{X}'}{|\sqrt{\varepsilon_1 - \varepsilon_3}|}, \qquad \tau = \frac{i\mathrm{X}'}{\mathrm{X}} = \frac{\omega_3}{\omega_1},$$

$$\sqrt{\mathrm{X}} = |\sqrt{\mathrm{X}}|, \qquad \sqrt{\omega_1} = |\sqrt{\omega_1}|,$$

$$\eta_1 = \frac{\pi^2}{12\omega_1} - \frac{2\pi^2}{\omega_1}\left(\frac{q^2}{1 - q^2} + 2\frac{q^4}{1 - q^4} + 3\frac{q^6}{1 - q^6} + 4\frac{q^8}{1 - q^8} + \ldots\right),$$

$$\eta_1 = -\frac{1}{12\omega_1}\frac{\mathfrak{S}_1'''(0\,|\,\tau)}{\mathfrak{S}_1'(0\,|\,\tau)}, \qquad \eta_3 = \eta_1\tau - \frac{\pi i}{2\omega_1}.$$

$$\sqrt{\varepsilon_1 - \varepsilon_3} = |\sqrt{\varepsilon_1 - \varepsilon_3}|;\quad \sqrt[4]{\varepsilon_1 - \varepsilon_3} = |\sqrt[4]{\varepsilon_1 - \varepsilon_3}|;\quad \sqrt{\varkappa} = |\sqrt{\varkappa}|;\quad \sqrt[4]{\varkappa} = |\sqrt[4]{\varkappa}|;$$

$$\sqrt{1 - \varkappa} = |\sqrt{1 - \varkappa}|; \qquad \sqrt[4]{1 - \varkappa} = |\sqrt[4]{1 - \varkappa}|;$$

$$\sqrt{e_1 - e_2} = \sqrt{1 - \varkappa}\sqrt{\varepsilon_1 - \varepsilon_3};\ \sqrt{e_2 - e_3} = -\sqrt{\varkappa}\sqrt{\varepsilon_1 - \varepsilon_3};\ \sqrt{e_1 - e_3} = \sqrt{\varepsilon_1 - \varepsilon_3};$$

$$\sqrt[4]{e_1 - e_2} = \sqrt[4]{1 - \varkappa}\sqrt[4]{\varepsilon_1 - \varepsilon_3};\ \sqrt[4]{e_2 - e_3} = i\sqrt[4]{\varkappa}\sqrt[4]{\varepsilon_1 - \varepsilon_3};\ \sqrt[4]{e_1 - e_3} = \sqrt[4]{\varepsilon_1 - \varepsilon_3}.$$

CXXIII (SUITE).

(2).

$$\mathfrak{S}_1(v \mid \tau) = 2q^{\frac{1}{4}}(\sin v\pi - q^2 \sin 3v\pi + q^6 \sin 5v\pi - q^{12} \sin 7v\pi + \ldots),$$

$$\mathfrak{S}_2(v \mid \tau) = 2q^{\frac{1}{4}}(\cos v\pi + q^2 \cos 3v\pi + q^6 \cos 5v\pi + q^{12} \cos 7v\pi + \ldots),$$

$$\mathfrak{S}_3(v \mid \tau) = 1 + 2q \cos 2v\pi + 2q^4 \cos 4v\pi + 2q^9 \cos 6v\pi + \ldots,$$

$$\mathfrak{S}_4(v \mid \tau) = 1 - 2q \cos 2v\pi + 2q^4 \cos 4v\pi - 2q^9 \cos 6v\pi + \ldots,$$

$$\mathfrak{S}'_1(v \mid \tau) = 2\pi q^{\frac{1}{4}}(\cos v\pi - 3q^2 \cos 3v\pi + 5q^6 \cos 5v\pi - 7q^{12} \cos 7v\pi + \ldots).$$

---

(3).

$$\mathrm{K} = \mathrm{x}, \quad \mathrm{K}' = \mathrm{x}', \quad \mathrm{E} = \frac{2-\varkappa}{3}\mathrm{K} + \frac{\eta_1}{\sqrt{\varepsilon_1 - \varepsilon_3}}, \quad \mathrm{E}' = \frac{\pi}{2\mathrm{K}} + \mathrm{K}'\left(1 - \frac{\mathrm{E}}{\mathrm{K}}\right);$$

$$\mathrm{H}(u) = \mathfrak{S}_1\left(\frac{u}{2\mathrm{K}}\right), \qquad \Theta(u) = \mathfrak{S}_4\left(\frac{u}{2\mathrm{K}}\right);$$

$$\mathrm{H}_1(u) = \mathfrak{S}_2\left(\frac{u}{2\mathrm{K}}\right), \qquad \Theta_1(u) = \mathfrak{S}_3\left(\frac{u}{2\mathrm{K}}\right);$$

$$\mathrm{sn}\,u = \frac{1}{\sqrt[4]{\varkappa}}\frac{\mathrm{H}(u)}{\Theta(u)}, \qquad \mathrm{cn}\,u = \frac{\sqrt[4]{1-\varkappa}}{\sqrt[4]{\varkappa}}\frac{\mathrm{H}_1(u)}{\Theta(u)}, \qquad \mathrm{dn}\,u = \sqrt[4]{1-\varkappa}\,\frac{\Theta_1(u)}{\Theta(u)}.$$

---

(4).

$$u = 2\omega_1 v.$$

$$\sigma(u \mid \omega_1, \omega_3) = 2\omega_1 \frac{\mathfrak{S}_1(v \mid \tau)}{\mathfrak{S}'_1(0 \mid \tau)} e^{2\omega_1\eta_1 v^2}, \qquad \sigma_1(u \mid \omega_1, \omega_3) = \frac{\mathfrak{S}_2(v \mid \tau)}{\mathfrak{S}_1(0 \mid \tau)} e^{2\omega_1\eta_1 v^2},$$

$$\sigma_2(u \mid \omega_1, \omega_3) = \frac{\mathfrak{S}_3(v \mid \tau)}{\mathfrak{S}_3(0 \mid \tau)} e^{2\omega_1\eta_1 v^2}, \qquad \sigma_3(u \mid \omega_1, \omega_3) = \frac{\mathfrak{S}_4(v \mid \tau)}{\mathfrak{S}_4(0 \mid \tau)} e^{2\omega_1\eta_1 v^2},$$

$$\zeta(u \mid \omega_1, \omega_3) = 2\eta_1 v + \frac{1}{2\omega_1}\frac{\mathfrak{S}'_1(v \mid \tau)}{\mathfrak{S}_1(v \mid \tau)},$$

$$\wp(u \mid \omega_1, \omega_3) = -\frac{\eta_1}{\omega_1} - \frac{1}{4\omega_1^2}\frac{d}{dv}\left[\frac{\mathfrak{S}'_1(v \mid \tau)}{\mathfrak{S}_1(v \mid \tau)}\right].$$

CXXIV.

Cas où $\varepsilon_1, \varepsilon_2, \varepsilon_3$ *sont réels;* $\varepsilon_1 > \varepsilon_2 \geqq 0 > \varepsilon_3$; $\gamma_2 > 0$; $\gamma_3 \leqq 0$; $\mathcal{G} > 0$.

Si $\varepsilon_1, \varepsilon_2, \varepsilon_3$ sont donnés ($\varepsilon_1 + \varepsilon_2 + \varepsilon_3 = 0$), on prendra

$$\varkappa_0 = 1 - \varkappa = \frac{\varepsilon_1 - \varepsilon_2}{\varepsilon_1 - \varepsilon_3} \leqq \tfrac{1}{2}.$$

Si l'on se donne seulement $\varkappa \geqq \frac{1}{2}$, on fixera arbitrairement le nombre positif $(\varepsilon_1 - \varepsilon_3)$ et l'on prendra

$$\varepsilon_1 = \frac{2 - \varkappa}{3}(\varepsilon_1 - \varepsilon_3), \qquad \varepsilon_2 = \frac{2\varkappa - 1}{3}(\varepsilon_1 - \varepsilon_3), \qquad \varepsilon_3 = \frac{-1 - \varkappa}{3}(\varepsilon_1 - \varepsilon_3).$$

---

(1).

$$\beta_0 = \frac{1 - |\sqrt[4]{\varkappa}|}{1 + |\sqrt[4]{\varkappa}|},$$

$$Q = \frac{1}{2}\beta_0 + 2\left(\frac{1}{2}\beta_0\right)^5 + 15\left(\frac{1}{2}\beta_0\right)^9 + 150\left(\frac{1}{2}\beta_0\right)^{13} + \dots, \qquad Q^{\frac{1}{4}} = |\sqrt[4]{Q}|,$$

$$X_0 = \frac{\pi}{2}(1 + 2Q + 2Q^4 + 2Q^9 + \dots)^2, \qquad X'_0 = -\frac{1}{\pi} X_0 \log Q,$$

$$-\omega_3 = \Omega_1 = \frac{X_0}{i\,|\sqrt{\varepsilon_1 - \varepsilon_3}|}, \qquad \omega_1 = \Omega_3 = \frac{X'_0}{|\sqrt{\varepsilon_1 - \varepsilon_3}|},$$

$$T = \frac{\Omega_3}{\Omega_1} = -\frac{\omega_1}{\omega_3} = -\frac{1}{\tau},$$

$$\eta_3 = -H_1 = \frac{\pi^2}{12\omega_3} - \frac{2\pi^2}{\omega_3}\left(\frac{Q^2}{1 - Q^2} + 2\frac{Q^4}{1 - Q^4} + 3\frac{Q^6}{1 - Q^6} + 4\frac{Q^8}{1 - Q^8} + \dots\right),$$

$$\eta_1 = H_3 = \frac{H_1\Omega_3}{\Omega_1} + \frac{\pi}{2i\Omega_1} = \frac{\eta_3\omega_1}{\omega_3} + \frac{\pi i}{2\omega_3}.$$

$$\sqrt{\varepsilon_1 - \varepsilon_3} = |\sqrt{\varepsilon_1 - \varepsilon_3}|, \qquad \sqrt[4]{\varepsilon_1 - \varepsilon_3} = |\sqrt[4]{\varepsilon_1 - \varepsilon_3}|;$$

$$\sqrt{\varkappa_0} = |\sqrt{\varkappa_0}|, \quad \sqrt{1 - \varkappa_0} = |\sqrt{1 - \varkappa_0}|, \quad \sqrt[4]{\varkappa_0} = |\sqrt[4]{\varkappa_0}|, \quad \sqrt[4]{1 - \varkappa_0} = |\sqrt[4]{1 - \varkappa_0}|;$$

$$\sqrt{E_1 - E_2} = i\sqrt{1 - \varkappa_0}\sqrt{\varepsilon_1 - \varepsilon_3}, \qquad \sqrt{E_2 - E_3} = -i\sqrt{\varkappa_0}\sqrt{\varepsilon_1 - \varepsilon_3},$$

$$\sqrt{E_1 - E_3} = i\sqrt{\varepsilon_1 - \varepsilon_3};$$

$$\sqrt[4]{E_1 - E_2} = e^{\frac{\pi i}{4}}\sqrt[4]{1 - \varkappa_0}\sqrt[4]{\varepsilon_1 - \varepsilon_3}, \qquad \sqrt[4]{E_2 - E_3} = e^{\frac{3\pi i}{4}}\sqrt[4]{\varkappa_0}\sqrt[4]{\varepsilon_1 - \varepsilon_3},$$

$$\sqrt[4]{E_1 - E_3} = e^{\frac{\pi i}{4}}\sqrt[4]{\varepsilon_1 - \varepsilon_3}.$$

CXXIV (SUITE).

(2).

$$\mathfrak{I}_1(iw\,|\,\mathrm{T}) = 2\,i\mathrm{Q}^{\frac{1}{4}}\,[\,\mathrm{sh}(w\pi) - \mathrm{Q}^2\,\mathrm{sh}(3\,w\pi) + \mathrm{Q}^6\,\mathrm{sh}(5\,w\pi) - \mathrm{Q}^{12}\,\mathrm{sh}(7\,w\pi) + \ldots\,],$$

$$\mathfrak{I}_2(iw\,|\,\mathrm{T}) = 2\,\mathrm{Q}^{\frac{1}{4}}\,[\,\mathrm{ch}(w\pi) + \mathrm{Q}^2\,\mathrm{ch}(3\,w\pi) + \mathrm{Q}^6\,\mathrm{ch}(5\,w\pi) + \mathrm{Q}^{12}\,\mathrm{ch}(7\,w\pi) + \ldots\,],$$

$$\mathfrak{I}_3(iw\,|\,\mathrm{T}) = 1 + 2\mathrm{Q}\,\mathrm{ch}(2\,w\pi) + 2\mathrm{Q}^4\,\mathrm{ch}(4\,w\pi) + 2\mathrm{Q}^9\,\mathrm{ch}(6\,w\pi) + \ldots,$$

$$\mathfrak{I}_4(iw\,|\,\mathrm{T}) = 1 - 2\mathrm{Q}\,\mathrm{ch}(2\,w\pi) + 2\mathrm{Q}^4\,\mathrm{ch}(4\,w\pi) - 2\mathrm{Q}^9\,\mathrm{ch}(6\,w\pi) + \ldots,$$

$$\mathfrak{I}_1'(iw\,|\,\mathrm{T}) = 2\pi\mathrm{Q}^{\frac{1}{4}}\,[\,\mathrm{ch}(w\pi) - 3\mathrm{Q}^2\,\mathrm{ch}(3\,w\pi) + 5\mathrm{Q}^6\,\mathrm{ch}(5\,w\pi) - 7\mathrm{Q}^{12}\,\mathrm{ch}(7\,w\pi) + \ldots\,],$$

$$\mathrm{sh}(w\pi) = \tfrac{1}{2}(e^{w\pi} - e^{-w\pi}); \qquad \mathrm{ch}(w\pi) = \tfrac{1}{2}(e^{w\pi} + e^{-w\pi}).$$

---

(3).

$$\mathrm{K} = \mathrm{x}_0', \qquad \mathrm{K}' = \mathrm{x}_0,$$

$$\mathrm{E} = \frac{1 + \varkappa_0}{3}\,\mathrm{x}_0' + \frac{\eta_1}{|\sqrt{\varepsilon_1 - \varepsilon_3}|}, \qquad \mathrm{E}' = \frac{2 - \varkappa_0}{3}\,\varkappa_0 - \frac{\eta_3}{i\,|\sqrt{\varepsilon_1 - \varepsilon_3}|};$$

$$w = \frac{u}{2\,\mathrm{x}_0}; \qquad \sqrt{\mathrm{T}} = e^{\frac{\pi i}{4}}\left|\sqrt{\frac{\mathrm{T}}{i}}\right|.$$

$$\mathrm{H}\,(u) = e^{-\frac{3\pi i}{4}}\sqrt{\mathrm{T}}\,e^{-\frac{w^2\pi i}{\mathrm{T}}}\,\mathfrak{I}_1(iw\,|\,\mathrm{T}), \qquad \Theta\,(u) = e^{-\frac{\pi i}{4}}\sqrt{\mathrm{T}}\,e^{-\frac{w^2\pi i}{\mathrm{T}}}\,\mathfrak{I}_2(iw\,|\,\mathrm{T}),$$

$$\mathrm{H}_1(u) = e^{-\frac{\pi i}{4}}\sqrt{\mathrm{T}}\,e^{-\frac{w^2\pi i}{\mathrm{T}}}\,\mathfrak{I}_4(iw\,|\,\mathrm{T}), \qquad \Theta_1(u) = e^{-\frac{\pi i}{4}}\sqrt{\mathrm{T}}\,e^{-\frac{w^2\pi i}{\mathrm{T}}}\,\mathfrak{I}_3(iw\,|\,\mathrm{T});$$

$$\mathrm{sn}\,u = \frac{-i}{\sqrt[4]{1 - \varkappa_0}}\,\frac{\mathfrak{I}_1(iw\,|\,\mathrm{T})}{\mathfrak{I}_2(iw\,|\,\mathrm{T})}, \qquad \mathrm{cn}\,u = \frac{\sqrt[4]{\varkappa_0}}{\sqrt[4]{1 - \varkappa_0}}\,\frac{\mathfrak{I}_4(iw\,|\,\mathrm{T})}{\mathfrak{I}_2(iw\,|\,\mathrm{T})}, \qquad \mathrm{dn}\,u = \sqrt[4]{\varkappa_0}\,\frac{\mathfrak{I}_3(iw\,|\,\mathrm{T}}{\mathfrak{I}_2(iw\,|\,\mathrm{T})}.$$

---

(4).

$$u = 2\,\Omega_1\,iw = -2\,\omega_3\,iw.$$

$$\sigma\,(u\,|\,\omega_1, \omega_3) = \sigma'\,(u\,|\,\Omega_1, \Omega_3) = 2\,i\,\Omega_1\,\frac{\dfrac{1}{i}\,\mathfrak{I}_1(iw\,|\,\mathrm{T})}{\mathfrak{I}_1'(0\,|\,\mathrm{T})}\,e^{-2\mathrm{H}_1\Omega_1 w^2},$$

$$\sigma_1\,(u\,|\,\omega_1, \omega_3) = \sigma_3(u\,|\,\Omega_1, \Omega_3) = \frac{\mathfrak{I}_4(iw\,|\,\mathrm{T})}{\mathfrak{I}_4(0\,|\,\mathrm{T})}\,e^{-2\mathrm{H}_1\Omega_1 w^2},$$

$$\sigma_2\,(u\,|\,\omega_1, \omega_3) = \sigma_2(u\,|\,\Omega_1, \Omega_3) = \frac{\mathfrak{I}_3(iw\,|\,\mathrm{T})}{\mathfrak{I}_3(0\,|\,\mathrm{T})}\,e^{-2\mathrm{H}_1\Omega_1 w^2},$$

$$\sigma_3\,(u\,|\,\omega_1, \omega_3) = \sigma_1(u\,|\,\Omega_1, \Omega_3) = \frac{\mathfrak{I}_2(iw\,|\,\mathrm{T})}{\mathfrak{I}_2(0\,|\,\mathrm{T})}\,e^{-2\mathrm{H}_1\Omega_1 w^2};$$

$$\zeta(u\,|\,\omega_1, \omega_3) = -\frac{\mathrm{H}_1}{i}\,\frac{u}{\Omega_1\,i} + \frac{1}{2\,\Omega_1}\,\frac{\mathfrak{I}_1'(iw\,|\,\mathrm{T})}{\mathfrak{I}_1(iw\,|\,\mathrm{T})},$$

$$\mathrm{p}(u\,|\,\omega_1, \omega_3) = \frac{\mathrm{H}_1\,\Omega_1}{(\Omega_1\,i)^2} - \frac{1}{(2\,\Omega_1\,i)^2}\,\frac{d}{dw}\left[\frac{\mathfrak{I}_1'(iw\,|\,\mathrm{T})}{\dfrac{1}{i}\,\mathfrak{I}_1(iw\,|\,\mathrm{T})}\right].$$

---

(5).

Dans le cas limite où $\varepsilon_2 = 0$, $\varkappa_0 = \varkappa = \tfrac{1}{2}$, $\gamma_3 = 0$, $\gamma_2 = 4\,e_1^2 = 4\,e_3^2$, $\omega_1 = \dfrac{\omega_3}{i}$, $\tau = i$, $q = e^{-\pi}$.

CXXV.

Cas où $\varepsilon_1 = A + Bi$, $\varepsilon_2 = -2A$, $\varepsilon_3 = A - Bi$, A *et* B *étant réels,* $A \leqq 0$, $B > 0$, $\gamma_3 \geqq 0$, $\mathcal{G} < 0$.

Si ε_1, ε_2, ε_3 sont donnés ($\varepsilon_1 + \varepsilon_2 + \varepsilon_3 = 0$), on prendra

$$\varkappa = \frac{\varepsilon_2 - \varepsilon_3}{\varepsilon_1 - \varepsilon_3} = \frac{1}{2} - \frac{-3A}{2B}\,i.$$

Si l'on se donne seulement $\varkappa$, on fixera arbitrairement le nombre positif B et l'on prendra

$$\varepsilon_1 = \frac{2(2-\varkappa)}{3}\,Bi, \qquad \varepsilon_2 = \frac{2(2\varkappa - 1)}{3}\,Bi, \qquad \varepsilon_3 = -\frac{2(\varkappa+1)}{3}\,Bi.$$

(1).

On formera successivement :

ψ tel que l'on ait

$$\tang\psi = \frac{B}{-3A}, \quad 0 < \psi \leqq \frac{\pi}{2};$$

$$\frac{1}{i}Q = \frac{1}{2}\tang\frac{\psi}{4} + 2\left(\frac{1}{2}\tang\frac{\psi}{4}\right)^5 + 15\left(\frac{1}{2}\tang\frac{\psi}{4}\right)^9 + 150\left(\frac{1}{2}\tang\frac{\psi}{4}\right)^{13} + \ldots;$$

$$Q^{\frac{1}{4}} = e^{\frac{\pi i}{8}}\left|\sqrt[4]{\frac{Q}{i}}\right|,$$

$$\sqrt[4]{\varkappa} = \frac{e^{-i\left(\frac{\pi}{8}-\frac{\psi}{4}\right)}}{\left|\sqrt[4]{2\sin\psi}\right|}, \qquad \sqrt[4]{1-\varkappa} = \frac{e^{i\left(\frac{\pi}{8}-\frac{\psi}{4}\right)}}{\left|\sqrt[4]{2\sin\psi}\right|};$$

$$\omega_1 + \omega_3 = \Omega_1 = \frac{\pi}{2}\left|\sqrt{\frac{\sin\psi}{B}}\right|\frac{(1+2Q^4+2Q^{16}+\ldots)^2}{\cos^2\frac{\psi}{4}};$$

$$\sqrt{\Omega_1} = \left|\sqrt{\Omega_1}\right|,$$

$$\frac{\omega_3 - \omega_1}{i} = \frac{2\Omega_3 - \Omega_1}{i} = \frac{2\Omega_1}{\pi}\log\frac{i}{Q},$$

où le logarithme est réel.

$$T = \frac{\Omega_3}{\Omega_1} = \frac{\tau}{1+\tau};$$

$$H_1 = \frac{\pi^2}{12\Omega_1} - \frac{2\pi^2}{\Omega_1}\left[\frac{Q^2}{1-Q^2} + 2\frac{Q^4}{1-Q^4} + 3\frac{Q^6}{1-Q^6} + \ldots\right] = -\frac{1}{12\Omega_1}\frac{\mathfrak{I}_1'''(0\,|\,T)}{\mathfrak{I}_1'(0\,|\,T)},$$

$$H_3 = \frac{\Omega_3 H_1}{\Omega_1} - \frac{\pi i}{2\Omega_1}, \quad \eta_1 = H_1 - H_3, \quad \eta_3 = H_3.$$

CXXV (SUITE).

(1) [*suite*].

$$\sqrt{E_1 - E_2} = \left|\sqrt{\frac{B}{\sin\psi}}\right| e^{-\frac{\psi i}{2}}, \qquad \sqrt[4]{E_1 - E_2} = \left|\sqrt[4]{\frac{B}{\sin\psi}}\right| e^{-\frac{\psi i}{4}},$$

$$\sqrt{E_2 - E_3} = |\sqrt{2B}|\, e^{\frac{5\pi i}{4}}, \qquad \sqrt[4]{E_2 - E_3} = |\sqrt[4]{2B}|\, e^{\frac{5\pi i}{8}},$$

$$\sqrt{E_1 - E_3} = \left|\sqrt{\frac{B}{\sin\psi}}\right| e^{\frac{\psi i}{2}}, \qquad \sqrt[4]{E_1 - E_3} = \left|\sqrt[4]{\frac{B}{\sin\psi}}\right| e^{\frac{\psi i}{4}}.$$

(2).

$$\vartheta_1(v \mid T) = 2Q^{\frac{1}{4}}[\sin v\pi - Q^2 \sin 3v\pi + Q^6 \sin 5v\pi - Q^{12} \sin 7v\pi + \ldots],$$

$$\vartheta_2(v \mid T) = 2Q^{\frac{1}{4}}[\cos v\pi + Q^2 \cos 3v\pi + Q^6 \cos 5v\pi + Q^{12} \cos 7v\pi + \ldots],$$

$$\vartheta_3(v \mid T) = 1 + 2Q\cos 2v\pi + 2Q^4 \cos 4v\pi + 2Q^9 \cos 6v\pi + \ldots,$$

$$\vartheta_4(v \mid T) = 1 - 2Q\cos 2v\pi + 2Q^4 \cos 4v\pi - 2Q^9 \cos 6v\pi + \ldots,$$

$$\vartheta_1'(v \mid T) = 2\pi Q^{\frac{1}{4}}[\cos v\pi - 3Q^2 \cos 3v\pi + 5Q^6 \cos 5v\pi - 7Q^{12} \cos 7v\pi + \ldots].$$

(3).

$$u = 2\Omega_1 v.$$

$$\sigma(u \mid \omega_1, \omega_3) = \sigma(u \mid \Omega_1, \Omega_3) = 2\Omega_1 \frac{\vartheta_1(v \mid T)}{\vartheta_1'(0 \mid T)} e^{2H_1\Omega_1 v^2},$$

$$\sigma_1(u \mid \omega_1, \omega_3) = \sigma_2(u \mid \Omega_1, \Omega_3) = \frac{\vartheta_3(v \mid T)}{\vartheta_3(0 \mid T)} e^{2H_1\Omega_1 v^2},$$

$$\sigma_2(u \mid \omega_1, \omega_3) = \sigma_1(u \mid \Omega_1, \Omega_3) = \frac{\vartheta_2(v \mid T)}{\vartheta_2(0 \mid T)} e^{2H_1\Omega_1 v^2},$$

$$\sigma_3(u \mid \omega_1, \omega_3) = \sigma_3(u \mid \Omega_1, \Omega_3) = \frac{\vartheta_4(v \mid T)}{\vartheta_4(0 \mid T)} e^{2H_1\Omega_1 v^2},$$

$$\zeta(u \mid \omega_1, \omega_3) = \zeta(u \mid \Omega_1, \Omega_3) = \frac{H_1}{\Omega_1} u + \frac{1}{2\Omega_1} \frac{\vartheta_1'(v \mid T)}{\vartheta_1(v \mid T)},$$

$$\wp(u \mid \omega_1, \omega_3) = -\frac{H_1}{\Omega_1} - \frac{1}{4\Omega_1^2} \frac{d}{dv}\left[\frac{\vartheta_1'(v \mid T)}{\vartheta_1(v \mid T)}\right].$$

CXXVI.

Cas où $\varepsilon_1 = A + Bi$, $\varepsilon_2 = -2A$, $\varepsilon_3 = A - Bi$, A *et* B *étant réels,*
$A \geqq 0$, $B > 0$, $\gamma_3 \leqq 0$, $\mathcal{G} < 0$.

Si ε_1, ε_2, ε_3 sont donnés ($\varepsilon_1 + \varepsilon_2 + \varepsilon_3 = 0$), on prendra

$$\varkappa = \frac{\varepsilon_2 - \varepsilon_3}{\varepsilon_1 - \varepsilon_3} = \frac{1}{2} + \frac{3A}{2B} i.$$

Si l'on se donne seulement $\varkappa$, on fixera arbitrairement le nombre positif B et l'on prendra

$$\varepsilon_1 = \frac{2(2-\varkappa)}{3} Bi, \qquad \varepsilon_2 = \frac{2(2\varkappa - 1)}{3} Bi, \qquad \varepsilon_3 = -\frac{2(\varkappa+1)}{3} Bi.$$

(1).

On formera successivement :

φ tel que l'on ait

$$\operatorname{tang}\varphi = \frac{B}{3A}, \quad 0 < \varphi \leqq \frac{\pi}{2};$$

$$\frac{1}{i} Q = \frac{1}{2}\operatorname{tang}\frac{\varphi}{4} + 2\left(\frac{1}{2}\operatorname{tang}\frac{\varphi}{4}\right)^5 + 15\left(\frac{1}{2}\operatorname{tang}\frac{\varphi}{4}\right)^9 + 150\left(\frac{1}{2}\operatorname{tang}\frac{\varphi}{4}\right)^{13} + \ldots,$$

$$Q^{\frac{1}{4}} = e^{\frac{\pi i}{8}} \left|\sqrt[4]{\frac{Q}{i}}\right|,$$

$$\sqrt[4]{\varkappa} = \frac{e^{\left(\frac{\pi}{8} - \frac{\varphi}{4}\right)i}}{\left|\sqrt[4]{2\sin\varphi}\right|}, \qquad \sqrt[4]{1-\varkappa} = \frac{e^{-\left(\frac{\pi}{8} - \frac{\varphi}{4}\right)i}}{\left|\sqrt[4]{2\sin\varphi}\right|};$$

$$i(\omega_1 - \omega_3) = i\Omega_1 = \frac{\pi}{2}\left|\sqrt{\frac{\sin\varphi}{B}}\right| \frac{(1 + 2Q^4 + 2Q^{16} + \ldots)^2}{\cos^2\frac{\varphi}{4}};$$

$$\omega_1 + \omega_3 = 2\Omega_3 - \Omega_1 = \frac{2i\Omega_1}{\pi}\log\frac{i}{Q},$$

où le logarithme est réel.

$$T = \frac{\Omega_3}{\Omega_1} = \frac{1}{1-\tau};$$

$$H_1 = \frac{\pi^2}{12\Omega_1} - \frac{2\pi^2}{\Omega_1}\left[\frac{Q^2}{1-Q^2} + 2\frac{Q^4}{1-Q^4} + 3\frac{Q^6}{1-Q^6} + \ldots\right] = -\frac{1}{12\Omega_1}\frac{\vartheta_1'''(0\,|\,T)}{\vartheta_1'(0\,|\,T)},$$

$$H_3 = \frac{\pi}{2i\Omega_1} + \frac{(2\Omega_3 - \Omega_1)H_1 i}{2i\Omega_1} + \frac{H_1}{2}, \quad \eta_1 = H_3, \quad \eta_3 = H_3 - H_1;$$

CXXVI (suite).

(1) [*suite*].

$$\sqrt{E_1 - E_2} = i\left|\sqrt{\frac{B}{\sin\varphi}}\right| e^{-\frac{\varphi i}{2}}, \qquad \sqrt[4]{E_1 - E_2} = \left|\sqrt[4]{\frac{B}{\sin\varphi}}\right| e^{\frac{(\pi-\varphi)i}{4}},$$

$$\sqrt{E_2 - E_3} = \left|\sqrt{2B}\right| e^{-\frac{\pi i}{4}}, \qquad \sqrt[4]{E_2 - E_3} = \left|\sqrt[4]{2B}\right| e^{\frac{7\pi i}{8}},$$

$$\sqrt{E_1 - E_3} = i\left|\sqrt{\frac{B}{\sin\varphi}}\right| e^{\frac{\varphi i}{2}}, \qquad \sqrt[4]{E_1 - E_3} = \left|\sqrt[4]{\frac{B}{\sin\varphi}}\right| e^{\frac{(\pi+\varphi)i}{4}}$$

(2).

$$\vartheta_1(iw \mid \tau) = 2iQ^{\frac{1}{4}}[\operatorname{sh}(w\pi) - Q^2 \operatorname{sh}(3w\pi) + Q^6 \operatorname{sh}(5w\pi) - Q^{12} \operatorname{sh}(7w\pi) + \ldots],$$

$$\vartheta_2(iw \mid \tau) = 2Q^{\frac{1}{4}}[\operatorname{ch}(w\pi) + Q^2 \operatorname{ch}(3w\pi) + Q^6 \operatorname{ch}(5w\pi) + Q^{12} \operatorname{ch}(7w\pi) + \ldots],$$

$$\vartheta_3(iw \mid \tau) = 1 + 2Q \operatorname{ch}(2w\pi) + 2Q^4 \operatorname{ch}(4w\pi) + 2Q^9 \operatorname{ch}(6w\pi) + \ldots,$$

$$\vartheta_4(iw \mid \tau) = 1 - 2Q \operatorname{ch}(2w\pi) + 2Q^4 \operatorname{ch}(4w\pi) - 2Q^9 \operatorname{ch}(6w\pi) + \ldots,$$

$$\vartheta_1'(iw \mid \tau) = 2\pi Q^{\frac{1}{4}}[\operatorname{ch}(w\pi) - 3Q^2 \operatorname{ch}(3w\pi) + 5Q^6 \operatorname{ch}(5w\pi) - 7Q^{12} \operatorname{ch}(7w\pi) + \ldots].$$

(3).

$$u = 2i\Omega_1 w = 2i(\omega_1 - \omega_3)w.$$

$$\sigma(u \mid \omega_1, \omega_3) = \sigma(u \mid \Omega_1, \Omega_3) = 2i\Omega_1 \frac{\frac{1}{i}\vartheta_1'(iw \mid \tau)}{\vartheta_1'(0 \mid \tau)} e^{-2H_1\Omega_1 w^2},$$

$$\sigma_1(u \mid \omega_1, \omega_3) = \sigma_3(u \mid \Omega_1, \Omega_3) = \frac{\vartheta_4(iw \mid \tau)}{\vartheta_4(0 \mid \tau)} e^{-2H_1\Omega_1 w^2},$$

$$\sigma_2(u \mid \omega_1, \omega_3) = \sigma_1(u \mid \Omega_1, \Omega_3) = \frac{\vartheta_2(iw \mid \tau)}{\vartheta_2(0 \mid \tau)} e^{-2H_1\Omega_1 w^2},$$

$$\sigma_3(u \mid \omega_1, \omega_3) = \sigma_2(u \mid \Omega_1, \Omega_3) = \frac{\vartheta_3(iw \mid \tau)}{\vartheta_3(0 \mid \tau)} e^{-2H_1\Omega_1 w^2},$$

$$\zeta(u \mid \omega_1, \omega_3) = -\frac{\Omega_1 H_1}{(i\Omega_1)^2} u + \frac{1}{2i\Omega_1} \frac{\vartheta_1'(iw \mid \tau)}{\frac{1}{i}\vartheta_1(iw \mid \tau)},$$

$$\wp(u \mid \omega_1, \omega_3) = \frac{\Omega_1 H_1}{(i\Omega_1)^2} - \frac{1}{(2i\Omega_1)^2} \frac{d}{dw}\left[\frac{\vartheta_1'(iw \mid \tau)}{\frac{1}{i}\vartheta_1(iw \mid \tau)}\right].$$

CXXVII.

(1).

Si l'on se donne deux nombres z et k tels que $|k|<1$, $|kz|<1$, on satisfera à l'équation

$$\operatorname{sn}(u,k)=z,$$

en posant

$$u=\frac{1}{i}\lambda(k^2)\log\left(iz+\sqrt{1-z^2}\right)-\sqrt{1-z^2}\sum_{n=1}^{n=\infty}\left[\frac{1.3\ldots(2n-1)}{2.4\ldots 2n}\right]^2 k^{2n}\mathcal{G}_n(z),$$

où

$$\lambda(k^2)=1+\left(\frac{1}{2}\right)^2 k^2+\left(\frac{1.3}{2.4}\right)^2 k^4+\ldots+\left[\frac{1.3\ldots(2\nu-1)}{2.4\ldots 2\nu}\right]^2 k^{2\nu}+\ldots,$$

$$\mathcal{G}_1(z)=z;\quad \mathcal{G}_n(z)=z+\frac{2}{3}z^3+\frac{2.4}{3.5}z^5+\ldots+\frac{2.4\ldots(2n-2)}{3.5\ldots(2n-1)}z^{2n-1},$$

et où l'on a fixé arbitrairement celle des deux déterminations que l'on veut de $\sqrt{1-z^2}$, puis celle des déterminations de $\log\left(iz+\sqrt{1-z^2}\right)$.

Si l'on se donne, en outre, l'un des deux nombres z' tels que l'on ait $z'^2=(1-z^2)(1-k^2z^2)$, la valeur de u, calculée au moyen de la formule précédente, satisfera aux deux équations concordantes

$$\operatorname{sn}(u,k)=z,\qquad \frac{d\operatorname{sn}(u,k)}{du}=z',$$

pourvu que, ayant fixé $\sqrt{1-k^2z^2}$ par la condition que sa partie réelle soit positive, l'on choisisse pour $\sqrt{1-z^2}$ la détermination $\dfrac{z'}{\sqrt{1-k^2z^2}}$.

(2).

Si l'on se donne deux nombres z et k tels que $|k|<1$, $|z|>1$, on satisfera à l'équation

$$\operatorname{sn}(u,k)=z,$$

en posant

$$u=\frac{\pi}{2i}\lambda(1-k^2)+\frac{1}{i}\lambda(k^2)\log\left(\frac{i}{kz}+\sqrt{1-\frac{1}{k^2z^2}}\right)$$
$$-\sqrt{1-\frac{1}{k^2z^2}}\sum_{n=1}^{n=\infty}\left[\frac{1.3\ldots(2n-1)}{2.4\ldots 2n}\right]^2 k^{2n}\mathcal{G}_n\left(\frac{1}{kz}\right),$$

où l'on a fixé arbitrairement celle des deux déterminations que l'on veut de $\sqrt{1-\frac{1}{k^2z^2}}$, puis celle des déterminations de $\log\left(\frac{i}{kz}+\sqrt{1-\frac{1}{k^2z^2}}\right)$.

CXXVII (SUITE).

(2) [*suite*].

Si l'on se donne, en outre, l'un des deux nombres z' tels que l'on ait $z'^2 = (1 - z^2)(1 - k^2 z^2)$, la valeur de u, calculée au moyen de la formule précédente, satisfera aux deux équations concordantes

$$\operatorname{sn}(u, k) = z, \qquad \frac{d \operatorname{sn}(u, k)}{du} = z',$$

pourvu que, ayant fixé $\sqrt{1 - \frac{1}{z^2}}$ par la condition que sa partie réelle soit positive, l'on choisisse pour $\sqrt{1 - \frac{1}{k^2 z^2}}$ la détermination $\dfrac{-z'}{k\sqrt{1 - \frac{1}{z^2}}}$.

(3).

On donne p, ε_1, ε_2, ε_3 et l'on suppose

$$\varepsilon_1 + \varepsilon_2 + \varepsilon_3 = 0, \qquad \gamma_2 = 2(\varepsilon_1^2 + \varepsilon_2^2 + \varepsilon_3^2), \qquad \gamma_3 = 4\varepsilon_1\varepsilon_2\varepsilon_3,$$

$$\varkappa = \frac{\varepsilon_2 - \varepsilon_3}{\varepsilon_1 - \varepsilon_3}, \qquad 1 - \varkappa = \frac{\varepsilon_1 - \varepsilon_2}{\varepsilon_1 - \varepsilon_3};$$

$\sqrt[4]{1 - \varkappa}$ a son argument compris entre $-\frac{\pi}{4}$ et $\frac{\pi}{4}$, $\qquad \beta = \dfrac{1 - \sqrt[4]{1 - \varkappa}}{1 + \sqrt[4]{1 - \varkappa}}$,

$$\lambda(\beta^4) = 1 + \left(\frac{1}{2}\right)^2 \beta^4 + \left(\frac{1.3}{2.4}\right)^2 \beta^8 + \ldots + \left[\frac{1.3\ldots(2\nu - 1)}{2.4\ldots 2\nu}\right]^2 \beta^{4\nu} + \ldots;$$

$$B_1 = \lambda(\beta^4) - 1, \qquad B_2 = B_1 - \left(\frac{1}{2}\right)^2 \beta^4, \qquad B_3 = B_2 - \left(\frac{1.3}{2.4}\right)^2 \beta^8, \qquad \ldots;$$

$$z = \frac{1}{\beta}\,\frac{1 - \Pi}{1 + \Pi};$$

Π désignant celle des déterminations de $\Pi = \sqrt[4]{1 - \varkappa}\sqrt{\dfrac{p - \varepsilon_3}{p - \varepsilon_2}}$ dont la partie réelle est positive; les déterminations de $\sqrt{\varepsilon_1 - \varepsilon_3}$, $\sqrt{1 - z^2}$, puis celle de $\log(z + i\sqrt{1 - z^2})$ sont fixées arbitrairement.

Dans ces conditions, on satisfera à l'équation

$$p(u; \gamma_2, \gamma_3) = p,$$

en posant

$$u = 2\lambda(\beta^4)\,\frac{\log(z + i\sqrt{1 - z^2})}{i\sqrt{\varepsilon_1 - \varepsilon_3}\,(1 + \sqrt[4]{1 - \varkappa})^2}$$
$$+ \frac{2\sqrt{1 - z^2}}{\sqrt{\varepsilon_1 - \varepsilon_3}\,(1 + \sqrt[4]{1 - \varkappa})^2}\left(B_1 z + \frac{2}{3} B_2 z^3 + \frac{2.4}{3.5} B_3 z^5 + \frac{2.4.6}{3.5.7} B_4 z^7 + \ldots\right).$$

CXXVII (SUITE).

(3) [*suite*].

Si l'on se donne, en outre, l'un des deux nombres P' tel que l'on ait $\text{P}'^2 = 4\text{P}^3 - \gamma_2 \text{P} - \gamma_3$, la valeur de u, calculée au moyen de la formule précédente, satisfera aux deux équations concordantes

$$p(u;\, \gamma_2, \gamma_3) = \text{P}, \qquad p'(u;\, \gamma_2, \gamma_3) = \text{P}',$$

pourvu que, ayant fixé $\sqrt{1 - \beta^4 z^2}$ par la condition que sa partie réelle soit positive, on prenne $\dfrac{\sqrt{1 - z^2}}{\sqrt{\varepsilon_1 - \varepsilon_3}}$ égal à

$$\frac{-\text{P}'}{(\text{P} - \varepsilon_2)(\text{P} - \varepsilon_3)} \, \frac{(1 + \sqrt{1 - \chi})(1 - \beta^2 z^2)}{2\sqrt{1 - \beta^4 z^2}}.$$

CXXVIII.

	NUMÉROS D'ORDRE DE LA RÉGION.				
	I ou II. $\lvert\chi\rvert < 1$, $\lvert\chi\rvert < \lvert\chi - 1\rvert$.	III. $\lvert\chi\rvert > 1$, $\lvert\chi - 1\rvert > 1$, $\lvert\chi\rvert > \lvert\chi - 1\rvert$.	IV. $\lvert\chi\rvert > 1$, $\lvert\chi - 1\rvert > 1$, $\lvert\chi\rvert < \lvert\chi - 1\rvert$.	V ou VI. $\lvert\chi - 1\rvert < 1$, $\lvert\chi\rvert > \lvert\chi - 1\rvert$.	$\chi = \frac{\varepsilon_2 - \varepsilon\ldots}{\varepsilon_1 - \varepsilon\ldots}$
Valeur de χ.	$\sqrt[4]{1 - \chi}$	$\sqrt[4]{1 - \frac{1}{\chi}}$	$\sqrt[4]{1 - \frac{1}{1 - \chi}}$	$\sqrt[4]{\chi}$	Les argument[s] … racines sont … pris entre $-\frac{\pi}{4}$ …
Valeur de $\frac{\Pi_0}{\chi}$.	$\sqrt{\frac{\text{P} - \varepsilon_3}{\text{P} - \varepsilon_2}}$	$\sqrt{\frac{\text{P} - \varepsilon_3}{\text{P} - \varepsilon_1}}$	$\sqrt{\frac{\text{P} - \varepsilon_1}{\text{P} - \varepsilon_3}}$	$\sqrt{\frac{\text{P} - \varepsilon_1}{\text{P} - \varepsilon_2}}$	Les racines … déterminées d[e fa]çon que la p[artie] réelle de Π_0 … positive.
Valeur de ρ..	1	$\sqrt{\chi}$	$i\sqrt{1 - \chi}$	i	Les parties ré[elles] des racines $\sqrt{1 - \chi}$ sont … tives.
Valeur de R.	$(\text{P} - \varepsilon_2)(\text{P} - \varepsilon_3)$	$(\text{P} - \varepsilon_3)(\text{P} - \varepsilon_1)$	$(\text{P} - \varepsilon_3)(\text{P} - \varepsilon_1)$	$(\text{P} - \varepsilon_1)(\text{P} - \varepsilon_2)$	

CXXVIII (suite).

On donne ε_1, ε_2, ε_3, γ_2, γ_3, P, P′ tels que

$$\varepsilon_1+\varepsilon_2+\varepsilon_3=0,\ \gamma_2=2(\varepsilon_1^2+\varepsilon_2^2+\varepsilon_3^2),\ \gamma_3=4\varepsilon_1\varepsilon_2\varepsilon_3,\ P'^2=4P^3-\gamma_2 P-\gamma_3.$$

Pour déterminer une valeur de u vérifiant les deux équations concordantes

$$\wp(u;\gamma_2,\gamma_3)=P,\qquad \wp'(u;\gamma_2,\gamma_3)=P',$$

on formera d'abord les quantités χ, Π_0, ρ, R d'après le Tableau précédent, puis les quantités β_0, z_0, $\lambda(\beta_0^4)$, B_{i0}, S_0 au moyen des formules

$$\beta_0=\frac{1-\chi}{1+\chi},\qquad z_0=\frac{1}{\beta_0}\,\frac{1-\Pi_0}{1+\Pi_0},\qquad \lambda(\beta_0^4)=1+\sum_{\nu=1}^{\nu=\infty}\left[\frac{1.3.5\ldots(2\nu-1)}{2.4.6\ldots 2\nu}\right]^2\beta_0^{4\nu},$$

$$B_{10}=\lambda(\beta_0^4)-1;\qquad B_{20}=B_{10}-\left(\frac{1}{2}\right)^2\beta_0^4;\qquad B_{30}=B_{20}-\left(\frac{1.3}{2.4}\right)^2\beta_0^8;$$

$$B_{i,0}=B_{i-1,0}-\left[\frac{1.3\ldots(2i-3)}{2.4\ldots(2i-2)}\right]^2\beta_0^{4i-4}=\sum_{\nu=i}^{\nu=\infty}\left[\frac{1\ 3.5\ldots(2\nu-1)}{2.4.6\ldots 2\nu}\right]^2\beta_0^{4\nu},$$

$$S_0=S(z_0)=B_{10}z_0+\frac{2}{3}B_{20}z_0^3+\frac{2.4}{3.5}B_{30}z_0^5+\frac{2.4.6}{3.5.7}B_{40}z_0^7+\ldots.$$

Si, en formant S_0, on s'arrête au terme en z_0^{2n-1}, l'erreur commise est inférieure à

$$\frac{|\beta_0^{4n+4}z_0^{2n+1}|}{(n+1)|\sqrt{(4n+2)\pi}|(1-|\beta_0^4|)(1-|\beta_0^4 z_0^2|)}.$$

On remarquera que $\lambda(\beta_0^4)$ peut aussi être calculé au moyen de

$$Q=\frac{1}{2}\beta_0+2\left(\frac{1}{2}\beta_0\right)^5+15\left(\frac{1}{2}\beta_0\right)^9+\ldots$$

par la formule

$$\lambda(\beta_0^4)=\frac{1}{4}(1+2Q+2Q^4+2Q^9+\ldots)^2(1+\chi)^2.$$

Ceci posé, on a

$$u=\frac{2\lambda(\beta_0^4)\log\left(z_0+i\sqrt{1-z_0^2}\right)}{i\rho\sqrt{\varepsilon_1-\varepsilon_3}\,(1+\chi)^2}+\frac{2\sqrt{1-z_0^2}\,S_0}{\rho\sqrt{\varepsilon_1-\varepsilon_3}\,(1+\chi)^2},$$

pourvu que l'on prenne pour $\sqrt{\varepsilon_1-\varepsilon_3}$, $\sqrt{1-z_0^2}$ des déterminations de ces racines pour lesquelles on ait

$$\frac{\sqrt{1-z_0^2}}{\sqrt{\varepsilon_1-\varepsilon_3}}=\frac{-P'\rho(1+\chi^2)(1-\beta_0^2 z_0^2)}{2R\sqrt{1-\beta_0^4 z_0^2}},$$

où la partie réelle de $\sqrt{1-\beta_0^4 z_0^2}$ est positive.

CXXIX.

Cas où γ_2 et γ_3 sont réels.

(1).

Si l'on est dans le cas du Tableau (CXXIII), on conservera aux quantités β, q, $q^{\frac{1}{4}}$, x, x', ω_1, ω_3, τ, η_1, η_3 la signification adoptée dans ce Tableau, et l'on appliquera les formules (CXXVIII) qui correspondent au cas où x est dans la région I. La quantité β_0 est alors égale à β et est comprise entre o et $\frac{1}{10}$; on prendra pour $\sqrt{\varepsilon_1 - \varepsilon_3}$ sa détermination positive et l'on aura

$$\lambda(\beta^4) = \left|\sqrt{\varepsilon_1 - \varepsilon_3}\right| \frac{\omega_1}{2\pi}\left[1 + \sqrt[4]{1 - x}\right]^2.$$

Si P est réel et plus grand que ε_1, z_0 est réel et compris entre -1 et $+1$; δ désignant l'unité positive ou négative suivant que P' est négatif ou positif, on prendra pour θ une solution des deux équations

$$z_0 = \cos\theta, \qquad \delta\left|\sqrt{1 - z_0^2}\right| = \sin\theta,$$

et l'on aura une solution réelle des deux équations concordantes

$$p(u; \gamma_2, \gamma_3) = P, \qquad p'(u; \gamma_2, \gamma_3) = P',$$

par la formule

$$u = \frac{\omega_1}{\pi}\theta + \frac{2\sin\theta}{\left|\sqrt{\varepsilon_1 - \varepsilon_3}\right|\left[1 + \sqrt[4]{1 - x}\right]^2} S(\cos\theta).$$

L'erreur commise sur $S(z_0)$ en s'arrêtant au terme en z_0^n est moindre que

$$\frac{3}{2\left|\sqrt{4n + 2}\right|} \frac{1}{10^{4n+4}}.$$

En ne conservant qu'*un* terme dans $S(\cos\theta)$, l'erreur commise sur u sera moindre que $\dfrac{\beta^8}{45\left|\sqrt{\varepsilon_1 - \varepsilon_3}\right|}$ ou que $\dfrac{1}{10^{10}\left|\sqrt{\varepsilon_1 - \varepsilon_3}\right|}$.

(2).

Si l'on est dans le cas du Tableau (CXXIV), on conservera aux quantités β_0, Q, $Q^{\frac{1}{4}}$, X_0, X'_0, Ω_1, Ω_3, T, H_1, H_3 la signification adoptée dans ce Tableau, et l'on appliquera les formules (CXXVIII) relatives au cas où x est dans la région V. On aura

$$\lambda(\beta_0^4) = \left|\sqrt{\varepsilon_1 - \varepsilon_3}\right| \frac{\omega_3}{2i\pi}\left[1 + \sqrt[4]{x}\right]^2.$$

CXXIX (SUITE).

(2) [*suite*].

Si P est réel et plus grand que ε_1, z_0 est réel et compris entre 1 et $\frac{1}{\beta_0}$; on prendra pour θ la solution réelle des deux équations

$$z_0 = \operatorname{ch}\theta, \qquad \delta \left| \sqrt{z_0^2 - 1} \right| = \operatorname{sh}\theta,$$

où δ est égal à $+1$ ou à -1, suivant que P′ est négatif ou positif, et l'on aura une solution réelle des deux équations concordantes $p(u; \gamma_2, \gamma_3) = \mathrm{P}$, $p'(u; \gamma_2, \gamma_3) = \mathrm{P}'$ par la formule

$$u = \frac{\omega_3}{i\pi}\theta + \frac{2\operatorname{sh}\theta}{\left|\sqrt{\varepsilon_1 - \varepsilon_3}\right| \left[1 + \sqrt[4]{\varkappa}\right]^2} S(\operatorname{ch}\theta).$$

En ne conservant que *deux* termes dans $S(\operatorname{ch}\theta)$, l'erreur commise sur u sera moindre que $\frac{\beta_0^6}{28\left|\sqrt{\varepsilon_1 - \varepsilon_3}\right|}$, et, quel que soit β_0, moindre que $\frac{2}{10^8\left|\sqrt{\varepsilon_1 - \varepsilon_3}\right|}$.

(3).

Si l'on est dans le cas du Tableau (CXXV), on conservera aux quantités A, B, ψ, β_0, Q, $Q^{\frac{1}{4}}$, X_0, X'_0, Ω_1, Ω_3, T, H_1, H_3 la signification qu'elles ont dans ce Tableau, et l'on appliquera les formules (CXXVIII) relatives au cas où $\varkappa$ est dans la région III. On aura

$$\chi = e^{-\frac{i\psi}{2}}, \qquad \beta_0 = i \operatorname{tang}\frac{\psi}{4}, \qquad \lambda(\beta_0^4) = 4\cos^2\frac{\psi}{4}\left|\sqrt{\frac{\mathrm{B}}{\sin\psi}}\right| \frac{\omega_1 + \omega_3}{2\pi}.$$

Si P est réel, plus grand que ε_2, on calculera successivement les nombres réels α, z_0, θ, u par les formules

$$\operatorname{tang}\alpha = \frac{\mathrm{B}}{\mathrm{P} - \mathrm{A}}, \qquad 0 < \alpha < \psi,$$

$$z_0 = \cot\frac{\psi}{4} \operatorname{tang}\left(\frac{\psi}{4} - \frac{\alpha}{2}\right) = \cos\theta,$$

$$\sqrt{1 - z_0^2} = \delta \frac{\left|\sqrt{\sin\frac{\alpha}{2}\sin\frac{\psi - \alpha}{2}}\right|}{\sin\frac{\psi}{4}\cos\left(\frac{\psi}{4} - \frac{\alpha}{2}\right)} = \sin\theta,$$

$$u = \frac{\omega_1 + \omega_3}{\pi}\theta + \frac{\sin\theta\left|\sqrt{\sin\psi}\right|}{2\cos^2\frac{\psi}{4}\left|\sqrt{\mathrm{B}}\right|} S(z_0).$$

Dans ces formules, δ désigne l'unité positive ou négative suivant que P′ est négatif ou positif.

CXXIX (SUITE).

(4).

Si l'on est dans le cas du Tableau (CXXVI), on conservera aux quantités A, B, φ, β_0, Q, $Q^{\frac{1}{4}}$, X_0, X'_0, Ω_1, Ω_3, T, H_1, H_3 la signification adoptée dans ce Tableau, et l'on appliquera les formules (CXXVIII) relatives au cas où x est dans la région IV. On aura

$$\chi = e^{-\frac{i\varphi}{2}}, \qquad \beta_0 = i \operatorname{tang}\frac{\varphi}{4}, \qquad \lambda(\beta_0^4) = 4\cos^2\frac{\varphi}{4}\left|\sqrt{\frac{B}{\sin\varphi}}\right|\frac{\omega_3-\omega_1}{2i\pi}.$$

Si P est réel, plus grand que $\varepsilon_2 + \dfrac{B}{\sin\varphi}$, on calculera successivement les nombres réels α, z_0, θ, u par les formules

$$\operatorname{tang}\alpha = \frac{B}{P-A}, \qquad 0 < \alpha < \frac{1}{2}(\pi - \varphi),$$

$$z_0 = \cot\frac{\varphi}{4}\operatorname{tang}\left(\frac{\varphi}{4}+\frac{\alpha}{2}\right) = \operatorname{ch}\theta,$$

$$\sqrt{z_0^2 - 1} = \frac{\delta\left|\sqrt{\sin\frac{\alpha}{2}\sin\frac{\varphi+\alpha}{2}}\right|}{\sin\frac{\varphi}{4}\cos\left(\frac{\varphi}{4}+\frac{\alpha}{2}\right)} = \operatorname{sh}\theta;$$

$$u = \frac{\omega_3-\omega_1}{i\pi}\theta + \frac{\left|\sqrt{\sin\varphi}\right|\operatorname{sh}\theta}{2\left|\sqrt{B}\right|\cos^2\frac{\varphi}{4}} S(z_0).$$

Si P est réel, compris entre ε_2 et $\varepsilon_2 + \dfrac{B}{\sin\varphi}$, on calculera successivement les nombres réels α, z_0, θ, u par les formules

$$\operatorname{tang}\alpha = \frac{B}{A-P}, \qquad \varphi < \alpha < \frac{1}{2}(\pi + \varphi),$$

$$z_0 = -\cot\frac{\varphi}{4}\operatorname{tang}\left(\frac{\alpha}{2}-\frac{\varphi}{4}\right) = -(\operatorname{ch}\theta),$$

$$\sqrt{z_0^2 - 1} = \frac{\delta\left|\sqrt{\sin\frac{\alpha}{2}\sin\frac{\alpha-\varphi}{2}}\right|}{\sin\frac{\varphi}{4}\cos\left(\frac{\alpha}{2}-\frac{\varphi}{4}\right)} = \operatorname{sh}\theta;$$

$$u = \omega_1 + \omega_3 - \frac{\omega_3-\omega_1}{i\pi}\theta + \frac{\left|\sqrt{\sin\varphi}\right|\operatorname{sh}\theta}{2\left|\sqrt{B}\right|\cos^2\frac{\varphi}{4}} S(z_0).$$

Dans ces formules, δ désigne l'unité positive ou négative suivant que P' est négatif ou positif.

INTÉGRALES ELLIPTIQUES.

g_2 ET g_3 SONT DES NOMBRES *réels.*

$$Y = 4y^3 - g_2 y - g_3 = 4(y - e_1)(y - e_2)(y - e_3).$$

CXXX.

Cas où e_1, e_2, e_3 sont réels; $e_1 > e_2 > e_3$.

Cf (CXXIII), (CXXIV), (CXXIX_{1-2}) en supposant $e_1 = \varepsilon_1$, $e_2 = \varepsilon_2$, $e_3 = \varepsilon_3$, $g_2 = \gamma_2$, $g_3 = \gamma_3$, $k^2 = \varkappa$, ...

Fig. A.

Plan des y.

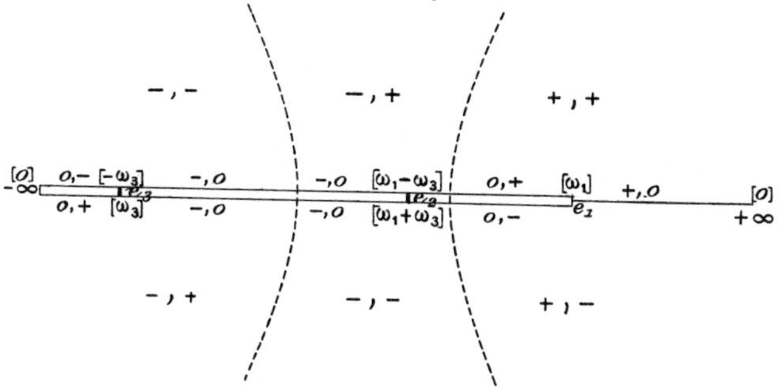

Plan des u. *Plan des y.*

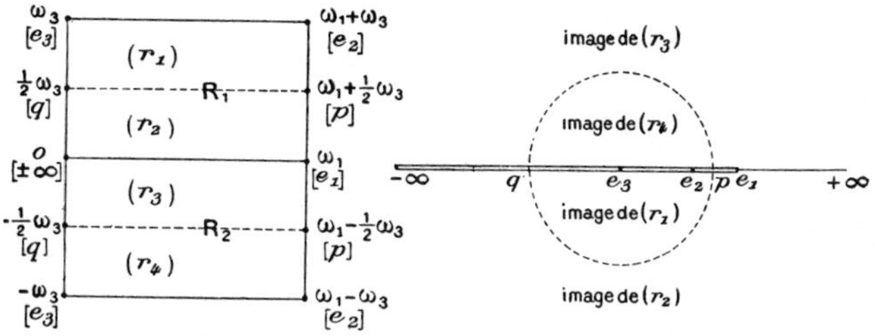

Dans le plan des y, les valeurs entre crochets correspondent au plan des u; dans le plan des u elles correspondent au plan des y.

$$p = e_3 + k(e_1 - e_3); \qquad q = e_3 - k(e_1 - e_3).$$

$$\int_{-\infty}^{e_3}{}' \frac{dy}{|\sqrt{Y}|} = \int_{e_2}^{e_1}{}' \frac{dy}{|\sqrt{Y}|} = \frac{\omega_3}{i}; \qquad \int_{e_3}^{e_2}{}' \frac{dy}{|\sqrt{Y}|} = \int_{e_1}^{\infty}{}' \frac{dy}{|\sqrt{Y}|} = \omega_1,$$

où ω_1, ω_3 sont formés au moyen de e_1, e_2, e_3 comme dans les formules (CXXIII), (CXXIV).

CXXXI.

Cas où e_2 est réel; $\dfrac{e_1 - e_3}{i} > 0$.

Cf (CXXV), (CXXVI), (CXXIX$_{3-4}$), en supposant $e_1 = \varepsilon_1$, $e_2 = \varepsilon_2$, $e_3 = \varepsilon_3$, $g_2 = \gamma_2$, $g_3 = \gamma_3$, $k^2 = \varkappa$, ...

Fig. B.

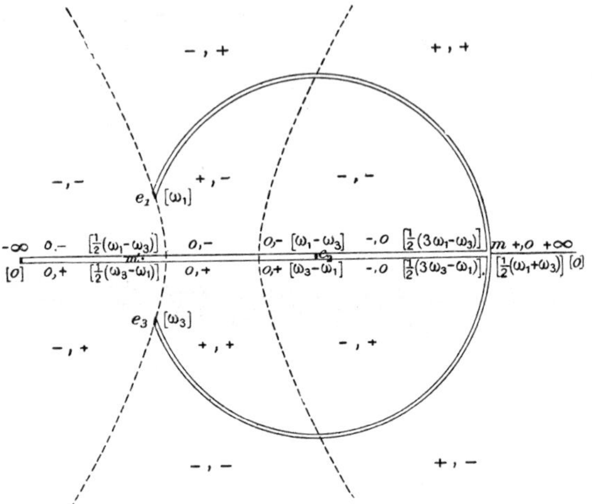

Plan des u.

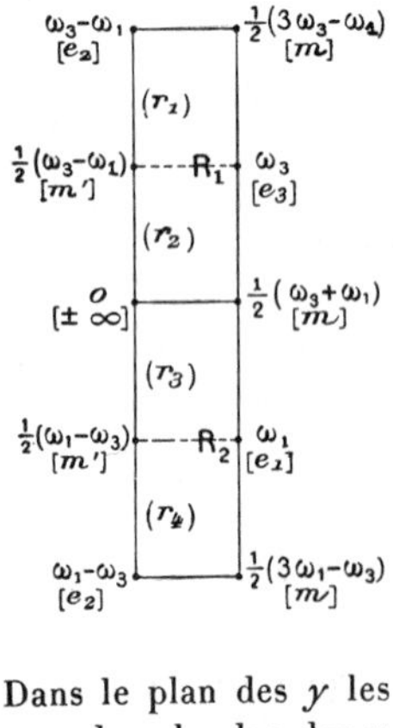

Plan des y.

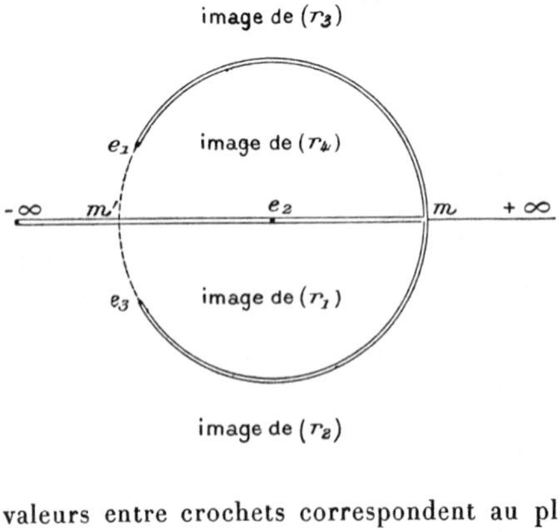

Dans le plan des y les valeurs entre crochets correspondent au plan des u; dans le plan des u elles correspondent au plan des y.

CXXXI (SUITE).

$$m = e_2 + \frac{e_1 - e_3}{i} kk', \qquad m' = e_2 - \frac{e_1 - e_3}{i} kk'.$$

$${}'\!\int_{-\infty}^{e_2} \frac{dy}{|\sqrt{Y}|} = \frac{\omega_3 - \omega_1}{i}; \qquad {}'\!\int_{e_2}^{m} \frac{dy}{|\sqrt{Y}|} = {}'\!\int_{m}^{\infty} \frac{dy}{|\sqrt{Y}|} = \frac{\omega_3 + \omega_1}{2};$$

$$e_2 > 0, \quad {}'\!\int_{e_3}^{e_1} \frac{dy}{-\sqrt{Y}} = \omega_2; \qquad e_2 < 0, \quad {}'\!\int_{e_3}^{e_1} \frac{dy}{-\sqrt{Y}} = \omega_1 - \omega_3,$$

où ω_1, ω_3 sont formés au moyen de e_1, e_2, e_3 comme dans les formules (CXXV), (CXXVI).

CXXXII.

Substitutions linéaires.

(1).

$$Z = Az^4 + 4Bz^3 + 6Cz^2 + 4Dz + E = A(z - z_\lambda)(z - z_\mu)(z - z_\nu)(z - z_\rho),$$

$$Y = 4y^3 - g_2 y - g_3 = 4(y - e_\alpha)(y - e_\beta)(y - e_\gamma),$$

$$g_2 = AE + 3C^2 - 4BD, \qquad g_3 = ACE + 2BCD - AD^2 - EB^2 - C^3,$$

$$z = z_\rho + \frac{\frac{1}{4} Z'_\rho}{y - \frac{1}{24} Z''_\rho}, \qquad y = \frac{1}{24} Z''_\rho + \frac{\frac{1}{4} Z'_\rho}{z - z_\rho}, \qquad \frac{dz}{\sqrt{Z}} = \frac{dy}{-\sqrt{Y}},$$

$$y - e_\alpha = \frac{A}{4} (z_\rho - z_\mu)(z_\rho - z_\nu) \frac{z - z_\lambda}{z - z_\rho}.$$

(2).

$$\sqrt{Y} = \frac{\frac{1}{4} Z'_\rho}{(z - z_\rho)^2} \sqrt{Z} = \frac{4}{Z'_\rho} (y - \tfrac{1}{24} Z''_\rho)^2 \sqrt{Z}.$$

(3) $A \neq 0$.

$$L = (z_1 - z_3)(z_2 - z_4), \quad M = (z_1 - z_2)(z_3 - z_4), \quad N = (z_1 - z_4)(z_2 - z_3), \quad L = M + N;$$

$$g_2 = \frac{A^2}{24} (L^2 + M^2 + N^2), \qquad g_3 = \frac{A^3}{432} (L + M)(L + N)(M - N);$$

$$e_\alpha = \frac{C}{2} - \frac{A}{4} (z_\lambda z_\rho + z_\mu z_\nu) = \frac{A}{12} [(z_\rho + z_\lambda)(z_\mu + z_\nu) - 2(z_\lambda z_\rho + z_\mu z_\nu)],$$

$$e_\beta - e_\gamma = \frac{A}{4} (z_\lambda - z_\rho)(z_\mu - z_\nu), \qquad e_\gamma \quad e_\alpha = \frac{A}{4} (z_\mu - z_\rho)(z_\nu - z_\lambda),$$

$$e_\alpha - e_\beta = \frac{A}{4} (z_\nu - z_\rho)(z_\lambda - z_\mu).$$

CXXXII (suite).

(4) $A = 0$.

$$Z = az^3 + 3bz^2 + 3cz + d = a(z - z_\mu)(z - z_\nu)(z - z_\rho),$$

$$g_2 = \frac{3}{4}(b^2 - ac), \qquad g_3 = \frac{1}{16}(3abc - a^2 d - 2b^3),$$

$$e_\alpha = \frac{1}{24} Z''_\rho, \qquad e_\beta = \frac{1}{24} Z''_\nu, \qquad e_\gamma = \frac{1}{24} Z''_\mu,$$

$$e_\beta - e_\gamma = \frac{a}{4}(z_\nu - z_\mu), \qquad e_\gamma - e_\alpha = \frac{a}{4}(z_\mu - z_\rho), \qquad e_\alpha - e_\beta = \frac{a}{4}(z_\rho - z_\nu).$$

CXXXIII.

Cas où Z est du troisième degré et admet trois racines réelles

$$z_1 > z_2 > z_3.$$

$$a > 0; \qquad e_2 - e_3 = \frac{a}{4}(z_2 - z_3), \qquad e_1 - e_3 = \frac{a}{4}(z_1 - z_3),$$

$$e_1 - e_2 = \frac{a}{4}(z_1 - z_2), \qquad k^2 = \frac{z_2 - z_3}{z_1 - z_3}.$$

$$\int_{-\infty}^{z_3} \frac{dz}{|\sqrt{Z}|} = \int_{z_2}^{z_1} \frac{dz}{|\sqrt{Z}|} = \frac{\omega_3}{i}; \qquad \int_{z_3}^{z_2} \frac{dz}{|\sqrt{Z}|} = \int_{z_1}^{\infty} \frac{dz}{|\sqrt{Z}|} = \omega_1,$$

où ω_1, ω_3 sont formés au moyen de e_1, e_2, e_3 comme dans les formules (CXXIII), (CXXIV).

CXXXIV.

$$Z = 4z(1 - z)(1 - nz).$$

$$n > 1; \quad 3e_1 = 2n - 1, \quad 3e_2 = 2 - n, \quad 3e_3 = -1 - n, \quad k^2 = \frac{1}{n},$$

$$\int_{-\infty}^{0} \frac{dz}{|\sqrt{Z}|} = \int_{\frac{1}{n}}^{1} \frac{dz}{|\sqrt{Z}|} = \frac{\omega_3}{i} = \frac{1}{|\sqrt{n}|} \mathrm{X}\left(\frac{n-1}{n}\right),$$

$$\int_{0}^{\frac{1}{n}} \frac{dz}{|\sqrt{Z}|} = \int_{1}^{\infty} \frac{dz}{|\sqrt{Z}|} = \omega_1 = \frac{1}{|\sqrt{n}|} \mathrm{X}\left(\frac{1}{n}\right);$$

CXXXIV (suite).

$1 > n > 0;\quad 3e_1 = 2 - n,\quad 3e_2 = 2n - 1,\quad 3e_3 = -1 - n,\quad k^2 = n,$

$$ {}'\!\!\int_{-\infty}^{0} \frac{dz}{|\sqrt{Z}|} = {}'\!\!\int_{1}^{\frac{1}{n}} \frac{dz}{|\sqrt{Z}|} = \frac{\omega_3}{i} = \mathrm{X}(1-n), $$

$$ {}'\!\!\int_{0}^{1} \frac{dz}{|\sqrt{Z}|} = {}'\!\!\int_{\frac{1}{n}}^{\infty} \frac{dz}{|\sqrt{Z}|} = \omega_1 = \mathrm{X}(n); $$

$n < 0;\quad 3e_1 = 1 - 2n,\quad 3e_2 = 1 + n,\quad 3e_3 = n - 2,\quad k^2 = \frac{1}{1-n},$

$$ {}'\!\!\int_{-\infty}^{\frac{1}{n}} \frac{dz}{|\sqrt{Z}|} = {}'\!\!\int_{0}^{1} \frac{dz}{|\sqrt{Z}|} = \frac{\omega_3}{i} = \frac{1}{|\sqrt{1-n}|}\,\mathrm{X}\left(\frac{n}{n-1}\right), $$

$$ {}'\!\!\int_{\frac{1}{n}}^{0} \frac{dz}{|\sqrt{Z}|} = {}'\!\!\int_{1}^{\infty} \frac{dz}{|\sqrt{Z}|} = \omega_1 = \frac{1}{|\sqrt{1-n}|}\,\mathrm{X}\left(\frac{1}{1-n}\right). $$

$$ Z = 4z(1+z)(1-nz). $$

$n > 0;\quad 3e_1 = n + 2,\quad 3e_2 = n - 1,\quad 3e_3 = -2n - 1,\quad k^2 = \frac{n}{n+1},$

$$ {}'\!\!\int_{-\infty}^{-1} \frac{dz}{|\sqrt{Z}|} = {}'\!\!\int_{0}^{\frac{1}{n}} \frac{dz}{|\sqrt{Z}|} = \frac{\omega_3}{i} = \frac{1}{|\sqrt{n+1}|}\,\mathrm{X}\left(\frac{1}{n+1}\right), $$

$$ {}'\!\!\int_{-1}^{0} \frac{dz}{|\sqrt{Z}|} = {}'\!\!\int_{\frac{1}{n}}^{\infty} \frac{dz}{|\sqrt{Z}|} = \omega_1 = \frac{1}{|\sqrt{n+1}|}\,\mathrm{X}\left(\frac{n}{n+1}\right); $$

$0 > n > -1;\quad 3e_1 = 1 - n,\quad 3e_2 = 1 + 2n,\quad 3e_3 = -2 - n,\quad k^2 = 1 + n,$

$$ {}'\!\!\int_{-\infty}^{\frac{1}{n}} \frac{dz}{|\sqrt{Z}|} = {}'\!\!\int_{-1}^{0} \frac{dz}{|\sqrt{Z}|} = \frac{\omega_3}{i} = \mathrm{X}(-n), $$

$$ {}'\!\!\int_{\frac{1}{n}}^{-1} \frac{dz}{|\sqrt{Z}|} = {}'\!\!\int_{0}^{\infty} \frac{dz}{|\sqrt{Z}|} = \omega_1 = \mathrm{X}(1+n); $$

CXXXIV (SUITE).

$n < -1$; $3e_1 = 1 - n$, $3e_2 = -2 - n$, $3e_3 = 1 + 2n$, $k^2 = \dfrac{1+n}{n}$,

$$\int_{-\infty}^{-1} \frac{dz}{|\sqrt{Z}|} = \int_{\frac{1}{n}}^{0} \frac{dz}{|\sqrt{Z}|} = \frac{\omega_3}{i} = \frac{1}{|\sqrt{-n}|}\,\mathrm{X}\left(-\frac{1}{n}\right),$$

$$\int_{-1}^{\frac{1}{n}} \frac{dz}{|\sqrt{Z}|} = \int_{0}^{\infty} \frac{dz}{|\sqrt{Z}|} = \omega_1 = \frac{1}{|\sqrt{-n}|}\,\mathrm{X}\left(\frac{1+n}{n}\right).$$

CXXXV.

$$Z = (1 + z^2)(1 - h^2 z^2).$$

$h > 0$; $3e_1 = h^2 + 2$, $3e_2 = h^2 - 1$, $3e_3 = -2h^2 - 1$, $k^2 = \dfrac{h^2}{1+h^2}$,

$$\int_{0}^{\frac{1}{h}} \frac{dz}{|\sqrt{Z}|} = \frac{\omega_3}{i} = \frac{1}{|\sqrt{1+h^2}|}\,\mathrm{K}', \quad \int_{\frac{1}{h}}^{\infty} \frac{dz}{|\sqrt{Z}|} = \omega_1 = \frac{1}{|\sqrt{1+h^2}|}\,\mathrm{K};$$

$$Z = (1 - z^2)(1 - h^2 z^2).$$

$1 > h > 0$; $3e_1 = 2 - h^2$, $3e_2 = 2h^2 - 1$, $3e_3 = -1 - h^2$, $k^2 = h^2$,

$$\int_{0}^{1} \frac{dz}{|\sqrt{Z}|} = \int_{\frac{1}{h}}^{\infty} \frac{dz}{|\sqrt{Z}|} = \omega_1 = \mathrm{K}, \quad \int_{1}^{\frac{1}{h}} \frac{dz}{|\sqrt{Z}|} = \frac{\omega_3}{i} = \mathrm{K}',$$

$h > 1$; $3e_1 = 2h^2 - 1$, $3e_2 = 2 - h^2$, $3e_3 = -1 - h^2$, $k^2 = \dfrac{1}{h^2}$,

$$\int_{0}^{\frac{1}{h}} \frac{dz}{|\sqrt{Z}|} = \int_{1}^{\infty} \frac{dz}{|\sqrt{Z}|} = \omega_1 = \frac{1}{h}\,\mathrm{K}, \quad \int_{\frac{1}{h}}^{1} \frac{dz}{|\sqrt{Z}|} = \frac{\omega_3}{i} = \frac{1}{h}\,\mathrm{K}';$$

$$Z = (1 + z^2)(1 + h^2 z^2).$$

$1 > h > 0$; $3e_1 = 1 + h^2$, $3e_2 = 1 - 2h^2$, $3e_3 = h^2 - 2$, $k^2 = 1 - h^2$,

$$\int_{0}^{\infty} \frac{dz}{|\sqrt{Z}|} = \omega_1 = \mathrm{K};$$

$h > 1$; $3e_1 = 1 + h^2$, $3e_2 = h^2 - 2$, $3e_3 = 1 - 2h^2$, $k^2 = \dfrac{h^2 - 1}{h^2}$,

$$\int_{0}^{\infty} \frac{dz}{|\sqrt{Z}|} = \omega_1 = \frac{1}{h}\,\mathrm{K}.$$

Dans tous les cas, on suppose $\mathrm{K} = \mathrm{X}(k^2)$, $\mathrm{K}' = \mathrm{X}(1 - k^2)$.

CXXXVI.

Cas où Z est du troisième degré et admet une seule racine réelle z_2.

$$\frac{z_1 - z_3}{i} > 0; \qquad a > 0.$$

$$e_2 = \frac{a}{12}(2z_2 - z_1 - z_3); \qquad e_2 - e_3 = \frac{a}{4}(z_2 - z_3);$$

$$e_1 - e_3 = \frac{a}{4}(z_1 - z_3); \qquad k^2 = \frac{z_2 - z_3}{z_1 - z_3}.$$

$$\text{M} = z_2 + \left|\sqrt{z_2 - z_1}\sqrt{z_2 - z_3}\right|.$$

$${}'\!\!\int_{z_2}^{\text{M}} \frac{dz}{|\sqrt{\text{Z}}|} = {}'\!\!\int_{\text{M}}^{\infty} \frac{dz}{|\sqrt{\text{Z}}|} = \frac{\omega_3 + \omega_1}{2}; \qquad {}'\!\!\int_{-\infty}^{z_2} \frac{dz}{|\sqrt{\text{Z}}|} = \frac{\omega_3 - \omega_1}{i};$$

$${}'\!\!\int_{z_3}^{\text{M}} \frac{dz}{\sqrt{\text{Z}}} = {}'\!\!\int_{z_3}^{z_1} \frac{dz}{\sqrt{\text{Z}}} = \frac{\omega_3 - \omega_1}{2};$$

$$z_2 > \frac{z_1 + z_3}{2}, \quad {}'\!\!\int_{z_3}^{z_1} \frac{dz}{\sqrt{\text{Z}}} = \omega_2; \qquad z_2 < \frac{z_1 + z_3}{2}, \quad {}'\!\!\int_{z_3}^{z_1} \frac{dz}{\sqrt{\text{Z}}} = \omega_3 - \omega_1,$$

où ω_1, ω_3 sont formés au moyen de e_1, e_2, e_3 comme dans les formules (CXXV), (CXXVI).

Fig. C.

Plan des u. *Plan des z.*

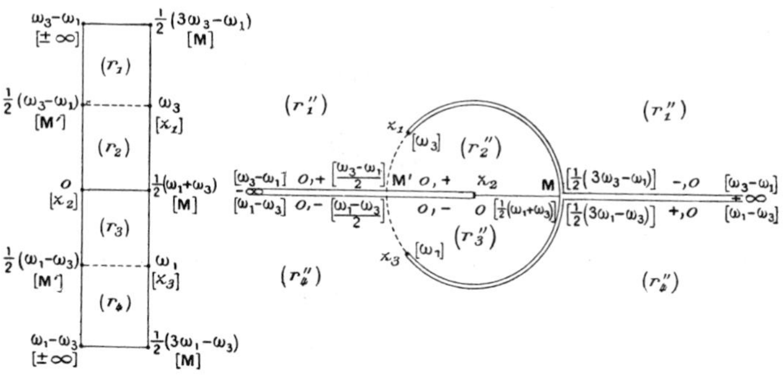

Dans le plan des z les valeurs entre crochets correspondent au plan des u; dans le plan des u elles correspondent au plan des z.

CXXXVII.

Cas où Z est du quatrième degré et admet quatre racines réelles

$$z_1 > z_2 > z_3 > z_4.$$

$$A > 0; \quad e_1 - e_3 = \tfrac{1}{4} AL, \quad e_1 - e_2 = \tfrac{1}{4} AM, \quad e_2 - e_3 = \tfrac{1}{4} AN, \quad k^2 = \frac{N}{L},$$

$$\int_{z_4}^{z_3} \frac{dz}{|\sqrt{Z}|} = \int_{z_2}^{z_1} \frac{dz}{|\sqrt{Z}|} = \frac{\omega_3}{i}; \quad \int_{z_3}^{z_2} \frac{dz}{|\sqrt{Z}|} = \int_{z_1}^{\infty} \frac{dz}{|\sqrt{Z}|} + \int_{-\infty}^{z_4} \frac{dz}{|\sqrt{Z}|} = \omega_1.$$

$$A < 0; \quad e_3 - e_1 = \tfrac{1}{4} AL, \quad e_2 - e_1 = \tfrac{1}{4} AN, \quad e_3 - e_2 = \tfrac{1}{4} AM, \quad k^2 = \frac{M}{L},$$

$$\int_{z_4}^{z_3} \frac{dz}{|\sqrt{Z}|} = \int_{z_2}^{z_1} \frac{dz}{|\sqrt{Z}|} = \omega_1; \quad \int_{z_3}^{z_2} \frac{dz}{|\sqrt{Z}|} = \int_{z_1}^{\infty} \frac{dz}{|\sqrt{Z}|} + \int_{-\infty}^{z_4} \frac{dz}{|\sqrt{Z}|} = \frac{\omega_3}{i}.$$

Dans ces formules et les suivantes (CXXVIII), ω_1, ω_3 sont formés au moyen de e_1, e_2, e_3 comme dans les formules (CXXIII), (CXXIV).

CXXXVIII.

Cas où Z admet deux paires de racines imaginaires conjuguées.

$$\frac{z_1 - z_2}{i} > 0, \qquad \frac{z_4 - z_3}{i} > 0, \qquad z_1 + z_2 \geqq z_3 + z_4; \qquad A > 0.$$

$$e_1 - e_3 = \frac{1}{4} AL, \quad e_1 - e_2 = \frac{1}{4} AM, \quad e_2 - e_3 = \frac{1}{4} AN, \quad k^2 = \frac{N}{L}.$$

(1).

Fig. D.

Plan des u. *Plan des z.*

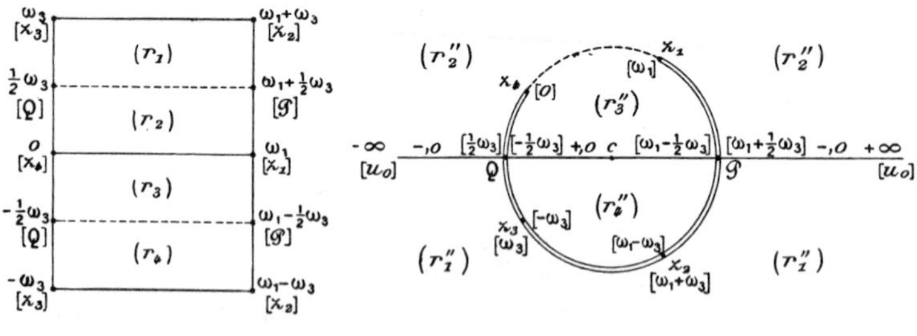

Dans le plan des z les valeurs entre crochets correspondent au plan des u; dans le plan des u elles correspondent au plan des z.

$$P = \frac{z_1 z_2 - z_3 z_4 + \left|\sqrt{(z_1 - z_3)(z_1 - z_4)}\sqrt{(z_2 - z_4)(z_2 - z_3)}\right|}{z_1 + z_2 - z_3 - z_4},$$

$$Q = \frac{z_1 z_2 - z_3 z_4 - \left|\sqrt{(z_1 - z_3)(z_1 - z_4)}\sqrt{(z_2 - z_4)(z_2 - z_3)}\right|}{z_1 + z_2 - z_3 - z_4}.$$

CXXXVIII (suite).

(1) [*suite*].

$$'\int_{Q}^{P}\frac{dz}{|\sqrt{Z}|}=\omega_1,\qquad '\int_{P}^{\infty}\frac{dz}{|\sqrt{Z}|}+'\int_{-\infty}^{Q}\frac{dz}{|\sqrt{Z}|}=\omega_1;$$

$$'\int_{z_4}^{z_1}\frac{dz}{\sqrt{Z}}=\omega_1,\qquad '\int_{z_3}^{z_2}\frac{dz}{\sqrt{Z}}=\omega_1,\qquad '\int_{z_2}^{z_1}\frac{dz}{\sqrt{Z}}=\omega_3,\qquad '\int_{z_3}^{z_4}\frac{dz}{\sqrt{Z}}=\omega_3.$$

Pour la détermination de $\sqrt{Z}$ dans ces intégrales, *voir* n° 604.

(2).

$$Z=z^4+2r^2(1-2\cos^2\theta)z^2+r^4=(z^2+2rz\cos\theta+r^2)(z^2-2rz\cos\theta+r^2),$$

$$r>0,\qquad 0<\theta<\frac{\pi}{2}.$$

$$'\int_{0}^{r}\frac{dz}{|\sqrt{Z}|}='\int_{r}^{\infty}\frac{dz}{|\sqrt{Z}|}=\frac{1}{2}\,\omega_1=\frac{1}{2r}\,\mathrm{X}(\cos^2\theta);\qquad \frac{\omega_3}{i}=\frac{1}{r}\,\mathrm{X}(\sin^2\theta).$$

(3).

Fig. E.

Plan des u. *Plan des z.*

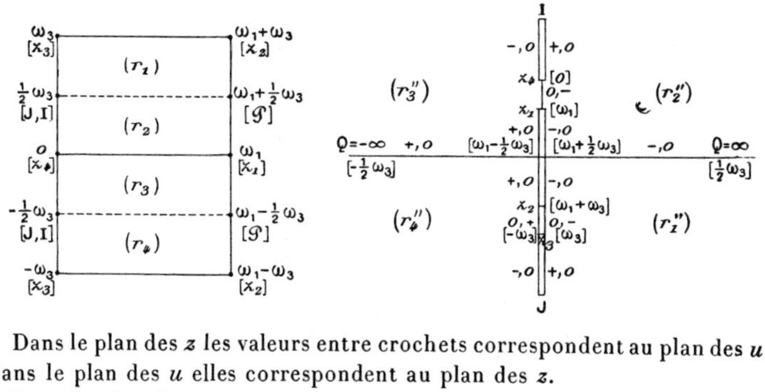

Dans le plan des z les valeurs entre crochets correspondent au plan des u; dans le plan des u elles correspondent au plan des z.

Dans le plan des z, on a omis, pour ne pas charger la figure, d'écrire $\mathrm{P}=\frac{1}{2}(z_1+z_2)=\frac{1}{2}(z_3+z_4)$, à l'intersection de l'axe des quantités réelles et de la coupure.

$$'\int_{-\infty}^{P}\frac{dz}{|\sqrt{Z}|}='\int_{P}^{+\infty}\frac{dz}{|\sqrt{Z}|}=\omega_1;\qquad '\int_{z_2}^{z_3}\frac{dz}{|\sqrt{Z}|}='\int_{z_1}^{z_4}\frac{dz}{|\sqrt{Z}|}=i\omega_1;$$

$$'\int_{z_1}^{z_2}\frac{dz}{|\sqrt{Z}|}=2\,'\int_{z_1}^{P}\frac{dz}{|\sqrt{Z}|}=-\,\omega_3;\qquad '\int_{z_3}^{J}\frac{dz}{|\sqrt{Z}|}='\int_{I}^{z_4}\frac{dz}{|\sqrt{Z}|}=-\,\frac{\omega_3}{2}.$$

CXXXIX.

Cas où Z admet deux racines réelles $z_2 > z_4$ et deux racines imaginaires conjuguées; $\frac{z_1 - z_3}{i} > 0$.

$$\delta = \frac{|z_1 - z_2|}{|z_1 - z_4|}; \quad s = \frac{1}{24} Z''_\rho;$$

$$e_2 = \frac{A}{24}[(z_1 - z_3)^2 - (z_1 + z_3 - 2z_2)(z_1 + z_3 - 2z_4)];$$

$$\frac{e_1 - e_3}{i} = \frac{|A|}{4i}(z_1 - z_3)(z_2 - z_4).$$

Dans les formules suivantes ω_1, ω_3 sont formés au moyen de e_1, e_2, e_3 comme dans les formules (CXXV), (CXXVI).

$A > 0$; $\qquad M = \frac{z_2 - z_4\delta}{1 - \delta}, \qquad M' = \frac{z_2 + z_4\delta}{1 + \delta},$

$\delta > 1$; $$\int_M^{z_4} \frac{dz}{|\sqrt{Z}|} = \int_{z_2}^{+\infty} \frac{dz}{|\sqrt{Z}|} + \int_{-\infty}^{M} \frac{dz}{|\sqrt{Z}|} = \frac{\omega_3 + \omega_1}{2},$$

$$\int_{z_4}^{M'} \frac{dz}{|\sqrt{Z}|} = \int_{M'}^{z_2} \frac{dz}{|\sqrt{Z}|} = \frac{\omega_3 - \omega_1}{2i};$$

$\delta = 1$; $$\int_{-\infty}^{z_4} \frac{dz}{|\sqrt{Z}|} = \int_{z_2}^{+\infty} \frac{dz}{|\sqrt{Z}|} = \frac{\omega_3 + \omega_1}{2},$$

$$\int_{z_4}^{M'} \frac{dz}{|\sqrt{Z}|} = \int_{M'}^{z_2} \frac{dz}{|\sqrt{Z}|} = \frac{\omega_3 - \omega_1}{2i};$$

$\delta < 1$; $$\int_{z_2}^{M} \frac{dz}{|\sqrt{Z}|} = \int_{M}^{+\infty} \frac{dz}{|\sqrt{Z}|} + \int_{-\infty}^{z_4} \frac{dz}{|\sqrt{Z}|} = \frac{\omega_3 + \omega_1}{2},$$

$$\int_{z_4}^{M'} \frac{dz}{|\sqrt{Z}|} = \int_{M'}^{z_2} \frac{dz}{|\sqrt{Z}|} = \frac{\omega_3 - \omega_1}{2i};$$

$A < 0$; $\qquad M = \frac{z_2 + z_4\delta}{1 + \delta}, \qquad M' = \frac{z_2 - z_4\delta}{1 - \delta},$

$\delta > 1$; $$\int_{z_4}^{M} \frac{dz}{|\sqrt{Z}|} = \int_{M}^{z_2} \frac{dz}{|\sqrt{Z}|} = \frac{\omega_3 + \omega_1}{2},$$

$$\int_{M'}^{z_4} \frac{dz}{|\sqrt{Z}|} = \int_{z_2}^{+\infty} \frac{dz}{|\sqrt{Z}|} + \int_{-\infty}^{M'} \frac{dz}{|\sqrt{Z}|} = \frac{\omega_3 - \omega_1}{2i};$$

CXXXIX (suite).

$\delta = 1;$ $$\int_{z_4}^{M} \frac{dz}{|\sqrt{Z}|} = \int_{M}^{z_2} \frac{dz}{|\sqrt{Z}|} = \frac{\omega_3 + \omega_1}{2},$$

$$\int_{-\infty}^{z_4} \frac{dz}{|\sqrt{Z}|} = \int_{z_2}^{+\infty} \frac{dz}{|\sqrt{Z}|} = \frac{\omega_3 - \omega_1}{2i};$$

$\delta < 1;$ $$\int_{z_4}^{M} \frac{dz}{|\sqrt{Z}|} = \int_{M}^{z_2} \frac{dz}{|\sqrt{Z}|} = \frac{\omega_3 + \omega_1}{2},$$

$$\int_{z_2}^{M'} \frac{dz}{|\sqrt{Z}|} = \int_{M'}^{+\infty} \frac{dz}{|\sqrt{Z}|} + \int_{-\infty}^{z_4} \frac{dz}{|\sqrt{Z}|} = \frac{\omega_3 - \omega_1}{2i}.$$

CXL.

Substitutions quadratiques dans le cas où Z est du troisième degré et n'admet qu'une seule racine réelle, z_2.

$$Z = a(z - z_1)(z - z_2)(z - z_3); \qquad \frac{z_1 - z_3}{i} > 0;$$

$$\varphi(z) = z^2 - 2z_2 z + z_2(z_1 + z_3) - z_1 z_3 = (z - \zeta_1)(z - \zeta_3);$$

$$x = \frac{(z - z_1)(z - z_3)}{z - z_2}, \qquad \frac{dz}{\sqrt{Z}} = \frac{dx}{\sqrt{ax(x - x_1)(x - x_3)}},$$

$$\frac{\sqrt{ax(x - x_1)(x - x_3)}}{\sqrt{Z}} = \frac{(z - \zeta_1)(z - \zeta_3)}{(z - z_2)^2},$$

$$(x - x_1)(x - x_3) = (x + z_1 + z_3)^2 - 4(z_1 z_3 + z_2 x);$$

$$x_1 = 2\zeta_1 - z_1 - z_3, \qquad x_3 = 2\zeta_3 - z_1 - z_3;$$

$$\zeta_1 > z_2 > \zeta_3, \qquad x_1 > 0 > x_3;$$

z........	$-\infty$	ζ_3	z_2	ζ_1	$+\infty$
x........	$-\infty$	x_3	$\mp\infty$	x_1	$+\infty$
$\operatorname{Sgn}\varphi(z)$...	$+$	$-$		$-$	$+$

$$\frac{dz}{|\sqrt{Z}|} = \mp \frac{dx}{|\sqrt{ax(x - x_1)(x - x_3)}|},$$

où il faut prendre le signe supérieur ou le signe inférieur suivant que z est dans l'intervalle $\zeta_3 \ldots \zeta_1$ ou hors de cet intervalle.

CXLI.

Substitutions quadratiques dans le cas où Z est du quatrième degré et admet soit une paire, soit deux paires, de racines imaginaires conjuguées.

$Z = A(z - z_1)(z - z_2)(z - z_3)(z - z_4)$; z_1, z_3 imaginaires conjuguées.

$$A_1 = A(z_1 - z_3)^2;$$

$$\varphi(z) = (z_2 + z_4 - z_1 - z_3)z^2 + 2(z_1 z_3 - z_2 z_4)z + (z_1 + z_3)z_2 z_4 - (z_2 + z_4)z_1 z_3.$$

$$x = \frac{(z - z_2)(z - z_4)}{(z - z_1)(z - z_3)}, \qquad \frac{dz}{\sqrt{Z}} = \frac{dx}{\sqrt{A_1 x(x - x_1)(x - x_3)}},$$

$$\frac{\sqrt{A_1 x(x - x_1)(x - x_3)}}{\sqrt{Z}} = \frac{\varphi(z)}{(z - z_1)^2 (z - z_3)^2}.$$

(1).

$$z_1 + z_3 \lesseqgtr z_2 + z_4,$$

$$\varphi(z) = (z_2 + z_4 - z_1 - z_3)(z - \zeta_1)(z - \zeta_3),$$

$$(x - x_1)(x - x_3)(z_1 - z_3)^2$$
$$= (z_1 - z_3)^2 x^2 + 2[2(z_1 z_3 + z_2 z_4) - (z_1 + z_3)(z_2 + z_4)]x + (z_2 - z_4)^2,$$

$$x_1 = \frac{2\zeta_1 - z_2 - z_4}{2\zeta_1 - z_1 - z_3}, \qquad x_3 = \frac{2\zeta_3 - z_2 - z_4}{2\zeta_3 - z_1 - z_3};$$

	$z_2 + z_4 > z_1 + z_3$; $(\zeta_1 < \zeta_3)$.						$z_2 + z_4 < z_1 + z_3$; $\zeta_1 > \zeta_3$.					
z......	$-\infty$	ζ_1	z_2	ζ_3	z_4	$+\infty$	$-\infty$	z_2	ζ_3	z_4	ζ_1	$+\infty$
x......	1	x_1	0	x_3	0	1	1	0	x_3	0	x_1	1
Sgn $\varphi(z)$.	+	—	—	+	+		—	—	+	+	—	

Lorsque z_2, z_4 sont imaginaires, on doit les effacer, dans ce Tableau, ainsi que les quantités 0 qui leur correspondent.

(2).

$$z_1 + z_3 = z_2 + z_4,$$

$$\varphi(z) = 2(z_1 z_3 - z_2 z_4)\left(z - \frac{z_1 + z_3}{2}\right),$$

	$z_2 z_4 < z_1 z_3$.			$z_2 z_4 > z_1 z_3$.		
z.......	$-\infty$	$\frac{z_1 + z_3}{2}$	$+\infty$	$-\infty$	$\frac{z_1 + z_3}{2}$	$+\infty$
x.......	1	x_3	1	1	x_1	1
Sgn $\varphi(z)$..	—	+		+	—	

CXLI (SUITE).

(2) [*suite*].

$$z_2 z_4 < z_1 z_3, \qquad x_1 = 1, \qquad x_3 = \frac{(z_2 - z_4)^2}{(z_1 - z_3)^2};$$

$$z_2 z_4 > z_1 z_3, \qquad x_3 = 1, \qquad x_1 = \frac{(z_2 - z_4)^2}{(z_1 - z_3)^2}.$$

CXLII.

$$\int_0^1 \frac{dz}{|\sqrt{1 - z^4}|} = \int_1^\infty \frac{dz}{|\sqrt{z^4 - 1}|} = 1,311029$$

$$\int_0^1 \frac{dz}{|\sqrt{1 + z^4}|} = \int_1^\infty \frac{dz}{|\sqrt{1 + z^4}|} = 0,927038.$$

CXLIII.

$$\left(\frac{dz}{du}\right)^2 = \mathrm{R}(z) = a_0 z^4 + 4 a_1 z^3 + 6 a_2 z^2 + 4 a_3 z + a_4;$$

(1) $$\begin{cases} g_2 = 3 a_2^2 - 4 a_1 a_3 + a_0 a_4, \\ g_3 = 2 a_1 a_2 a_3 + a_0 a_2 a_4 - a_4 a_1^2 - a_2^3 - a_0 a_3^2; \end{cases}$$

(2) $$\wp v = \frac{a_1^2 - a_0 a_2}{a_0}, \qquad \wp' v = \frac{2 a_1^3 - 3 a_0 a_1 a_2 + a_0^2 a_3}{a_0 \sqrt{a_0}};$$

(3) $$z = \frac{1}{2\sqrt{a_0}} \frac{\wp' u - \wp' v}{\wp u - \wp v} - \frac{a_1}{a_0} = -\frac{1}{\sqrt{a_0}} [\zeta u + \zeta v - \zeta(u + v)] - \frac{a_1}{a_0};$$

(4) $$\frac{dz}{du} = \frac{1}{\sqrt{a_0}} [2 \wp u - a_0 z^2 - 2 a_1 z - a_2];$$

(5) $$\frac{1}{24} \mathrm{R}''(z) = a_0 z^2 + 2 a_1 z + a_2 = \wp u + \wp(u + v).$$

Dans ces formules la détermination de $\sqrt{a_0}$ est fixée arbitrairement.

CXLIV.

(1) $$\int \frac{dz}{\sqrt{R(z)}} = c + u;$$

(2) $$\int \frac{z\,dz}{\sqrt{R(z)}} = c' - \left[\frac{a_1}{a_0} + \frac{1}{\sqrt{a_0}}\zeta(v)\right] u + \frac{1}{\sqrt{a_0}} \log \frac{\sigma(u+v)}{\sigma u};$$

(3) $$a_0 \int \frac{z^2\,dz}{\sqrt{R(z)}} + 2a_1 \int \frac{z\,dz}{\sqrt{R(z)}} = c'' - a_2 u - \zeta(u+v) - \zeta u;$$

(4) $$a_0 \int \frac{z^3\,d}{\sqrt{R(z)}} + 3a_1 \int \frac{z^2\,dz}{\sqrt{R(z)}} + 3a_2 \int \frac{z\,dz}{\sqrt{R(z)}} = c''' - a_3 u + \tfrac{1}{2}\sqrt{R(z)};$$

(5) $$\left\{\begin{aligned} &\mathrm{J}_r = \int \frac{z^r\,dr}{\sqrt{R(z)}},\\ &a_0(r+2)\mathrm{J}_{r+3} + 2(2r+3)a_1\mathrm{J}_{r+2} + 6(r+1)a_2\mathrm{J}_{r+1}\\ &\qquad + 2(2r+1)a_3\mathrm{J}_r + ra_4\mathrm{J}_{r-1} = z^r\sqrt{R(z)};\end{aligned}\right.$$

(6) $$\left\{\begin{aligned} &z = \frac{1}{x}; \qquad R_1(x) = a_4x^4 + 4a_3x^3 + 6a_2x^2 + 4a_1x + a_0;\\ &\sqrt{R_1(x)} = x^2\sqrt{R(z)};\\ &\int \frac{dz}{z^r\sqrt{R(z)}} = -\int \frac{x^r\,dx}{\sqrt{R_1(x)}}.\end{aligned}\right.$$

Dans ces formules, r est un nombre quelconque; c, c', c'', c''' désignent des constantes arbitraires.

CXLV.

(1) $$\frac{\partial e_\alpha}{\partial g_2} = \frac{e_\alpha}{12e_\alpha^2 - g_2}, \qquad \frac{\partial e_\alpha}{\partial g_3} = \frac{1}{12e_\alpha^2 - g_2}, \qquad (\alpha = 1, 2, 3);$$

(2) $$\left\{\begin{aligned} &\frac{\partial(k^2)}{\partial g_2} = \frac{(2-k^2)(1-2k^2)(1+k^2)}{12k^2k'^2(e_1-e_3)^2} = \frac{9}{16}\frac{g_3}{\mathcal{G}}(e_1-e_3)k^2k'^2,\\ &\frac{\partial(k^2)}{\partial g_3} = \frac{k^4-k^2+1}{2k^2k'^2(e_1-e_3)^3} = -\frac{3}{8}\frac{g_2}{\mathcal{G}}(e_1-e_3)k^2k'^2;\end{aligned}\right.$$

(3) $$\left\{\begin{aligned} &32\mathcal{G}\frac{\partial\omega_\alpha}{\partial g_2} = 9g_3\eta_\alpha - \tfrac{1}{2}g_2^2\omega_\alpha, \qquad 64\mathcal{G}\frac{\partial\eta_\alpha}{\partial g_2} = g_2^2\eta_\alpha - \tfrac{3}{2}g_2g_3\omega_\alpha,\\ &32\mathcal{G}\frac{\partial\omega_\alpha}{\partial g_3} = 9g_3\omega_\alpha - 6g_2\eta_\alpha, \qquad 64\mathcal{G}\frac{\partial\eta_\alpha}{\partial g_3} = g_2^2\omega_\alpha - 18g_3\eta_\alpha.\end{aligned}\right.$$

CXLV (suite).

$$(4)\quad\left\{\begin{aligned} &\frac{dK}{d\kappa} = -\frac{1}{2\kappa}K + \frac{1}{2\kappa(1-\kappa)}E, \qquad \frac{dK'}{d\kappa} = \frac{1}{2(1-\kappa)}K' - \frac{1}{2\kappa(1-\kappa)}E',\\ &\frac{dE}{d\kappa} = -\frac{1}{2\kappa}K + \frac{1}{2\kappa}E, \qquad\qquad\quad \frac{dE'}{d\kappa} = \frac{1}{2(1-\kappa)}K' - \frac{1}{2(1-\kappa)}E',\\ &\qquad\qquad \frac{dZ'(0)}{d\kappa} = \frac{1}{2} + \frac{[Z'(0)-\kappa]^2}{2\kappa(1-\kappa)}. \end{aligned}\right.$$

Dans les formules (4-5), K désigne la fonction $\mathrm{K}(\kappa)$ de la variable κ.

$$(5)\quad\left\{\begin{aligned} &\kappa(\kappa-1)\frac{d^2K}{d\kappa^2} + (2\kappa-1)\frac{dK}{d\kappa} + \tfrac{1}{4}K = 0, \quad \kappa(\kappa-1)\frac{d^2K'}{d\kappa^2} + (2\kappa-1)\frac{dK'}{d\kappa} + \tfrac{1}{4}K' = 0,\\ &\kappa(1-\kappa)\frac{d^2E}{d\kappa^2} + (1-\kappa)\frac{dE}{d\kappa} + \tfrac{1}{4}E = 0, \quad \kappa(1-\kappa)\frac{d^2E'}{d\kappa^2} - \kappa\frac{dE'}{d\kappa} + \tfrac{1}{4}E' = 0. \end{aligned}\right.$$

$$(6)\quad\left\{\begin{aligned} &j = \frac{g_2^3}{16\mathcal{G}}, \qquad \mathrm{A} = 2^{\frac{1}{3}}\omega_\alpha \mathcal{G}^{\frac{1}{12}},\\ &\mathrm{B} = 2^{-\frac{1}{3}}\mathcal{G}^{-\frac{1}{12}}\eta_\alpha, \qquad \mathrm{C} = \frac{\mathrm{B}}{2\sqrt{3}}(j-1)^{-\frac{1}{2}}j^{-\frac{2}{3}},\\ &\frac{\partial \mathrm{A}}{\partial j} = -\mathrm{C}, \qquad \frac{\partial \mathrm{B}}{\partial j} = \frac{\mathrm{A}}{24\sqrt{3}}j^{-\frac{1}{3}}(j-1)^{-\frac{1}{2}},\\ &144\,j(j-1)\frac{\partial \mathrm{C}}{\partial j} + 24\,\mathrm{C}(7j-4) - \mathrm{A} = 0; \end{aligned}\right.$$

$$(7)\quad\left\{\begin{aligned} &144j(j-1)\frac{\partial^2 \mathrm{A}}{\partial j^2} + 24(7j-4)\frac{\partial \mathrm{A}}{\partial j} + \mathrm{A} = 0,\\ &j(j-1)\frac{\partial^2 \mathrm{B}}{\partial j^2} + \frac{5j-2}{6}\frac{\partial \mathrm{B}}{\partial j} + \frac{1}{144}\mathrm{B} = 0,\\ &144j(j-1)\frac{\partial^2 \mathrm{C}}{\partial j^2} + 24(19j-10)\frac{\partial \mathrm{C}}{\partial j} + 169\,\mathrm{C} = 0. \end{aligned}\right.$$

CXLVI.

$$(1)\quad\left\{\begin{aligned} &16\mathcal{G}\frac{\partial\sigma}{\partial g_2} = -\tfrac{9}{4}g_3\sigma'' + \tfrac{1}{4}g_2^2 u\sigma' - \left[\tfrac{1}{4}g_2 + \tfrac{3}{16}g_3u^2\right]g_2\sigma,\\ &16\mathcal{G}\frac{\partial\sigma}{\partial g_3} = \tfrac{3}{2}g_2\sigma'' - \tfrac{9}{2}g_3u\sigma' + \left[\tfrac{1}{8}g_2^2u^2 + \tfrac{9}{2}g_3\right]\sigma; \end{aligned}\right.$$

$$(2)\quad\left\{\begin{aligned} &16\mathcal{G}\frac{\partial\sigma_\alpha}{\partial g_2} = -\tfrac{9}{4}g_3\sigma''_\alpha + \tfrac{1}{4}g_2^2u\sigma'_\alpha - \left[\tfrac{3}{16}g_2u^2 + \tfrac{9}{4}e_\alpha\right]g_3\sigma_\alpha,\\ &16\mathcal{G}\frac{\partial\sigma_\alpha}{\partial g_3} = \tfrac{3}{2}g_2\sigma''_\alpha - \tfrac{9}{2}g_3u\sigma'_\alpha + \left[\tfrac{3}{2}e_\alpha + \tfrac{1}{8}g_2u^2\right]g_2\sigma_\alpha; \end{aligned}\right.$$

CXLVI (SUITE).

$$(3)\quad \begin{cases} 64\mathcal{G}\,\dfrac{\partial\zeta}{\partial g_2} = -g_2^2 u\wp + g_2^2\zeta + 18 g_3\zeta\wp + 9\wp' g_3 - \frac{3}{2} g_2 g_3 u, \\ 64\mathcal{G}\,\dfrac{\partial\zeta}{\partial g_3} = 18 g_3 u\wp - 18 g_3\zeta - 12 g_2\zeta\wp - 6 g_2\wp' + g_2^2 u; \end{cases}$$

$$(4)\quad \begin{cases} 64\mathcal{G}\,\dfrac{\partial\wp}{\partial g_2} = (g_2^2 u - 18 g_3\zeta)\,\wp' + 6 g_2 g_3 + 2 g_2^2\wp - 36 g_3\wp^2, \\ 64\mathcal{G}\,\dfrac{\partial\wp}{\partial g_3} = (12 g_2\zeta - 18 g_3 u)\,\wp' + 24 g_2\wp^2 - 36 g_3\wp - 4 g_2^2; \end{cases}$$

$$(5)\quad \begin{cases} 32\mathcal{G}\,\dfrac{\partial\xi_{0\alpha}}{\partial g_2} = [\tfrac{1}{2} g_2^2 u - 9 g_3\zeta]\,\xi'_{0\alpha} - [\tfrac{1}{2} g_2^2 - 9 g_3(e_\alpha + \wp)]\,\xi_{0\alpha}, \\ 32\mathcal{G}\,\dfrac{\partial\xi_{0\alpha}}{\partial g_3} = [-9 g_3 u + 6 g_2\zeta]\,\xi'_{0\alpha} + [9 g_3 - 6 g_2(e_\alpha + \wp)]\,\xi_{0\alpha}; \end{cases}$$

$$(6)\quad \begin{cases} 32\mathcal{G}\,\dfrac{\partial\xi_{\alpha 0}}{\partial g_2} = [\tfrac{1}{2} g_2^2 u - 9 g_3\zeta]\,\xi'_{\alpha 0} + [\tfrac{1}{2} g_2^2 - 9 g_3(e_\alpha + \wp)]\,\xi_{\alpha 0}, \\ 32\mathcal{G}\,\dfrac{\partial\xi_{\alpha 0}}{\partial g_3} = [-9 g_3 u + 6 g_2\zeta]\,\xi'_{\alpha 0} + [-9 g_3 + 6 g_2(e_\alpha + \wp)]\,\xi_{\alpha 0}; \end{cases}$$

$$(7)\quad \begin{cases} 32\mathcal{G}\,\dfrac{\partial\xi_{\beta\gamma}}{\partial g_2} = [\tfrac{1}{2} g_2^2 u - 9 g_3\zeta]\,\xi'_{\beta\gamma} + 9 g_3(e_\gamma - e_\beta)\,\xi_{\beta\gamma}, \\ 32\mathcal{G}\,\dfrac{\partial\xi_{\beta\gamma}}{\partial g_3} = [-9 g_3 u + 6 g_2\zeta]\,\xi'_{\beta\gamma} + 6 g_2(e_\beta - e_\gamma)\,\xi_{\beta\gamma}; \end{cases}$$

$$(8)\quad \begin{cases} 2\varkappa(1-\varkappa)\,\dfrac{\partial\,\mathrm{sn}(u)}{\partial\varkappa} = \left[u Z'(K) - \dfrac{\Theta_1' u}{\Theta_1 u}\right]\mathrm{sn}' u, \\ 2\varkappa(1-\varkappa)\,\dfrac{\partial\,\mathrm{cn}(u)}{\partial\varkappa} = \left[u Z'(K) - \dfrac{\Theta_1' u}{\Theta_1 u}\right]\mathrm{cn}' u, \\ 2\varkappa(1-\varkappa)\,\dfrac{\partial\,\mathrm{dn}(u)}{\partial\varkappa} = \left[u Z'(K) - \dfrac{H_1' u}{H_1 u}\right]\mathrm{dn}' u; \end{cases}$$

$$(9)\quad \frac{\partial Z(u)}{\partial\varkappa} = \frac{1}{2\varkappa(1-\varkappa)}\left[u Z'(K)\, Z'(u) - \varkappa\,\mathrm{cn}^2 u\, Z(u) + \varkappa\,\mathrm{sn}\, u\,\mathrm{cn}\, u\,\mathrm{dn}\, u\right].$$

NOTE.

Détermination de la fonction inverse de pu au moyen des formules CXXVIII et CXXIX.

Reprenons toutes les notations et conventions du Tableau (CXXVIII), sauf celles qui concernent la détermination de $\sqrt{1-z_0^2}$, $\frac{1}{i}\log(z_0+i\sqrt{1-z_0^2})$, que, dans cette Note, nous fixerons comme il suit :

Dans le plan de la variable z_0, du point o comme centre, avec un rayon égal à $\frac{1}{|\beta_0|}$, décrivons un cercle, et pratiquons à l'intérieur de ce cercle deux coupures allant respectivement des points $+1$, -1 aux points $\frac{1}{|\beta_0|}$, $-\frac{1}{|\beta_0|}$. Dans l'aire intérieure au cercle modifiée par ces coupures, regardons la fonction $\sqrt{1-z_0^2}$ comme ayant sa partie réelle positive, et la fonction $\frac{1}{i}\log(z_0+i\sqrt{1-z_0^2})$ comme ayant sa partie réelle comprise entre $-\pi$ et π. Les valeurs respectives de ces fonctions, sur les bords des coupures, sont données par le Tableau suivant, où les radicaux et les logarithmes sont réels et positifs :

Coupure de gauche.

Bord supérieur...	$+i\sqrt{z_0^2-1}$,	$\pi-i\log(-z_0+\sqrt{z_0^2-1})$,
Bord inférieur....	$-i\sqrt{z_0^2-1}$,	$\pi+i\log(-z_0+\sqrt{z_0^2-1})$.

Coupure de droite.

Bord supérieur...	$-i\sqrt{z_0^2-1}$,	$-i\log(z_0+\sqrt{z_0^2-1})$,
Bord inférieur....	$+i\sqrt{z_0^2-1}$,	$+i\log(z_0+\sqrt{z_0^2-1})$.

Pour z_0 réel, compris entre -1 et $+1$, la fonction $\frac{1}{i}\log(z_0+i\sqrt{1-z_0^2})$ coïncide avec la fonction $\arccos z$ définie comme étant comprise entre o et π. Dans l'aire du cercle, modifiée par les coupures, cette fonction est holomorphe, ainsi que la fonction

$$\sqrt{1-z_0^2}$$

et que la fonction

$$u = \frac{2\lambda(\beta_0^{\frac{1}{2}})\log\left(z_0 + i\sqrt{1-z_0^2}\right)}{i\rho\sqrt{\varepsilon_1-\varepsilon_3}\,(1+\chi)^2} + \frac{2\sqrt{1-z_0^2}\,S_0}{\rho\sqrt{\varepsilon_1-\varepsilon_3}\,(1+\chi)^2},$$

puisque S_0 est une série entière en z_0, convergente dans le cercle et sur sa circonférence. Nous désignerons par $F(z_0)$ le second membre de cette formule, où il est bien entendu que $\sqrt{1-z_0^2}$ et $\frac{1}{i}\log\left(z_0+i\sqrt{1-z_0^2}\right)$ ont le sens qui vient d'être précisé. Si l'on regarde alors z_0 comme la fonction de P qui a été spécifiée dans le Tableau (CXXVIII), $u = F(z_0)$ devient une fonction de P que nous désignerons par $\mathfrak{a}\wp y$, en posant $\mathrm{P} = y$; cette fonction est parfaitement déterminée pourvu que la partie réelle de Π_0 ne soit pas nulle, et l'on a identiquement $\wp(\mathfrak{a}\wp y) = y$.

Les trois équations concordantes

$$z_0 = \frac{1}{\beta_0}\,\frac{1-\Pi_0}{1+\Pi_0}, \quad y = \wp u, \quad u = F(z_0)$$

établissent une correspondance entre les trois variables z_0, y (ou P), $\mathbf{z}_0$, correspondance qu'il est aisé d'approfondir dans les quatre cas du Tableau (CXXIX) (γ_2, γ_3 réels). Dans le premier de ces cas, la fonction $\mathfrak{a}\wp y$ coïncide avec la fonction $\arg\wp y$ définie au n° 591; il aurait été facile d'établir la coïncidence entre les fonctions $\mathfrak{a}\wp y$ et $\arg\wp y$ (n° 594) dans le troisième cas.

Quoi qu'il en soit, dans les quatre cas du Tableau (CXXIX), par les formules précédentes, au cercle et aux coupures du plan des $\mathbf{z}_0$ correspondent, dans le plan des y, un système de coupures rectilignes ou circulaires qui passent par les points ε_1, ε_2, ε_3 et, dans le plan des u, le contour d'un rectangle égal en surface à la moitié d'un parallélogramme des périodes et symétrique tantôt par rapport à l'axe des quantités réelles, tantôt par rapport à l'axe des quantités purement imaginaires. Sur le contour de ce rectangle se trouve le point o qui correspond au point 1 du plan des z_0 et au point ∞ du plan des y. Aux points intérieurs de ce rectangle correspondent d'une façon univoque les points du plan des y non situés sur les coupures et les points du plan des z_0 qui sont intérieurs au cercle sans être situés sur les coupures. Quand le plan y comporte des coupures circulaires, elles sont situées sur le cercle de centre ε_2 qui passe par les points ε_1, ε_3.

Les figures schématiques qui suivent expriment, dans chacun des quatre cas, cette correspondance. Pour plus de clarté on a séparé les bords des coupures et l'on a entouré les points critiques d'arcs de cercle infiniment petits que l'on regardera comme continuant les bords des coupures. Dans le plan des z_0, au cercle infiniment petit décrit du point 1 comme centre, correspondent approximativement dans le plan des u un demi-cercle infiniment petit décrit du point o comme centre, et, dans le plan des y, un cercle de rayon infiniment grand, que l'on regardera comme embrassant tout le plan et dont on n'a figuré que l'amorce, vers $+\infty$, ou $-\infty$, suivant les cas. Dans les trois plans, les coupures et les arcs de cercle limitent des aires simplement connexes qui se correspondent point par point et où les fonctions $F(z_0)$, $\mathfrak{a}\wp y$, $\wp u$ sont respectivement holomorphes. Une flèche indique le sens dans lequel doit marcher un mobile partant du point 1, $\pm\infty$, o, suivant qu'il se meût dans le plan des z_0, des y, ou des u, pour suivre dans le sens *direct* le contour qui limite l'aire considérée sans jamais traverser une coupure; dans ce mouvement les trois mobiles se *correspondent*. On n'aura dès lors aucune peine à distinguer la correspondance entre les bords supérieurs et inférieurs, extérieurs ou intérieurs, des diverses coupures des plans des z_0 ou des y et des diverses portions du contour du rectangle du plan des u. Au reste, sauf pour le point 1 du plan des z_0, on a employé, pour désigner les points remarquables de la figure relative à ce plan, les mêmes lettres, placées entre parenthèses, que pour le plan correspondant du plan des y; on a répété ces mêmes lettres placées entre crochets, à côté des points correspondants du plan des u.

(1) $\mathcal{G} > 0; \quad \varepsilon_1 > 0 \geqq \varepsilon_2 > \varepsilon_3; \quad \gamma_2 > 0, \quad \gamma_3 \geqq 0.$

[*Voir* CXXIII et CXXVIII, cas I.]

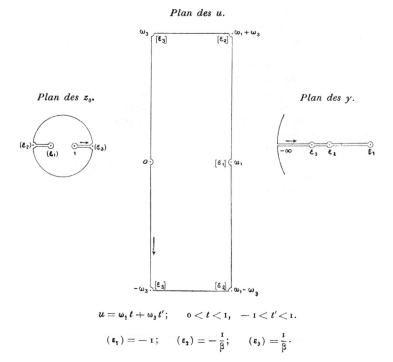

Plan des u.

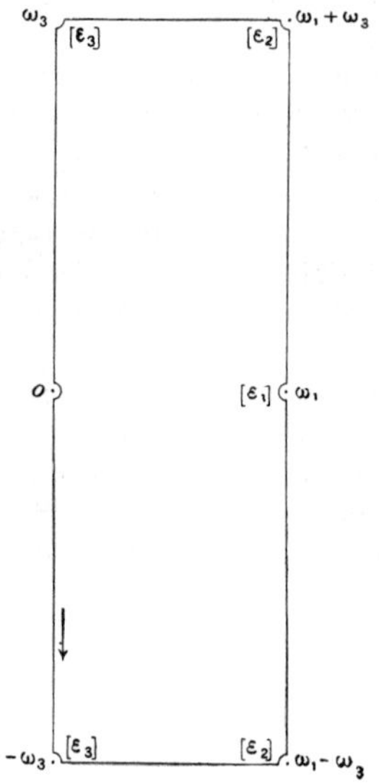

Plan des z_0.

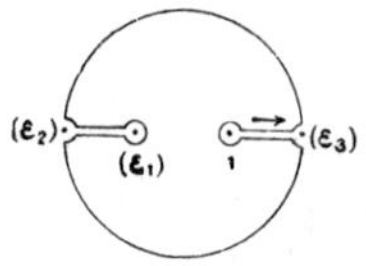

Plan des y.

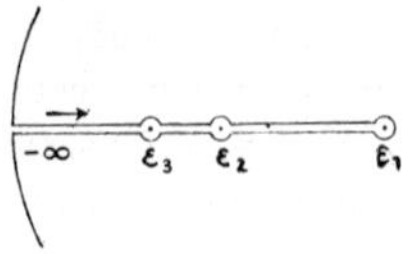

$$u = \omega_1 t + \omega_3 t'; \qquad 0 < t < 1, \quad -1 < t' < 1.$$

$$(\varepsilon_1) = -1; \qquad (\varepsilon_2) = -\frac{1}{\beta}; \qquad (\varepsilon_3) = \frac{1}{\beta}.$$

t' est de signe contraire aux coefficients de i dans y et dans z_0. A deux points y dont les affixes sont conjuguées correspondent deux points z_0, ou deux points u, symétriques par rapport aux axes des quantités réelles. Au cercle du plan des y décrit de ε_1 comme centre avec un rayon $k'(\varepsilon_1 - \varepsilon_3)$, cercle par rapport auquel les deux points ε_2 et ε_3 sont symétriques (n° 559), correspondent dans le plan des z, le diamètre qui va du point $-\frac{i}{\beta}$ au point $\frac{i}{\beta}$, et, dans le plan des u, le segment qui va de $\frac{\omega_1}{2} + \omega_3$ à $\frac{\omega_1}{2} - \omega_3$. Au segment indéfini du plan des y qui va de ε_1 à $+\infty$ correspondent, dans le plan des z, le segment qui va de (ε_1) à $+1$, et, dans le plan des u, le segment qui va de 0 à ω_1.

(2) $\mathcal{G} > 0$; $\varepsilon_1 > \varepsilon_2 \geqq 0 > \varepsilon_3$; $\gamma_2 > 0$, $\gamma_2 \leqq 0$.

[*Voir* CXXIV et CXXVIII, cas V.]

Plan des z_0. *Plan des y.*

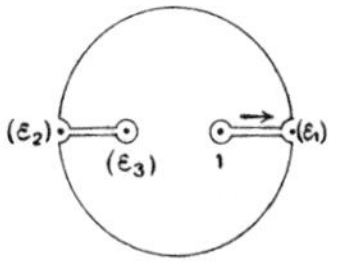

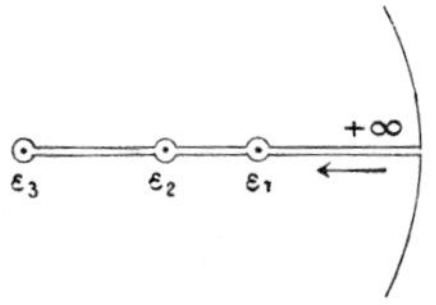

$$(\varepsilon_1) = \frac{1}{\beta_0}; \qquad (\varepsilon_2) = -\frac{1}{\beta_0}; \qquad \varepsilon_3 = -1.$$

Plan des u.

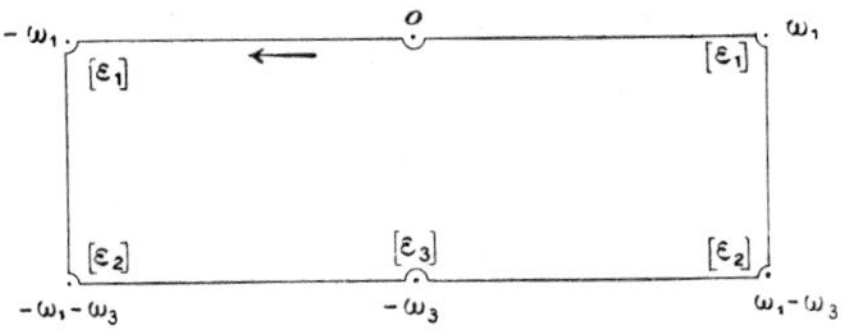

$$u = \omega_1 t - \omega_3 t'; \qquad -1 < t < 1, \qquad 0 < t' < 1.$$

t a le signe du coefficient de i dans y et le signe contraire au coefficient de i dans z_0. A deux points y dont les affixes sont conjuguées correspondent deux points z_0 d'affixes conjuguées et deux points u symétriques par rapport à l'axe des quantités purement imaginaires. Au cercle du plan des y décrit de ε_3 comme centre et par rapport auquel les deux points ε_1, ε_2 sont symétriques, correspond, dans le plan des z_0, le diamètre qui va du point $\frac{i}{\beta_0}$ au point $-\frac{i}{\beta_0}$, et, dans le plan des u, le segment qui va de $-\omega_1 - \frac{\omega_3}{2}$ à $\omega_1 - \frac{\omega_3}{2}$. Au segment indéfini du plan des y qui va de $-\infty$ à ε_3 correspond, dans le plan des z_0, le segment qui va de 1 à (ε_3), et, dans le plan des u, le segment qui va de 0 à $-\omega_3$.

(3) $\mathcal{G} < 0; \quad \gamma_3 \geqq 0.$

[*Voir* CXXVI et CXXVIII, cas IV.]

Plan des z_0. *Plan des y.*

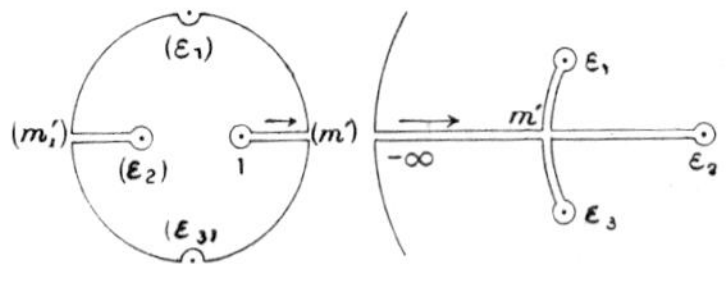

$$\beta_0 = i \operatorname{tang} \frac{\psi}{4}, \qquad m' = \varepsilon_2 - \frac{\varepsilon_1 - \varepsilon_3}{2 i \sin \psi},$$

$$(m') = \cot \frac{\psi}{4}, \qquad (m'_1) = -\cot \frac{\psi}{4},$$

$$(\varepsilon_1) = i \cot \frac{\psi}{4}, \qquad (\varepsilon_3) = -i \cot \frac{\psi}{4}.$$

Plan des u.

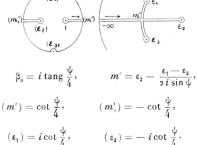

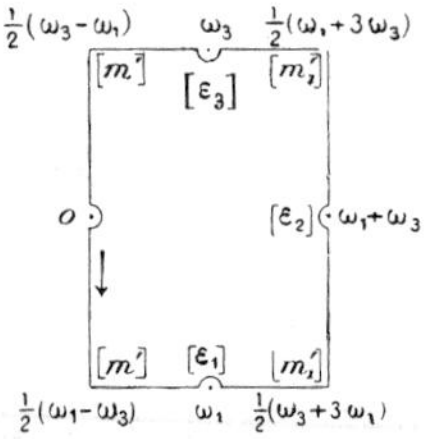

$$u = (\omega_1 + \omega_3)\, t + \frac{1}{2}(\omega_3 - \omega_1)\, t'; \qquad 0 < t < 1, \quad -1 < t' < 1.$$

t' est de signe contraire aux coefficients de i dans y et dans z_0. A deux points y dont les affixes sont conjuguées correspondent deux points z_0 ou deux points u symétriques par rapport aux axes des quantités réelles. A deux points y de même affixe, mais situés sur les deux bords d'une coupure circulaire allant de m' à ε_1 ou à ε_3, correspondent deux points z_0 symétriques par rapport à l'axe des quantités purement imaginaires et deux points u symétriques par rapport à ω_1 ou à ω_3. A la partie non figurée du cercle du plan des y, de centre ε_2, qui va de ε_1 à ε_3, correspond, dans le plan des z_0, le diamètre qui va de (ε_1) à (ε_3), et, dans le plan des u, le segment qui va de ω_1 à ω_3. Au segment indéfini du plan des y, qui va de ε_2 à $+\infty$, correspond, dans le plan des z_0, le segment qui va de (ε_2) à 1, et, dans le plan des u, le segment qui va de $\omega_1 + \omega_3$ à o.

(4) $\mathcal{G} < 0$; $\gamma_3 \leqq 0$.

[*Voir* CXXVI et CXXVIII, cas IV.]

Plan des z_0. *Plan des y.*

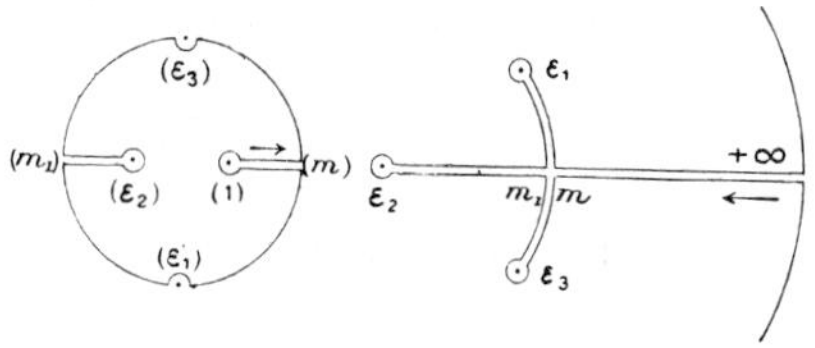

$$\beta_0 = i \operatorname{tang} \frac{\varphi}{4}, \qquad m = \varepsilon_2 + \frac{\varepsilon_1 - \varepsilon_3}{2 i \sin \varphi},$$

$$(m) = \cot \frac{\varphi}{4}, \qquad (m_1) = -\cot \frac{\varphi}{4},$$

$$(\varepsilon_1) = -i \cot \frac{\varphi}{4}, \qquad (\varepsilon_3) = i \cot \frac{\varphi}{4}, \qquad (\varepsilon_2) = -1.$$

Plan des u.

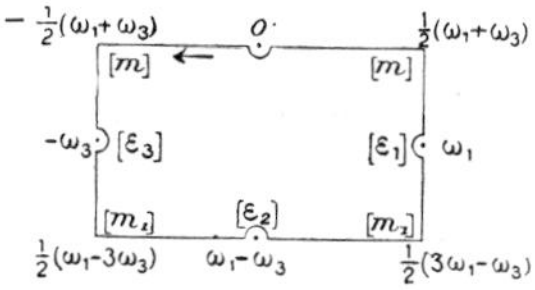

$$u = \frac{1}{2}(\omega_1 + \omega_3)\, t + (\omega_1 - \omega_3)\, t'; \qquad -1 < t < 1, \quad 0 < t' < 1.$$

t est de même signe que le coefficient de i dans y et de signe contraire au coefficient de i dans z_0. A deux points y, d'affixes conjuguées, correspondent deux points z_0 symétriques par rapport à l'axe des quantités réelles et deux points u symétriques par rapport à l'une des quantités purement imaginaires. A deux points y de même affixe, mais situés sur les bords opposés de la coupure circulaire allant de m à ε_1 ou à ε_3, correspondent deux points z_0 symétriques par rapport à l'axe des quantités purement imaginaires et deux points u symétriques par rapport à ω_1 ou à $-\omega_3$. A la partie non figurée du cercle décrit de ε_2 comme centre dans le plan des y, allant de ε_1 à ε_3, correspond, dans le plan des z_0, le diamètre qui va de (ε_1) à (ε_3), et, dans le plan des u, le segment qui va de ω_1 à $-\omega_3$. Au segment indéfini du plan des y qui va de $-\infty$ à ε_2 correspond, dans le plan des z_0, le segment qui va de 1 à (ε_2), et, dans le plan des u, le segment qui va de 0 à $\omega_1 - \omega_3$.

Le lecteur trouvera dans le texte, au Chapitre IX, tout ce qu'il faut pour établir ces divers résultats qu'on a cru pouvoir ici se contenter d'énoncer. Il observera aussi que, dans les quatre cas, la fonction $\sqrt{4y^3 - g_2 y - g_3}$ assujettie à être positive pour un point d'affixe très grande et supposée, s'il y a une telle coupure, sur le bord *supérieur* de la coupure rectiligne qui va vers $+\infty$, est holomorphe dans le plan des y limité par les coupures indiquées. Dans ces conditions on a, en deux points correspondants,

$$\mathfrak{p}'u = -\sqrt{4y^3 - g_2 y - g_3},$$

et, en supposant que le chemin d'intégration ne traverse aucune coupure,

$$\mathfrak{a}\mathfrak{p}y_1 - \mathfrak{a}\mathfrak{p}y_0 = \int_{y_0}^{y_1} \frac{dy}{-\sqrt{4y^3 - g_2 y - g_3}}.$$

PREMIÈRES APPLICATIONS
DES FONCTIONS ELLIPTIQUES.

CHAPITRE I.

PREMIÈRES APPLICATIONS A LA GÉOMÉTRIE ET A LA MÉCANIQUE.

§ I. — Longueur d'un arc d'ellipse.

647. Soient a et b les demi-axes de l'ellipse; supposons $a > b$. Nous prendrons, pour origine des arcs s de l'ellipse, l'une des extrémités de son petit axe et nous orienterons l'ellipse à partir de cette extrémité dans un sens déterminé arbitrairement choisi. Si l'on met les équations de l'ellipse sous la forme

$$x = a \operatorname{sn} u, \qquad y = b \operatorname{cn} u,$$

en se réservant de choisir convenablement le module k, et si l'on fait varier le paramètre u de o à K, on obtient la longueur l du quart de l'ellipse. Soit s la longueur de l'arc de l'ellipse correspondant à une valeur de u comprise entre o et K; si l'on désigne par ds la différentielle de cet arc, les formules (LXVIII), (LXIX) donnent la relation

$$ds^2 = (a^2 \operatorname{cn}^2 u \operatorname{dn}^2 u + b^2 \operatorname{sn}^2 u \operatorname{dn}^2 u)\, du^2 = a^2 \operatorname{dn}^2 u \left(1 - \frac{a^2 - b^2}{a^2} \operatorname{sn}^2 u\right) du^2,$$

que l'on peut écrire, en prenant pour le module k l'*excentricité* de l'ellipse,

$$ds^2 = a^2 \operatorname{dn}^2 u (1 - k^2 \operatorname{sn}^2 u)\, du^2 = a^2 \operatorname{dn}^4 u \, du^2;$$

on a donc

$$s = a\int_0^u \operatorname{dn}^2 u\, du, \qquad l = a\int_0^{\mathrm{K}} \operatorname{dn}^2 u\, du.$$

La valeur de la dernière intégrale se lit immédiatement sur la formule (CII_8); on a donc

$$\frac{l}{a} = \mathrm{E}.$$

La valeur de s résulte, dans tous les cas, de la formule (CXV_4), d'après laquelle

$$\int_0^u \operatorname{dn}^2 u\, du = \int_0^u (1 - k^2 \operatorname{sn}^2 u)\, du = u - k^2\left[\frac{u}{k^2}\mathrm{Z}'(0) - \frac{1}{k^2}\frac{\Theta' u}{\Theta u}\right];$$

on en déduit immédiatement, en tenant compte de la formule (LXXIX_1), la relation

$$\frac{s}{a} = u[1 - \mathrm{Z}'(0)] + \mathrm{Z}(u),$$

que l'on peut aussi écrire ($\mathrm{CII}_{1,5}$)

$$\frac{s}{a} = \mathrm{E}(u).$$

C'est ce problème de la rectification d'un arc d'ellipse qui a servi de point de départ aux recherches de Legendre sur les fonctions elliptiques; le nom même de fonctions *elliptiques*, d'abord employé pour désigner les intégrales elliptiques, en tire son origine.

648. Pour effectuer un calcul numérique déterminé on prendra

$$e_1 = \frac{a^2 + b^2}{3a^2}, \qquad e_2 = \frac{a^2 - 2b^2}{3a^2}, \qquad e_3 = \frac{b^2 - 2a^2}{3a^2},$$

de façon que $k^2 = \dfrac{e_2 - e_3}{e_1 - e_3}$ soit bien égal à $\dfrac{a^2 - b^2}{a^2}$; on aura alors (LXXI_1, CII_1),

$$\mathrm{K} = \omega_1, \qquad \mathrm{Z}'(0) = \frac{1 + k^2}{3} - \frac{\eta_1}{\omega_1} = 1 - \frac{\mathrm{E}}{\mathrm{K}},$$

et l'expression de s pourra être mise sous la forme (CII_7), ($\mathrm{LXXVIII}_4$),

$$\frac{s}{a} = u\left(\frac{a^2 + b^2}{3a^2} + \frac{\eta_1}{\omega_1}\right) + \frac{1}{2\omega_1}\,\frac{\vartheta_4'\left(\dfrac{u}{2\omega_1}\right)}{\vartheta_4\left(\dfrac{u}{2\omega_1}\right)},$$

qui convient au calcul. On fera usage des Tableaux (CXXIII) ou (CXXIV), suivant que a^2 est plus grand ou plus petit que $2b^2$. Pour k^2 petit, on a, en négligeant k^4,

$$\frac{s}{a} = u - \frac{1}{2} k^2 \left(u - \frac{1}{2} \sin 2u\right).$$

§ II. — Longueur d'un arc de lemniscate.

649. L'équation de la lemniscate rapportée à son point double comme pôle et à son axe comme axe polaire est, comme on sait,

$$r^2 = a^2 \cos 2\theta;$$

on en déduit immédiatement pour la longueur ds de l'arc élémentaire de cette courbe, la relation

$$ds^2 = dr^2 + r^2\, d\theta^2 = a^2 \frac{d\theta^2}{1 - 2\sin^2\theta} = \frac{a^2}{2} \frac{d\psi^2}{1 - \frac{1}{2}\sin^2\psi},$$

en posant

$$r = a\cos\psi, \qquad \sqrt{2}\sin\theta = \sin\psi.$$

Convenons de prendre tous les radicaux avec leur détermination arithmétique; convenons aussi de prendre $s = 0$ et $\psi = 0$ pour $\theta = 0$; on a alors pour la longueur l du quart de la lemniscate et pour la longueur s d'un arc quelconque de la lemniscate plus petit que l, compté à partir de l'extrémité de son axe, les formules

$$l = \frac{a}{\sqrt{2}} {\int_0^{\frac{\pi}{2}}}' \frac{d\psi}{\sqrt{1 - \frac{1}{2}\sin^2\psi}}, \qquad s = \frac{a}{\sqrt{2}} {\int_0^{\psi}}' \frac{d\psi}{\sqrt{1 - \frac{1}{2}\sin^2\psi}};$$

on a, de même, pour la longueur $l - s$ d'un arc quelconque plus petit que l et compté à partir du point double, les formules

$$l - s = a^2 {\int_0^{r}}' \frac{dr}{\sqrt{a^4 - r^4}} = a {\int_{\infty}^{\rho}}' \frac{d\rho}{-\sqrt{4\rho^3 - 4\rho}},$$

où l'on a posé

$$\rho = \frac{a^2}{r^2} = \frac{1}{\cos^2\psi} = \frac{1}{\cos 2\theta}.$$

De ces formules on déduit, pour

$$e_1 = 1, \quad e_2 = 0, \quad e_3 = -1, \quad g_2 = 4, \quad g_3 = 0, \quad k^2 = \tfrac{1}{2},$$

les relations

$$\psi = \operatorname{am}\left(\frac{1}{a}\sqrt{2}\,s\right), \quad \sin\psi = \operatorname{sn}\left(\frac{1}{a}\sqrt{2}\,s\right), \quad r = \operatorname{cn}\left(\frac{1}{a}\sqrt{2}\,s\right), \quad \rho = \wp\left(\frac{l-s}{a}\right).$$

§ III. — Aire de l'ellipsoïde.

650. Soit

$$\frac{x^2}{a^2} + \frac{y^2}{b^2} + \frac{z^2}{c^2} = 1, \qquad a > b > c > 0,$$

l'équation de l'ellipsoïde rapportée à ses axes. Groupons les points de la surface où la normale fait un même angle avec l'axe des z; à cet effet, posons

$$\sqrt{1+p^2+q^2} = \sqrt{1+\left(\frac{\partial z}{\partial x}\right)^2+\left(\frac{\partial z}{\partial y}\right)^2} = v;$$

on voit immédiatement que tous les points envisagés se projettent orthogonalement, sur le plan des xy, suivant une ellipse de demi-axes,

$$a\sqrt{\frac{v^2-1+\dfrac{c^2}{a^2}}{v^2-1}}, \qquad b\sqrt{\frac{v^2-1}{v^2-1+\dfrac{c^2}{b^2}}}.$$

L'aire intérieure à cette ellipse est égale à

$$\pi a b \mathrm{A},$$

où l'on a posé, pour abréger,

$$\mathrm{A} = \frac{v^2-1}{\sqrt{\left(v^2-1+\dfrac{c^2}{a^2}\right)\left(v^2-1+\dfrac{c^2}{b^2}\right)}};$$

donc l'aire de l'anneau elliptique compris entre les deux ellipses qui correspondent à v et à $v+dv$, est égale à

$$\pi a b \frac{d\mathrm{A}}{dv}\,dv;$$

l'aire de la partie de la surface du demi-ellipsoïde qui se projette orthogonalement sur le plan des xy suivant cet anneau est, par suite, égale à

$$\pi a b v \frac{d\mathrm{A}}{dv}\,dv;$$

donc enfin l'aire S du demi-ellipsoïde est égale à

$$S = \pi a b \int_{v=1}^{v=\infty} v \frac{dA}{dv} dv.$$

651. Pour effectuer l'intégration, posons

$$v = \xi_{\lambda 0}(u);$$

alors à la limite $v = \infty$ correspond la valeur $u = 0$; nous spécifierons tout à l'heure la valeur u_1 qui correspond à la limite d'intégration $v = 1$. Si nous choisissons e_λ, e_μ, e_ν de façon que l'on ait

$$e_\mu - e_\lambda = 1 - \frac{c^2}{a^2}, \qquad e_\nu - e_\lambda = 1 - \frac{c^2}{b^2},$$

on devra prendre $\mu = 1$, $\nu = 2$, $\lambda = 3$ pour avoir $e_1 > e_2 > e_3$. Dans ces conditions, on aura

$$3e_1 = 1 + \frac{c^2}{b^2} - \frac{2c^2}{a^2}, \qquad e_1 - e_2 = \frac{c^2}{b^2} - \frac{c^2}{a^2},$$

$$3e_2 = 1 + \frac{c^2}{a^2} - \frac{2c^2}{b^2}, \qquad e_2 - e_3 = 1 - \frac{c^2}{b^2},$$

$$3e_3 = -2 + \frac{c^2}{a^2} + \frac{c^2}{b^2}, \qquad e_1 - e_3 = 1 - \frac{c^2}{a^2}.$$

Quand u varie de 0 à ω_1, $\xi_{30}(u)$ varie de $+\infty$ à $\sqrt{e_1 - e_3} < 1$; on prendra pour u_1 la valeur de u comprise entre 0 et 1 pour laquelle on a

$$\wp u_1 - e_3 = 1, \qquad \wp u_1 - e_1 = \frac{c^2}{a^2}, \qquad \wp u_1 - e_2 = \frac{c^2}{b^2}, \qquad \wp' u_1 = -\frac{2c^2}{ab},$$

valeur pour laquelle $v = \xi_{30}(u)$ est effectivement égal à $+1$.

On a d'ailleurs

$$\int v \frac{dA}{dv} dv = Av - \int A\, dv;$$

en faisant dans l'intégrale indéfinie $\int A\, dv$ la substitution $v = \xi_{30}(u)$, on trouve de suite

$$A = [\xi_{30}^2(u) - 1]\, \xi_{01}(u)\, \xi_{02}(u), \qquad dv = -\xi_{10}(u)\, \xi_{20}(u),$$

$$\int A\, dv = \int (e_3 + 1 - \wp u)\, du = (e_3 + 1)\, u + \zeta u + \text{const.}$$

On aura donc

$$\int_{v=1}^{v=\infty} v\,\frac{dA}{dv}\,dv = \left[(\xi_{30}^2(u)-1)\,\xi_{01}(u)\,\xi_{02}(u)\,\xi_{30}(u) - e_3 u - u - \zeta u\right]_{u_1}^{0};$$

la quantité entre crochets est une fonction impaire de u; si l'on développe suivant les puissances ascendantes de u, on reconnaît de suite que les termes en $\frac{1}{u}$ disparaissent, en sorte que cette fonction est nulle pour $u = 0$; d'autre part, $\xi_{30}^2(u_1)$ ou $pu_1 - e_3$ est égal à 1; on a donc finalement

$$S = \pi ab\,[u_1 p u_1 + \zeta u_1].$$

§ IV. — Pendule simple.

652. Considérons un point pesant, de masse égale à 1, assujetti à se mouvoir sur un cercle de centre O, de rayon l, situé dans un plan vertical. Si l'on rapporte, à un instant quelconque t, la position de ce point à deux axes Ox, Oz, dont le premier est horizontal dans le plan du cercle, le second dirigé suivant la nadirale, on a immédiatement les relations

$$x^2 + z^2 = l^2, \qquad v^2 = \frac{dx^2 + dz^2}{dt^2} = 2gz + h,$$

dont la seconde exprime l'intégrale des forces vives; v désigne la vitesse du mobile à l'instant t, g l'accélération de la pesanteur et h la constante des forces vives. On en déduit sans peine que z vérifie l'équation différentielle

$$l^2\left(\frac{dz}{dt}\right)^2 = (l^2 - z^2)(2gz + h),$$

où les racines du second membre sont en évidence. En affectant de l'indice 0 les valeurs des variables à l'époque $t = 0$, on a

$$-\frac{h}{2g} = z_0 - \frac{v_0^2}{2g}.$$

La racine $-\frac{h}{2g}$ du second membre de l'équation différentielle, toujours inférieure à l, peut être comprise entre l et $-l$ ou être plus petite que $-l$; puisque $2gz_0+h$ est positif, z, dans le premier cas, oscille entre l et $-\frac{h}{2g}$: le mouvement est alors, comme on sait, *oscillatoire;* dans le second cas, z est compris entre l et $-l$: le mouvement est *tournant*. Nous excluons le cas où, h étant égal à $2gl$, l'intégration peut s'effectuer par les fonctions élémentaires; dans les autres cas, z peut toujours atteindre la valeur l, et nous conviendrons de prendre l'origine du temps à un instant où z est égal à l.

653. Pour ramener l'équation différentielle à la forme normale nous ferons la substitution

$$z = -\frac{2l^2}{g}\mathrm{z} - \frac{h}{6g};$$

elle prend alors la forme

$$\left(\frac{d\mathrm{z}}{dt}\right)^2 = 4(\mathrm{z}-e_1)(\mathrm{z}-e_2)(\mathrm{z}-e_3);$$

les racines e_1, e_2, e_3, supposées telles que l'on ait $e_1 > e_2 > e_3$, correspondent aux quantités $-l$, $-\frac{h}{2g}$, l rangées par ordre de grandeur croissante, puisque z et z varient en sens contraire; dans tous les cas l correspond donc à e_3. L'intégrale de l'équation différentielle est

$$\mathrm{z} = \wp(t+\lambda),$$

en désignant par λ la constante d'intégration; pour $t=0$, z doit être égal à l et z à e_3; λ doit donc être congru à ω_3, *modulis* $2\omega_1$, $2\omega_3$; rien n'empêche de supposer $\lambda = \omega_3$, ce que nous ferons désormais.

Pour aller plus loin, il convient de distinguer les deux cas.

1° *Mouvement oscillatoire.* — On suppose

$$-l < \frac{h}{2g} < l;$$

on a alors

$$e_1 = \frac{g}{2l^2}\left(l - \frac{h}{6g}\right), \quad e_2 = \frac{h}{6l^2}, \quad e_3 = -\frac{g}{2l^2}\left(l + \frac{h}{6g}\right), \quad k^2 = \frac{1}{2l}\left(l + \frac{h}{2g}\right),$$

puis, en se rappelant que z est égal à $\wp(t+\omega_3)$, en utilisant les formules (LIX), (LX), (LXI) et en posant pour abréger $u = t\sqrt{\frac{g}{l}}$,

$$l - z = \frac{2l^2}{g}[p(t+\omega_3) - e_3] = \frac{g}{l}\left(l + \frac{h}{2g}\right)\xi_{03}^2 t = 2lk^2 \operatorname{sn}^2 u,$$

$$l + z = -\frac{2l^2}{g}[p(t+\omega_3) - e_1] = 2l\xi_{23}^2 t = 2l \operatorname{dn}^2 u,$$

$$z + \frac{h}{2g} = -\frac{2l^2}{g}[p(t+\omega_3) - e_2] = \left(l + \frac{h}{2g}\right)\xi_{13}^2 t = 2lk^2 \operatorname{cn}^2 u,$$

$$x = \sqrt{l^2 - z^2} = \sqrt{2gl + h}\,\xi_{03} t\,\xi_{23} t = 2lk \operatorname{sn} u \operatorname{dn} u,$$

$$v^2 = 2gz + h = 4k^2 gl \operatorname{cn}^2 u, \qquad v = 2k\sqrt{gl} \operatorname{cn} u;$$

pour déterminer le signe de la valeur de x, on a fixé le sens des x positifs de façon que v_0 soit positif; k est la racine carrée positive de k^2.

Si l'on désigne par θ l'angle que la tige du pendule fait avec la nadirale, en sorte que x soit égal à $l \sin\theta$ et z à $l \cos\theta$, les formules précédentes fournissent immédiatement celles-ci :

$$\sin\frac{\theta}{2} = k \operatorname{sn} u, \qquad \cos\frac{\theta}{2} = \operatorname{dn} u, \qquad u = t\sqrt{\frac{g}{l}},$$

sur lesquelles le caractère oscillatoire et les propriétés de symétrie du mouvement se lisent si facilement qu'il nous paraît inutile d'y insister; notons seulement que les positions les plus basses du mobile ($z = l$) correspondent aux instants

$$t = 2nK\sqrt{\frac{l}{g}},$$

que les positions les plus hautes $\left(z = -\frac{h}{2l}\right)$ correspondent aux instants

$$t = (2n+1)K\sqrt{\frac{l}{g}},$$

en désignant par n un nombre entier, que la durée d'une oscillation complète est

$$T = 2K\sqrt{\frac{l}{g}},$$

que l'angle entre la nadirale et la tige du pendule dans sa position la plus haute n'est autre que la valeur α de θ pour $u = \mathrm{K}$; on a donc (LXXII)

$$\sin\frac{\alpha}{2} = k, \qquad \cos\frac{\alpha}{2} = k'.$$

Pour les applications numériques on utilisera les formules (CXXIII) ou (CXXIV) suivant que h est négatif ou positif. Si h est très voisin de $-2gl$ ou de $+2gl$, on pourra se servir des formules (CXXII_{10}) ou (CXXII_{11}).

2° *Mouvement tournant.* — On suppose

$$-\frac{h}{2g} < -l < l;$$

on a alors

$$e_1 = \frac{h}{6l^2}, \quad e_2 = \frac{g}{2l^2}\left(l - \frac{h}{6g}\right), \quad e_3 = -\frac{g}{2l^2}\left(l + \frac{h}{6g}\right), \quad \frac{1}{k^2} = \frac{1}{2l}\left(l + \frac{h}{2g}\right),$$

puis, en posant cette fois

$$u = t\sqrt{\frac{g}{2l^2}\left(l + \frac{h}{2g}\right)},$$

on trouvera

$$l - z = \frac{2l^2}{g}[\wp(t + \omega_3) - e_3] = \frac{g}{l}\left(l + \frac{h}{2g}\right)\xi_{03}^2 t = 2l\,\mathrm{sn}^2 u,$$

$$l + z = -\frac{2l^2}{g}[\wp(t + \omega_3) - e_2] = 2l\xi_{13}^2 t = 2l\,\mathrm{cn}^2 u,$$

$$z + \frac{h}{2g} = -\frac{2l^2}{g}[\wp(t + \omega_3) - e_1] = \left(l + \frac{h}{2g}\right)\xi_{23}^2 t = \frac{2l}{k^2}\,\mathrm{dn}^2 u,$$

$$x = 2l\,\mathrm{sn}\,u\,\mathrm{cn}\,u, \qquad \mathrm{v} = \frac{2}{k}\sqrt{gl}\,\mathrm{dn}\,u,$$

$$\sin\frac{\theta}{2} = \mathrm{sn}\,u, \qquad \cos\frac{\theta}{2} = \mathrm{cn}\,u, \qquad \theta = 2\,\mathrm{am}\,u.$$

Le caractère tournant et les propriétés de symétrie du mouvement se lisent immédiatement sur ces formules; la durée d'une révolution complète est donnée par la formule

$$\mathrm{T}\sqrt{\frac{g}{2l^2}\left(l + \frac{h}{2g}\right)} = 2\mathrm{K}.$$

§ V. — Pendule sphérique.

654. Soient $x = r\cos\theta$, $y = r\sin\theta$, z les coordonnées d'un point pesant assujetti à se mouvoir sur une sphère de rayon l dont le centre est à l'origine des coordonnées; l'axe des z est dirigé suivant la nadirale. Soient v la vitesse du mobile, g l'accélération de la pesanteur, c et h les constantes des aires et des forces vives; les intégrales des aires et des forces vives

$$r^2 \frac{d\theta}{dt} = \mathrm{c}, \qquad \mathrm{v}^2 = \frac{dr^2 + r^2 d\theta^2 + dz^2}{dt^2} = 2gz + h$$

et l'équation de la sphère $r^2 + z^2 = l^2$ fournissent immédiatement la relation

$$l^2 \frac{dz^2}{dt^2} = (2gz + h)(l^2 - z^2) - \mathrm{c}^2$$

dont nous désignerons, pour abréger, le second membre par $\varphi(z)$.

Convenons d'affecter de l'indice o les valeurs des variables pour $t = 0$. Excluons le cas où c serait nul, le mouvement étant alors le même que celui d'un pendule simple, et le cas où $\varphi(z_0)$ étant nul, z_0 serait racine double de $\varphi(z)$, le mobile décrivant alors d'un mouvement uniforme le parallèle sur lequel il se trouve d'abord.

Dans le cas général où nous nous plaçons, $\varphi(z_0)$ est positif ou nul et, s'il est nul, $\varphi(z)$ est positif pour des valeurs de t un peu plus grandes que o; la substitution dans $\varphi(z)$, à la place de z, des nombres $-\infty$, $-l$, z_0, l, $+\infty$ montre ainsi l'existence de trois racines réelles a, b, c placées comme l'indiquent les inégalités

$$l > a > z_0 > b > -l > c,$$

l'une des racines a, b pouvant être égale à z_0. De l'identité

$$(2gz + h)(l^2 - z^2) - \mathrm{c}^2 = -2g(z-a)(z-b)(z-c)$$

on déduit d'ailleurs les relations

$$a + b + c = -\frac{h}{2g}, \qquad ab + bc + ca = -l^2, \qquad abc = \frac{hl^2 - \mathrm{c}^2}{2g}.$$

Comme a et b sont compris entre $-l$ et $+l$, l'expression

$-ab-l^2$, donc aussi $(a+b)c$, est négative, en sorte que, c étant négatif, on doit avoir [1]

$$a+b>0, \qquad a>0.$$

655. Dans l'équation différentielle que vérifie z, faisons la substitution

$$z=-\frac{2l^2}{g}\,\mathrm{z}+\frac{1}{3}(a+b+c),$$

de manière à obtenir une équation différentielle de la forme

$$\left(\frac{d\mathrm{z}}{dt}\right)^2=4\mathrm{z}^3-g_2\mathrm{z}-g_3=4(\mathrm{z}-e_1)(\mathrm{z}-e_2)(\mathrm{z}-e_3),$$

les racines e_1, e_2, e_3, supposées telles que l'on ait $e_1>e_2>e_3$, correspondent respectivement à c, b, a, puisque z et z varient en sens contraire, et l'on a

$$e_1=\frac{g}{6l^2}(a+b-2c), \qquad e_2-e_3=\frac{g}{2l^2}(a-b),$$

$$e_2=\frac{g}{6l^2}(a-2b+c), \qquad e_1-e_3=\frac{g}{2l^2}(a-c),$$

$$e_3=\frac{g}{6l^2}(-2a+b+c), \qquad e_1-e_2=\frac{g}{2l^2}(b-c).$$

L'intégrale générale de l'équation différentielle est

$$\mathrm{z}=\wp(t+\lambda),$$

λ étant une constante arbitraire. En prenant, pour origine du temps, l'un des instants où le mobile est sur le parallèle $z=a$, on a

$$a=-\frac{2l^2}{g}\wp(\lambda)+\frac{1}{3}(a+b+c);$$

on en déduit que $\wp(\lambda)$ est égal à e_3 ; λ devra donc être congru à ω_3 (*modulis* $2\omega_1$, $2\omega_3$) ; nous prendrons $\lambda=\omega_3$. La solution de l'équation différentielle en z est

$$\mathrm{z}=\wp(t+\omega_3).$$

---

(1) *Voir* pour la discussion, le *Traité de Mécanique* de M. Appell, t. I, p. 485.

656. Avant d'aller plus loin, il convient de faire quelques observations concernant les données. Si, outre g et l, on regarde z_0 ou a comme une donnée, les deux constantes h et C ne sont plus indépendantes et l'on doit supposer C^2 égal à $r_0^2 V_0^2$, c'est-à-dire à $r_0^2(2ga+h)$, d'où

$$h = \frac{C^2}{l^2-a^2} - 2ga;$$

sous le bénéfice de cette supposition, l'équation $\varphi(z)=0$ admet la racine a; en la débarrassant de cette racine, on trouve, pour l'équation que doivent vérifier b, c, l'équation

$$z^2 - l^2 + (z+a)\frac{C^2}{2g(l^2-a^2)} = 0,$$

dont on aperçoit de suite que les racines sont réelles et séparées par le nombre $-a$; mais a devant être, par hypothèse, la plus grande racine de $\varphi(z)$, on doit avoir

$$a^2 - l^2 + \frac{aC^2}{g(l^2-a^2)} > 0, \qquad C^2 > \frac{gr_0^4}{a};$$

le cas limite où C^2 serait égal à $\frac{gr_0^4}{a}$ correspondrait au cas limite où a serait une racine double. La quantité C, que l'on peut évidemment supposer positive, peut prendre toutes les valeurs de $r_0^2\sqrt{\frac{g}{a}}$ à $+\infty$; toutes les constantes du problème dépendent alors de C. Une discussion élémentaire montre facilement que C augmentant de $r_0^2\sqrt{\frac{g}{a}}$ à $+\infty$, b décroît de a à $-a$ et c de $-\frac{a^2+l^2}{2a}$ à $-\infty$; $k^2 = \frac{a-b}{a-c}$ croît de zéro jusqu'au maximum $\frac{\sqrt{r_0^2+4a^2}-r_0}{\sqrt{r_0^2+4a^2}+r_0}$ qu'il atteint pour $C = \sqrt{\frac{2g(l^4-a^4)}{a}}$, puis décroît jusqu'à zéro; K et q varient dans le même sens que k^2, K de $\frac{\pi}{2}$ à $\frac{\pi}{2}$ et q de 0 à 0; K' varie dans le sens contraire de $+\infty$ à $+\infty$. Le sens de la variation de

$$\omega_1 = \frac{K}{\sqrt{e_1-e_3}} = Kl\sqrt{\frac{2}{g(a-c)}}$$

avec C n'apparaît pas immédiatement; mais il est clair que lorsque C

a dépassé la valeur $\sqrt{\frac{2g(l^4-a^4)}{a}}$, ω_1 décroît et tend vers o quand c augmente indéfiniment; au reste il est aisé de trouver des limites supérieures de ω_1 en se servant par exemple de la relation $K < \frac{\pi}{2k'}$ (n° 538); on trouve ainsi

$$\frac{2\omega_1}{\pi l} < \frac{\sqrt{2}}{\sqrt{g}\sqrt{b-c}} \quad \text{ou} \quad \frac{2\omega_1}{\pi l} < \frac{2r_0}{\sqrt[4]{(c^2-4agr_0^2)^2+16g^2r_0^6}} < \frac{1}{\sqrt{gr_0}}.$$

Lorsque k^2 est très petit, c'est-à-dire lorsque c est très voisin de $r_0^2\sqrt{\frac{g}{a}}$, ou très grand, on peut se servir des formules (CXXII).

657. On peut écrire aussi

$$\begin{aligned}
z-a &= -\frac{2l^2}{g}\frac{(e_1-e_3)(e_2-e_3)}{pt-e_3} &&= -(a-b)\,\mathrm{sn}^2(2K v),\\
z-b &= \frac{2l^2}{g}(e_2-e_3)\frac{pt-e_1}{pt-e_3} &&= (a-b)\,\mathrm{cn}^2(2K v),\\
z-c &= \frac{2l^2}{g}(e_1-e_3)\frac{pt-e_2}{pt-e_3} &&= (a-c)\,\mathrm{dn}^2(2K v),
\end{aligned}$$

où l'on a posé $v = \frac{t}{2\omega_1}$. Les valeurs ainsi trouvées pour z sont réelles, quand t varie de $-\infty$ à $+\infty$. Quand le point t parcourt dans le sens direct le rectangle dont les sommets sont o, ω_1, $\omega_1+\omega_3$, ω_3, on sait que pt varie en diminuant constamment de $+\infty$ à $-\infty$; on conclut de là et des formules précédentes que z va en diminuant constamment de $a(t=0)$ à $b(t=\omega_1)$, puis à $c(t=\omega_1+\omega_3)$, puis à $-\infty(t=\omega_3)$; là il passe brusquement de $-\infty$ à $+\infty$ et revient, pour $t=0$, à la valeur a. Les mêmes résultats peuvent d'ailleurs se lire sur la seule formule

$$z-a = -\frac{2l^2}{g}[p(t+\omega_3)-e_3],$$

en suivant le chemin que parcourt le point $t+\omega_3$, ou le point $t-\omega_3$ qui fournit pour t la même valeur; dans ces conditions $p(t+\omega_3)$ va constamment en augmentant, en passant toutefois de $+\infty$ à $-\infty$ quand t atteint la valeur ω_3. Il suit de là que z atteint les valeurs $-l$, $+l$ pour deux points t_2, t_1 situés le premier entre ω_1 et $\omega_1+\omega_3$, le second entre ω_3 et ω_1; on a, en ces deux points t_1, t_2,

$$l-a=-\frac{2l^2}{g}[p(t_1+\omega_3)-e_3],\qquad p(t_1+\omega_3)=\frac{-h-6gl}{12l^2},$$

$$l+a=\frac{2l^2}{g}[p(t_2+\omega_3)-e_3],\qquad p(t_2+\omega_3)=\frac{-h+6gl}{12l^2}.$$

658. Ces valeurs t_1, t_2 vont intervenir dans le calcul de θ, et il importe de donner le moyen de les calculer avec précision. Observons que l'on a, quel que soit t,

$$\frac{dz}{dt}=\pm\frac{1}{l}\sqrt{\varphi(z)}=-\frac{2l^2}{g}p'(t+\omega_3),$$

et que $\varphi(z)$ se réduit à $-c^2$ quand on suppose t égal à t_1 ou à t_2; on a donc, pour ces valeurs de t,

$$p'(t+\omega_3)=\pm\frac{igc}{2l^3};$$

d'ailleurs quand t décrit le segment $\omega_1\ldots\omega_1+\omega_3$, $p(t+\omega_3)$ va en augmentant; si donc on pose pour un instant $t=\omega_1+i\lambda$, la dérivée, par rapport à la variable (réelle) λ, de la fonction (réelle) $p(\omega_1+\omega_3+\lambda i)$ sera positive pour les valeurs de λ comprises entre o et $\frac{\omega_3}{i}$; on aura donc

$$ip'(t_2+\omega_3)>0$$

et, par suite,

$$p'(t_2+\omega_3)=-\frac{igc}{2l^3};$$

de même

$$p'(t_1+\omega_3)=+\frac{igc}{2l^3}.$$

On a ainsi tout ce qu'il faut pour appliquer les formules (CXXVIII) et calculer, si l'on se donne les éléments numériques du problème, les quantités $t_1+\omega_3$, $t_2+\omega_3$ à des multiples près des périodes, c'est-à-dire, dans le cas actuel, sans aucune ambiguïté.

659. Remarquons, en passant, que les deux valeurs $t_1+\omega_3$, $-t_2-\omega_3$ font acquérir à la fonction $p't$ la valeur $\frac{igc}{2l^3}$; la fonc-

tion $\wp' t - \frac{igc}{2l^3}$ est une fonction doublement périodique de t, du troisième ordre, avec o pour pôle triple; la somme de ses zéros devant être congrue à la somme de ses pôles, on en conclut que son troisième zéro est $t_2 - t_1$; en d'autres termes, on a

$$\wp'(t_2 - t_1) = \frac{igc}{2l^3}.$$

On peut évidemment poser $t_2 - t_1 = \omega_1 + i\lambda$, λ étant une quantité réelle comprise entre $-\frac{\omega_3}{i}$ et $\frac{\omega_3}{i}$; la formule précédente montre que λ est *positif*: en effet, la dérivée, par rapport à la variable (réelle) λ, de la fonction (réelle) $\wp(\omega_1 + i\lambda)$, c'est-à-dire $i\wp'(\omega_1 + i\lambda)$, est de signe contraire à λ, puisque $\wp(\omega_1 + i\lambda)$ décroît quand λ croît de o à $\frac{\omega_3}{i}$ et croît quand λ croît de $-\frac{\omega_3}{i}$ à o; or, d'après la formule précédente, $i\wp'(\omega_1 + i\lambda)$, c'est-à-dire $i\wp'(t_2 - t_1)$, est négatif. Ainsi λ, c'est-à-dire $\frac{1}{i}(t_2 - t_1 - \omega_1)$, est compris entre o et $\frac{\omega_3}{i}$ [1].

Il va sans dire que l'expression de $\wp'(t_2 - t_1)$ aurait pu être déduite, par les théorèmes d'addition, des expressions de $\wp(t_1 + \omega_3)$, $\wp(t_2 + \omega_3)$, $\wp'(t_1 + \omega_3)$, $\wp'(t_2 + \omega_3)$. Voici quelques formules obtenues par cette voie et qui pourraient servir pour le calcul de t_1, t_2:

$$\wp(t_1 + t_2) = \frac{2hl^2 - 3c^2}{12l^4}, \qquad \wp'(t_1 + t_2) = \frac{ic(hl^2 - c^2)}{4l^6},$$

$$\wp(t_2 - t_1) = \frac{h}{6l^2}, \qquad \wp'(t_2 - t_1) = \frac{igc}{2l^3}.$$

660. L'expression de $\wp'(t_1 + t_2)$ montre que $t_1 + t_2$ a la valeur ω_1 pour $hl^2 = c^2$, c'est-à-dire pour $c^2 = \frac{2}{a} g l^2 r_0^2$, valeur dont on reconnaît de suite qu'elle est plus grande que la limite inférieure de c^2 et plus petite que la valeur de c^2 qui rend k^2 maximum. Pour cette valeur particulière, on se trouve dans un cas signalé par M. Greenhill, où les formules se simplifient notablement;

---

(1) Les valeurs des fonctions sn, cn, dn, pour les valeurs de v qui correspondent à $t = t_1$ ou $t = t_2$ se déduisent très facilement des expressions de $z - a$, $z - b$, $z - c$, et l'on a, dans tout ce qui précède, tout ce qu'il faut pour la détermination des signes.

d'abord b est nul, en sorte que le mobile reste compris entre l'équateur de la sphère et le parallèle $z=a$; on a ensuite

$$c=-\frac{l^2}{a},\qquad k^2=\frac{a^2}{a^2+l^2},$$

$$\sqrt{e_1-e_3}=\sqrt{\frac{g}{2l^2}}\sqrt{\frac{a^2+l^2}{a^2}},\qquad \mathrm{C}\omega_1=2l^2\mathrm{K}\,\frac{\sqrt{l^2-a^2}}{\sqrt{l^2+a^2}}.$$

Lorsque C^2 est compris entre $\frac{1}{a}gr_0^4$ et $\frac{2}{a}gl^2r_0^2$, b est positif et $i\wp'(t_1+t_2)$ est négatif; c'est le contraire lorsque C dépasse $\frac{2}{a}gl^2r_0^2$; on a, suivant les deux cas,

$$\frac{t_1+(t_2-\omega_1)}{i}\lessgtr\frac{\omega_3}{i}.$$

661. C'est surtout en vue de la détermination de θ (ou de x, y) que nous avons calculé les valeurs de $\wp(t_1+\omega_3)$, $\wp'(t_1+\omega_3)$, ... On a

$$\frac{d\theta}{dt}=\frac{\mathrm{C}}{l^2-z^2}=\frac{\mathrm{C}}{2l}\left(\frac{1}{l-z}+\frac{1}{l+z}\right),$$

d'où, en tenant compte des formules

$$l-z=(l-a)-(z-a)=\frac{2l^2}{g}[\wp(t+\omega_3)-\wp(t_1+\omega_3)],$$

$$l+z=(l+a)+(z+a)=-\frac{2l^2}{g}[\wp(t+\omega_3)-\wp(t_2+\omega_3)],$$

qui résultent immédiatement des valeurs de $l-a$, $l+a$, $z-a$, que les précédents calculs mettent en évidence,

$$\frac{d\theta}{dt}=\frac{g\mathrm{C}}{4l^3}\left[\frac{1}{\wp(t+\omega_3)-\wp(t_1+\omega_3)}-\frac{1}{\wp(t+\omega_3)-\wp(t_2+\omega_3)}\right],$$

et en décomposant en éléments simples, ou, ce qui revient au même, en utilisant la seconde formule (CIII_1), les expressions de $\wp'(t_1+\omega_3)$, $\wp'(t_2+\omega_3)$, ainsi que les formules ($\mathrm{XII}_{4,5}$),

$$2i\frac{d\theta}{dt}=\zeta(t-t_1)+\zeta(t-t_2)-\zeta(t+t_1)-\zeta(t+t_2)+2\zeta_3t_1+2\zeta_3t_2.$$

En intégrant et choisissant la constante d'intégration de façon que θ s'annule en même temps que t, on a

$$e^{2i\theta}=-\frac{\sigma(t-t_1)\sigma(t-t_2)}{\sigma(t+t_1)\sigma(t+t_2)}e^{2t(\zeta_3t_1+\zeta_3t_2)};$$

d'ailleurs, à cause des expressions de $l-z$, $l+z$ que l'on a écrites plus haut et des formules (VII_1), on a aussi

$$r^2 = (l-z)(l+z) = -\frac{(ac^2 - gr_0^4)^2}{4\,l^4 r_0^4}\,\frac{\sigma(t+t_1)\,\sigma(t+t_2)\,\sigma(t-t_1)\,\sigma(t-t_2)}{\sigma_3^4 t\,\sigma_3^2 t_1\,\sigma_3^2 t_2}$$

$$= r_0^2\,\frac{\sigma(t+t_1)\,\sigma(t+t_2)\,\sigma(t-t_1)\,\sigma(t-t_2)}{\sigma_3^4 t\,\sigma^2 t_1\,\sigma^2 t_2};$$

donc

$$r^2 e^{2i\theta} = r_0^2\,\frac{\sigma^2(t-t_1)\,\sigma^2(t-t_2)}{\sigma_3^4 t\,\sigma^2 t_1\,\sigma^2 t_2}\,e^{2t(\zeta_3 t_1 + \zeta_3 t_2)}$$

ou, en extrayant les racines carrées et choisissant le signe de façon que l'on ait $r = r_0$ pour $t = 0$, $\theta = 0$,

$$x + iy = re^{i\theta} = r_0\,\frac{\sigma(t-t_1)\,\sigma(t-t_2)}{\sigma_3^2 t\,\sigma t_1\,\sigma t_2}\,e^{t(\zeta_3 t_1 + \zeta_3 t_2)}.$$

662. Cette formule montre que $x + iy$ et, par suite, x et y sont des fonctions univoques de t. La forme même de $x + iy$ montre que c'est une fonction doublement périodique de seconde espèce; c'est le produit d'une exponentielle par la fonction

$$\varphi(t) = \frac{\sigma(t-t_1)\,\sigma(t-t_2)}{\sigma_3^2 t},$$

dont les multiplicateurs μ_1, μ_3 relatifs aux périodes $2\omega_1$, $2\omega_3$ sont respectivement

$$\mu_1 = e^{-2\eta_1(t_1+t_2)}, \qquad \mu_3 = e^{-2\eta_3(t_1+t_2)}.$$

On pourrait prendre pour l'élément simple relatif à la fonction $x + iy$ la fonction

$$\mathcal{A}(t) = \frac{\sigma(t_1 + t_2 - t)}{\sigma(t_1+t_2)\,\sigma t}\,e^{t(\zeta_3 t_1 + \zeta_3 t_2)}$$

et transformer l'expression de $x + iy$ en la décomposant en éléments simples (n° 367).

Nous nous bornerons à quelques remarques relatives à la fonction $\varphi(t)$, qui ne sont d'ailleurs que l'application des observations faites au n° 372. D'après ce qui a été dit plus haut, $t_1 + t_2$ est de la forme $\omega_1 + \alpha\omega_3$, α étant un nombre réel compris entre 0 et 2; si l'on considère la fonction doublement périodique de seconde espèce

$$\psi(t) = \varphi(t)\,e^{(\eta_1 + \alpha\eta_3)t},$$

on voit de suite que ses multiplicateurs, relatifs aux périodes $2\omega_1$, $2\omega_3$, sont respectivement $e^{-\alpha\pi i}$, $e^{\pi i}$; si, par conséquent, α est de la forme $\frac{p}{q}$, p et q étant des entiers premiers entre eux, $[\psi(t)]^{2q}$ sera une fonction doublement périodique ordinaire; il en sera de même de l'expression

$$r^{2q}\, e^{2iq\theta+2qt(\eta_1+\alpha\eta_3-\zeta_3 t_1-\zeta_3 t_2)},$$

que l'on pourra obtenir sous forme explicite par la méthode de décomposition en éléments simples; elle admet le pôle unique ω_3, d'ordre de multiplicité $4q$. Comme on a donné plus haut l'expression de $p(t_1+t_2)$, d'où il est aisé de déduire celle de $p(\alpha\omega_3)$, on voit le moyen de déduire l'équation algébrique que doit vérifier la constante C pour que α ait une valeur donnée $\frac{p}{q}$, de l'équation algébrique que vérifie $p\left(\frac{p}{q}\omega_3\right)$, équation algébrique qui sera étudiée plus tard. Nous nous contenterons de ces indications sommaires sur un sujet qui se rattache d'ailleurs à la théorie des intégrales pseudo-elliptiques, que nous n'avons pas abordée; le cas simple où $\alpha = 1$ sera traité explicitement un peu plus loin ([1]).

663. En posant

$$v = \frac{t}{2\omega_1}, \qquad ir_1 = \frac{t_1}{2\omega_1}, \qquad \frac{1}{2} + ir_2 = \frac{t_2}{2\omega_1},$$

de façon que les quantités réelles r_1, r_2 soient positives et plus petites que $\frac{\tau}{2i}$, les formules de passage des fonctions σ aux fonctions $\Im$ fournissent immédiatement les formules

$$z - a = \frac{r_0}{i}\,\frac{\Im_3(ir_2)\Im_4(ir_1)}{\Im_1(ir_1)\Im_2(ir_2)}\,\frac{\Im_1^2(v)}{\Im_4^2(v)};$$

$$x + iy = r_0 e^{iAv}\,\frac{\Im_4^2(0)}{\Im_4^2(v)}\,\frac{\Im_1(ir_1 - v)\Im_2(ir_2 - v)}{\Im_1(ir_1)\Im_2(ir_2)},$$

où l'on a posé, pour abréger,

$$A = \frac{1}{i}\left[\frac{\Im_3'(ir_2)}{\Im_3(ir_2)} + \frac{\Im_4'(ir_1)}{\Im_4(ir_1)}\right].$$

([1]) *Voir* GREENHILL, *Les Fonctions elliptiques et leurs applications*, trad. par GRIESS, Chap. III; *voir* aussi, pour le cas où $\alpha = 1$, le *Traité de Mécanique rationnelle* de M. APPELL, t. I, p. 494.

On peut faire sur ces expressions de $z-a$ et de $x+iy$, qui spécifient le mouvement du point x, y, z et qui sont appropriées au calcul numérique quand on se donne les éléments numériques du problème, quelques observations faciles qui se feraient d'ailleurs tout aussi bien, le lecteur ne l'ignore pas, sur les équations différentielles du mouvement.

L'expression de $z-a$ montre que les valeurs de z se reproduisent quand on remplace v par $v+1$; dans les mêmes conditions $x+iy$ se reproduit multiplié par le facteur $e^{i\text{A}}$, ainsi qu'il résulte des formules (XXXIV) ou de ce que l'on vient de dire sur le caractère de la fonction $x+iy$; lorsqu'on a la position M du mobile à l'instant t, il suffit donc, pour obtenir sa position à l'instant $t+2\omega_1$, de faire tourner le plan MOz d'un angle égal à A autour de l'axe Oz; la périodicité du mouvement est ainsi bien mise en évidence et il est clair qu'il suffira d'étudier le mouvement de $t=0$ à $t=2\omega_1$. Il suffit même de l'étudier de $t=0$ à $t=\omega_1$, car à deux valeurs de t également éloignées de ω_1 correspondent deux valeurs de v de la forme $\frac{1}{2}-w$, $\frac{1}{2}+w$, dont la somme est égale à 1, et, par suite, les valeurs de z que l'on obtient sont manifestement égales, tandis que les valeurs de $x+iy$ s'obtiennent en multipliant un même nombre

$$r_0 e^{i\left(\pi+\frac{1}{2}\text{A}\right)} \frac{\vartheta_4^2(0)}{\vartheta_3^2(w)\vartheta_2(ir_2)}$$

par deux nombres imaginaires conjugués

$$e^{-i\text{A}w}\frac{\vartheta_2(-ir_1-w)\vartheta_1(-ir_2-w)}{\vartheta_1(-ir_1)}, \qquad e^{i\text{A}w}\frac{\vartheta_2(ir_1-w)\vartheta_1(ir_2-w)}{\vartheta_1(ir_1)};$$

les deux positions correspondantes du mobile sont donc symétriques par rapport au plan qui passe par l'axe des z et la position M_1 que le mobile occupe à l'instant $t=\omega_1$, $(v=\frac{1}{2})$. Ce point M_1 est la position du mobile pour laquelle z est minimum; ses coordonnées sont données par les formules

$$z=b, \qquad x+iy=r_0\frac{\vartheta_4^2(0)}{\vartheta_3^2(0)}\frac{\vartheta_2(ir_1)\vartheta_1(ir_2)}{\vartheta_2(ir_2)\vartheta_1(ir_1)}e^{i\left(\pi+\frac{1}{2}\text{A}\right)};$$

le coefficient de $e^{i\left(\pi+\frac{1}{2}\text{A}\right)}$ est manifestement positif : c'est le rayon vecteur r_1 de la projection du point M_1 sur le plan des xy; il est facile de vérifier qu'il est égal à $\sqrt{l^2 - b^2}$.

L'expression de $x + iy$ met en évidence que l'angle polaire de la projection du point M_1 est, à des multiples près de 2π, égal à $\pi + \frac{1}{2}A$, en sorte que la courbe décrite par l'extrémité du pendule est fermée, ou non, suivant que $\frac{1}{\pi}A$ est un nombre rationnel ou irrationnel. On verra plus loin que $\pi + \frac{1}{2}A$ est l'angle dont tourne effectivement le plan MOz autour de l'axe Oz pendant que t croît de o à ω_1, et non cet angle augmenté d'un multiple de 2π; mais ce qui précède suffit à montrer l'intérêt qui s'attache à la constante réelle A dont il convient de dire quelques mots.

664. On peut mettre A sous la forme

$$\frac{A}{4\pi} = \sum_{n=1}^{n=\infty} \frac{q^{2n-1}\operatorname{sh} 2\pi r_1}{1 - 2q^{2n-1}\operatorname{ch} 2\pi r_1 + q^{4n-2}} - \sum_{n=1}^{n=\infty} \frac{q^{2n-1}\operatorname{sh} 2\pi r_2}{1 + 2q^{2n-1}\operatorname{ch} 2\pi r_2 + q^{4n-2}};$$

r_1 et r_2 sont positifs et plus petits que $\frac{\tau}{2i}$; il en résulte que dans l'une et l'autre des séries chaque terme est positif; r_2 étant plus grand que r_1, on conçoit que A soit négatif, et c'est un point que Halphen a établi par une analyse intéressante que, toutefois, nous ne reproduirons pas en raison de sa complication [1]. Chacune des séries regardées comme une fonction soit de r_1, soit de r_2, la variable étant supposée comprise entre o et $\frac{\tau}{2i}$, est une fonction croissante : cela est évident pour chaque terme de la première et se vérifie sans peine pour chaque terme de la seconde; il résulte de cette remarque que l'on a

$$A > \frac{1}{i}\left[\frac{\mathfrak{I}_4'(ir_1)}{\mathfrak{I}_4(ir_1)} + \frac{\mathfrak{I}_3'\left(\frac{\tau}{2}\right)}{\mathfrak{I}_3\left(\frac{\tau}{2}\right)}\right];$$

---

[1] Après Halphen, M. de Saint-Germain a obtenu le même résultat sans faire usage des fonctions elliptiques; il a, en effet, montré [Cf. *Note sur le pendule sphérique* (*Bulletin des Sciences mathématiques*, 2ᵉ sér., t. XX, p. 114)] que l'angle dont a tourné le plan MOz autour de Oz quand t croît de o à ω_1 est plus petit que π; on va voir que cet angle est égal à $\frac{\pi}{2} + A$; de sa démonstration résulte donc immédiatement que A est négatif.

mais on a

$$\frac{\mathfrak{S}_3'\left(\frac{\tau}{2}\right)}{\mathfrak{S}_3\left(\frac{\tau}{2}\right)} = -i\pi;$$

on en conclut

$$A > -\pi, \qquad \frac{A}{2} + \pi > \frac{\pi}{2}.$$

Il serait intéressant d'étudier comment A varie avec la constante C dont dépendent r_1, r_2 et q.

Signalons quelques autres expressions de A. On a

$$\begin{aligned} A &= \frac{2\omega_1}{i}(\zeta_3 t_1 + \zeta_3 t_2) - \frac{2\eta_1}{i}(t_1 + t_2) \\ &= \frac{C\omega_1}{l^2} + \frac{2\omega_1}{i}\zeta(t_1 + t_2) - \frac{2\eta_1}{i}(t_1 + t_2) = \frac{C\omega_1}{l^2} + \frac{1}{i}\frac{\mathfrak{S}_2'(ir_1 + ir_2)}{\mathfrak{S}_2(ir_1 + ir_2)}; \end{aligned}$$

la seconde de ces formules qui, seule, a peut-être besoin d'explication, a été déduite de la première en remplaçant dans la première des formules (VII_3) u et a par $t_1 + \omega_3$, $t_2 + \omega_3$ et en utilisant les valeurs préalablement calculées de $\wp(t_1 + \omega_3)$, $\wp'(t_1 + \omega_3)$, $\wp(t_2 + \omega_3)$, $\wp'(t_2 + \omega_3)$.

665. Dans le cas particulier déjà signalé au n° 660, où

$$r_1 + r_2 = \frac{\tau}{2i}, \qquad C^2 = \frac{2}{a} g l^2 r_0^2, \qquad b = 0, \qquad c = -\frac{l^2}{a}, \qquad \ldots,$$

on a tout d'abord

$$A = \frac{C\omega_1}{l^2} - \pi = 2K\sqrt{\frac{l^2 - a^2}{l^2 + a^2}} - \pi,$$

et le fait que A est négatif apparaît bien facilement en se servant de la relation $K < \frac{\tau}{2k'}$ qui donne

$$K < \frac{\pi}{2}\frac{\sqrt{l^2 + a^2}}{l}, \qquad A < \pi\left(\frac{\sqrt{l^2 - a^2}}{l} - 1\right) < 0.$$

L'intérêt de ce cas particulier consiste en ce que l'on y peut obtenir séparément les valeurs de x et de y. En remplaçant, dans l'expression de $x + iy$, ir_2 par $\frac{1}{2}\tau - ir_1$, on trouve de suite

$$x + iy = r_0 e^{i(A+\pi)v} \frac{\mathfrak{S}_4^2(0)}{\mathfrak{S}_4^2(v)} \frac{\mathfrak{S}_1(ir_1 - v)\mathfrak{S}_3(ir_1 + v)}{\mathfrak{S}_1(ir_1)\mathfrak{S}_3(ir_1)};$$

en appliquant ensuite la première formule (LVI_4) et les formules (LXXI), puis en posant pour abréger

$$\mu = i\,\frac{\mathfrak{J}_2(ir_1)\mathfrak{J}_4(ir_1)}{\mathfrak{J}_1(ir_1)\mathfrak{J}_3(ir_1)},$$

on obtient

$$x + iy = r_0 e^{i(\text{A}+\pi)v}[\text{cn}(2\text{K}v) + i\mu\,\text{sn}(2\text{K}v)\,\text{dn}(2\text{K}v)],$$

ou, puisque A et μ sont réels,

$$x = r_0[\cos(\text{A}+\pi)v\,\text{cn}(2\text{K}v) - \mu\sin(\text{A}+\pi)v\,\text{sn}(2\text{K}v)\,\text{dn}(2\text{K}v)],$$
$$y = r_0[\sin(\text{A}+\pi)v\,\text{cn}(2\text{K}v) + \mu\cos(\text{A}+\pi)v\,\text{sn}(2\text{K}v)\,\text{dn}(2\text{K}v)].$$

En faisant $v = \frac{1}{2}$ dans ces formules et en se rappelant que pour cette valeur z est nul et $\sqrt{x^2+y^2}$ égal à l, on trouve sans peine

$$\mu = \sqrt{\frac{l^2+a^2}{l^2-a^2}},$$

et c'est ce qu'il n'est pas difficile de vérifier, d'ailleurs, sur l'expression même de μ.

666. Il nous reste à étudier, dans le cas général, la façon dont θ varie avec t. De l'expression de $e^{2i\theta}$ donnée au n° 661, on déduit aisément, au moyen des formules de passage des fonctious σ aux fonctions $\mathfrak{J}$, la formule

$$\theta = \text{A}v + \frac{1}{2i}\log f(v),$$

où l'on a posé, pour abréger,

$$f(v) = \frac{\mathfrak{J}_1(ir_1 - v)\mathfrak{J}_2(ir_2 - v)}{\mathfrak{J}_1(ir_1 + v)\mathfrak{J}_2(ir_2 + v)} = \frac{\mathfrak{J}_1(ir_1 - v)\mathfrak{J}_1(v - \frac{1}{2} - ir_2)}{\mathfrak{J}_1(ir_1 + v)\mathfrak{J}_1(v - \frac{1}{2} + ir_2)};$$

dans cette formule qui donne, à chaque instant t, l'angle θ dont a tourné le rayon vecteur dans le plan des xy, il s'agit de fixer, pour chaque valeur de v, la détermination du logarithme. Nous nous y arrêterons d'autant plus volontiers que la même question se présente dans un très grand nombre d'applications.

Pour suivre la voie régulière qui a été indiquée au Chapitre VI et qui permet sûrement de lever toute ambiguïté, il faut tout d'abord transformer l'expression de $\frac{d\theta}{dt}$ de manière qu'il n'y figure plus que les dérivées logarithmiques de la fonction $\mathfrak{S}_1$; on trouve alors

$$\frac{d\theta}{dv} = \text{A} + \frac{1}{2i}\left[\frac{\mathfrak{S}'_1(v - ir_1)}{\mathfrak{S}_1(v - ir_1)} - \frac{\mathfrak{S}'_1(v + ir_1)}{\mathfrak{S}_1(v + ir_1)} + \frac{\mathfrak{S}'_1(v - \frac{1}{2} - ir_2)}{\mathfrak{S}_1(v - \frac{1}{2} - ir_2)} - \frac{\mathfrak{S}'_1(v - \frac{1}{2} + ir_2)}{\mathfrak{S}_1(v - \frac{1}{2} + ir_2)}\right],$$

et pour avoir la valeur de θ, qui correspond à une valeur donnée de v, il suffit d'effectuer les intégrales rectilignes

$$'\!\!\int_0^v \frac{\mathfrak{S}'_1(v - ir_1)}{\mathfrak{S}_1(v - ir_2)}\,dv, \qquad '\!\!\int_0^v \frac{\mathfrak{S}'_1(v + ir_1)}{\mathfrak{S}_1(v + ir_1)}\,dv, \qquad \ldots.$$

On observera d'abord que dans l'évaluation des logarithmes, qui résultent de l'intégration, on n'a à se préoccuper que des parties purement imaginaires; les parties réelles disparaissent évidemment dans les différences. Les quatre intégrales à évaluer peuvent être remplacées par les suivantes

$$'\!\!\int_{-ir_1}^{-ir_1+v}, \qquad '\!\!\int_{ir_1}^{ir_1+v}, \qquad \int_{-\frac{1}{2}-ir_2}^{-\frac{1}{2}-ir_2+v}, \qquad \int_{-\frac{1}{2}+ir_2}^{-\frac{1}{2}+ir_2+v},$$

où les signes $\int$ portent maintenant sur la quantité $\frac{\mathfrak{S}'_1 v}{\mathfrak{S}_1 v}$; le problème de l'évaluation de pareilles intégrales a été complètement résolu au Chapitre VI; nous nous reporterons à la méthode exposée aux n°s 506 et suivants.

667. Supposons d'abord que v soit compris entre o et $\frac{1}{2}$, c'est-à-dire que t soit compris entre o et ω_1; on voit alors de suite que pour les quatre intégrales le chemin d'intégration est contenu dans l'aire du rectangle (R) figuré à la page 155 du tome III et formé par la réunion des quatre rectangles (R_1), (R_2), (R_3), (R_4), en sorte que ($CXVIII_1$) les quatre intégrales précédentes sont respectivement égales à

$$\log \mathfrak{S}_1(v - ir_1) - \log \mathfrak{S}_1(-ir_1),$$
$$\log \mathfrak{S}_1(v + ir_1) - \log \mathfrak{S}_1(ir_1),$$
$$\log \mathfrak{S}_1(v - \tfrac{1}{2} - ir_2) - \log \mathfrak{S}_1(-\tfrac{1}{2} - ir_2),$$
$$\log \mathfrak{S}_1(v - \tfrac{1}{2} + ir_2) - \log \mathfrak{S}_1(-\tfrac{1}{2} + ir_2),$$

où les logarithmes ont leurs déterminations principales, en observant toutefois que les points $\mathfrak{S}_1(-\frac{1}{2}-ir_2)$, $\mathfrak{S}_1(-\frac{1}{2}+ir_2)$ doivent être regardés comme étant le premier sur le bord inférieur de la coupure de gauche, le second sur le bord supérieur de la même coupure, en sorte que les coefficients de i dans les logarithmes sont respectivement $-\pi$, $+\pi$; ils sont $-\frac{\pi}{2}$ et $+\frac{\pi}{2}$ pour $\log\mathfrak{S}_1(-ir_1)$, $\log\mathfrak{S}_1(ir_1)$; on aura donc, dans ce cas,

$$\theta = \mathrm{A}v + \frac{1}{2i}\left[\log\mathfrak{S}_1(v-ir_1) - \log\mathfrak{S}_1(v+ir_1) + \log\mathfrak{S}_1\left(v-\frac{1}{2}-ir_2\right) - \log\mathfrak{S}_1\left(v-\frac{1}{2}+ir_2\right)\right] + \frac{3\pi}{2},$$

en attribuant aux logarithmes leurs déterminations principales; d'ailleurs, le point $\mathfrak{S}_1(v+ir_1)$ est situé dans l'aire (R'_1), le point $\mathfrak{S}_1(v-ir_1)$ est le point de l'aire (R'_4) symétriquement placé par rapport à l'axe des quantités réelles; il résulte de là que

$$\frac{1}{2i}[\log\mathfrak{S}_1(v-ir_1) - \log\mathfrak{S}_1(v+ir_1)]$$

est l'angle, compris entre o et $-\frac{\pi}{2}$, dont il faut faire tourner le rayon vecteur qui va de o au point $\mathfrak{S}_1(v+ir_1)$ pour l'amener sur la partie positive de l'axe des quantités réelles; de même, puisque les points $\mathfrak{S}_1(v-\frac{1}{2}-ir_2)$, $\mathfrak{S}_1(v-\frac{1}{2}+ir_2)$ sont symétriquement placés dans les aires (R'_3), (R'_2), on voit que

$$\frac{1}{2i}\left[\log\mathfrak{S}_1\left(v-\frac{1}{2}-ir_2\right) - \log\mathfrak{S}_1\left(v-\frac{1}{2}+ir_2\right)\right]$$

est l'angle (obtus), compris entre $-\frac{\pi}{2}$ et $-\pi$, dont il faut faire tourner le vecteur qui va du point o au point $\mathfrak{S}_1(v-\frac{1}{2}+ir_2)$ pour l'amener sur la partie positive de l'axe des quantités réelles; d'après cela, on reconnaît très aisément que l'on peut écrire

$$\theta = \mathrm{A}v + \frac{\alpha+\beta}{2},$$

en désignant par α et β deux angles positifs, moindres que π, dont le premier s'obtient en faisant tourner dans le sens positif le vecteur qui va du point o au point $\mathfrak{S}_1(ir_1+v)$ pour l'amener sur le vecteur qui va du point o au point $\mathfrak{S}_1(ir_1-v)$, dont le second s'obtient en faisant tourner dans le même sens le vecteur qui va du point o au point $\mathfrak{S}_1(v-\frac{1}{2}+ir_2)$ ou $\mathfrak{S}_2(v+ir_2)$ pour l'amener sur le vecteur qui va du point o au point $\mathfrak{S}_1(v-\frac{1}{2}-ir_2)$ ou $\mathfrak{S}_2(v-ir_2)$; on peut encore écrire, si l'on veut,

$$\theta = \text{A}v + \frac{1}{2i}\log f(v),$$

en convenant de prendre le second terme du second membre compris entre o et π; il a d'ailleurs la valeur o pour $v=0$, et la valeur π pour $v=\frac{1}{2}$; pour $v=0$, α et β sont nuls; pour $v=\frac{1}{2}$, α et β sont égaux à π. L'angle Θ dont le plan MOz a tourné autour de Oz, quand t varie de o à ω_1 (v de o à $\frac{1}{2}$), est bien égal, comme on l'a dit plus haut, à $\pi + \frac{\text{A}}{2}$.

De ce que A est compris entre $-\pi$ et o on conclut que Θ est compris entre $\frac{\pi}{2}$ et π. C'est Puiseux qui a, le premier, démontré que Θ est toujours plus grand que $\frac{\pi}{2}$. Sa démonstration (*Journal de Liouville,* 1re série, t. VII; 1842), qui est devenue classique, n'a toutefois rien à voir avec la théorie des fonctions elliptiques.

668. Nous avons exposé ces résultats en suivant pas à pas la voie indiquée au Chapitre VI; on y parvient d'une façon plus courte, en interprétant la formule même qui donne l'expression de θ et en remarquant que θ devant s'annuler pour $t=0$, $\log f(v)$ doit être nul pour $v=0$ et que les valeurs que prend successivement cette fonction se suivent d'une façon continue. En se reportant toujours à la *fig.* 155 du Tome III, et en suivant la façon dont se déplacent dans les aires (R'_1), (R'_2), (R'_3), (R'_4) les points $\mathfrak{S}_1(ir_1+v)$, $\mathfrak{S}_2(ir_1-v)$, ... on n'a aucune peine à retrouver les résultats précédents.

L'étude peut se poursuivre lorsque v est compris entre $\frac{1}{2}$ et 1, en partant de la propriété $f(1-v)f(v)=1$ de la fonction $f(v)$ qui résulte immédiatement des formules (XXXIV); si l'on pose $v=\frac{1}{2}+w$, on devra, à cause de cette propriété, adopter, pour les valeurs de w comprises entre o et $\frac{1}{2}$, une détermination de $\frac{1}{2i}\log f(\frac{1}{2}+w)$ de la forme

$$\frac{1}{2i}\log f\left(\frac{1}{2}+w\right) = k\pi - \frac{1}{2i}\log f\left(\frac{1}{2}-w\right),$$

où k est un nombre entier déterminé; cet entier est, d'ailleurs, égal à 2, puisque pour $v = \frac{1}{2}$, $w = 0$, la formule précédente se réduit à $\log f(\frac{1}{2}) = ik\pi$ et que l'on sait que $\log f(\frac{1}{2}) = 2i\pi$. La symétrie du mouvement se reconnaît très aisément sur cette même formule; nous ne nous y arrêterons pas, puisqu'elle a été établie sur l'expression de $x + iy$. En résumé, de $v = \frac{1}{2}$ à $v = 1$, on a

$$\theta = \text{A}v + \frac{1}{2i}\log f(v)$$

si l'on convient de prendre pour le second terme du second membre celle de ses déterminations qui est comprise entre π et 2π. Pour $v = 1$, on a

$$\theta = \text{A} + \frac{1}{2i}\log f(1) = \text{A} + 2\pi = 2\Theta;$$

ce dernier résultat aurait pu se déduire aisément de la formule (CXXVIII_2).

Pour poursuivre cette étude lorsque v est plus grand que 1, il suffirait de partir de la propriété de la fonction v exprimée par les relations

$$f(v) = f(1+v) = f(2+v) = f(3+v) = \ldots;$$

on peut ainsi montrer directement que quand v est successivement compris entre 1 et $\frac{3}{2}$, $\frac{3}{2}$ et 2, 2 et $\frac{5}{2}$, ..., $\frac{n}{2}$ et $\frac{n+1}{2}$, ..., c'est-à-dire t entre $2\omega_1$ et $3\omega_1$, $3\omega_1$ et $4\omega_1$, $4\omega_1$ et $5\omega_1$, ..., $n\omega_1$ et $(n+1)\omega_1$ ..., on doit dans la formule

$$\theta = \text{A}v + \frac{1}{2i}\log f(v)$$

prendre successivement, pour le second terme du second membre, celle de ses déterminations qui est comprise entre 2π et 3π, 3π et 4π, 4π et 5π, ..., $n\pi$ et $(n+1)\pi$, ...

§ VI. — Mouvement d'un corps solide autour d'un point fixe dans le cas où il n'y a pas de force extérieure.

669. Nous allons étudier le mouvement d'un corps solide dont un point O est fixe et qui n'est soumis à aucune force autre que la réaction du point fixe. Nous renvoyons, pour ce qui concerne la partie mécanique du problème et l'établissement des équations différentielles du mouvement, aux divers Traités de Mécanique rationnelle, particulièrement à la Note de M. Darboux sur les mouvements à la Poinsot, qui se trouve dans le Traité de Despeyrous; nous emprunterons à cette Note nos notations, d'une part, et, d'autre part, l'équation différentielle de l'herpolodie.

Le corps solide est rapporté à un système de coordonnées rectangulaires $Oxyz$ qu'il entraîne avec lui et que l'on supposera coïncider avec les axes principaux d'inertie relatifs au point O. Le problème final consiste à déterminer à chaque instant la position du trièdre $Oxyz$ par rapport à un système d'axes fixes OXYZ; il est résolu si l'on connaît, en fonction du temps t, les trois angles d'Euler qui déterminent la position du trièdre mobile par rapport au trièdre fixe. C'est à ce résultat que nous nous attacherons (¹).

Soit (E) l'ellipsoïde d'inertie du solide pour le point O; soit $O\Omega$ le vecteur qui figure la vitesse angulaire de rotation ω, vecteur dont les projections sur les axes Ox, Oy, Oz sont p, q, r. Le moment des quantités de mouvement est un vecteur fixe dans l'espace dont nous désignerons la longueur par l, et dont les projections sur les axes Ox, Oy, Oz sont Ap, Bq, Cr, en désignant par A, B, C les moments d'inertie du solide par rapport à ces axes. L'ellipsoïde (E) est constamment tangent à un plan fixe (Π), au point J où ce plan est percé par la demi-droite qui porte le vecteur $O\Omega$; le lieu du point J dans le plan fixe (Π) est l'herpolodie, le lieu du même point sur l'ellipsoïde (E) est la polodie; la polodie roule sans glisser sur l'herpolodie; le problème peut être regardé comme résolu quand ce dernier mouvement est connu. Nous laisserons de côté les cas où la polodie se décompose en deux ellipses se coupant suivant l'axe moyen de (E), ou en deux cercles parallèles, ou encore se réduit à deux points; l'herpolodie est

(¹) M. Klein a employé d'autres paramètres qui donnent des résultats plus symétriques. On peut consulter, sur ce sujet, le livre qu'il a publié avec M. Sommerfield sous le titre *Ueber die Theorie des Kreisels,* ou une Note de M. Lacour dans les *Nouvelles Annales de Mathématiques,* 5ᵉ série, t. XVIII; 1899. Les expressions des neuf cosinus sont dues à Jacobi (*Journal de Crelle,* t. 39; 1850). Les formules auxquelles nous nous bornons ont été données sous une forme à peine différente par Hermite (*Sur quelques applications des fonctions elliptiques,* Paris, 1885). On peut aussi consulter : Halphen, *Traité des fonctions elliptiques,* t. II; 1888; Lindemann, *Sitzungsberichte* de l'Académie des Sciences de Munich, t. XXVIII; 1898, et Lacour, *Annales de l'École Normale supérieure,* 1900.

alors une spirale (dont l'équation s'obtient au moyen des fonctions élémentaires), un cercle ou un point.

Nous supposerons l'herpolodie, dans le plan (Π), rapportée à un système de coordonnées polaires; le pôle sera le pied P de la perpendiculaire abaissée de O sur (Π) et l'axe polaire sera la direction qui va du point P vers la position initiale J_0 du point J; nous représenterons par δ la distance OP du point O au plan (Π) : elle est évidemment comprise entre la plus petite et la plus grande des quantités $\frac{1}{\sqrt{A}}$, $\frac{1}{\sqrt{B}}$, $\frac{1}{\sqrt{C}}$; nous désignerons par $R\delta$ et Θ les coordonnées polaires du point J dans le plan (Π).

Les intégrales des forces vives et des aires fournissent les relations

$$h = Ap^2 + Bq^2 + Cr^2, \qquad l^2 = A^2p^2 + B^2q^2 + C^2r^2;$$

la constante des forces vives h est liée à l par la relation $h = l^2\delta^2$ qui se déduit immédiatement de ce que, si x, y, z désignent les coordonnées du point J par rapport au trièdre $Oxyz$, on a

$$\frac{x^2}{p^2} = \frac{y^2}{q^2} = \frac{z^2}{r^2} = \frac{\delta^2 + R^2\delta^2}{\omega^2} = \frac{1}{h} = \frac{1}{l^2\delta^2}.$$

Nous introduirons enfin une constante positive μ définie par les relations

$$\mu = \delta\sqrt{h} = l\delta^2.$$

On a alors

$$\omega^2 = h\delta^2(1 + R^2) = \mu^2(1 + R^2).$$

670. Nous poserons

$$\frac{1}{a} = A\delta^2, \qquad \frac{1}{b} = B\delta^2, \qquad \frac{1}{c} = C\delta^2;$$

en vertu d'une observation antérieure, 1 est compris entre la plus grande et la plus petite des quantités a, b, c; nous poserons aussi

$$\begin{aligned} T_a &= -(1-b)(1-c), \\ T_b &= -(1-c)(1-a), \\ T_c &= (1-a)(1-b). \end{aligned}$$

Enfin, nous nous contenterons d'écrire les équations suivantes dans les cinq premières desquelles on reconnaîtra les équations d'Euler, les intégrales des forces vives et des aires, et dont les trois dernières s'obtiennent en résolvant, par rapport à p^2, q^2, r^2, celles des équations précédentes qui sont linéaires en p^2, q^2, r^2,

$$bc\,\frac{dp}{dt}+a(b-c)\,qr=0,\qquad \frac{p^2}{a}+\frac{q^2}{b}+\frac{r^2}{c}=\mu^2,$$

$$ca\,\frac{dq}{dt}+b(c-a)\,rp=0,\qquad \frac{p^2}{a^2}+\frac{q^2}{b^2}+\frac{r^2}{c^2}=\mu^2,$$

$$ab\,\frac{dr}{dt}+c(a-b)\,pq=0,\qquad p^2+q^2+r^2=\omega^2=\mu^2(R^2+1),$$

$$p^2=\frac{a^2\mu^2(T_a-R^2)}{(c-a)(a-b)},\qquad q^2=\frac{b^2\mu^2(T_b-R^2)}{(a-b)(b-c)},\qquad r^2=\frac{c^2\mu^2(T_c-R^2)}{(b-c)(c-a)}.$$

De ces équations, de la relation

$$p\,\frac{dp}{dt}+q\,\frac{dq}{dt}+r\,\frac{dr}{dt}=\mu R\,\frac{dR}{dt},$$

et des équations d'Euler, on tire sans peine la relation

$$R^2\,\frac{dR^2}{dt^2}=\mu^2(T_a-R^2)(T_b-R^2)(T_c-R^2).$$

Si l'on y fait

$$\mu^2R^2=\tfrac{1}{3}\,\mu^2(T_a+T_b+T_c)-y_1,$$

elle prend la forme normale

$$\left(\frac{dy_1}{dt}\right)^2=4(y_1-e_\alpha)(y_1-e_\beta)(y_1-e_\gamma),$$

où

$$e_\alpha=\tfrac{1}{3}\,\mu^2(T_b+T_c-2T_a),\qquad e_\beta-e_\gamma=\mu^2(b-c)(1-a),$$

$$e_\beta=\tfrac{1}{3}\,\mu^2(T_c+T_a-2T_b),\qquad e_\gamma-e_\alpha=\mu^2(c-a)(1-b),$$

$$e_\gamma=\tfrac{1}{3}\,\mu^2(T_a+T_b-2T_c),\qquad e_\alpha-e_\beta=\mu^2(a-b)(1-c).$$

Nous conviendrons de ranger les axes Ox, Oy, Oz de manière que b soit compris entre a et c et que $(1-b)(1-c)$ soit positif; deux cas sont alors possibles :

1° $\qquad a>b>1>c,$

2° $\qquad a<b<1<c;$

on constate que, dans ces deux cas, on a $e_\gamma>e_\alpha>e_\beta$; nous prendrons toujours, en conséquence, $\gamma=1$, $\alpha=2$, $\beta=3$; en sorte que l'on aura

$$\sqrt{e_1-e_2} = \mu\left|\sqrt{(a-c)(b-1)}\right|,\qquad k=\left|\sqrt{\frac{a-b}{b-c}\,\frac{1-c}{a-1}}\right|,$$
$$\sqrt{e_2-e_3} = -\mu\left|\sqrt{(a-b)(1-c)}\right|,$$
$$\sqrt{e_1-e_3} = \mu\left|\sqrt{(b-c)(a-1)}\right|,\qquad k'=\left|\sqrt{\frac{a-c}{b-c}\,\frac{b-1}{a-1}}\right|.$$

671. L'intégrale de l'équation différentielle en y_1 est de la forme

$$y_1 = \wp(t+\lambda),$$

λ étant une constante. Il est aisé de reconnaître que l'axe instantané de rotation vient, pour des valeurs convenables de t, se placer dans le plan des xz; nous choisirons un de ces instants pour origine du temps; nous supposerons, de plus, que les directions positives des axes soient telles que, pour $t=0$, les valeurs p_0, r_0 de p, r soient positives; pour $t=0$, $q=0$, et, d'après la seconde équation d'Euler, $\frac{dq}{dt}$ est du signe de $a-c$; nous désignerons par ε l'unité positive ou négative suivant que a est plus grand ou plus petit que c; enfin, nous introduirons une constante purement imaginaire v satisfaisant aux inégalités $0<\frac{v}{i}<\frac{\omega_3}{i}$ et définie par les égalités concordantes

$$\xi_{10}v = \frac{\mu}{i}\left|\sqrt{(a-1)(a-c)}\right|,\qquad \xi_{20}v = \frac{\mu}{i}\left|\sqrt{(a-b)(a-c)}\right|,$$
$$\xi_{30}v = \frac{\mu}{i}\left|\sqrt{(a-1)(a-b)}\right|,$$
$$i\wp'v = 2\varepsilon\mu^3(a-b)(a-c)(a-1).$$

Pour $t=0$, $q=0$, R^2 doit être égal à T_b, donc y_1 qui se réduit à $\wp\lambda$ doit être égal à e_3; λ doit donc être congru à ω_3, *modulis* $2\omega_1$, $2\omega_3$; rien n'empêche de supposer $\lambda=\omega_3$. De la relation $y_1=\wp(t+\omega_3)$ on conclut l'expression de R^2 en fonction de t, savoir

$$R^2 = (c-1)(1-a)-\frac{1}{\mu^2}(e_1-e_3)(e_2-e_3)\xi_{03}^2 t$$
$$= R_0^2[1-(e_1-e_3)\xi_{21}^2 v\,\xi_{03}^2 t] = R_0^2\,\frac{\sigma_1(v+t)\sigma_1(v-t)}{\sigma_3^2 t\,\sigma_1^2 v},$$

où R_0 est la valeur de R pour $t=0$; ayant ainsi l'expression de y_1 ou de R^2, on en déduit celle de p^2, q^2, r^2, puis, en extrayant les racines carrées et en déterminant les signes de façon que, pour $t=0$, p, r soient positifs et que q ait le signe de ε,

$$p = a\mu\left|\sqrt{\frac{1-c}{a-c}}\right|\xi_{13}t = p_0\xi_{13}t,$$

$$q = \varepsilon b\mu^2\left|\sqrt{(a-1)(1-c)}\right|\xi_{03}t = p_0 r_0\frac{a-c}{ac}\,\xi_{03}t,$$

$$r = c\mu\left|\sqrt{\frac{a-1}{a-c}}\right|\xi_{23}t = r_0\xi_{23}t.$$

672. Pour déterminer Θ en fonction de t, nous partirons de la relation, établie par M. Darboux,

$$\frac{1}{\mu}\frac{d\Theta}{dt} = 1 + \frac{(1-a)(1-b)(1-c)}{R^2};$$

il suffit de remplacer R^2 par sa valeur en fonction de $\wp t$, et d'appliquer la méthode de décomposition en éléments simples, ou plutôt la seconde formule ($CIII_1$), pour trouver

$$\begin{aligned}\frac{d\Theta}{dt} &= \mu b + \frac{1}{2i\varepsilon}\,\frac{\wp'(v+\omega_1)}{\wp t - \wp(v+\omega_1)}\\ &= \mu b + \frac{1}{2i\varepsilon}\,[2\zeta(v+\omega_1) + \zeta(t-v-\omega_1) - \zeta(t+v+\omega_1);\end{aligned}$$

puis, en intégrant, on obtient, après quelques réductions faciles,

$$\Theta = (\mu a - i\varepsilon\zeta v)\,t - \frac{i\varepsilon}{2}\log\frac{\sigma_1(v-t)}{\sigma_1(v+t)}, \qquad e^{2i\varepsilon\Theta} = e^{2(i\mu a+\varepsilon\zeta v)\varepsilon t}\,\frac{\sigma_1(v-t)}{\sigma_1(v+t)}.$$

En multipliant l'expression de $e^{2i\varepsilon\Theta}$ par la dernière des expressions de R^2, extrayant les racines carrées et choisissant le signe de façon que, pour $t=0$, l'expression de $Re^{i\varepsilon\Theta}$ se réduise à R_0, on a enfin

$$Re^{i\varepsilon\Theta} = R_0\,e^{(i\mu a\varepsilon+\zeta v)t}\,\frac{\sigma_1(v-t)}{\sigma_1 v\,\sigma_3 t};$$

le signe se conserve puisque le second membre reste continu et ne s'annule pas.

Cette dernière formule montre que, dans le plan (II), les coordonnées rectangulaires d'un point de l'herpolodie sont des fonctions univoques de t, et ce résultat peut, à la rigueur, dispenser de rechercher quelle détermination on doit donner au logarithme dans l'expression de Θ. Au reste, cette recherche ne présente aucune difficulté si l'on applique la même méthode que dans le pendule sphérique. Pour $v = 2\omega_1 w$, $t = 2\omega_1 \text{T}$, on a

$$\frac{d\Theta}{d\text{T}} = \text{A} + \frac{1}{2i\varepsilon}\left[\frac{\vartheta_1'(\text{T} - w - \frac{1}{2})}{\vartheta_1(\text{T} - w - \frac{1}{2})} - \frac{\vartheta_1'(\text{T} + w - \frac{1}{2})}{\vartheta_1(\text{T} + w - \frac{1}{2})}\right],$$

où

$$\text{A} = 2\omega_1\mu b + \frac{1}{i\varepsilon}\frac{\vartheta_2' w}{\vartheta_2 w} = 2\omega_1\mu a + \frac{1}{i\varepsilon}\frac{\vartheta_1' w}{\vartheta_1 w}.$$

Lorsque T varie de 0 à 1, on en déduit

$$\Theta = \text{AT} + \varepsilon\pi + \varepsilon\frac{1}{2i}\log f(\text{T}),$$

où l'on a posé, pour abréger,

$$f(\text{T}) = \frac{\vartheta_1(\text{T} - w - \frac{1}{2})}{\vartheta_1(\text{T} + w - \frac{1}{2})},$$

et où $\frac{1}{2i}\log f(\text{T})$ mesure l'angle négatif dont il faut faire tourner le vecteur allant de 0 à $\vartheta_1(\text{T} + w - \frac{1}{2})$ pour l'amener sur l'axe des quantités positives. Cet angle est obtus, droit ou aigu suivant que T est inférieur, égal ou supérieur à $\frac{1}{2}$; il est nul pour $\text{T} = 1$. Si donc on désigne par Θ_1 l'angle polaire du premier point de tangence J_1 de l'herpolodie avec le cercle de centre P et de rayon $\sqrt{t^2 - b^2}$, on a

$$\Theta_1 = \tfrac{1}{2}\text{A} + \tfrac{1}{2}\varepsilon\pi.$$

Pour $\text{T} = 1$, on obtiendra de même, pour l'angle polaire Θ_2 du premier point de tangence J_2 de l'herpolodie avec le cercle de centre P et de rayon $\sqrt{t^2 - a^2}$ (après le point J_0),

$$\Theta_2 = \text{A} + \varepsilon\pi = 2\Theta_1.$$

Lorsque T varie de n à $n+1$, n désignant un entier positif quelconque, on devra prendre dans l'expression précédente qui donne Θ en fonction de T,

$$\frac{1}{2i}\log f(\text{T}) = +n\pi + \frac{1}{2i}\log f(\text{T} - n),$$

où le logarithme qui figure dans le second terme du second membre est déterminé par ce qui précède, puisque $\text{T} - n$ est compris entre o et 1. La symétrie de l'herpolodie par rapport à PJ_1 ou à PJ_2 s'établit comme dans l'étude de la courbe décrite par la projection de OM sur le plan des xy dans l'étude du pendule sphérique.

673. Il reste à déterminer, en fonction de t, les angles d'Euler ψ, θ, φ qui fixent la position du trièdre $Oxyz$, entraîné avec le corps, par rapport au trièdre fixe OXYZ. Nous choisirons l'axe OZ suivant la direction fixe du vecteur qui représente le moment des quantités de mouvement par rapport à O, et nous supposerons essentiellement que le trièdre OXYZ a la même disposition que le trièdre $Oxyz$; les neuf cosinus directeurs des axes Ox, Oy, Oz, par rapport aux axes OX, OY, OZ, sont suffisamment désignés par le Tableau :

	x	y	z
X....	α_1	α_2	α_3
Y....	β_1	β_2	β_3
Z....	γ_1	γ_2	γ_3

;

quant aux angles ψ, θ, φ, ce sont les angles dont il faut, pour l'amener sur le trièdre OXYZ, faire tourner le trièdre $Oxyz$: 1° autour de OZ, 2° autour d'une direction arbitrairement choisie OX_1 sur l'intersection des plans des xy et des XY, 3° autour de Oz; par ces rotations successives, le trièdre OXYZ occupe successivement les positions OX_1Y_1Z, OX_1Y_2Z, $Oxyz$, et l'on passe d'un système d'axes au suivant par les formules

$$X = X_1\cos\psi - Y_1\sin\psi, \qquad Y = X_1\sin\psi + Y_1\cos\psi,$$
$$Y_1 = Y_2\cos\theta - z\sin\theta, \qquad Z = Y_2\sin\theta + z\cos\theta,$$
$$X_1 = x\cos\varphi - y\sin\varphi, \qquad Y_2 = x\sin\varphi + y\cos\varphi;$$

l'élimination de X_1, Y_1, Y_2 entre ces formules fournit les expressions de X, Y, Z au moyen de x, y, z, et les expressions des neuf cosinus directeurs au moyen de θ, ψ, φ.

Les formules de Cinématique

$$p = \gamma_1 \frac{d\psi}{dt} + \cos\varphi \frac{d\theta}{dt}, \qquad q = \gamma_2 \frac{d\psi}{dt} - \sin\varphi \frac{d\theta}{dt}, \qquad r = \gamma_3 \frac{d\psi}{dt} + \frac{d\varphi}{dt}$$

peuvent s'écrire immédiatement en envisageant la rotation représentée par le segment $O\Omega$ (rotation dont les composantes suivant les axes Ox, Oy, Oz sont p, q, r) comme résultant de la composition des trois rotations $\frac{d\psi}{dt}$ suivant OZ, $\frac{d\varphi}{dt}$ suivant Oz, $\frac{d\theta}{dt}$ suivant OX_1 et en appliquant le théorème des projections.

La détermination de ψ, θ, φ en fonction de t revient à l'intégration de ces trois équations différentielles linéaires où p, q, r sont maintenant des fonctions connues de t.

674. Les projections sur Ox, Oy, Oz de l'axe fixe des quantités de mouvement par rapport à O étant Ap, Bq, Cr, on a

$$\gamma_1 = \sin\theta \sin\varphi = \frac{p}{a\mu} = \quad i\sqrt{e_2 - e_3}\,\xi_{02}v\,\xi_{13}t,$$

$$\gamma_2 = \sin\theta\cos\varphi = \frac{q}{b\mu} = -\varepsilon\sqrt{e_2 - e_3}\,\xi_{12}v\,\xi_{03}t,$$

$$\gamma_3 = \cos\theta = \frac{r}{c\mu} = \xi_{32}v\,\xi_{23}t;$$

on tire de là

$$\sin^2\theta = 1 - \xi_{32}^2 v\,\xi_{23}^2 t = \frac{(e_2 - e_3)(\wp v - \wp t)}{(\wp v - e_2)(\wp t - e_3)} = (e_2 - e_3)\frac{\sigma(t+v)\,\sigma(t-v)}{\sigma_2^2 v\,\sigma_3^2 t};$$

cette expression ne s'annule pour aucune valeur de t; sa racine carrée, devant être continue, ne peut changer de signe; on devra donc donner à cette racine carrée le signe de la valeur initiale de $\sin\theta$, que nous supposerons positive : on peut, en effet, supposer toujours que l'angle θ_0 est compris entre o et π; il en sera alors toujours de même de l'angle θ, et l'on aura

$$\sin\theta = -\sqrt{e_2 - e_3}\,\frac{\left|\sqrt{\sigma(t+v)\,\sigma(t-v)}\right|}{\sigma_2 v\,\sigma_3 t};$$

dès lors $\sin\theta$, $\cos\theta$, $\sin\varphi$, $\cos\varphi$ étant déterminés sans ambiguïté, il n'y a plus qu'à déterminer l'angle ψ, c'est-à-dire qu'à intégrer l'une des équations de la Cinématique, où tout est connu sauf $\frac{d\psi}{dt}$; il est commode de se servir de la combinaison obtenue en multipliant la première par $\sin\varphi$, la seconde par $\cos\varphi$ et en ajoutant, ce qui donne

$$\frac{d\psi}{dt} = \frac{p\sin\varphi + q\cos\varphi}{\gamma_1\sin\varphi + \gamma_2\cos\varphi} = \mu\,\frac{p\sin\varphi + q\cos\varphi}{\frac{p}{a}\sin\varphi + \frac{q}{b}\cos\varphi},$$

puis, en remplaçant $\sin\varphi$ et $\cos\varphi$ dans le dernier membre par les quantités proportionnelles $\frac{p}{a}, \frac{q}{b}$,

$$\frac{1}{\mu}\frac{d\psi}{dt} = \frac{\frac{p^2}{a} + \frac{q^2}{b}}{\frac{p^2}{a^2} + \frac{q^2}{b^2}};$$

les valeurs précédemment trouvées pour p, q donnent ensuite

$$\frac{p^2}{a} + \frac{q^2}{b} = a\,\frac{1-c}{a-1}\,\mu^2\xi_{03}^2\,t\left[\wp t - e_1 + \frac{b}{a}(e_1 - \wp v)\right],$$

$$\frac{p^2}{a^2} + \frac{q^2}{b^2} = \frac{1-c}{a-c}\,\mu^2\xi_{03}^2\,t(\wp t - \wp v),$$

d'où l'on conclut

$$\frac{1}{\mu}\frac{d\psi}{dt} = a + \frac{1}{2i\varepsilon\mu}\,\frac{\wp' v}{\wp t - \wp v} = a - \frac{1}{2i\varepsilon\mu}[\zeta(t+v) - \zeta(t-v) - 2\zeta v],$$

puis, en intégrant, et en supposant que ψ soit nul pour $t = 0$,

$$\psi = t\left(\mu a + \frac{1}{i\varepsilon}\zeta v\right) - \frac{1}{2i\varepsilon}\log\frac{\sigma(v+t)}{\sigma(v-t)};$$

la détermination du logarithme donne lieu à des observations analogues à celles que l'on a développées dans la théorie du pendule sphérique et rappelées à propos de l'angle Θ; nous nous contenterons d'énoncer les résultats :

Si l'on pose

$$f_1(t) = \frac{\mathfrak{I}_1\left(\frac{v-t}{2\omega_1}\right)}{\mathfrak{I}_1\left(\frac{v+t}{2\omega_1}\right)},$$

on aura

$$\frac{1}{i}\log\frac{\sigma(v+t)}{\sigma(v-t)} = \frac{2\eta_1}{\omega_1}\,\frac{v}{i}\,t - \frac{1}{i}\log f_1(t),$$

et si $t = 2n\omega_1 + t'$, n étant entier et t' étant compris entre 0

et $2\omega_1$, on devra prendre

$$\frac{1}{i}\log f_1(t) = 2n\pi + \frac{1}{i}\log f_1(t'),$$

$\frac{1}{i}\log f_1(t')$ étant un nombre réel compris entre o et 2π; si t' est compris entre o et $\frac{1}{2}$, $\frac{1}{i}\log f_1(t')$ est le double de l'angle positif aigu dont il faut faire tourner le vecteur qui va du point o au point $\vartheta_1\left(\frac{v+t'}{2\omega_1}\right)$ pour l'amener sur la partie positive de l'axe des quantités purement imaginaires; pour deux valeurs de t' également éloignées de ω_1, les deux valeurs de $\frac{1}{i}\log f(t')$ ont une somme égale à 2π; si n est un nombre entier, on a

$$\frac{1}{i}\log f_1(n\omega_1) = n\pi.$$

675. La solution peut être regardée comme achevée, puisque les neuf cosinus s'expriment au moyen de ψ, θ, φ. Hermite a toutefois donné pour ces neuf cosinus directeurs des expressions simples qu'il nous reste à faire connaître.

Calculons d'abord les valeurs initiales de ces cosinus, en faisant $t = 0$ dans les expressions qui donnent $\sin\theta$, $\cos\theta$, $\sin\varphi$, $\cos\varphi$, on trouve

$$\sin\theta_0 = i\sqrt{e_2 - e_3}\,\xi_{02}v, \qquad \cos\theta_0 = \xi_{32}v, \qquad \sin\varphi_0 = 1, \qquad \cos\varphi_0 = 0;$$

on a ensuite, en affectant d'indices supérieurs o les valeurs initiales des cosinus, et se rappelant que $\psi_0 = 0$,

$$\alpha_1^0 = 0, \quad \alpha_2^0 = -1, \quad \alpha_3^0 = 0; \qquad \beta_1^0 = \cos\theta_0, \quad \beta_2^0 = 0, \quad \beta_3^0 = -\sin\theta_0;$$
$$\gamma_1^0 = \sin\theta_0, \quad \gamma_2^0 = 0, \quad \gamma_3^0 = \cos\theta_0.$$

Rappelons encore les formules de Cinématique

$$\alpha'_1 = r\alpha_2 - q\alpha_3, \qquad \alpha'_2 = p\alpha_3 - r\alpha_1, \qquad \alpha'_3 = q\alpha_1 - p\alpha_2,$$

et celles qu'on en déduit par les permutations circulaires effectuées sur les lettres α, β, γ, permutations qui laissent invariables les quantités p, q, r aussi bien que les indices 1, 2, 3; dans ces formules, comme dans celles qui suivent, les accents indiquent les dérivées prises par rapport à t.

En utilisant ces relations, le fait bien connu que dans le déterminant

$$\begin{vmatrix} \alpha_1 & \alpha_2 & \alpha_3 \\ \beta_1 & \beta_2 & \beta_3 \\ \gamma_1 & \gamma_2 & \gamma_3 \end{vmatrix},$$

chaque élément est égal au mineur correspondant, et les résultats déjà acquis, on trouve sans peine

$$\frac{d}{dt}\log(\alpha_3 + i\varepsilon\beta_3) = \frac{\alpha'_3 + i\varepsilon\beta'_3}{\alpha_3 + i\varepsilon\beta_3} = \frac{\alpha_3\alpha'_3 + \beta_3\beta'_3 + i\varepsilon(\alpha_3\beta'_3 - \alpha'_3\beta_3)}{\alpha_3^2 + \beta_3^2}$$

$$= \frac{-\gamma_3\gamma'_3 + i\varepsilon(p\gamma_1 + q\gamma_2)}{1 - \gamma_3^2} = \frac{-\dfrac{rr'}{\mu^2 c^2}}{1 - \dfrac{r^2}{\mu^2 c^2}} + i\varepsilon\mu\,\frac{\dfrac{p^2}{a} + \dfrac{q^2}{b^2}}{\dfrac{p^2}{a^2} + \dfrac{q^2}{b^2}}$$

$$= \frac{1}{2}\frac{d}{dt}\log\left(1 - \frac{r^2}{\mu^2 c^2}\right) + i\varepsilon\frac{d\psi}{dt} = \frac{d}{dt}\log\sin\theta + i\varepsilon\frac{d\psi}{dt}.$$

En intégrant entre les limites o et t, et en se rappelant que pour $t = 0$, $\alpha_3 + i\varepsilon\beta_3$ doit se réduire à

$$-i\varepsilon\sin\theta_0 = \varepsilon\sqrt{e_2 - e_3}\,\xi_{02}v,$$

ce qui détermine la constante d'intégration, on parvient aisément à la formule

$$\alpha_3 + i\varepsilon\beta_3 = \varepsilon\sqrt{e_2 - e_3}\,\frac{\sigma(v - t)}{\sigma_2 v\,\sigma_3 t}\,e^{(i\varepsilon\mu a + \zeta v)t}.$$

En changeant i en $-i$ dans cette formule, ce qui change v de signe, on obtient

$$\alpha_3 - i\varepsilon\beta_3 = -\varepsilon\sqrt{e_2 - e_3}\,\frac{\sigma(v + t)}{\sigma_2 v\,\sigma_3 t}\,e^{-(i\varepsilon\mu a + \zeta v)t};$$

en sorte que α_3 et β_3 sont entièrement déterminés.

On a ensuite

$$\alpha_2 + i\varepsilon\beta_2 = \frac{-\gamma_2\gamma_3 - \gamma_1 i\varepsilon}{\alpha_3 - i\varepsilon\beta_3}$$

$$= [\xi_{12}v\,\xi_{32}v\,\xi_{03}t\,\xi_{23}t + \xi_{02}v\,\xi_{13}t]\,\frac{\sigma_2 v\,\sigma_3 t}{-\sigma(v + t)}\,e^{(i\varepsilon\mu a + \zeta v\,t}$$

$$= \frac{\sigma_1 v\,\sigma_3 v\,\sigma t\,\sigma_2 t + \sigma v\,\sigma_2 v\,\sigma_1 t\,\sigma_3 t}{-\sigma_2 v\,\sigma_3 t\,\sigma(v + t)}\,e^{(i\varepsilon\mu a + \zeta v)t},$$

et, par conséquent, en tenant compte de la formule (XV_4),

$$\alpha_2 + i\varepsilon\beta_2 = -\frac{\sigma_2(v-t)}{\sigma_2 v\, \sigma_3 t}\, e^{(i\varepsilon\mu a + \zeta v)t},$$

$$\alpha_2 - i\varepsilon\beta_2 = -\frac{\sigma_2(v+t)}{\sigma_2 v\, \sigma_3 t}\, e^{-(i\varepsilon\mu a + \zeta v)t}.$$

De même

$$\begin{aligned}\alpha_1 + i\varepsilon\beta_1 &= \frac{-\gamma_1\gamma_2 - i\varepsilon\gamma_3}{\alpha_2 - i\varepsilon\beta_2}\\ &= i\varepsilon\,[(e_3-e_2)\,\xi_{02}v\,\xi_{12}v\,\xi_{03}t\,\xi_{13}t + \xi_{32}v\,\xi_{23}t]\,\frac{\sigma_2 v\,\sigma_3 t}{\sigma_2(v+t)}\, e^{(i\varepsilon\mu a + \zeta v)t}\\ &= i\varepsilon\,\frac{(e_3-e_2)\,\sigma v\,\sigma_1 v\,\sigma t\,\sigma_1 t + \sigma_2 v\,\sigma_3 v\,\sigma_2 t\,\sigma_3 t}{\sigma_2(v+t)\,\sigma_2 v\,\sigma_3 t}\, e^{(i\varepsilon\mu a + \zeta v)t},\end{aligned}$$

ou, en tenant compte de la formule (XV_5),

$$\alpha_1 + i\varepsilon\beta_1 = i\varepsilon\,\frac{\sigma_3(v-t)}{\sigma_2 v\, \sigma_3 t}\, e^{(i\varepsilon\mu a + \zeta v)t},$$

$$\alpha_1 - i\varepsilon\beta_1 = -i\varepsilon\,\frac{\sigma_3(v+t)}{\sigma_2 v\, \sigma_3 t}\, e^{-(i\varepsilon\mu a + \zeta v)t}.$$

CHAPITRE II.

PREMIÈRES APPLICATIONS A L'ALGÈBRE ET A L'ARITHMÉTIQUE.

§ I. — Division des périodes par un nombre entier.

676. Nous allons nous occuper du problème qui consiste à trouver, quand on se donne g_2 et g_3, ou k, les valeurs de $\wp a_{p,q}$ ou $\operatorname{sn} a_{p,q}$, où l'on a posé suivant les cas

$$a_{p,q} = \frac{2p\omega_1 + 2q\omega_3}{n}, \qquad a_{p,q} = \frac{2p\mathrm{K} + 2qi\mathrm{K}'}{n},$$

en désignant par n un entier positif donné et par p, q des entiers quelconques, tels toutefois que $2p$, $2q$ ne soient pas tous les deux divisibles par n. Ce problème se relie au problème de la transformation d'une part, et, d'autre part, à la recherche des valeurs de $\wp\frac{u}{n}$, $\operatorname{sn}\frac{u}{n}$ quand on se donne $\wp u$, $\operatorname{sn} u$, c'est-à-dire au problème de la division de l'argument; pour $g_2 = 4$, $g_3 = 0$, il est, d'ailleurs, identique au problème de la division de la lemniscate dont nous nous occuperons plus loin.

Le problème ne se présente pas pour $n = 2$; il a été complètement résolu pour $n = 4$ (nos **117**, **334**); nous réunissons ici les formules que l'on a obtenues; les signes supérieur et inférieur se correspondent dans les deux membres d'une même équation :

$$\wp\frac{\omega_1}{2} = e_1 + (e_1 - e_3)k', \quad \wp\frac{\omega_2}{2} = e_3 - (e_1 - e_3)k', \quad \wp\frac{\omega_3 \pm \omega_1}{2} = e_2 \mp i(e_1 - e_3)kk',$$

$$\operatorname{sn}\frac{\mathrm{K}}{2} = \frac{1}{\sqrt{1+k'}}, \quad \operatorname{sn}\frac{i\mathrm{K}'}{2} = \frac{i}{\sqrt{k}}, \quad \operatorname{sn}\frac{\mathrm{K} \pm i\mathrm{K}'}{2} = \frac{\sqrt{1+k} \pm i\sqrt{1-k}}{2\sqrt{k}},$$

$$\operatorname{cn}\frac{\mathrm{K}}{2} = \frac{\sqrt{k'}}{\sqrt{1+k'}}, \quad \operatorname{cn}\frac{i\mathrm{K}'}{2} = \frac{\sqrt{1+k}}{\sqrt{k}}, \quad \operatorname{cn}\frac{\mathrm{K} \pm i\mathrm{K}'}{2} = \frac{1 \mp i}{\sqrt{2}}\,\frac{\sqrt{k'}}{\sqrt{k}},$$

$$\operatorname{dn}\frac{\mathrm{K}}{2} = \sqrt{k'}, \quad \operatorname{dn}\frac{i\mathrm{K}'}{2} = \sqrt{1+k}, \quad \operatorname{dn}\frac{\mathrm{K} \pm i\mathrm{K}'}{2} = \frac{\sqrt{k'}}{\sqrt{2}}\left(\sqrt{1+k'} \mp i\sqrt{1-k'}\right).$$

677. D'une façon générale, les valeurs de $p a_{p,q}$ sont racines d'une équation $f(y) = 0$ de degré $\frac{n^2-1}{2}$ ou $\frac{n^2-4}{2}$, suivant que n est impair ou pair, équation que l'on a appris à former aux nos 456, ..., 460 et dont on obtient, suivant les cas, le premier membre en remplaçant pu par z dans $\Psi_n(u)$ ou dans $\frac{1}{p'u}\Psi_n(u)$ (CIV); suivant que n est impair ou pair, la première ou la seconde de ces expressions est un polynome en pu dont les coefficients sont des polynomes entiers en g_2, g_3 à coefficients numériques rationnels. Quant à l'équation $F(z)$ dont les racines sont les valeurs non nulles de $\text{sn}^2 a_{p,q}$, elle se déduit immédiatement de la précédente; en regardant pour un instant K et K' comme des fonctions de τ, puis en prenant $\omega_1 = K$, $\omega_3 = iK'$, et, par suite, $\sqrt{e_1 - e_3} = 1$,

$$p(u \mid K, iK') = \frac{1}{\text{sn}^2(u \mid \tau)} - \frac{1+k^2}{3}\ [1],$$

en sorte que l'équation $F(z) = 0$ résulte de l'élimination de y entre les deux relations

$$f(y) = 0, \qquad y = \frac{1}{z} - \frac{1+k^2}{3};$$

on a alors

$$g_2 = \frac{4}{3}(k^4 - k^2 + 1), \qquad g_3 = \frac{4}{27}(2k^6 - 3k^4 - 3k^2 + 2),$$

et les coefficients de l'équation $F(z) = 0$ sont évidemment des polynomes en k^2 à coefficients numériques rationnels.

Nous nous occuperons exclusivement, dans ce qui suit, du cas où $n = 2\nu + 1$ est un nombre premier impair; l'équation $f(y) = 0$ est alors de degré $\frac{1}{2}(n^2 - 1) = 2\nu(\nu + 1)$. Puisque ses coefficients sont rationnels en g_2, g_3, elle ne change pas quand on remplace ω_1, ω_3 par $\Omega_1 = \alpha\omega_1 + \beta\omega_3$, $\Omega_3 = \gamma\omega_1 + \delta\omega_3$, $\alpha, \beta, \gamma, \delta$ étant des entiers qui vérifient la relation $\alpha\delta - \beta\gamma = 1$: en effet, ces substitutions ne changent ni les quantités g_2, g_3, ni la fonction pu. De même l'équation $F(z) = 0$, de degré $2\nu(\nu + 1)$ en z, ne change pas quand on remplace τ par $\frac{\gamma + \delta\tau}{\alpha + \beta\tau}$, $\alpha, \beta, \gamma, \delta$ étant des entiers qui vérifient la condition $\alpha\delta - \beta\gamma = 1$, les nombres α, δ étant en outre

---

[1] (XCVI) Cf. *Nouv. Ann. de Mathém.*, 3e sér., t. XIX, p. 2.

assujettis à être impairs, et les nombres β, γ étant pairs, puisque ces substitutions ne changent ni k^2, ni $\mathrm{sn}^2 u$.

678. Appelons *élément* un couple de nombres entiers (p, q) rangés dans un ordre déterminé et qui ne soient pas tous deux divisibles par n. Nous dirons que deux éléments (p, q), (p', q') sont *indistincts* lorsque les deux nombres $p-p'$, $q-q'$ ou les deux nombres $p+p'$, $q+q'$ sont divisibles par n, en sorte que l'on ait $\wp(a_{p,q}) = \wp(a_{p',q'})$. On observera que l'on peut toujours remplacer un élément donné (p, q) par un élément (p', q') qui n'en soit pas distinct, et dans lequel p', q' soient premiers entre eux; on peut même imposer, en outre, à p', q' la condition de donner comme restes, pour un module quelconque a, premier à n, des nombres ε, η arbitrairement choisis, pourvu que l'un d'eux soit premier à a. Rappelons, en effet, que la forme $\mathrm{A}x + \mathrm{B}$, où A et B sont des entiers fixes et x un entier variable, peut représenter une infinité de nombres premiers à un nombre entier quelconque C premier à A; on obtient l'un d'eux en choisissant x de manière que le reste de la division de $\mathrm{A}x + \mathrm{B}$ par C soit 1 ou un nombre quelconque premier à C; ceci posé, on déterminera deux entiers λ_0, μ_0 qui vérifient les congruences

$$p + \lambda n \equiv \varepsilon, \qquad q + \mu n \equiv \eta \qquad (\mathrm{mod.}\, a);$$

toutes les solutions de ces congruences sont de la forme

$$\lambda = \lambda_0 + ax, \qquad \mu = \mu_0 + ay,$$

x et y étant des entiers arbitraires; on prendra

$$p' = p + \lambda_0 n + anx, \qquad q' = q + \mu_0 n + any;$$

l'un des nombres $p + \lambda_0 n$, $q + \mu_0 n$ est, par hypothèse, premier à a; supposons que ce soit $p + \lambda_0 n$; si p n'est pas divisible par n, p' sera premier à an quel que soit x que l'on fixera arbitrairement; on choisira ensuite y de manière que q' soit premier à p'; si $p = \lambda_1 n$ est divisible par n, $\lambda_1 + \lambda_0 + ax$ sera premier à a quel que soit x; on choisira x de manière que $\lambda_1 + \lambda_0 + ax$ soit premier à n et, par suite, à an; puis, en observant que q est certainement, dans le cas présent, premier à n et qu'il en est de même de q', quel que soit y, on choisira y de manière que q' soit premier à $\lambda_1 + \lambda_0 + ax$, et, par conséquent, à $p' = n(\lambda_1 + \lambda_0 + ax)$. On peut, par exemple, supposer $p' \equiv 1$, $q' \equiv 0 \pmod{16}$.

Il y a $2\nu(\nu+1)$ éléments distincts, qu'on obtient, par exemple (n° **458**), en donnant à p la valeur o et à q les valeurs $1, 2, \ldots, \nu$, à p l'une des valeurs $1, 2, \ldots, \nu$ et à q les valeurs $-\nu, -\nu+1, \ldots, 0, \ldots, \nu-1, \nu$. Nous appellerons *système complet* le Tableau formé par $2\nu(\nu+1)$ éléments distincts.

679. En désignant toujours par $\alpha, \beta, \gamma, \delta$ des entiers qui vérifient la relation $\alpha\delta - \beta\gamma = 1$, nous dirons que l'élément

$$(\alpha p + \gamma q, \beta p + \delta q)$$

est le *transformé* de l'élément (p, q) par la substitution

$$S = \begin{pmatrix} \alpha & \beta \\ \gamma & \delta \end{pmatrix}.$$

Deux éléments (p, q), (p', q') transformés par une même substitution S donnent des éléments distincts ou non, suivant que les éléments (p, q), (p', q') sont eux-mêmes distincts ou non. Si l'on transforme tous les éléments du système complet, par la substitution S, on reproduit le système complet.

Parmi les substitutions S nous distinguerons les substitutions $\Sigma = \begin{pmatrix} \alpha & \beta \\ \gamma & \delta \end{pmatrix}$, où $\alpha, \beta, \gamma, \delta$ sont des entiers qui satisfont aux conditions suivantes : $\alpha\delta - \beta\gamma$ est égal à 1, β est pair et l'on a, en outre, $\alpha \equiv \delta \equiv 1$, $\gamma \equiv 0 \pmod{16}$. L'intérêt d'une telle substitution consiste en ce que la substitution de $\dfrac{\gamma + \delta\tau}{\alpha + \beta\tau}$ à τ ne change ni $\varphi(\tau) = \sqrt[4]{k(\tau)}$, ni la fonction $\operatorname{sn}(u \mid \tau)$ et qu'elle change K, iK' respectivement en $\alpha K + i\beta K'$, $\gamma K + i\delta K'$ (XLVII, LXXX). La substitution inverse d'une substitution Σ et le produit $\Sigma\Sigma'$ de deux substitutions (n^{os} **146**, **147**) qui satisfont aux conditions précédentes sont eux-mêmes des substitutions qui satisfont à ces conditions ; les substitutions Σ forment un groupe.

680. Étant donnés deux éléments distincts, on peut trouver une substitution Σ telle que le premier élément, transformé par cette substitution, devienne le second élément, ou plutôt n'en soit pas distinct. Supposons que le premier élément soit (o, 1) et soit

(p, q) le second élément; $(0, 1)$ transformé par Σ devient (γ, δ); il est permis, en remplaçant au besoin (p, q) par un élément qui n'en soit pas distinct, de supposer p, q premiers entre eux, puis $p \equiv 0, q \equiv 1 \pmod{16}$; on prendra $\gamma = p$, $\delta = q$, puis, en désignant par α_0, β_0 une solution entière de l'équation $q\alpha - p\beta = 1$, on devra prendre $\alpha = \alpha_0 + \lambda p$, $\beta = \beta_0 + \lambda q$; on choisira l'entier λ de façon que β soit pair; la condition $q\alpha - p\beta = 1$, qui est toujours vérifiée, montre, d'ailleurs, que l'on a $\alpha \equiv 1 \pmod{16}$; toutes les conditions imposées pour que la substitution S soit une substitution Σ sont alors vérifiées. La substitution Σ^{-1}, inverse de Σ, transformerait l'élément (p, q) en $(0, 1)$, et une nouvelle substitution Σ' du même type transformerait l'élément $(0, 1)$ en un autre élément arbitraire (p', q'); la substitution composée $\Sigma'\Sigma^{-1}$, qui appartient toujours au même type, transformerait donc l'élément (p, q) en (p', q') (1).

681. Les ν éléments (rp, rq), où $r = 1, 2, \ldots, \nu$, sont distincts; nous dirons qu'ils *appartiennent à une même ligne*. En donnant à r une valeur fixe et à r' les valeurs $1, 2, \ldots, \nu$, les éléments $(rr'p, rr'q)$ reproduisent la ligne à laquelle appartient

---

(1) Si l'on veut s'occuper de l'équation qui a pour racines les valeurs non nulles de $\operatorname{sn}(a_{p,q})$, et non les carrés de ces valeurs, il est nécessaire de modifier un peu ce qui précède et, en particulier, la définition de deux éléments indistincts; deux éléments (p, q), (p', q') seront indistincts si l'on a

$$\operatorname{sn}(a_{p,q}) = \operatorname{sn}(a_{p',q'}),$$

c'est-à-dire soit

$$p' - p \equiv 0 \pmod{2n}, \qquad q' - q \equiv 0 \pmod{n},$$

soit

$$p' + p \equiv 0 \pmod{2n}, \qquad q' + q \equiv 0 \pmod{n};$$

le cas où p, q seraient tous deux divisibles par n est toujours exclu. Les dernières congruences montrent que l'on peut, si l'on veut, supposer p impair. Le Tableau des éléments distincts contient alors $n^2 - 1 = 4\nu(\nu + 1)$ éléments. Deux éléments restent distincts ou indistincts quand on les transforme par une substitution Σ. En modifiant légèrement la démonstration du texte (n° 678), on reconnaît aisément que l'on peut remplacer un élément (p, q) par un élément (p', q') qui n'en soit pas distinct, et pour lequel on aura

$$p' \equiv 1, \qquad q' \equiv 0 \pmod{16}.$$

Dès lors, on voit de suite qu'il y a toujours une substitution Σ qui transforme un élément donné en un élément donné, pourvu, bien entendu, qu'on ne distingue pas les éléments indistincts.

l'élément (p, q), car les valeurs absolues des restes minimums des nombres rr' (mod. n) sont les nombres $1, 2, \ldots, \nu$. Un élément détermine la ligne à laquelle il appartient. Le Tableau (T) des éléments du système complet, rangés en lignes, contient $2(\nu+1)$ lignes. Les éléments d'une même ligne, transformés par la substitution S, restent les éléments d'une même ligne. Deux éléments (p, q), (p_1, q_1) appartiennent ou non à la même ligne, suivant que le déterminant $pq_1 - p_1 q$ est, ou non, divisible par n; il suffit évidemment de démontrer que, $pq_1 - p_1 q$ étant supposé divisible par n, les deux éléments (p, q), (p_1, q_1) appartiennent à la même ligne; or, si p est divisible par n, il en est alors de même de p_1, puisque q et p_1 ne sont pas à la fois divisibles par n; on en conclut de suite que (p, q), (p_1, q_1) appartiennent à la même ligne formée des éléments $(0, 1)$, $(0, 2)$, ..., $(0, \nu)$; si p est, au contraire, premier à n, il existe deux entiers r, s tels que l'on ait $p_1 = pr + ns$, et l'on aura

$$pq_1 - p_1 q = pq_1 - (pr + ns)\,q \equiv p(q_1 - qr) \equiv 0 \pmod{n};$$

d'où l'on conclut que $q_1 - qr$ est divisible par n, comme $p_1 - pr$, et que les éléments (p, q), (p_1, q_1) appartiennent donc à la même ligne.

682. Il existe une substitution Σ qui transforme deux lignes différentes, arbitrairement choisies dans le Tableau (T) en deux lignes différentes, choisies elles-mêmes arbitrairement. En vertu du raisonnement employé à la fin du n° 680, il suffira de démontrer la proposition en partant des deux lignes

$$\begin{array}{cccc} (0, 1), & (0, 2), & \ldots, & (0, \nu), \\ (1, 0), & (2, 0), & \ldots, & (\nu, 0), \end{array}$$

qui deviennent, si l'on en transforme les éléments par la substitution Σ,

$$\begin{array}{cccc} (\gamma, \delta), & (2\gamma, 2\delta), & \ldots, & (\nu\gamma, \nu\delta). \\ (\alpha, \beta), & (2\alpha, 2\beta), & \ldots, & (\nu\alpha, \nu\beta); \end{array}$$

nous voulons que ces deux lignes coïncident respectivement avec celles qui contiennent les éléments (p, q), (r, s).

Ayant choisi p, q premiers entre eux tels que l'on ait $p \equiv 0$, $q \equiv 1$ (mod. 16), nous prenons d'abord $\gamma = p$, $\delta = q$; nous devons prendre ensuite $\alpha = \lambda r + an$, $\beta = \lambda s + bn$, en désignant par a, b, λ des entiers, de manière à vérifier d'abord la condition

$$q\alpha - p\beta = 1,$$

qui entraîne

$$(qr - ps)\lambda + n(qa - pb) = 1;$$

$qr - ps$ est premier à n, puisque les deux éléments (p, q), (r, s) appartiennent à deux lignes distinctes; on peut donc déterminer les entiers λ, μ tels que l'on ait

$$(qr - ps)\lambda + n\mu = 1,$$

puis, les entiers p, q étant premiers entre eux, déterminer les entiers a, b de façon que l'on ait

$$qa - pb = \mu.$$

Si a_0, b_0 sont une solution de cette équation, on prendra

$$\alpha = \lambda r + n(a_0 + px), \qquad \beta = \lambda s + n(b_0 + qx),$$

x étant un entier que l'on choisira de façon que β soit pair, ce qui est toujours possible, puisque nq est impair; alors, à cause de la relation $\alpha q - \beta p = 1$, on aura $\alpha \equiv 1 \pmod{16}$.

683. Ces considérations arithmétiques vont nous fournir des renseignements précieux sur les équations que vérifient les quantités $\mathrm{sn}^2(a_{p,q})$, $\wp(a_{p,q})$. Nous raisonnerons sur la première; les raisonnements se simplifient pour la seconde, en ce sens qu'on n'a pas besoin de tenir compte des conditions imposées à α, β, γ, δ en dehors de la relation $\alpha\delta - \beta\gamma = 1$.

Fixons un corps [1] Ω, formé au moyen d'éléments numériques quelconques et de la fonction $\varphi(\tau)$ et considérons une équation $f(z) = 0$, entière en z, dont les coefficients appartiennent au

---

(1) Un *corps*, ou *domaine de rationalité*, est un *ensemble* de nombres, constants ou variables, tels que, si deux éléments figurent dans cet ensemble, la somme, le produit, le quotient de ces deux éléments y figurent aussi. Tous les nombres rationnels figurent dans un corps quelconque. On pourra, si l'on veut, supposer que le corps Ω comprend seulement tous les nombres rationnels et toutes les fonctions rationnelles de $\varphi(\tau)$ à coefficients numériques rationnels.

corps Ω, et qui soit vérifiée quand on y remplace z par

$$\operatorname{sn}^2(a_{p,q}) = \operatorname{sn}^2 \frac{2pK + 2iqK'}{n},$$

où p, q sont deux entiers donnés, non divisibles tous deux par n; il faut entendre par là que la fonction analytique de τ, $f[\operatorname{sn}^2(a_{p,q}), \varphi]$, où τ entre dans φ, dans sn, dans K et dans K′, est identiquement nulle. Si, dans cette fonction, on remplace τ par $\frac{\gamma+\delta\tau}{\alpha+\beta\tau}$, où $\Sigma = \begin{pmatrix}\alpha & \beta \\ \gamma & \delta\end{pmatrix}$ est une substitution qui satisfait aux conditions précisées plus haut (n° 679), φ ne change pas, non plus que la fonction $\operatorname{sn} u$ qui reste la même fonction de u, et $a_{p,q}$ est remplacé par $a_{p',q'}$ en désignant par (p', q') le transformé par Σ de l'élément (p, q); on voit donc que $f[\operatorname{sn}^2(a_{p',q'}), \varphi]$ est toujours nul. Comme (p', q') peut coïncider avec n'importe quel élément du système complet, on voit que l'équation $f(z, \varphi) = 0$, du moment qu'elle admet pour racine une des valeurs de $\operatorname{sn}^2(a_{p,q})$, les admet toutes.

Soit maintenant $F(z) = 0$ l'équation même que l'on a appris à former au n° 677 et qui a pour racines les valeurs non nulles de $\operatorname{sn}^2(a_{p,q})$; ses coefficients appartiennent au corps Ω. Il est impossible que $F(z)$ admette un diviseur entier en z dont les coefficients appartiennent au corps Ω. Si l'on avait, en effet, une identité de la forme

$$F(z) = f_1(z) f_2(z) \ldots,$$

où $f_1(z)$, $f_2(z)$, ... seraient de tels diviseurs, chacun de ces polynomes deviendrait une fonction analytique univoque de τ, quand on y remplacerait z par $\operatorname{sn}^2(a_{p,q})$; leur produit $F(z)$ étant nul identiquement, l'un d'eux, $f_1(z)$, par exemple, serait aussi identiquement nul; il admettrait donc la racine $\operatorname{sn}^2 a_{p,q}$ et, par suite, toutes les $2\nu(\nu+1)$ racines de $F(z)$; il serait donc identique à $F(z)$ à un facteur constant près appartenant au corps Ω; l'équation $F(z) = 0$ est donc irréductible dans le corps Ω [1].

---

[1] Si l'on considère l'équation $F(x^2) = 0$, obtenue en remplaçant z par x^2, et qui a pour racines les valeurs non nulles de $\operatorname{sn} a_{p,q}$, on reconnaît de même, en utilisant les remarques contenues dans la note du n° 680, qu'elle est irréductible dans le même corps.

684. Ceci posé, envisageons une fonction symétrique rationnelle $S(z_1, z_2, \ldots, z_\nu)$ de ν variables $z_1, z_2, \ldots, z_\nu$ dont les coefficients appartiennent au corps Ω; remplaçons-y pour $r = 1, 2, \ldots, \nu$ la variable z_r par la fonction rationnelle [1] de $\operatorname{sn}^2 u$ qu'est $\operatorname{sn}^2 ru$, puis $\operatorname{sn}^2 u$ par z, et désignons par $R(z)$ la fonction de z ainsi obtenue. Cette fonction $R(z)$ prend la même valeur quand on y remplace z par l'une quelconque des ν valeurs de

$$\operatorname{sn}^2(ra_{p,q}) = \operatorname{sn}^2(a_{rp,rq}) \qquad (r = 1, 2, \ldots, \nu),$$

c'est-à-dire par l'une quelconque des ν racines de $F(z) = 0$ qui correspondent aux éléments d'une même ligne du système complet : l'expression

$$R(\operatorname{sn}^2 a_{p,q}) \quad \text{ou} \quad S(\operatorname{sn}^2 a_{p,q}, \operatorname{sn}^2 a_{2p,2q}, \ldots, \operatorname{sn}^2 a_{\nu p,\nu q})$$

est égale à

$$R(\operatorname{sn}^2 a_{rp,rq}) \quad \text{ou} \quad S(\operatorname{sn}^2 a_{rp,rq}, \operatorname{sn}^2 a_{2rp,2rq}, \ldots, \operatorname{sn}^2 a_{\nu rp,\nu rq}),$$

puisque les nombres $rp, 2rp, \ldots, \nu rp$ sont congrus (mod. n) aux nombres $\pm p, \pm 2p, \ldots, \pm \nu p$, que les nombres $rq, 2rq, \ldots, \nu rq$ sont congrus (mod. n) aux nombres $\pm q, \pm 2q, \ldots, \pm \nu q$, et que la fonction S est une fonction symétrique de ses éléments. La fonction $R(z)$, quand on y remplace z par les $2\nu(\nu+1)$ racines de $F(z)$, n'est donc susceptible que de $2(\nu+1) = n+1$ valeurs au plus; nous allons montrer qu'elle en a exactement $n+1$, à moins de se réduire à un élément de Ω.

Supposons, en effet, que l'on ait

$$R(\operatorname{sn}^2 a_{p,q}) = R(\operatorname{sn}^2 a_{p',q'}),$$

quoique les éléments (p, q), (p', q') appartiennent à deux lignes distinctes; en remplaçant τ par $\dfrac{\gamma+\delta\tau}{\alpha+\beta\tau}$, où $\Sigma = \begin{pmatrix}\alpha & \beta\\ \gamma & \delta\end{pmatrix}$ appartient au type défini plus haut (nº 679), et en désignant par (p_1, q_1), (p'_1, q'_1) les transformés par Σ des éléments (p, q), (p', q'), on aurait encore

$$R(\operatorname{sn}^2 a_{p_1,q_1}) = R(\operatorname{sn}^2 a_{p'_1,q'_1});$$

mais, comme les éléments (p_1, q_1), (p'_1, q'_1) peuvent appartenir

---

[1] Les coefficients de cette fonction rationnelle sont des fonctions entières, à coefficients numériques rationnels, de $\varphi(\tau)$.

à telle ligne que l'on voudra (n° 682), il en résulterait que la fonction $R(z)$ ne saurait prendre deux valeurs distinctes pour deux racines de l'équation $F(z) = 0$, quel que soit le choix que nous fassions de ces deux racines; la valeur unique de $R(z)$ serait donc un élément de Ω.

Si nous écartons ce cas, on peut donc dire que par la transformation $y = R(z)$, l'équation $F(z) = 0$ se réduit nécessairement à une équation $G(y) = 0$ de degré $(n+1)$, dont les coefficients appartiennent au corps Ω; elle est irréductible dans ce corps; elle a pour racines les $(n+1)$ valeurs $y_0, y_1, \ldots, y_n$ que prend $R(z)$ quand on y remplace z par $\operatorname{sn}^2 a_{p,q}$ et (p, q) par $n+1$ éléments appartenant aux $n+1$ lignes distinctes du système complet; chacune des racines correspond à une ligne de ce système complet.

Si y_s est une de ces racines, les deux équations

$$F(z) = 0, \qquad y_s = R(z)$$

ont ν racines communes, à savoir les ν racines $z_{1,s}, z_{2,s}, \ldots, z_{\nu,s}$ de $F(z) = 0$ qui correspondent à la même ligne que y_s; ces ν racines dépendront d'une équation $g(z; y_s) = 0$, que l'on obtiendra en cherchant le plus grand commun diviseur de $F(z)$ et de $R(z) - y_s$, en sorte que les coefficients de $g(z; y_s)$, envisagée comme une fonction de z, sont des fonctions rationnelles de y_s et des éléments du corps Ω; en d'autres termes, ces coefficients appartiennent au corps Ω_s formé en *adjoignant* y_s au corps Ω.

Dans ce corps Ω_s, l'équation en z, $f(z; y_s) = 0$, est, d'ailleurs, résoluble par radicaux; il est aisé de voir qu'elle appartient même au type le plus simple des équations résolubles par radicaux, car elle est *cyclique*. En effet, si λ est une racine primitive du nombre premier n, les valeurs absolues des restes minimums (mod. n) des nombres $\lambda, \lambda^2, \ldots, \lambda^\nu$ sont les nombres $1, 2, \ldots, \nu$ rangés dans un certain ordre; de plus, $\lambda^{\nu+1}$ est congru à λ. Il résulte de là que chaque élément d'une ligne s'obtient en multipliant les deux termes de l'élément précédent par λ, et qu'on reproduit le premier élément en multipliant le dernier par λ. Si donc on représente, pour un instant, par $\theta(\operatorname{sn}^2 u)$ la fonction *rationnelle* de $\operatorname{sn}^2 u$ qu'est $\operatorname{sn}^2(\lambda u)$, fonction dont les coefficients sont des fonctions entières de $\varphi(\tau)$ à coefficients numériques rationnels, on voit que les racines $z_1, z_2, \ldots, z_\nu$ de l'équation $g(z, y_s) = 0$

peuvent être rangées dans un ordre tel que l'on ait

$$z_2 = \theta(z_1), \quad z_3 = \theta(z_2), \quad \ldots, \quad z_\nu = \theta(z_{\nu-1}), \quad z_1 = \theta(z_\nu);$$

c'est le caractère des équations cycliques.

Observons encore que si $y' = \mathrm{R}'(z)$ est une autre fonction de z formée comme $\mathrm{R}(z)$ l'a été, et si l'on désigne par $y'_0, y'_1, \ldots, y'_n$ les valeurs de $y' = \mathrm{R}'(z)$ qui correspondent respectivement aux mêmes lignes du système complet que les valeurs $y_0, y_1, \ldots, y_n$ de $y = \mathrm{R}(z)$, il existe une relation de la forme

$$y'_s = \Psi(y_s) \qquad (s = 0, 1, 2, \ldots, n),$$

où Ψ désigne une fonction rationnelle de y_s dont les coefficients appartiennent au corps Ω_s; en effet, l'expression $\mathrm{R}'(z)$ conserve la même valeur y'_s pour toutes les racines $z_{1,s}, z_{2,s}, \ldots, z_{\nu,s}$ de l'équation en z, $g(z, y_s) = 0$; et $y'_s = \frac{1}{\nu}\sum_{r=1}^{r=\nu} \mathrm{R}(z_{r,s})$ est évidemment une fonction rationnelle (dans Ω) des coefficients de l'équation $g(z, y_s)$, c'est-à-dire de y_s.

685. Des résultats tout pareils concernent l'équation $f(y) = 0$ dont les racines sont les valeurs de $\wp a_{p,q}$; au lieu du corps Ω on considérera toutefois un corps Ω' formé au moyen d'éléments numériques quelconques et des quantités g_2, g_3.

L'équation $f(y) = 0$ est irréductible dans le corps Ω'. Une fonction symétrique (ou même cyclique) des quantités $\wp a_{p,q}$ relatives à une même ligne et dont les coefficients appartiennent au corps Ω', est racine d'une équation de degré $n+1$, dont les coefficients appartiennent à ce corps, et cette équation est irréductible dans ce corps si les valeurs de la fonction symétrique (ou cyclique) considérée changent quand on passe d'une ligne à l'autre. Toute autre fonction symétrique (ou cyclique) des mêmes quantités $\wp a_{p,q}$ qui garde la même valeur pour les éléments d'une même ligne, et dont les coefficients appartiennent au corps Ω', est alors fonction rationnelle de la première.

Une racine de l'équation irréductible de degré $(n+1)$ correspond à une ligne du système complet d'éléments et les $\frac{n-1}{2}$ valeurs de $\wp a_{p,q}$ pour les éléments de cette ligne sont racines d'une équation de degré $\frac{n-1}{2}$ dont les coefficients appartiennent au corps Ω'_s obtenu en adjoignant cette racine à Ω'. Dans le corps Ω'_s, l'équation de degré $\frac{n-1}{2}$ est irréductible.

686. Parmi les fonctions symétriques des quantités $p a_{p,q}$ relatives à une même ligne, qu'il convient d'employer, la somme $P = \Sigma p a_{p,q}$ se présente d'autant plus naturellement qu'elle figure déjà dans les formules de transformation (XXI). Il resterait, il est vrai, à prouver, pour pouvoir affirmer que P vérifie une équation irréductible de degré $n+1$, que P change de valeur quand on passe d'une ligne à l'autre; dans les cas particuliers où $n = 3, 5$, que nous examinerons plus loin, l'irréductibilité de l'équation en P, du quatrième ou du sixième degré, apparaît toutefois directement sur l'équation même et le changement des valeurs de P quand on passe d'une ligne à l'autre en résulte.

M. Kiepert a montré que, pour $n > 3$, la fonction

$$R = \prod_{r=1}^{r=\nu} [p(ra_{p,q}) - p(2ra_{p,q})],$$

où $\nu = \frac{n-1}{2}$, était particulièrement avantageuse. On reconnaît de suite qu'elle est une fonction symétrique rationnelle des ν quantités $p(ra_{p,q})$, puisque $p(2ra_{p,q})$ est une fonction rationnelle de g_2, g_3, $p(ra_{p,q})$, en sorte que R peut être mis sous la forme

$$\prod_{r=1}^{r=\nu} F[p(ra_{p,q})],$$

F désignant une fonction rationnelle de $p(ra_{p,q})$ (1).

---

(1) R peut être mis sous une forme intéressante que le lecteur retrouvera sans peine en reprenant les formules des n°s 372, 373 (voir l'*Errata*). On a, en continuant à désigner $\frac{n-1}{2}$ par ν, et en écrivant $R_{p,q}$ au lieu de R,

$$R_{p,q} = (-1)^\nu \prod_{r=1}^{r=\nu} [\mathcal{A}_{rp,rq}(2ra_{p,q})\, \mathcal{A}_{-rp,-rq}(2ra_{p,q})] = \prod_{r=1}^{r=\nu} \frac{\sigma(3ra_{p,q})}{\sigma^2(2ra_{p,q})\,\sigma(ra_{p,q})}.$$

Au moyen des formules (VI_1) et en partant de la dernière expression de $R_{p,q}$,

§ II. — Équations modulaires.

687. Considérons d'abord les deux fonctions doublement périodiques $p(u \mid \omega_1, \omega_3)$ et $p\left(u \,\middle|\, \frac{\omega_1}{n}, \omega_3\right)$, où n est un nombre premier impair donné. La formule (XXI_4) permet d'exprimer la seconde de ces deux fonctions au moyen d'une fonction rationnelle de la première; les coefficients de cette fonction rationnelle de $p(u \mid \omega_1, \omega_3)$ ou $p(u; g_2, g_3)$ dépendent des quantités $p a_{p,0}$. En développant les deux membres de cette égalité suivant les puissances de u et en égalant les coefficients de u^2 et de u^3, on obtient immédiatement les expressions des invariants G_2, G_3 de la fonction $p\left(u \,\middle|\, \frac{\omega_1}{n}, \omega_3\right)$ au moyen de g_2, g_3 et des sommes $\sum_{r=1}^{n-1} p'' \frac{2r\omega_1}{n}$, $\sum_{r=1}^{n-1} p^{(\text{IV})} \frac{2r\omega_1}{n}$; si, dans ces expressions, on remplace les dérivées de p par leurs valeurs (XCVII) en fonction des puissances de p, on a

$$(1)\quad \begin{cases} G_2 = g_2 + 60 \displaystyle\sum_{r=1}^{n-1} p^2 \frac{2r\omega_1}{n} - 5(n-1)g_2, \\ G_3 = g_3 + 140 \displaystyle\sum_{r=1}^{n-1} p^3 \frac{2r\omega_1}{n} - 21 g_2 \sum_{r=1}^{n-1} p \frac{2r\omega_1}{n} - 14(n-1)g_3; \end{cases}$$

---

on trouve sans difficulté, en supposant $n = 6g \pm 1$,

$$R_{p,q} = (-1)^g T_{p,q}^{-2},$$

où l'on a posé

$$T_{p,q} = e^{-\frac{\nu(\nu+1)}{12}(2p\eta_1 + 2q\eta_3)a_{p,q}} \prod_{r=1}^{r=\nu} \sigma(ra_{p,q}) = \left[\frac{2\omega_1}{\mathfrak{S}'_1(0)}\right]^\nu e^{\frac{\nu(\nu+1)}{12\nu+6} q(p+q\tau)\pi i} \prod_{r=1}^{r=\nu} \mathfrak{S}_1\left(\frac{rp + rq\tau}{n}\right);$$

en particulier

$$T_{1,0} = \left[\frac{2\omega_1}{\mathfrak{S}'_1(0)}\right]^\nu \prod_{r=1}^{r=\nu} \mathfrak{S}_1\left(\frac{r}{n}\right) = \frac{\omega_1\sqrt{n}}{\pi} \frac{h(n\tau)}{[h(\tau)]^n} = \sqrt{n}\frac{h(n\tau)}{h(\tau)}(16\mathcal{J})^{-\frac{\nu}{12}}.$$

Ces diverses transformations résultent sans peine des formules (XXXI_4), (XXXIII_1), (XXXVI_2), (XXXVIII_{11}), (LI_2), (LIII_2); on rappelle qu'*ici* p, q désignent des entiers qui ne sont pas tous deux divisibles par n. Pour plus de détails, *voir* KIEPERT. *Journal de Crelle,* t. 87, p. 199; t. 95, p. 218.

comme les fonctions symétriques des quantités $p\,\dfrac{2r\omega_1}{n}$ sont des fonctions rationnelles de l'une d'elles, $P_1 = \sum_{r=1}^{\nu} p\,\dfrac{2r\omega_1}{n}$, par exemple, on voit que G_2, G_3 sont des fonctions rationnelles de g_2, g_3, P_1 (à coefficients entiers); en d'autres termes, G_2, G_3 appartiennent au corps Ω'_1 obtenu en adjoignant P_1 au corps Ω'; ou encore, il existe deux équations algébriques, à coefficients entiers entre G_2, G_3, g_2, g_3.

Si, entre ces deux équations et les deux équations (XXXVII_8), qui expriment que $J(n\tau)$, $J(\tau)$ sont respectivement des fonctions rationnelles à coefficients entiers de G_2, G_3 et de g_2, g_3, on élimine G_2, G_3 et g_2, par exemple, on obtient une équation algébrique à coefficients entiers, entre $J(n\tau)$ et $J(\tau)$; dans cette équation ne peut figurer g_3, car si l'on change ω_1, ω_3 en $\lambda\omega_1$, $\lambda\omega_3$ où λ désigne un nombre quelconque, τ ne change pas, tandis que g_3 se change en $\lambda^{-6} g_3$. Il existe donc aussi (XXXVII_8) une équation algébrique, à coefficients entiers entre $k^2(n\tau)$ et $k^2(\tau)$.

688. On peut encore reconnaître l'existence d'une équation entre $\sqrt{k} = \sqrt{k(\tau)}$ et $\sqrt{l} = \sqrt{k(n\tau)}$ en s'appuyant sur les résultats établis au nº 584, de manière à obtenir quelques renseignements de plus.

Supposons formée l'équation irréductible $F(z) = 0$, de degré $2\nu(\nu+1)$, qui a pour racines les valeurs non nulles de $\text{sn}^2 a_{p,q}$; les coefficients de cette équation appartiennent au corps Ω formé par les nombres rationnels et les fonctions rationnelles à coefficients entiers de $\varphi(\tau) = \sqrt[4]{k}$. Supposons aussi formée l'équation $G(y) = 0$ de degré $2\nu + 2$ dont on a établi l'existence au nº 684 et qui a pour racines les diverses valeurs d'une fonction symétrique de celles des racines de l'équation $F(z) = 0$ qui correspondent aux éléments (p, q) d'une même ligne; si les coefficients de la fonction symétrique appartiennent au corps Ω, il en est de même des coefficients du polynome $G(y)$. Enfin, supposons formée l'équation $g(z; y) = 0$, du degré ν en z, qui, lorsqu'on y remplace y par une des racines de l'équation $G(y) = 0$, a pour racines les valeurs de $\text{sn}^2 a_{p,q}$ correspondant à la même ligne d'éléments (p,q) que la racine de l'équation $G(y) = 0$; les coefficients de l'expression $g(z;y)$, envisagée comme un polynome en y et z, appartiennent aussi au corps Ω.

Ceci posé, reportons-nous à la formule (LXXXVI_3) qui peut s'écrire

$$\varphi^2(n\tau) = \sqrt{l} = (\sqrt{k})^n \prod_{r=1}^{r=\nu} \frac{\operatorname{cn}^2 a_{r,0}}{\operatorname{dn}^2 a_{r,0}};$$

si y_0 est la racine de l'équation $G(y) = 0$ qui correspond à la ligne $(1, 0), (2, 0), \ldots, (\nu, 0)$ du système complet d'éléments (p, q), le second membre, qui est évidemment une fonction symétrique de $\operatorname{sn}^2(a_{1,0}), \operatorname{sn}^2(a_{2,0}), \ldots, \operatorname{sn}^2(a_{\nu,0})$, c'est-à-dire une fonction symétrique des racines de l'équation en z, $g(z; y_0) = 0$, s'exprimera au moyen d'une fonction rationnelle $R(y_0)$ de y_0, dont les coefficients appartiennent au corps Ω; il en sera donc de même du premier membre $\varphi^2(n\tau)$ ou $\sqrt{l}$.

Si, maintenant, dans l'équation $G(y) = 0$, de degré $2\nu + 2$ en y, on fait la transformation $w = R(y)$, on obtiendra une équation en w, de degré $2\nu + 2 = n + 1$, dont les coefficients appartiennent au même corps Ω, et que vérifie $\sqrt{l}$; cette équation peut être formée, en suivant la méthode précédente, par des calculs purement algébriques; nous en donnerons des exemples pour $n = 3$ et $n = 5$. Cette équation est dite *équation modulaire*. On étend d'ailleurs ce nom à d'autres équations analogues.

Observons que le même raisonnement s'applique mot pour mot à la quantité

$$M = \frac{\sqrt{l}}{(\sqrt{k})^n} \prod_{r=1}^{r=\nu} \frac{1}{\operatorname{sn}^2 a_{r,0}} = \frac{\varphi^2(n\tau)}{\varphi^{2n}(\tau)} \prod_{r=1}^{r=\nu} \frac{1}{\operatorname{sn}^2 a_{r,0}}$$

de l'équation (LXXXVI_5); on formera ainsi l'*équation au multiplicateur*, entre M et $\varphi(\tau)$, équation qui sera encore du degré $2\nu + 2 = n + 1$ en M.

689. On peut se placer, pour définir l'équation modulaire [1], à un point de vue tout autre, d'où nous allons voir que la fonction

---

[1] *Cf.* M. KRAUSE, *Theorie der Doppeltperiodischen Functionen...*, t. I, p. 203 et suivantes. Le lecteur qui voudra pousser plus avant l'étude des Fonctions elliptiques à l'Algèbre pourra consulter le troisième Volume des *Fonctions elliptiques* de HALPHEN, et surtout les *Elliptische Functionen* de M. H. WEBER.

$\varphi(n\tau)$ elle-même est racine d'une équation algébrique, de degré $n+1$, dont les coefficients sont des polynomes en $\varphi(\tau)$.

Si τ_0 est une solution de l'équation $\varphi(\tau)=\varphi_0$, où φ_0 est donné, toutes les solutions de cette équation sont des transformées linéaires $\frac{\gamma+\delta\tau_0}{\alpha+\beta\tau_0}$ de τ_0 rentrant dans le type 1° du Tableau (XX_6), et pour lesquelles on a

$$\gamma\delta+\delta^2-1\equiv 0 \pmod{16},$$

comme il résulte du théorème du n° 525 concernant les solutions de l'équation

$$\varphi^4(\tau)=k(\tau)=\varphi_0^4$$

et de la formule (XLVI_1, cas 1°) qui se rapporte à la fonction φ. Toutes les valeurs de la fonction $\varphi(n\tau)$ sont donc de la forme $\varphi\left[\frac{n(\gamma+\delta\tau_0)}{\alpha+\beta\tau_0}\right]$, où α, β, γ, δ désignent des entiers vérifiant les conditions précédentes; il est bien aisé de voir que ces valeurs sont au nombre de $n+1$.

1° Si β est divisible par n, on a

$$\varphi\left[\frac{n(\gamma+\delta\tau_0)}{\alpha+\beta\tau_0}\right]=\varphi\left(\frac{n\gamma+\delta\,n\tau_0}{\alpha+\frac{\beta}{n}\,n\tau_0}\right)=\varphi(n\tau_0);$$

en effet, les nombres α, $\frac{\beta}{n}$, $n\gamma$, δ vérifient les conditions imposées; d'abord leur déterminant est égal à 1; puis la condition $\gamma\delta+\delta^2-1\equiv 0 \pmod{16}$, supposant δ impair, implique $\gamma\equiv 0 \pmod{8}$; en ajoutant membre à membre les deux congruences

$$(n-1)\gamma\delta\equiv 0,\qquad \gamma\delta+\delta^2-1\equiv 0 \pmod{16},$$

on trouve

$$n\gamma.\delta+\delta^2-1\equiv 0 \pmod{16}.$$

2° Si β n'est pas divisible par n, on peut déterminer cinq nombres entiers a, b, c, d, ξ tels que l'on ait

$$\frac{n(\gamma+\delta\tau_0)}{\alpha+\beta\tau_0}=\frac{c+d\,\frac{\tau_0-\xi}{n}}{a+b\,\frac{\tau_0-\xi}{n}},\qquad ad-bc=1,$$

et cela quel que soit τ_0. Il faut pour cela que les nombres α, β, $n\gamma$, $n\delta$ soient proportionnels à $na-b\xi$, b, $nc-d\xi$, d, et comme le déterminant des quatre premiers nombres est égal à n, ainsi que celui des quatre derniers, le facteur de proportionnalité ne peut être que ± 1; supposons qu'il soit $+1$, ce qui ne restreint pas la généralité de la solution, et cherchons à satisfaire aux équations

$$na - b\xi = \alpha, \qquad b = \beta, \qquad nc - d\xi = n\gamma, \qquad d = n\delta;$$

on en tire

$$b = \beta, \qquad d = n\delta, \qquad c = \gamma + \delta\xi, \qquad na = \alpha + \beta\xi;$$

il suffit évidemment de déterminer ξ de manière que $\alpha + \beta\xi$ soit divisible par n, ce qui est possible, puisque β est premier à n; rien n'empêche même d'imposer à ξ la condition d'être divisible par un entier quelconque premier à n, par exemple d'être divisible par 16; a, b, c, d, ξ étant ainsi déterminés, et a, d étant impairs, b, c pairs, comme il résulte des expressions mêmes de ces quatre nombres au moyen de α, β, γ, δ, ξ, on a (XLVI$_1$),

$$\varphi\left(n\,\frac{\gamma + \delta\tau_0}{\alpha + \beta\tau_0}\right) = i^{\frac{cd + d^2 - 1}{4}}\,\varphi\left(\frac{\tau_0 - \xi}{n}\right);$$

d'ailleurs, $cd + d^2 - 1 = (\gamma + \delta\xi)n\delta + n^2\delta^2 - 1$, si l'on suppose ξ divisible par 16, est congru (mod. 16) à $n\gamma\delta + n^2\delta^2 - 1$, et, par conséquent, puisque $\gamma\delta + \delta^2 - 1$ est divisible par 16, à $(n-1)\gamma\delta + (n^2 - 1)\delta^2$, et, par suite, à $n^2 - 1$; on a donc

$$\varphi\left(n\,\frac{\gamma + \delta\tau_0}{\alpha + \beta\tau_0}\right) = (-1)^{\frac{n^2 - 1}{8}}\,\varphi\left(\frac{\tau_0 - \xi}{n}\right).$$

690. Les diverses valeurs de $\varphi(n\tau)$ seront donc les valeurs distinctes de

$$\varphi(n\tau_0), \qquad (-1)^{\frac{n^2-1}{8}}\,\varphi\left(\frac{\tau_0 - 16\lambda}{n}\right),$$

que l'on obtiendra, par exemple, en donnant à λ les valeurs 0, 1, 2, ..., $n - 1$. On reconnaît, d'ailleurs, très aisément que les valeurs ainsi obtenues sont effectivement distinctes, sauf pour des valeurs spéciales de τ_0.

Il est clair, par ce qui précède, que la substitution à τ_0 d'une valeur de τ telle qu'on ait $\varphi(\tau) = \varphi(\tau_0)$ n'en peut altérer l'ensemble. Les fonctions symétriques élémentaires de ces $(n+1)$ valeurs seront donc des fonctions algébriques de $\varphi_0 = \varphi(\tau_0)$ qui ne sont susceptibles que d'une seule valeur, quand on se donne φ_0, c'est-à-dire des fonctions rationnelles de φ_0 à coefficients numériques. Il existe donc une équation algébrique $R(w, u) = 0$, entière, à coefficients numériques, entre $w = \varphi(n\tau)$ et $u = \varphi(\tau)$, de degré $n + 1$ en w. On voit de suite qu'une telle équation, ne devant pas changer par une substitution linéaire qui n'altère pas $\varphi(\tau)$, est irréductible dans un corps formé de nombres et de fonctions rationnelles de $\varphi(\tau)$ à coefficients numériques quelconques; nous la supposons débarrassée de tout facteur ne contenant que u; elle admet les racines

$$w = \varphi(n\tau), \qquad w = (-1)^{\frac{n^2-1}{8}} \varphi\left(\frac{\tau - 16\lambda}{n}\right), \qquad (\lambda = 0, 1, 2, \ldots, n-1).$$

L'égalité

$$R\left[(-1)^{\frac{n^2-1}{8}} \varphi\left(\frac{\tau}{n}\right), \varphi(\tau)\right] = 0$$

étant vérifiée identiquement, on voit, en y changeant τ en $n\tau$, que l'équation $R\left[(-1)^{\frac{n^2-1}{8}} u, w\right] = 0$ est vérifiée en même temps que l'équation $R(w, u) = 0$, qui, ainsi, ne change pas quand on change w en $(-1)^{\frac{n^2-1}{8}} u$ et u en w; d'autre part, le changement de τ en $\tau + 2$ (XLV$_9$) montre que l'équation $R(w, u) = 0$ ne doit pas changer quand on y remplace u par $i^{\frac{1}{2}} u$ et w par $i^{\frac{n}{2}} w$. On voit ainsi, en particulier, qu'en regardant u et w comme du premier degré, l'équation $R(w, u) = 0$ est aussi bien du degré $n + 1$ en u qu'en w, qu'aucun terme du polynome $R(w, u)$ ne peut être de dimension impaire, qu'aucun de ces termes ne peut non plus contenir une seule des deux variables w, u à une puissance qui ne soit pas un multiple de 4.

691. Ces remarques permettent de réduire notablement le nombre des coefficients numériques de ce polynome, qu'il reste à déterminer. Pour cela, on pourra remplacer, dans le polynome écrit avec des coefficients indéterminés, $w = \varphi(n\tau)$ et $u = \varphi(\tau)$ par les développements entiers en $q^{\frac{1}{8}}$ que l'on déduit immédiatement des formules (XXXVIII$_1$); on égalera ensuite à zéro les coefficients des diverses puissances de $q^{\frac{1}{8}}$. Sauf le facteur $\sqrt{2}$, qui disparaît à cause de la parité des termes de $R(w, u)$, ces coefficients sont entiers; on aura donc, pour déterminer les coefficients de $R(w, u)$, à résoudre des équations du premier degré à coefficients entiers; les solutions seront des nombres rationnels, ou même, si l'on veut, entiers. Les coefficients de l'équation $R(w, u) = 0$, considérée comme une équation en w, appartiennent donc au corps Ω.

692. On écrit habituellement cette équation l'*équation modulaire proprement dite,* en y remplaçant w par $(-1)^{\frac{n^2-1}{8}} v$; elle a alors pour racines

$$(-1)^{\frac{n^2-1}{8}} \varphi(n\tau), \qquad \varphi\left(\frac{\tau - 16\lambda}{n}\right), \qquad (\lambda = 0, 1, 2, \ldots, n-1).$$

A l'équation $R(w, u) = 0$ qui relie les deux fonctions $w = \varphi(n\tau)$ et $u = \varphi(\tau)$ correspond une équation toute semblable reliant les deux fonctions $w = \psi(\tau)$ et $u = \psi(n\tau)$. Si, en effet, dans l'équation

$$R[\varphi(n\tau), \varphi(\tau)] = 0,$$

qui est vérifiée identiquement en τ, on remplace τ par $-\dfrac{1}{n\tau}$, elle devient

$$R[\psi(\tau), \psi(n\tau)] = 0.$$

Le même mode de raisonnement permet de prouver l'existence d'une équation algébrique à coefficients entiers, entre $J(n\tau)$ et $J(\tau)$ qui, quand on regarde $J(\tau)$ comme donnée, a pour racines

$$J(n\tau), \qquad J\left(\frac{\tau - \lambda}{n}\right), \qquad (\lambda = 0, 1, 2, \ldots, n-1);$$

elle est du degré $n + 1$ par rapport à chacune des quantités $J(n\tau)$, $J(\tau)$; elle est irréductible dans le corps formé par les nombres rationnels.

Il convient d'insister, enfin, sur ce que les formules (LVIII) de Schröter permettent d'obtenir *directement* des équations modulaires pour chaque nombre premier impair donné n; nous en donnerons des exemples pour $n = 3$ et $n = 5$.

§ III. — Problème de la transformation.

693. Le problème de la transformation pour des fonctions doublement périodiques quelconques $\Phi(u), \Psi(u)$ d'une même variable u consiste à rechercher la dépendance dans laquelle doivent se trouver les couples de périodes primitives de $\Phi(u)$ et de $\Psi(u)$ pour que ces deux fonctions soient liées par une relation *algébrique*. Ce problème se ramène immédiatement à celui de la transformation pour la fonction pu, puisque $\Phi(u \mid \omega_1, \omega_3)$ et $p(u \mid \omega_1, \omega_3)$, d'une part, $\Psi(u \mid \Omega_1, \Omega_3)$ et $p(u \mid \Omega_1, \Omega_3)$, d'autre part, sont liées par une relation *algébrique*. Si $p(u \mid \omega_1, \omega_3)$ et $p(u \mid \Omega_1, \Omega_3)$ sont liées par une relation algébrique

$$f[p(u \mid \omega_1, \omega_3), \quad p(u \mid \Omega_1, \Omega_3)] = 0,$$

on voit aisément, en l'envisageant comme une identité en u, et en y remplaçant u par u augmenté d'un multiple entier quelconque n_1 de $2\omega_1$, que l'on a aussi

$$f[p(u \mid \omega_1, \omega_3), \quad p(u + 2n_1\omega_1 \mid \Omega_1, \Omega_3)] = 0.$$

Puisqu'une équation algébrique ne peut avoir qu'un nombre fini de racines, cette relation envisagée comme une équation en

$$p(u + 2n_1\omega_1 \mid \Omega_1, \Omega_3)$$

permet, puisqu'elle est vérifiée quel que soit l'entier n_1, d'affirmer que parmi les multiples (entiers) de $2\omega_1$ il y en a certainement qui sont congrus à o, *modulis* $2\Omega_1, 2\Omega_3$; on verrait de même que parmi les multiples (entiers) de $2\omega_3$ il y en a certainement qui sont congrus à o, *modulis* $2\Omega_1, 2\Omega_3$; en sorte que, pour que deux fonctions pu puissent être transformées l'une dans l'autre, il faut nécessairement qu'il existe cinq entiers μ, a, b, c, d (que l'on peut toujours supposer sans diviseur commun), tels que l'on ait

$$\mu\omega_1 = a\Omega_1 + b\Omega_3, \qquad \mu\omega_3 = c\Omega_1 + d\Omega_3.$$

Soit δ le plus grand commun diviseur des quatre entiers a, b, c, d ; nous savons, par la théorie des substitutions (n° 133), que l'on peut déterminer des couples (ω'_1, ω'_3), (Ω'_1, Ω'_3) respectivement équivalents à (ω_1, ω_3), (Ω_1, Ω_3), et tels que l'on ait

$$\mu\omega'_1 = \frac{ad-bc}{\delta^2}\delta\Omega'_1, \qquad \mu\omega'_3 = \delta\Omega'_3.$$

Si l'on désigne par ν le plus grand commun diviseur de μ et de $\frac{ad-bc}{\delta^2}$, et par m, n les quotients de ces deux entiers par ν, on peut d'ailleurs mettre ces relations sous la forme

$$m\omega'_1 = n\delta\Omega'_1, \qquad m\nu\omega'_3 = \delta\Omega'_3;$$

m, n aussi bien que m, δ et que ν, δ sont premiers relatifs.

De ces relations on déduit que l'on a

$$p\left(u\,\middle|\,\frac{\omega'_1}{n\delta}, \frac{\omega'_3}{\delta}\right) = p\left(u\,\middle|\,\frac{\Omega'_1}{m}, \frac{\Omega'_3}{m\nu}\right),$$

d'où, à cause du théorème de l'homogénéité,

$$\delta^2 p\left(\delta u\,\middle|\,\frac{\omega'_1}{n}, \omega'_3\right) = m^2 p\left(mu\,\middle|\,\Omega'_1, \frac{\Omega'_3}{\nu}\right);$$

mais $p(\delta u)$ est une fonction rationnelle de $p(u)$ formée avec les mêmes périodes; le numérateur est du degré δ^2, le dénominateur d'un degré inférieur à δ^2; en appliquant les formules (XXI_4) et ($CIII_4$), on voit d'ailleurs que $p\left(u\,\middle|\,\frac{\omega'_1}{n}, \omega'_3\right)$ est une fonction rationnelle de $p(u \mid \omega'_1, \omega'_3)$, c'est-à-dire de $p(u \mid \omega_1, \omega_3)$, dont le numérateur est du degré n, le dénominateur du degré $n-1$; $p\left(\delta u\,\middle|\,\frac{\omega'_1}{n}, \omega'_3\right)$ est donc une fonction rationnelle de $p(u \mid \omega_1, \omega_3)$ dont le numérateur est du degré $n\delta^2$, le dénominateur d'un degré inférieur à $n\delta^2$. De même $p\left(mu\,\middle|\,\Omega'_1, \frac{\Omega'_3}{\nu}\right)$ est une fonction rationnelle de $p(u \mid \Omega_1, \Omega_3)$ dont le numérateur est du degré $m^2\nu$, le dénominateur d'un degré inférieur à $m^2\nu$. Ainsi deux fonctions $p(u \mid \omega_1, \omega_3)$, $p(u \mid \Omega_1, \Omega_3)$ ne peuvent être liées par une relation algébrique que si elles sont aussi liées par une relation de la forme

$$R[p(u \mid \omega_1, \omega_3)] = R_1[p(u \mid \Omega_1, \Omega_3)],$$

où R et R_1 sont des fonctions rationnelles dont les numérateurs sont de degrés respectivement égaux à $n\delta^2$, $m^2\nu$ et dont les dénominateurs sont de degrés inférieurs à $n\delta^2$, $m^2\nu$; m, n, δ, ν sont des entiers qui doivent vérifier la condition que m, n d'une part, m, δ d'autre part, et enfin ν, δ soient premiers relatifs. Il n'est pas difficile de montrer que ces entiers sont les mêmes de quelque façon que l'on choisisse les périodes $2\omega'_1$, $2\omega'_3$ ou $2\Omega'_1$, $2\Omega'_3$ équivalentes à $2\omega_1$, $2\omega_3$ ou $2\Omega_1$, $2\Omega_3$.

On réserve le nom de *transformation primitive* à celles qui correspondent au cas où $m = \delta = s = 1$; n est le degré de la transformation primitive. Ce qui précède met en évidence que toute transformation peut s'obtenir au moyen de transformations primitives. On voit aussi comment les équations modulaires correspondant à une transformation quelconque dépendent des équations modulaires correspondant à une transformation primitive, dont nous avons parlé au § II.

§ IV. — Division des périodes par 3. — Équations modulaires correspondantes.

694. Nous avons formé ($\text{CIV}_{2,3}$), et explicitement au bas du Tableau de formules (CIV), l'équation $\Psi_3(u) = 0$ qui, par la substitution $y = pu$, prend la forme

$$f(y) = 3y^4 - \frac{3}{2}g_2y^2 - 3g_3y - \frac{g_2^2}{16} = 0,$$

et dont les quatre racines sont $p\frac{2\omega_1}{3}$, $p\frac{2\omega_3}{3}$, $p\frac{2\omega_3 \pm 2\omega_1}{3}$. Si, entre cette équation et l'équation (XCVI),

$$y = \frac{1}{z} - \frac{1+k^2}{3},$$

qui suppose $\sqrt{e_1 - e_3} = 1$, on élimine y, on obtient immédiatement l'équation $F(z) = 0$, dont les quatre racines sont $\text{sn}^2\frac{2K}{3}$, $\text{sn}^2\frac{2iK'}{3}$, $\text{sn}^2\frac{2K \pm 2iK'}{3}$. En tenant compte des relations (XCVI) (n° 419),

$$g_2 = \tfrac{4}{3}(k^4 - k^2 + 1), \qquad g_3 = \tfrac{4}{27}(k^2+1)(2k^2-1)(k^2-2),$$

on parvient aisément à l'équation

$$F(z) = k^4 z^4 - 6k^2 z^2 + 4(1+k^2)z - 3 = 0.$$

Par la substitution $Z = kz$, cette équation se transforme en

$$(1) \qquad (Z^2 - 1)^2 = 4(1 - \rho Z + Z^2),$$

où

$$\rho = k + \frac{1}{k};$$

les racines de cette équation sont les carrés des valeurs que prend la fonction $\mathrm{El}\left(v, \frac{\tau}{2}\right)$ de Kronecker (LXXV_3) lorsqu'on y remplace v par $\frac{1}{2}, \frac{\tau}{2}, \frac{1 \pm \tau}{2}$.

On peut déduire directement l'équation (1) de l'égalité

$$\mathrm{sn}\, 2a_{p,q} = (-1)^{p+1} \mathrm{sn}\, a_{p,q},$$

qui a manifestement lieu pour $n = 3$; en posant $Z = k\,\mathrm{sn}^2 a_{p,q}$ et tenant compte de la formule de duplication (LXXXV_1), on a, en effet,

$$\frac{1}{k} Z = \mathrm{sn}^2 2a_{p,q} = \frac{4\frac{Z}{k}\left(1 - \frac{Z}{k}\right)(1 - kZ)}{(1 - Z^2)^2};$$

en supprimant le facteur $\frac{1}{k} Z$ on retombe sur l'équation (1).

695. Si l'on désigne par Z_{10} la racine de l'équation (1) qui correspond à l'élément (1, 0), on a d'ailleurs (LXXXVI_3)

$$\varphi^2(3\tau) = \sqrt{l} = (\sqrt{k})^3 \frac{\mathrm{cn}^2 \frac{2K}{3}}{\mathrm{dn}^2 \frac{2K}{3}} = \varphi^2(\tau) \frac{k - Z_{10}}{1 - kZ_{10}};$$

il suffit d'éliminer Z_{10} entre cette équation et l'équation (1), dans laquelle on a remplacé Z par Z_{10}, pour obtenir une équation entre $\varphi^2(3\tau)$ et $\varphi^2(\tau)$; l'équation

$$[\varphi^4(\tau) - \varphi^4(3\tau)]^2 = 4\varphi^2(\tau)\varphi^2(3\tau)[1 - \varphi^2(\tau)\varphi^2(3\tau)]^2,$$

à laquelle on parvient ainsi, entraîne immédiatement la relation

$$\varphi^4(\tau) - \varphi^4(3\tau) = 2\varphi(\tau)\varphi(3\tau)[1 - \varphi^2(\tau)\varphi^2(3\tau)],$$

puisque les premiers termes des développements des deux membres (XXXVIII_1) suivant les puissances de $q^{\frac{1}{8}}$ sont égaux (ils sont tous deux égaux à $+4q^{\frac{1}{2}}$). En posant

$$u = \varphi(\tau), \qquad v = -\varphi(3\tau),$$

on obtient l'équation modulaire proprement dite (pour $n = 3$)

$$(2) \qquad v^4 - u^4 - 2uv(1 - u^2v^2) = 0.$$

696. On va vérifier que cette équation (2) se déduit aussi de l'équation (1) par une transformation rationnelle. On a, en effet,

$$\frac{\sqrt{l}}{(\sqrt{k})^3} = \frac{(k - z)(1 - kz)}{k(1 - kz)^2} = \frac{1 - \rho z + z^2}{(1 - kz)^2} = \frac{(1 - z^2)^2}{4(1 - kz)^2},$$

la dernière égalité résultant de l'équation (1); on en conclut, en extrayant les racines carrées,

$$\frac{\varphi(3\tau)}{\varphi^3(\tau)} = \frac{1 - z^2}{2(1 - kz)},$$

car il est bien aisé de voir que le second membre de cette égalité doit, comme le premier, être positif pour de grandes valeurs positives de $\frac{\tau}{i}$. On n'a plus qu'à faire la transformation

$$y = \frac{1 - z^2}{2(1 - kz)};$$

en remplaçant dans (1), $1 - z^2$ par $2(1 - kz)y$, en remarquant que le second membre peut s'écrire $(1 - kz)\left(1 - \frac{1}{k}z\right)$, en supprimant le facteur $1 - kz$ qui, en vertu de (1), ne peut s'annuler que si $k^2 = 1$, on trouve

$$y^2 = \frac{1 - \frac{1}{k}z}{1 - kz};$$

l'élimination de z, entre cette expression de y^2 et celle qui est fournie par la transformation rationnelle elle-même, donne enfin

$$k^2y^4 - 2k^2y^3 + 2y - 1 = 0,$$

et, en posant $k = u^4$, $y = \frac{-v}{u^3}$, on retrouve l'équation modulaire (2) entre $u = \varphi(\tau)$ et $v = -\varphi(3\tau)$.

697. On a d'ailleurs aussi

$$\begin{aligned}
\psi^8(\tau)\psi^8(3\tau) &= [1-\varphi^8(\tau)][1-\varphi^8(3\tau)] \\
&= (1-u^8)(1-v^8) = [(1-u^4)(1+v^4)][(1-v^4)(1+u^4)] \\
&= (1+v^4-u^4-u^4v^4)(1+u^4-v^4-u^4v^4) \\
&= (1-u^4v^4+2uv-2u^3v^3)(1-u^4v^4-2uv+2u^3v^3) \\
&= (1-u^4v^4)^2-4(1-u^2v^2)u^2v^2 = (1-u^2v^2)^4 \\
&= [1-\varphi^2(\tau)\varphi^2(3\tau)]^4;
\end{aligned}$$

on en déduit immédiatement, en extrayant la racine quatrième, la relation

$$\varphi^2(\tau)\varphi^2(3\tau)+\psi^2(\tau)\psi^2(3\tau) = 1,$$

ou encore

$$\sqrt{kl}+\sqrt{k'l'} = 1;$$

c'est sous cette forme que Legendre (*Fonctions elliptiques*, t. I, p. 230) a donné le premier l'équation modulaire pour $n=3$.

698. Plaçons-nous maintenant au point de vue du n° **691**, et proposons-nous d'établir directement l'équation modulaire entre $u=\varphi(\tau)$ et $w=\varphi(3\tau)$. On sait qu'elle est du quatrième degré en w, du quatrième degré en u, qu'aucun de ses termes ne peut être de dimension impaire en w et u, qu'aucun de ses termes ne peut contenir w ou u seul, à une puissance qui ne soit un multiple de 4; elle est donc nécessairement de la forme

$$\begin{aligned}
&(a_0u^4+a_2u^2+a_4)w^4+(b_1u^3+b_3u)w^3 \\
&\quad+(c_0u^4+c_2u^2)w^2+(d_1u^3+d_3u)w+e_0u^4 = 0.
\end{aligned}$$

Si l'on identifie cette équation avec les deux équations que l'on obtient en y remplaçant, d'une part, w par $-u$, u par w, d'autre part, u par $i^{\frac{1}{2}}u$, w par $i^{\frac{3}{2}}w$, on voit que :

ou bien

$$a_0 = a_2 = b_3 = c_0 = c_2 = d_1 = 0 \qquad \text{et} \qquad e_0+a_4 = 0;$$

ou bien

$$a_2 = b_3 = c_0 = d_1 = a_4 = b_1 = d_3 = e_0 = 0;$$

la première alternative est seule possible, car dans la seconde l'équation modulaire ne serait pas irréductible; l'équation modulaire est donc nécessairement de la forme

$$a_4(w^4 - u^4) + b_1 u^3 w^3 + d_3 uw = 0.$$

Si, dans le premier membre de cette équation, on remplace $u = \varphi(\tau)$, $w = \varphi(3\tau)$ par leurs développements (XXXVIII$_1$), on obtient, en égalant à zéro les coefficients de $q^{\frac{1}{2}}$ et de $q^{\frac{3}{2}}$, les relations

$$2a_4 - d_3 = 0, \qquad b_1 + d_3 = 0,$$

en sorte que l'équation cherchée est

$$w^4 - u^4 - 2u^3 w^3 + 2uw = 0.$$

Pour $w = -v$, on retombe sur l'équation (2).

699. Cette même équation (2) se déduit aussi de la formule (LVIII$_1$) et c'est peut-être par cette voie que l'on aperçoit le mieux la source commune d'où découlent toutes les équations modulaires (¹).

Si nous faisons, dans cette formule, $\alpha = 1$, $\beta = 3$ et, d'une part, $x = \frac{1}{4}$, $y = -\frac{1}{4}$, d'autre part, $x = \frac{3}{4}$, $y = -\frac{3}{4}$, puis que nous ajoutions les deux relations ainsi obtenues, il viendra

$$\begin{aligned}&\mathfrak{S}_3(\tfrac{1}{4}\,|\,\tau)\,\mathfrak{S}_3(\tfrac{1}{4}\,|\,3\tau) + \mathfrak{S}_3(\tfrac{3}{4}\,|\,\tau)\,\mathfrak{S}_3(\tfrac{3}{4}\,|\,3\tau)\\ &\quad = 2\mathfrak{S}_3(0\,|\,4\tau)\,\mathfrak{S}_3(0\,|\,12\tau) - 2q^4\,\mathfrak{S}_3(2\tau\,|\,4\tau)\,\mathfrak{S}_3(6\tau\,|\,12\tau).\end{aligned}$$

Si l'on transforme le premier membre de cette égalité, en appliquant la formule (XL$_1$), il se présente sous la forme

$$\begin{aligned}&[\mathfrak{S}_3(\tfrac{1}{2}\,|\,4\tau) + \mathfrak{S}_2(\tfrac{1}{2}\,|\,4\tau)][\mathfrak{S}_3(\tfrac{1}{2}\,|\,12\tau) + \mathfrak{S}_2(\tfrac{1}{2}\,|\,12\tau)]\\ &\quad + [\mathfrak{S}_3(\tfrac{3}{2}\,|\,4\tau) + \mathfrak{S}_2(\tfrac{3}{2}\,|\,4\tau)][\mathfrak{S}_3(\tfrac{3}{2}\,|\,12\tau) + \mathfrak{S}_2(\tfrac{3}{2}\,|\,12\tau)];\end{aligned}$$

quel que soit T, on a d'ailleurs (XXXIV)

$$\mathfrak{S}_2(\tfrac{3}{2}\,|\,\mathrm{T}) = -\mathfrak{S}_2(\tfrac{1}{2}\,|\,\mathrm{T}) = \mathfrak{S}_1(0\,|\,\mathrm{T}) = 0; \qquad \mathfrak{S}_3(\tfrac{1}{2}\mathrm{T}\,|\,\mathrm{T}) = e^{-\frac{i\pi}{4}\mathrm{T}}\,\mathfrak{S}_2(0\,|\,\mathrm{T});$$

$$\mathfrak{S}_3(\tfrac{3}{2}\,|\,\mathrm{T}) = \mathfrak{S}_3(\tfrac{1}{2}\,|\,\mathrm{T}) = \mathfrak{S}_4(0\,|\,\mathrm{T});$$

l'égalité précédente peut donc s'écrire

$$\mathfrak{S}_4(0\,|\,4\tau)\,\mathfrak{S}_4(0\,|\,12\tau) = \mathfrak{S}_3(0\,|\,4\tau)\,\mathfrak{S}_3(0\,|\,12\tau) - \mathfrak{S}_2(0\,|\,4\tau)\,\mathfrak{S}_2(0\,|\,12\tau).$$

(¹) Voir *Journal de Liouville*, 2ᵉ sér., t. III, p. 260; 1858.

Cette équation, dans laquelle on peut supposer τ remplacé par $\frac{\tau}{4}$, est manifestement identique à l'équation modulaire (2).

700. Observons en passant que l'on obtient, par le même procédé, des équations analogues en posant dans la formule (LVIII_1), écrite pour $\alpha = 1$, $\beta = 3$, au lieu de

$$x = \tfrac{1}{4}, \quad y = -\tfrac{1}{4}, \quad \text{et} \quad x = \tfrac{3}{4}, \quad y = -\tfrac{3}{4},$$

soit

$$x = 2\tau + \tfrac{1}{4}, \quad y = 2\tau - \tfrac{1}{4}, \quad \text{et} \quad x = 2\tau + \tfrac{3}{4}, \quad y = 2\tau - \tfrac{3}{4},$$

soit

$$x = 4\tau + \tfrac{1}{4}, \quad y = 4\tau - \tfrac{1}{4}, \quad \text{et} \quad x = 4\tau + \tfrac{3}{4}, \quad y = 4\tau - \tfrac{3}{4};$$

on parvient ainsi aux relations

$$-\mathfrak{S}_4(0\,|\,\tau)\mathfrak{S}_4(\tau\,|\,3\tau) = \mathfrak{S}_3(0\,|\,\tau)\mathfrak{S}_3(\tau\,|\,3\tau) - \mathfrak{S}_2(0\,|\,\tau)\mathfrak{S}_2(\tau\,|\,3\tau),$$
$$\mathfrak{S}_4(0\,|\,\tau)\mathfrak{S}_4(2\tau\,|\,3\tau) = \mathfrak{S}_3(0\,|\,\tau)\mathfrak{S}_3(2\tau\,|\,3\tau) - \mathfrak{S}_2(0\,|\,\tau)\mathfrak{S}_2(2\tau\,|\,3\tau).$$

701. L'équation au multiplicateur s'obtient en éliminant z entre les deux équations

$$Mz(1 - kz) = k - z, \qquad z^4 - 6z^2 + 4\rho z - 3 = 0.$$

Ces équations sont équivalentes aux deux équations

$$Az^2 + Bz + C = 0, \qquad A'z^2 + B'z + C' = 0,$$

où

$$A = M + 1, \quad B = 3kM^2 - 6kM - k, \quad C = -3M^2 + 4k^2M + M,$$
$$A' = -kM, \quad B' = M + 1, \quad C' = -k;$$

l'équation au multiplicateur est donc

$$(AC' - A'C)^2 = (AB' - A'B)(BC' - B'C);$$

en divisant les deux membres par $(k^2 - 1)^2$, et réduisant, elle prend la forme

$$3M^4 + 8(1 - 2k^2)M^3 + 6M^2 - 1 = 0.$$

L'équation $f(y) = 0$ dans laquelle se transforme l'équation $\Psi_3(u) = 0$ par la substitution $y = pu$ (n° 694) étant du quatrième degré en y, est résoluble par radicaux; il en est de même de l'équation $F(z) = 0$. En général, ces équations ne sont pas abéliennes.

702. Dans le cas où g_2 et g_3 sont réels, il n'est pas difficile d'écrire explicitement les valeurs des quatre racines de l'équation $f(y) = 0$ dans laquelle se transforme l'équation $\Psi_3(u) = 0$ par la substitution $y = pu$.

Convenons de désigner par ε la racine cubique imaginaire de l'unité dont l'argument est $\frac{2\pi}{3}$ ou $\frac{4\pi}{3}$, suivant que le discriminant

$$\mathcal{G} = \tfrac{1}{16}(g_2^3 - 27\, g_3^2)$$

est négatif ou positif; par Γ la racine cubique réelle de $-2\mathcal{G}$; par a, b, c les quantités

$$a = \tfrac{1}{12} g_2 + \tfrac{1}{6}\Gamma, \qquad b = \tfrac{1}{12} g_2 + \frac{\varepsilon}{6}\Gamma, \qquad c = \tfrac{1}{12} g_2 + \frac{\varepsilon^2}{6}\Gamma;$$

par $\sqrt{a}$ la racine positive de a; par $\sqrt{b}$, $\sqrt{c}$ les racines de b et de c dont la partie réelle est positive; il est aisé de voir que $\sqrt{b}$, $\sqrt{c}$ sont imaginaires conjuguées et que le coefficient de i dans la partie purement imaginaire de $\sqrt{b}$ est positif. On a alors

$$p\,\frac{2\omega_1}{3} = \sqrt{a} + \sqrt{b} + \sqrt{c}, \qquad p\,\frac{2\omega_3 + 2\omega_1}{3} = -\sqrt{a} - \sqrt{b} + \sqrt{c},$$

$$p\,\frac{2\omega_3}{3} = \sqrt{a} - \sqrt{b} - \sqrt{c}, \qquad p\,\frac{2\omega_3 - 2\omega_1}{3} = -\sqrt{a} + \sqrt{b} - \sqrt{c}.$$

L'ordre dans lequel on a égalé les quatre racines de l'équation $f(y) = 0$ aux nombres $p\,\frac{2\omega_1}{3}$, $p\,\frac{2\omega_3}{3}$, $p\,\frac{2\omega_3 \pm 2\omega_1}{3}$ est déterminé par la condition que $p\,\frac{2\omega_1}{3}$ soit réel et positif, $p\,\frac{2\omega_3}{3}$ réel et négatif; $p\,\frac{2\omega_3 \pm 2\omega_1}{3}$ s'exprime au moyen de $p\,\frac{2\omega_1}{3}$, $p\,\frac{2\omega_3}{3}$ et du produit $p'\,\frac{2\omega_1}{3}$, $p'\,\frac{2\omega_3}{3}$, par les formules d'addition.

§ V. — Division des périodes par 5. — Équation modulaire correspondante.

703. Au lieu de former directement l'équation $\Psi_5 = 0$ et l'équation $f(y) = 0$, du douzième degré en y, qui en résulte par la substitution $y = \wp u$, équation qui a pour racines les douze valeurs que peut prendre l'expression $\wp a_{p,q}$ pour $a_{p,q} = \frac{2p\omega_1 + 2q\omega_3}{5}$, nous formerons les équations du sixième et du second degré dont sa solution dépend.

Soient

$$P = \wp(a_{p,q}) + \wp(2a_{p,q}), \qquad Q = \wp(a_{p,q})\,\wp(2a_{p,q}).$$

En posant $y = \wp(a_{p,q})$, on peut écrire (CIII_7)

$$(1) \qquad P = y + \frac{(y^2 + \frac{1}{4}g_2)^2 + 2g_3 y}{4y^3 - g_2 y - g_3},$$

et cette équation, si l'on regarde P comme égal à

$$\wp(a_{p,q}) + \wp(2a_{p,q}),$$

est aussi bien vérifiée par $\wp(a_{p,q})$ que par $\wp(2a_{p,q})$, puisque l'on à

$$\wp(4a_{p,q}) = \wp(a_{p,q});$$

le polynome

$$(y^2 + \tfrac{1}{4}g_2)^2 + 2g_3 y - (y - P)(4y^3 - g_2 y - g_3)$$

doit donc être divisible par $y^2 - Py + Q$; en écrivant qu'il en est ainsi, on obtient les deux équations

$$(2) \qquad 6PQ = P^3 + \tfrac{1}{2}g_2 P + g_3, \qquad 5Q^2 - Q(P - \tfrac{1}{2}g_2) + g_3 P + \tfrac{1}{16}g_2^2 = 0,$$

d'où l'on déduit

$$(3) \qquad P^6 - 5g_2 P^4 - 40 g_3 P^3 - 5g_2^2 P^2 - 8g_2 g_3 P - 5g_3^2 = 0.$$

Cette équation est irréductible dans le corps Ω formé par les fonctions rationnelles de g_2, g_3 à coefficients entiers, puisque en la résolvant, par exemple, comme une équation du second degré en g_3, la quantité sous le radical n'est pas un carré parfait. Il suit de là que les six valeurs de $\wp(a_{p,q}) + \wp(2a_{p,q})$ sont distinctes [1]. P étant déterminé par cette équation, on déterminera y par l'équation

$$(4) \qquad y^2 - Py + \frac{1}{6P}(P^3 + \tfrac{1}{2}g_2 P + g_3) = 0.$$

On voit que toutes les fonctions symétriques entières de $\wp(a_{p,q})$, $\wp(2a_{p,q})$, dont les coefficients appartiennent à Ω, seront des fonctions rationnelles de P dans le même corps.

En éliminant P entre les équations (3) et (4), on obtiendrait l'équation du douzième degré $f(y) = 0$, ayant pour racines les douze valeurs que peut prendre $\wp a_{p,q}$ pour $n = 5$, équation que nous avons évité d'écrire.

704. Il n'y a aucune difficulté à former de même l'équation du sixième degré qui admet pour racine la quantité R introduite par M. Kiepert. On a, en effet, pour $n = 5$,

$$\begin{aligned} R &= [\wp(a_{p,q}) - \wp(2a_{p,q})][\wp(2a_{p,q}) - \wp(4a_{p,q})] = -[\wp(a_{p,q}) - \wp(2a_{p,q})]^2 \\ &= -[\wp(a_{p,q}) + \wp(2a_{p,q})]^2 + 4\wp(a_{p,q})\wp(2a_{p,q}) \\ &= 4Q - P^2 = -\tfrac{1}{3}P^2 + \tfrac{1}{3}g_2 + \tfrac{2}{3}\frac{g_3}{P}; \end{aligned}$$

(1) Faisons en passant sur la forme de l'équation en P quelques observations qui s'étendent aisément aux équations analogues pour n premier impair.

Le coefficient de la plus haute puissance de P est numérique et les autres coefficients sont entiers en g_2, g_3; cela pouvait être prévu, car ce caractère, comme on l'a vu au n° 457, appartient au polynome en y que l'on déduit de $\Psi_n(u)$ quand on y remplace $\wp u$ par y; il appartiendra donc aussi, en vertu de la théorie des fonctions symétriques, à l'équation $S(z) = 0$, ayant pour racines les sommes de $\frac{n-1}{2}$ racines de l'équation en y et à tous les diviseurs entiers en z, g_2, g_3 qui ne sont pas divisibles par un polynome en g_2, g_3; or le premier membre de l'équation en P est un tel diviseur, puisque ses racines sont certaines sommes de $\frac{n-1}{2}$ racines de l'équation en y.

D'autre part, le polynome en P est une fonction homogène de P, g_2, g_3 quand on regarde ces quantités comme du premier, du second, du troisième degré; cela pouvait aussi être prévu par l'équation d'homogénéité (VIII_3).

Ces remarques montrent que, pour former l'équation en P, on n'a à déterminer que des coefficients numériques; en particulier, il est certain que le terme en P^n manque toujours dans l'équation en P.

il suffit donc d'éliminer P entre les deux équations

$$P^3 + (3R - g_2)P - 2g_3 = 0,$$
$$P^6 - 5g_2P^4 - 40g_3P^3 - 5g_2^2P^2 - 8g_2g_3P - 5g_3^2 = 0,$$

ou encore entre les deux équations qui leur sont équivalentes

$$P^3 + (3R - g_2)P - 2g_3 = 0,$$
$$9(R^2 + g_2R - g_2^2)P^2 + 54g_3(2R - g_2)P - 81g_3^2 = 0;$$

on trouve ainsi, sans aucune peine, l'équation

$$\begin{aligned}\Psi(R) &= 5R^6 + 12g_2R^5 - 160\mathcal{G}R^3 + 256\mathcal{G}^2 \\ &= (5R^2 + 2g_2R + g_2^2)(R^2 + g_2R + g_2^2)^2 \\ &\quad + 27g_3^2(10R^3 - 2g_2^3 + 27g_3^2) = 0,\end{aligned}$$

où

$$\mathcal{G} = \tfrac{1}{16}(g_2^3 - 27g_3^2),$$

et l'on obtient, en passant, l'expression que voici de P en fonction rationnelle de R,

$$P = \frac{6g_3R^2}{-R^3 - 2g_2R^2 + 16\mathcal{G}}.$$

705. Pour $n = 3$, les équations modulaires entre g_2, g_3, G_2, G_3 se déduisaient immédiatement des équations (1) du n° 687, puisque pour $n = 3$, ν est égal à 1, et que, par suite, on a simplement

$$\sum_{r=1}^{\nu} \wp\frac{2r\omega_1}{n} = P_1, \qquad \sum_{r=1}^{\nu} \wp^2\frac{2r\omega_1}{n} = P_1^2, \qquad \sum_{r=1}^{\nu} \wp^3\frac{2r\omega_1}{n} = P_1^3.$$

Pour $n = 5$, il faut faire subir à ces équations une légère transformation. Puisque $\wp\frac{2\omega_1}{5}$, $\wp\frac{4\omega_1}{5}$ sont racines de l'équation (4), on a d'abord

$$\wp\frac{2\omega_1}{5} + \wp\frac{4\omega_1}{5} = P_1, \qquad \wp\frac{2\omega_1}{5}\,\wp\frac{4\omega_1}{5} = \frac{P_1^3 + \frac{1}{2}g_2P_1 + g_3}{6P_1};$$

on en déduit

$$\wp^2\frac{2\omega_1}{5} + \wp^2\frac{4\omega_1}{5} = P_1^2 - \frac{P_1^3 + \frac{1}{2}g_2P_1 + g_3}{3P_1},$$
$$\wp^3\frac{2\omega_1}{5} + \wp^3\frac{4\omega_1}{5} = P_1^3 - \frac{P_1^3 + \frac{1}{2}g_2P_1 + g_3}{2};$$

en remplaçant ces sommes par leurs valeurs dans les équations (1) du n° **687**, on a ensuite

$$(5)\qquad \begin{cases} 39\,P_1 g_2 + 40\,g_3 + P_1\,G_2 - 80\,P_1^3 = 0, \\ 112\,P_1 g_2 + 195\,g_3 + \,G_3 - 140\,P_1^3 = 0; \end{cases}$$

les deux équations cherchées sont le résultat de l'élimination de P_1 entre les deux équations (3) et (5).

On observera que les deux équations (5) sont linéaires aussi bien en G_2, G_3 qu'en g_2, g_3. Si on les résout par rapport à g_2, g_3 et que, en y remplaçant P_1 par P, l'on porte ces valeurs dans l'équation (3), on obtiendra une équation du sixième degré en P dont les coefficients seront des polynomes en G_2, G_3 à coefficients entiers, et que devra vérifier P_1. Cette équation, jointe à l'équation (3) et aux équations (5), montre bien nettement comment les éléments de l'un des couples (g_2, g_3), (G_2, G_3) dépendent algébriquement de l'autre, les éléments de l'un des couples étant susceptibles de six valeurs quand on se donne l'autre couple. Il convient de remarquer que si l'on connaît deux couples correspondants (g_2, g_3), (G_2, G_3), la valeur correspondante de P_1, racine commune aux deux équations (4), s'obtient rationnellement au moyen de g_2, g_3, G_2, G_3.

706. Passons à l'équation du douzième degré qui donne les valeurs de $\operatorname{sn}^2 a_{p,q}$, où

$$a_{p,q} = \frac{2pK + 2iqK'}{5}.$$

Le système complet des éléments est, par exemple,

$$\begin{matrix} (0, 1), & (1, 0), & (1, 1), & (1, 2), & (1, 3), & (1, 4), \\ (0, 2), & (2, 0), & (2, 2), & (2, 4), & (2, 6), & (2, 8), \end{matrix}$$

où l'on a mis l'un sous l'autre les éléments qui appartiennent à une même ligne.

Si l'on pose

$$\rho = k + \frac{1}{k},$$

$$x = \sqrt{k}\,\operatorname{sn} a_{p,q},$$

$$y = k^2 \operatorname{sn}^2 a_{p,q} \operatorname{sn}^2 2a_{p,q},$$

on aura, en vertu des formules d'addition,

$$\sqrt{k}\,\text{sn}(2a_{p,q}) = \pm 2x\,\frac{\sqrt{1-\rho x^2+x^4}}{1-x^4},$$

$$\sqrt{k}\,\text{sn}(3a_{p,q}) = -\frac{3x-4\rho x^3+6x^5-x^9}{3x^8-4\rho x^6+6x^4-1},$$

$$y = \frac{4x^4(1-\rho x^2+x^4)}{(1-x^4)^2};$$

d'un autre côté, on voit de suite que l'on a

$$k\,\text{sn}^2(3a_{p,q}) = k\,\text{sn}^2(2a_{p,q}),$$

et l'on a là le moyen de former une équation que devront vérifier toutes les valeurs de $k\,\text{sn}^2 a_{p,q}$; comme l'équation ainsi obtenue est du douzième degré, on est sûr que c'est l'équation cherchée; elle se trouvera mise sous une forme qui nous sera commode.

Si l'on pose, pour abréger,

$$z = x^2$$

et

$$A = 3-4\rho z+6z^2-z^4, \qquad B = 3z^4-4\rho z^3+6z^2-1,$$

cette équation sera

(1) $$f(z) = A^2(1-z^2)^2 - 4(1-\rho z+z^2)B^2.$$

La fonction $k^2\,\text{sn}^2(a_{p,q})\,\text{sn}^2(2a_{p,q})$, rationnelle en $k\,\text{sn}^2(a_{p,q})$, ne change pas de valeur quand on y remplace $k\,\text{sn}^2(a_{p,q})$ par l'une ou l'autre des racines qui correspondent aux éléments d'une même ligne verticale. Si donc, dans l'équation $f(z)=0$, on fait la transformation

(2) $$y = \frac{4z^2(1-\rho z+z^2)}{(1-z^2)^2},$$

on devra obtenir une équation du sixième degré en y, et les deux racines z qui correspondent à une même racine y de cette équation doivent pouvoir s'obtenir par une équation du second degré; c'est ce que l'on va vérifier.

707. Regardons dans ce qui suit y comme mis simplement pour abréger à la place de la fraction rationnelle en z qui constitue le second membre de l'équation (2); résolvons cette équation par rapport à ρ et substituons la valeur ainsi trouvée dans A et dans B; on trouvera sans peine

$$A = (1 - z^2)\frac{y - z^2}{z^2}, \qquad B = (1 - z^2)^2(y - 1);$$

puis, en remplaçant aussi dans (1),

$$\frac{z^4 f(z)}{(1 - z^2)^6} = z^4 - (y^3 - 2y^2 + 3y)z^2 + y^2 = (y + z^2)^2 - z^2 y(y^2 - 2y + 5).$$

D'autre part, on a identiquement en y, z, ρ,

$$(3)\quad \left\{\begin{aligned} & z^4 - (y^3 - 2y^2 + 3y)z^2 + y^2 - y[(y-4)z^4 + 4\rho z^3 - (2y+4)z^2 + y] \\ & = z^3\left[(1 + 4y - y^2)\frac{z^2 + y}{z} - 4\rho y\right]; \end{aligned}\right.$$

dans le premier membre, la quantité entre crochets est nulle en vertu de la définition (2) de y; on a donc les deux égalités

$$(4)\quad \left\{\begin{aligned} \frac{z^2 f(z)}{(1 - z^2)^6} &= \left(\frac{y + z^2}{z}\right)^2 - y(y^2 - 2y + 5), \\ \frac{z f(z)}{(1 - z^2)^6} &= \frac{y + z^2}{z}(1 + 4y - y^2) - 4\rho y, \end{aligned}\right.$$

qui peuvent être regardées comme des identités en z si l'on se reporte à la définition (2) de y; dans les deux seconds membres, z n'entre explicitement que par la combinaison $\frac{y + z^2}{z}$, z ne peut donc être une racine de $f(z)$ sans que la valeur de $\frac{y + z^2}{z}$ qui annule le second membre de la seconde égalité n'annule aussi le second membre de la première, c'est-à-dire sans que l'on ait

$$(5)\qquad \Theta(y) = 16\rho^2 y - (1 + 4y - y^2)^2(5 - 2y + y^2) = 0.$$

Réciproquement, si l'on prend pour y une racine de cette équation, pour z une racine de l'équation du second degré en z,

$$(6)\qquad \frac{y + z^2}{z}(1 + 4y - y^2) - 4\rho y = 0,$$

le second membre de la première égalité (4) sera nul [comme on le voit en éliminant ρ entre (5) et (6)], en sorte que

$$z^4 - (y^3 - 2y^2 + 3y) + y^2$$

sera nul; mais alors, en vertu de l'identité (3) dont le second membre est nul à cause de (6), on aura, puisque y n'est pas nul,

$$(y-4)z^4+4\rho z^3-(2y+4)z^2+y=0,$$

c'est-à-dire que y satisfera bien à sa définition (2); dès lors, les identités (4) ont lieu, en sorte que $f(z)$ est nul à cause de (6). Nous avons donc démontré que l'on obtient les racines de $f(z)$ en résolvant l'équation (5) du sixième degré en y, puis l'équation (6) du second degré en z.

708. Si l'on considère une fonction symétrique de deux racines de l'équation $f(z)=0$ qui correspondent aux deux éléments d'une même ligne et, par suite, à une même racine y de $\Theta(y)=0$, elle s'exprimera rationnellement au moyen de la somme et du produit des racines de l'équation (6), c'est-à-dire en fonction de la racine y considérée; cette fonction symétrique dépendra donc d'une équation du sixième degré. Tel est le cas, par exemple, pour l'expression (LXXXVI$_5$),

$$\sqrt{l}=(\sqrt{k})^5\,\frac{\operatorname{cn}^2\frac{2K}{5}\operatorname{cn}^2\frac{4K}{5}}{\operatorname{dn}^2\frac{2K}{5}\operatorname{dn}^2\frac{4K}{5}};$$

en supposant que y soit $k^2\operatorname{sn}^2\frac{2K}{5}\operatorname{sn}^2\frac{4K}{5}$, les deux racines de l'équation (6) seront $k\operatorname{sn}^2\frac{2K}{5}$, $k\operatorname{sn}^2\frac{4K}{5}$ et leur somme sera $\frac{4\rho y}{1+4y-y^2}$; on en déduit

$$\frac{\sqrt{l}}{\sqrt{k}}=\frac{k^2-\dfrac{4\rho ky}{1+4y-y^2}+y}{1-\dfrac{4\rho ky}{1+4y-y^2}+k^2y};$$

en remplaçant, dans le second membre, ρ par $k+\frac{1}{k}$, et en supprimant en haut et en bas le facteur $y-1$, on trouve sans peine

$$\frac{\sqrt{l}}{\sqrt{k}}=\frac{k^2+\mathfrak{Y}}{1+k^2\mathfrak{Y}},$$

où

$$\mathfrak{Y}=\frac{y^2-3y}{1+y};$$

en éliminant y entre $\Theta(y)=0$ et l'équation qui définit $\mathfrak{J}$, on obtient sans difficulté l'équation en $\mathfrak{J}$, puis l'équation en $\sqrt{l}$.

709. Si l'on veut former l'équation qui a pour racines $\varphi(5\tau)$, on constatera d'abord, comme dans le cas de $n=3$, que

$$T=\frac{\varphi(5\tau)}{\varphi(\tau)}=\frac{\sqrt[4]{l}}{\sqrt[4]{k}}$$

est une fonction rationnelle de y. On a, en effet,

$$\begin{aligned}\frac{\sqrt{l}}{\sqrt{k}}&=\frac{(k^2+\mathfrak{J})(k^2\mathfrak{J}+1)}{(k^2\mathfrak{J}+1)^2}\\&=\frac{k^2[(y^2-3y)^2+(\rho^2-2)(y^2-3y)(y+1)+(y+1)^2]}{[y+1+k^2(y^2-3y)]^2};\end{aligned}$$

en remplaçant, dans le numérateur, $\rho^2 y$ par la valeur tirée de l'équation $\Theta(y)=0$, on trouve, après des réductions faciles,

$$\frac{\sqrt{l}}{\sqrt{k}}=\frac{k^2}{16}\left[\frac{(1+4y-y^2)(1-y)^2}{y+1+k^2(y^2-3y)}\right]^2;$$

en extrayant les racines carrées et en choisissant le signe de manière que le second membre soit, comme T, positif pour de grandes valeurs positives de $\frac{\tau}{i}$, on obtient

$$T=\frac{\varphi(5\tau)}{\varphi(\tau)}=\frac{k}{4}\,\frac{(1+4y-y^2)(1-y)^2}{y+1+k^2(y^2-3y)}.$$

Ceci posé, on a à éliminer y entre les deux équations

$$\Theta(y)=0,\qquad 4[(y+1)+k^2(y^2-3y)]T-k(1+4y-y^2)(1-y)^2=0;$$

en remplaçant y par $1-\lambda$, on est ramené à éliminer λ entre les équations

$$\begin{gathered}\Theta(1-\lambda)=\lambda^6+4\lambda^5+16\mu^2(\lambda-1)=0,\\ \lambda^4+2\lambda^3+4(kT-1)\lambda^2+4\mu T(\lambda-2)=0,\end{gathered}$$

où l'on a écrit, pour abréger, μ au lieu de $k-\frac{1}{k}$; la première de ces deux équations se simplifie en ajoutant le premier membre de la seconde multiplié par $-\lambda^2-2\lambda$; on est alors ramené à éliminer λ entre deux équations du quatrième degré

$$\begin{gathered}kT\lambda^4+(2kT+\mu T)\lambda^3-4\mu(T+\mu)\lambda+4\mu^2=0,\\ \lambda^4+2\lambda^3+4(kT-1)\lambda^2+4\mu T\lambda-8\mu T=0.\end{gathered}$$

En appliquant la méthode de Bézout et en combinant les lignes et les colonnes de manière à simplifier le déterminant du quatrième ordre auquel elle conduit, on parvient aisément à un déterminant du quatrième ordre dont sept éléments sur seize sont nuls, et que l'on n'a donc aucune peine à développer; on trouve ainsi, en supprimant des facteurs μ et $(1+k^2)$,

$$-kT^6+4k^2T^5-5kT^4+5kT^2-4T+k=0.$$

En posant $\varphi(5\tau)=-v$, $\varphi(\tau)=u$, donc $T=-\frac{v}{u}$, on trouve finalement [1]

$$u^6-v^6+4uv(1-u^4v^4)+5u^2v^2(u^2-v^2)=0.$$

On parviendrait à la même équation en suivant la méthode appliquée au n° **698** pour $n=3$.

710. On peut mettre cette équation sous la forme $\frac{A}{B}=\frac{C}{D}$, en posant

$$A=u^4+6u^2v^2+v^4,\quad B=4uv(u^2+v^2),\quad C=1-u^4v^4,\quad D=v^4-u^4;$$

on peut donc aussi la mettre sous la forme

$$\frac{A+B}{A-B}=\frac{C+D}{C-D},$$

où

$$A+B=(u+v)^4,$$
$$A-B=(u-v)^4,$$
$$C+D=(1-u^4)(1+v^4),$$
$$C-D=(1+u^4)(1-v^4).$$

C'est la forme que Legendre lui a donnée. Dans son *Supplément aux Fonctions elliptiques*, p. 75, il établit, en effet, l'équation

$$\left(\frac{\sqrt[4]{k}+\sqrt[4]{l}}{\sqrt[4]{k}-\sqrt[4]{l}}\right)^4=\frac{1+k}{1-k}\,\frac{1-l}{1+l}.$$

De l'équation modulaire obtenue au n° **709** on déduit aisément

---

(1) JACOBI, *Fundamenta; Œuvres*, t. I, p. 78.

la relation

$$\begin{aligned}
&[1-\varphi^8(\tau)][1-\varphi^8(5\tau)] = (1-u^8)(1-v^8)\\
&= [(1-u^4)(1+v^4)][(1-v^4)(1+u^4)]\\
&= (1-u^4v^4+v^4-u^4)(1-u^4v^4+u^4-v^4)\\
&= \frac{u^6-v^6+5u^2v^2(u^2-v^2)-4uv(v^4-u^4)}{-4uv}\\
&\quad\times\frac{u^6-v^6+5u^2v^2(u^2-v^2)-4uv(u^4-v^4)}{-4uv}\\
&= \frac{(u^2-v^2)^2(u+v)^4(u-v)^4}{16u^2v^2} = \frac{(u^2-v^2)^6}{16u^2v^2} = \frac{[\varphi^2(\tau)-\varphi^2(5\tau)]^6}{16\varphi^2(\tau)\varphi^2(5\tau)};
\end{aligned}$$

d'après une remarque faite au n° **692**, on a donc aussi

$$[1-\psi^8(5\tau)]\,[1-\psi^8(\tau)] = \frac{[\psi^2(5\tau)-\psi^2(\tau)]^6}{16\psi^2(\tau)\psi^2(5\tau)}.$$

Si l'on divise ces deux relations, membre à membre, et que l'on tienne compte des égalités

$$\varphi^8(\tau)+\psi^8(\tau)=1, \qquad \varphi^8(5\tau)+\psi^8(5\tau)=1,$$

on obtient la relation

$$\frac{\psi^6(\tau)\psi^6(5\tau)}{\varphi^6(\tau)\varphi^6(5\tau)} = \left[\frac{\varphi^2(\tau)-\varphi^2(5\tau)}{\psi^2(\tau)-\psi^2(5\tau)}\right]^6;$$

d'où, en extrayant la racine sixième des deux membres et choisissant les déterminations par la considération des développements suivant les puissances de q (XXXVIII_1),

$$\frac{\psi(\tau)\psi(5\tau)}{\varphi(\tau)\varphi(5\tau)} + \frac{\varphi^2(\tau)-\varphi^2(5\tau)}{\psi^2(\tau)-\psi^2(5\tau)} = 0.$$

C'est la forme même donnée par Jacobi à l'équation modulaire au § 30 de ses *Fundamenta* [1], savoir :

$$(\sqrt{k}-\sqrt{l})\sqrt[4]{k}\sqrt[4]{l} + (\sqrt{k'}-\sqrt{l'})\sqrt[4]{k'}\sqrt[4]{l'} = 0.$$

711. Dans la formule (LVIII_1) posons $\alpha = 1$, $\beta = 5$, et prenons d'une part $x=\frac{1}{4}$, $y=\frac{5}{4}$, d'autre part $x=\frac{3}{4}$, $y=\frac{3}{4}$; ajoutons les deux formules ainsi obtenues; transformons, comme dans le cas de $n=3$, par la formule (XL_1), les produits de $\mathfrak{S}$ qui figurent dans

(1) *Œuvres*, t. I, p. 125.

le premier membre, en sommes de $\mathfrak{S}$; enfin, exprimons les $\mathfrak{S}$ de l'argument $\frac{1}{2}$, $\frac{3}{2}$ ou $\frac{5}{2}$ par les $\mathfrak{S}$ de l'argument o; nous obtiendrons ainsi la relation

$$\begin{aligned}\mathfrak{S}_4(0|\tau)\mathfrak{S}_4(0|10\tau) = \mathfrak{S}_4(0|3\tau)\mathfrak{S}_3(0|15\tau) - q^2\mathfrak{S}_4(\tau|3\tau)\mathfrak{S}_3(5\tau|15\tau)\\ + q^8\mathfrak{S}_4(2\tau|3\tau)\mathfrak{S}_3(10\tau|15\tau).\end{aligned}$$

De même, prenons dans la même formule écrite pour $\alpha = 1$, $\beta = 5$, d'une part $x = \frac{1}{4}$, $y = -\frac{1}{4}$; d'autre part $x = \frac{3}{4}$, $y = -\frac{3}{4}$; ajoutons les deux formules ainsi obtenues; réduisons au moyen de la formule (XL_1), et nous aurons la relation

$$\begin{aligned}\mathfrak{S}_4(0|2\tau)\mathfrak{S}_4(0|10\tau) = \mathfrak{S}_3(0|3\tau)\mathfrak{S}_4(0|15\tau) - q^2\mathfrak{S}_3(\tau|3\tau)\mathfrak{S}_4(5\tau|15\tau)\\ + q^8\mathfrak{S}_3(2\tau|3\tau)\mathfrak{S}_4(10\tau|15\tau).\end{aligned}$$

Pour $x = -\frac{\tau}{2}$, $y = -\frac{5\tau}{2}$ d'une part, et $x = -\frac{\tau}{2} + \frac{1}{2}$, $y = -\frac{5\tau}{2} - \frac{1}{2}$ d'autre part, on parvient de même à la relation

$$\begin{aligned}\mathfrak{S}_2\left(0\middle|\frac{\tau}{2}\right)\mathfrak{S}_2\left(0\middle|\frac{5\tau}{2}\right) = 2\mathfrak{S}_2(0|3\tau)\mathfrak{S}_3(0|15\tau) + 2q^2\mathfrak{S}_2(\tau|3\tau)\mathfrak{S}_3(5\tau|15\tau)\\ + 2q^8\mathfrak{S}_2(2\tau|3\tau)\mathfrak{S}_3(10\tau|15\tau),\end{aligned}$$

tandis que pour $x = -\frac{5\tau}{2}$, $y = \frac{5\tau}{2}$ d'une part, et $x = -\frac{5\tau}{2} + \frac{1}{2}$, $y = \frac{5\tau}{2} - \frac{1}{2}$ d'autre part, on obtient la relation

$$\begin{aligned}\mathfrak{S}_2\left(0\middle|\frac{\tau}{2}\right)\mathfrak{S}_2\left(0\middle|\frac{5\tau}{2}\right) = 2\mathfrak{S}_3(0|3\tau)\mathfrak{S}_2(0|15\tau) + 2q^2\mathfrak{S}_3(\tau|3\tau)\mathfrak{S}_2(5|15\tau)\\ + 2q^8\mathfrak{S}_3(2\tau|3\tau)\mathfrak{S}_2(10\tau|15\tau).\end{aligned}$$

Ces quatre relations, déduites toutes les quatre de la même formule (LVIII_1) pour $\alpha = 1$, $\beta = 5$, vont nous fournir aisément l'équation modulaire pour $n = 5$. Nous avons établi (n^os **699, 700**), pour $\mu = 0, 1, 2$, la relation

$$\mathfrak{S}_3(0|\tau)\mathfrak{S}_3(\mu\tau|3\tau) = \mathfrak{S}_2(0|\tau)\mathfrak{S}_2(\mu\tau|3\tau) + (-1)^\mu\mathfrak{S}_4(0|\tau)\mathfrak{S}_4(\mu\tau|3\tau),$$

d'où l'on déduit, en changeant τ en 5τ, la relation

$$\begin{aligned}\mathfrak{S}_2(0|5\tau)\mathfrak{S}_2(5\mu\tau|15\tau) + (-1)^\mu\mathfrak{S}_4(0|5\tau)\mathfrak{S}_4(5\mu\tau|15\tau)\\ = \mathfrak{S}_3(0|5\tau)\mathfrak{S}_3(5\mu\tau|15\tau);\end{aligned}$$

multiplions ces deux relations membre à membre et par $q^{2\mu^2}$; si dans l'égalité ainsi obtenue on donne à μ les valeurs $0, 1, 2$, on obtient trois relations que nous ajouterons membre à membre; nous parviendrons ainsi à la relation

$$\begin{aligned}
&\mathfrak{S}_3(o\,|\,\tau)\,\mathfrak{S}_2(o\,|\,5\tau)\sum_{\mu=0}^{\mu=2} q^{2\mu^2}\,\mathfrak{S}_3(\mu\tau\,|\,3\tau)\,\mathfrak{S}_2(5\mu\tau\,|\,15\tau)\\
&+\mathfrak{S}_3(o\,|\,\tau)\,\mathfrak{S}_4(o\,|\,5\tau)\sum_{\mu=0}^{\mu=2}(-1)^{\mu} q^{2\mu^2}\,\mathfrak{S}_3(\mu\tau\,|\,3\tau)\,\mathfrak{S}_4(5\mu\tau\,|\,15\tau)\\
=\;&\mathfrak{S}_2(o\,|\,\tau)\,\mathfrak{S}_3(o\,|\,5\tau)\sum_{\mu=0}^{\mu=2} q^{2\mu^2}\,\mathfrak{S}_2(\mu\tau\,|\,3\tau)\,\mathfrak{S}_3(5\mu\tau\,|\,15\tau)\\
&+\mathfrak{S}_4(o\,|\,\tau)\,\mathfrak{S}_3(o\,|\,5\tau)\sum_{\mu=0}^{\mu=2}(-1)^{\mu} q^{2\mu^2}\,\mathfrak{S}_4(\mu\tau\,|\,3\tau)\,\mathfrak{S}_3(5\mu\tau\,|\,15\tau),
\end{aligned}$$

dans laquelle figurent précisément les quatre sommes, de trois termes chacune, que nous venons d'exprimer au moyen d'un produit de deux fonctions $\mathfrak{S}(o)$; si l'on remplace ces quatre sommes par leurs valeurs, on obtient la relation

$$\begin{aligned}
&\left[\frac{1}{2}\,\mathfrak{S}_3(o\,|\,\tau)\,\mathfrak{S}_2(o\,|\,5\tau)-\frac{1}{2}\,\mathfrak{S}_2(o\,|\,\tau)\,\mathfrak{S}_3(o\,|\,5\tau)\right]\mathfrak{S}_2\left(o\,\middle|\,\frac{\tau}{2}\right)\mathfrak{S}_2\left(o\,\middle|\,\frac{5\tau}{2}\right)\\
&=[\;\mathfrak{S}_4(o\,|\,\tau)\,\mathfrak{S}_3(o\,|\,5\tau)-\;\mathfrak{S}_3(o\,|\,\tau)\,\mathfrak{S}_4(o\,|\,5\tau)]\;\mathfrak{S}_4(o\,|\,2\tau)\,\mathfrak{S}_4(o\,|\,10\tau);
\end{aligned}$$

il suffit d'appliquer les formules de transformation (XLVII), (XLVIII) pour $n=2$, pour apercevoir l'identité de cette relation [1] avec l'équation modulaire proprement dite pour $n=5$.

---

[1] La même formule (LVIII_1) fournit un procédé très rapide pour parvenir à l'une des formes de l'équation modulaire pour $n=7$. Prenons, à cet effet, dans cette formule $\alpha=1$, $\beta=7$ et d'une part $x=\frac{1}{4}$, $y=-\frac{1}{4}$, d'autre part $x=\frac{3}{4}$, $y=-\frac{3}{4}$, et ajoutons les deux formules ainsi obtenues. Réduisons le premier membre par la formule (XL_1) appliquée à chacune des quatre fonctions $\mathfrak{S}$ qui y figurent; on aura

$$\begin{aligned}
&2\,\mathfrak{S}_4(o\,|\,4\tau)\,\mathfrak{S}_4(o\,|\,28\tau)\\
&\quad=2\,\mathfrak{S}_3(o\,|\,8\tau)\,\mathfrak{S}_3(o\,|\,56\tau)-2q^4\,\mathfrak{S}_3(2\tau\,|\,8\tau)\,\mathfrak{S}_3(14\tau\,|\,56\tau)\\
&\qquad+2q^{16}\,\mathfrak{S}_3(4\tau\,|\,8\tau)\,\mathfrak{S}_3(28\tau\,|\,56\tau)-2q^{36}\,\mathfrak{S}_3(6\tau\,|\,8\tau)\,\mathfrak{S}_3(42\tau\,|\,56\tau).
\end{aligned}$$

Faisons aussi dans la même formule (LVIII_1), écrite pour $\alpha=1$, $\beta=7$, d'une part $x=0$, $y=0$, d'autre part $x=\frac{1}{2}$, $y=-\frac{1}{2}$, ajoutons, réduisons le premier

§ VI. — Division d'une boucle de lemniscate en 3, 4 ou 5 parties égales.

712. Le problème de la division d'une boucle de lemniscate en parties égales se ramène immédiatement à la recherche des valeurs de $p\left(\frac{2\omega_1}{n}\middle|\omega_1, \omega_3\right)$ dans le cas particulier où les invariants g_2, g_3 sont respectivement égaux à 4 et o. Si l'on prend le demi-axe a de la lemniscate pour unité de longueur, la longueur d'une boucle de lemniscate est, en effet (n° 649), égale à $\frac{1}{\sqrt{2}}\,2\mathrm{K}$ ou $2\omega_1$ pour $g_2 = 4$, $g_3 = 0$, en sorte que la longueur $l - s$ de la $n^{\text{ième}}$ partie

---

membre par la formule (XL_1); nous aurons

$$\begin{aligned}&2\mathfrak{S}_2(0|4\tau)\,\mathfrak{S}_2(0|28\tau) + 2\mathfrak{S}_3(0|4\tau)\,\mathfrak{S}_3(0|28\tau)\\&\quad = 2\mathfrak{S}_3(0|8\tau)\,\mathfrak{S}_3(0|56\tau) + 2q^4\,\mathfrak{S}_3(2\tau|8\tau)\,\mathfrak{S}_3(14\tau|56\tau)\\&\qquad + 2q^{16}\,\mathfrak{S}_3(4\tau|8\tau)\,\mathfrak{S}_3(28\tau|56\tau) + 2q^{36}\,\mathfrak{S}_3(6\tau|8\tau)\mathfrak{S}_3(42\tau|56\tau).\end{aligned}$$

En ajoutant membre à membre les deux formules ainsi obtenues et remplaçant ensuite τ par $\frac{\tau}{4}$, nous obtenons la relation cherchée

$$\begin{aligned}&\mathfrak{S}_2(0|\tau)\,\mathfrak{S}_2(0|7\tau) + \mathfrak{S}_3(0|\tau)\,\mathfrak{S}_3(0|7\tau) + \mathfrak{S}_4(0|\tau)\,\mathfrak{S}_4(0|7\tau)\\&\quad = 2\mathfrak{S}_2(0|2\tau)\,\mathfrak{S}_2(0|14\tau) + 2\mathfrak{S}_3(0|2\tau)\,\mathfrak{S}_3(0|14\tau).\end{aligned}$$

En tenant compte des formules (XXXVII) on peut l'écrire

$$1 + \sqrt{k}\,\sqrt{l} + \sqrt{k'}\,\sqrt{l'} = \sqrt{1+k'}\,\sqrt{1+l'} + \sqrt{1-k'}\,\sqrt{1-l'}.$$

En élevant au carré les deux membres de cette relation, on en déduit aisément la relation

$$[1 - \varphi^2(\tau)\,\varphi^2(7\tau) - \psi^2(\tau)\,\psi^2(7\tau)]^2 = 4\varphi^2(\tau)\,\varphi^2(7\tau)\,\psi^2(\tau)\,\psi^2(7\tau);$$

si l'on extrait la racine carrée et si l'on détermine le signe en développant les deux membres suivant les puissances de q, au moyen des formules (XXXVIII), on voit que le carré de l'expression $\varphi(\tau)\,\varphi(7\tau) + \psi(\tau)\,\psi(7\tau)$ est égal à 1; cette expression elle-même est donc aussi égale à 1, comme on le voit, en observant que, d'après les formules (XXXVIII), elle se réduit à $+1$ pour $q = 0$.

L'équation modulaire ainsi obtenue

$$\varphi(\tau)\,\varphi(7\tau) + \psi(\tau)\,\psi(7\tau) = 1$$

se présente sous une forme particulièrement élégante. Comparez *Journal de Liouville*, 2ᵉ sér., t. III, p. 261; 1858.

de la boucle, comptée à partir du point double de la lemniscate, est égale à $\frac{2\omega_1}{n}$; les valeurs réciproques ρ des carrés des distances du point double aux $(n-1)$ points de division sont donc données par les $(n-1)$ expressions que prend $\rho = \wp\frac{2h\omega_1}{n}$ pour $h = 1, 2, \ldots, n-1$.

Pour $n = 2$, il n'y a pas de problème; pour $n = 4$, on a immédiatement (n° 676)

$$\wp\frac{\omega_1}{2} = 1 + \frac{1}{\sqrt{2}}, \qquad \wp\frac{\omega_3}{2} = -1 - \frac{1}{\sqrt{2}}, \qquad \wp\frac{\omega_3 \pm \omega_1}{2} = \mp\frac{i}{2}.$$

Pour $n = 3$, on déduit de même des formules (n° 702)

$$\mathcal{G} = 4, \qquad \Gamma = -2, \qquad \varepsilon = -\frac{1 + i\sqrt{3}}{2},$$

$$a = 0, \qquad b = \frac{3 + i\sqrt{3}}{6}, \qquad c = \frac{3 - i\sqrt{3}}{6},$$

d'où

$$\sqrt{a} = 0, \qquad \sqrt{b} = \tfrac{1}{6}\sqrt[4]{27}\left(\sqrt{2+\sqrt{3}} + i\sqrt{2-\sqrt{3}}\right),$$

$$\sqrt{c} = \tfrac{1}{6}\sqrt[3]{27}\left(\sqrt{2+\sqrt{3}} - i\sqrt{2-\sqrt{3}}\right),$$

en sorte que l'on a

$$\wp\frac{2\omega_1}{3} = \frac{1}{3}\sqrt[4]{27}\sqrt{2+\sqrt{3}}, \qquad \wp\frac{2\omega_3}{3} = -\frac{1}{3}\sqrt[4]{27}\sqrt{2+\sqrt{3}},$$

$$\wp\frac{2\omega_3 \pm 2\omega_1}{3} = \mp\frac{i}{3}\sqrt[4]{27}\sqrt{2-\sqrt{3}}.$$

Ces mêmes résultats se lisent, d'ailleurs, aisément sur l'équation $f(y) = 0$ que l'on déduit de la relation $\Psi_3(u) = 0$ par la substitution $y = \wp u$; cette équation se réduit, en effet, pour $g_2 = 4$, $g_3 = 0$, à l'équation bicarrée $3y^4 - 6y^2 - 1 = 0$.

Pour $n = 5$, l'équation du sixième degré en P se réduit à

$$P^6 - 20P^4 - 80P^2 = 0;$$

elle admet donc la racine double $P = 0$ et les quatre racines simples $P = \sqrt{10 + 6\sqrt{5}}$ où chacun des radicaux a deux déterminations. A la valeur $P = 0$ correspondent les deux valeurs $Q = \frac{-1 \pm 2i}{5}$, racines de la seconde équation (2) du n° 703, pour

$g_2 = 4$, $g_3 = 0$. Aux quatre racines simples P correspondent deux valeurs de Q données par la relation $Q = \frac{1}{6}P^2 + \frac{1}{3} = 2 + \sqrt{5}$. Les douze valeurs de $pa_{p,q}$ seront donc les douze valeurs que prennent les expressions

$$\sqrt{\frac{-1+\sqrt{-1}}{5}}, \quad \frac{1}{2}\left(\sqrt{6\sqrt{5}+10} + \sqrt{2\sqrt{5}+2}\right),$$

quand on donne aux radicaux qui y figurent leurs deux déterminations.

Ces formules mettent en évidence ce fait que la division d'une boucle de lemniscate en 3, 4 ou 5 parties égales peut être effectuée *à l'aide de la règle et du compas seulement*, tout comme la division de la circonférence du cercle en 3, 4 ou 5 parties égales. Ce parallélisme entre les deux problèmes se poursuit, d'ailleurs, pour tous les nombres premiers impairs n, et c'est à lui que Gauss fait allusion au début de la septième Section des *Disquisitiones arithmeticæ*.

713. Il n'est peut-être pas inutile de faire observer que, pour déduire les mêmes résultats de l'équation $\Theta(y) = 0$ [équation (5) du n° 707], on ne saurait prendre pour k^2 la valeur $\frac{e_2 - e_3}{e_1 - e_3} = \frac{1}{2}$ trouvée au n° 649; pour passer de l'équation en pu à l'équation en $\operatorname{sn}^2 u$, on a, en effet, au n° 677, appliqué la formule (XCVI), qui suppose essentiellement $\sqrt{e_1 - e_3} = 1$, en sorte que dans l'équation $\Theta(y) = 0$ la valeur de k^2 est liée à celles de $g_2 = 4$, $g_3 = 0$ par les relations

$$g_2 = \frac{4}{3}(k^4 - k^2 + 1), \qquad g_3 = \frac{4}{27}(k^2+1)(2k^2-1)(k^2-2)$$

qui sont vérifiées pour $k^2 + 1 = 0$, $k^2 - 2 = 0$, mais non pour $2k^2 - 1 = 0$.

Pour $k = i$, on a $\rho = 0$, et l'équation $\Theta(y) = 0$ est résoluble par radicaux; elle se décompose en

$$1 + 4y - y^2 = 0, \qquad 5 - 2y + y^2 = 0,$$

en sorte que y est, soit de la forme $2 + \sqrt{5}$, soit de la forme $1 + 2\sqrt{-1}$. Les deux quantités $2 + \sqrt{5}$ sont racines doubles de $\Theta(y) = 0$; pour ces valeurs l'équation (6) du n° 707 devient une identité; les quatre racines de l'équation

$$\left(\frac{y+z^2}{z}\right)^2 - y(y^2-2y+5)=0, \qquad \text{où} \qquad y = 2+\sqrt{5},$$

sont d'ailleurs racines de l'équation $f(z)=0$; on obtient ainsi huit racines de $f(z)=0$, savoir

$$z = \tfrac{1}{2}\left(\sqrt{30+14\sqrt{5}}+\sqrt{22+10\sqrt{5}}\right),$$

où chaque radical a deux déterminations. Les deux quantités $1+2\sqrt{-1}$ sont racines simples de $\Theta(y)=0$, et les valeurs correspondantes de z sont $\sqrt{1+2\sqrt{-1}}$; on a donc quatre autres racines de l'équation du douzième degré $f(z)=0$.

Pour vérifier que ces douze racines fournissent les mêmes solutions que les douze valeurs de $y = \wp a_{p,q}$ écrites plus haut, il suffit de se rappeler que $\wp u = \frac{i}{\operatorname{sn}^2 u}$ et, par conséquent, de vérifier que l'on a

$$\sqrt{1+2\sqrt{-1}}\sqrt{\frac{-1+2\sqrt{-1}}{5}} = \sqrt{-1};$$

$$\left(\sqrt{10+6\sqrt{5}}+\sqrt{2+2\sqrt{5}}\right)\left(\sqrt{14\sqrt{5}-30}-\sqrt{10\sqrt{5}-22}\right) = 4,$$

ce qui n'offre aucune difficulté.

714. Pour fixer celles des douze racines qui sont égales à $\wp\frac{2\omega_1}{5}$, $\wp\frac{4\omega_1}{5}$, $\wp\frac{2\omega_3}{3}$, $\wp\frac{4\omega_3}{5}$, il suffit d'observer qu'en parcourant dans le sens direct le rectangle dont les sommets sont les points 0, ω_1, $\omega_1+\omega_3$, ω_3, 0, on rencontre successivement les points 0, $\frac{2\omega_1}{5}$, $\frac{4\omega_1}{5}$, $\omega_1, \ldots, \omega_3$, $\frac{4\omega_3}{5}$, $\frac{2\omega_3}{5}$, 0, et que, comme dans ce parcours $\wp u$ varie de $+\infty$ à $-\infty$ par valeurs décroissantes, on a

$$\wp\frac{2\omega_1}{5} > \wp\frac{4\omega_1}{5} > e_1 > 0 > e_3 > \wp\frac{4\omega_3}{5} > \wp\frac{2\omega_3}{5};$$

on voit ainsi que

$$\wp\frac{2\omega_1}{5} = \frac{b+c}{2a}, \quad \wp\frac{4\omega_1}{5} = \frac{b-c}{2a}, \quad \wp\frac{4\omega_3}{5} = \frac{-b+c}{2a}, \quad \wp\frac{2\omega_3}{5} = \frac{-b-c}{2a},$$

en posant, pour abréger,

$$a = |\sqrt{5}| - 2, \qquad b = |\sqrt{14a - 2}|, \qquad c = |\sqrt{10a - 2}|.$$

Les huit autres racines sont imaginaires ; on peut les discerner aisément les unes des autres en tenant compte des valeurs des quatre racines que nous venons d'écrire, et en appliquant le théorème d'addition.

§ VII. — Division de l'argument.

715. Le problème de la division de l'argument pour un nombre entier n consiste, pour la fonction $\wp u$, à calculer $\wp\left(\frac{u}{n}; g_2, g_3\right)$ quand on se donne $\wp(u; g_2, g_3)$. Ce problème a été entièrement résolu pour $n = 2$ par la formule (XVI_1) ; il ne dépend que d'équations du second degré. Il suffirait, pour le résoudre dans toute sa généralité, de le résoudre complètement pour n premier impair ; nous nous attacherons au cas où $n = 5$; la marche à suivre est la même dans le cas général.

Pour $n = 5$, le problème dépend d'une équation de degré 5^2, dont les racines sont les diverses valeurs de $\wp\left(\frac{u + 2p\omega_1 + 2q\omega_3}{5}\right)$. La formule ($\text{CIV}_6$), en y changeant u en $\frac{u}{5}$, permet immédiatement de former cette équation, et l'on voit de suite que ses coefficients appartiennent au corps Ω formé par les fonctions rationnelles de g_2, g_3 à coefficients entiers. Elle y est irréductible, mais sa résolution peut se ramener à des résolutions d'équations du sixième et du cinquième degré, ces dernières étant résolubles par radicaux. Pour le faire voir, nous étudierons d'abord les transformations inverses de la fonction $\wp u$, nous montrerons que ces transformations se ramènent à la résolution de telles équations, puis nous mettrons en évidence que le problème de la division de l'argument se ramène à deux transformations inverses successives.

716. Supposons d'abord que l'on se donne $\wp\left(u \,\middle|\, \frac{\omega_1}{5}, \omega_3\right)$ et les invariants correspondants G_2, G_3, et proposons-nous de calculer la valeur correspondante de $p(u \mid \omega_1, \omega_3)$. Nous commencerons par calculer les invariants g_2, g_3 de cette fonction au moyen de G_2, G_3, comme on l'a indiqué au n° 705; nous devrons ensuite résoudre par rapport à pu l'équation du cinquième degré en pu,

$$p\left(u \,\middle|\, \frac{\omega_1}{5}, \omega_3\right) = p(u) + p\left(u + \frac{2\omega_1}{5}\right) + p\left(u + \frac{4\omega_1}{5}\right) + p\left(u + \frac{6\omega_1}{5}\right) + p\left(u + \frac{8\omega_1}{5}\right) - 2P_1,$$

dont les coefficients sont des fonctions rationnelles, à coefficients entiers, de $p\left(u \,\middle|\, \frac{\omega_1}{5}, \omega_3\right)$, G_2, G_3, P_1, où P_1 est lié à G_2, G_3 par l'équation du sixième degré que l'on a appris à former au n° 705. Cette équation (quand on regarde P_1 comme connu) peut être résolue par radicaux [1]; ses racines sont, en effet, manifestement

$$x_r = p\left(u + \frac{2r\omega_1}{5}\right), \qquad (r = 0, 1, 2, 3, 4);$$

si donc on désigne par α une racine primitive de l'équation $x^5 - 1 = 0$, on voit de suite que l'expression

$$A_p = (x_0 + \alpha x_1 + \alpha^2 x_2 + \alpha^3 x_3 + \alpha^4 x_4)^p \times (x_0 + \alpha^{-p} x_1 + \alpha^{-2p} x_2 + \alpha^{-3p} x_3 + \alpha^{-4p} x_4),$$

où p est l'un des nombres 0, 1, 2, 3, 4, ne change pas quand on augmente u de $\frac{2\omega_1}{5}$, ou que l'on fait une permutation circulaire sur x_0, x_1, x_2, x_3, x_4, car le premier facteur se reproduit, multiplié par $\frac{1}{\alpha^p}$ et le second par $\frac{1}{\alpha^{-p}}$; il suit de là que A_p est une fonction doublement périodique de u, admettant les périodes $\frac{2\omega_1}{5}$ et $2\omega_3$; on voit de suite que c'est une fonction paire de u; c'est donc une fonction rationnelle de $p\left(u \,\middle|\, \frac{\omega_1}{5}, \omega_3\right)$; c'est même une fonction *entière* de $p\left(u \,\middle|\, \frac{\omega_1}{5}, \omega_3\right)$, car dans le parallélogramme des périodes dont les sommets sont $0, \frac{2\omega_1}{5}, \frac{2\omega_1}{5} + 2\omega_3, 2\omega_3$, il n'y a pas d'autre pôle que le point 0 qui est d'ordre de multiplicité

---

[1] On démontre toutefois que cette équation, en général, n'est pas abélienne.

$2p+2$; A_p pourra donc s'exprimer par la méthode de décomposition en éléments simples, ou par l'identification des coefficients des diverses puissances de u, au moyen d'une fonction du premier degré de $\wp\left(u \,\middle|\, \frac{\omega_1}{5}, \omega_3\right)$ et de ses dérivées d'ordre pair $\leqq 2p$, ou par un polynome en $\wp\left(u \,\middle|\, \frac{\omega_1}{5}, \omega_3\right)$. Il est d'ailleurs aisé de voir qu'on n'introduit pas, sauf α, d'autre irrationalité que celles que l'on a déjà introduites, c'est-à-dire que A_p est un polynome en $\wp\left(u \,\middle|\, \frac{\omega_1}{5}, \omega_3\right)$, dont les coefficients sont des polynomes en α, P_1, G_2, G_3 à coefficients numériques rationnels. Les polynomes A_p étant formés, on voit que l'on a

$$x_0 + \alpha^{-p}x_1 + \alpha^{-2p}x_2 + \alpha^{-3p}x_3 + \alpha^{-4p}x_4 = \frac{A_p}{(\sqrt[5]{A_4})^p};$$

en ajoutant ces cinq équations membre à membre, on trouve [1]

$$x_0 = \frac{1}{5}\left[A_0 + \frac{A_1}{\sqrt[5]{A_4}} + \frac{A_2}{(\sqrt[5]{A_4})^2} + \frac{A_3}{(\sqrt[5]{A_4})^3} + \frac{A_4}{(\sqrt[5]{A_4})^4}\right].$$

Les autres racines s'obtiennent en remplaçant $\sqrt[5]{A_4}$ par ses diverses déterminations. L'équation proposée se résout donc par radicaux.

Il est à peine utile de dire que le problème qui consiste à trouver $\wp(u \mid \omega_1, \omega_3)$ au moyen de $\wp\left(u \,\middle|\, \omega_1, \frac{\omega_3}{5}\right)$ se traite exactement comme celui dont nous avons développé la solution.

717. Ceci posé, revenons au calcul de $\wp\left(\frac{u}{5} \,\middle|\, \omega_1, \omega_3\right)$, connaissant $\wp(u \mid \omega_1, \omega_3)$. La formule d'homogénéité

$$\wp\left(\frac{u}{5} \,\middle|\, \frac{\omega_1}{5}, \frac{\omega_3}{5}\right) = 5^2\wp(u \mid \omega_1, \omega_3)$$

---

[1] Dans le cas général où le nombre 5 est remplacé par le nombre premier impair n, il convient d'observer pour cela que les fonctions *cycliques* entières de $\wp\left(\frac{2r\omega_1}{n} \,\middle|\, \omega_1, \omega_3\right)$, où $r = 1, 2, \ldots, \frac{n-1}{2}$, comme les fonctions symétriques des mêmes quantités, s'expriment rationnellement au moyen de g_2, g_3 et de la racine correspondante (ici P_1) de l'équation du $(n+1)^{\text{ième}}$ degré dont dépend le problème de la division des périodes par n.

montre que l'on peut regarder comme connue la fonction

$$\wp\left(\frac{u}{5}\,\middle|\,\frac{\omega_1}{5}, \frac{\omega_3}{5}\right).$$

Connaissant cette dernière fonction, on calculera $\wp\left(\frac{u}{5}\,\middle|\,\omega_1, \frac{\omega_3}{5}\right)$; on a pour cela, d'après ce qui a été dit aux n^{os} **705**, **716**, à résoudre une équation du sixième degré qui ne concerne que les constantes et une équation du cinquième degré résoluble par radicaux. Ayant obtenu $\wp\left(\frac{u}{5}\,\middle|\,\omega_1, \frac{\omega_3}{5}\right)$, on calculera $\wp\left(\frac{u}{5}\,\middle|\,\omega_1, \omega_3\right)$; il semble qu'on ait encore à résoudre une équation du sixième degré, mais on évite cette résolution puisque l'on connaît à la fois les invariants de $\wp\left(\frac{u}{5}\,\middle|\,\omega_1, \frac{\omega_3}{5}\right)$ et ceux de $\wp\left(\frac{u}{5}\,\middle|\,\omega_1, \omega_3\right)$, qui sont les données g_2, g_3; on n'a donc qu'à résoudre (par radicaux) une nouvelle équation du cinquième degré.

718. Des considérations analogues s'appliquent à la division de l'argument pour la fonction $\operatorname{sn} u$; le calcul de $\operatorname{sn}\left(\frac{u}{n}\right)$, connaissant $\operatorname{sn} u$, est entièrement résolu pour $n = 2$ par les formules du n° **334**; il se ramène, pour n premier impair quelconque, à deux transformations inverses de la fonction $\operatorname{sn} u$.

Si, dans la formule (LXXXVII_4), on regarde $\operatorname{sn}(u\,|\,\tau)$ comme l'inconnue et $\operatorname{sn}\left(\frac{u}{M}\,\middle|\,n\tau\right)$ comme donnée, l'équation

$$\operatorname{sn}\left(\frac{u}{M}\,\middle|\,n\tau\right) = \frac{1}{M}\operatorname{sn} u \prod_{r=1}^{\frac{n-1}{2}} \frac{1 - \dfrac{\operatorname{sn}^2 u}{\operatorname{sn}^2 a_{r,0}}}{1 - k^2 \operatorname{sn}^2 a_{r,0} \operatorname{sn}^2 u}$$

est du degré n en $\operatorname{sn} u$. Désignons par Ω_0 le corps formé des fonctions rationnelles de $\varphi(\tau)$, $\varphi(n\tau)$, à coefficients entiers; on rappelle que $\varphi(\tau)$, $\varphi(n\tau)$ sont liées entre elles par l'équation modulaire, de degré $n+1$ par rapport à chacune de ces deux quantités. Les fonctions symétriques entières des quantités $\operatorname{sn}^2 a_{r,0}$ qui figurent dans l'équation (LXXXVII_4) appartiennent, ainsi que M, à ce corps. La fonction $\varphi(n\tau)$ doit être regardée comme donnée en même temps que la fonction $\operatorname{sn}\left(\frac{u}{M}\,\middle|\,n\tau\right)$, et c'est par rapport à $\varphi(\tau)$ que l'équation modulaire doit d'abord être résolue; puis l'équation (LXXXVII_4) doit être résolue par rapport à $\operatorname{sn}(u \mid \tau)$: en se reportant à l'équation (LXXXVII_4), on voit que les racines de l'équation en $\operatorname{sn}(u \mid \tau)$ sont de la forme

$$x_r = \operatorname{sn}\left(u + \frac{2rK}{n}\right) \quad (r = 0, 1, 2, \ldots, n-1)$$

et il n'est pas difficile d'en conclure qu'elles s'obtiennent encore par l'extraction d'une racine $n^{\text{ième}}$.

Le multiplicateur M est donné par la dernière des formules (LXXXVI_5); cette formule, en y remplaçant sn par son expression (LXXI_6) au moyen des fonctions $\mathfrak{I}$, donne de suite

$$M = \frac{\varphi^2(n\tau)}{\varphi^2(\tau)} \prod_{r=1}^{\frac{n-1}{2}} \frac{\mathfrak{I}_4^2\left(\frac{r}{n}\right)}{\mathfrak{I}_1^2\left(\frac{r}{n}\right)};$$

en utilisant ensuite les formules (LI_2), (XXXVI_2), on arrive sans peine à l'expression

$$(1) \qquad M = \frac{1}{n} \frac{\mathfrak{I}_3^2(0 \mid \tau)}{\mathfrak{I}_3^2(0 \mid n\tau)};$$

cette formule met bien en évidence la façon dont M dépend de τ.

Le problème qui consiste à trouver $\operatorname{sn}(u \mid \tau)$, connaissant $\operatorname{sn}\left(\frac{u}{M} \middle| \frac{\tau}{n}\right)$ et $\varphi\left(\frac{\tau}{n}\right)$, se résoudra de même au moyen des formules (LXXXIX_4), après que l'on aura calculé $\varphi(\tau)$ au moyen de l'équation modulaire du degré $n+1$, qui lie $\varphi(\tau)$ et $\varphi\left(\frac{\tau}{n}\right)$. Au moyen des formules (LXXXVIII_5), (LII_2), etc., on trouvera aussi

$$(2) \qquad M = \frac{\mathfrak{I}_3^2(0 \mid \tau)}{\mathfrak{I}_3^2\left(0 \middle| \frac{\tau}{n}\right)}.$$

Ceci posé, connaissant $\operatorname{sn}(u \mid \tau)$, on commencera par calculer $\operatorname{sn}\left(mu \middle| \frac{\tau}{n}\right)$, où l'on a écrit, pour abréger, m pour désigner le multiplicateur M dans lequel on aurait remplacé τ par $\frac{\tau}{n}$; c'est le problème de transformation inverse dont nous venons de parler.

Il exige d'abord la résolution par rapport à $\varphi\left(\frac{\tau}{n}\right)$ de l'équation modulaire de degré $n+1$ entre $\varphi(\tau)$ et $\varphi\left(\frac{\tau}{n}\right)$, puis la résolution, possible par radicaux, d'une équation de degré n en $\operatorname{sn}\left(mu \,\middle|\, \frac{\tau}{n}\right)$. Connaissant $\operatorname{sn}\left(mu \,\middle|\, \frac{\tau}{n}\right)$, on calculera $\operatorname{sn}(mm'u\,|\,\tau)$, où l'on a écrit m' au lieu de M; ce problème se résout au moyen de l'équation (LXXXIX_4) et peut être effectué par radicaux. Comme, d'après les formules (1) et (2), on a

$$mm' = \frac{1}{n},$$

on a ainsi obtenu $\operatorname{sn}\left(\frac{u}{n} \,\middle|\, \tau\right)$ et le problème de la division de l'argument est résolu pour la fonction sn.

§ VIII. — Multiplication complexe.

719. Quel que soit le nombre entier n que l'on envisage, la fonction $\wp(nu)$ s'exprime rationnellement (n° **460**) au moyen de $\wp u$, en sorte que les périodes de $\wp u$ sont des périodes de $\wp(nu)$. Si un nombre complexe μ, pour un couple de périodes données $2\omega_1$, $2\omega_3$, jouit de la même propriété, en sorte que les périodes de $\wp(u\,|\,\omega_1, \omega_3)$ soient des périodes de $\wp(\mu u\,|\,\omega_1, \omega_3)$, on dit qu'il y a une *multiplication complexe* de la fonction $\wp u$ par le nombre μ, pour le couple de périodes $2\omega_1$, $2\omega_3$.

Soit μ un tel nombre complexe et désignons par $\psi(u)$ la fonction $\wp(\mu u\,|\,\omega_1, \omega_3)$; puisque $\psi(u)$ admet les périodes $2\omega_1$, $2\omega_3$, $\psi(u)$ est une fonction rationnelle de $\wp(u\,|\,\omega_1, \omega_3)$, $\wp'(u\,|\,\omega_1, \omega_3)$; $\psi(u)$, étant une fonction paire de u, est donc une fonction rationnelle de $\wp(u\,|\,\omega_1, \omega_3)$ seulement.

720. Puisque les périodes de la fonction $\wp(u\,|\,\omega_1, \omega_3)$ sont des périodes de la fonction $\wp(\mu u\,|\,\omega_1, \omega_3)$, il est clair que $2\mu\omega_1$, $2\mu\omega_3$ sont des périodes de la fonction $\wp(u\,|\,\omega_1, \omega_3)$; on doit donc avoir, en désignant par α, β, γ, δ des entiers réels tels que $\alpha\delta - \beta\gamma$ soit différent de zéro, des relations de la forme

$$(1) \qquad \mu\omega_1 = \alpha\omega_1 + \beta\omega_3, \qquad \mu\omega_3 = \gamma\omega_1 + \delta\omega_3.$$

Réciproquement, des relations de cette forme montrent évidemment que la fonction $p(\mu u \mid \omega_1, \omega_3)$ admet les périodes $2\omega_1$, $2\omega_3$, et que, par conséquent, il y a, en vertu de la définition, multiplication complexe par le nombre complexe μ, pour le couple de périodes $2\omega_1$, $2\omega_3$.

Les égalités (1) peuvent s'écrire

$$\omega_1 = \alpha\Omega_1 + \beta\Omega_3, \qquad \omega_3 = \gamma\Omega_1 + \delta\Omega_3,$$

en posant

$$\Omega_1 = \frac{\omega_1}{\mu}, \qquad \Omega_3 = \frac{\omega_3}{\mu};$$

il y a donc *transformation* entre les deux fonctions $p(u \mid \omega_1, \omega_3)$ et $p(u \mid \Omega_1, \Omega_3)$, et l'on voit encore de cette façon que $p(u \mid \Omega_1, \Omega_3)$ ou $\mu^2 p(\mu u \mid \omega_1, \omega_3)$ est une fonction rationnelle de $p(u \mid \omega_1, \omega_3)$.

Les équations (1) étant homogènes en ω_1, ω_3, il est clair que, s'il y a multiplication complexe par μ, pour le couple de périodes $2\omega_1$, $2\omega_3$, il y aura aussi multiplication complexe par le même nombre μ, pour le couple de périodes $2\lambda\omega_1$, $2\lambda\omega_3$, quel que soit λ; on parlera donc de multiplication complexe par μ et pour un rapport de périodes τ.

En résumé, *la condition nécessaire et suffisante pour qu'il y ait multiplication complexe pour* τ *et par* μ (τ et μ étant des nombres complexes donnés) *est que les équations*

$$(2) \qquad \mu = \alpha + \beta\tau, \qquad \mu\tau = \gamma + \delta\tau$$

soient vérifiées pour quatre entiers α, β, γ, δ.

On observera que β, γ et $\alpha\delta - \beta\gamma$ sont nécessairement différents de zéro. On peut supposer β positif, quitte à changer le signe des cinq quantités α, β, γ, δ, μ.

721. Des conditions (2) il résulte immédiatement que, s'il y a multiplication complexe par μ et pour τ, il y a aussi multiplication complexe par tout nombre de la forme $a + b\mu$, où a et b sont des entiers réels quelconques.

On peut d'ailleurs retrouver ce résultat par le raisonnement suivant :

D'après la formule d'addition de la fonction p, l'expression $p(au + b\mu u)$ est une fonction rationnelle de $p(au)$, $p(b\mu u)$ et du produit $p'(au).p'(b\mu u)$; mais $p(\mu u)$ est, par hypothèse, une fonction rationnelle de pu, en sorte que $p'(\mu u)$ est le produit, par $p'u$, d'une fonction rationnelle de pu; donc, comme $p'(au)$ est le produit de $p'u$ par une fonction rationnelle de pu, et que $p'(b\mu u)$ est le produit de $p'(\mu u)$ par une fonction rationnelle de $p(\mu u)$, l'expression $p'(au).p'(b\mu u)$ s'exprimera par une fonction rationnelle de pu seulement; il en est donc de même de $p(au + b\mu u)$.

722. Des équations (2), on déduit

$$\tau = \frac{\gamma + \delta\tau}{\alpha + \beta\tau},$$
$$-\gamma + (\alpha - \delta)\tau + \beta\tau^2 = 0;$$

si donc, en désignant par ρ le plus commun diviseur des valeurs absolues des nombres $-\gamma$, $\alpha - \delta$, β, on pose

$$-\gamma = a\rho, \qquad \alpha - \delta = b\rho, \qquad \beta = c\rho,$$

on définit trois nombres entiers a, b, c jouissant des propriétés suivantes : a et c sont différents de zéro; c est positif; on a

$$a + b\tau + c\tau^2 = 0;$$

comme τ n'est pas réel, on a nécessairement

$$b^2 - 4ac < 0;$$

a est donc positif. Si l'on pose

$$\alpha + \delta = \rho_1, \qquad m = 4ac - b^2,$$

on aura

$$\alpha = \frac{\rho_1 + b\rho}{2}, \qquad \beta = c\rho, \qquad \gamma = -a\rho, \qquad \delta = \frac{\rho_1 - b\rho}{2},$$

et, par suite,

$$n = \alpha\delta - \beta\gamma = \frac{m\rho^2 + \rho_1^2}{4}, \qquad \mu = \alpha + \beta\tau = \frac{\rho_1 + i\rho\sqrt{m}}{2},$$

où le radical est pris, comme dans ce qui suit, avec sa détermination arithmétique. On observera que le nombre entier n est la *norme* du nombre complexe μ.

723. Inversement, supposons qu'on se donne les entiers a, b, c, tels que $4ac - b^2 = m$ soit positif, et les nombres entiers ρ, ρ_1, dont le premier est positif, et tels que $\rho_1 \pm b\rho$ soit pair; les expressions précédemment écrites de $\alpha, \beta, \gamma, \delta$ au moyen de a, b, c, ρ, ρ_1 définissent une multiplication complexe par le nombre

$$\mu = \frac{\rho_1 + i\rho\sqrt{m}}{2},$$

pour la racine de l'équation

$$a + b\tau + c\tau^2 = 0,$$

dont la partie purement imaginaire est positive, ainsi qu'on le voit de suite en retournant les raisonnements précédents.

724. Au lieu du multiplicateur μ on peut introduire, pour le même τ, le multiplicateur

$$M = \frac{-\varepsilon + i\sqrt{m}}{2},$$

ε étant égal à 0 ou à 1, suivant que b est pair ou impair; μ est lié à M par la relation

$$\mu - \rho M = \alpha - \frac{b - \varepsilon}{2}\rho,$$

où $\frac{b-\varepsilon}{2}$ est manifestement entier. Le fait que M est un multiplicateur complexe, pour τ, résulte, d'après les équations (2), de ce que l'on a

$$M = \frac{b - \varepsilon}{2} + c\tau, \qquad M\tau = -a - \frac{b + \varepsilon}{2}\tau,$$

ainsi qu'il est aisé de le vérifier. D'ailleurs, de ce que M est un multiplicateur pour τ et de l'expression de μ au moyen de M, il résulte que μ est, comme on le sait déjà, un multiplicateur pour τ.

725. Si τ_1 est lié à τ par une substitution linéaire $\tau_1 = \frac{\gamma + \delta\tau}{\alpha + \beta\tau}$, à déterminant $\alpha\delta - \beta\gamma$ égal à 1, il existera une multiplication complexe pour τ_1 avec le même multiplicateur M; car τ_1 vérifiera évidemment une équation du second degré

$$a_1 + b_1\tau_1 + c_1\tau_1^2 = 0,$$

où $4a_1c_1 - b_1^2$ est égal au produit de $4ac - b^2$ par le carré du déterminant de substitution qui est 1, en sorte que b et b_1 sont de la même parité et que les quantités m_1, ε_1, analogues à m, ε, sont respectivement égales à ces dernières. Rappelons d'ailleurs que l'on a

$$J(\tau) = J(\tau_1).$$

726. Supposons toujours qu'il y ait multiplication complexe pour τ. Des équations (2) il résulte que l'on a

$$\tau = \frac{\gamma + \delta\tau}{\alpha + \beta\tau},$$

d'où

$$J(\tau) = J\left(\frac{\gamma + \delta\tau}{\alpha + \beta\tau}\right).$$

D'autre part, quel que soit τ, les valeurs x que prend la fonction $J\left(\frac{\gamma + \delta\tau}{\alpha + \beta\tau}\right)$ quand α, β, γ, δ prennent toutes les valeurs entières possibles telles que l'on ait $\alpha\delta - \beta\gamma = n$, n étant un nombre entier positif donné, vérifient une équation algébrique

$$F(x, J) = 0,$$

où l'on a écrit J au lieu de $J(\tau)$; puisqu'il y a multiplication complexe, J vérifiera donc l'équation $F(J, J) = 0$. Ainsi chaque invariant absolu qui correspond à une valeur de τ pour laquelle il y a multiplication complexe, vérifie une équation algébrique à coefficients entiers [1].

Kronecker a appelé ces invariants absolus particuliers : les *invariants singuliers*. Il a de même appelé *modules singuliers* les valeurs de $k^2(\tau)$, qui correspondent aux valeurs de τ pour lesquelles il y a multiplication complexe.

---

[1] On démontre d'ailleurs que c'est un nombre algébrique *entier*.

727. La théorie de la multiplication complexe est liée à l'Arithmétique. On sait que deux formes quadratiques définies, à coefficients entiers,

$$f = ax^2 + bxy + cy^2, \qquad f' = a'x'^2 + b'x'y' + c'y'^2,$$

sont dites (proprement) *équivalentes* quand on peut passer de l'une à l'autre par une substitution à coefficients entiers

$$x' = \alpha x + \beta y, \qquad y' = \gamma x + \delta y,$$

dont le déterminant $\alpha\delta - \beta\gamma$ est égal à 1. On a alors

$$(3) \qquad \begin{cases} a = a'\alpha^2 + b'\alpha\gamma + c'\gamma^2, \\ b = 2a'\alpha\beta + b'(\alpha\delta + \beta\gamma) + 2c'\gamma\delta, \\ c = a'\beta^2 + b'\beta\delta + c'\delta^2, \end{cases}$$

et $b'^2 - 4a'c'$ est égal à $b^2 - 4ac$. Aux formes précédentes sont liées naturellement les équations

$$a + b\tau + c\tau^2 = 0, \qquad a' + b'\tau' + c'\tau'^2 = 0.$$

Si l'on désigne par τ, τ' les racines de ces équations pour lesquelles le coefficient de i est positif, si l'on pose, comme précédemment,

$$2\text{M} = -\varepsilon + i\sqrt{4ac - b^2}, \qquad 2\text{M}' = -\varepsilon' + i\sqrt{4a'c' - b'^2},$$

en désignant toujours par ε, ε' des quantités égales à 0 ou à 1 et de même parité que b, b', on voit que, quand les deux formes f et f' sont équivalentes, M est égal à M'. En supposant toujours l'équivalence des deux formes, on peut passer de τ à τ' par une substitution linéaire (de déterminant égal à 1), en sorte que $\text{J}(\tau)$ est égal à $\text{J}(\tau')$.

Inversement, s'il y a multiplication complexe pour τ et τ', et si l'on a $\text{J}(\tau) = \text{J}(\tau')$, d'une part τ et τ' vérifient des équations de la forme

$$a + b\tau + c\tau^2 = 0, \qquad a' + b'\tau + c'\tau^2 = 0,$$

où l'on peut supposer que les nombres entiers a, b, c sont sans diviseur commun, de même que a', b', c' et que c et c' sont positifs; d'autre part, à cause de $\text{J}(\tau) = \text{J}(\tau')$, il existera des entiers α,

β, γ, δ tels que l'on ait

$$\tau' = \frac{\gamma + \delta\tau}{\alpha + \beta\tau}, \qquad \alpha\delta - \beta\gamma = 1;$$

il en résulte que l'équation

$$a'(\alpha + \beta\tau)^2 + b'(\alpha + \beta\tau)(\gamma + \delta\tau) + c'(\gamma + \delta\tau)^2 = 0$$

a les mêmes racines que l'équation

$$a + b\tau + c\tau^2 = 0.$$

Il est bien aisé d'en conclure que, si l'on suppose

$$b^2 - 4ac = b'^2 - 4a'c',$$

les deux premiers membres sont identiques, d'où résultent immédiatement les équations (3) et, par suite, l'équivalence des deux formes envisagées. On voit d'ailleurs aussi que $M = M'$.

Il suit de là que l'égalité $J(\tau) = J(\tau')$ est la condition nécessaire et suffisante pour que les deux formes

$$ax^2 + bxy + cy^2, \qquad a'x'^2 + b'y'^2 + c'z'^2$$

soient équivalentes. Si l'on range dans une même classe les formes équivalentes, on voit que la recherche du nombre de classes pour un déterminant $b^2 - 4ac < 0$ donné revient à la recherche du degré de l'équation $F(J, J) = 0$.

§ IX. — Décomposition d'un nombre entier en une somme de quatre carrés.

728. La comparaison des différents développements en série d'une même quantité, que fournit la théorie des fonctions elliptiques, conduit souvent à des propositions intéressantes d'Arithmétique.

Signalons, d'après Jacobi [1], le théorème sur la décomposition en carrés. Il va résulter de l'identification des deux développe-

(1) *Œuvres complètes*, t. I, p. 239 (fin des *Fundamenta*) et p. 247.

ments $(\mathrm{XXXVI}_{1,4})$ et (CX_1)

$$e_1 - e_3 = \frac{\pi^2}{4\omega_1^2}\left(\sum_{n=-\infty}^{n=+\infty} q^{n^2}\right)^4,$$

$$e_1 - e_3 = \frac{\pi^2}{4\omega_1^2}\left(1 + 8\sum_{(\nu)} \frac{2\nu q^{2\nu}}{1-q^{2\nu}} + 8\sum_{n=1}^{n=\infty} \frac{nq^n}{1+q^n}\right),$$

où $\nu = 1, 3, 5, 7, \ldots$. Considérons d'abord le premier de ces deux développements.

On reconnaît de suite, à cause de l'identité

$$\sum_n q^{n^2} \sum_{n'} q^{n'^2} = \sum_{n,\,n'} q^{n^2+n'^2},$$

que, si l'on ordonne le carré de $\sum\limits_n q^{n^2}$ suivant les puissances entières de q, le coefficient de q^{N} sera le nombre de solutions de l'équation

$$n^2 + n'^2 = \mathrm{N};$$

de même, dans le cube et la quatrième puissance de $\sum\limits_n q^{n^2}$, le coefficient de q^{N} sera le nombre de solutions de l'équation

$$n^2 + n'^2 + n''^2 = \mathrm{N}$$

ou de l'équation

$$n^2 + n'^2 + n''^2 + n'''^2 = \mathrm{N}.$$

Cherchons maintenant le coefficient de q^{N} dans les deux séries

$$\sum_\nu \frac{2\nu q^2}{1-q^{2\nu}} = \sum\sum 2\nu q^{2\nu(\alpha+1)},$$

$$\sum_{n=1}^{n=\infty} \frac{nq^n}{1+q^n} = \sum\sum (-1)^\beta n q^{n(\beta+1)}.$$

Soit

$$\mathrm{N} = 2^r p,$$

p étant un nombre entier positif impair, et considérons le cas où r est plus grand que zéro. Pour que $2\nu(\alpha+1)$ soit égal à $2^r p$, il faut et il suffit que ν soit un diviseur de p; à chacun de ces diviseurs correspond un terme en q^{N} dans le premier développement; le coefficient de q^N dans ce premier développement sera donc $\psi(p)$, en désignant par $\psi(p)$ la somme des diviseurs de p.

Si l'on a

$$n(\beta+1) = 2^r p,$$

n devra avoir la forme $2^\rho d$, d étant un diviseur de p qui peut d'ailleurs être égal à 1 ou à p, et ρ un entier qui peut être nul, inférieur ou égal à r. Inversement, si n est de cette forme, en supposant $dd' = p$, il y aura un nombre

$$\beta = -1 + 2^{r-\rho} d',$$

qui rendra $n(\beta+1)$ égal à $2^r p$.

Si ρ est inférieur à r, β est impair; le terme du second développement qui correspond aux nombres d et ρ est ainsi $-2^\rho d$; la somme de ces termes qui correspondent à une même valeur de d est

$$-d \sum_{\rho=0}^{\rho=r-1} 2^\rho = -d(2^r - 1),$$

et la somme de tous ces termes qui correspondent à une même valeur de p est donc

$$-\psi(p)(2^r - 1).$$

Si ρ est égal à r, β est pair; le terme du second développement qui correspond aux deux nombres d et $\rho = r$ est $2^r d$; la somme de ceux de ces termes qui correspondent à une même valeur de p est $2^r \psi(r)$.

Finalement, le coefficient de q^N, dans la somme

$$\sum_{(\nu)} \frac{2\nu q^{2\nu}}{1 - q^{2\nu}} + \sum_{n=1}^{n=\infty} \frac{n q^n}{1 + q^n},$$

est

$$2\psi(p) - \psi(p)(2^r - 1) + \psi(p) 2^r = 3\psi(p),$$

en supposant $r > 0$. Pour $r = 0$, on voit de même que ce coefficient est $\psi(p)$.

On voit donc que le nombre de solutions distinctes, en nombres entiers positifs nuls ou négatifs, de l'équation

$$n^2 + n'^2 + n''^2 + n'''^2 = 2^r p$$

est $24\psi(p)$ ou $8\psi(p)$, suivant que r est différent de zéro ou égal à zéro. Il faut entendre que les solutions n, n', n'', n''' et n_1, n'_1, n''_1, n'''_1 sont distinctes si l'on n'a pas à la fois $n = n_1$, $n' = n'_1$, $n'' = n''_1$, $n''' = n'''_1$.

Non seulement on a ainsi démontré la possibilité de décomposer en quatre carrés un nombre entier quelconque, mais on a le nombre de ces décompositions.

L'identité (XXXVI_6)

$$\vartheta_3^4(0) = \vartheta_2^4(0) + \vartheta_4^4(0),$$

traitée d'une façon analogue, conduit à la proposition suivante :

Le nombre des décompositions en quatre carrés quelconques d'un entier impair est égal à huit fois le nombre des décompositions du quadruple de cet entier en une somme de quatre carrés dont les racines sont des nombres tous impairs et positifs ([1]).

([1]) *Voir* le *Cours* de Ch. Hermite, rédigé par M. ANDOYER, 4e éd., p. 241.

NOTE 1.

Sur la fonction de $\varkappa$ définie par l'égalité $\tau = i\,\frac{X'(\varkappa)}{X(\varkappa)}$ et sur un théorème de M. Picard.

On a expliqué au Chapitre VII comment τ est une fonction univoque de $\varkappa$ dans le plan $\mathfrak{T}$ obtenu en pratiquant dans le plan de la variable $\varkappa$ deux coupures allant le long de l'axe des quantités réelles, l'une de o à $-\infty$, l'autre de 1 à $+\infty$. En dehors des coupures la définition de τ n'offre aucune difficulté; nous avons expliqué au n° 545 comment, au moyen des formules (CXX), on pouvait compléter cette définition sur le bord supérieur de la coupure de droite et sur le bord inférieur de la coupure de gauche; rien n'empêche, en *distinguant les deux bords* de chaque coupure, d'adopter une définition semblable sur le bord inférieur de la coupure de droite et sur le bord supérieur de la coupure de gauche; la fonction $\frac{iX'(\varkappa)}{X(\varkappa)}$ est alors définie dans tout le plan $\mathfrak{T}$, y compris les bords des coupures, sur lesquels la fonction prend des valeurs infiniment voisines de celles qu'elle prend en un point infiniment voisin de la région du plan à laquelle appartient le bord considéré et ces valeurs sont fournies sans ambiguïté aucune par les formules (CXX_4). C'est seulement aux points o, 1 que la fonction n'est pas définie. Nous représenterons les bords de ces coupures par des parallèles infiniment voisines $\delta\varepsilon$, $\delta'\varepsilon'$, $\gamma'\eta'$, $\gamma\eta$ en regardant $\delta\varepsilon$, $\gamma'\eta'$ comme appartenant à la région supérieure du plan, $\delta'\varepsilon'$, $\gamma\eta$ comme appartenant à la région inférieure; nous relierons ces coupures par des cercles infiniment petits $\delta\alpha\delta'$, $\gamma\beta\gamma'$ décrits respectivement des points 1 et o comme centres (les points α, β sont supposés sur l'axe des quantités réelles); enfin, nous décrirons, du point o comme centre, un cercle de rayon infiniment grand qui rencontre les coupures aux points ε, ε', η, η' infiniment éloignés. Il est clair que le contour $\alpha\delta\varepsilon\eta'\gamma'\beta\gamma\eta\varepsilon'\delta'\alpha$ limite une région (S) simplement connexe dans le plan $\mathfrak{T}$. Notre but est de montrer comment se fait dans le plan de la variable τ, lié à $\varkappa$ par la formule

$$\tau = i\,\frac{X'(\varkappa)}{X(\varkappa)} = f(\varkappa),$$

l'image du contour de (S) parcouru dans le sens direct. Les formules (CXX) y suffisent entièrement. Nous représenterons systématiquement par (a) le point du plan des τ qui correspond au point a du plan des $\varkappa$.

L'image cherchée est figurée schématiquement ci-dessous :

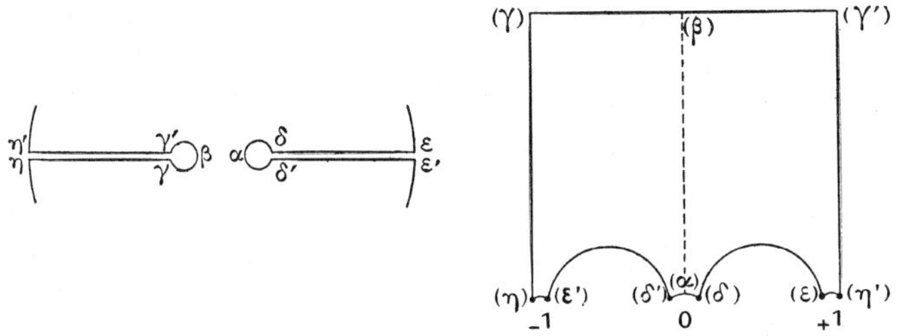

Les points (α) et (β) sont sur l'axe des quantités purement imaginaires, le premier très près de o, le second très haut. L'aire à droite de la ligne ponctuée est l'image de l'aire de (S) qui est au-dessus de l'axe des quantités réelles, l'aire à gauche est l'image de l'aire de (S) qui est au-dessous de l'axe des quantités réelles : deux points $\varkappa$ d'affixes conjuguées ont pour images des points $(\varkappa)$ symétriques par rapport à l'axe des quantités purement imaginaires.

Il nous faut justifier les diverses parties de cette figure. Supposons d'abord que $\varkappa$ décrive le petit cercle $\gamma'\beta\gamma$; les formules (CXX_{2-3}) montrent de suite que, $\varkappa$ étant très petit en valeur absolue, on a

$$\tau = \frac{i\mathrm{X}'(\varkappa)}{\mathrm{X}(\varkappa)} = \frac{i\left[\dfrac{2}{\pi}\log 2 \log(1-\varkappa) + \eta(\varkappa)\dfrac{4}{\pi}\right]}{\dfrac{\pi}{2} - \dfrac{1}{2}\log(1-\varkappa) - \varepsilon(\varkappa)\dfrac{\pi}{2}} - \frac{i}{\pi}\log\frac{\varkappa}{16},$$

en sorte que $\varkappa$ est sensiblement $-\dfrac{i}{\pi}\log\varkappa$, le logarithme ayant sa détermination principale. Si l'on pose pour un instant $\varkappa = \rho e^{i\theta}$, on aura

$$-\frac{i}{\pi}\log\varkappa = \frac{\theta}{\pi} - \frac{i\log\rho}{\pi};$$

$\varkappa$ décrivant le petit cercle $\gamma'\beta\gamma$, $\dfrac{\theta}{\pi}$ diminue en partant d'une valeur un peu inférieure à 1 pour aboutir à une valeur un peu supérieure à -1; le point τ ou $(\varkappa)$ décrit donc, approximativement, le segment de droite parallèle à l'axe des quantités réelles, qui va du point (γ') ou $\dfrac{-i\log\rho}{\pi}+1$ au point (γ) ou $\dfrac{-i\log\rho}{\pi}-1$.

La figure décrite par le point τ quand x décrit le petit cercle $\delta'\alpha\delta$ se déduit de la précédente par la formule $f(x) = \frac{-1}{f(1-x)}$. Le point $1-x$ décrit alors, en effet, le cercle $\gamma'\beta\gamma$, donc $f(1-x)$ décrit approximativement le segment rectiligne qui va de (γ') à (γ); $f(x)$ décrit donc approximativement un arc de cercle de centre o allant de (δ') à (δ), arc de cercle correspondant évidemment à un angle au centre infiniment petit.

Si x décrit le bord supérieur $\delta\varepsilon$ de la coupure de droite, on peut regarder x comme prenant des valeurs réelles de 1 à $+\infty$; $\frac{1}{x}$ varie alors de 1 à o, $f\left(\frac{1}{x}\right)$ s'élève donc sur l'axe des quantités purement imaginaires d'un point très voisin de o à un point très éloigné; de la formule $f\left(\frac{1}{x}\right) = \frac{f(x)}{1-f(x)}$ on déduit, par suite, que le point $f(x)$ décrit dans la région supérieure du plan, le demi-cercle qui a pour diamètre le segment qui va du point o au point 1, ou plutôt du point (δ) au point (ε), puisque x ne va que de δ à ε.

Quand le point x décrit la coupure $\delta'\varepsilon'$ symétrique de $\delta\varepsilon$ par rapport à l'axe des quantités réelles, le point $f(x)$ décrit le demi-cercle symétrique du précédent par rapport à l'axe des quantités purement imaginaires. Quand x décrit le demi-grand cercle $\varepsilon\eta'$ dans la région supérieure du plan, $\frac{1}{x}$ décrit le demi-petit cercle $\beta\gamma$, $f\left(\frac{1}{x}\right)$ décrit approximativement le segment rectiligne qui va de (β) à (γ); donc, enfin,

$$\tau = f(x) = \frac{f\left(\frac{1}{x}\right)}{1+f\left(\frac{1}{x}\right)}$$

décrit un arc de cercle infiniment petit de (ε) à (η') dans le voisinage de 1.

Quand le point x décrit le bord supérieur $\eta'\gamma'$ de la coupure de gauche, en allant de $-\infty$ à o, le point $1-x$ décrit le bord inférieur $\varepsilon'\delta'$ de la coupure de droite de $+\infty$ à 1, $-\frac{1}{f(x)}$ décrit donc le demi-cercle $(\varepsilon')(\delta')$ et $\tau = f(x)$, la parallèle menée du point 1 à l'axe des quantités purement imaginaires à partir de (η') infiniment voisin de (ε) et de 1, jusqu'à un point (γ') infiniment éloigné au-dessus de l'axe des quantités réelles.

En réunissant toutes ces parties, on a l'image complète. L'aire (S) et son image se correspondent, point par point, d'une façon univoque.

On peut si l'on veut supprimer les arcs infiniment petits ainsi que le côté $(\gamma')(\gamma)$ infiniment éloigné vers le haut ; on a alors le théorème suivant :

Si dans le plan des $\varkappa$ on pratique deux coupures allant de 1 *à* $+\infty$ *et de* 0 *à* $-\infty$ *le long de l'axe des quantités réelles, et si l'on regarde le bord supérieur ou inférieur de chaque coupure comme faisant partie de la région supérieure ou inférieure,, le plan des $\varkappa$ ainsi coupé, par la transformation conforme* $\tau = \frac{i X'(\varkappa)}{X(\varkappa)}$, *a pour image la partie du plan des τ limitée :* 1° *en bas par les demi-cercles situés au-dessus de l'axe des quantités réelles, et ayant pour diamètres les segments de droite allant de* -1 *à* 0 *et de* 0 *à* $+1$, 2° *à droite et à gauche par les parallèles menées par les points* $+1$ *et* -1 *à l'axe des quantités purement imaginaires. Les deux demi-cercles sont les images des bords inférieur et supérieur de la coupure de droite ; les deux parallèles sont les images des bords supérieur et inférieur de la coupure de gauche.*

Quand on traverse la coupure de gauche et qu'on remplace $\mathrm{x}'(\varkappa)$, $\mathrm{x}(\varkappa)$ par les fonctions qui les continuent, la fonction qui continue τ est, comme on l'a vu (t. III, p. 209), $\tau \pm 2$ suivant que l'on traverse la coupure de haut en bas ou de bas en haut. De même quand on traverse la coupure de droite, la fonction qui continue τ est $\frac{\tau}{1 \mp 2\tau}$, suivant que l'on traverse la coupure de bas en haut ou de haut en bas. On reconnaît très aisément quelles images du plan des $\varkappa$, coupé comme on l'a expliqué, fournissent les transformations conformes correspondant à ces nouvelles branches de la fonction $\frac{i X'(\varkappa)}{X(\varkappa)}$.

Si nous envisageons la fonction $\tau = f(\varkappa)$, définie en un point $\varkappa_0$ non situé sur les coupures, ainsi qu'aux environs de $\varkappa_0$, et obtenue par continuation le long d'une courbe quelconque, pouvant traverser les coupures, mais non les points 0 ou 1, nous savons que cette fonction est holomorphe à l'intérieur de tout contour simple entourant le point $\varkappa_0$ et ne contenant ni le point 0, ni le point 1. Dans une aire contenant l'un ou l'autre de ces points singuliers, la fonction $f(\varkappa)$ est susceptible d'une infinité de déterminations, mais toutes les branches de cette fonction que l'on engendre en tournant autour de l'un ou de l'autre des points *singuliers* 0, 1 sont toujours régulières en un point quelconque du plan autre que 0 et 1. En outre, le coefficient de i, pour une valeur quelconque de $f(\varkappa)$, est toujours positif.

Ces propriétés de la fonction $f(\varkappa)$ ont permis à M. E. Picard d'établir une proposition importante concernant les fonctions entières (transcendantes ou non) et que voici ([1]) :

S'il existe deux nombres a, b, tels que la fonction entière $g(z)$ ne puisse acquérir, pour aucune valeur finie de z, ni la valeur a, ni la valeur b, cette fonction est une constante.

Si la fonction entière $g(z)$ ne prend ni la valeur a, ni la valeur b, la fonction, aussi entière, $\dfrac{g(z)-a}{b-a}$ ne prendra ni la valeur o ni la valeur 1. Il suffira donc de démontrer qu'une fonction entière $g(z)$ qui ne prend ni la valeur o, ni la valeur 1, est une constante.

Dans la fonction $\tau = f(\varkappa)$ précédemment définie, regardons $\varkappa$ comme étant égal à $g(z)$; nous obtenons ainsi une fonction de z que nous désignerons par $F(z)$ et qui (n° 49) est régulière pour toute valeur z_0 de z, puisque $\varkappa$ n'est jamais égal ni à o, ni à 1. La série entière en $z - z_0$ qui représente la fonction $F(z)$ aux environs de z_0 ne peut avoir un rayon de convergence fini (n° 55); la fonction $F(z)$ peut donc être représentée par une série entière en $z - z_0$ (ou en z), convergente quel que soit z; c'est une fonction entière.

Si, d'ailleurs. on pose $F(z) = A + i B$, A et B étant réels, on est sûr que B est positif, quel que soit z; or on a

$$| e^{i\,F(z)} | = e^{-B} < 1 ;$$

la valeur absolue de la fonction entière $e^{i F(z)}$ étant plus petite que 1, quel que soit z, cette fonction est une constante ; il en est donc de même de $F(z)$, et, par suite, de $g(z)$. C'est ce qu'il fallait démontrer.

([1]) *Annales de l'École Normale supérieure*, 1880. Cette proposition, généralisée tout d'abord par l'auteur lui-même, a reçu, grâce aux beaux travaux de M. Borel (*Leçons sur les fonctions entières*, 1900), une extension considérable. Nous n'avons en vue que la démonstration même de M. Picard, relative au théorème énoncé.

NOTE 2.

Sur les suites arithmético-géométriques de Gauss.

En partant de deux nombres positifs quelconques a_0, b_0, dont le premier a_0 sera supposé plus grand que le second b_0, considérons la double suite indéfinie

$$\begin{array}{llllll} a_0, & a_1, & a_2, & \ldots, & a_{n-1}, & a_n, \quad \ldots, \\ b_0, & b_1, & b_2, & \ldots, & b_{n-1}, & b_n, \quad \ldots, \end{array}$$

obtenue en supposant, en général,

$$(1) \qquad a_n = \frac{a_{n-1}+b_{n-1}}{2}, \qquad b_n = \sqrt{a_{n-1}b_{n-1}} \qquad (n=1, 2, 3, \ldots),$$

où l'on doit entendre, comme dans ce qui suit, que le radical a sa détermination arithmétique.

On voit de suite que l'on a

$$a_n - b_n = \frac{\left[\sqrt{a_{n-1}}-\sqrt{b_{n-1}}\right]^2}{2}, \qquad a_n + b_n = \frac{\left[\sqrt{a_{n-1}}+\sqrt{b_{n-1}}\right]^2}{2},$$

$$(2) \qquad \frac{a_n - b_n}{a_n + b_n} = \left(\frac{\sqrt{a_{n-1}}-\sqrt{b_{n-1}}}{\sqrt{a_{n-1}}+\sqrt{b_{n-1}}}\right)^2 < \left(\frac{a_{n-1}-b_{n-1}}{a_{n-1}+b_{n-1}}\right)^2,$$

la dernière inégalité résultant de ce que l'on a

$$(\sqrt{a_{n-1}}+\sqrt{b_{n-1}})^4 > (a_{n-1}+b_{n-1})^2.$$

Les formules précédentes montrent que l'on a

$$a_n > b_n, \qquad a_n < a_{n-1}, \qquad b_n > b_{n-1};$$

les nombres a_0, a_1, a_2, ... vont donc en décroissant; les nombres b_0, b_1, b_2, ... vont en croissant; les nombres b_0, b_1, b_2, ... restent inférieurs aux nombres a_0, a_1, a_2, ... de même indice; les deux suites ont donc une limite; cette limite est la même à cause de l'inégalité

$$(3) \qquad \frac{a_n - b_n}{a_n + b_n} < \left(\frac{a_0 - b_0}{a_0 + b_0}\right)^{2^n}$$

qui résulte immédiatement de l'inégalité (2). On voit sur l'inégalité (3) que les deux suites convergent très rapidement vers leur limite commune.

Si l'on pose

$$c_n = \sqrt{a_n^2 - b_n^2} = \frac{a_{n-1} - b_{n-1}}{2} \qquad (n = 1, 2, 3, \ldots),$$

il est clair que l'on aura

$$\lim_{n=\infty} c_n = 0;$$

au reste, on reconnaît sans peine que l'on a

$$c_n < 4b_0 \left(\frac{c_1}{4b_0}\right)^{2^{n-1}}.$$

Gauss a appelé la limite commune des deux suites a_0, a_1, ... et b_0, b_1, ... la *moyenne arithmético-géométrique* des deux nombres positifs donnés a_0, b_0, et l'a représentée (1) par le symbole μ. On a manifestement, quel que soit le nombre positif h,

$$\mu(ha_0, hb_0) = h\mu(a_0 b_0).$$

Proposons-nous d'évaluer la moyenne arithmético-géométrique des deux nombres positifs

$$a_0 = \mathfrak{S}_3^2(0 \mid \tau), \qquad b_0 = \mathfrak{S}_4^2(0 \mid \tau),$$

où $\frac{\tau}{i}$ est un nombre donné réel et positif, en sorte que $q = e^{\tau\pi i}$ est réel, positif et plus petit que 1, et que $a_0 > b_0 > 0$. On a immédiatement (XXXVI_6)

$$c_0 = \mathfrak{S}_2^2(0 \mid \tau),$$

puis (XLVII_4),

$$a_1 = \frac{a_0 + b_0}{2} = \frac{1}{2}\left[\mathfrak{S}_3^2(0 \mid \tau) + \mathfrak{S}_4^2(0 \mid \tau)\right] = \mathfrak{S}_3^2(0 \mid 2\tau),$$

$$b_1 = \sqrt{a_0 b_0} = \mathfrak{S}_3(0 \mid \tau)\mathfrak{S}_4(0 \mid \tau) = \mathfrak{S}_4^2(0 \mid 2\tau),$$

$$c_1 = \frac{a_0 - b_0}{2} = \frac{1}{2}\left[\mathfrak{S}_3^2(0 \mid \tau) - \mathfrak{S}_4^2(0 \mid \tau)\right] = \mathfrak{S}_2^2(0 \mid 2\tau),$$

et, en répétant le même raisonnement,

$$a_n = \mathfrak{S}_3^2(0 \mid 2^n\tau), \qquad b_n = \mathfrak{S}_4^2(0 \mid 2^n\tau), \qquad c_n = \mathfrak{S}_2^2(0 \mid 2^n\tau).$$

---

(1) *Werke*, t. III, p. 352; *voir* aussi t. III, p. 362 et suivantes (*Nachlass*), où Gauss emploie le symbole M au lieu de μ.

Quand n croît indéfiniment, $e^{2^n\tau\pi i} = q^{2^n}$ tend vers zéro, donc a_n et b_n tendent vers 1; nous aurons donc

$$\mu[\mathfrak{S}_3^2(0\,|\,\tau),\ \mathfrak{S}_4^2(0\,|\,\tau)] = 1.$$

Le changement de τ en $-\frac{1}{\tau}$, dans cette formule, donne ($\text{XLIII}_{14,16}$)

$$\mu\left[\frac{\tau}{i}\,\mathfrak{S}_3^2(0\,|\,\tau),\ \frac{\tau}{i}\,\mathfrak{S}_2^2(0\,|\,\tau)\right] = 1,$$

et, par suite,

$$\mu\,[\mathfrak{S}_3^2(0\,|\,\tau),\ \mathfrak{S}_2^2(0\,|\,\tau)] = \frac{i}{\tau} = \frac{1}{\frac{\tau}{i}}.$$

Ceci posé, appliquons les formules de transformation quadratique de Gauss, en nous rappelant que λ y désigne le module correspondant à une valeur de τ égale à la *moitié* de celle qui correspond au module k, et que l'on peut donc poser simultanément (XXXVII_{1-2}) dans les formules (LXXXIV), en y changeant, toutefois, τ en 2τ,

$$\lambda = \frac{\mathfrak{S}_2^2(0\,|\,\tau)}{\mathfrak{S}_3^2(0\,|\,\tau)} = \frac{c_0}{a_0}, \qquad \lambda' = \frac{b_0}{a_0} = \frac{\mathfrak{S}_4^2(0\,|\,\tau)}{\mathfrak{S}_3^2(0\,|\,\tau)},$$

$$k = \frac{\mathfrak{S}_2^2(0\,|\,2\tau)}{\mathfrak{S}_3^2(0\,|\,2\tau)} = \frac{c_1}{a_1}, \qquad k' = \frac{b_1}{a_1} = \frac{\mathfrak{S}_4^2(0\,|\,2\tau)}{\mathfrak{S}_3^2(0\,|\,2\tau)}.$$

Si l'on désigne par ψ_0 et φ_0 les fonctions *amplitudes*, comprises entre 0 et $\frac{\pi}{2}$, de u et de $\frac{u}{1+k}$, pour les modules λ et k, en sorte que l'on ait

$$\operatorname{sn}(u, \lambda) = \sin\psi_0, \qquad \operatorname{sn}\left(\frac{u}{1+k},\ k\right) = \sin\varphi_0,$$

la formule (LXXXIV_1) fournit la relation

$$\sin\psi_0 = (a_1 + c_1)\,\frac{\sin\varphi_0}{a_1 + c_1\sin^2\varphi_0},$$

que l'on peut écrire, puisque $\frac{c_1}{a_1}$ est égal à $\frac{a_0 - b_0}{a_0 + b_0}$,

$$(1) \qquad \sin\psi_0 = \frac{2a_0\sin\varphi_0}{(a_0 + b_0)\cos^2\varphi_0 + 2a_0\sin^2\varphi_0};$$

c'est sous cette forme que Gauss en a fait usage ([1]).

([1]) *Werke*, t. III, p. 352.

Des relations

$$\psi_0 = am(u, \lambda), \qquad \varphi_0 = am\left(\frac{a}{1+k}, k\right)$$

on déduit, d'ailleurs, par inversion,

$$u = \int_0^{\psi_0} \frac{dt}{\left|\sqrt{1-\lambda^2 \sin^2 t}\right|}, \qquad \frac{u}{1+k} = \int_0^{\varphi_0} \frac{dt}{\left|\sqrt{1-k^2 \sin^2 t}\right|},$$

en sorte que l'équation (1) est équivalente à celle-ci

$$\text{(1 bis)} \quad \int_0^{\psi_0} \frac{dt}{\left|\sqrt{a_0^2 \cos^2 t + b_0^2 \sin^2 t}\right|} = \int_0^{\varphi_0} \frac{dt}{\left|\sqrt{a_1^2 \cos^2 t + b_1^2 \sin^2 t}\right|}.$$

De même, les deux relations

$$\text{(2)} \qquad \sin\psi_n = \frac{2a_n \sin\varphi_n}{(a_n + b_n)\cos^2\varphi_n + 2a_n \sin^2\varphi_n}, \qquad 0 \leqq \varphi_n \leqq \frac{\pi}{2}, \quad 0 \leqq \psi_n \leqq \frac{\pi}{2}$$

et

$$\text{(2 bis)} \quad \int_0^{\psi_n} \frac{dt}{\left|\sqrt{a_n^2 \cos^2 t + b_n^2 \sin^2 t}\right|} = \int_0^{\varphi_n} \frac{dt}{\left|\sqrt{a_{n+1}^2 \cos^2 t + b_{n+1}^2 \sin^2 t}\right|}$$

sont équivalentes quel que soit $n = 0, 1, 2, 3, \ldots$.

Ces formules permettent de ramener le calcul d'une intégrale elliptique quelconque de première espèce, mise sous la forme normale de Legendre, et dont le module est réel et compris entre 0 et 1, au calcul d'une intégrale du même type ayant un module positif plus petit qu'un nombre positif aussi petit que l'on veut. Si, en effet,

$$\int_0^{\psi_0} \frac{dt}{\left|\sqrt{a_0^2 \cos^2 t + b_0^2 \sin^2 t}\right|}$$

est l'intégrale donnée, à module $\frac{c_0}{a_0}$, la formule (1 *bis*) montre qu'elle est égale à l'intégrale

$$\int_0^{\varphi_0} \frac{dt}{\left|\sqrt{a_1^2 \cos^2 t + b_1^2 \sin^2 t}\right|}$$

à module $\frac{c_1}{a_1}$ moindre que $\frac{c_0}{a_0}$, et où φ_0 s'exprime au moyen de ψ_0 par la formule (1). En prenant ensuite $\psi_1 = \varphi_0$ dans la formule (2 *bis*) écrite pour $n = 2$, on voit de même que l'intégrale donnée est égale à l'intégrale

$$\int_0^{\varphi_1} \frac{dt}{\left|\sqrt{a_2^2 \cos^2 t + b_2^2 \sin^2 t}\right|}$$

à module $\frac{c_2}{a_2}$ moindre que $\frac{c_1}{a_1}$, et où φ_1 s'exprime au moyen de $\psi_1 = \varphi_0$ par la formule (2) écrite pour $n = 1$. Et ainsi de proche en proche, en appliquant les formules (2) successivement pour $n = 2, 3, \ldots$, et en prenant chaque fois $\psi_i = \varphi_{i-1}$, on voit que l'on a pour tout indice n,

$$\int_0^{\psi_0} \frac{dt}{\left|\sqrt{a_0^2 \cos^2 t + b_0^2 \sin^2 t}\right|} = \int_0^{\varphi_n} \frac{dt}{\left|\sqrt{a_n^2 \cos^2 t + b_n^2 \sin^2 t}\right|},$$

φ_n s'exprimant au moyen de ψ_0 par la chaîne d'équations du second degré (en $\sin\varphi_i$)

$$\sin\psi_i = \frac{2a_i \sin\varphi_i}{(a_i + b_i)\cos^2\varphi_i + 2a_i \sin^2\varphi_i}; \qquad \varphi_i = \psi_{i+1};$$

$$0 \leqq \varphi_i \leqq \frac{\pi}{2}, \qquad 0 \leqq \psi_i \leqq \frac{\pi}{2} \qquad (i = 0, 1, 2, \ldots, n).$$

Or, par un choix convenable de n, on peut toujours s'arranger de façon que le module positif $\frac{c_n}{a_n}$ de la dernière intégrale soit plus petit qu'un nombre positif donné à l'avance aussi petit que l'on veut. Le théorème annoncé est donc démontré.

En particulier, si l'on a à calculer pour un module quelconque donné, compris entre 0 et 1, la valeur de l'intégrale *complète* de première espèce de Legendre

$$\frac{1}{a_0} K = \int_0^{\frac{\pi}{2}} \frac{dt}{\left|\sqrt{a_0^2 \cos^2 t + b_0^2 \sin^2 t}\right|},$$

on voit que ce calcul revient à celui de l'intégrale

$$\int_0^{\frac{\pi}{2}} \frac{dt}{\left|\sqrt{a_n^2 \cos^2 t + b_n^2 \sin^2 t}\right|}$$

qui lui est égale, quel que soit le choix que l'on fasse de l'indice n, et pour laquelle le module peut être rendu aussi petit que l'on veut.

NOTE 3.

Sur les covariants H et T d'une forme biquadratique R.

Toute forme binaire biquadratique

$$R = a_0 z_1^4 + 4a_1 z_1^3 z_2 + 6a_2 z_1^2 z_2^2 + 4a_3 z_1 z_2^3 + a_4 z_2^4$$

admet, outre son hessien (t. IV, p. 70)

$$H = A_0 z_1^4 + 4A_1 z_1^3 z_2 + 6A_2 z_1^2 z_2^2 + 6A_3 z_1 z_2^3 + A_4 z_2^4,$$

un second covariant T que l'on peut définir par l'une ou l'autre des égalités ([1]) équivalentes

$$\begin{aligned} T = \; & \frac{2}{z_2}[\;R(A_0 z_1^3 + 3A_1 z_1^2 z_2 + 3A_2 z_1 z_2^2 + A_3 z_2^3) \\ & \quad - H(a_0 z_1^3 + 3a_1 z_1^2 z_2 + 3a_2 z_1 z_2^2 + a_3 z_2^3)], \\ T = & -\frac{2}{z_1}[\;R(A_1 z_1^3 + 3A_2 z_1^2 z_2 + 3A_3 z_1 z_2^2 + A_4 z_2^3) \\ & \quad - H(a_1 z_1^3 + 3a_2 z_1^2 z_2 + 3a_3 z_1 z_2^2 + a_4 z_2^3)]. \end{aligned}$$

De la relation $\wp(2u - a - b) = \dfrac{-H[f(u)]}{R[f(u)]}$ établie (p. 74 du t. IV), on déduit aisément une relation fondamentale qui lie les deux covariants H et T aux deux invariants g_2, g_3 et à la forme R elle-même.

Reprenons les notations

$$z = \frac{z_1}{z_2} = f(u), \qquad y = \wp(2u - a - b);$$

on aura, d'une part, comme on vient de le rappeler,

$$(1) \qquad y = -\frac{H(z_1, z_2)}{R(z_1, z_2)};$$

([1]) La différence des seconds membres, multipliée par $\frac{1}{2} z_1 z_2$ se présente sous la forme RH — HR et est donc nulle. Il peut être bon d'observer que l'on a aussi

$$T = \frac{1}{8}\left(\frac{\partial R}{\partial z_1}\frac{\partial H}{\partial z_2} - \frac{\partial H}{\partial z_1}\frac{\partial R}{\partial z_2}\right).$$

d'autre part, on a

$$\frac{dy}{-\sqrt{4y^3-g_2y-g_3}}=d(2u-a-b)=d(2u),$$

et comme la relation $\dfrac{dz}{\sqrt{R(z)}}=du$ peut s'écrire

$$\frac{z_2\,dz_1-z_1\,dz_2}{\sqrt{R(z_1,z_2)}}=du,$$

on a aussi la relation

$$(2)\qquad 2\,\frac{z_2\,dz_1-z_1\,dz_2}{\sqrt{R(z_1,z_2)}}=\frac{dy}{-\sqrt{4y^3-g_2y-g_3}}.$$

Si dans la relation (2) on remplace y par sa valeur tirée de (1), on obtient l'égalité

$$2\,\frac{z_2\,dz_1-z_1\,dz_2}{\sqrt{R(z_1,z_2)}}=\frac{R\,dH-H\,dR}{\sqrt{R(-4H^3+g_2HR^2-g_3R^3)}};$$

mais $R\,dH-H\,dR$ est une fonction linéaire et homogène de dz_1, dz_2 dont il est aisé de calculer les coefficients; le coefficient de dz_1 est $2z_2T$, celui de dz_2 est $-2z_1T$; on a donc

$$\frac{z_2\,dz_1-z_1\,dz_2}{\sqrt{R(z_1,z_2)}}=\frac{(z_2\,dz_1-z_1\,dz_2)T}{\sqrt{R(-4H^3+g_2HR^2-g_3R^3)}}.$$

On en déduit la relation fondamentale ([1]), due à M. Hermite,

$$T^2=-4H^3+g_2HR^2-g_3R^3.$$

([1]) M. Weber, *Ellipt. Functionen*, p. 13, part inversement de cette relation pour établir l'égalité (1).

NOTE 4.

Sur une transformation du second ordre qui relie les deux cas où les invariants sont réels.

Nous avons signalé, au n° 612, la transformation qui permet de passer d'une fonction $y = p(u \mid \omega_1, \omega_3)$ dans laquelle les deux périodes $2\omega_1$, $2\omega_3$ sont imaginaires conjuguées à la fonction

$$Y = p\left(u \,\middle|\, \frac{\omega_3 + \omega_1}{2}, \frac{\omega_3 - \omega_1}{2}\right)$$

dans laquelle les deux périodes sont, l'une réelle, l'autre purement imaginaire. Il convient d'étudier d'un peu plus près cette transformation, en raison du parti qu'on en peut tirer dans les applications.

Observons d'abord, sans rien supposer sur les périodes $2\omega_1$, $2\omega_3$, que la fonction Y peut être regardée comme une fonction doublement périodique avec les périodes $2\omega_1$, $2\omega_3$; elle admet alors comme pôles doubles, dans le parallélogramme correspondant, les points o et $\omega_1 + \omega_3$; la formule de décomposition en éléments simples fournit immédiatement la relation

$$Y = p(u) + p(u + \omega_2) - e_2 = y + \frac{(e_2 - e_1)(e_2 - e_3)}{y - e_2}$$

où l'on a écrit pu, ou y, au lieu de $p(u \mid \omega_1, \omega_3)$.

En désignant par E_1, E_2, E_3 les valeurs de Y pour $u = \frac{\omega_3 + \omega_1}{2}$, ω_3, $\frac{\omega_3 - \omega_1}{2}$, on trouve de suite

$$\begin{aligned} E_1 &= 2m - e_2, \\ E_2 &= -2e_2, \\ E_3 &= 2m' - e_2, \end{aligned}$$

où l'on a posé, comme au n° 594,

$$\begin{aligned} m &= p\,\frac{\omega_3 + \omega_1}{2} = e_2 + \sqrt{e_2 - e_1}\,\sqrt{e_2 - e_3}, \\ m' &= p\,\frac{\omega_3 - \omega_1}{2} = e_2 - \sqrt{e_2 - e_1}\,\sqrt{e_2 - e_3}; \end{aligned}$$

on en déduit sans peine les relations

$$Y - E_1 = \frac{(y-m)^2}{y-e_2}, \qquad Y - E_2 = \frac{(y-e_1)(y-e_3)}{y-e_2},$$
$$Y - E_3 = \frac{(y-m')^2}{y-e_2}, \qquad \frac{dY}{dy} = \frac{(y-m)(y-m')}{(y-e_2)^2}.$$

Si nous nous plaçons maintenant dans le cas où ω_1, ω_3 sont des imaginaires conjuguées, la partie réelle et le coefficient de i étant positifs dans ω_3, les quantités $e_1 = A + Bi$, $e_3 = A - Bi$ seront des imaginaires conjuguées, $e_2 = -2A$ sera réel et B sera positif (n° 565) : $\sqrt{e_2 - e_1}$, $\sqrt{e_2 - e_3}$ sont des imaginaires conjuguées et leur produit $\sqrt{9A^2 + B^2}$ est positif. Les formules précédentes coïncident avec celles du n° 612. Les points m et m' sont les points d'intersection (le premier à droite, le second à gauche) du cercle (e_2) décrit du point e_2 comme centre et passant par les points e_1, e_3. Si l'on imagine pour un moment que la variable Y soit figurée sur le même plan que la variable y, on voit que m, m' sont au milieu, le premier de e_2, E_1, le second de e_2, E_3, et que le point Y, dont l'affixe est liée à celle du point y par la relation

$$Y - e_2 = y - e_2 + \frac{(e_2 - e_1)(e_2 - e_3)}{y - e_2},$$

peut s'obtenir par la construction suivante : on prend le symétrique (n° 559) y_1 du point y par rapport au cercle (e_2), puis le symétrique y' du point y_1 par rapport à l'axe des quantités réelles; en se rappelant que $(e_2 - e_1)(e_2 - e_3)$ est le carré du rayon du cercle (e_2), on voit de suite que l'on a

$$Y - e_2 = (y - e_2) + (y' - e_2);$$

Y est donc le quatrième sommet du parallélogramme dont y, e_2, y' sont trois sommets. Aux deux points y, y' liés par la construction que l'on vient de dire, correspond évidemment un même point Y; l'un des points y, y' est à l'extérieur du cercle (e_2), l'autre est à l'intérieur. Si l'un des points y, y' est sur le cercle (e_2), il en est de même de l'autre, et, dans ce cas, le point Y est sur l'axe des quantités réelles entre e_2 et E_1 ou entre e_2 et E_3 suivant que la partie réelle de y est positive ou négative. Lorsque y est un point de l'axe réel, y_1 et y' sont tous deux confondus avec le conjugué harmonique de y par rapport aux points m, m' et le point Y est sur l'axe des quantités réelles, à droite de E_1 ou à gauche de E_3, suivant que y et y' sont à droite ou à gauche de e_2. Si y croît de e_2 à m, ou décroît de $+\infty$ à m, Y décroît de $+\infty$ à E_1; de même si y décroît de e_2 à m', ou croît de $-\infty$ à m', Y croît de $-\infty$ à E_3. Ces diverses remarques se raccordent très facilement aux considérations développées aux nos 594, 595 et dans la Note qui termine le Tableau des formules. Le lecteur peut, par exemple, se reporter à la figure de la page 164 pour ce qui concerne la correspondance entre le plan des y et le plan des u, défini par la relation $y = p\,u$.

Remarquons d'abord que les deux points y, y', qui se correspondent par la construction que nous venons d'indiquer, peuvent être regardés comme les images de deux points u, symétriques par rapport au point $\frac{1}{2}(\omega_3+\omega_1)$; à ces deux points u dont la somme des affixes est $\omega_3+\omega_1$ correspondent, en effet, deux points $y = p\,u$ et $y' = p(u+\omega_2)$, en sorte que l'on a

$$(y-e_2)(y'-e_2) = (e_2-e_1)(e_2-e_3).$$

L'image du rectangle du plan des u remplit tout le plan des y et conduit au système de coupure figuré à la page 164; l'image du même rectangle, en vertu de la transformation

$$Y = p\left(u \,\middle|\, \frac{\omega_3+\omega_1}{2}, \frac{\omega_3-\omega_1}{2}\right)$$

remplit deux fois le plan des Y. Si l'on sépare ce rectangle en deux autres, par la droite qui va de ω_1 à ω_3, droite dont l'image dans le plan des y est l'arc $\varepsilon_1 m \varepsilon_3$ du cercle (ε_2), le rectangle de gauche aura son image, dans le plan des y, à l'*extérieur* du cercle (ε_2). Si le point u décrit le contour de ce rectangle, en passant successivement par les points 0, $\frac{1}{2}(\omega_3-\omega_1)$, ω_1, $\frac{1}{2}(\omega_3+\omega_1)$, ω_3, $\frac{1}{2}(\omega_3-\omega_1)$, 0, le point y se mouvra sur l'axe des quantités réelles de $-\infty$ à m'; puis, sur le cercle (ε_2) de m' à ε_1, de ε_1 à m, de m à ε_3, de ε_3 à m'; puis, sur l'axe des quantités réelles de m' à $-\infty$, en ayant toujours l'aire indéfinie à sa gauche; le point correspondant Y ne quittera pas l'axe des quantités réelles et s'y mouvra de $-\infty$ à E_3, de E_3 à E_2, de E_2 à E_1, puis reviendra de E_1 à E_2, de E_2 à E_3, de E_3 à $-\infty$. L'image du rectangle de gauche envisagé (dans le plan des u) remplit tout le plan des Y.

De même, l'image du second rectangle du plan des u, symétrique du premier par rapport au point $\frac{\omega_3+\omega_1}{2}$, se fait à l'intérieur du cercle (ε_2) dans le plan des y, et remplit tout le plan des Y. Si le point u décrit le contour de ce rectangle en passant successivement par les points $\omega_3+\omega_1$, $\frac{1}{2}(\omega_1+3\omega_3)$, ω_3, $\frac{1}{2}(\omega_3+\omega_1)$, ω_1, $\frac{1}{2}(\omega_3+3\omega_1)$, $\omega_3+\omega_1$, le point y se meut sur l'axe des quantités réelles de ε_2 à m', puis sur le cercle (ε_2) de m' à ε_3, m, ε_1, m' pour revenir le long de l'axe des quantités réelles de m' à ε_2; le point correspondant Y décrira le même système de coupures que précédemment.

On n'a dès lors aucune peine, lorsqu'on substitue dans une intégrale définie $\int f(y)\,dy$, à la variable y, soit la variable Y, soit la variable u, à voir comment les chemins d'intégration se correspondent.

Au lieu de la transformation $Y = p\left(u \,\middle|\, \frac{\omega_3+\omega_1}{2}, \frac{\omega_3-\omega_1}{2}\right)$, on peut employer la transformation

$$Z = p(u \mid \omega_3+\omega_1, \omega_3-\omega_1);$$

c'est alors $y = pu$ qui s'exprime rationnellement au moyen de Z. En conservant les mêmes notations, sauf à désigner maintenant par E'_1, E'_2, E'_3 les valeurs de Z pour $u = \omega_3+\omega_1$, $2\omega_3$, $\omega_3-\omega_1$, on trouve sans peine, par exemple, en se servant de la formule d'homogénéité (III_3),

$$E'_1 = \tfrac{1}{4}E_1, \qquad E'_2 = \tfrac{1}{4}E_2, \qquad E'_3 = \tfrac{1}{4}E_3,$$

puis, par la formule de décomposition en éléments simples,

$$\begin{aligned} y &= p(u \mid \omega_3+\omega_1, \omega_3-\omega_1) + p(u-2\omega_3 \mid \omega_3+\omega_1, \omega_3-\omega_1) - E'_2 \\ &= Z + \frac{(E'_2-E'_1)(E'_2-E'_3)}{Z-E'_2} = Z - \frac{1}{4}\,\frac{B^2}{Z-A}, \end{aligned}$$

en continuant de poser

$$e_1 = A + Bi, \qquad e_2 = -2A, \qquad e_3 = A - Bi.$$

On en tire

$$y - e_1 = \frac{\left(Z - \frac{3e_1+e_3}{4}\right)^2}{Z-A}, \qquad y - e_2 = \frac{(Z-E'_1)(Z-E'_3)}{Z-A},$$

$$y - e_3 = \frac{\left(Z - \frac{3e_3+e_1}{4}\right)^2}{Z-A}; \qquad \frac{dy}{dZ} = \frac{\left(Z - \frac{3e_1+e_3}{4}\right)\left(Z - \frac{3e_3+e_1}{4}\right)}{Z-A}.$$

La construction ud point y au moyen du point Z s'effectue en se servant du cercle (A) décrit du point $A = E'_2 = \frac{1}{2}(e_1+e_3)$ comme centre avec un rayon égal à $\frac{1}{2}B$. On prend le symétrique Z_1 de Z par rapport au cercle (A), puis le symétrique Z' de Z_1 par rapport à la droite qui joint les deux points e_1, e_3; le point y est le sommet opposé au point A d'un parallélogramme dont trois sommets sont A, Z, Z'; les deux points Z, Z' fournissent le même point y.

La transformation précédente peut être commode quand on a affaire à des valeurs réelles de y; on observera que le point u allant en ligne droite de o à $\omega_1 + \omega_3$, puis de $\omega_1 + \omega_3$ à $2\omega_3$, le point Z va sur l'axe des quantités réelles de $+\infty$ à E'_1, puis de E'_1 à A, et le point y, aussi sur l'axe des quantités réelles, de $+\infty$ à $-\infty$.

Ces résultats mettent en évidence l'existence d'une transformation rationnelle à coefficients réels $x = \dfrac{\alpha z^2 + \beta z + \gamma}{\alpha' z^2 + \beta' z + \gamma'}$, qui transforme une différentielle de la forme $\displaystyle\int \frac{dx}{\sqrt{R(x)}}$, où le polynome du quatrième degré $R(x)$ à coefficients réels admet deux racines réelles et deux racines imaginaires en y, en une différentielle de la forme

$$\int \frac{dz}{\sqrt{4(Z - E'_1)(Z - E'_2)(Z - E'_3)}}.$$

On peut, en effet, d'abord changer la différentielle $\displaystyle\int \frac{dx}{\sqrt{R(x)}}$ par une transformation linéaire en une différentielle de la forme

$$\int \frac{dy}{-\sqrt{4(y - e_1)(y - e_2)(y - e_3)}},$$

on posera ensuite

$$y = Z - \frac{B^2}{4(Z - A)}.$$

NOTE 5.

Sur le sens de la variation des fonctions $\mathfrak{I}$ pour des valeurs réelles de l'argument dans le cas normal.

Les résultats établis au n° **175**, relatifs à la variation des fonctions $\mathfrak{I}$ dans le cas où $\frac{\tau}{i}$ est positif et où la variable v est réelle, deviennent intuitifs lorsqu'on se reporte aux formules de décomposition en facteurs (XXXII_{5-8}). Observons d'abord que, dans les quatre seconds membres, les produits infinis que l'on voit figurer sont formés de facteurs toujours positifs qui tous varient dans le même sens que $-\cos 2v\pi$ pour $\mathfrak{I}_1$, $\mathfrak{I}_4$, que $+\cos 2v\pi$ pour $\mathfrak{I}_2$, $\mathfrak{I}_3$; le sens de la variation du produit infini est le même que celui de ses facteurs. Le sens de la variation de $\mathfrak{I}_3(v)$ et de $\mathfrak{I}_4(v)$ est ainsi évident. Quant à $\mathfrak{I}_1(v)$ et à $\mathfrak{I}_2(v)$, en tenant compte des facteurs $\sin v$ et $\cos v$, on voit que la première fonction augmente de o à $\mathfrak{I}_1(\frac{1}{2}) = \mathfrak{I}_2(0)$, que la seconde diminue de $\mathfrak{I}_2(0)$ à o, quand v augmente de o à $\frac{1}{2}$; les formules (XXXIV_3) permettent ensuite de reconnaître le sens de la variation quand v augmente de $\frac{1}{2}$ à 1.

Des considérations analogues s'appliquent aux fonctions

$$\frac{1}{i}\mathfrak{I}_1(iv),\quad \mathfrak{I}_2(iv),\quad \mathfrak{I}_3(iv),\quad \mathfrak{I}_4(iv),$$

décomposées en facteurs où figurent $\operatorname{sh} v$, $\operatorname{ch} v$ au lieu de $\sin v$, $\cos v$.

On reconnaît directement sur les expressions de $\mathfrak{I}_2(iv)$, $\mathfrak{I}_3(iv)$ que ces fonctions, toujours positives, varient dans le même sens que v; puis, directement encore sur l'expression de $\mathfrak{I}_4(iv)$, que cette fonction décroît quand v croît de o à $\frac{\tau}{2i}$; quand v croît de $\frac{\tau}{2i}$ à $\frac{\tau}{i}$, $\mathfrak{I}_4(iv)$ continue de décroître, comme le montre la relation entre $\mathfrak{I}_4(iv)$ et $\mathfrak{I}_4(\tau - iv)$. Enfin la formule de passage de la fonction $\mathfrak{I}_4$ à la fonction $\mathfrak{I}_1$ montre que la fonction $\frac{1}{i}\mathfrak{I}_1(iv)$ croît quand v augmente de o à $\frac{\tau}{2i}$.

LETTRE DE CH. HERMITE A M. JULES TANNERY.

1. La lettre de Charles Hermite, que l'on va lire, demande quelques observations préliminaires.

Nous avons dit (n° 198) que les formules ($XLVI_{1,2,3}$) qui expriment au moyen de $\varphi(\tau)$, $\psi(\tau)$, $\chi(\tau)$ les fonctions $\varphi(\mathrm{T})$, $\psi(\mathrm{T})$, $\chi(\mathrm{T})$, où l'on suppose $\mathrm{T} = \frac{c+d\tau}{a+b\tau}$, en désignant par a, b, c, d des entiers liés par la relation $ad - bc = 1$, étaient dues à Hermite. Il les a données sans démonstration en 1858. *La démonstration qu'on trouvera dans cette lettre est la seule qu'il aura publiée.*

Cette démonstration, dans le cas où a, d sont impairs, b et c pairs (XX_6, cas 1°), repose sur la formule

$$\psi(\tau) = \frac{\vartheta_4(0|\tau)}{\vartheta_4(0|2\tau)},$$

qui est une conséquence immédiate des formules (XXXVI_2), (XXXVIII_2), (XLVII_2), (XXVIII_5). Cette formule a lieu quel que soit τ, donc aussi quand on y remplace τ par T. En supposant $b = 2b'$, $2c = c'$, on a d'ailleurs

$$2\mathrm{T} = \frac{c' + d\,2\tau}{a + b'2\tau},$$

et, puisque $ad - b'c'$ est égal à 1, on voit que les fonctions $\vartheta(0|2\mathrm{T})$ sont liées aux fonctions $\vartheta(0|2\tau)$ par les formules de transformation linéaire, comme les fonctions $\vartheta(0|\mathrm{T})$ aux fonctions $\vartheta(0|\tau)$. Le calcul se fait très facilement au moyen des formules XLII. Pour les fonctions $\vartheta(0|\mathrm{T})$, $\vartheta(0|\tau)$ on est, par hypothèse, dans le cas 1° du Tableau (XX_6); pour les fonctions $\vartheta(0|2\mathrm{T})$, $\vartheta(0|2\tau)$ on est dans le cas 1° ou dans le cas 3° de ce même Tableau, suivant que b' est pair ou impair; mais, dans les deux cas, ν est égal à 3, m''' est égal à d; c'est toujours la formule (XLII_4) qui s'applique et l'on a, en outre, à utiliser la seconde formule (XLII_6) et la troisième formule (XLII_7). En désignant par ε_1, ε_1''' les quantités analogues à ε, ε''', mais relatives aux entiers a, b', c', d, on obtient ainsi, en supposant $a > 0$,

$$\frac{\psi(\mathrm{T})}{\psi(\tau)} = \frac{\varepsilon'''}{\varepsilon_1'''} = \left(\frac{b}{a}\right)\left(\frac{b'}{a}\right) i^{-\frac{ab}{4} - \frac{ac}{2} - \frac{cd}{2} - c};$$

on a d'ailleurs, par une proposition d'arithmétique bien connue,

$$\left(\frac{b}{a}\right) = \left(\frac{2b'}{a}\right) = i^{\frac{a^2-1}{4}}\left(\frac{b'}{a}\right),$$

et, par conséquent,

$$\psi(\mathrm{T}) = \psi(\tau)\, i^{\frac{a^2-1}{4} - \frac{ab}{4} - c\left(\frac{a+d}{2}+1\right)}.$$

De la relation $ad - bc = 1$, et de l'hypothèse que b et c sont pairs, il résulte que les nombres a et d sont tous deux congrus à 1 ou à $-1 \pmod{4}$, et que, par suite, $a + d$ est le double d'un nombre impair; le nombre $c\left(\frac{a+d}{2} + 1\right)$ est donc divisible par 4, et l'on peut écrire finalement

$$\psi(\mathrm{T}) = \psi(\tau)\, i^{\frac{a^2-ab-1}{4}}.$$

C'est la formule que Ch. Hermite établit dans sa lettre et d'où il déduit toutes les autres. Mais ce n'est pas ainsi qu'il procède.

2. C'est à lui encore qu'on doit les formules générales de transformation des fonctions $\mathfrak{S}$; il les a données en 1858 dans le *Journal de Liouville*. Par une analyse très simple et très profonde, il a fait dépendre la constante qui figure dans ces formules, et dont le signe est si difficile à déterminer, de l'expression [1]

$$\mathrm{S} = \sum_{\rho=0}^{b-1} e^{-\frac{i\pi a}{b}\left(\rho - \frac{1}{2}b\right)^2}.$$

En transformant la somme S au moyen des résultats dus à Gauss et en profitant des simplifications apportées à ces résultats par Lebesgue, dans différents Mémoires du *Journal de Liouville*, il a obtenu des formules équivalentes aux formules (XLII), que nous avons établies sous la forme donnée par M. H. Weber (*Ellipt. Funct.*), en partant des propriétés de $h(\tau)$ que l'on doit à M. Dedekind. Si nous n'avons pas adopté la démonstration d'Hermite, c'est qu'elle appartient à un ordre d'idées tout autre que celui où nous avons voulu nous placer, mais nous croyons devoir reproduire ici cette démonstration, d'une part à cause de sa beauté, d'autre part pour permettre au lecteur de mieux pénétrer la signification de la lettre de Ch. Hermite.

En appliquant la méthode qu'on lui doit (nos **273, 274, 381**) pour trouver les fonctions (transcendantes) entières les plus générales qui soient doublement périodiques de troisième espèce avec des multiplicateurs donnés,

---

(1) *Summatio quarumdam serierum singularium*, 1808; GAUSS, *Werke*, t. II, p. 9.

on voit immédiatement que la fonction (transcendante) entière la plus générale qui vérifie les équations fonctionnelles

$$(1)\qquad f(v+1)=(-1)^{\alpha}f(v),\qquad f(v+\tau)=(-1)^{\beta}e^{-i\pi(2v+\tau)}f(v),$$

où α, β sont des nombres entiers donnés, est la fonction

$$(2)\qquad \begin{cases} \theta_{\alpha,\beta}(v)=\sum_{(n)}(-1)^{n\beta}e^{i\pi\tau\left[\left(n+\frac{1}{2}\alpha\right)^2+\frac{2v}{\tau}\left(n+\frac{1}{2}\alpha\right)\right]} \\ \qquad = e^{\frac{1}{4}i\pi\tau\alpha^2+i\pi\alpha v}\,\vartheta_3\left(v+\dfrac{\alpha\tau+\beta}{2}\right); \end{cases}$$

l'indice n placé sous le signe Σ indique ici, comme dans la suite, que n doit parcourir la suite de toutes les valeurs entières, négatives, nulle et positives. La notation $\theta_{\alpha,\beta}(v)$, employée par Hermite, a déjà été signalée dans la Note du n° 160, où l'on a expliqué comment elle se relie aux notations de Jacobi, que nous avons adoptées.

En désignant par α', β' deux nouveaux nombres entiers, en remplaçant dans l'égalité (2), v par $v+\frac{1}{2}(\alpha'\tau+\beta')$ et en remettant ensuite, à la place de $\vartheta_3[v+\frac{1}{2}(\alpha+\alpha')\tau+\frac{1}{2}(\beta+\beta')]$, son expression au moyen de $\theta_{\alpha+\alpha',\beta+\beta'}(v)$, qui résulte de cette même égalité (2), on trouve immédiatement

$$(3)\qquad \theta_{\alpha,\beta}\left(v+\tfrac{1}{2}\alpha'\tau+\tfrac{1}{2}\beta'\right)=e^{-i\pi\left(\alpha' v-\frac{1}{2}\alpha\beta'+\frac{1}{4}\tau\alpha'^2\right)}\,\theta_{\alpha+\alpha',\,\beta+\beta'}(v).$$

Cette formule, sauf quelques différences insignifiantes dans les notations, a été donnée sans explications dans la Note que nous venons de rappeler, ainsi que les deux relations, évidentes sur la définition même de la fonction $\theta_{\alpha,\beta}(v)$,

$$(4)\qquad \theta_{\alpha+2,\beta}(v)=(-1)^{\beta}\theta_{\alpha,\beta}(v),\qquad \theta_{\alpha,\beta+2}(v)=\theta_{\alpha,\beta}(v).$$

Quand nous aurons besoin de mettre en évidence la façon dont la fonction $\theta_{\alpha,\beta}(v)$ dépend de τ, nous l'écrirons $\theta_{\alpha,\beta}(v\,|\,\tau)$.

Il résulte clairement du n° 178 que, si l'on désigne par a, b, c, d quatre nombres entiers liés par la relation $ad-bc=1$ et si l'on pose avec Hermite

$$(5)\qquad \Pi(v)=e^{i\pi bv^2(a+b\tau)}\,\theta_{\alpha,\beta}[(a+b\tau)v\,|\,\tau],$$

la fonction $\Pi(v)$ ne diffère que par un facteur constant de la fonction $\theta_{\alpha_1,\beta_1}\left(v\,\middle|\,\dfrac{c+d\tau}{a+b\tau}\right)$, en désignant par α_1, β_1 des nombres entiers convenablement choisis. Ce premier résultat, que nous avons déduit de la théorie de la transformation linéaire des fonctions σ, ressort d'ailleurs aussi très facilement, ainsi que l'expression des entiers α_1, β_1, au moyen de a, b, c, d, α, β, du théorème de Ch. Hermite sur la résolution des équations fonctionnelles (1). En effet, la formule (3) permet de calculer ce que devient le second membre de l'équation (5) quand on y augmente v de 1 ou de $T = \frac{c+d\tau}{a+b\tau}$, puisque alors la quantité $(a+b\tau)v$ s'augmente de $a+b\tau$ ou de $c+d\tau$; on trouve ainsi, après des réductions faciles, en tenant compte des formules (4) et de la relation $ad - bc = 1$,

$$(6)\quad \Pi(v+1) = (-1)^{\alpha_1}\Pi(v), \qquad \Pi(v+T) = (-1)^{\beta_1} e^{-i\pi(2v+T)}\Pi(v),$$

où

$$\alpha_1 = a\alpha + b\beta + ab, \qquad \beta_1 = c\alpha + d\beta + cd.$$

Les équations fonctionnelles qui vérifient ainsi la fonction (transcendante) entière $\Pi(v)$ ne diffèrent des équations (1) que par le changement de α, β, τ en α_1, β_1, T; cette fonction ne peut donc différer de $\theta_{\alpha_1,\beta_1}(v \mid T)$ que par un facteur $\mathfrak{T}$, indépendant de v, et qu'il reste à déterminer. En d'autres termes, on a

$$\theta_{\alpha,\beta}[(a+b\tau)v \mid \tau]\, e^{i\pi b(a+b\tau)v^2} = \mathfrak{T}\,\theta_{\alpha_1,\beta_1}(v \mid T),$$

ou, en remontant à la définition des fonctions θ,

$$(7)\quad \sum_{(n)} e^{i\pi\varphi(v,n)} = \mathfrak{T} \sum_{(n)} (-1)^{n\beta_1} e^{i\pi T(n+\frac{1}{2}\alpha_1)^2 + 2i\pi v(n+\frac{1}{2}\alpha_1)},$$

où l'on a posé, pour abréger,

$$\varphi(v, n) = b(a+b\tau)v^2 + (2n+\alpha)(a+b\tau)v + \tfrac{1}{4}\tau(2n+\alpha)^2 - n\beta.$$

Observons, en passant, que, à la propriété de $\Pi(v)$ de se reproduire, multipliée par $(-1)^{\alpha_1}$, quand on y remplace v par $v+1$, correspond la propriété, bien facile à vérifier, de la fonction $\varphi(v, n)$, qu'exprime l'égalité

$$\varphi(v+1, n) - \varphi(v, n+b) = 2an + \alpha_1.$$

Il sera commode, pour ce qui va suivre, de multiplier les deux membres de (7) par $e^{-i\pi v\alpha_1}$, de manière à faire disparaître $i\pi v\alpha_1$ dans l'exposant de chaque terme du second membre et à pouvoir profiter tout à l'heure de ce que l'intégrale $\int_0^1 e^{2i\pi nv}\,dv$ est nulle ou égale à 1, suivant que n est différent de 0 ou égal à 0. L'égalité (7) est alors remplacée par la suivante

$$(8)\quad \sum_{(n)} e^{i\pi\psi(v,n)} = \mathfrak{T} \sum_{(n)} (-1)^{n\beta_1} e^{i\pi T(n+\frac{1}{2}\alpha_1)^2 + 2i\pi nv},$$

où la fonction

$$\psi(v, n) = \varphi(v, n) - \alpha_1 v$$

jouit évidemment de la propriété

$$\psi(v+1, n) - \psi(v, n+b) = 2an,$$

ou, plus généralement, de la propriété

$$\psi(v+\rho, n) - \psi(v, n+\rho b) = 2a\rho n + ab\rho(\rho - 1),$$

en désignant par ρ un entier quelconque, en sorte que l'on a

$$(9) \qquad e^{i\pi\psi(v+\rho,n)} = e^{i\pi\psi(v,n+b\rho)}.$$

Nous supposerons maintenant que b soit entier *positif;* cela ne restreindra pas la généralité de la solution, puisque $\frac{c+d\tau}{a+b\tau}$ ne change pas quand on y change les signes de tous les nombres a, b, c, d. En intégrant entre o et 1 les deux membres de l'équation (8) et tenant compte d'une remarque antérieure, on trouve

$$(10) \qquad \mathfrak{T}\, e^{\frac{1}{4}i\pi\mathrm{T}\alpha_1^2} = \int_0^1 \left(\sum_{(n)} e^{i\pi\psi(v,n)}\right) dv.$$

Le terme $e^{i\pi\psi(v,n)}$ de la série qui figure sous le signe d'intégration, n'est pas modifié si l'on augmente v de r, pourvu que l'on diminue n de rb, ainsi qu'il résulte évidemment de l'égalité (9); dès lors, si l'on réunit ensemble, dans la série $\sum\limits_{(n)} e^{i\pi\psi(v,n)}$, les termes pour lesquels les valeurs de n sont congrues, suivant le module b, de manière à écrire cette série sous la forme

$$\sum_{(n)} e^{i\pi\psi(v,nb)} + \sum_{(n)} e^{i\pi\psi(v,nb+1)} + \ldots + \sum_{(n)} e^{i\pi\psi(v,nb+b-1)},$$

il est clair qu'on pourra tout aussi bien l'écrire

$$\sum_{(n)} e^{i\pi\psi(v+n,0)} + \sum_{(n)} e^{\ \pi\psi(v+n,1)} + \ldots + \sum_{(n)} e^{i\pi\psi(v+n,b-1)};$$

en observant enfin que l'on a

$$\int_0^1 e^{i\pi\psi(v+n,\rho)}\, dv = \int_n^{n+1} e^{i\pi\psi(v,\rho)}\, dv,$$

on voit que l'égalité (10) pourra s'écrire sous la forme

$$(11) \qquad \mathfrak{T}\, e^{\frac{1}{4}i\pi\mathrm{T}\alpha_1^2} = \sum_{\rho=0}^{b-1} \int_{-\infty}^{+\infty} e^{i\pi\psi(v,\rho)}\, dv.$$

Quant aux b intégrales qui figurent dans le second membre, en se rappelant que $\psi(v, \rho)$ est un trinome du second degré en v, elles se calculent au moyen de la formule

$$\int_{-\infty}^{+\infty} e^{i\pi(px^2+2qx+r)}\, dx = \frac{1}{\sqrt{-ip}}\, e^{i\pi\frac{pr-q^2}{p}},$$

dans laquelle la variable d'intégration est réelle et qui est valable pourvu que le coefficient de i dans p soit positif, condition qui se trouve vérifiée pour $\varphi(\nu, \rho)$ puisque le coefficient de ν^2 est $ab + b^2\tau$. Dans le second membre, la partie réelle de $\sqrt{-ip}$ est supposée positive (¹). On trouve ainsi

$$\int_{-\infty}^{+\infty} e^{i\pi\psi(\nu,\rho)}\, d\nu = \frac{1}{\sqrt{-ib(a+b\tau)}}\, e^{-i\pi\frac{a}{b}\left(\rho - \frac{b}{2}\right)^2},$$

(¹) Cette formule est due à Cauchy (*Œuvres*, 2ᵉ s., t. VII, p. 280). Cauchy avait déjà aperçu, pour un cas particulier, le rôle qu'elle peut jouer dans la théorie qui nous occupe, rôle que Ch. Hermite a mis en pleine lumière dans le cas général. L'Analyse de Cauchy à peine modifiée peut être résumée comme il suit:

Désignons par A, B deux nombres quelconques, dont toutefois le premier a son argument trigonométrique compris entre $-\frac{\pi}{4}$ et $+\frac{\pi}{4}$, et considérons l'intégrale rectiligne

$$\int_{x_0}^{x_1} e^{-(\mathrm{A}x+\mathrm{B})^2}\, dx$$

où la variable d'intégration x suit l'axe des quantités réelles, du point x_0 vers $-\infty$, au point x_1 vers $+\infty$. En posant $t = \mathrm{A}x + \mathrm{B}$, on remplace cette intégrale rectiligne par une autre intégrale rectiligne

$$\frac{1}{\mathrm{A}}\int_{t_0}^{t_1} e^{-t^2}\, dt,$$

dans laquelle la variable d'intégration t décrit la droite qui va de $t_0 = \mathrm{A}x_0 + \mathrm{B}$ à $t_1 = \mathrm{A}x_1 + \mathrm{B}$. La fonction e^{-t^2} étant holomorphe dans tout le plan, il sera évidemment démontré que l'intégrale précédente diffère très peu des intégrales rectilignes

$$\int_{x_0}^{x_1} e^{-t^2}\, dt, \qquad \int_{-\infty}^{+\infty} e^{-t^2}\, dt = \sqrt{\pi},$$

si l'on prouve que les deux intégrales rectilignes

$$\int_{x_0}^{t_0} e^{-t^2}\, dt, \qquad \int_{x_1}^{t_1} e^{-t^2}\, dt$$

sont très petites. Il suffira de considérer la seconde.

Lorsque la variable $t = \mathrm{R}e^{i\varphi}$ décrit le segment de droite qui va de x_1 à $t_1 = \mathrm{A}x_1 + \mathrm{B}$, son argument φ, d'abord nul, augmente en valeur absolue, jusqu'a ce que t soit en t_1. D'ailleurs, comme x_1 est infiniment grand positif, l'argument de t_1 diffère infiniment peu de celui de $\mathrm{A}x_1$ ou de A; l'argument de t reste donc inférieur, en valeur absolue, à un nombre $\omega < \frac{\pi}{4}$; on a donc, sur la droite qui va de x_1 à t_1,

$$|e^{-t^2}| < e^{-\mathrm{R}_1^2\cos 2\omega} \qquad (\cos 2\omega > 0),$$

en désignant par R_1 le minimum de R. L'intégrale est donc moindre que le pro-

où l'on suppose

$$\lambda = e^{-\frac{i\pi\alpha_1^2}{4b(a+b\tau)}}\, e^{\frac{i\pi}{4b}(ab^2+a\alpha^2+2b\alpha\beta+2ab\alpha)}.$$

On en déduit par un calcul aisé, dans lequel on a toutefois à tenir compte de la condition $ad - bc = 1$,

$$\mathfrak{C} = \frac{S\delta}{\sqrt{-ib(a+b\tau)}},$$

où l'on suppose la partie réelle du radical positive et où

$$S = \sum_{\rho=1}^{b-1} e^{-i\pi\frac{a}{b}\left(\rho-\frac{b}{2}\right)^2}$$

et

$$\delta = e^{-\frac{1}{4}i\pi[ac\alpha^2+2bc\alpha\beta+bd\beta^2+2ab(c\alpha+d\beta)+ab^2c]}.$$

3. La somme S s'évalue au moyen des *sommes de Gauss* (¹). Nous donnons, dans ce qui suit, toutes les indications relatives à ces sommes, nécessaires pour retrouver les formules définitives d'Hermite.

On appelle *somme de Gauss* une expression de la forme

$$\varphi(a, b) = \sum_{(r)} e^{2i\pi\frac{a}{b}r^2},$$

où a et b sont deux entiers (positifs ou négatifs) premiers entre eux, et où r, l'indice de sommation, doit prendre $|b|$ valeurs entières incongrues suivant le module b, que nous désignerons par $r_0, r_1, \ldots, r_{b-1}$, par exemple les valeurs $0, 1, 2, \ldots, |b|-1$. Il est clair que la valeur de la somme ne dépend pas du système choisi pour les nombres $r_0, r_1, \ldots, r_{b-1}$.

---

duit de $e^{-R_1^2\cos 2\omega}$ par la longueur du chemin d'intégration qui est évidemment du même ordre de grandeur que R_1; or le produit $R_1 e^{-R_1^2\cos 2\omega}$ tendant vers zéro quand R_1 augmente indéfiniment, la proposition est démontrée et l'on a

$$\int_{-\infty}^{+\infty} e^{-(Ax+B)^2}\, dx = \frac{1}{A}\int_{-\infty}^{+\infty} e^{-t^2}\, dt = \frac{1}{A}\sqrt{\pi}.$$

Supposer que l'argument de A est compris entre $-\frac{\pi}{4}$ et $+\frac{\pi}{4}$, c'est supposer que la partie réelle de A^2 est positive. On remarquera enfin que A est celle des racines de A^2 dont la partie réelle est positive.

Le résultat annoncé est complètement justifié dans le cas particulier considéré; l'extension au cas général est immédiate.

(¹) *Summatio quarumdam serierum singularium* (*Werke*, t. II, p. 11).

Les propriétés suivantes de la fonction $\varphi(a, b)$ apparaissent immédiatement (1) sur la définition.

Quand on change de signe l'un ou l'autre des nombres a, b, la quantité $\varphi(a, b)$ est remplacée par la quantité conjuguée. On ne change pas $\varphi(a, b)$ en remplaçant a par un entier a' congru à a suivant le module b.

Étant donnés les deux entiers a, a', premiers à b, s'il existe un entier m tel que l'on ait

$$a' \equiv m^2 a \pmod{b},$$

on aura

$$\varphi(a', b) = \varphi(a, b);$$

car m étant forcément premier à b, l'ensemble des restes, pris suivant le module b, des nombres mr est le même que l'ensemble des restes des nombres r. En particulier, si l'on a

$$a \equiv m^2 \pmod{b},$$

on aura

$$\varphi(a, b) = \varphi(1, b).$$

On a aussi

$$\varphi(a, b)\,\varphi(b, a) = \varphi(1, ab).$$

Le produit $\varphi(a, b)\,\varphi(b, a)$ est, en effet, égal à

$$\sum_{r,r'} e^{2i\pi\frac{a^2r^2+b^2r'^2}{ab}} = \sum_{r,r'} e^{2i\pi\frac{(ar+br')^2}{ab}},$$

où r doit prendre $|b|$ valeurs incongrues suivant le module b, tandis que r' prend séparément $|a|$ valeurs incongrues suivant le module a; dans ces conditions, $ar+br'$ doit prendre $|ab|$ valeurs incongrues suivant le module ab; le produit $\varphi(a, b)\,\varphi(b, a)$ est donc égal à $\varphi(1, ab)$.

On a aussi

$$\varphi(1, a) = \sqrt{a}\, i^{1-a}\frac{1+i^a}{1+i},$$

en désignant par $\sqrt{a}$ la valeur positive de la racine si a est positif, et en supposant $\sqrt{a} = -i\,|\sqrt{-a}\,|$ si a est négatif. Il suffit d'établir cette proposition quand a est positif; la seconde partie résulte, en effet, de la première, en changeant a en $-a$, et se rappelant que $\varphi(1, a)$ est alors remplacée par la quantité conjuguée (2). Kronecker a montré (3) que l'on

(1) *Voir* DEDEKIND, *Vorlesungen über Zahlentheorie von Lejeune-Dirichlet*, 4e éd., p. 293.

(2) Cette proposition résume divers cas énumérés par Gauss dans le Mémoire cité et qu'il a traités d'une façon purement algébrique.

(3) *Monatsberichte der Berliner Akademie*, 1880.

obtient rapidement la formule relative au cas où a est un nombre positif, en écrivant que l'intégrale

$$\int \frac{e^{2i\pi\frac{z^2}{a}}}{1-e^{2i\pi z}}\,dz,$$

prise le long d'un contour qu'on va définir, est égale à $2i\pi$ multiplié par la somme des résidus de la fonction sous le signe $\int$ relatifs aux pôles 1, 2, ..., $\frac{a-1}{2}$ situés à l'intérieur du contour. Celui-ci est un rectangle symétrique par rapport à l'axe des quantités réelles, dont un côté, situé sur l'axe des quantités purement imaginaires, va du point $-y_1$ très éloigné vers le bas, au point y_1 situé très haut; le côté parallèle à celui-là passe par le point $\frac{a}{2}$; pour éviter le pôle 0, on décrit de ce point comme centre, à l'intérieur du rectangle, un demi-cercle de rayon très petit, et l'on supprime du rectangle l'intérieur de ce demi-cercle; si a est pair, $\frac{a}{2}$ est un pôle que l'on évite de la même façon; les demi-cercles ainsi décrits entrent naturellement dans le contour. Il est aisé de voir que la partie de l'intégrale qui correspond aux côtés parallèles à l'axe des quantités réelles est négligeable, quand $|y_1|$ est très grand. On parvient aisément, quand a est impair, à la formule

$$\sum_{r=1}^{r=\frac{a-1}{2}} e^{\frac{2i\pi r^2}{a}} = -\tfrac{1}{2} + [i-(-i)^{a+1}]\int_0^{\infty} e^{-\frac{2i\pi y^2}{a}}\,dy,$$

et la méthode même permet d'affirmer que l'intégrale rectiligne qui figure dans le second membre a un sens. En multipliant par 2, remarquant que dans la somme $\Sigma e^{\frac{2i\pi r^2}{a}}$, étendue aux valeurs $r=1, 2, \ldots, a-1$, les termes à égale distance des extrêmes sont égaux, changeant enfin y en $x\sqrt{a}$, il vient

$$2\sqrt{a}[i-(-i)^{a+1}]\int_0^{\infty} e^{-2i\pi x^2}\,dx = \sum_{r=0}^{r=a-1} e^{\frac{2i\pi r^2}{a}}.$$

La valeur de l'intégrale définie qui figure dans le premier membre de cette formule est $\frac{1}{4}(1-i)$; elle se déduit immédiatement de celle de l'intégrale $\int_0^{\infty} e^{-t^2}\,dt$ qui est, comme on sait, égale à $\frac{1}{2}\sqrt{\pi}$; elle résulte d'ailleurs aussi de la formule même, pour $a=3$. On trouve finalement

$$\sum_{r=0}^{r=a-1} e^{\frac{2i\pi r^2}{a}} = \sqrt{a}\,\frac{i+i^{1-a}}{1+i} = \varphi(1, a).$$

C'est le résultat annoncé; il subsiste pour a pair, comme on le voit sans peine en reprenant les calculs, après avoir modifié, comme on l'a expliqué, le chemin d'intégration. Le fait que $\varphi(1, a)$ est nul, quand a est congru à $2 \pmod{4}$ et n'est pas nul quand a n'est pas congru à $2 \pmod{4}$, se reconnaît directement.

Posons maintenant, en supposant que b ne soit pas congru à $2 \pmod{4}$,

$$\varphi(a, b) = (a, b)\,\varphi(1, b),$$

et cherchons à déterminer la valeur de (a, b) qui n'a de sens que sous la condition précédente.

On observera d'abord que, en vertu de cette définition, $(1, b) = 1$, que, en vertu des propriétés de $\varphi(a, b)$, on a $(a, b) = (a', b)$ quand a et a' sont congrus mod. b; enfin qu'on peut, sans changer la valeur de (a, b), supprimer de a tout facteur carré parfait qui s'y trouverait.

En supposant qu'aucun des deux nombres a, b ne soit congru à $2 \pmod{4}$, l'égalité $\varphi(a, b)\,\varphi(b, a) = \varphi(1, ab)$ et l'expression de $\varphi(1, a)$ fournissent de suite la relation

$$(a, b)(b, a) = \varepsilon_{a,b}\,\frac{(1 + i^{ab})(1 + i)}{i^{(a-1)(b-1)}(1 + i^{a})(1 + i^{b})}, \tag{12}$$

où $\varepsilon_{a,b}$ est égal à 1 si l'un des nombres a, b est positif et à -1 si ces deux nombres sont négatifs. Cette égalité se réduit à

$$(a, b)(b, a) = \varepsilon_{a,b}$$

si l'un des nombres a, b est de la forme $4n + 1$, et à

$$(a, b)(b, a) = -\varepsilon_{a,b}$$

s'ils sont tous les deux de la forme $4n - 1$, donc enfin à la forme

$$(a, b)(b, a) = (-1)^{\frac{(a-1)(b-1)}{4}}\,\varepsilon_{a,b},$$

si l'on sait seulement qu'ils sont tous les deux impairs.

Supposons qu'on veuille calculer (a, b) dans le cas où b est impair. On peut toujours supposer a impair et moindre que b en valeur absolue, car il existe toujours un nombre impair a' congru à $a \pmod{b}$ et moindre que b en valeur absolue, c'est le reste positif de la division de a par b si ce reste est impair, et, dans le cas contraire, ce reste diminué de b; on remplacera a par a'.

Supposons donc a impair et $|a| < |b|$; l'égalité précédente ramène le calcul de (a, b) à celui de (b, a), et le calcul de (b, a) se ramène ensuite, comme on vient de l'expliquer, au calcul d'un symbole (b', a), où b' est impair et où $|b'| < |a|$. En continuant de la même façon, on voit que le calcul de (a, b) se ramène au calcul d'un symbole de la forme $(\pm 1, \alpha)$, où α est impair, positif ou négatif, et que l'on a

$$(a, b) = \pm(\pm 1, \alpha).$$

D'ailleurs $(1, \alpha) = 1$, et l'on a

$$(-1, \alpha) = \frac{\varphi(-1, \alpha)}{\varphi(1, \alpha)} = i^{\alpha \mp 1},$$

en prenant le signe supérieur ou inférieur suivant que α est positif ou négatif, comme on le voit en recourant à la valeur de $\varphi(1, \alpha)$, et en se rappelant que $\varphi(-1, \alpha)$ n'est autre chose que la quantité conjuguée de $\varphi(1, \alpha)$; α étant impair on voit que (a, b) est égal à ± 1.

Les calculs que l'on vient d'indiquer sont très analogues à ceux du n° **229**; en se reportant à ce que l'on a dit alors, le lecteur verra de suite que l'on a

$$(a, b) = \left(\frac{a}{b}\right),$$

toutes les fois que ce dernier symbole est défini, c'est-à-dire lorsque b est impair et que les deux nombres a, b ne sont pas tous deux négatifs. Nous avons, en effet, établi relativement au symbole (a, b) toutes les propriétés relatives au symbole de Legendre-Jacobi, sauf la propriété $(a, b) = (a, -b)$; or celle-ci résulte de ce que (a, b) est réel et de ce que $\dfrac{\varphi(a, b)}{\varphi(1, b)}$ se change en la quantité conjuguée, c'est-à-dire ne change pas, quand on change b en $-b$.

Supposons maintenant a impair et b divisible par 4. La formule (12) donne alors l'une ou l'autre des deux relations

$$(a, b)(b, a) = \varepsilon_{a,b}, \qquad (a, b)(b, a) = -i\varepsilon_{a,b},$$

dont la première est valable si a est de la forme $4n+1$, la seconde si a est de la forme $4n-1$. Le symbole (b, a) se calculera comme on vient de l'expliquer; a étant impair, il est égal à ± 1, en sorte que l'on a finalement

$$(a, b) = \varepsilon_{a,b}(b, a) \quad \text{ou} \quad (a, b) = -i\varepsilon_{a,b}(b, a)$$

suivant que a est de la forme $4n+1$ ou $4n-1$.

En résumé, on sait calculer $\varphi(a, b)$ toutes les fois que b est impair ou divisible par 4 et sa valeur est ± 1 ou $\pm i$; quand b est le double d'un nombre impair, $\varphi(a, b)$ est nul.

Nous avons à appliquer ces résultats au calcul de la somme

$$S = \sum_{\rho=0}^{\rho=b-1} e^{-\frac{i\pi a}{b}\left(\rho - \frac{1}{2}b\right)^2},$$

où b est un entier positif.

Supposons d'abord que b soit pair. On reconnaît de suite que l'élément de la somme ne change pas quand on remplace ρ par un nombre qui lui soit congru (mod. b) et qui, par suite, est de la même parité; d'ailleurs, quand ρ prend les valeurs $0, 1, 2, \ldots, b-1$, $\rho - \frac{1}{2}b$ prend un système de b valeurs incongrues (mod. b), et, puisque la somme $\sum e^{-\frac{i\pi a}{b}r^2}$ ne dépend pas du système de b valeurs incongrues que parcourt r, on voit de suite que l'on a

$$S = \sum_{r=0}^{r=b-1} e^{-\frac{i\pi a}{b}r^2} = \frac{1}{2}\sum_{r=0}^{r=2b-1} e^{-\frac{2i\pi a}{2b}r^2} = \frac{1}{2}\varphi(-a, 2b).$$

On n'a alors, en supposant $b = 2^h b_1$, b_1 impair, qu'à appliquer les règles précédentes et, en outre, quand h est pair, la formule bien connue dans les éléments de la théorie des nombres

$$\left(\frac{2b_1}{a}\right) = \left(\frac{2}{a}\right)\left(\frac{b_1}{a}\right) = e^{\frac{\pi i}{8}(a^2-1)}\left(\frac{b_1}{a}\right),$$

pour trouver les résultats suivants, dont le lecteur constatera sans peine l'identité avec ceux que Ch. Hermite a donnés dans son Mémoire et qui seront rappelés dans sa Lettre.

Si h est impair, on a

$$S = \sqrt{b}\,e^{-\frac{i\pi}{4}}\left(\frac{a}{b_1}\right) = \sqrt{b}\left(\frac{-a}{b_1}\right)e^{\frac{i\pi}{4}(2b_1-3)}, \text{ si } a \equiv 1 \pmod{4};$$

$$S = \sqrt{b}\,e^{-\frac{i\pi}{4}}\left(\frac{-a}{b_1}\right), \text{ si } a \equiv -1 \pmod{4}.$$

Si h est pair, on a

$$S = \sqrt{b}\,e^{-\frac{i\pi}{4}+\frac{i\pi}{8}(a^2-1)}\left(\frac{a}{b_1}\right) = \sqrt{b}\,e^{-\frac{i\pi}{8}(a^2+4b_1-3)}\left(\frac{-a}{b_1}\right), \text{ si } a \equiv 1 \pmod{4};$$

$$S = \sqrt{b}\,e^{\frac{i\pi}{8}(a^2+1)}\left(\frac{-a}{b_1}\right), \text{ si } a \equiv -1 \pmod{4}.$$

Il reste enfin à évaluer la somme S quand b est impair. Ayant déterminé les entiers m et n tels que l'on ait $a = mb - 8n$, et remplaçant a par cette valeur dans l'expression de S, on trouve sans peine

$$S = e^{-\frac{m\pi i}{4}}\sum_{\rho=0}^{\rho=b-1} e^{\frac{8n\pi i}{b}\rho^2} = e^{-\frac{m\pi i}{4}}\varphi(4n, b) = e^{-\frac{m\pi i}{4}}\varphi(n, b),$$

puisque n est premier au nombre impair b. On n'a plus qu'à remplacer $\varphi(n, b)$ par sa valeur.

LETTRE DE CHARLES HERMITE.

St-Jean-de-Luz, villa Bel-Air, 24 septembre 1900.

Mon cher ami,

Je viens dégager ma parole et m'acquitter bien tardivement, il me faut l'avouer, de ma promesse de vous démontrer les formules concernant les quantités $\varphi\left(\frac{c+d\tau}{a+b\tau}\right)$ données dans mon ancien article *Sur l'équation du cinquième degré.*

Le bon air de la mer m'a aidé à surmonter la torpeur qui faisait obstacle à mon travail; j'en profite pour échapper aux remords de ma conscience, et, en pensant que vous avez sous les yeux cet article, j'aborde comme il suit la question.

Mon point de départ se trouve dans les formules de la page 2 et de la page 3, qui donnent les expressions de $\sqrt[4]{k}$ et de $\sqrt[4]{k'}$ comme fonctions uniformes de q, ou plutôt de τ, en posant $\tau = \frac{i\mathrm{K}'}{\mathrm{K}}$, et, parmi ces formules d'une extrême importance dont la découverte est due à Jabobi, j'envisagerai pour mon objet la suivante, à savoir:

$$\sqrt[4]{k'} = \frac{1-2q+2q^4+\ldots}{1-2q^2+2q^8+\ldots} = \frac{\Sigma(-1)^n q^{n^2}}{\Sigma(-1)^n q^{2n^2}}, \quad (n=0, \pm 1, \pm 2, \ldots).$$

J'y introduirai tout d'abord la quantité τ, en me servant, au lieu des fonctions Θ, H, ..., de la série

$$\theta_{\alpha,\beta}(v) = \Sigma(-1)^{n\beta} e^{i\pi\left[\frac{\tau}{4}(2n+\alpha)^2+(2n+\alpha)v\right]} \quad (n=0, \pm 1, \pm 2, \ldots)$$

[*voir* mon article *Sur quelques formules relatives à la transformation des fonctions elliptiques* (*Journ. de Liouville*, 1858)], et j'écrirai

$$\sqrt[4]{k'} = \frac{\theta_{0,1}(0\mid\tau)}{\theta_{0,1}(0\mid 2\tau)}.$$

J'ai posé, comme vous savez,

$$\sqrt[4]{k} = \varphi(\tau), \qquad \sqrt[4]{k'} = \psi(\tau);$$

on aura donc

$$\psi\left(\frac{c+d\tau}{a+b\tau}\right)=\frac{\theta_{0,1}\left(0\,\middle|\,\dfrac{c+d\tau}{a+b\tau}\right)}{\theta_{0,1}\left(0\,\middle|\,2\dfrac{c+d\tau}{a+b\tau}\right)}.$$

Dans cette égalité, a, b, c, d désignent des entiers assujettis à la condition $ad-bc=1$; je fais la supposition qu'ils appartiennent au premier cas (p. 4) ([1]), où b et c sont pairs, a et d impairs, et je ferai

$$b=2b',\qquad 2c=c';$$

nous aurons ainsi

$$\psi\left(\frac{c+d\tau}{a+b\tau}\right)=\frac{\theta_{0,1}\left(0\,\middle|\,\dfrac{c+d\tau}{a+b\tau}\right)}{\theta_{0,1}\left(0\,\middle|\,\dfrac{c'+d.2\tau}{a+b'.2\tau}\right)},$$

et, comme nous conservons la condition $ad-b'c'=1$, la question se trouve ramenée à celle qui concerne la transformation de la fonction $\theta_{\alpha,\beta}(v)$. Dans l'article cité tout à l'heure, j'ai obtenu les résultats suivants, dont je vais faire usage.

Soit en général, pour des valeurs quelconques de a, b, c, d,

$$\alpha_1=a\alpha+b\beta+ab,$$
$$\beta_1=c\alpha+d\beta+cd,$$
$$\delta=e^{-\frac{i\pi}{4}(ac\alpha^2+2bc\alpha\beta+bd\beta^2+2abc\alpha+2abd\beta+ab^2c)};$$

puis, en supposant b positif,

$$S=\Sigma\, e^{-\frac{i\pi a}{b}\left(\rho-\frac{1}{2}b\right)^2}\qquad(\rho=0,1,2,\ldots,b-1),$$
$$\mathfrak{C}=\frac{S\delta}{\sqrt{-ib(a+b\tau)}},$$

le signe de la racine carrée étant pris de manière que sa partie réelle soit positive. Nous avons l'égalité

$$\theta_{\alpha,\beta}[(a+b\tau)v\,|\,\tau]\,e^{i\pi b(a+b\tau)v^2}=\mathfrak{C}\,\theta_{\alpha_1,\beta_1}\left(v\,\middle|\,\frac{c+d\tau}{a+b\tau}\right),$$

et nous en concluons, pour $v=0$,

$$\theta_{\alpha,\beta}(0\,|\,\tau)=\mathfrak{C}\,\theta_{\alpha_1,\beta_1}\left(0\,\middle|\,\frac{c+d\tau}{a+b\tau}\right).$$

([1]) Cas 1° du Tableau XX_6.

La condition de b positif peut toujours s'obtenir en changeant, comme il est permis, le signe des quatre entiers a, b, c, d. Cela étant, la somme S s'exprime comme il suit, au moyen du symbole $\left(\frac{a}{b}\right)$ de la théorie des résidus quadratiques.

Supposons (en premier lieu) que b soit pair. Je ferai $b=2^h b_1$, b_1 étant impair, et l'on aura, suivant que l'exposant h est pair ou impair ([1]),

$$S=\sqrt{b}\left(\frac{-a}{b_1}\right)e^{\frac{i\pi}{8}[a^2+1+3(ab_1+1)^2+(b_1-1)^2]},$$

ou bien

$$S=\sqrt{b}\left(\frac{-a}{b_1}\right)e^{\frac{i\pi}{8}[3(ab_1+1)^2+(b_1-1)^2]}.$$

En second lieu, supposons b impair; alors on pourra déterminer deux nombres entiers m et n par l'équation

$$a=mb-8n,$$

et l'on aura

$$S=\sqrt{b}\left(\frac{n}{b}\right)e^{\frac{i\pi}{8}[(b-1)^2-2m]}.$$

Je vais faire, en entrant dans tous les détails du calcul, l'application de ces formules aux quantités

$$\theta_{0,1}\left(0\,\middle|\,\frac{c+d\tau}{a+b\tau}\right),\qquad \theta_{0,1}\left(0\,\middle|\,\frac{c'+d.2\tau}{a+b'.2\tau}\right).$$

Je supposerai qu'on ait

$$a\equiv 1,\quad b\equiv 0,\quad c\equiv 0,\quad d\equiv 1\qquad (\text{mod. } 2).$$

Ce sera donc le premier des six cas qu'il faudra considérer; nous verrons bientôt que tous les autres s'en déduisent immédiatement.

Soient d'abord $\alpha=0$, $\beta=1$. Des deux nombres

$$\alpha_1=b+ab,$$
$$\beta_1=d+cd,$$

le premier est pair, et même multiple de 4, le second est impair. Ayant donc en général

$$\theta_{2\alpha,2\beta+1}(v\,|\,\tau)=(-1)^{\alpha}\theta_{0\,1}(v\,|\,\tau),$$

([1]) Le Mémoire du *Journal de Liouville* contient ici une faute d'impression les mots *pair* et *impair* ont été transposés.

nous en concluons l'égalité

$$\theta_{0,1}(\mathrm{o} \mid \tau) = \mathfrak{C}.\theta_{0,1}\left(\mathrm{o} \,\middle|\, \frac{c+d\tau}{a+b\tau}\right).$$

J'ajoute qu'on peut mettre sous une forme plus simple la quantité

$$\delta = e^{-\frac{i\pi}{4}(bd+2abd+ab^2c)}.$$

qui entre dans la valeur du facteur

$$\mathfrak{C} = \frac{S\delta}{\sqrt{-ib(a+b\tau)}}.$$

Des hypothèses faites sur les entiers a, b, c, d résulte, en effet, la congruence

$$bd + 2abd + ab^2c \equiv -bd \qquad (\mathrm{mod.}\ 8),$$

ce qui permet d'écrire

$$\delta = e^{\frac{i\pi}{4}bd}.$$

Si nous passons ensuite à la quantité $\theta_{0,1}\left(\mathrm{o} \,\middle|\, \frac{c'+d.2\tau}{a+b'.2\tau}\right)$, où $b' = \frac{b}{2}$ et $c' = 2c$ remplacent b et c, a et d ne changeant pas, on a

$$\alpha'_1 = b' + ab',$$
$$\beta'_1 = d + c'd;$$

le premier de ces deux nombres est encore pair et le second impair, mais α'_1 n'est pas nécessairement divisible par 4, et, par conséquent, on a l'égalité

$$\theta_{0,1}(\mathrm{o} \mid 2\tau) = (-1)^{\frac{b'+ab'}{2}}\mathfrak{C}'.\theta_{0,1}\left(\mathrm{o} \,\middle|\, \frac{c'+d.2\tau}{a+b'.2\tau}\right),$$

où $\mathfrak{C}'$ représente ce que devient, dans ce second cas, le facteur $\mathfrak{C}$.

Désignons aussi par δ' et S' les nouvelles valeurs de δ et de S; on aura

$$\mathfrak{C}' = \frac{S'\delta'}{\sqrt{-ib'(a+b'.2\tau)}},$$

c'est-à-dire

$$\mathfrak{C}' = \frac{S'\delta'}{\sqrt{-\frac{1}{2}ib(a+b\tau)}},$$

et nous en concluons

$$\frac{\mathfrak{C}'}{\mathfrak{C}} = \sqrt{2}\,\frac{S'\delta'}{S\delta}.$$

Je m'arrêterai à cette formule, et je remarquerai en premier lieu que, en passant de S à S′, le nombre b est remplacé par $\frac{b}{2}$. Il en résulte que, ayant posé $b = 2^h b_1$, l'exposant h varie de l'une à l'autre d'une unité. [Je supposerai d'abord $h > 1$.] Cela étant, la comparaison des valeurs de S et de S′ nous donne l'égalité

$$S' = \frac{1}{\sqrt{2}} e^{\frac{i\pi}{8}(a^2-1)} S,$$

d'où résulte

$$\frac{\mathfrak{C}'}{\mathfrak{C}} = \frac{e^{\frac{i\pi}{8}(a^2-1)}\,\delta'}{\delta}.$$

Ceci posé, écrivons le facteur $(-1)^{\frac{b'+ab'}{2}}$ sous la forme $e^{\frac{i\pi}{4}(b+ab)}$, et employons l'expression de δ', à savoir

$$\delta' = e^{-\frac{i\pi}{4}(b'd+2ab'd+ab'^2c')} = e^{-\frac{i\pi}{8}(bd+2abd+ab^2c)};$$

on aura ainsi

$$(-1)^{\frac{b'+ab'}{2}} \frac{\mathfrak{C}'}{\mathfrak{C}} = e^{\frac{i\pi}{8}[a^2-1+2b(1+a)-3bd-2abd-ab^2c]}.$$

Or on vérifie facilement la congruence suivante

$$\text{(A)} \qquad 2b(1+a) - 3bd - 2abd - ab^2c \equiv -ab \pmod{16};$$

faisant, en effet, passer tous les termes dans un même membre et divisant par b, qui est pair, elle peut s'écrire

$$2(1-ad) + 3(a-d) - abc \equiv 0 \pmod{8},$$

puis, d'après la condition $ad - bc = 1$,

$$-2bc + 3(a-d) - a(ad-1) \equiv 0 \pmod{8};$$

mais b et c étant pairs et a impair, on a

$$2bc \equiv 0, \qquad a^2 \equiv 1 \pmod{8};$$

elle deviendra donc simplement

$$4(a-d) \equiv 0 \pmod{8},$$

ce qui a lieu, en effet, a et d étant impairs. Nous avons, en conséquence,

$$(-1)^{\frac{b'+ab'}{2}} \frac{\mathfrak{C}'}{\mathfrak{C}} = e^{\frac{i\pi}{8}(a^2-ab-1)}.$$

Nous obtenons ensuite, au moyen de l'expression qui a été notre point de départ,

$$\psi(\tau) = \frac{\theta_{0,1}(0 \mid \tau)}{\theta_{0,1}(0 \mid 2\tau)},$$

la relation fondamentale

$$\text{(I)} \qquad \psi\left(\frac{c+d\tau}{a+b\tau}\right) = \psi(\tau)\, e^{\frac{i\pi}{8}(a^2-ab-1)}.$$

[Lorsque l'exposant h est égal à 1, b_1 est égal à b' et le calcul de S′ n'est plus le même; cependant la même relation subsiste toujours; on a, en effet, comme lorsque h était plus grand que 1, l'égalité

$$\frac{\delta'}{\delta} = e^{\frac{\pi}{8}(bd+2abd+ab^2c)}$$

et, à cause de la congruence (A), qui peut se mettre sous la forme

$$bd + 2abd + ab^2c \equiv b(3a+2-2d) \pmod{16},$$

on peut encore écrire, en remplaçant b par $2b'$,

$$\frac{\delta'}{\delta} = e^{\frac{i\pi}{4}(3a+2-2d)b'};$$

mais ici, pour calculer S′, on doit commencer par déterminer les entiers m et n, tels que l'on ait

$$a = mb' - 8n,$$

et l'on a alors

$$S' = \sqrt{b'}\left(\frac{n}{b'}\right) e^{\frac{i\pi}{8}[(b'-1)^2-2m]},$$

$$S = \sqrt{2b'}\left(\frac{-a}{b'}\right) e^{\frac{i\pi}{8}[2+3(ab'+1)^2+(b'-1)^2]}.$$

En tenant compte enfin des relations

$$\left(\frac{-a}{b'}\right) = \left(\frac{8n}{b'}\right) = \left(\frac{2n}{b'}\right) = \left(\frac{n}{b'}\right) e^{\frac{i\pi}{8}(b'^2-1)},$$

on en conclut

$$(-1)^{\frac{b'+ab'}{2}} \frac{\mathfrak{T}'}{\mathfrak{T}} = e^{\frac{M\pi i}{8}},$$

où

$$M = 2(3a+2-2d)b' - 2m - 2 - 3(ab'+1)^2 + b'^2 - 1 + 4b'(a+1);$$

en réduisant on trouve

$$M = 4(a-d+2)b' - 2m - 6 - 3a^2b'^2 + b'^2;$$

à cause de la relation $ad - bc = 1$, où b et c sont pairs, on voit que les nombres impairs a et d sont congrus (mod. 4), en sorte que l'on a

$$4(a-d) \equiv 0 \quad (\text{mod. } 16);$$

les congruences

$$8b' \equiv 8, \qquad a^2 \equiv m^2b'^2, \qquad m^2b'^4 \equiv m^2 \quad (\text{mod. } 16)$$

sont évidentes, et il en résulte que l'on a

$$M = 2 - 2m - 3m^2 + b'^2;$$

or cette dernière expression est congrue (mod. 16) à

$$a^2 - 2ab' - 1 \equiv m^2b'^2 - 2mb'^2 - 1,$$

puisque la différence

$$(2 - 2m - 3m^2 + b'^2) - (m^2b'^2 - 2mb'^2 - 1)$$

est égale à

$$2m(b'^2 - 1) - (b'^2 + 3)(m^2 - 1)$$

et que m et b' sont impairs. La relation fondamentale (I) est donc établie quels que soient les nombres pairs b et c.]

On en tire les deux systèmes de formules concernant les fonctions $\varphi(\tau)$ et $\psi(\tau)$ pour tous les cas que présentent les entiers a, b, c, d, pris selon le module 2. Ces cas sont indiqués dans le Tableau suivant, que j'ai donné dans mon article *Sur l'Équation du cinquième degré* [1] :

---

[1] *Voir* la Note 1 de la page 63 du Tome II. Les cas II et V de Hermite correspondent aux cas que nous avons désignés par 5° et 2°.

	a	b	c	d
I.......	1	0	0	1
II......	0	1	1	0
III......	1	1	0	1
IV......	1	1	1	0
V.......	1	0	1	1
VI......	0	1	1	1

En premier lieu, je change, dans l'équation (I), τ en $-\frac{1}{\tau}$ et a, b, c, d en b, $-a$, d, $-c$; on trouve ainsi (¹)

$$\text{(II)} \qquad \psi\left(\frac{c+d\tau}{a+b\tau}\right) = \varphi(\tau)\, e^{\frac{i\pi}{8}(b^2+ab-1)}.$$

Dans la même équation, je remplace ensuite τ par $\tau - 1$, a et c par $a+b$ et $c+d$; il vient

$$\text{(V)} \qquad \psi\left(\frac{c+d\tau}{a+b\tau}\right) = \frac{1}{\psi(\tau)}\, e^{\frac{i\pi}{8}(a^2+ab-1)}.$$

Passant à l'équation (II), je change τ en $\tau+1$, a et c en $a-b$ et $c-d$, ce qui donne

$$\text{(IV)} \qquad \psi\left(\frac{c+d\tau}{a+b\tau}\right) = \frac{\varphi(\tau)}{\psi(\tau)}\, e^{\frac{i\pi}{8}ab}.$$

Je continue en remplaçant, dans (V), τ par $-\frac{1}{\tau}$ et a, b, c, d par b, $-a$, d, $-c$, et j'obtiens

$$\text{(VI)} \qquad \psi\left(\frac{c+d\tau}{a+b\tau}\right) = \frac{1}{\varphi(\tau)}\, e^{\frac{i\pi}{8}(b^2-ab-1)}.$$

(¹) En tenant compte des formules (XLV).

Pour avoir le système complet des formules cherchées, il ne me reste plus qu'à changer dans cette équation τ en $\tau - 1$, a et c en $a+b$ et $c+d$; on a ainsi

$$\text{(III)} \qquad \psi\left(\frac{c+d\tau}{a+b\tau}\right) = \frac{\psi(\tau)}{\varphi(\tau)}\, e^{-\frac{i\pi}{8}ab},$$

en employant l'égalité

$$\varphi(\tau - 1) = e^{-\frac{i\pi}{8}} \frac{\varphi(\tau)}{\psi(\tau)}.$$

Voici maintenant les résultats réunis et mis en regard des six cas énumérés dans le Tableau précédent [1] :

$$\text{I.} \qquad \psi\left(\frac{c+d\tau}{a+b\tau}\right) = \psi(\tau)\, e^{\frac{i\pi}{8}(a^2-ab-1)},$$

$$\text{II.} \qquad \psi\left(\frac{c+d\tau}{a+b\tau}\right) = \varphi(\tau)\, e^{\frac{i\pi}{8}(b^2+ab-1)},$$

$$\text{III.} \qquad \psi\left(\frac{c+d\tau}{a+b\tau}\right) = \frac{\psi(\tau)}{\varphi(\tau)}\, e^{-\frac{i\pi}{8}ab},$$

$$\text{IV.} \qquad \psi\left(\frac{c+d\tau}{a+b\tau}\right) = \frac{\varphi(\tau)}{\psi(\tau)}\, e^{\frac{i\pi}{8}ab},$$

$$\text{V.} \qquad \psi\left(\frac{c+d\tau}{a+b\tau}\right) = \frac{1}{\psi(\tau)}\, e^{\frac{i\pi}{8}(a^2+ab-1)},$$

$$\text{VI.} \qquad \psi\left(\frac{c+d\tau}{a+b\tau}\right) = \frac{1}{\varphi(\tau)}\, e^{\frac{i\pi}{8}(b^2-ab-1)}.$$

J'ai à y joindre enfin les formules qui concernent la fonction $\varphi(\tau)$. Je remplacerai à cet effet a, b, c, d par $-c$, $-d$, a, b; on change ainsi

$$\psi\left(\frac{c+d\tau}{a+b\tau}\right)$$

en

$$\varphi\left(\frac{c+d\tau}{a+b\tau}\right)$$

et aux divers cas

$$\text{(I)},\quad \text{(II)},\quad \text{(III)},\quad \text{(IV)},\quad \text{(V)},\quad \text{(VI)}$$

se substituent ceux-ci

$$\text{(II)},\quad \text{(I)},\quad \text{(VI)},\quad \text{(V)},\quad \text{(IV)},\quad \text{(III)}.$$

---

[1] Ce sont les formules numérotées (XLVI_1).

Nous avons ainsi ce second système de relations

$$\text{I.}\qquad \varphi\left(\frac{c+d\tau}{a+b\tau}\right) = \varphi(\tau)\, e^{\frac{i\pi}{8}(d^2+cd-1)},$$

$$\text{II.}\qquad \varphi\left(\frac{c+d\tau}{a+b\tau}\right) = \psi(\tau)\, e^{\frac{i\pi}{8}(c^2-cd+1)},$$

$$\text{III.}\qquad \varphi\left(\frac{c+d\tau}{a+b\tau}\right) = \frac{1}{\varphi(\tau)}\, e^{\frac{i\pi}{8}(d^2-cd+1)},$$

$$\text{IV.}\qquad \varphi\left(\frac{c+d\tau}{a+b\tau}\right) = \frac{1}{\psi(\tau)}\, e^{\frac{i\pi}{8}(c^2+cd-1)},$$

$$\text{V.}\qquad \varphi\left(\frac{c+d\tau}{a+b\tau}\right) = \frac{\varphi(\tau)}{\psi(\tau)}\, e^{\frac{i\pi}{8}cd},$$

$$\text{VI.}\qquad \varphi\left(\frac{c+d\tau}{a+b\tau}\right) = \frac{\psi(\tau)}{\varphi(\tau)}\, e^{-\frac{i\pi}{8}cd}.$$

J'observe enfin que les deux séries de formules établies, dans le cas où b est positif, subsistent dans tous les cas, comme on le voit en changeant a, b, c, d en $-a$, $-b$, $-c$, $-d$.

Avec une rectification pour les équations (III) et (IV), d'une inadvertance qui me sera échappée, ce sont bien les résultats que j'ai indiqués et dont je me reproche d'avoir tant tardé à vous donner la démonstration que vous m'avez demandée. Mais cette démonstration, je dois le reconnaître, *opere peracto*, ne me contente point : elle est longue, indirecte surtout; elle repose en entier sur le hasard d'une formule de Jacobi, oubliée et comme perdue parmi tant de découvertes dues à son génie. Je vous l'envoie, mon cher ami, *valeat quantum,* en vous informant que je serai revenu dans quelques jours, et à votre disposition pour tout ce que vous aurez à me demander. Et nous causerons aussi d'autre chose que d'Analyse, nous argumenterons, nous nous disputerons. De ma proximité de l'Espagne je rapporte des cigarettes d'Espagnoles; si vous ne veniez pas en fumer avec votre collaborateur d'aujourd'hui, votre professeur d'autrefois, c'est que vous avez le cœur d'un tigre.

Tuus et imo et toto corde.

Ch. HERMITE.

FIN DU TOME IV ET DERNIER.